모델링 및 시뮬레이션
이야기

모델링 및 시뮬레이션 이야기

발행일	2018년 12월 10일			
지은이	이 종 호			
펴낸이	손 형 국			
펴낸곳	(주)북랩			
편집인	선일영	편집	오경진, 권혁신, 최예은, 최승헌, 김경무	
디자인	이현수, 김민하, 한수희, 김윤주, 허지혜	제작	박기성, 황동현, 구성우, 정성배	
마케팅	김회란, 박진관, 조하라			
출판등록	2004. 12. 1(제2012-000051호)			
주소	서울시 금천구 가산디지털 1로 168, 우림라이온스밸리 B동 B113, 114호			
홈페이지	www.book.co.kr			
전화번호	(02)2026-5777	팩스	(02)2026-5747	

ISBN   979-11-6299-445-0 03550 (종이책)   979-11-6299-446-7 05550 (전자책)

이 도서의 국립중앙도서관 출판예정도서목록(CIP)은 서지정보유통지원시스템 홈페이지(http://seoji.nl.go.kr)와
국가자료공동목록시스템(http://www.nl.go.kr/kolisnet)에서 이용하실 수 있습니다.
(CIP제어번호 : CIP2018039191)

(주)북랩 성공출판의 파트너
북랩 홈페이지와 패밀리 사이트에서 다양한 출판 솔루션을 만나 보세요!
홈페이지 book.co.kr   •   **블로그** blog.naver.com/essaybook   •   **원고모집** book@book.co.kr

이종호 지음

AN ESSAY ON
MODELING AND SIMULATION
as an Efficient Enabler of Defense Management
for the Era of the 4th Industrial Revolution

알기 쉽게 풀어 쓴 제4차 산업혁명 시대 효율적 국방경영 수단으로서

모델링 및 시뮬레이션
이야기

북랩 book Lab

머 / 리 / 말

10년 전 전시작전통제권 전환에 대비하여 효율적 국방경영 수단으로서 모델링 및 시뮬레이션(M&S: Modeling & Simulation) 이론과 실제에 관한 내용을 엮어 책으로 낸 적이 있었다. 그 당시 M&S에 관해 너무 어렵게 내용을 성리한 것 같아 이번에는 그간의 군 생활과 전역 후 연구원 생활을 통해 습득한 M&S 관련 전문지식과 경험을 보다 이해하기 쉽게 정리하여 한국군에서 M&S를 제대로 이해하고 제대로 활용할 수 있도록 하면 좋겠다는 생각에서 다시 글을 쓰게 되었다. 이 과정에서 과학기술의 발달과 기술융합에 의한 4차 산업혁명의 화두가 대두되었고, 사회와 산업, 국방 환경의 변화와 도전으로 인해 M&S 분야도 변화와 혁신이 불가피하다는 인식에 이르게 되었다. 한국군이 당면한 현존 위협과 미래의 잠재적 위협, 그리고 4차 산업혁명 시대의 변화와 도전에 대응하는 효율적 국방경영 수단으로서 M&S를 활용하는 것이 필요하다는 생각에서 모든 한국군 워파이터와 군·산·학·연 M&S 분야 근무자 또는 이해관계자들이 보다 쉽게 M&S를 이해하고 활용할 수 있도록 알기 쉽게 풀어 쓴 모델링 및 시뮬레이션(M&S) 이야기를 구상하게 되었다.

본서를 통해 한국군이 국방 업무분야에 M&S를 활용하는 모습과 실상을 냉정하게 바라보는 면도 있지만, 글 전반을 통해 한국군에 대한 감사와 존경과 신뢰를 바탕으로 그간 M&S 분야 업무를 통해 배우고 느낀 점들을 함께 나누고자 한다. 특히 최근 대두된 4차 산업혁명 시대에 효율적 국방경영 수단으로서 M&S를 활용하기 위한 인식과 발상의 전환으로 제시하는 여러 가지 아이디어들은, M&S 관계자들의 공감과 구현을 통해 이 시대에 한국군에 맡겨진 사명을 잘 감당하는데 기여할 수 있을 것이라 생각하고 기대한다.

한국군이 국방업무의 다양한 분야에 M&S를 활용하기 시작하면서, 신속한 추격자(Fast Follower)로서 선진 M&S 활용 개념과 기술 개발에 열심히 노력하여 상당한 성과를 이룬 것은 분명한 사실이다. 한국군은 한미연합사 창설 이후 미군의 선진

M&S 기술을 접하고 익히는 계기가 되어 교육훈련, 전력분석, 국방획득, 전투실험 등 M&S 활용 전 분야에서 열악한 환경임에도 불구하고 선배들의 열정과 고군분투로 한국군 독자 모델들과 다양한 시뮬레이션 유형들, 연동체계와 HLA 인증체계를 개발하였다. 또한 전반적인 M&S 업무수행 기반까지 정립하였다. 덕분에 선진국과 비교할 때 상대적으로 아주 적은 가용자원과 기반 기술과 체계, 전문 인력으로 단기간에 획기적 발전을 이루었으며, 육군 BCTP단과 과학화 훈련장(KCTC)은 미군도 그 능력을 인정하는 수준에 이르게 되었고, 국방획득분야에서는 M&S를 활용하여 명품 국산 무기체계를 개발하는 수준에 이르게 되었다.

그럼에도 불구하고 현재 한국군의 M&S에 대한 이해와 기술 및 활용 수준은 한국군이 당면한 현존 위협과 주변국들의 잠재적 위협, 그리고 4차 산업혁명 시대의 변화와 혁신 요구를 충족하고 M&S 분야의 선도자(First Mover) 역할을 수행하기에는 턱없이 부족하고 미흡한 상태이다. 한국군은 전반적으로 효율적 국방경영 수단인 M&S의 원리와 원칙에 대한 이해가 부족하다. 특히 위파이터들의 경우 M&S에 대한 명확한 작전요구와 요구사항이 없으며, M&S의 체계적 발전을 위한 목표, 비전, 정책, 제도, 인력, 투자 등 모든 분야가 턱없이 부족하고 미흡하다. 또한 군·산·학·연 M&S 분야 근무자들은 구조적으로 가시적 성과에만 급급한 상황으로, M&S의 기본 원리와 원칙은 물론 국제표준과 아키텍처, 기반기술, 기반체계의 중요성을 간과하고 있다. 이러한 상황 탓에 그간 신속한 추격자로서 노력해왔음에도 불구하고 선진 첨단 M&S 기반기술과 기반체계와의 격차는 갈수록 늘어나는 추세로, 과학기술 발달로 대두된 4차 산업혁명으로 인한 전장 및 국방 환경의 변화와 도전에 대응하기에 턱없이 부족하다는 것이다.

이제부터라도 한국군은 현존 위협과 미래 주변국 잠재적 위협에 적극적·능동적으로 대처하고, 미래 4차 산업혁명 시대의 잠재적 작전요구를 충족하기 위한 효율적 국방경영 수단에 대한 절박함과 간절함으로 M&S의 기본 원리와 원칙을 올바로 이해하며, 국방 분야에 활용 가능한 운영분석 기법과 수단 중 M&S가 실질적으로 적용 가능한 유일한 수단임을 인식해야 한다. 그중에서도 한국군의 모든 위파이터들은 M&S 필요성을 절실히 인식해야 하며, 군·산·학·연의 M&S 분야 근무자들은 위파이터의 작전요구를 충족하고 지원해줄 수 있도록 모두 M&S의 전문가와 달인이 되어야 한다.

그리하여 비록 한정되고 충분하지 않은 국방 가용자원이지만 M&S를 효율적 국방경영 수단으로, 방위력 개선과 전력증강 수단으로, 전투준비태세 향상 수단으로 활용하여 국가 생존과 번영의 보루가 되어야 한다. 최악의 상황을 상정하여 전쟁이라는 옵션도 불사하는 자세로, 싸우지 않고도 국가이익을 지킬 수 있는 강한 한국군을 건설해야 한다는 것이다.

효율적 국방경영 수단으로서의 모델링 및 시뮬레이션! 지금까지 한국군의 관점에서는 과학(Science)이면서도 아트(Art)적인 성격을 갖고 있는, 그저 평범한 국방문제 해결을 위한 하나의 수단에 불과했다. 그러나 세계 최고의 선진국이자 군사 대국인 미국은 M&S를 국가 핵심기술(National Critical Technology)로 지정하여 관리하고 통제하고 있다는 사실을 유념해야 한다. 우리에게 다가오는 위협과 변화와 도전에 적극적·능동적으로 대처할 수 있는 효율적 국방경영 수단으로, 또 강력한 한국군 건설 수단으로 M&S를 제대로 이해하고 적극적으로 활용하여 한국군이 진정 한국군다운 한국군 모습으로 거듭나야 한다.

이를 위해서 M&S는 4차 산업혁명 시대의 초 연결성(Hyper-Connected), 초 지능화(Hyper-Intelligent) 시대의 요구에 부응한 실제 세계의 표현(Representation)과 실행(Implementation)의 변화 요구와 도전에 대해 보다 스마트(Smart)하고 스피드(Speed)한 M&S, 하나의 서비스로서의 M&S(M&SaaS), 실제 전장 환경과 동일하거나 유사한 가상 합성전장환경 LVC를 구현하는 M&S 등 효율적인 국방경영 수단으로서 모든 국방 업무분야에 활용할 수 있어야 한다. 특히 무기체계 획득을 위해서는 단순한 M&S의 활용을 넘어 지식 기반 획득(Knowledge Based Acquisition), 시뮬레이션 기반 획득(Simulation Based Acquisition) 개념을 포함한 스마트한 획득체계를 구현해야 한다. 이러한 변화와 혁신을 통해 한국군이 한국군으로서 맡은 바 임무와 사명, 기본에 충실하여 국가의 주권과 영토와 국민의 생명과 재산을 철저히 보호하고, 국민이 맡긴 아들과 딸을 강한 전투원으로 육성하며, 국민의 혈세를 지혜롭게 활용하여 강한 군을 건설하는 한국군이 되어야 한다. 결국 한국군은 워파이터가 워파이터다워야 하고, 군·산·학·연 M&S 전문가가 각각 전문가와 달인다워야 한다는 것이다.

이 과정에서 미력하지만 그간의 M&S 분야 전문지식과 경험과 아이디어들을 정리하여 제시한 본서가 조금이라도 도움이 되기를 기대하고자 한다.

본서의 이야기 구성은 다음과 같다.

M&S의 국방 분야 활용과 관련하여 1차적으로 130여 가지 주제를 선정하였으나 최근 대두된 4차 산업혁명이 사회와 산업 환경뿐만이 아니라 전장과 국방 환경에도 영향을 미치고, 그에 따라 M&S의 표현과 실행의 변화와 도전이 불가피할 것으로 판단하여 M&S와 4차 산업혁명의 특성을 연계하여 100가지 주제로 정하였다. M&S 관련 다양한 주제 중 특정분야 비중이 10%를 넘지 않도록 하였고, M&S의 일반적인 3가지 관점(View) 또는 아키텍처(Architecture), 즉 작전운용 관점(Operational View), 시스템 관점(System View), 기술표준 관점(Technical Standard View) 중 가급적 작전운용 관점과 시스템 관점에서 이야기를 서술하여 어려울 수밖에 없는 내용이지만 가급적 알기 쉽게 설명하려고 노력하였다.

본서를 마무리 지으며 먼저, 저자가 1974년 사관생도로 군문에 들어선 이래 지금까지 함께 동행하시고, 지혜와 명철을 주시며, 평강의 은혜를 베풀어주신 내 주님 하나님께 감사와 영광을 드립니다.

저자에게 사관학교와 석·박사 과정에서 공부할 수 있도록 기회를 주시고 M&S라는 한 우물을 파고 정진할 수 있도록 배려해 준 한국군과 기품원에 감사드리고, 현역 때 함께 했던 M&S 초창기 선구자적 역할 하신 전군의 선배님들과 동료들, 후배들, 그리고 국방연·국과연·기품원을 비롯한 산·학·연 M&S 분야에 근무하며 열정적으로 함께 일한 모든 분들과, 2002년 한국군 워게임 연동체계(KSIMS) 개발 때부터 연구 및 개발을 함께한 전문개발자분들에게 감사드립니다.

저자가 한평생 군인의 길을 걷는 동안 성실하고 끈기 있으며 끝장을 보는 삶의 자세를 가질 수 있도록 이를 물려주신 부모님과 지금까지 묵묵히 어려웠던 유학 생활과 군 생활을 곁에서 지켜보고 사랑과 애정으로 격려해 준 아내, 시도 때도 없이 연구하느라 아빠로서 함께하지 못하는 사이 어느새 다 커버린 사랑하는 두 딸 지현과 지인에게 감사와 고마운 마음을 전합니다.

다음으로 본 M&S 이야기를 출판할 수 있도록 도와주신 북랩 출판사에 감사드리는 바입니다. 마지막으로, 혹시 있을지도 모르는 본 책에 관련된 모든 오류와 허물은 저자 본인의 몫임을 밝힙니다.

2018년 11월 2일

松霞 **이종호**

차례

| 머리말 | •4

시작하는 이야기 / 13

이야기를 시작하게 된 동기   •14
효율적 국방경영 수단에 대한 간절함과 절박함   •18
이야기 구성과 깊이   •21

제1편 국방경영 수단으로서 M&S란 무엇인가? / 23

1. 국방경영 수단으로서 M&S란 무엇인가?   •24
2. M&S! 왜 필요한가?   •27
3. M&S! 어디에 어떻게 쓰이나?   •31
4. M&S! 어떻게 구분되나?   •35
5. M&S! 어떻게 준비해야 하나?   •39
6. M&S 연동 운용! 왜 필요한가?   •43
7. M&S 연동 운용! 무엇을 고려해야 하나?   •47
8. M&S와 C4ISR 연동! 왜 필요하나?   •51
9. M&S 사용 이점은 무엇인가?   •54
10. M&S 사용 시 무엇을 주의해야 하나?   •58
11. Simulation, Emulation, Stimulation! 어떻게 다르나?   •62

제2편 국방 M&S 현재까지 어떻게 발전되어 왔나? / 65

12. M&S! 어떻게 발전되어 왔나?   •66
13. 미군 M&S! 어떻게 발전되어 왔나?   •71
14. 한국군 M&S! 어떻게 발전되어 왔나?   •76
15. 한국군 M&S 발전과정에 담겨진 의미와 과제는 무엇인가?   •81

제3편 국방 M&S 변화 요구와 도전!
과학기술의 발달과 제4차 산업혁명의 도래! / 85

16. 과학기술의 발달에 따른 사회적 변화와 영향은 무엇인가? ·86
17. 과학기술의 발달과 4차 산업혁명의 도래! 그 배경과 특징은 무엇인가? ·90
18. 과학기술의 발달과 4차 산업혁명의 도래! 한국 어떻게 대응하고 있나? ·93
19. 4차 산업혁명 시대의 주요 과학기술! 어떻게 발달되고 있나? ·97
20. 4차 산업혁명 시대의 기술융합! 어떤 모습으로 어떻게 발달되고 있나? ·101
21. 4차 산업혁명 시대의 사회·산업 환경의 변화와 도전! 어떤 것들인가? ·104
22. 4차 산업혁명 시대의 사회·산업 환경변화에 적응! 어떻게 하고 있나? ·109
23. 4차 산업혁명 시대의 사회·산업 환경의 변화! 어떻게 특징지을 수 있나? ·114

제4편 국방 M&S 변화 요구와 도전!
무기체계 및 전장 환경의 변화! / 119

24. 과학기술의 발달에 따른 무기체계 및 전장 환경의 변화와 도전! 어떤 것들인가? ·120
25. 4차 산업혁명 시대에 한국군 M&S의 변화와 혁신 요구! 어떤 것들인가? ·123

제5편 국방 M&S의 미래! 어디로 갈 것인가? / 129

26. 4차 산업혁명 시대에 국방 M&S 요구능력! 어디로 가야 하나? ·130
27. M&S의 표현과 실행! 어디로 가야 하나? ·136
28. M&S 기반체계! 어디로 가야 하나? ·139
29. M&S 기반도구! 어디로 가야 하나? ·143
30. LVC - 실 체계 - C4ISR 연동! 어디로 가야 하나? ·148
31. Smart·Speed M&S로 변화와 혁신! 어디로 가야 하나? ·152
32. M&S as a Service(M&SaaS)로 변화와 혁신! 어디로 가야 하나? ·156

제6편 국방 M&S의 미래! 어떻게 갈 것인가? / 161

33. M&S 관련 아키텍처(Architecture)와 표준(Standard)! 어떻게 발전되어 왔나? ·162
34. M&S 관련 아키텍처(Architecture)와 표준(Standard)! 어떻게 적용해야 하나? ·168
35. M&S 충실도(Fidelity)! 어떻게 구현해야 하나? ·173
36. M&S 결정적 - 확률적(Deterministic-Stochastic) 개념! 어떻게 적용해야 하나? ·177
37. M&S 다해상도(Multi-Resolution)! 어떻게 구현해야 하나? ·182
38. M&S VV&A! 어떤 개념과 원리로 수행해야 하나? ·187
39. M&S VV&A! 어떤 절차와 문서체계로 수행해야 하나? ·191
40. M&S VV&A! 어떤 기관들이 어떤 역할과 기능을 수행해야 하나? ·197
41. M&S VV&A! 어떤 기준과 방법으로 인정평가를 수행해야 하나? ·203
42. M&S VV&A! Federation과 LVC 구축에 대비해 무엇을 어떻게 준비해야 하나? ·209

43. M&S VV&A! T&E 및 SW V&V와 어떻게 다른가? •215

44. M&S 상호운용성(Interoperability)! 어떻게 해야 하나? •220

45. M&S 재사용성(Reusability)! 어떻게 해야 하나? •224

46. 실제(Live) 시뮬레이션의 새로운 가치 창출! 어떻게 해야 하나? •227

47. 가상(Virtual) 시뮬레이션의 새로운 가치 창출! 어떻게 해야 하나? •232

48. 구성(Constructive) 시뮬레이션의 새로운 가치 창출! 어떻게 해야 하나? •236

49. M&S 연동! 무엇을 어떻게 해야 하나? •242

50. 이종(Heterogeneous) 아키텍처 기반 M&S 연동! 어떻게 접근해야 하나? •249

51. 미군의 LVC 구축! 어떻게 발전되어 왔나? •254

52. 미군의 LVC 구축! 어떻게 정책과 기반기술을 추진해 왔나? •258

53. 미군의 LVC 구축! 어떻게 공통객체모델 구현을 추진해 왔나? •262

54. LVC 구축 기반 표준과 절차! 무엇을 어떻게 적용해야 하나? •267

55. HLA 기반 Information Centric Integration에 의한 LVC 구축!
    어떻게 구현해야 하나? •272

56. LVC - C4ISR 연동과 새로운 가치 창출! 어떻게 구현해야 하나? •276

57. M&S 적합성 인증시험(Compliance Test)! 어떻게 구분되나? •281

58. HLA 인증시험(Compliance Test)! 어떻게 발전시켜 왔나? •285

59. HLA 인증시험(Compliance Test)! 운용 관점에서 어떻게 발전시켜야 하나? •290

60. HLA 인증시험! 체계 관점에서 어떻게 발전해야 하나? •294

61. 연동 소프트웨어(HLA RTI) 인증시험체계! 어떻게 구축, 적용해야 하나? •298

62. LVC 적합성 인증시험체계! 왜 필요하며 어떻게 구축, 적용해야 하나? •304

63. Smart·Speed M&S 구현 기반기술과 기반체계! 어떻게 구축, 적용해야 하나? •310

64. 교육훈련분야 Smart·Speed M&S! 어떻게 구축, 적용해야 하나? •315

65. 전력분석분야 새로운 M&S 개발 및 연계 분석! 어떻게 수행해야 하나? •320

66. M&S 효과분석체계! 어떻게 구축, 적용해야 하나? •325

67. 국방획득분야 Smart·Speed M&S/Digital Twin! 어떻게 구축, 적용해야 하나? •332

68. 국방획득 운용·유지단계 Product Service Systems(PSS)!
    어떻게 구축, 적용해야 하나? •339

69. 전투실험분야 Smart·Speed M&S/CPS! 어떻게 구축, 적용해야 하나? •343

70. M&S as a Service(M&SaaS) 구현 기반(Infrastructure)! 어떻게 구축, 적용해야 하나? •349

71. M&S as a Service(M&SaaS) 활용! 어떻게 구축, 적용해야 하나? •354

제7편 국방 M&S의 미래! 남겨진 뒷이야기들! / 359

72. M&S 관련 이해당사자들! 어떻게 M&S 원리와 원칙을 이해해야 하나? •360

73. M&S 관련 이해당사자들! 어떻게 M&S를 활용해야 하나? •366

74. 정책수립자들! 효율적 국방경영 수단인 M&S 정책 어떻게 접근해야 하나? •370

75. 정책수립자들! 국방 M&S 종합발전계획 어떻게 접근해야 하나? •376

76. 워파이터들! 어떻게 M&S를 이해하고 활용해야 하나? •381

77. M&S 전문가들! 어떻게 M&S를 이해하고 활용해야 하나? •387

78. M&S 개발자들! 어떻게 M&S를 이해하고 개발해야 하나? •392

79. M&S 전문인력! 어떻게 양성하고 운용해야 하나? •396

80. M&S 개발, 유지보수 및 운용! 어떻게 수행해야 하나? •401

81. 실세계에 대한 표현과 실행인 M&S! 어떻게 표현해야 하나? •406

82. 단일 모델 운용과 모델연동 운용! 어떻게 접근해야 하나? •411

83. 국제표준과 절차에 따른 연동체계 구축! 어떻게 접근해야 하나? •416

84. 보안 보장된 분산환경 광역모의망! 어떻게 구축, 운용해야 하나? •422

85. 작전요구 충족하는 M&S 개발! 어떻게 원천 데이터(Raw Data) 및
   전투발전 준비해야 하나? •428

86. 효율적 M&S 구축, 운용 위한 Back Up/Redundancy! 어떻게 준비해야 하나? •434

87. LVC 구축! 왜 이렇게 어렵고, 어떻게 구축해야 하나? •438

88. 무기체계 전 수명주기 간 이해당사자들 협업공조! 어떻게 접근해야 하나? •443

89. 국방획득 위한 SBA! 어떻게 이해하고 접근해야 하나? •449

90. 국방획득! 보다 스마트하게 하려면 어떻게 해야 하나? •453

91. 국방획득 관련체계 연계운용! 어떻게 접근해야 하나? •458

92. 지식기반획득(KBA)! 국방획득에 적용하려면 어떻게 해야 하나? •463

93. 시뮬레이션기반획득(SBA) 적용! 어떻게 이해하고 준비해야 하나? •468

94. 시뮬레이션기반획득(SBA) 적용! 어떻게 시스템을 준비해야 하나? •472

95. 시뮬레이션기반획득(SBA) 적용! 이떻게 활성회해야 하나? •476

96. 첨단 이동형 시험평가체계! 어떻게 구축, 운용해야 하나? •481

97. 유도무기(One-Shot System) 품질인증시험! 실효적 수행을 위해 어떻게 해야 하나? •485

98. 실전적 전투실험·합동실험 환경! 어떻게 구축해야 하나? •489

99. 전작권 전환에 대비한 M&S 분야! 무엇을 어떻게 준비해야 하나? •494

100. 전작권 전환 이후 한미 M&S 연동운용! 어떻게 접근해야 하나? •500

맺는 이야기 / 505

못 다한 이야기 •506

이야기를 마치며 •509

| 참고 문헌 | •514

시작하는 이야기

|

자작나무 숲, 73×54㎝, 수채화, 2017. 4, 松霞 이종호

이야기를 시작하게 된 동기

한국군은 1980년대 초반부터 미군의 일부 모델들을 도입하여 모델링 및 시뮬레이션(M&S: Modeling & Simulation)을 국방 분야에 활용하기 시작하였다. 한국군은 초창기에 미군의 분석모델들을 활용하여 직접 분석을 시도하기도 하였지만, 대다수의 경우 한미연합사(CFC: ROK-US Combined Forces Command) 운영분석단(OAG: Operations Analysis Group)의 지원 하에 M&S를 접하게 되었다. 미군은 한미야전사(CFA: ROK-US Combined Field Army)를 중심으로 군수연습을 시작하였고, 해군은 미군의 모의지원 하에 필승 연습을 시작하게 되었다.

1990년대에 들어서면서 한국군의 M&S의 활용은 획기적으로 발전하는 계기를 맞게 되었다. 육군은 교육훈련 분야에서 미군의 BCTP(Battle Command Training Program) 개념을 도입하여 BCTP단을 창설하였고, 한미연합사 KBSC(Korea Battle Simulation Center)의 지원 하에 백두산 연습을 시작하게 되었다. 한국군은 미군 주도의 모델 연동에 의한 연합연습에 참여하면서 독자모델 개발 필요성을 절실히 느끼게 되었다. 육군의 창조21 모델 개발을 시작으로 한국군 각 군과 합참은 사단, 함대, 비행단, 합동군 수준의 연습용 모델의 개발을 구상하게 되었다. 점진적으로 미군 지원 하에 실시하던 백두산 연습을 한국군 스스로 수행하게 되었으며, MILES(Multiple Integrated Laser Engagement System) 장비를 활용하는 과학적 기법에 의한 실 기동훈련장인 과학화 훈련장 KCTC(Korea Combat Training Center)를 구축하게 되었다.

2000년대에 들어서면서 육군은 창조21 연동화 모델을, 해군, 공군, 해병대, 합참은 각각 훈련용 모델을, 한미연합사 한국 측은 한국군 워게임 연동체계 KSIMS(Korea Simulation System)를 개발하게 되었다. 이때부터 한국군은 가상현실체계인 Virtual Simulator 개발로 M&S 활용을 점차 확대하기 시작하였다. 육군 BCTP단을 시작으로 해군, 공군, 합참은 각각 모의센터를 설치하게 되었으며, 한·미간의 전시 작전 통제권 전환에 대비하여 한국군 주도의 모델 연동 운용이 가능하도록 한국군 워게임 연동체계 KSIMS를 계층형 구조로 성능개량을 추진하게 되었다.

  교육훈련 분야의 M&S 개발과 활용에 뒤이어 전력분석 분야에서도 각 군과 합참은 한국군 작전술 교리, 전술, 전기, 절차(DTTP: Doctrine, Tactics, Techniques, Procedures)를 적용한 다양한 분석모델 개발과 더불어 다양한 분석업무에 활용하게 되었다. 국방획득 분야에서도 무기체계 획득 전 수명주기관리(TLCSM: Total Life Cycle Systems Management) 관점에서 M&S를 적극 활용하여 소요기획, 획득, 운용유지 전 단계에 걸쳐 효율성을 증진시켰으며, 한국군 독자 무기체계 개발에 상당한 기여와 성과를 이루게 되었다. 전투실험 분야에서도 각 군과 합참은 전투실험, 합동실험에 M&S를 적극 활용하고자 많은 노력과 시도를 하게 되었다.

  이러한 노력의 결과로 육군 사단/군단 BCTP 훈련과 KCTC 과학화 훈련의 경우 미군 등 선진국과 비교해도 손색이 없는 수준에 이르게 되었다. 한미 연합연습에서 각 군은 한국군 모델을 미군 모델과 연동하여 연습에 참가하는 수준으로 발전하게 되었고, 합참은 한국군 합동전모델을 이용하여 독자적으로 전구급 연습을 실시할 수 있는 수준에 이르게 되었다. 또한 모델 연동을 위한 HLA(High Level Architecture) 인증시험의 경우 세계에서 세 번째로 독자 인증시험체계를 갖추게 되었고, 각종 M&S의 신뢰성 보장을 위한 검증, 확인 및 인정(VV&A: Verification, Validation & Accreditation) 수행체계도 정착되었다. 무기체계 획득을 위해 시뮬레이션 기반 획득(SBA: Simulation Based Acquisition)과 시뮬레이션 활용계획(SAP: Simulation Application Plan)을 적용하는 등 많은 발전을 이루게 되었다.

  이처럼, 한국군은 짧은 기간 동안에 괄목할 만한 성과와 획기적인 발전을 이루었음에도 불구하고, 효율적인 국방경영 수단으로서 M&S를 이해하고 활용하는 것에는 또 다른 관점에서 많은 제한사항과 한계를 드러내게 되었다. 무엇보다도 M&S에 대한 올바른 이해가 턱없이 미흡하여, 획기적인 발전 속도에도 불구하고 원리와 원칙에 따라 제대로 활용하기보다는 여러 가지 오용과 남용의 사례들이 나타나기도 하였다.

  이러한 모습들은 효율적인 국방경영 수단으로서 M&S를 활용하기 위한 한국군의 비전과 목표, 마스터 플랜이 없다는 것과, 군·산·학·연 모두 M&S의 기본 이론과 원칙, 아키텍처와 표준, 기반기술, 첨단기술의 적용과 활용에 관심이 저조하다는 것에 기인한다. 미군을 중심으로 한 선진국에서 일반적으로 적용하고 있는 기반기술과 기반체계 및 시뮬레이션 기반 획득(SBA)과 지식 기반 획득(KBA: Knowledge Based Acquisition) 등 선진 시스템의 도입과 적용에도 무관심한 실정이다. 실전적 가상 합성 전장 환경을 마련해 주기 위해 미군을 포함한 선진국에서는 이미 활용하고 있는 LVC(Live, Virtual, Constructive) 구축의 경우, 각 군이 간절히 바람에도 불구하고 워파이터(Warfighters)의 새로운 작전요구에 대해 때로는 군 스스로, 때로는 관련된 이해당사자들의 이해와 인식, 실행 의지가 미흡한 실정이다. 특히, LVC 구축에 관련된 일부 이해당사자들은 워파이터들의 절박한 작전요구보다는 해당 조직과 기관의 이익이 무엇인가에 더 관심이 있는 듯 보이기도 했다. 그간 수차례 추진했던 국방개혁 및 군 구조 개편과 관련한 전투실험, 합동실험의 경우에도 M&S를 활용하여 제대로 해보고자 하는 절박함과 간절함이 결여된 모습으로, 관련된 M&S 자원과 기술이 부족하다는 이유로 제대로 시도조차 해보지 못하는 양상이 되곤 하였다.

전 세계에서 유일한 분단국가로서 한국전쟁 이후 정전상태로 남북이 대치한 가운데, 북한의 핵과 미사일, 생화학 무기 등 비대칭 전력의 위협이 가중되고 불확실성이 늘 상존해 있으며 역사적으로도 주변국들의 이해관계에 시달려 온 우리나라의 지정학적인 현실과 상황을 극복하고 국가의 주권과 영토와 국민의 생명과 재산을 지키기 위해 한국군에게 요구되는 작전요구에 비해 부족할 수밖에 없는 국방예산을 어떻게 하면 보다 지혜롭게, 보다 효율적으로 사용할 수 있을까 고민해야 하지 않겠는가? 한정된 국방 가용자원을 보다 효율적으로 활용하여 계속 늘어나는 다양한 작전요구를 충족하기 위한 수단으로 활용할 수 있는 M&S를 워파이터와 이해당사자들이 올바로 이해하고 제대로 발전시킬 수 있는 계기를 마련하는 것이 절대적으로 필요한데, 지금이 바로 그 시점이라는 것이다.

미군을 포함한 선진국들이 M&S를 중요한 국방경영 수단으로 인식하여 핵심기술의 유출을 통제하고 다양한 국방업무 분야에 활용하고 있는 상황에서, 한국군은 관련 원칙과 원리, 기반기술과 기반체계 확립에 신속한 추격자(Fast Follower)의 모습으로 지속적인 노력을 해야 할 것이다. 특히 그림 1에서 보는 바와 같이 과학기술의 발달로 요즘 대두되고 있는 Industry 4.0과 제4차 산업혁명에 따른 산업과 사회 환경의 변화, 그에 따른 국방환경의 변화와 도전에 대해 한국군은 보다 능동적이고 적극적으로 대응해야 한다는 것이다.

그림1 한국군의 M&S 발전경과와 미래 국방환경의 변화와 도전

그러한 관점에서 국방 M&S 관련 일련의 이야기를 통해 합리적 의사결정을 위한 수단이자 도구인 M&S를 올바로 이해하고 제대로 활용할 수 있도록 함으로써 그림 2에서 보는 바와 같이 한정된 국방 가용자원으로 다양한 작전요구를 충족할 수 있도록 하고, 다가오는 미래에 대비하여 발전방향을 제시하고자 하는 생각에서 본 이야기를 시작하게 되었다.

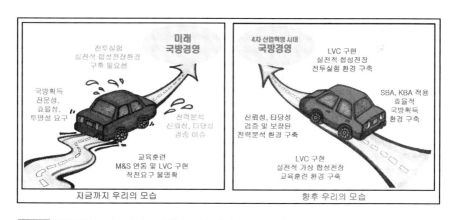

그림2 국방경영 수단으로서 모델링 및 시뮬레이션(M&S) 비전

효율적 국방경영 수단에 대한 간절함과 절박함!

몇 년 전인가 우연히 TV 드라마 '상도'의 한 장면을 접하게 되었다. 젊은 남자 주인 공이 행수에게 행수 어른처럼 장사를 잘하는 큰 상인이 되고 싶다며 장사를 잘하는 비법을 알려달라고 무릎 꿇고 간청하는 장면이었다.

"야 이놈아! 장사를 잘하는 비법이 세상에 어디 있느냐! 네가 오늘 저녁에 소 한 마리를 가지고 나가 팔지 못하면 네 마누라가 남의 종이 되고 네 자식새끼들이 거지가 된다고 생각해 봐라! 그러면 네가 무슨 수를 쓰든지 소를 팔고 오지 않겠느냐! 그런 간절함 절박한 마음으로 장사를 하면 되지 무슨 다른 비법이 있겠느냐!"

또 몇 년 전 어느 날인가는 마라톤 금메달리스트가 TV에 나와 우리나라 마라톤 의 퇴조를 안타까워하며 요즘 마라톤 선수들이 간절함과 절박함이 없다는 얘기를 하는 것을 들었다.

그 이전, 아주 오래 전에는 TV 코미디 프로그램 '웃음을 찾는 사람들', 약칭 '웃찾 사'라는 프로그램에 '형님 뉴스' 라는 코너가 있었다. 코미디를 시작하고 마치며 했던 아주 짧은 멘트가 지금도 귓가에 맴돌고 있다.

"뉴스가 뉴스다워야 뉴스지!"

위의 세 가지 이야기는 어떻게 보면 모델링 및 시뮬레이션(M&S) 이야기와는 아무 상관이 없어 보일 수도 있다. 그러나 20여 년 전부터 계속되어 왔고, 최근 들어 한반 도뿐만이 아니라 전 세계적으로 가장 큰 이슈가 된 북한의 핵 및 미사일(ICBM: Inter-Continental Ballistic Missile) 개발과 위협에 대한 대비와 국가 생존과 번영을 위해 국 방력을 강화해야 하는 필요성에 대한 인식의 관점에서 아주 밀접하게 관련되어 있다 고 생각한다.

북한의 핵 및 미사일 개발과 미국 본토 공격위협 사태의 본질에 대해 대다수의 국민들과 사회 전반의 분위기를 보면, 우리와는 상관이 없다는 제3자의 방관자적 관점에서 보고 있지 않은가 하는 생각이 든다. 국가생존을 위한 전략이 무엇인지, 막다른 위기상황에서 전쟁 외에 다른 선택의 여지가 없을 때 우리는 어떻게 대응할 것인지에 대해 물으면 너, 나 할 것 없이 모두 전쟁은 안 된다는 생각이고, 평창 동계올림픽도 한반도 평화 정착, 평화 프로세스 구축의 일환이라는 관점으로만 바라보고 있다. 북한의 위협과 협박에 대해 위정자, 정치인, 언론인 할 것 없이 모두 전쟁은 절대 안 되고 평화적 해결만이 방법이라고 하며, 국민 대다수가 무관심 또는 무사 안일주의로 흐르고 있다는 느낌이다.

국가 생존에 대한 위협과 협박에 평화적 접근만을 고집해서 평화로워질 수 있다면 얼마나 좋겠는가? 우리나라의 역사적 교훈을 살펴보더라도 우리 의사와 상관없는 수많은 전쟁을 치러왔지 않은가? 진정 한반도에서 평화를 원한다면, 그리고 우리나라의 국가 생존과 번영을 보장 받기를 원한다면 전쟁도 불사하는 강력한 의지와 각오, 그리고 국방력 강화를 통해 적과 주변국들의 위협과 협박에 대비할 수 있는 압도적인 힘이 있어야 하지 않을까? 그간 우리 군은 전력증강과 작전요구 충족을 위해서 충분하지는 않지만 국가재정 중 적지 않은 비중을 국방비로 방위력 개선사업에 투입하여 우리 군이 필요로 하는 거의 대부분의 무기체계를 독자적으로 개발하는 수준에까지 이르게 되었다. 그러나 우리 사회는 이러한 군에 대한 신뢰와 지지보다는 사회 도처에서 끊임없는 의혹과 불신을 보내는 것은 물론 천안함 전사상자, 연평해전 전사상자, 군 작전 및 훈련 도중 순직자에 대해 무관심을 넘어 부끄러울 정도로 함부로 대하는 모습이었다.

그럼에도 불구하고 국가 생존의 마지막 보루인 군은 참으로 힘들겠지만 국민과 국가에 이익을 남기는 자세로 대한민국 국군 본연의 임무에 충실해 줄 것을 기대한다. 한정된 국방 가용자원을 보다 효율적으로 운용하여 강력한 군을 건설함으로써 적보다, 주변국보다 절대 우위의 힘을 가지거나, 그것이 어렵다면 상대가 감당하기 어려운 비책을 보유함으로써 싸우지 않고도 이길 수 있는 힘과 능력을 키울 것을 기대하고자 한다. 더 나아가 과학기술의 발달과 사회, 산업 패러다임의 변화로 전장 환경이 급격히 변하는 미래에 보다 적극적 능동적으로 대비하는 자세가 절대적으로 필요한 시점이라고 생각한다.

이를 위해서 우리나라 군! 국군은 "국군이 국군다워야 국군이지!", 강군 건설을 위한 국방경영 주체들은 "국방경영 주체들이 국방경영 주체다워야 국방경영 주체이지!", 또한 워파이터들은 "워파이터가 워파이터다워야 워파이터이지!"라는 자세와 신념으로, 현재와 미래의 새롭고 다양한 작전요구 및 효율적인 국방경영 수단에 대한 간절함과 절박함으로 주어진 국민의 혈세를 낭비함 없이 적재적소에 효율적으로 운용하여 국민과 국가에 이익을 남길 수 있는 지혜가 있어야 할 것이다.

이야기 구성과 깊이

　본 국방 모델링 및 시뮬레이션(M&S) 이야기를 써 내려가면서 내용을 구성하는데 있어 몇 가지 사항을 고려하였다. 먼저 과학기술의 발달에 따른 사회, 산업, 전장 환경의 변화와 그에 따른 무기체계의 변화 및 국방 M&S의 변화와 혁신 요구에 대해 소개하고자 한다. 이를 위해 국방 M&S의 개념과 발전현황을 소개하고, 과학기술의 발달과 그에 따른 Industry 4.0과 최근의 제4차 산업혁명의 도래에 따른 사회와 산업, 전장 환경의 변화를 소개하고자 한다. 미군을 중심으로 한 선진국 군대의 M&S 기반기술, 기반체계, 활용사례 및 발전방향을 벤치마킹하여 한국군의 M&S 발전 비전과 방향을 제시하고, 군·산·학·연의 적극적인 참여와 협조를 제안하고자 한다. 특히 한국군의 M&S에 대해 미래에 어디로 어떻게 가야하는지에 대한 도전 및 과제와 그 저변에 담겨있는 이야기들을 가능한 한 알기 쉽게 서술하고자 한다.

　본 M&S 관련 이야기는 시작하는 이야기 3가지를 통해 이야기를 시작하게 된 배경과 한국군에 왜 효율적 국방경영 수단인 M&S가 필요한지, 그리고 내용 구성과 깊이를 어떻게 할 것인지를 먼저 서술하였다. 이어서 본문을 총 7편을 100가지 이야기로 구성하여 제1편에서는 국방경영 수단으로서 M&S란 무엇인지, 제2편에서는 현재까지 어떻게 발전되어 왔는지, 제3편에서는 변화 요구와 도전으로 과학기술의 발달과 제4차 산업혁명의 도래에 대해 설명하고, 제4편에서는 그에 따른 무기체계와 전장 환경의 변화에 대해 설명하고자 한다. 제5편에서는 국방 M&S의 미래와 어디로 갈 것인지를 설명하고, 제6편에서는 어떻게 갈 것인지, 그리고 제7편에서는 이러한 일련의 이야기들에 앙금처럼 남겨진 뒷이야기들을 서술하여 구성하고자 한다. 마지막으로 '맺는 이야기'를 통해 본문에서 못 다한 이야기와 '이야기를 마치며'로 마무리를 짓고자 한다.

　본 이야기의 구성은 본문 총 7편을 구성하는 100가지 이야기와 시작하는 이야기 3가지, 맺는 이야기 2가지까지 모두 105개 이야기로 구성하고자 한다. 내용 구성면에서 특정 분야의 이야기가 전체의 10%를 넘지 않도록 구성하였으며, 개략적으로 한국군의 M&S 활용 분야인 교육훈련 분야, 전력분석 분야, 국방획득 분야, 그리고 전투실험 분야를 주요 이슈별로 구분하여 이야기를 전개하고자 하였다. 특히 본문에 해당하는 7편의 구분은 시간의 흐름에 따른 M&S의 발전경과를 바라보고자 하였으며, 각 편이 동일한 비중을 갖는 관점보다는 관련된 이슈의 관점에서 이야기를 풀어가고자 하였다.

본 이야기를 서술하는 내용의 깊이 면에서는, 일단 쉽지 않겠지만 국방 M&S에 대해 깊은 지식과 통찰이 없어도 국방 업무분야에 어떻게 활용해야 하는지, 또 미래에 어떻게 M&S를 개발하고 활용해야 하는지에 대한 방향을 이해하고 인지할 수 있는 수준으로 이야기를 풀어 가고자 노력하였다. 본문 이야기의 중간 중간에 이해하기 어려운 주제와 이슈들이 나타나긴 하지만 M&S 전문가들의 기술표준관점(Technical Standard View)보다는 워파이터들(Warfighters)의 작전운용관점(Operational View)과 시스템관점(System View) 위주로 서술하고자 하였다.

특히 기술표준관점(Technical Standard View)에 대한 상세한 설명은 가급적 배제하려고 하였고, 학문적(Academic)인 시스템 시뮬레이션(System Simulation)의 이론에 관한 사항도 가급적 배제하고 워파이터를 사용자로 설정해 작전운용관점(Operational View)에서의 활용을 위주로 서술하였으며 작전술 교리, 전술, 전기, 절차(DTTP: Doctrine, Tactics, Techniques, Procedures) 기반의 상세한 모의 논리 관련 이슈도 가급적 포함하지 않았다. 국방획득 분야의 경우는 공학급 수준의 연구개발(R&D)에 관한 상세한 내용보다는 개략적인 내용과 무기체계 획득 수명주기 전반과 시험평가 활용 등 시뮬레이션 기반 획득(SBA)에 대한 개념 위주로 설명하는 등, 대다수 기술표준관점의 설명은 M&S 사용자인 워파이터가 이해하고 활용할 수 있는 수준으로 서술하였다. 기술표준관점과 시스템관점에서 M&S 전문가, 개발자의 이해가 필요한 부분은 저자가 특정 부분을 인용하지도 않았고 전체적인 개념을 이해하여 나름대로 이야기 식으로 제시하였음으로 해당 주제에 관한 참고문헌은 제시하되 정확한 인용 페이지와 내용은 제시하지 않았다. 전반적으로 본 이야기는 효율적인 국방경영 수단으로서 모델링 및 시뮬레이션(M&S)을 활용하는 군의 사용자, 워파이터 위주로 그 수준을 맞추고자 노력하였다.

제1편

국방경영 수단으로서 M&S란 무엇인가?

|

선암사 쌍다리, 46×30㎝, 수채화, 2016. 9, 松霞 이종호

1. 국방경영 수단으로서 M&S란 무엇인가?

모델링 및 시뮬레이션(M&S: Modeling and Simulation, 이하 M&S로 표현)이란 모델링 (Modeling)과 시뮬레이션(Simulation)의 결합어로 통상 M&S라고 표현한다. 여기에서 모델링(Modeling)이란 실제 세계에 대한 표현을 개발하는 과정을 의미한다. 이는 곧 국방 분야의 실제 세계인 전장 환경, 무기체계, 군 조직의 편성, 인간과 조직의 현상, 절차, 행태 등에 대한 수학적, 물리적, 논리적 등 다양한 형태의 표현 개발과정을 의미한다. 이러한 모델링의 결과로서 만들어지는 것을 모델이라 부른다. 시뮬레이션 (Simulation)이란 이렇게 만들어진 모델을 시간의 흐름상에서 실행하여 실제 체계에 대해 교육 훈련, 연구, 조사, 분석, 실험의 수단으로 활용하는 기법을 의미한다.

시뮬레이션(Simulation)을 수행하는데 있어 두 개 이상의 대응세력이 있는 경우를 게임(Game)이라고 부르는데, 여기에는 시뮬레이션 내에 두 개 이상의 대응세력이 있는 경우도 있을 수 있고 시뮬레이션은 게임 환경을 만들어주고 인간과 기계의 인터페이스(Man-Machine Interface)를 통해 여러 사람이 온라인상에서 참여하여 일정한 역할을 수행함으로써 게임을 진행하는(Massively Multi-Players Online Role Playing Game) 등 여러 가지 유형의 게임이 있을 수 있다. 이 중에서 전쟁에 관한 게임을 통상 위게임이라 부르고, 전투모의를 한다고 표현하기도 한다. M&S 기본개념을 간략히 정리하면 그림 3에서 보는 바와 같다.

이러한 M&S를 국방 업무분야에 활용하는 과정에서 기본 개념과 원리를 제대로 이해하지 못함으로 인해 여러 가지 오류를 범할 수 있다. 그 대표적인 사례 중 하나가 모델링과 모델의 개념이다. 앞서 설명한 모델링은 실제 체계에 대한 표현을 개발하는 과정으로 M&S 개념의 또 다른 표현은 그림 4에서 보는 바와 같다. 우리 군은 그동안에 수많은 모델들을 개발하는 모델링 과정에서 실제 체계에 대한 표현(Representation)의 관점에서, 할 수만 있다면 실제 체계를 보다 정확히 나타내고자 하는 복제(Replication)의 관점에서 접근하여 과도할 정도로 사실적 표현에 집착하는 경향을

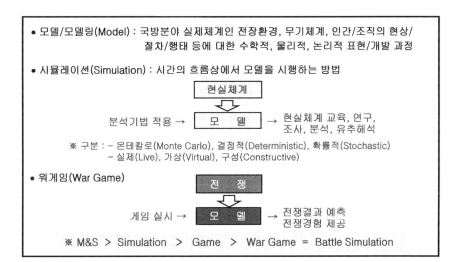

그림 3 모델링 및 시뮬레이션(M&S) 기본개념

보여 왔다. 모델링 결과로서 만들어지는 모델은 얼마만큼 실제 체계를 있는 그대로 정확히 표현했는지가 중요한 것이 아니고 사용하고자 하는 사용자의 목적과 의도, 용도에 맞는 수준으로 묘사하고 표현했는지가 중요한 것이다. 예로서 하급제대 전투에서 중요한 요소가 있다 하더라도 그것이 상세하게 묘사되고 안 되고는 대부대급 작전의 묘사와 표현에서 중요하지 않을 수 있다는 것이다.

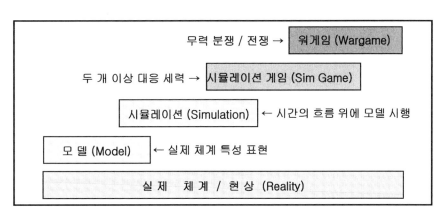

그림 4 모델, 시뮬레이션, 게임, 워게임 개념도

또 다른 관점에서 모델을 개발하는 모델링 과정에서는 실제 체계 또는 보유 능력 이외의 표현을 자제해야 한다. M&S를 개발하고 활용하는 과정에서 범하기 쉬운 오

류와 유혹 중 하나가 과도한 묘사와 표현을 개발하는 것이다. 통상적으로 나타나는 현상은 현 시점에 묘사하고 표현하고자 하는 부대가 보유하고 있지 않은 무기체계와 능력이지만, 타 군이나 동맹군이 보유하고 있는 타격자산이나 정보, 감시 및 정찰 (ISR: Intelligence Surveillance & Reconnaissance) 자산의 경우 이를 포함하여 표현하고자 하는 경우가 종종 있다. 모델링의 결과로 만들어지는 모델이 주로 소프트웨어로 만들어지다 보니 실제는 그러한 능력과 체계가 없음에도 부대의 현황과 태세를 자동으로 묘사하는 경우도 있고, 연습과 훈련의 통제라는 명목으로 과도할 정도의 상황도나 가시화(Visualization) 도구를 구현하는 경우도 있어 왔다.

한국군은 그간 통상적으로 부르는 M&S가 너무 어렵다는 이유로 그냥 워게임이라고 부르자는 논의가 여러 차례 있어 왔고, 실제로 한동안은 M&S 종합발전계획을 워게임 종합발전계획이라고 부르기도 하였다. 그러나 앞서 설명한 M&S의 의미를 자세히 살펴보면 워게임이라는 용어로 M&S를 대체하여 설명하기에는 여러 가지 면에서 부적절함을 알 수 있게 된다. 우선 실제 체계를 표현하여 모델을 개발하는 단계인 모델링 개념이 빠져 있고, 두 개 이상의 대응 세력이 존재하지 않는 상황과 꼭 전쟁까지를 묘사할 필요가 없는 국방업무의 다양한 활용분야에까지 워게임이라 부르는 것이 적합하지 않으며, 무엇보다도 그림 3에서 보는 바와 같이 시뮬레이션의 하위 개념인 게임을 넘어서, 그 게임의 하위 개념인 워게임으로 M&S를 대체하여 표현한다는 것 자체가 부적합하다는 것이다.

결국, M&S는 국방 분야의 실제 체계를 사용 목적과 의도, 용도에 적합하게 표현하여 모델을 개발하고, 그 모델을 시간의 흐름상에서 실행하여 실제 체계에 대해 교육 훈련, 연구, 조사, 분석, 실험의 수단으로 활용하는 과학(Science)적인 기법인 동시에 사용자, 운용자의 능력과 역량에 따라 그 운용 결과와 성과가 결정되는 아트(Art)적인 요소가 포함되어 있는 하나의 국방경영 수단이라는 것이다.

2. M&S! 왜 필요한가?

과학(Science)적이면서도 아트(Art)적인 성격이 강해 활용이 그리 쉽지만은 않은 모델링 및 시뮬레이션(M&S)이 국방경영 수단으로 왜 필요할까?

그간 한국군은 지속적으로 다양한 형태의 신규 작전요구가 증가되어 왔고, 이러한 전통적인 작전요구에 더해 과학기술의 발전과 기술융합에 의한 4차 산업혁명의 도래에 따른 미래 사회, 산업, 전장 환경의 변화와 더불어 새로운 작전요구가 대두될 것으로 예상되고 있다. 한국군은 건군 이래 초창기에는 북한의 재래식 전력 대비 부족한 부분을 보완하기 위해 다양한 무기체계들을 독자적으로 개발하고 전투준비태세를 향상시키는 노력을 경주해 왔고, 북한의 장사정포의 수도권 위협과 다양한 유형의 도발에 대응하는 능력을 확보하기 위해 노력해 왔다. 또한, 북한의 핵, 미사일, 화학, 생물학전, 사이버전 등 비대칭전력의 위협에 대응하기 위해 다양한 신규 작전요구를 도출하여 왔다. 이에 추가하여, 최근에 화두로 대두되고 있는 과학기술의 융합과 Online과 Offline의 융합, 사이버 물리 시스템(CPS: Cyber Physical Systems)과 3D 프린터를 이용한 북한과 주변국의 새로운 무기체계 개발과 그에 의한 미래 위협에 대비하고자 하는 작전요구가 증가하고 있는 추세이다.

표 1에서 보는 비와 같이 그간 지속적으로 국가재정과 국방예산이 늘었음에도 불구하고 이러한 전통적 또는 신규 작전요구의 증가에 비해 국방예산의 부족과 압박은 계속될 것으로 보인다. 우리나라 국가재정 대비 국방예산의 비중이나 GDP 대비 국방예산의 비중을 보면 그리 적은 수준이 아니고, 국가 전반적인 재정 소요에 비하면 상당한 부담이 되는 것은 사실이나 북한의 위협에 대비하고, 주변국의 잠재적 위협에 대비하기에는 여전히 부족한 수준임을 부인할 수는 없을 것이다. 특히 전시 작전 통제권(이하 전작권으로 표현) 전환과 관련하여 역대 정권들이 소요예산을 추정한 것을 보면, 당시 연간 국방예산의 20배 정도의 자원이 필요함을 알 수 있다. 지금도 여전히 전작권 전환을 위해 노력하고 있지만 과연 얼마만큼의 국방예산을 증액하였

는지 현실은 그리 녹록하지 않은 실정이다.

표 1 국방예산 추이(GDP 대비, 국가재정 대비)

www.mnd.go.kr/mbshome/mbs/mnd/subview.jsp?id=mnd_010401020000

연도	국방비(억원)	GDP 대비 국방비(%)	정부재정 대비 국방비(%)	방위력개선비(%)
1980	22,465	5.69	34.7	
1985	36,892	4.23	29.4	
1990	66,378	3.36	24.2	
1995	110,744	2.58	21.3	
2000	144,390	2.28	16.3	
2005	208,226	2.26	15.5	
2010	295,627	2.34	14.7	
2015	374,560	2.39	14.5	29.4
2016	387,995	2.37	14.5	30.0
2017	403,347	2.33	14.7	30.2
2018	431,581	2.38	14.3	31.3

국방예산의 많고 적음이나 적정수준 여부를 따지는 것과는 별개로 한국군은 국민의 혈세로 주어진 국방예산을 보다 지혜롭고 효율적으로 운용하여 강군을 육성하는 지혜를 발휘해야 하는데, 이때 활용될 수 있는 수단이 바로 M&S라는 것이다. M&S를 국방 업무분야에 활용하기 위해서는 우선 사용 목적과 의도에 부합한 신뢰할 수 있는 모델이 있어야 하며, 이 모델들을 잘 운용할 수 있는 각종 데이터와 장비, 시설, 전문가들이 있어야 한다. 즉 M&S를 활용하기 위해서는 많은 시간과 자원, 노력이 수반되어야만 한다는 것이다. 그렇다 하더라도 M&S가 다양한 국방 업무분야에서 효율적으로 운용될 수 있는 하나의 기법이며, 실질적으로는 거의 유일한 수단이라는 사실을 제대로 이해해야 할 것이다.

1차, 2차 세계대전 당시에는 다양한 유형의 운영분석(OR: Operations Research) 기법들이 활용되었다. 그 예로 항만과 해상봉쇄를 위한 최적의 기뢰 부설방안, 해로(海

路) 확보를 위한 소해 방안, 적 잠수함 탐지 방안, 어뢰 투하 방안, 표적 탐지 및 타격 자산 할당 방안 연구 등에 여러 가지 이론과 최적화(Optimization) 이론 등을 활용하였다. 그러나 실제 전장 환경과 국방 문제와 이슈에 실질적으로 운영분석(OR) 이론과 기법을 바로 적용하는 것이 쉽지 않다. 예로서, 다양한 국방 업무분야에 전통적인 통계분석기법을 적용하기에는 데이터가 각각 독립적이고 동일한 분포(iid: Independent Identically Distributed)를 가져야 한다는 가정사항을 준수하기 쉽지 않으며, 선형계획법(LP: Linear Programming)을 적용하기에는 선형(Linearity) 가정사항을, 시계열분석기법(Time Series Analysis)을 적용하기에는 전후 데이터 간의 자기상관(Auto Correlation) 가정사항을, 마코브(Markov) 체인/프로세스를 적용하기에는 마코비언 특성(Markovian Property) 가정사항 등을 준수하기가 쉽지 않다는 것이다.

결국 국방 업무분야에 적용 가능한 여러 가지 다양한 운영분석(OR) 기법들이 있음에도 막상 제대로 적용하려고 보면 각 기법의 이론적 근간이 되는 가정사항을 충족할 수 있는 여건이 안돼서 실질적으로 운용할 수 없게 된다는 것이다.

즉 국방 업무분야의 해당 문제 해결에 다양한 운영분석(OR) 기법들을 적절하게 적용하기에는 각각의 기법들이 학문적, 이론적 가정과 전제의 토대 위에서 정립된 반면 실제 국방환경에서는 그러한 가정과 전제 조건을 충족하기가 어렵기 때문에 실질적으로 운영분석(OR) 기법들을 적용하기에는 한계가 있다는 것이다. 이러한 점들을 고려할 때, 결국 M&S가 여러 가지 어려움과 제한사항은 있지만 운영분석(OR) 기법 중 상대적, 실질적으로 국방 업무분야에 적용이 용이하고 효율적인 수단이며 거의 유일한 수단이라는 것이다.

M&S를 활용하기에는 많은 시간과 자원, 노력이 필요하지만 기반 과학기술의 획기적 발달과 가격의 하락으로 예전에 비해 활용하기가 훨씬 수월해졌다. 이와 더불어 대다수의 국방 관련 문제가 정치, 군사, 외교적으로 국내 또는 주변국들과 민감한 이슈들이거나 접근이 불가하거나 곤란한 지역인 경우가 대부분으로 이에 대한 작전계획의 수립 또는 분석이나 훈련과 연습을 컴퓨터 프로그램으로 은밀히 수행할 수 있다. 이 과정에서 환경 파괴나 오염과 소음을 예방하고 그에 따른 민원도 예방할 수 있는 등 여러 가지 이점이 있다는 것이다.

M&S를 국방 업무분야에 활용하기 시작한 초창기에는 일반 사회와 산업분야보다 군이 발전을 주도하고 상대적으로 활발히 사용하였다. 그러나 정보통신기술(ICT:

Information and Communication Technology)을 비롯한 과학기술의 발전과 다양한 유형의 실제(L: Live), 가상(V: Virtual), 구성(C: Constructive) 시뮬레이션 기법들의 발전 및 기술융합에 의해 민간 산업분야에 M&S의 활용이 기하급수적으로 확대되고, 확산되어 가는 추세에 있다. 이제 한국군은 새로운 관점에서 새로운 가치 창출을 위해 M&S를 국방 업무분야에 활용하고 활성화하여, 한정된 국방 가용자원으로 최대한 효율적으로 작전요구를 충족하고자 하는 간절함과 절박함으로 M&S를 활용하고자 노력해야 한다.

3. M&S! 어디에 어떻게 쓰이나?

국방 업무분야에 모델링 및 시뮬레이션(M&S)이 활용되는 곳은 크게 교육훈련 분야, 전력분석 분야, 국방획득 분야 및 전투실험 분야로 구분할 수 있다.

먼저 교육훈련 분야에서는 대부대 연습 및 훈련, 소부대 훈련, 그리고 개인 및 주요 전투 장비 승무원들의 교육 훈련으로 구분할 수 있다. 대부대 연습 및 훈련은 한미연합사의 팀스피리트와 독수리연습, RSO&I(Reception, Staging, Onward Movement & Integration)/KR(Key Resolve), UFL(Ulchi Focus Lens)/UFG(Ulchi Freedom Guardian)와 대화력전 연습 등과 같은 다양한 형태의, 과거와 현재의 연합합동 연습이 있으며, 합참의 경우 과거 압록강 연습이나 현재 태극 연습이 있다. 각 군의 경우는 과거 백두산 연습과 사단/군단 BCTP(Battle Command Training Program), 필승 연습, 웅비 연습, 천자봉 연습 등이 있다. 이러한 대부대 연습과 훈련에서 과거에는 팀스피리트와 같은 대규모 실 기동훈련을 실시한 적도 있지만, 현재에는 대다수의 경우 구성(C) 시뮬레이션인 한미 모델 연동체계와 대화력전 모의체계, 태극, 창조21, 청해, 창공, 천자봉 모델 등을 활용하여 수행하고 있다. 대부대 연습 및 훈련에서는 주로 사단, 함대, 비행단급 이상 지휘관 및 참모들을 대상으로 다양한 시나리오상에서 참모 판단 및 지휘관 판단과 결심을 위한 연습을 통해 작전계획을 숙달하고, 전쟁 수행 절차를 연습하며, 전투준비태세를 유지하는 것을 주목적으로 하고 있다.

소부대 교육 훈련을 위해서는 실제(L), 구성(C) 시뮬레이션이 주로 사용되는데, 대표적인 실제(L) 시뮬레이션의 경우는 육군의 과학화 훈련장(KCTC: Korea Combat Training Center)과 공군의 ACMI(Air Combat Maneuvering Instrumentation)가 있다. 구성(C) 시뮬레이션도 빈번히 사용되는데 전투21 모델, 전투근무지원 모델, 해군 해상전술종합훈련장체계 등을 활용하여 수행하게 된다. 소부대 교육 훈련에서는 소부대의 지휘관·지휘자 및 참모, 주요 전투 장비 승무원과 각개 전투원을 함께 포함하여 다양한 전장 환경과 상황에 대해 전술, 전기, 절차를 연마하는 것을 목적으로 하고 있다. 이 과정에서 주요 전투 장비 승무원에 대해서는 가상(V) 시뮬레이션을 활용할 수도 있다.

개인 교육 훈련의 경우 각 군의 신병훈련소와 병과학교 등을 통해 각개 전투원과 주요 전투 장비 승무원, 초급 지휘자들에 대해 실제(L), 가상(V), 구성(C) 시뮬레이션 또는 간단한 게임(G: Gaming)을 통해 각개 병사의 전투기술과 주요 전투 장비 기본 운용 및 전술운용, 지휘능력 배양을 위한 교육 훈련을 실시하는데 활용하고 있다. 또한 각 군에서는 군과 부대의 임무와 특성에 맞게 실제(L), 가상(V), 구성(C) 시뮬레이션 또는 게임(G)을 통해, 때로는 간단한 형태의 VC 연동을 통해 실전적 전장 환경과 전투기술 숙달과 주요 장비 운용을 위한 교육 훈련을 실시하기도 한다.

전력분석 분야에서는 대규모 작전계획 수립 및 발전을 위해 전구급(Theater Level) 및 전역급(Campaign Level) 분석모델인 TACWAR(Tactical Warfare Model), JICM(Joint Integrated Contingency Model), JOAM-K(Joint Operation Analysis Model-Korea), NORAM(Naval Operation Resource Analysis Model), ITEM(Integrated Theater Engagement Model), STORM, Thunder 등을 활용한다. 한편 연습 및 훈련 중에 실시간 방책을 연구, 분석하기 위해서 전구급 및 전역급 분석모델을 활용하기도 하고, 경우에 따라서는 C4ISR(Command, Control, Communication, Computer, Intelligence, Surveillance and Reconnaissance) 체계에 내장된(Embedded) 분석모델을 활용하기도 한다. 소부대급 작전계획 수립 및 연구나 무기체계 효과분석과 운용개념을 발전시키고자 할 경우에는 임무/전투급(Mission/Combat Level) 및 교전급(Engagement Level) 분석모델인 AWAM(Army Weapon Effectiveness Analysis Model), OneSAF(One Semi-Automated Forces), EADSIM(Extended Air Defense Simulation) 등을 활용하게 되고, 육군의 경우 전시 자원소요를 분석하기 위해서 GORRAM(Ground Operations, Requirements, Resources Analysis Model) 모델을 활용하게 된다.

국방획득 분야에서 M&S 활용은 무기체계 전 수명주기관리(TLCSM: Total Life Cycle Systems Management) 관점에서 보다 효율적으로 획득업무를 수행할 목적으로 시뮬레이션 기반 획득(SBA: Simulation Based Acquisition)이라는 개념으로써 활용하게 된다. 시뮬레이션 기반 획득(SBA)이라 함은 무기체계 획득을 위한 각 단계에서 단순히 M&S를 활용하는 개념을 넘어서는 것으로, 연구개발 단계의 단순한 컴퓨터 보조 디자인(CAD: Computer Aided Design)과 컴퓨터 보조 제조(CAM: Computer Aided

Manufacturing)의 수준을 넘어, 무기체계 획득 전 수명주기에 관련된 이해당사자들이 M&S를 활용한 협업·공조 활동을 통해 보다 빨리, 보다 저렴하게, 보다 양질의 무기체계를 획득할 수 있도록 하자는 일종의 획득 문화이다. 이를 위해 소요기획 단계에서는 소요제안, 소요요청, 소요제기, 소요결정의 전 과정과 국방부에서 주관하는 전력소요 검증 과정에 이르기까지 M&S를 활용하여 교전급(Engagement Level)에서 전구급(Theater Level)까지 단위 무기체계 효과(MOE: Measures of Effectiveness)와 이종 무기체계 간 가치(MOV/MOO: Measures of Value/Outcome)의 Trade-off 비교분석을 하게 된다.

획득단계에서는 세부 단계인 계획, 예산, 집행 전 단계 간 다양한 분석모델과 연구개발 모델 및 도구, 제조생산 모델 및 도구들을 활용하게 된다. 먼저, 계획단계에서는 선행연구와 사업분석, 통합분석에 주로 교전급 모델을 활용하여 무기체계 효과를 분석하고, 예산단계 진입 직전에 사업타당성 조사를 수행하게 된다. 집행단계에서는 무기체계를 국내 연구개발하게 되면 공학급(Engineering Level) 모델들을 활용하여 체계, 부체계에 대한 설계를 수행하고 필요시에는 HILS(Hardware In the Loop Simulation)를 활용하며, 제조생산 단계에서도 적절한 모델과 도구를 사용하게 된다. 해외구매의 경우에도 M&S를 활용하여 S&A(Study and Assessment)를 수행하게 된다. 무기체계 개발에 따른 개발 및 운용 시험평가(DT/OT: Development/Operational Test)의 경우에도 실전적 시험평가 환경 마련이 어렵거나, 많은 시간이 소요되거나, 안전과 환경오염의 문제가 있는 등 필요한 경우 M&S를 활용하게 된다.

운용유지 단계에서도 각 군과 합참은 무기체계 전력화 평가나 전력운용 분석을 위해서 필요한 M&S를 활용하여 다양한 분석업무를 수행한다. 미군을 중심으로 한 선진국들은 이러한 무기체계 획득업무를 보나 효율적으로 수행하고, 양질의 무기체계를 확보한 예산으로 계획한 기간 내에 계획한 수량을 획득할 수 있도록 시뮬레이션 기반 획득(SBA) 개념을 적용하고, 이에 추가하여 미 공군의 경우 JMASS(Joint Modeling and Simulation System)를, 미 육군의 경우 SMART(Simulation and Modeling for Acquisition, Requirements and Training) 프로그램을 활용하기도 한다.

마지막으로 전투실험, 합동실험 분야에도 M&S를 활용할 수 있다. 한국군은 그간 국방개혁과 군 구조 개편 등 필요에 따라 합참은 합동실험을, 각 군은 전투실험을 나름대로 설계하여 수행하느라 노력해왔다. 전투실험 및 합동실험 간 M&S의 활용은 새로운 군 구조, 편성, 교리, 전술, 전기, 절차, 무기체계, 첨단기술 등 다양한 실험 주제와 대상에 광범위하게 활용될 수 있다. 그럼에도 지금까지 한국군은 전투실험, 합동실험에 꼭 맞는 실험 전용 M&S가 없다는 인식이 많았으며, 경우에 따라서는 교육훈련용 모델이나 전력분석용 모델을 활용한다든지 교육훈련용 모델들을 실험 목적에 부합하도록 연동하여 운용하는 방안 등을 간과해 왔다. 정말로 국방개혁과 군 구조 개편을 위해 절박하고 간절한 심정으로 전투실험, 합동실험을 고려하고, 실전감 있고 실효적인 실험체계 구축을 위해 고민하였다면 경우에 따라서는 연합합동 연습의 일부로서, 사단/군단 BCTP 연습의 일부 또는 연습의 목적과 성격을 변경해서라도 얼마든지 전투실험, 합동실험을 수행할 수 있지 않았을까 생각한다.

결국 M&S의 국방 업무분야 활용은 군의 기본적인 업무에 해당하는 교육훈련, 전력분석, 국방획득, 그리고 전투실험 분야에 이르기까지 두루두루 광범위하게 활용할 수 있음을 알 수 있다. 이러한 다양한 활용 분야와 목적에 꼭 부합한 M&S가 비록 아니더라도 필요한 경우 모델의 연동을 통해 또는 실제(L), 가상(V), 구성(C) 시뮬레이션과 같은 다양한 시뮬레이션들을 연동하여 사용하고자 하는 의도와 목적에 근접하는 새로운 능력을 창출할 수도 있을 것이다. 특히 M&S의 활용 목적이 의사결정자를 대신하여 판단과 결심을 하는 것이 아니라 묘사하고 표현하고자 하는 실제 체계에 대한 통찰과 합리적 사고의 기회를 제공하는 것이라는 점을 이해한다면 더욱더 다양한 업무분야에 활용할 수 있을 것이다. 한국군의 군과 기관별 M&S 활용분야는 그림 5에서 보는 바와 같다.

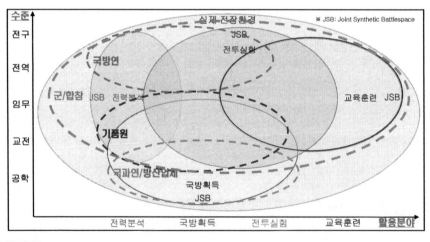

그림 5 한국군 모델링 및 시뮬레이션(M&S) 활용분야 개념도

4. M&S! 어떻게 구분되나?

　　모델링 및 시뮬레이션(M&S)에 대한 구분과 분류는 일반적으로 모델의 성격, 부대 묘사수준, 작전 환경, 함축수준, 운용의 지속성, 모델의 형태, 사용기법 또는 자동화 수준, 불확실성 또는 우연성 고려 여부, 사용 목적, 시뮬레이션 유형 등 다양하게 나누어 볼 수 있다.

표 2 모델의 구분(분류)

(WPH P3~6, JAB&JKG P22~24, GDB&MS P8,19~25)

구 분	세 부 분 류
모델의 성격	설명형(Descriptive) 모델, 규정형(Prescriptive) 모델, 예측형(Predictive) 모델
부대 묘사 수준	전구급(Macro) 모델, 다수부대 교전(Medial) 모델, 단일부대 교전(Micro) 모델, 일대일(One-on-one) 모델
모델 작전 환경	지상전 모델, 해상전 모델, 공중전 모델, 상륙전 모델
모델의 함축성	함축(Abstract) 모델, 비함축(Less Abstract) 모델
모델 운용의 지속성	임시(Ad hoc) 모델, 상시 모델
모델의 형태	언어적(서술식) 모델, 분석적/수학적 모델, 다이어그램/플로어차트(절차) 모델, 아날로그(물리적) 모델, 디지털(컴퓨터 프로그램) 모델
모델 사용기법 (모델의 자동화 수준)	수동 모델, 컴퓨터보조 모델, 완전한 컴퓨터 모델

　　먼저 표 2에서 보는 바와 같이 모델의 성격의 관점에서는 설명형(Descriptive) 모델, 규정형(Prescriptive) 모델, 예측형(Predictive) 모델로 구분할 수 있다. 부대 묘사수준의 관점에서는 전구급(Macro) 모델, 다수부대 교전(Medial) 모델, 단일부대(Micro) 모델, 일대일(One-on-One) 모델로 구분하거나, 또는 전구/전역급(Theater/Campaign Level) 모델, 전투/임무급(Combat/Mission Level) 모델, 교전급(Engagement Level) 모델, 공학급(Engineering level) 모델로 구분할 수 있다. 모델의 작전 환경에 따라서는 지상전 모

델, 해상전 모델, 공중전 모델, 상륙전 모델로 구분할 수 있고, 모델의 함축수준에 따라 함축(Abstract) 모델과 비함축(Less Abstract) 모델로 구분할 수 있다.

　모델 운용의 지속성 관점에서 임시(Ad hoc) 모델과 상시 모델로 구분할 수 있고, 모델의 형태에 따라서는 언어적(서술식) 모델, 분석적/수학적 모델, 다이어그램/플로어차트(절차) 모델, 아날로그(물리적) 모델, 디지털(컴퓨터 프로그램) 모델로 구분할 수 있다. 모델 사용기법 또는 자동화 수준에 따라서는 수동 모델, 컴퓨터 보조 모델, 완전한 컴퓨터 모델로 구분할 수 있다. 그 외에도 모델 내에 불확실성 또는 우연성 요소 고려 여부에 따라 확률적(Stochastic) 모델과 결정적(Deterministic) 모델로 구분하고, 사용 목적과 용도에 따라 교육훈련 모델, 분석모델, 획득 모델, 전투실험 모델로 구분하기도 하며, 특히 시뮬레이션 유형에 따라 실제(L) 시뮬레이션, 가상(V) 시뮬레이션, 그리고 구성(C) 시뮬레이션으로 구분하게 된다.

　이처럼 M&S를 구분하는 관점은 여러 가지가 있으나 우리 군에서 활용하는 M&S의 구분은 통상적으로 사용 목적, 시뮬레이션의 유형, 부대 묘사수준, 불확실성/우연성 고려 여부에 따라 구분하고 있다. 먼저 사용 목적과 용도에 따라서는 앞서 설명한 것과 같이 교육훈련, 분석, 획득, 전투실험 모델로 구분하게 된다. 교육훈련 모델은 개인 교육, 소부대 교육 훈련, 대부대 연습 및 훈련용으로 구분할 수 있으며, 여기에는 실제(L), 가상(V), 구성(C) 시뮬레이션들이 모두 포함되고, 부대 묘사 수준도 교전급에서부터 전투/임무급, 전역/전구급까지 모두 포함된다. 교육훈련용 모델의 특징은 사용 목적과 대상에 따라 묘사되는 부대의 수준 차이가 있으나 일반적으로 묘사의 정확성보다는 전장 환경과 상황의 다양성에 초점을 맞추기에 모의 논리와 파라미터나 입력 데이터의 정확도는 상대적으로 덜 중요하게 되며, 따라서 확률적(Stochastic) 모델의 특징을 가지게 된다.

　분석모델의 경우에는 전력분석, 국방획득 분야에 활용을 막론하고 부대 묘사수준에 따라 전구/전역급(Theater/Campaign Level) 모델, 전투/임무급(Combat/Mission Level) 모델, 교전급(Engagement Level) 모델, 공학급(Engineering level) 모델로 구분할 수 있다. 전구/전역급 모델은 연합사, 합참 또는 구성군사 차원에서 한반도 전구 작전계획 수립이나 방책 분석 등에 활용하게 되며, 전투/임무급 모델은 작전사 차원의 작전계획 수립이나 방책 분석, 전력 분석에 활용되고, 교전급 모델은 하급제대 방책 분석이나 무기체계 효과도 분석 등에 활용하며, 공학급 모델은 주로 무기체계 연구

개발 시 체계, 부체계 설계과정에서 활용하게 된다. 분석용의 경우에는 주로 구성(C) 시뮬레이션이 주를 이루며, 확률적(Stochastic) 모델과 결정적(Deterministic) 모델을 병행하여 사용할 수 있다. 이때 결정적(Deterministic) 모델은 전구/전역급 분석모델에서 작전계획 분석이나 방책 수립을 분석하는 과정에서 작전계획과 방책수립에 고려요소가 많고 시나리오가 단계별로 복잡하여, 불확실성과 우연성을 고려할 경우 분석 대안에 영향을 미치는 요소가 무엇인지 식별이 곤란할 경우에 적용하게 되고, 반면에 확률적(Stochastic) 모델은 전투/임무급 이하 모델을 활용하여 분석 시에 시나리오나 분석모델에 입력자료는 복잡하지 않으나 어떤 모습이든지 불확실성 또는 우연성을 고려하고자 할 때 적용하게 된다. 통상 분석모델은 작전술 상황과 국면을 단순화하여 함축적으로 묘사하고, 파라미터 및 입력 데이터의 정확도를 중요시한다.

획득모델의 경우에는 무기체계 획득 전 수명주기 각 단계에 따라 부대 묘사 수준에 의해 구분되는 모델이 모두 활용될 수 있으며, 시뮬레이션 유형 중 일반적으로 활용되는 구성(C) 시뮬레이션 외에도 HILS(Hardware In the Loop Simulation)와 FMS(Flight Motion Simulator), 그 외 제조생산 및 시험평가에 활용되는 다양한 형태의 시뮬레이션들로 구분하여 활용할 수 있다. 진투실험 모델의 경우 전투/합동실험의 목적과 부대 묘사 수준에 따라 앞서 구분한 M&S들을 개별적 또는 연동에 의해 활용할 수 있으며, 특별한 경우 필요에 따라 별도 모델을 개발하여 활용할 수도 있다.

시뮬레이션 유형에 의한 구분은 실제(L), 가상(V), 구성(C) 시뮬레이션으로 구분하게 되는데, 실제(L) 시뮬레이션은 실제 사람이 실제 무기체계나 시스템으로 실제 전장 환경에서 시뮬레이션을 수행하는 것을 의미하며, 가상(V) 시뮬레이션은 실제 사람이 가상의 무기체계와 시스템으로 가상의 전장 환경에서 시뮬레이션을 수행하는 것을 의미한다. 구성(C) 시뮬레이션은 가상의 사람이, 가상의 무기체계, 시스템 및 부대와 가상의 전장 환경에서 시뮬레이션을 수행하는 것을 의미한다. 이때 실제(L) 시뮬레이션은 하위제대 지휘관/지휘자, 참모 및 각개병사 교육 훈련에 적합하고, 가상(V) 시뮬레이션은 주요 전투 장비 승무원들의 장비 조작 및 전술 훈련에 적합하며, 구성(C) 시뮬레이션은 대부대 지휘관 및 참모의 연습 및 훈련과 각종 분석용, 획득용, 전투실험용으로 적합한 시뮬레이션 유형이다.

부대 묘사 수준에 의한 구분은 앞서 사용 목적에 의한 구분 중 분석용 모델에 관한 설명에서 이미 소개를 하였는데, 이에 추가하여 부대 묘사 수준에 의해 분류된 모델들은 분석 목적뿐만이 아니라 교육훈련, 획득, 전투/합동실험에 두루 활용할 수 있다. 불확실성과 우연성의 고려 여부에 따라 구분되는 확률적(Stochastic) 모델과 결정적(Deterministic) 모델에 대해서는 교육훈련용과 분석용 모델의 설명에서 이미 소개하였다. 일반적으로 확률적(stochastic) 모델은 실제 체계를 모델링하여 표현하는 과정에서 실제 체계에 내재되어 있는 확률적 개념과 불확실성, 우연성이라는 요소를 무작위 수 추출 알고리즘(Random Number Generator)을 소프트웨어 속에 내장하여 묘사하게 되는데, 동일한 시나리오와 입력 데이터라 하더라도 매번 상이한 결과를 생성하게 되며, 결정적(Deterministic) 모델은 시나리오와 입력 데이터가 동일하면 몇 번을 돌려도 동일한 결과를 생성하게 되는 것이다.

이처럼 국방 업무분야에 활용하는 M&S의 구분은 여러 가지 관점에 따라 분류될 수 있는데, 국방 업무에 M&S를 활용하기 위해서 우선적으로 고려해야 할 것은 어떤 목적과 사용 의도로, 어떤 수준의 부대를 모의를 할 것인지, 어떤 유형의 시뮬레이션을 활용할 것인지, 실제 체계와 전장 환경에 내재된 불확실성과 우연성의 요소를 어떻게 고려하고 처리할 것인지를 신중히 검토하여 목적에 적합하고 가장 적절한 모델과 시뮬레이션을 선택하여 활용해야 한다는 것이다.

5. M&S! 어떻게 준비해야 하나?

　　모델링 및 시뮬레이션(M&S)을 국방 업무분야에 활용하기 위해서는 사용하고자 하는 목적과 의도에 부합한, 신뢰할 수 있는 양질의 모델과 시뮬레이션을 준비해야 한다. 한국군이 M&S를 활용하기 시작한 초창기에는 신뢰성 여부를 떠나 미군을 위주로 한 선진국으로부터 확보한 모델과 시뮬레이션을 활용하는 방안을 강구하는데 급급했다. 1990년대 들어 한국군이 독자적으로 모델을 개발하기 시작하면서부터는 모의 논리에 대한 연구와 원천 데이터가 확보가 미흡하고 기반기술과 기반체계가 부족한 상태라 미군 모델들을 벤치마킹하여 개발하는 그 자체에 초점을 맞췄다. 그 과정에서 어느 한 모델이라도 그 개발 과정에 참여한다는 자체가 대단한 것이었고 자랑스러웠던 적이 있었다. 그러던 것이 과연 한국군이 개발한 모델과 시뮬레이션이 사용하고자 하는 목적과 의도에 부합한 것인지, 신뢰할 수 있는 것인지에 대해 검증하고 확인하고자 하는 과정에서 과연 모델과 시뮬레이션을 어떻게 준비해야 하는지에 대해 다시 한 번 고민하게 되었다.

　　그렇다면 과연 어떻게 M&S를 준비해야 하는가? 그림 6에서 보는 바와 같이 미 국방성의 국방 문제 해결과정과 M&S 개발 및 준비과정에 대한 실행지침 추천안(US DoD RPG(Recommended Practice Guide))을 살펴보면 다섯 가지 과정을 제시하고 있다. 우선 큰 관점에서 문제 해결과정(Problem Solving Process)이 있고, M&S 개발 및 준비과정(M&S Development and Preparation Process), 검증 및 확인과정(Verification and Validation Process), 인정과정(Accreditation Process), 그리고 마지막으로 M&S 사용과정(M&S Use Process)으로 구분하여 제시하고 있다. 이러한 다섯 가지 과정을 치밀하게 계획하고 준비하여 M&S가 아니면 문제 해결이 곤란한 경우에 한해서 즉, 꼭 필요한 경우에 한해서 신뢰할 수 있는 M&S를 사용하여 국방 문제를 해결하자는 것이다.

　　국방 문제 해결을 위한 M&S 개발 및 준비과정의 기본 바탕과 원리에는 M&S 외에

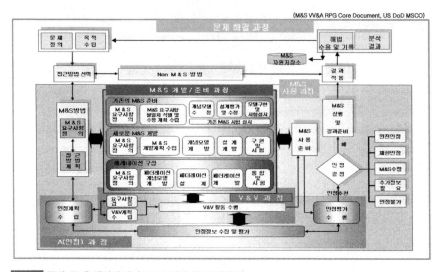

(M&S VV&A RPG Core Document, US DoD MSCO)

그림 6 국방 문제 해결과정과 M&S 개발 및 준비과정

는 문제 해결 방안이 없을 경우에만 M&S를 사용한다는 것이다. 먼저, 국방 관련 문제를 해결하기 위한 문제 해결과정(Problem Solving Process)의 첫 번째 단계는 과연 해결하고자 하는 문제가 무엇인지를 명확히 정의하고 한정하며, 또한 목적이 무엇인지 명확히 수립하는 것이 우선적으로 수행되어야 한다. 다음은 이러한 문제 해결과 목적 달성을 위해 접근 가능한 방법이 어떤 것들이 있는지를 살펴보아서, 만약 M&S 외에 운영분석(Operations Research) 기법들을 포함하여 다른 방법들이 가용하다면 구태여 많은 자원과 시간, 전문 인력이 필요한 M&S를 사용할 필요 없이 바로 문제를 해결하면 된다. 그러나 앞서 M&S 활용 필요성에서 설명했듯이 운영분석기법을 포함한 다른 방법들에 내재되어 있는 가정과 전제 조건들을 다 충족하기가 어려워 부득이 M&S를 사용해야 할 경우에 과연 어떻게 준비해야 할 것인가 하는 것이 근본적인 과제인 것이다.

국방 문제 해결을 위해 M&S를 사용하기로 결정하고 나면, 두 번째 과정인 M&S 준비 및 개발과정으로서 가장 먼저 당면하는 것은 정의된 문제와 목적을 위해 필요로 하는 M&S 요구사항을 어떻게 잘 정의할 것인가이다. 또, 이러한 M&S 요구사항을 충족하기 위해 어떤 접근방법을 택할 것인지를 결정해야 한다. 이때 가장 고민을 많이 하고 신중하게 결정해야 하는 것이 바로 M&S 요구사항을 정의하는 것이다. M&S 요구사항을 결정하는 단계에서 가장 중요한 것은 최종적, 궁극적으로 문제와 관련되거나 M&S를 사용하게 되는 사용자(통상 군/워파이터)의 의견과 요구를 경청하는 것이 필요하고, 더불어 문제 및 M&S와 관련되어 있는 모든 이해당사자(Stake-holder)들의 의견을 수렴하는 노력이 필요하다.

이 과정에서 결정된 M&S 요구사항을 충족하기 위해 가용한 접근방법이 무엇인지를 선택해야 하는데, 여기에는 기존의 M&S를 준비하거나, 새로운 M&S를 개발하거나, 아니면 모델들을 연동한 페더레이션을 구성하는 방법을 결정해야 한다. 기존 M&S를 준비하여 사용하는 방안을 선택할 경우에는 M&S 요구사항을 충족할 수 없는 부분을 식별하여 수정 보완 계획을 수립하고, 그에 따라 개념모델 수정, 설계 평가 및 수정, 모델 구현 및 시험 실시를 통해 기존 M&S에 대한 시험을 수행하게 된다. 새로운 M&S를 개발하도록 결정했을 경우에는 M&S 요구사항을 기반으로 M&S 개발계획을 수립하여 개념모델을 개발하고, 설계를 하며, 이를 구현 및 시험을 수행하게 된다. 만약 단일 모델로 M&S 요구사항을 충족하는 것이 불가할 경우에는 모델 연동에 의한 페더레이션을 구성하게 되는데, M&S 요구사항을 충족할 수 있는 페더레이션 개념모델을 개발하고, 페더레이션 설계와 페더레이션 개발에 이어 통합 및 시험을 수행하게 된다.

이처럼 M&S 요구사항을 충족하기 위한 구체적 접근방법을 통해 M&S를 개발 및 준비하는 과정에 대해 두 가지의 과정을 추가로 병행하여 수행하게 되는데, 그것은 바로 검증 및 확인과정(V&VP: Verification and Validation Process)과 인정과정(AP: Accreditation Process)이다. 먼저 세 번째 과정인 검증 및 확인과정(V&VP)은 M&S를 개발 및 준비하는 과정에 대해 M&S 개발자의 관점에서 개발자가 M&S를 제대로 개발하였는데도 불구하고 인정권자가 제대로 개발하지 못했다고 함으로 인한 오류와 불이익을 예방할 목적으로, 개발자가 M&S 요구사항과 제시된 규격에 따라 만들고자 한 의도대로 제대로 만들었는지를 점검하는 검증(Verification) 활동과 실제 표현하고자 하는 실제 체계의 모습대로 개발했는지를 점검하는 확인(Validation) 활동 과정으로 구분하여 수행하게 된다. 이를 위해 이 과정에서는 검증 및 확인(V&V) 계획을 수립하고, M&S 요구사항 검증, 개념모델 확인, 설계 검증, 구현 검증, 데이터 검증 및 확인, 결과 확인에 이어 V&V 결과 보고를 수행하게 된다.

네 번째 과정인 인정과정(AP)은 M&S 요구사항을 충족하기 위해 개발하고 준비한 M&S가 최종 사용자 관점에서 사용하고자 하는 목적과 의도에 적합한지를 평가하는 일련의 과정이다. 인정과정(AP)의 가장 중요한 원리는 사용 목적과 의도에 부합하지 않는 M&S를 제대로 만들었고 사용에 적합한 것으로 평가하는 오류를 예방하는 것이다. 이를 위해 M&S 요구사항으로부터 인정 수락 기준(Acceptability Criteria)을 선정하고, 인정계획(Accreditation Plan)을 수립하여 검증 및 확인과정(V&VP)의 전 활동에 걸쳐 인정정보를 수집하여 인정평가를 한 후 인정권자에게 인정추천을 한 뒤, 최종적으로 인정보고서(Accreditation Report)를 작성하게 된다. 인정평가에서는 개발 또는 준비과정을 거친 M&S가 사용 목적에 부합할 경우에는 완전인정, 부합하지 않을 경우에는 인정 불가, 그 외에 인정평가를 위해 추가 정보가 필요하거나, 수정 보완 소요가 있거나, 확인활동이 좀 더 필요하거나 할 경우 제한인정으로 평가하게 된다.

마지막으로 다섯 번째 M&S 사용과정(M&S Use Process)에서는 제한인정, 또는 완전인정 평가를 받은 M&S를 활용하여 정의한 문제를 해결하기 위해 실행을 하고 검증을 한 후 그 결과를 적용하게 된다. 추후 M&S 활용에 의한 문제해결 결과와 사례를 환류하고 유사 문제에 대해 참고할 수 있도록 분석 결과와 해법을 기록하도록 한다. 특별히 제한인정 평가된 M&S를 활용할 경우에는 제한사항에 대해 주의를 기울여 사용 가능한 범위와 수준을 넘지 않도록 해야 한다.

국방 문제 해결을 위해 M&S를 준비하고 활용하는 과정에서 가장 중요한 것은 M&S 외에는 다른 해법이 없는 경우에 한해서 M&S를 활용해야 한다는 것이며, 이때에도 문제 해결을 위한 활용 목적과 의도에 적합한 모델을 개발하거나 준비해야 하고, M&S를 준비한 이후에는 M&S의 활용 목적에 적합한 범위 내의 문제들에 한해서 적용해야 한다는 것이다. 국방 문제 해결을 위해 신뢰할 수 있는 M&S를 준비하는 아주 중요한 첫걸음은 M&S 요구사항을 어떻게 정의할 것인가이며, 이후에는 M&S 개발 프로세스를 원리와 규정대로 제대로 개발하고, 그 모든 프로세스에 대해 검증, 확인 및 인정(VV&A) 활동을 수행하여 요구사항과 규격대로 만들고자 의도한 대로 만들었는지, 실제 체계의 모습대로 만들었는지, 그리고 사용 목적과 의도에 부합하는지를 점검해야 한다. 신뢰성 있는 M&S 개발 및 준비를 위한 검증, 확인 및 인정(VV&A) 활동에 대해서는 제6편에서 상세하게 설명할 생각이다.

6. M&S 연동 운용! 왜 필요한가?

모델링 및 시뮬레이션(M&S)은 실제 체계에 대한 표현으로 어떤 모델과 시뮬레이션도 실제 체계를 완선하게 나티내지 못하고 실전감 있는 실제 전장 환경의 묘사와 표현에 제한을 갖게 된다. 이러한 M&S의 속성은 국방 업무분야에서만 나타나는 현상이 아니라 M&S 자체가 갖는 특성인 것이다. 예로서 일반적인 상업 광고에서도 특정 모델을 활용하여 샴프에서 페티큐어까지, 소주에서 아파트까지, 아이스크림과 냉장고에서 보일러까지 선전할 수는 없다. M&S를 활용하는 기본 원리가 사용 목적과 의도에 적합한 M&S를 개발 또는 선택하고, 이렇게 개발하고 준비한 M&S를 사용 목적과 의도에 부합하게 활용해야 하기 때문인 것이다.

국방 업무분야 활용을 위해 M&S를 연동 운용한다는 것은 각각 상이한 사용 목적과 의도로 개발하고 준비한 M&S들을 각각의 M&S를 활용하여서는 구현할 수 없는 새로운 능력을 구현할 수 있도록 M&S들을 유무선 데이터 통신망을 이용하여 물리적으로 연결하고, 실전적 전장 환경을 구현하기 위해 가상(Virtually)으로 연동하여 운용한다는 개념이다. 이를 구현하기 위해서 여러 가지 전제조건과 고려해야 할 요소들이 많지만 그러한 것들은 제6편에서 논의하기로 하고, 일단 연동 운용의 필요성만을 살펴보고자 한다.

국방 업무를 수행하기 위해 M&S를 연동 운용하고자 하는 필요성의 첫 번째 이유는 앞서 간략히 설명한 것처럼 M&S 자체가 갖는 속성 때문이다. 즉 M&S는 실제 체계에 대한 표현(Representation)을 개발하고 이를 실행(Implementation)하는 것으로 실제 체계를 있는 그대로 표현할 수도 없고, 그렇게 할 필요도 없이 사용하고자 하는 목적과 의도에 맞게 표현하면 되는 것이다. 이렇게 개발한 M&S를 활용하는 과정에서 사용 목적과 의도와 달리 좀 더 상세한 표현과 묘사를 필요로 하거나 보다 실전감 있는 전장 환경과 상황을 표현하고 묘사할 필요가 있을 경우, 이러한 필요와 요구를 보다 효율적으로 충족할 수 있는 방안이 모델 연동이라는 것이다.

둘째, 국방 가용자원의 효율적 운용이라는 관점으로 만약 M&S의 연동 운용을 고려하지 않는다면, 필요할 때마다 사용 목적과 의도에 부합하는 M&S 요구사항을 충족할 수 있는 M&S를 개발하거나 준비해야 한다. 이러한 경우에는 새롭게 대두되는 다양한 작전요구를 충족하기 위해 그 목적에 부합하는 M&S를 개발해야 하는데, 이는 곧 가용 국방자원이 제한된다는 점에서 한계에 부딪힐 수밖에 없다. 따라서 할 수만 있다면 개발하고 준비한 M&S를 재활용하여 새로운 M&S 개발 소요를 줄여 그에 따른 가용자원의 소요와 개발 및 유지보수 비용을 최소화하자는 것이다. 즉 M&S들을 연동 운용함으로서 새로운 작전요구를 충족하는 새로운 M&S를 개발하는 비용과 M&S 수량의 증가에 따른 유지보수 비용을 줄임으로써 한정된 국방 가용자원을 효율적으로 활용할 수 있도록 하자는 것이다.

셋째, 시뮬레이션 유형의 장단점을 고려하여 각각 시뮬레이션의 기여도를 극대화할 수 있는 시뮬레이션 연동체계를 구축하여 운용할 경우 새로운 가치, 새로운 작전요구를 충족할 수 있다는 것이다. 한국군에서 활용하는 시뮬레이션 유형은 실제(L), 가상(V), 구성(C) 시뮬레이션으로 구분된다. 실제(L) 시뮬레이션은 실제 전투원이 실제 장비로 실제 전장 환경에서 시뮬레이션을 수행하는 것이고, 가상(V) 시뮬레이션은 실제 전투원이 가상의 장비로 가상의 전장 환경에서 시뮬레이션을 수행하는 것이며, 구성(C) 시뮬레이션은 가상의 전투원이 가상의 장비로 가상 전장 환경에서 시뮬레이션을 수행하는 것을 의미한다.

실제(L) 시뮬레이션은 하급제대 지휘관/지휘자, 참모, 전투원을 훈련시키기에 적합한 반면 주요 전투 장비 승무원을 훈련시키기에 부적합하고, 대부대의 일부로서 실전감 있는 훈련을 실시할 수 없으며, 제한되고 고정된 훈련환경에서 반복적인 훈련만 가능하다는 제한이 있다. 가상(V) 시뮬레이션은 주요 전투 장비 승무원들의 장비운용 기술을 숙달하는 데는 적합하나 대부대의 일부로서 또는 다양한 전술적 상황을 훈련시키기에는 제한된다. 구성(C) 시뮬레이션은 대부대급 지휘관 및 참모들에게 다양한 전장 상황과 환경에서 참모 판단 및 지휘관 판단과 결심을 하는 등 작전계획 수행과 간접 전장체험의 기회를 제공하는 반면, 하급제대 지휘관 및 참모, 전투원들과 주요 전투 장비 승무원들의 전투지휘 능력, 훈련 상태, 장비운용 능력 등을 제대로 반영하는 것이 제한된다.

따라서 각각 상이한 유형의 시뮬레이션들을 일차적으로는 동일한 유형의 시뮬레이션들을 연동 운용함으로서 가상(V) 시뮬레이션은 단순한 전투 장비 운용기술의 숙달을 넘어 다양한 전장상황 하에서 전술적 운용능력을 훈련할 수 있고, 구성(C) 시뮬레이션은 제병 협동, 합동 작전, 연합 작전과 연습 및 훈련 환경 제공 등 다양한 목적과 전장상황을 체험하고 훈련할 수 있는 기회를 제공하게 된다. 상이한 시뮬레이션 유형들을 연동 운용할 경우에는 다양한 형태로 실제(L), 가상(V), 구성(C) 시뮬레이션을 연동 운용함으로서 각각의 시뮬레이션 유형이 갖는 단점을 극복하여 보다 실전감 있는 가상 전장 환경에서 한 번의 시나리오로 다양한 제대가 동시에 훈련과 연습은 물론, 필요시 모의체계(Simulation Architecture) 설계와 구축의 수준과 상태에 따라서는 합동/전투 실험도 가능할 수 있다는 것이다.

네 번째, 그림 7에서 보는 바와 같이 여러 가지 모델들과 시뮬레이션 유형들을 연동 운용하는 시뮬레이션 연동체계는 여기에 C4I 체계와 일부 실 전투체계까지 연동 운용하게 될 경우 실제 전장 환경과 아주 유사한 가상 전장 환경을 구축할 수 있다는 것이다. 아직은 한국군이 모델 간의 연동조차 버거워하는 상황에서 상이한 시뮬레이션 유형 간의 연동 필요성을 언급하는 것이 먼 미래의 얘기로 들릴지도 모른다. 그러나 모델들 간의 연동, 시뮬레이션 유형들 간의 연동에 추가하여 C4I 체계와 실 전투체계까지 연동하여 실제 전장 환경과 같은 연습, 훈련, 전투실험, 더 나아가 무기체계 획득 환경을 제공한다고 가정해 보자. 실제 전장과 같은 가상 전장 환경을 구

그림 7 M&S 연동 운용과 C4ISR 체계 연동 운용 필요성

축할 수 있다는 자체가 한국군에 엄청난 이익과 새로운 가치를 부여해 줄 것이라 생각한다. 직접적으로 비교하는 게 적절할지는 모르겠으나 2002년 월드컵을 대비해서 축구 국가대표팀이 실제 월드컵 경기 환경과 동일한 잔디 종류, 잔디 질, 잔디 깎는 높이, 물주는 시기, 응원의 함성과 열기까지 고려하여 훈련하고 연습한 결과가 어떠했던가!

다섯 번째로 M&S를 연동 운용해야 하는 필요성과 당면과제로 가장 중요한 이유는 개발하고 준비한 M&S를 단독(Stand Alone) 운용 시에는 도저히 상상할 수 없었던 다양한 목적으로의 활용과 새로운 형태의 가치 창출이 가능하다는 것이다. 예로서 7장에서 논의하는 첨단 이동형 시험평가체계나 유도무기 품질인증시험체계 등과 같은 무기체계 획득을 위한 연구 개발 및 시험 환경을 제공할 수 있고, 경우에 따라서는 일반적인 M&S 활용범위를 넘어 무기체계 정비 분야와 RAM(Reliability, Availability and Maintainability) 분석 분야에서 활용할 수도 있다는 것이다.

지금까지 한국군은 국방 업무분야에 M&S를 활용하기 위해서 각각의 작전요구를 충족하기 위한 다양한 모델과 시뮬레이션을 개발하여 활용하였고, 이를 위한 아키텍처를 포함한 기반체계와 기반기술들을 발전시켜 왔다. 앞으로는 개발하고 준비한 M&S들을 사용하고자 하는 목적과 의도를 위한 단독(Stand Alone) 운용을 넘어 기술적인 어려움과 난관이 다소 있더라도 여러 가지 모델과 시뮬레이션을 연동하여 새로운 M&S 요구사항과 작전요구를 충족하고 새로운 가치를 창출하는 방안을 강구해야 할 것이다. 특별히 과학기술의 발달에 따라 대두된 Industry 4.0과 4차 산업혁명 시대의 특징인 초 연결성(Hyper-Connected), 초 지능화(Hyper-Intelligent) 시대에 실제 체계의 표현과 실행인 M&S가 초 연결성, 초 지능화한 실제 체계를 제대로 표현하지 못하다면 어떻게 되겠는지 반문하지 않을 수 없으며, M&S의 연동 운용은 더 이상 선택이 아닌 필수라는 것이다.

M&S 연동 운용과 관련된 모델 간 연동의 문제점과 이슈, 가정과 조건, 연동 구현 방안, 그리고 시뮬레이션 유형 간의 연동 이슈들과 LVC(Live, Virtual, Constructive) 구현과 관련 사항들은 제6편에서 각각의 제목으로 상세히 설명하고자 한다.

7. M&S 연동 운용! 무엇을 고려해야 하나?

다양하고 새로운 작전요구를 보다 효율적으로 충족하고 각각의 모델링 및 시뮬레이션(M&S)의 사용 목적과 의도를 뛰어넘는 새로운 가치 창출을 위해 M&S의 연동 운용은 절대적으로 필요하다. 그러나 각각 상이하고도 고유한 목적과 요구사항을 기반으로 만들어진 다양한 M&S를 연동 운용한다는 것은 말처럼 그리 쉬운 일이 아니다. 각 M&S의 기반 아키텍처, 모의 논리, 해상도, 충실도, 프로그래밍 언어, 라이브러리, Tools & Utilities, 운용체계, 하드웨어 요구사양 등 모든 것이 상이할 수밖에 없는데 이를 연동하는 것은 분명히 도전적인 일이고 많은 노력과 자원이 소요되는 것은 당연하다. 그럼에도 불구하고 앞서 언급했듯이 M&S 연동이 필요한데 그렇다면 좀 더 쉽게, 좀 더 효율적으로 연동을 구현할 수는 없을까? M&S 연동 운용을 위해 무엇을 어떻게 고려해야 하는지 살펴보자!

먼저 M&S 연동 운용과 관련된 격언(Precepts)을 살펴볼 필요가 있다. 만약 필요에 의해서 M&S를 연동 운용하고자 하는데 연동 대상이 되는 M&S를 상당히 많이 수정 보완하든지, 많은 기술적 이슈들을 해결해야 한다든지, 그로 인해 결과적으로 많은 자원과 시간이 소요된다면 실질적으로 연동이 불가능하게 된다. 전통적으로 연동과 관련된 격언은 "Do no harm"이란 것으로 각각의 M&S에 누를 끼치거나 해가 돼서는 안 된다는 것이다. 이는 연동 대상이 되는 M&S들이 어떤 아키텍처, 언어, 해상도, 충실도를 기반으로 만들어졌든지 일단은 있는 그대로 수용해야 한다는 것이다. 둘째는 "Interoperability is not free"로 연동은 절대로 거저 이루어지는 것이 아니라 상당한 노력과 자원과 시간이 필요하며 이러한 짐을 분담해야 한다는 것이다. 셋째는 "Start with small steps"으로 연동은 한 번에 완전한 모습으로 이루어지는 것이 아니라 구현 가능한 것부터, 아주 작은 것부터 점진적으로 추진해야 한다는 것이다. 마지막은 "Provide central management"로 연동을 위한 자원과 활동을 중앙집권적으로 통제하여 효율적으로 관리해야 한다는 것이다.

표 3에서 보는 바와 같이 앞서 언급한 M&S 연동과 관련된 격언을 근간으로 추가로 고려해야 하는 원론적 지침을 살펴보면 먼저 상용(COTS: Commercial Off The Shelve) 도구 및 기술을 최대한 활용하고, 동질(Homogeneous) 정보체계 접근방법, 즉 동일한 기반 아키텍처를 적용하는 것보다 연합(Federated) 접근방법을 적용할 것을 권장한다. 연동하게 되는 M&S들 모두에 모든 정보를 제공하는 것이 아니라, 더 많게도 더 적게도 아닌 필요한 M&S에 필요한 경우에 한해 필요한 정보만 제공하고 결함이 있는 정보를 다른 M&S나 다음 단계에 전달을 금지하자는 것이다. 또한 M&S 연동 운용 간 결함을 야기하는 것을 예방하는 절차를 추가하고, 정보는 연동하는 M&S 중에 현재 가장 정확하게 보유하기에 적합한 M&S의 엔티티가 소유하도록 하며, 특별히 정보에 대해서는 현재 필요하거나 앞으로 필요로 하는 M&S들로부터 접근을 보장하도록 하자는 것이다.

표 3 연동 관련 격언과 원론적 지침

연동 격언(Precepts)	연동 관련 원론적 지침
• Do no harm	• COTS 도구 및 기술 최대한 활용
	• 동질(Homogeneous) 접근방법 보다 연합 (Federated) 접근방법
• Interoperability is not free	• 필요한 경우에 한해 정보(자원) 제공
	• 오직 필요한(더 많게도, 적게도 아닌) 정보만 제공
• Start with small immediate steps	• 결함이 있는 정보를 다음 단계에 전달 금지
	• 결함 야기를 예방하는 절차 추가
• Provide centralized management	• 정보는 현재 가장 정확하게 보유하기에 적합한 엔티티가 소유
	• 정보는 현재 필요하거나 필요로 하는 자들로부터 접근 보장

이러한 M&S 연동과 관련된 격언과 지침을 참고하여 실제로 연동을 구현하는 과정은 표 4에서 보는 바와 같이 몇 가지 단계로 나누어 볼 수 있다. 일단 M&S를 연동 운용하려면 기술적 관점에서 각각 상이한 M&S들이 물리적으로 연동이 되어야 하는데 이를 기술적 연동(Technical Interoperability) 단계라 부른다. 다음은 서로 연동된 M&S들이 각각 묘사하고 구현하는 작전술 기능들이 원만하게 원활히 연동이 되어야 하는데, 이를 작전술 기능적 연동(Functional Interoperability) 단계라 부른다. 연동하여 운용하고자 하는 M&S들이 기술적, 물리적으로 연동되고 작전술 기능적으로 연동이 되고 나면, 그 다음은 연동 운용되는 M&S들 간에 피차 공정한 전투피해평가가 이루어지는가 하는 것이 이슈가 되는데, 이를 공정한 전투피해평가(Fair Fight Issues) 단계라 부른다. 마지막으로 새로운 작전요구와 M&S 요구사항을 충족하

기 위해서 M&S 연동을 시도하지만 연동하는 대상 M&S가 타 기관, 타 군, 동맹국의 자산일 수 있으므로 피차 자체 보안규정과 정보보호 지침에 의거 정보를 적절한 수준에서 보호하게 되는데, 이를 적절한 정보 보호(Security Issues) 단계로 구분하게 된다. 이처럼 네 단계에 걸쳐 연동을 구현하는 조건 또는 단계를 고려하게 되는데, 첫 번째에서 세 번째까지의 단계는 아키텍처나 기반체계 및 기반기술의 관점에서, 그리고 마지막 단계는 보안규정이나 정보보호 지침, 암호화 장비(Encryption Devices) 관점에서 검토하게 된다.

표 4 연동 구현 단계 및 연동 저해요소

연동 구현 단계	연동 저해요소
• 기술적 연동 (Technical Interoperability)	• L,V,C 상호운용성 이해 부족
	• 아키텍처 의도한 사용목적과 차이
• 작전술 기능적 연동 (Functional Interoperability)	• 아키텍처 비 호환성(자료전송/객체모델)
	• Middleware/Infrastructure 비호환성
• 공정한 전투피해 평가 (Fair Fight Issues)	• Composability 결여
	• System Engineering Process 상이
• 적절한 정보 보호 (Security Issues)	• Business Process Attributes 상이

M&S 연동 운용을 위해 여러 가지 사항을 고려함에도 불구하고 실제 M&S 연동을 구현하다 보면 예상하지 못했던 많은 문제와 이슈, 그에 따른 어려움에 봉착하게 되는데, 이처럼 M&S 연동 운용을 저해하는 요소들을 살펴보고 사전에 대비하면 많은 어려움을 경감할 수 있다. 실제 M&S 연동 추진 간 부딪히는 가장 큰 문제는 시뮬레이션 유형(L, V, C) 간 연동 및 상호 운용성 이슈에 대한 이해가 부족하다는데 기인한다. 예로서 V와 C 간의 연동에서 주고받는 데이터 경감을 위해 Dead Reckoning을 적용하게 되는데, 이를 L 시뮬레이션에는 제대로 이해하기 어렵다는 것이다. 또한 각각의 M&S에 적용한 아키텍처들이 실제 구현해서 운용하는 동안에 의도한 사용 목적과 차이가 있을 수 있으며, 상이한 아키텍처 간은 물론, 동일한 아키텍처라 하더라도 HLA(High Level Architecture)의 경우 RTI(Run Time Infra-structure)가 상이할 경우 자료 전송이나 객체 모델링이 비호환적일 수 있다. 연동 운용하게 되는 각 M&S를 개발하는 과정에서 사전에 연동 운용을 고려하여 모듈화 및 컴포넌트화를 제대로 하지 않아 결합성 또는 조립성(Composability)이 근본

적으로 결여될 수도 있다.

그 이외에도 M&S 연동 운용에 영향을 미칠 수 있는 아키텍처나 연동 프로토콜, 라이브러리, Tools & Utilities 등 특히 아키텍처의 DIS(Distributed Interactive Simulation)와 HLA가 상용(COTS)인데 비해, ALSP(Aggregate Level Simulation Protocol), TENA(Test & Training Enabling Architecture), CTIA(Common Training Instrumentation Architecture)는 미 정부관리(US GOTS: Government Off The Shelve)인 것과 같이 비즈니스 전략이 상이한 경우, 연동을 저해하는 요소가 될 수 있다. M&S 연동에 사용되는 미들웨어 및 기반체계(Middleware & Infrastructure)들 간에 비호환성도 연동 운용시 고려해야 하고 연동을 저해하는 요소 중의 하나다.

M&S를 연동 운용하기 위해서는 상기 열거한 것처럼 고려해야 할 요소들이 많으며, 실제로 연동을 구현해 가는 과정에서 많은 노력이 뒤따르게 된다. 일반적인 연동 고려요소와 저해요소를 고려함은 물론, 할 수만 있다면 보다 효율적으로 연동 운용을 구현할 수 있도록 해야 하는데, M&S에 적용한 아키텍처가 다를 경우 그 복잡도는 가중되고, 때로는 노력의 중복과 더불어 위험과 비용도 증가하게 된다. 그럼에도 불구하고 M&S의 연동 운용을 통해 얻을 수 있는 가치와 효과가 투입하는 수고와 노력, 자원보다 훨씬 크므로 미국을 중심으로 한 선진국들은 오래전부터 M&S를 연동하여 운용하고 있는 것이다. 보다 구체적인 M&S 연동 구현방법에 대해서는 제6편에서 설명하고자 한다.

8. M&S와 C4ISR 연동! 왜 필요하나?

아주 오래전 저자가 한미연합사에 근무하면서 연합연습을 위한 모의지원체계를 구축하고 운용하던 때인 2000년도 초반 한국 해군이 운용하는 해군 전술자료처리체계(KNTDS: Korean Naval Tactical Data System)를 연합연습 모의체계에 포함되어 있는 미군 해상전 모델 RESA(Research, Evaluation and Systems Analysis)와 연결 운용해 보자는 연합사령관의 의견이 있어 해군 업무담당 책임자들을 찾아가 논의한 적이 있었다. 몇 차례 설득을 했지만 실제 작전을 위해 운용하는 체계를 모델링 및 시뮬레이션(M&S)에 연동해서 연습에 사용할 수는 없다는 강한 의견에 결국 당시에는 연동을 할 수 없었던 경험이 있다. 정확히 말해 KNTDS 체계는 C4I 체계가 아니고 명칭 그대로 전술자료처리체계인데, 실제 작전을 위해 준비하고 운용하는 체계를 연습과 훈련에 사용할 수 없다는 생각은 재고해야 한다. M&S를 활용하여 연습 및 훈련하는데 연동하여 활용할 수 없는 C4ISR 체계라면 어떻게 전쟁에 사용할 수 있을 것이며, 어떻게 제대로 운용 목적과 의도에 부합하게 전시에 작동을 하는지 확인할 수 있겠는가?

M&S와 C4ISR 체계의 연동! 지금은 한국군도 M&S를 활용한 시뮬레이션에 의한 연습, 특히 한미 연합연습 시에 한국군 C4I 체계를 연동하여 운용하고 있는데, 그 필요성을 제대로 이해해야 한다. M&S는 지금까지 설명한 바와 같이 실제 전장 환경과 적과 우군의 군 구조, 무기체계, 교리, 전술, 전기, 절차, 인간과 조직의 행태를 표현하고 실행하여 실전적인 가상 전장 환경과 상황을 모의해 준다. C4ISR 체계는 글자 그대로 지휘, 통제, 통신, 컴퓨터, 정보, 감시, 정찰 자산을 포함한 실제 전쟁 수행체계의 모든 활동을 포함하고 있다. M&S를 활용한 실전적 전장 환경 모의만으로는 실전적인 전쟁 수행 절차연습과 다양한 전장 환경에서의 간접적 전장체험을 제대로 했다고 볼 수 없다. 또한, 전쟁에 대비해 구축한 C4ISR 체계를 평시에 마치 전쟁을 수행하듯 모든 작전술 기능과 정보, 감시, 정찰 자산의 운용과 전장 상황을 제대로 나타내고, 제대로 활용하고 있는지 알 수 있는 방법이 없다.

M&S와 C4ISR 체계의 연동이라는 과제와 이슈는 앞서 설명한 바와 같이 M&S를 활용한 가상 전장 환경에서 연습과 훈련, 경우에 따라서는 합동/전투 실험과 시험평가에 참여하는 지휘관, 참모 및 실험/시험평가 실무자들이 편제된 C4ISR 체계를 활용할 수 있다면 보다 실전감 있게 연습과 훈련 및 실험과 시험평가를 실시할 수 있고, 동시에 C4ISR 체계의 기능과 성능도 점검하고 확인하며 숙달할 수 있는 기회를 가질 수 있게 된다. 이를 위해서는 몇 가지 가정과 전제가 필요하다. 먼저, C4ISR 체계 각각의 시스템들이 적어도 두 개 이상의 모드를 가지고 있어서 작전 모드와 훈련 모드로 설정하여 연습과 훈련 간 비상사태에 대비하여 두 개 모드를 동시에 운용할 수 있는 능력이 갖추어져야 한다. 다음은 실제 전장 환경 및 상황과 같은 가상의 전장 환경과 상황을 동시에 외부로부터 입력을 받아 처리할 수 있는 능력을 갖추어야 한다.

이러한 가정과 전제 위에 M&S를 활용하여 모의한 가상 전장 환경을 C4ISR 체계에 제공(Stimulation)해 주고, ISR 체계에서는 제공 받은 가상 전장 환경에서 정보 수집 및 감시, 정찰 활동을 수행하여 수집된 정보를 제공해 주면, 각 실무자들이 해당 실제 체계들을 활용하여 정보를 수집 및 처리하게 된다. 연습과 훈련 및 실험과 시험평가 참가자들은 C4I 체계를 활용하여 M&S에서 모의한 가상 전장 환경과 상황에서 작전을 수행하여 그 결과를 C4I 체계를 이용하여 보고하게 된다. 최종적으로 지휘관 및 참모들은 C4I 체계를 활용하여 종합된 작전수행 현황과 ISR 체계를 통해 수집, 처리된 정보들을 바탕으로 참모판단과 지휘결심을 수행함으로서 실전감 있는 연습과 훈련 및 실험과 시험평가를 수행할 수 있게 된다. 일차적으로 M&S에서 모의한 가상 전장 환경과 상황을 C4ISR 체계에 제공하여 주고, 한 단계 더 나아가 C4ISR 체계를 이용하여 부대 지휘 및 작전통제 활동을 수행한 결과가 M&S로 입력할 수 있게 되면 M&S와 C4ISR 체계를 연동하여 실전감 있는 연습과 훈련 및 실험과 시험평가를 수행할 수 있을 것이다.

결국, M&S와 C4ISR 체계를 연동해서 운용해야 하는 것은 일차적으로 각급 제대 지휘관, 참모, 주요 전투원과 실험 및 시험평가 참가자들이 편제된 C4ISR 체계를 활용하여 M&S가 제공하는 가상 전장 환경에서 마치 실제 전쟁을 수행하듯 연습과 훈련 및 실험을 수행할 수 있는 실제 전장과 동일한 환경을 제공하자는 것이다. 또 다른 관점에서는 전쟁에 대비해서 준비한 C4ISR 체계를 평상시 연습과 훈련 및 실험과 시험평가 시에 M&S와 연동하여 사용하지 못하거나, 혹은 사용할 수 없는 C4ISR 체계라면 어떻게 전쟁에 사용할 수 있다고 보장할 수 있는가 하는 것이다.

M&S와 C4ISR 체계의 연동은 앞서 언급한 몇 가지 문제와 이슈 외에도 실제 연동에서는 많은 과제가 있을 수 있다. 특별히 M&S 영역과 C4ISR 실제 체계 영역 간의 차이로 인한 여러 가지 기술적, 실무적 과제들이 있을 수 있다. 그럼에도 불구하고 M&S와 C4ISR 체계의 연동, 여기에 다시 공통작전상황도(COP: Common Operation Picture)까지 포함하여 연동함으로서 할 수만 있다면 실제 전장 환경과 동일한 가상 전장 환경을 워파이터들에게 제공하자는 것이다. 이때 M&S에 모델 간의 연동뿐만이 아니라 시뮬레이션 유형 긴의 연동과 게임(Game)도 함께 고려될 경우에는 한국군이 현재까지 경험하지 못한 새로운 가치와 작전요구를 도출할 수 있게 됨은 물론, 동시에 이를 충족할 수 있게 될 것이다. 시뮬레이션 유형 간의 연동 문제와 이슈는 제6편에 설명하고자 한다.

9. M&S 사용 이점은 무엇인가?

앞서 모델링 및 시뮬레이션(M&S)은 다양한 국방 업무분야에서 문제해결을 위한 효율적인 하나의 수단이며, 국방 문제들이 안고 있는 특성들을 고려해 보면 실질적으로는 거의 유일한 수단이라고 설명한 바 있다. M&S를 국방 업무분야에 활용하는 데에는 사용하고자 하는 목적과 의도에 따라 각각의 M&S를 사용하는 이점이 있고, 더 나아가 다소 어려움이 있고 쉽지는 않지만 M&S들을 연동해서 사용할 경우에 투입한 노력과 자원, 시간에 비해 상당한 이점이 있다는 것이다.

먼저, M&S를 사용하는데 따른 이점을 살펴보자. M&S를 국방 업무분야에 활용한다는 것은 본질적으로 전쟁에 관해 연구, 조사, 분석, 훈련을 하고, 전쟁에 대한 통찰을 얻고자 하는 것이 가장 큰 이유이다. 일반적 관점에서 문제 해결을 위해 M&S를 활용한다는 것은 그림 8에서 보는 바와 같이 모델링 절차를 통해 실제 체계를 표현한 모델을 시간의 흐름 상에서 시뮬레이션을 수행함으로써 실제 체계에 대한 평가를 하거나, 재설계를 하거나, 또는 측정을 하여 목표 시스템에 대한 통찰을 얻던지 아니면, 재구성을 하는 과정에서 고객, 즉 사용자는 만족을 얻을 수 있고, 문제 해결을

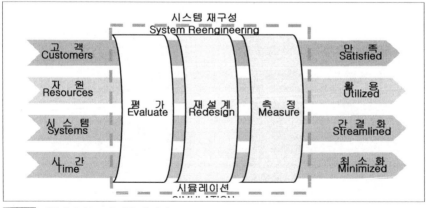

그림 8 시뮬레이션(M&S) 사용의 이점

위해 소요되는 자원을 보다 효율적으로 활용이 가능하며, 시스템을 보다 간결하게 하고, 소요되는 시간을 최소화하는 이점이 있다는 것이다.

국방 업무분야에서 문제 해결을 위해 M&S를 사용하는 가장 큰 이점은 먼저, 실제 전쟁 없이 전쟁에 관해 충분한 이해와 분석 및 대응 방안을 수립하는 것을 가능하게 하는 과학적, 합리적, 분석적인 사고의 수단이라는 것이다. 인간의 역사와 함께 해온 전쟁에 대한 연구를 위해 병법이나 병서를 통해, 서양장기 형태의 게임으로, 작전지역을 축소하여 모형을 만든 사판이나 지도로, 과학기술이 발전됨에 따라서는 컴퓨터 보조형태에서부터 완전한 컴퓨터 자동화 모델과 시뮬레이션으로 그 연구 방법과 기법이 발전되어 왔다. 때로는 정성적인 방법으로, 때로는 운영분석 기법을 이용한 정량적인 방법으로 전쟁을 연구하던데 비해, M&S의 활용은 사용 목적과 의도에 적합한 M&S를 개발하는데 많은 자원과 시간이 소요된다는 어려움이 있지만 지금까지 나타난 방법 중 가장 효율적으로 전쟁에 대한 통찰을 제공해 주는 과학적이고 신뢰할 수 있는 방법이라는 것이다.

M&S의 이점은 보다 구체적으로 새로운 군 구조나 조직 편성, 무기체계, 교리, 전술, 전기, 절차, 신기술 등에 대해 이를 실제 적용 전에 잠재적인 효용성을 평가하는 것을 가능하게 한다는 것이다. 현대 사회와 전장 환경에서 앞서 언급한 새로운 과제와 전투실험적인 요소들에 대해 정성적으로 염두 판단하는 것이 쉽지 않을 뿐만이 아니라, 무기체계와 전장 환경이 복잡한 현실에서 정량적, 객관적으로 분석 평가한다는 것이 쉽지 않다. 그러나 M&S를 적절히 설계하고 개발하여 활용한다면 앞서 언급한 다양한 분석 또는 실험 요구들과 그 대안들에 대해 상대적으로 짧은 시간 안에 효율적으로 평가하는 것이 가능하다는 것이다.

이때, M&S를 활용한 또 다른 이점은 실제 체계 또는 현행 체계에 전혀 영향을 미치지 않으면서 다양한 체계 및 대안들을 비교분석하는 것이 가능하다는 것이다. 실제로 이러한 요구와 실험적인 요소들에 대해 컴퓨터 시뮬레이션을 이용하여 가상의 시나리오를 준비하고, 가상의 군 구조, 부대 편제, 무기체계, 교리, 전술, 전기, 절차, 신기술 등에 대한 요소들을 부대 또는 무기체계 데이터베이스로 구축하고, 모의 논리와 각종 파라메타 데이터들을 수정 보완한다면 M&S를 활용하여 실제 체계에 아무런 영향을 미치지 않고서도 얼마든지 비교 분석하는 것이 가능하다는 것이다.

또한, 실제 체계를 이용할 때는 불가능할 수밖에 없는 특정 체계의 운용 면에서 시간의 압축과 확장을 허용함으로써 때로는 효율적으로, 때로는 세밀하게 분석을 하는 것이 가능하다는 이점이 있다. 컴퓨터와 소프트웨어 프로그램 기반의 M&S를 활용한다는 것의 이점이자 장점 중의 하나는 장기간의 작전계획을 위한 방책에 대한 평가를 아주 짧은 시간 내에 수행할 수 있다는 것이고, 때로는 무기체계 연구개발이나 시험평가에서 아주 짧은 시간에 이벤트가 일어나 인간이 인지하여 분석 평가하기가 어려운 것들도 실제 시간에 비해 시뮬레이션 시간을 확장함으로써 슬로우 모션(Slow Motion)으로 상세하게 검토할 수 있는 여건을 마련해 줄 수 있다는 이점이 있다. M&S를 사용하는 이점으로 무엇보다 중요한 것은 전통적인 운영분석 기법들이 각각의 가정사항과 전제조건으로 인해 실제 국방 업무분야에 적용이 어려운데 비해, 다양한 국방 업무분야에 융통성 있고 효율적으로 적용하여 활용이 가능하다는 것이다.

이러한 각각의 M&S를 사용하는 이점 외에 특정 목적을 위해 M&S를 연동하여 운용하는 경우에도 여러 가지 이점들이 있다. 먼저, 각각의 M&S를 사용할 때의 이점뿐 아니라 각각의 M&S가 갖지 못하고 가질 수도 없는 새로운 작전요구를 충족할 수 있다는 것이다. 예로 지상전 모델에는 최소한도의 근접항공지원 기능과 해군 함포사격 기능이 있을 수 있고, 해상전 모델에는 최소한도의 해상 근접항공지원 기능이 있을 수 있으며, 공중전 모델에는 근접항공지원을 위한 최소한도의 지상 작전 기능이 있을 수 있다. 이 경우 지상전, 해상전, 공중전 모델을 연동하여 운용한다면, 각 군은 고유의 작전만을 수행할 뿐이지만 각각의 모델을 단독 운용할 때에 비해 보다 실전감 있고, 모든 작전기능을 실제 전장과 동일한 정도의 상세도, 충실도로 수행할 수 있는 전장 환경과 상황의 묘사가 가능해진다는 이점이 있다는 것이다.

특히, 각각의 M&S를 단독 운용할 때는 실질적으로 불가능했던 제병협동작전과 합동작전 및 연합작전을 위한 모의지원이 M&S 상호연동 운용을 통해 구현이 가능하다. 예로서, 지상 작전의 각각 상이한 작전술 모델들을 연동 운용할 경우에는 보다 실전적인 제병협동작전이 가능하게 되며, 지상, 해상, 공중, 상륙 작전 모델들을 연동할 경우에는 합동작전이, 그리고 여기에 다시 동맹국의 지상, 해상, 공중, 상륙 작전 모델들을 연동 운용한다면 연합작전이 가능하게 된다는 것이다. 또한 시뮬레이션 유형의 관점에서 가상(V) 시뮬레이션 간의 연동을 통해 안전과 자원의 제약 없이 주요 전투 장비 승무원들의 팀 전술훈련이 가능해지고, 구성(C) 시뮬레이션 간의 연동을 통해서는 전장의 제반 작전술 기능들을 실전적으로 묘사할 수 있으며 필요에 따라 개략적으로 또는 상세하게, 때로는 개략과 상세 묘사를 병행하는 등 다양한 형태, 다양한 제대 동시 묘사가 가능하다는 이점이 있다는 것이다.

만약 시뮬레이션 유형들 간의 연동 즉, 실제(L), 가상(V), 구성(C) 시뮬레이션들을 연동한다면, 실제(L) 시뮬레이션이 대부대의 일부로서 작전을 수행하는 상황을 묘사할 수 없다는 것, 가상(V) 시뮬레이션이 전술상황의 묘사 내지는 대부대의 일부로서 묘사할 수 없다는 한계, 구성(C) 시뮬레이션이 하급제대와 주요 전투 장비 승무원들의 훈련 상태 및 전투수행 능력을 묘사할 수 없다는 등의 단점과 제한사항을 완화 내지는 극복할 수 있고, 장점을 최대한 활용하며 자원을 효율적으로 활용할 수 있다는 이점이 있다. 또한 단일 시뮬레이션 운용환경에서는 불가능한 실전적 전장 환경 구현과 전장 확장이 가능하다는 이점이 있다. 예로서, 실제(L)의 시뮬레이션의 대표적 사례인 육군 과학화 훈련장의 경우 연대급, 여단급 이상은 훈련이 불가능한데, 만약 구성(C) 시뮬레이션인 사단/군단 BCTP와 연동 운용할 경우 적어도 사단 또는 군단까지 가상(Virtually) 전장 환경과 훈련장이 확장될 수 있다는 것이다.

특히 현재 연동 운용의 화두로 대두되어 있는 실제(L), 가상(V), 구성(C) 시뮬레이션 간의 연동을 통해서는 실기동 훈련장의 규모에 따른 제한사항을 극복할 수 있고, 제병협동, 합동, 연합 작전의 제반 작전술 기능들과 주요 전투 장비의 운용효과를 실전적으로 모의하는 것을 가능하게 한다. 앞서 설명한 바 있듯이 M&S와 C4ISR 체계 및 필요 시 실제 무기체계를 분산 환경에서 연동 운용하게 된다면 M&S를 사용하고자 하는 목적과 의도에 따라 작전 환경과 동일한 가상 전장 환경을 제공할 수 있을 것이며, 이러한 M&S를 활용하여 다양한 국방 업무분야에 활용할 수 있는 이점이 있다는 것이다.

10. M&S 사용 시 무엇을 주의해야 하나?

모델링 및 시뮬레이션(M&S)은 국방 업무분야의 다양한 문제들을 해결하기 위한 효율적인 수단이지만, 이를 활용하기 위해선 몇 가지 주의해야할 사항들이 있다. 먼저 문제를 해결하기 위해 M&S를 사용하기 전에 M&S 외에는 다른 방법이 없는지 살펴보아야 한다. 문제 해결을 위해서는 우선 문제가 무엇인지 문제 자체를 잘 정의하고 한정을 한 후에 문제를 해결할 수 있는 방법으로 다양한 운영분석 기법들을 우선적으로 고려하여 문제의 성격과 특성을 분석해야 한다. 그 후 적용하고자 하는 각각의 방법과 기법들에 내제되어 있는 가정사항과 전제조건들이 무엇인지 면밀히 살펴보아야 한다. 그 결과 M&S 외에 문제해결에 가장 적합한 방법이 있으면 그 방법으로 문제를 해결하는 것이 바람직하다. M&S가 여러 가지 다양한 국방 업무분야의 문제와 과제들에 적용할 수 있는 기법이긴 하지만 M&S는 만능이 아니며 많은 자원이 소요되기 때문이다. 부득이 M&S를 사용할 수밖에 없는 상황이면 사용 목적과 의도에 부합하도록 기존의 M&S를 준비하든지, 새로운 M&S를 개발하든지, 또는 기존의 M&S를 연동하여 준비해서 사용해야 하는데 이처럼 많은 노력과 자원, 시간이 소요되기 때문에 다른 대안이 없어서 꼭 필요한 경우에 한해서만 사용을 해야 한다.

앞서 설명한 바와 같이 M&S는 실제 체계에 대한 표현의 결과로 만들어진 모델을 시간의 흐름에 따라 실행하여 실제 체계를 연구하는 하나의 기법일 뿐, 어떤 모델과 시뮬레이션도 실제 체계를 완전하게 나타내지 못한다. 뿐만 아니라 M&S의 특성상 여러 가지 목적을 충족하는 하나의 완전한 모델이 존재하지 않는다. 국방 업무분야의 문제 해결을 위해 하나의 좋은 모델을 개발하게 되면 개발할 당시의 사용 목적과 의도를 망각한 채 그 모델을 활용한다. 분석모델일 경우 다양한 분석업무에, 교육훈련 모델일 경우 여러 가지 교육 훈련에 사용할 수 있는 것으로 착각하여 활용을 시도하기도 하는데, 이러한 것들을 주의해야 한다. 하나의 예로서 아무리 유명한 연예인이나 운동선수, 또는 훌륭한 사람이라 하더라도 여러 가지 광고모델로 활용될 수는 없다. 광고의 대상과 목적에 따라 활용할 수 있는 모델이 다르다는 것은 자명한 이치이다.

M&S를 활용하여 어떤 특정 문제를 해결하고자 할 때 주의해야 할 또 다른 문제는 시뮬레이션의 목적에 적합한 모델을 선택해야 하고, 그 모델의 목적에 맞도록 활용해야 한다는 것이다. 그간 M&S를 활용한 여러 가지 분석과 훈련 사례에서 왜 그 모델을 사용했는지 질문을 할 경우, 사용할 수 있는 M&S가 이것밖에 없었다는 이야기를 종종 들었다. 우리는 M&S를 국방 업무분야에 활용할 때, 때로는 아예 사용하지 않은 것만도 못한 결과를 나을 수 있다는 M&S의 부정적 영향과 가치(Negative Effects and Values)가 있음을 고려해야 하며, 목적과 용도에 맞지 않게 사용할 경우 오히려 손실과 해악을 끼칠 수도 있음을 기억해야 한다. 예로서 자동 기능(Auto Mode)의 차량으로 운전면허시험을 봐야 하는 사람이 운전연습을 제대로, 열심히 하겠다는 생각에 수동(Manual Mode)으로 운전연습을 하면 어떻게 되겠는가? 또 다른 예로 월드컵에 출전하는 축구 국가대표팀이 팀의 심리적 요인과 상승세를 고려하여 하위권 수준의 국가 대항전으로만 준비한다면 어떻게 되겠는가? M&S를 활용하여 연습과 훈련을 수행하는 과정에서 모델의 특성과 제한사항을 악용하여 모델의 활용 목적에 부합하지 않게 비전술적으로 운용하는 사례들도 빈번히 나타나는 실정이다. 실제 예로 한미 연합연습 시 지상 작전에서 작전술 목적상 소규모 부대로 운용해야 하는 일부 부대들을 비전술적으로 운용하여 대항군의 진출을 저지하거나 지연시키는 모습들이 있기도 했다.

국방 업무분야에서 M&S를 활용하여 문제를 해결하고자 할 때 겪는 유혹 중의 하나는, 문제 해결 목적에 비해 상대적으로 과도하거나 인상적으로 시뮬레이션을 수행하고자 하는 것이다. 한국군이 M&S를 활용하기 시작하면서 초창기에는 M&S의 원리와 원칙을 잘못 이해한 부분도 있겠지만, 또 한편으로는 정책수립자나 의사결정자들이 M&S의 필요성이나 가치를 제대로 이해하지 못해서 그들의 관심을 끌고 M&S의 활용 효용성을 강조하고 부각하려다 보니 M&S의 사용 목적과 의도에 부합하는 적절한 가치를 추구하는 것보다 인상적인 시뮬레이션을 수행하는데 더 많은 관심을 갖는 경우도 있었다. 이러한 현상은 때로는 대부대급 모델을 개발하는 과정에서 일부 작전술 기능분야에 과도할 정도로 세밀한 묘사를 요구하기도 하였고, 실제 작전 수행 간 각 부대에 자동으로 부대의 태세(Status)를 평가하여 상황도(COP)에 전시하는 수단이 없음에도 이를 구현한 적도 있었다. 또한, 상륙 작전을 수행하는 지휘관이 실시간 상륙 작전을 3차원 상황도(3D COP)로 모니터링할 수 있는 수단이나 체계가 없음에도 이를 구현하도록 요구하는 경우도 있었다.

M&S를 사용하는데 있어서 컴퓨터 출력자료가 진리인 것으로 착각하여 이를 맹신하는 것을 경계해야 한다. 대부분 분석모델을 운용하는 경우에 나타나는 현상이긴 하지만 M&S를 활용한 분석 결과를 맹신하는 경우도 종종 있었고, 한미 연합연습 시에는 연습에 참여하는 일부 군단들이 군단 연습작전계획을 수립하는 과정에서 연합사 운영분석단/운영분석과(OAG/OAB: Operations Analysis Group/Operations Analysis Branch)에서 수행한 TACWAR(Tactical Warfare Model) 모델에 의한 모의결과를 맹신하는 경우도 있었다. 이 경우는 사실 단순한 모델 모의결과의 맹신이라기보다는 연습을 주관하는 한미연합사의 연습 개시(Start Exercise) 상황 중 해당 군단의 연습 개시 상황에 대한 궁금증에 기인했을 수도 있다. 아무튼 모델의 모의결과에 대한 과도할 정도의 신뢰와 집착보다는 모델 운용의 대상이 되는 실제 체계나 전장상황에 대해 통찰을 얻는 하나의 수단일 뿐이라는 것을 기억해야 할 것이다.

M&S를 사용할 때 주의해야 할 또 다른 사항은, 비록 M&S가 특정한 사용 목적과 의도를 가지고 개발되었다고 해도 가능하다면 새로운 작전요구에 따라 새로운 M&S를 개발하는 대신 기존의 모델을 가능한 범위 내에서 재사용하고 부족한 작전요구를 보완하여 사용할 수 있도록 노력해야 한다는 것이다. 또한 필요시에는 M&S를 연동 운용하여 새로운 작전요구를 충족할 수 있도록 상호 연동 운용성을 보장해야 한다. 이를 가능하게 하기 위해서는 M&S 자원저장소에 M&S의 보유기관과 개발 목적, 사용 의도 및 구체적인 기능과 성능에 대한 정보를 수록하여 저장하는 것이 필요하다. 또한 상호 운용성 보장을 위해서는 해당 M&S 자원에 적용된 기반 아키텍처가 무엇인지를 명시하고, 해당 아키텍처가 상호연동 운용을 위해 인증시험을 요구할 경우 아키텍처에서 제시하는 표준과 요구사항을 준수하여 개발하고, 인증시험을 수행해야 한다. 국방 M&S 분야에서 상호 운용성 보장을 위해 인증시험을 요구하는 경우가 바로 HLA를 기반으로 개발한 모델에 대한 HLA 인증시험(Federate HLA Compliance Test)이다.

국방 업무분야에 M&S를 적용하여 활용하고자 할 때, 문제해결을 위해서 필요한 작전요구를 충족할 수 있는 M&S 자원을 신규로 개발하는 것만이 능사는 아니다. 할 수 있다면 상용으로 나와 있는 M&S 자원을 활용할 수도 있으며(COTS: Commercial Off The Shelve), 경우에 따라서는 국방예산으로 앞서 개발해 놓은 M&S 자원을 활용할 수도 있을 것이다(GOTS: Government Off The Shelve). 상용제품을 활용하고자 할 때는 당연히 구매를 해야겠지만, 정부보유자산(GOTS)일 경우 그 M&S를 활용하고자 하는 기관과 활용 목적에 따라 무상 또는 적정 수준의 사용료 내지는 기술이 전료를 지급하고 사용할 수 있을 것이다.

M&S를 국방 업무분야에 활용하기 시작하던 초창기 한국군이 간과해 왔던 영역 중 하나가 국방 문제 해결을 위해 활용하는 M&S 그 자체에 대한 신뢰성을 어떻게 보장할 것인가 하는 것이다. 실제로 M&S를 활용하여 국방 문제와 이슈들을 해결하고자 할 때 주의해야 할 가장 중요한 사항이 바로 특정 사용 목적과 의도를 위해 M&S가 과연 신뢰할 수 있는가 하는 것이다. 이러한 M&S의 신뢰성에 관해 근본적으로 해답을 주는 것이 바로 검증·확인 및 인정(VV&A) 활동이다. VV&A 활동과 관련해서는 서로 상반된 가치를 추구하는 두 개의 에이전트가 존재하게 되는데, 바로 검증 및 확인(V&V) 에이전트와 인정(A) 에이전트이다. 이중 검증 및 확인(V&V) 에이전트는 개발자 관점에서 개발하는 M&S가 제대로 만들어졌는데도 불구하고 누군가가 잘못 만들었다고 주장하는데 대해 개발자의 이익을 보호하고자 각종 개발 중 거자료들을 수집하여 대변하게 된다. 반면 인정(A) 에이전트는 사용자 즉, 워파이터의 관점에서 사용 목적과 의도에 부적합하게 만들어진 M&S를 제대로 잘 만들었다고 주장하여 사용자, 즉 워파이터로 하여금 이를 사용하게 히는 것을 예방하기 위해 검증 및 확인(V&V) 에이전트에게 각종 증거자료들을 요구하고, 제시받아 검토하고 평가하게 된다. 이러한 VV&A 활동을 통하여 개발하는 M&S의 사용 목적과 의도에 적합 여부를 검토함으로서 개발하는 M&S의 신뢰성을 보장하도록 노력하고, 그 결과로서 신뢰성이 보장된 M&S를 사용해야 한다는 것이다.

M&S를 국방 업무분야에 활용함에 있어 앞서 제시한 주의사항들을 잘 이해하는 것이 필요하며, 문제 해결을 위해 다른 대안이 없는 경우에 한하여 신뢰성이 보장된 가장 적합한 모델을 선정하고 모델의 목적에 맞게 운용해야 한다. 또한 과도하고 인상적인 시뮬레이션의 유혹을 경계하고, M&S의 활용 결과가 진리인 것으로 착각하지 않도록 경계해야 할 것이다. 즉 국방 업무분야에 M&S를 활용하는 것은 미래 예측이나 판단이 아니라 판단과 결심을 위한 시스템적인 사고의 수단이고, 해결하고자 하는 문제의 대상인 시스템에 대한 통찰을 제공하는 수단이라는 것이다.

M&S에 대한 HLA 인증시험과 VV&A 관련 사항은 제6편에서 상세하게 설명할 생각이다.

11. Simulation, Emulation, Stimulation! 어떻게 다르나?

지금까지 모델링 및 시뮬레이션(M&S)을 국방 업무분야에 활용하는데 관련된 모델 링과 모델, 시뮬레이션(Simulation)의 개념과 사용 목적 및 필요성, 그리고 이점과 주 의사항들을 살펴보았다. M&S를 국방 업무분야에 활용하는데 있어서 시뮬레이션 (Simulation)이라는 개념과 관련이 있거나 혼동을 일으키는 용어와 개념이 몇 가지가 있는데, 바로 이뮬레이션(Emulation)과 스티뮬레이션(Stimulation)이다. M&S를 국방 업무분야에 활용함에 있어서 시뮬레이션(Simulation)과 이뮬레이션(Emulation), 스티 뮬레이션(Stimulation)의 개념을 정확하게 이해하고 잘 분별하여 사용해야 하는 까닭 에 이번 이야기에서 간략히 설명하고자 한다.

먼저 시뮬레이션(Simulation)이란 앞서 설명한 바와 같이 실제 체계에 대한 표현 (Representation)을 개발하는 과정인 모델링이라는 활동의 결과로서 만들어진 모델 을 시간의 흐름에 따라 실행(Implementation)하여 실제 체계에 대해 연구, 조사, 분석, 훈련 및 실험을 하는 기법이다. 개략적으로 Simulation이라는 개념을 여러 가지 의 미와 관점으로 서술해 보면, 실제상황과 유사한 상태를 만들려고 시도하는 것, 또 는 시간의 흐름 상에서 실제 체계의 절차나 시스템의 운용을 모의하는 것으로 나타 낼 수 있다. 이 과정에서 무엇인가를 시뮬레이션하기 위해서는 먼저, 절차나 시스템 의 함축, 선정된 물질의 행위나 기능 및 주요 특징을 표현한 모델을 개발해야 한다. 시뮬레이션은 자연현상이나 인간이 만든 시스템에 대한 통찰을 얻기 위한 것으로, 이를 위해 과학적인 모델과 시뮬레이션을 활용하여 상이한 조건이나 다양한 방책의 궁극적인 실제효과를 보이기 위해 사용되기도 한다. 또한 접근이 불가능하거나, 위 험하거나, 시스템의 경우 설계는 하였으나 아직 구축되지 않았거나, 시스템 자체가 아예 존재하지 않거나 실제 시스템이 가용하지 않을 때에도 사용될 수 있다.

즉 시뮬레이션(Simulation)은 모의하고자 하는 시스템이나 현상을 소프트웨어 모델 링을 통해 구현하고 컴퓨터를 이용하여 실행함으로써 실제와 같이 흉내를 내는 것을 의미한다. 경우에 따라서는 특정 시스템의 행위나 그 일부분을 표현하고 모방하기도 한다. 결국 시뮬레이션(Simulation)은 복잡한 시스템에 대해 통제 가능하고 표현이 가능한 모델을 구현하여 사용하게 되나, 사용하고자 하는 목적이나 의도, 필요에 따라 실제 시스템을 표현하는 수준과 정도가 각각 다르기 때문에 결코 완전할 수 없다. 그 때문에 실제 시스템에 대한 통찰을 얻는 것으로 충분할 수 있다는 것이다.

다음은 이뮬레이션(Emulation)에 대해 살펴보자. 이뮬레이션(Emulation)이란 통상적으로 특정 대상의 행위나 활동을 있는 그대로 복제하려고 시도하는 것을 의미한다. 시뮬레이션(Simulation)이 사용하고자 하는 목적과 의도를 충족할 수 있는 수준으로 실제 체계를 표현하고 실행하려는 시도인데 비해, 이뮬레이션(Emulation)은 실제 체계에 대한 표현이라기보다 실제 체계를 정확하고 동일하게 복제하여 흉내 내려는 시도이다. 이러한 이뮬레이션(Emulation)에 대한 이해를 돕기 위해 여러 가지 다른 표현을 설명해 보자면, 이뮬레이션(Emulation)이란 다양한 형태의 컴퓨터나 시스템을 활용하여 있는 그대로 흉내 내고자 하는 다른 시스템의 행태를 모방하는 것을 의미하기도 하고, 특정 시스템의 내부 활동을 복제한다든지 또는 외부적 관점에서 특정 시스템의 전체행위를 복제하려는 시도를 의미하기도 한다.

이뮬레이션(Emulation)은 가능한 한 특정 시스템이나 플랫폼의 완전한 재실행으로 실제와 정확히 동일하게 행동하도록 하는 것이다. 이를 사용하는 목적은 실제 체계로부터 통제된 반응을 구현할 목적으로 잘 정의된 인터페이스 모델로, 실제 체계를 흉내 냄으로써 이를 대체하고자 하는 것이다. 따라서 이뮬레이션(Emulation)을 목적으로 개발한 기기나 일종의 모델은 완전할 수도 불완전할 수도 있으며, 중요한 것은 실제 체계를 얼마만큼 정확히 있는 그대로 복제하여 모방할 수 있는가 하는 것이다.

통상적으로 M&S와 C4ISR 체계 또는 실제 체계를 연동 운용하고자 하는 시도에서 대두되는 이슈가 스티뮬레이션(stimulation)이라는 개념이다. 한국군이 M&S와 C4ISR 체계를 연동해서 사용하자는데 대해 잘못 이해하는 부분 중의 하나가 바로 스티뮬레이션(Stimulation)인데, 이는 M&S와 C4ISR 체계를 연동함으로써 근본적으로 M&S를 이용하여 시뮬레이션(Simulation)에서 구현한 가상 전장 환경과 상황을 C4ISR 체계에 제공해주는 것으로, C4ISR 체계가 마치 실제 전장 환경과 상황에서 사용되는 것처럼 느끼게 하려고 시도하는 것을 의미한다.

이를 스티뮬레이션(Stimulation)이라는 개념 그대로 해석한다면 무엇인가를 일어나게 하려고 시도하는 것이라 볼 수 있다. 즉, 스티뮬레이션(Stimulation)은 이러한 행위를 넘겨받는 수용 체계에게 M&S를 활용하여 생성한 전장 환경과 상황이라는 자극을 전달함으로써 C4ISR 체계 또는 실제 체계와 같이 자극을 수용한 체계가 마치 실제 전장 환경과 상황에서와 같이 반응하고 활용될 수 있도록 하고자 하는 것이다. 결국 스티뮬레이션(stimulation)은 다른 체계에 활동을 유발하는 의도를 전달하거나, 자극을 수용하는 체계로 하여금 비자발적인 활동을 유발하는 행위로서, 일반적으로 실제 체계가 다가오는 자극을 인지하고 반응을 유발하도록 묘사하는 것을 의미한다.

M&S를 국방 업무분야에 활용하는 과정에서 나타날 수 있는 개념과 실제 체계를 표현하는 방법인 시뮬레이션(simulation)과 이뮬레이션(Emulation), 스티뮬레이션(Stimulation)의 개념을 요약하여 간략하게 표현하자면 다음과 같이 설명할 수 있을 것이다. 먼저 시뮬레이션(Simulation)이란 사용하는 목적과 의도에 적합한 수준과 충실도로 실제 체계를 표현하고 모의하는 것으로 연구, 조사, 분석, 훈련 및 실험을 통해 실제 체계에 대한 통찰을 얻기 위해 활용된다. 이뮬레이션(Emulation)이란 실제 체계의 행위와 활동을 있는 그대로 복제하는 것으로 존재하는 실제 체계가 가용하지 않은 상황에서 실제 체계를 있는 그대로 정확히 모방하여 무기체계의 연구개발이나 시험평가에 활용하고자 할 때 사용된다. 스티뮬레이션(Stimulation)은 실제 체계에 대해 활동과 반응을 유발할 목적으로 실제 체계에 자극이나 데이터를 전달하여 이를 전달받는 수용체계가 제대로 작동하고 기능과 성능을 발휘하는지 확인하기 위해 활용된다는 것이다.

제 2 편

국방 M&S 현재까지
어떻게 발전되어 왔나?

|

주전골 용소폭포, 46×30㎝, 수채화, 2016. 4, 松霞 이종호

12. M&S! 어떻게 발전되어 왔나?

　모델링 및 시뮬레이션(M&S)을 국방 업무분야에 활용하기 시작한 것은 인간의 역사와 같다고 볼 수 있다. 인간의 역사와 더불어 전쟁의 역사가 시작되었고, 어떻게 하면 전쟁에 대비하고 전쟁에서 승리할 수 있을 것인가에 대한 연구가 계속되어 왔다. 비록 현대적 개념의 M&S는 아닐지라도 다양한 모습과 형태로 전쟁을 대비하고 연구하는 수단으로서 일종의 M&S를 사용해 왔음을 역사를 통해 알 수 있다.

　인간의 역사에서 나타나는 최초의 M&S는 그림 9에서 보는 바와 같이 기원전 2500년 무렵의 수메르와 이집트의 소형 전사모형으로, 아마도 당시에는 이러한 소형 전사모형을 사용한 일종의 게임을 통해 전쟁에 대한 연구를 했을 것으로 생각된다. 기원전 500년 무렵에는 중국의 손자병법이라는 병서를 통해 현대 시대에도 그대로 적용할 수 있는 전쟁에 대비하는 기본 개념과 분석, 통찰을 제공하는 일종의 개념모델과 전쟁 수행 논리가 제시되었다. 또한 고대 독일의 프러시아 군에서는 1600년대

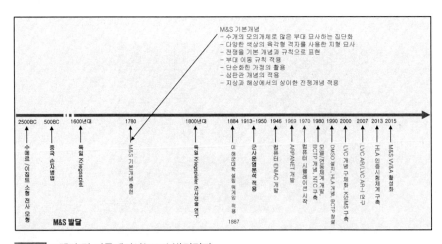

그림 9 모델링 및 시뮬레이션(M&S) 발전경과

'Kriegspiel'이라는 군사적 장기를 개발하여 전쟁을 연구하는데 활용했는데, 이것이 근대적인 M&S의 시발점으로 인식되고 있다. 그 후 17, 18세기에는 카드게임이나 장기형태의 다양한 워게임이 출현하게 되었다.

현대적 개념 M&S의 기본원리가 제시된 것은 1780년 무렵으로, 이때 이미 수 개의 모의 개체로 많은 부대를 묘사하고자 하는 집단화 개념과 다양한 색상의 육각형 격자를 사용한 지형의 묘사 방법이 제시되었다. 또한 전쟁을 기본 개념과 규칙으로 표현하고자 하는 시도와 더불어 부대를 이동시키는 규칙을 정하여 적용하고, 단순화한 가정을 활용하는 개념과 전투평가에 심판관의 개념을 구상하여 적용하였으며, 특히 지상과 해상에서의 전쟁 수행에 각각 상이한 개념을 적용하는 방안이 세시되었다.

'Kriegspiel'를 활용한 워게임이 지속적으로 발전하는 가운데 1800년대 들어 장기 게임판 대신에 상세한 지형특성을 표현할 수 있고 간편하게 이동이 가능한 사판을 활용하고, 지형 축적과 시간 축적 개념을 적용하기 시작하였다. 또한 교전과 사격효과 결정을 위해 주사위를 사용하였고, 청군과 적군이 각각의 지도에서 이동하면 심판관용 지도에서는 양측의 이동상황을 모두 기록하여 양측 워게임 참가자에게 통보하는 형태로 진행하였다. 프러시아군은 이러한 'Kriegspiel'을 군사 전술 연구 및 훈련 수단으로 활용하였다. 또한 1884년에는 미 해군대학(Naval War College)이 설립되고 1887년에 워게임을 적용하기 시작하였다.

이처럼 워게임에 대한 연구와 발전이 지속적으로 이루어졌으나 정작 1차·2차 세계대전 기간인 1913년부터 1950년까지는 군사운영분석이 워게임을 대체하여 활발히 활용되었고, 때문에 워게임은 상대적인 침체기를 겪게 되었다. 이 기간 중 프러시아는 전략 시뮬레이션을 이용하여 제1차 세계대전 동원계획을 수립하였고, 영국에서는 직접사격과 간접사격에 의한 전투피해를 평가하는 'Lanchester 공식'이 개발되었다. 일본은 군사 연구 및 계획 수립에 분석적 M&S를 사용하였고, 독일은 정치·군사 연습에 다양한 형태의 M&S를 사용하였다. 미국은 제2차 세계대전이 발발하자 이에 대비한 군대 확장 및 군사연습의 필요에 따라 일종의 전투실험으로 Louisiana Maneuvers 계획을 수립하여 시행함으로써 전쟁에 대비하게 되었다.

모델링 및 시뮬레이션(M&S)이 획기적으로 발전하게 된 계기는 1946년 최초의 컴퓨터인 ENIAC의 개발과 1952년 최초의 상용 컴퓨터 UNIVAC-1의 개발이다. 1948년 설립된 미국의 RAND 연구소는 군사게임을 실시하였고, 1958년에는 지상전 모의를 위한 지형 데이터 표현방법으로 육각형 좌표가 제안되었다. 특히 소련이 세계 최초 인공위성 SPUTNIK 우주선을 발사한 것을 계기로 미국은 1958년 NASA(National Aeronautics & Space Administration)와 DARPA(Defense Advanced Research Project Agency)를 창설하게 되었고, 우주선 개발과 우주인 훈련을 위해, 또 무기체계 획득 지원을 위해 M&S를 활발히 활용하게 되었다. 1969년 미 국방성은 ARPANET(Advanced Research Project Agency NETwork)의 구축을 지원하여 향후 인터넷의 근간을 이루게 되었고, 궁극적으로는 분산 환경에서 M&S 연동 운용을 시도하는 계기가 되었다.

1970년대 미국은 M&S를 활용한 워게임을 본격적으로 연구하기 시작하여 미 합참에 JWGA(Joint WarGaming Agency)를 창설하고 실기동 훈련과 수동모의에 의한 1세대 교육훈련용 시뮬레이션을 정착시킨데 이어 초창기의 다양한 모델들을 개발하였다. 컴퓨터를 이용한 시뮬레이션도 이 시기에 개발되기 시작하여 피·아 부대 손실평가, 이동 시간 계산, 탄약 및 유류 소모량 계산 등에 활용하기 시작하였고, 초창기에 개발한 모델들이 컴퓨터 모델로 전환되기 시작하였다. 1970년대 후반에는 앞서 언급하였던 ARPANET이 진화 발전하여 대규모 분산 시뮬레이션을 수행할 수 있는 기반체계로 발전하게 되었다.

1980년대에 미국은 전차 승무원들의 전술훈련을 실전감 있게 시킬 수 있도록 탱크 시뮬레이터를 연동하는 체계를 구축하였고, 과학적인 기법을 활용한 실 기동훈련장인 NTC(National Training Center)의 구축을 추진하였으며, 워게임 모델들을 활용한 BCTP(Battle Command Training Program) 개념을 발전시켰다. 한편으로는 분산 환경에서 모델들을 연동 운용하는 개념과 체계를 발전시켰으며 이를 교육훈련 분야에 적극적으로 활용하기 시작하였다. 1980년대 후반기에는 여러 가지 미흡한 점이 있었지만 다양한 모델들을 연동하기 시작한 초창기로서 대부대 연합합동 지휘소연습을 실시하게 되었다.

비록 미군의 관점이긴 하지만 M&S를 국방 업무분야에 보다 계획적으로 치밀하게 활용방안을 강구하기 시작한 것은 1990년대부터이다. 미 국방성은 M&S를 국방 업무 다양한 분야에 보다 조직적이고 체계적, 효율적으로 활용할 목적으로 1991

년에 M&S 담당부서인 DMSO(Defense Modeling & Simulation Office)를 설치하였다. 미 국방성은 이때부터 M&S의 국방 업무분야 활용을 교육훈련, 전력분석, 국방획득, 전투실험으로 구분하고, 시뮬레이션의 유형을 실제(L), 가상(V), 구성(C)으로 구분하였다. 또한 DMSO는 M&S의 효율적 활용을 위한 종합발전계획을 수립하였고, M&S 관련 정책과 아키텍처 등 기반 체계와 기술을 발전시켰으며, 각 활용 분야별, 시뮬레이션 유형별로 구체적인 체계 구축사업을 추진하였다. 이때 분산 환경에서 기존 모델들의 연동 운용의 어려움을 절실히 느낀 미 국방성은 "선 표준 후 모델 개발, Plug & Play"라는 기조하에 야심적으로 HLA(High Level Architecture)를 개발하였고, 시뮬레이션 유형들을 연동하여 실전적 가상 합성 전장 환경을 구축한다는 목표하에 STOW(Synthetic Theater Of War) 구축을 추진하였다.

2000년대 들어서면서 미 국방성은 DMSO 설치 이후 추진했던 M&S 정책, 집행기구 및 위원회, 아키텍처, 기반체계와 기반기술 개발에 일관성 있게 업무를 수행하여 상당한 수준의 M&S 업무 발전과 성과를 이루었다. 이 기간 중에는 1980년대 중반 이후 개발한 다양한 분야의 M&S 자원들을 대체할 새로운 개념의 훈련용, 분석용, 획득용 M&S의 개발을 추진하게 되었다. 특히, 시뮬레이션 유형들을 연동하여 보다 실전적인 가상 합성 전장을 구현하기 위해 여러 가지 노력을 시도하였다. 먼저 개념 면에서 STOW라는 초기 개념을 근본 목적과 취지를 그대로 살리면서, STE(Synthetic Training Environment), SE(Synthetic Environment), LVC(Live, Virtual, Constructive) 등으로 점진적으로 발전시켰다. 2000년대 후반에는 LVC를 보다 효율적으로, 실효적으로 구축하기 위해 LVCAR(Live, Virtual, Constructive Architecture Roadmap)과 LVCAR-I(Implementation)을 추진하여 LVC 구현을 위한 구체적 방안을 마련하였다. 한 가지 유념해야 할 사항은 2007년 미 하원은 하원의결(House Resolution)을 통해 M&S를 미 국가이익에 중요한 기술(National Critical Technology)로 지정하여, 이때 이후 미 국방성의 거의 모든 중요한 웹사이트를 동맹국이나 타 국가를 상대로 폐쇄하였다는 점이다.

2010년 이후 미국을 비롯한 M&S 선진국들은 자국의 국방 업무분야 거의 모든 영역에서 M&S를 적극 활용하고 있다. 그리고 과거에는 교육훈련 분야에 한해 보다 실전적인 가상 전장 환경을 구현하려 애썼으나 지금은 모든 국방 업무분야에서 실제(L), 가상(V), 구성(C) 시뮬레이션들을 연동하여 보다 실전적인 가상 전장 환경을 구현함으로써 훈련, 분석, 획득 및 실험 등 모든 분야에 활용하고자 노력하고 있는 추세이다.

이뿐만 아니라 이렇게 구현한 LVC를 분산 환경에서 운용할 수 있도록 하고, M&S를 활용하여 구현한 가상 전장 환경과 상황을 C4ISR 체계 및 일부 실제 무기체계와 연동하여 때로는 시뮬레이션(Simulation)을, 때로는 이뮬레이션(Emulation)을, 그리고 때로는 스티뮬레이션(Stimulation)을 하여 다양한 국방 업무분야에 활용하는 방향으로 발전되어 가고 있는 추세이다. M&S 발전경과를 간략히 요약한 현황은 표 5에서 보는 바와 같다.

표 5 모델링 및 시뮬레이션(M&S) 발전경과 개관

연 대	내 용
2,500BC	수메르/이집트 - 소형 전사 모형
500BC	중국 - 최초의 워게임(손자)
1600년대	독일 *Kriegspiel* 사용- 근대적 모델링 및 시뮬레이션 시발
1780년대	모델링 및 시뮬레이션 기본개념 출현
1800년대	Kriegspielers - 군사전술 연구, 오락에 사용 미 해군대학 설립(1884) 및 워게임 적용(1887)
1913-1950년대	워게임의 암흑기, 군사 운영분석이 워게임을 대체(1940년대 중반)
1946	컴퓨터 ENIAC 개발
1970년대	실기동훈련, 수동모의에 의한 교육훈련용 시뮬레이션 시도 및 정착 컴퓨터 이용한 시뮬레이션 시작
1980년대	자동화 모의지원체계 및 과학화 실기동훈련장 구축 추진 BCTP 개념 및 모델/연동체계 개발
1990년대	DMSO 설치, ALSP 이용한 JTC 연동체계 시도 모델의 상호운용성, 재사용성 포함한 M&S 종합계획 추진 HLA 개념 승인(1996), HLA 국제표준 채택(2000)
2000년대	HLA/RTI 이용 JLCCTC, JNTC, JTTI+K 모의체계 구축 LVC AR, LVC AR-I 연구 수행, M&S를 국가핵심기술(NCT) 선언
2010년대	LVC 구현 위한 DSEEP, DMAO, FEAT 표준 제정 LVC+C4ISR 합성전장환경 구축

13. 미군 M&S! 어떻게 발전되어 왔나?

앞서 일반적 관점에서 모델링 및 시뮬레이션(M&S)이 국방 업무분야에서 어떻게 발전되어 왔는지 설명하였다. 이번 이야기에서 설명하려고 하는 미군의 M&S 발전경과는 사실 앞서 설명한 1880년 이후의 M&S 발전경과와 매우 유사하다. 이는 고대 이후 중세에 독일 프러시아군에서 Kriegspiel를 활용한 워게임을 중심으로 발전시켜온 것을 제외하면 거의 미군의 M&S 발전경과라 해도 무리가 없어 보인다. 특히 제1, 2차 세계대전을 통해 워게임으로 대변되는 M&S의 활용보다는 군사운영분석이 더 각광을 받았고, 여러 나라, 여러 분야에서 다양한 모습으로 활용된 것에 비추어 보면 더욱이 그렇다.

미군의 M&S 발전과정을 일목요연하게 정리한다는 것은 쉽지 않고, 사실 지금까지 그렇게 정리된 참고자료도 본 적이 없는 것 같다. 이번 이야기에서는 그간 M&S 분야에서 일을 하며 나름대로 판단한 미군의 M&S를, 미군이 스스로를 돌아보는 관점이 아니라 제3자의 관점에서 지켜보고 파악한 내용을 중심으로 전개하고자 한다. 미군의 M&S 발전 경과를 살펴보면 그림 10에서 보는 바와 같으며, 이를 개략적으로 M&S 도입기, 활용 초창기, 발전 도약기, 그리고 발전 성숙기로 구분할 수 있지 않을까 생각한다.

먼저, 미군의 M&S 도입기는 1880년대부터라 볼 수 있다. 처음으로 미군이 M&S를 도입 활용하기 시작한 것은 1884년 미 해군대학(Naval War College)이 설립되고 1887년 워게임을 적용하면서부터라고 생각된다. 미 해군대학은 그 이후 모든 가능성 있는 우발사태와 각종 분쟁에 대비하여 전술 및 전략적인 워게임을 제2차 세계대전까지 사용하였다. 제1, 2차 세계대전 시기인 1913년부터 1950년대까지는 다른 나라들과 마찬가지로 군사 운영분석을 적극적으로 활용하였다. 그러한 가운데 미국은 제2차 세계대전에 어떤 모습으로든지 대비할 수밖에 없는 상황이 되자 1940년 Louisiana Maneuvers 계획을 수립하여 일종의 전투/합동실험 성격의 실 기동훈련을 수행하였다. 이 기간 동안에 1946년 컴퓨터 ENIAC이 개발되고, 1969년 미 국방성의 지원으로 인터

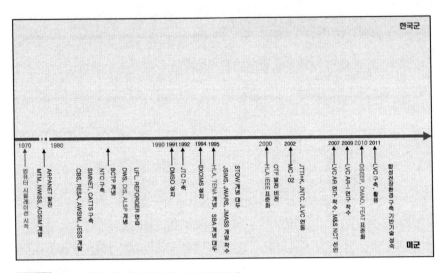

그림 10 미군 모델링 및 시뮬레이션(M&S) 발전경과

넷의 시발이 된 ARPANET 구축을 추진하면서 컴퓨터를 이용한 시뮬레이션이 시작되게 된 계기가 되었다.

이어서 미군의 M&S 활용 초창기는 1970년대부터로 볼 수 있다. 1952년 컴퓨터의 최초 상용화 이후, 미군은 1970년대 컴퓨터를 이용하는 Batch file 운용개념에 의한 훈련 및 분석용 워게임 모델을 개발하기 시작하여 MTM(Mcclintic Theater Model), NWISS(Naval Warfare Interactive Simulation System), ADSIM(Air Defense Simulation), TACWAR(Tactical Warfare Model) 등을 개발하였다. 1980년대부터는 앞서 개발한 모델을 이용하여 워게임을 실시하였고, DIS(Distributed Interactive Simulation), ALSP(Aggregate Level Simulation Protocol)와 같은 아키텍처를 개발하였다. 또한 탱크 시뮬레이터를 연동하여 승무원들에게 실전적 전술훈련을 시키기 위해 SIMNET(Simulation Networking)을 개발하였다. 특히 Batch file 개념을 탈피하고 인간과 컴퓨터가 직접 인터페이스(Man-Machine Interface)를 하는 새로운 개념의 모델들인 CBS(Corps Battle Simulation), RESA(Research, Evaluation and System Analysis), AWSIM(Air Warfare Simulation), JESS(Joint Exercise Simulation System) 등의 모델들을 개발하게 되었다. 미군은 M&S 기반 아키텍처와 연동개념의 개발 및 새로운 개념의 모델 개발에 이어 이러한 M&S 기반체계와 자원들을 활용하여 보다 과학적이고 체계적인 연습과 훈련 개념을 발전시켰는데, 그것은 바로 BCTP(Battle Command Training Program)와 실 기동훈련장에서 여러 가지 훈련 보조도구(Instrumentations)

를 활용하여 자동화 체계에 의해 피해평가를 하고, 실시간으로 훈련 데이터를 수집하고 분석하여 사후검토를 수행함으로써 교훈을 도출해 훈련효과를 극대화하는 NTC(National Training Center)라는 개념이다.

미군이 M&S를 다양한 국방 업무분야에 보다 체계적으로 활용하기 시작한 발전 도약기는 대략 1990년대부터로 볼 수 있을 것이다. 미군은 1980년대 M&S 관련 아키텍처와 새로운 개념과 모델들을 개발하고, 이를 활용하는 과정에서 보다 체계적인 접근방법이 필요함을 절실히 느끼게 되었던 것으로 생각된다. 이에 미 국방성은 1991년에 M&S 전담기관으로 DMSO(Defense Modeling & Simulation Office, 이후 M&SCO(Modeling & Simulation Coordination Office)로 변경)를 설치하고, M&S와 관련된 정책과 지침 및 마스터플랜을 작성함으로써 보다 체계적으로 M&S를 발전시키고 다양한 국방 업무분야에 활용을 추진하게 되었다. 특히 1994년에는 EXCIMS(Executive Council In Modeling & Simulation)을 설치하고, M&S의 보다 체계적인 발전을 위해 워파이터 관점에서 M&S 작전요구를 명확히 제시하고 M&S 획득사업과 활용을 위원회를 통해 관리하도록 시도하였다. M&S 자원을 활용하는 개념에서도 단일 모델 위주의 운용과 더불어 새롭게 요구되는 능력을 보다 효율적으로 충족하는 방법으로서 모델 연동개념을 적용하여 기존에 개발되어 있는 모델들을 DIS 또는 ALSP 연동 프로토콜을 사용하여 연동을 시도하였고, JTC(Joint Training Confederation)라는 합동전 모의가 가능한 연동체계를 구축하게 되었다.

이러한 가운데 기존의 모델이나 기존의 아키텍처를 기반으로 연동하는데 소요되는 노력과 자원, 시간이 과다하게 소요되는 반면, 작전술 기능적 관점에서 일부 제한사항이 여전히 존재하게 되어 새로운 방안을 강구하게 되었다. 이러한 문제와 한계를 극복하고 보다 효율적인 연동 운용을 가능하게 하기 위해 1995년 미군은 선 표준 후 모델 개발, Plug & Play이라는 개념을 구상하고, 이에 따라 HLA(High Level Architecture)와 TENA(Test and Training Enabling Architecture)를 개발하여 연동 운용을 목적으로 개발하는 모든 M&S 자원은 이러한 표준을 준수하여 개발할 것을 요구하게 되었다. 이와 거의 동시에 워파이터의 작전요구인 실제 전장과 거의 유사한 가상 전장 환경을 만들어 제공하기 위해 STOW(Synthetic Theater Of War) 개념을 개발하고, 무기체계 획득을 위해서는 보다 양질의 무기체계를 보다 빨리, 보다 저렴하게 획득하는 수단으로 획득 전 수명주기에 걸쳐 M&S를 활용하여 무기체계 획득과 관련된 이해당사자들이 협업 및 공조를 통해 효율적인 획득을 구현하는 수단으로서 시뮬레이션 기반 획득(SBA: Simulation Based Acquisition) 개념을 개발하고 이를 활성화하여 적용을 시도하였다.

미군은 2000년대에 들어 M&S의 상호 운용성과 재사용성 구현을 위한 구체적인 노력을 추진하였다. 먼저 선 표준 후 모델 개발, Plug & Play를 목표로 개발한 HLA 아키텍처를 미군뿐만이 아니라 동맹국들까지 확대 적용하려는 의도에서 국제 표준화를 추진하여 IEEE(Institute of Electrical and Electronic Engineer) 1516으로 제정하였다. 또한, 공통기술기반인 CTF(Common Technical Framework)를 발전시키고자 하는 비전을 제시하였고, M&S 자원들의 연동능력을 강화하여 JTTI(Joint Training Transformation Initiative), JNTC(Joint National Training Capability), JLVC(Joint Live, Virtual, Constructive) 등 모델 연동체계 구축을 추진하였다. 전투실험 분야에서도 MC '02(Millennium Challenge)라는 대규모 실험을 추진하여 실 기동과 M&S를 활용하였고, 무기체계 획득분야에 지식 기반 획득(KBA: Knowledge Based Acquisition)의 적용을 시도하였다. 특히 실제 전장 환경과 유사한 가상 전장 환경의 구축을 위해 최초 제시되었던 STOW 개념을 STE(Synthetic Training Environment), SE(Synthetic Environment)를 거쳐 LVC(Live, Virtual, Constructive)로 발전시키고, 이를 구현하기 위한 구체적 노력으로 LVCAR(Architecture Roadmap), LVCAR-I(Implementation) 연구를 착수하여 LVC 구현방안을 도출하였다. 이처럼 미군이 M&S를 국방 업무분야 전 영역에 걸쳐 활발히 활용하고자 노력하는 가운데 M&S의 가치와 중요성을 인식한 미 하원(US House)은 2007년 M&S를 미 국가 주요 기술(NCT: National Critical Technology)로 선언하고, 국방 분야의 중요한 M&S 사이트들을 동맹국들을 상대로 폐쇄하게 되었다.

미군이 M&S를 활용하는 발전 성숙기는 2010년부터라고 생각한다. 미군의 M&S 활용을 위한 발전 도약기였던 2000년 무렵에 당시의 미래 작전요구 충족을 위해 다양한 형태와 활용분야의 새로운 개념의 모델과 모델 연동체계들에 대한 개발과 구축을 추진하였다. 지상전 모델 WARSIM(Warfighter's Simulation), 훈련연동체계 JSIMS(Joint Simulation System), 분석모델 OneSAF(One Semi-Automated Forces)와 JWARS(Joint Warfare Simulation) 등 여러 모델과 연동체계가 작전요구의 불명확, 기술적인 제약 등의 이유로 막대한 예산을 투입함에도 불구하고 상당한 기간 개발이 지연되었다. 이러한 어려움을 겪으면서 미군은 2010년에 새로운 국제표준을 제시하고 실전적인 가상 합성 전장 환경 구축을 추진하였는데, 이것이 바로

IEEE 1730 DSEEP(Distributed Simulation Engineering Execution Process), IEEE 1730.1 DMAO(DSEEP Multi-Architecture Overlays), 그리고 SISO(Simulation Interoperability Standard Organization) 표준인 FEAT(Federation Environment Agreement Template)인 것이다. 이러한 일련의 표준화 노력은 결국 앞서 설명한 LVCAR, LVCAR-I 연구 노력을 통해 얻어진 결과로, 보다 구체적으로 LVC를 구축하는 기반을 확충하게 되었다. 결국 미군은 M&S를 국방 업무분야의 다양한 활용을 위해 할 수만 있다면 실제 전장 환경과 유사하거나 거의 동일한 가상 합성 전장 환경에서 마치 전쟁을 하듯이 훈련하고, 전쟁과 분쟁에 대비하여 분석을 하며, 미래 신기술을 기반으로 새로운 무기체계를 획득하고, 새로운 군 구조와 조직편성, 무기체계, 교리와 전술전기, 새로운 기술 등을 실험하는 등 M&S를 활발하게 활용하고 있다.

미군의 M&S 발전과정에 대해 미군의 자료에서 발전경과에 따른 단계를 구분하여 제시한 바는 없으나, 2010년 이후를 M&S 발전 성숙기라 생각하는 데는 나름대로 몇 가지 이유가 있다. 먼저 미군은 현존 미국에 대한 위협은 물론 미래 잠재적 위협에 대해 분석을 하고 그 위협의 정도를 평가한다. 그리고 그에 대비한 현재의 능력과 미래의 능력을 추정해 그 차이를 도출하고, 그 차이만큼을 추가로 구축해야 할 작전요구로 도출하고 있다. 또한 미군은 M&S 관점에서 이러한 작전요구를 충족하기 위한 M&S 작전요구 내지는 요구사항을 도출한 후, M&S 발전 마스터 플랜을 통해 단순한 M&S 개발사업 차원을 넘어 정책과 기반 아키텍처, 기반체계와 기반기술, 그리고 M&S 자원들을 체계적으로 개발하고 있다. 이러한 활동을 수행하기 위한 가용자원의 확보 면에서도 미군은 M&S의 필요성과 중요성을 충분히 인식하여 충분하지는 않지만 그래도 적정수준의 예산을 배정받고 있다. M&S 작전요구와 요구사항을 충족하는데 필요한 아키텍처나 기반체계와 기반기술이 충분히 성숙되어 있고, 민간부분의 성숙된 기술을 도입하여 적용하는데 거의 아무런 문제가 없는 수준이라 생각되며 의회나 정치권에서도 M&S를 국가 이익에 영향을 미치는 주요 기술로 인식하는 등 전반적인 여건과 역량이 성숙되었다고 판단하는 이유이다.

본 이야기에 포함되어 있는 M&S 관련 아키텍처, 기반체계 및 기반기술, LVC 구축을 위한 LVCAR 및 LVCAR-I 연구, 그리고 다양한 국방 분야에 활용되는 각종 M&S 활용 개념과 모델 및 연동체계에 관해서는 제5편, 제6편, 그리고 제7편에서 기술적인 내용에 깊이 들어가지 않으면서도 개략적인 개념을 이해할 수 있는 수준으로 설명할 생각이다.

14. 한국군 M&S! 어떻게 발전되어 왔나?

한국군이 모델링 및 시뮬레이션(M&S)을 워게임이라는 명칭으로 도입하여 국방 업무분야에 활용하기 시작한 것은 1980년대부터라고 볼 수 있다. 당시에는 M&S라는 명칭이 아닌 통상적으로 워게임이라 부르던 때로, 한국군이 처음으로 컴퓨터를 활용한 워게임을 접하게 된 것은 1978년 한미연합사 창설과 밀접한 관계가 있다. 앞서 설명한 미군의 M&S 활용 초창기인 1970년대부터 개발된 초기 버전의 워게임 모델들이 한미연합사 운영분석단(OAG: Operations Analysis Group)에 배치되어 운용되면서 간접적으로 워게임 모델들을 접하게 되었다. 이러한 워게임 모델들이 한국군에 무상 이양되면서 점진적으로 워게임을 접하게 되고, 이후 모델링 및 시뮬레이션(M&S)이라는 명칭으로 발전되게 되었다.

한국군의 M&S 발전경과를 살펴보면 그림 11에서 보는 바와 같으며, 개략적으로 워게임 도입기, 활용 초창기, 그리고 적극 활용기로 나누어 볼 수 있다. 미군의 M&S 발전경과에서 살펴보았던 발전 도약기나 발전 성숙기는 아직 우리 군에는 도래하지 않았다는 생각이다. 먼저 한국군의 워게임 도입기는 1980년대부터라고 생각한다. 한미연합사 창설 이후 미군의 초기 버전 워게임 모델들이 한국군에 서서히 유입되기 시작하여 운용방법을 익히는 과정에서, 1980년대 초 한미연합사 운영분석단은 한미 야전사를 대상으로 미군 주도의 군수 워게임을 시작하였다. 각 군에서는 각종 분석 평가 업무에 미군의 분석모델들을 활용하기 시작하였고, 특히 해군에서는 1980년대 중반 한국군에서는 처음으로 미군의 지원에 의해 NWISS(Naval Warfare Interactive Simulation System)모델을 활용한 필승연습을 시작하게 되었다. 한국군이 M&S를 활용한 연습과 훈련에 관심을 갖게 된 계기는 한미연합사에서 실시하는 UFL(Ulchi Focus Lens) 연습을 MTM(Mcclintic Theater Model), NWISS(Naval Warfare Interactive Simulation System), ADSIM(Air Defense Simulation) 모델을 사용하여 실시하면서부터이다. 이때에는 지상전, 해상전, 공중전 모의를 모델 간의 연동 없이 각각 운용하면서, 2시간 단위로 작전계획을 수립하여 명령을 입력하면 이것을 Batch file로 처리하

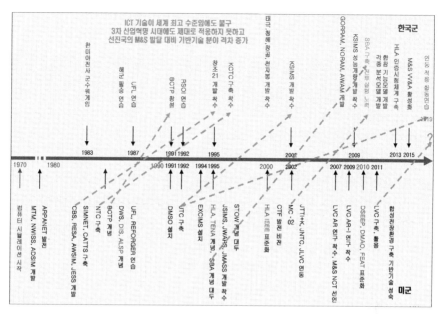

그림 11 한국군 모델링 및 시뮬레이션(M&S) 발전경과

여 한꺼번에 시뮬레이션을 한 후 대형 프린터를 통해 출력하고 이를 검토하여 다시 명령을 입력하는 방식의 연습이었다.

한국군이 M&S를 독자적으로 활용하기 시작한 M&S 활용 초창기는 1990년대로 볼 수 있다. 육군은 미군이 개발한 BCTP(Battle Command Training Program) 개념을 도입하여 1991년에 BCTP단을 창설하고 한미연합사 KBSC(Korea Battle Simulation Center)의 지원 하에 CBS 모델을 활용한 백두산연습을 시작하였고, 1994년 가을에 처음으로 BCTP단이 주관하는 독자연습을 실시하게 되었다. 한국군이 모델연동 개념에 의한 연습을 처음 접하게 된 것은 한미연합사에서 실시하기 시작한 1992년 RSOI(Reception, Staging, Onward Movement & Integration) 연습부터이다. 이때 한미연합사는 초창기 버전의 모델을 각각 CBS(Corps Battle Simulation), RESA(Research, Evaluation and System Analysis), AWSIM(Air Warfare Simulation) 모델로 대체하여 ALSP(Aggregate Level Simulation Protocol)를 활용하여 모델을 연동 운용함으로서 실전적인 합동전 모의를 시도하였다.

이처럼 한국군은 미군 모델을 활용하여 연습 훈련 분야에 M&S를 활용하기 시작하자 자연적으로 한국군 독자모델 개발의 필요성을 느끼게 되었고 1995년 미군 모델을 벤치마킹해 창조21을 개발하기 시작하여 1998년 드디어 한국군 최초의 지상전 모델을 완성하게 되었다. 한국군이 독자적 M&S 개발의 필요성을 절실히 느끼게 된 것은 아이러니하게도 미군이 그동안 지속적으로 요구해 온 한미 연합연습 비용분담 협상이 1996년 타결되고 연합전투모의실(CBSC: Combined Battle Simulation Center)이 창설되면서부터이다. 그동안은 미군 모델을 무상으로 사용하여 연습과 훈련을 실시하다 보니 모델 내에 담겨있는 모의 논리나 피해평가가 우리 군의 교리, 전술, 전기, 절차에 잘 맞지 않아도 그러려니 하며 사용했다. 하지만 연합연습에 대한 비용을 분담하면서 왜 한국군의 작전술 교리에 맞지 않으며 우리의 무기체계가 제대로 반영되지 않고 지형 데이터가 실제와 상이한 가상 전장 환경에서 연습과 훈련을 해야 하는가라는 생각에서 각 군은 독자모델 개발을 서두르게 되었다. 그 결과 1990년대 후반부터는 합참의 태극 모델, 해군의 청해 모델, 공군의 창공 모델, 그리고 해병대 천자봉 모델의 개발을 시작하게 되었다.

이 무렵, 한국군은 구성(C) 시뮬레이션인 위게임 모델을 활용하는 연습과 훈련 외에도 보다 과학적인 기법에 의한 실 기동훈련에도 관심을 갖게 되어 실제(L) 시뮬레이션인 대대급 규모의 과학화 훈련장 KCTC(Korea Combat Training Center)의 개발을 착수하게 되었다. 또 다른 한편으로는 한국군 각 군이 독자적인 모델 개발을 서두르고 있는데, 각 군은 모델 개발에만 관심이 있을 뿐 모델을 개발한 이후에 어떻게 한국군 모델 간에 또는 미군 모델과의 연동을 할 것인지는 생각할 겨를이 없는 상태였으므로 한미연합사 한국 측에서 각 군이 개발한 모델들을 연동하는 방안을 구상하게 되었다. 이를 위해 1차적으로는 각 군에 연동기능을 추가하는 것의 필요성을 제기하고, 연동 가능한 모델이 만들어질 경우를 대비한 한국군 위게임 연동체계인 KSIMS(Korea Simulation System)를 설계하고, 이것의 개발 필요성과 당위성을 미국 측에 설명, 설득하였다.

한국군이 M&S를 적극적으로 활용하기 시작한 적극 활용기는 2000년부터이다. 육군은 창조21 모델을 활용하여 BCTP를 수행하는 방안을 추진하였고, 한편으로는 창조21 모델의 연동화 모델 개발을 추진하였다. 뒤이어 모델 개발에 착수한 해군, 공군, 해병대는 모델 개발 시작부터 연동화 기능을 고려하여 개발하게 되었다. 한편, 한미연합사 한국 측에서는 구상한 한국군 위게임 연동체계 KSIMS를 2004년 개발을 완료하여 미군의 한국 측 연동체계와 모델에 대한 신뢰를 쌓은 후 점진적, 단계적으로 연합연습에 참가하게 되었으며, 한국군은 직접 개발한 모델을 미군 모델과 연동하여 연습에 참여하게 되었다. 이러한 일들은 전 세계적으로 미군과 연합합동 연습을 수행하는 동맹국이 자국의 모델을 연동해서 사용하는 아주 드문 사례로 평가받고 있다.

한국군이 워게임 연동체계 KSIMS를 개발하였으나 개발 완료 후 한동안 미군이 이를 신뢰하지 않아 사용을 못 하다가 1년 이상이 경과한 이후에서야 비로써 사용하게 되었다. 이 과정에서 미군은 한국군 연동체계의 우수성과 특히 사후검토체계의 성능과 다양한 분석 능력을 높이 평가하여 한반도에서 뿐만이 아니라 연합연습에 참여하는 미 본토의 미군들도 사용할 수 있도록 협조를 요청하기에 이르렀다. 2000년도 후반부터는 연습용 모델 개발에 뒤이어 GORRAM(Ground Operations Resources Research and Analysis Model), NORAM(Naval Operations Resources Analysis Model), AWAM(Army Weapon Effectiveness Analysis Model) 등 분석모델의 개발에 착수하였다. 한편, 이처럼 M&S를 활발히 활용하는 가운데 무기체계 획득 시 시험평가용으로 활용하게 되는 M&S에 대한 신뢰성 이슈가 제기되어 2008년부터는 M&S VV&A에 관한 수행개념을 연구하고 철매-II 개발 사업에 적용함으로써 한국군에 VV&A 개념이 정착되고 발전되는 계기가 되었다. 또한, 한반도에서의 전작권 전환에 대비하여 한국군이 연합 연습에 대한 주도적 모의지원 능력을 갖추기 위해 워게임 연동체계인 KSIMS를 계층형 구조로 성능개량을 추진하기도 하였다.

2010년대에 들어와서는 M&S를 적극적으로 활용한다는 관점에서 한국군에 몇 가지 움직임이 있었다. 먼저, 미군이 1997년 STOW 개념을 구상한 이후 지속적으로 추진해온 LVC를 구현하고자 하는 움직임이다. 그 때문에 각 군은 LVC 구축 필요성에 관한 검토와 더불어 기술적인 관점에서의 검토도 병행하였는데, 관련되어 있는 거의 모든 기술들에 대해 검토하였음에도 불구하고 아직까지 실제 LVC를 구현하는 것은 엄두를 못 내고 있는 실정이다. 다음은 M&S를 활용한 실전감 있는 합동/전투 실험을 실시하고자 하는 것이다. 합참과 각 군은 그간 국방개혁과 군 구조개편을 포함한 다양한 합동/전투 실험 과제에 대해서 보다 구체적으로 실험을 위한 M&S 모의체계를 연구하였다. 전투실험을 위한 가용한 자원과 기반기술을 검토하였으나 실전감 있고 실효적인 M&S를 활용한 모의체계에 의한 합동/전투 실험을 아직은 제대로 실시하지 못하는 상태이다. 한편으로는 합참을 중심으로 작전 기능분야에 대한 다양한 분석모델을 개발하고자 하는 노력이다. 합동작전 분석모델을 비롯하여 C4ISR

분석모델, 민군작전 모델 등 다양한 모델의 개발을 추진하였으나 일부 분야에서는 전투 발전 노력과 모의 논리가 미흡 하는 등 개발의 어려움을 겪고 있는 실정이다.

한편 M&S의 국방획득 분야 활용을 위해서 무기체계 획득을 위한 M&S 활용계획을 작성하도록 하고 시뮬레이션 기반 획득(SBA) 통합정보체계를 구축하는 등 SBA를 무기체계 획득 전 수명주기에 적용을 추진하고 있으나, 이를 효율적으로 적용하고 활용할 수 있는 협업공조체계가 없어 실질적으로 활용이 어려운 실정이다. 반면에 M&S 자원들의 상호 연동 운용을 위한 HLA 적합성 인증시험은 2000년 이래 미국 측으로부터 인증시험을 받아 왔으나, 미 국방성의 인증정책이 변화함에 따라 이에 능동적으로 대처하기 위해 방사청을 대신하여 국방기술품질원(이하 기품원)이 2013년 세계 3번째로 독자적인 인증시험체계를 구축하여 인증업무를 수행하고 있다. 한국군은 그간의 많은 노력으로 합참과 각 군의 연습과 훈련용 모델을 거의 다 개발했으며, 현재는 각종 분석모델과, 합참 연습시에 연동해서 활용할 각종 기능 모델들을 개발하고 있는 실정이다. 또한 대대급 훈련을 위해 구축한 과학화 훈련장 KCTC를 연대급으로 확장하였다.

한국군이 M&S를 국방 업무분야에 활용하기 시작하면서부터 미군을 중심으로 한 일부 선진국을 제외하고는 상당히 많은 성과와 발전을 이루었음에도 발전 도약기나 발전 성숙기라고 구분할 수 없는 것에는 여러 가지 이유가 있다. 저자가 생각하는 그 이유들을 다음 15번째 이야기에서 개략적으로 설명하고자 한다.

15. 한국군 M&S 발전과정에 담겨진 의미와 과제는 무엇인가?

한국군이 다양한 국방 업무분야에서 효율적 국방경영의 수단으로서 모델링 및 시뮬레이션(M&S)의 활용을 시작한 이래 비교적 짧은 기간에 괄목할 만한 성과와 발전을 이룩한 것은 분명한 사실이다. 한국군의 M&S 발전에 큰 영향을 미친 것은 한미동맹과 한미연합사 창설 이후 미군과의 연합 근무 및 작전 수행으로 한국군이 국방경영을 위한 선진기법들을 비교적 조기에 도입하여 적용하는 계기가 되었다. 따라서 한국군이 M&S를 국방 업무분야에 활용한 경과는 다소 시기의 차이는 있지만 미군의 M&S 활용과정과 거의 흡사함을 알 수 있다. 영국 연방국가나 일부 나토국가, 이스라엘에는 다소 뒤진 감은 있으나 타 미 동맹국들에 비해 상대적으로 열심히 선진기법들을 도입하여 적용하였다.

한국군이 국방 업무분야에 M&S를 도입하여 적용하는 과정에서 일부 미군의 분석모델들을 도입하여 활용하기도 했다. 특히 교육훈련 분야에서 미군의 모델을 활용하거나 미군의 모의지원 하에 연습을 실시하기도 하고, 새로운 연습과 훈련 개념을 도입 적용함으로써 상대적으로 빠른 발전이 가능하였다. 그 결과 미군 모델을 활용하고 미군의 모의지원 하에 실시하던 함대, 사단급 연습과 훈련을 위해 독자 모델을 개발하고 독자적인 모의지원에 의해 실시하게 되었다. 지휘관 및 참모를 훈련시키는 BCTP개념과 연습체계를 정착시키고, 대대급 지휘관/지휘자, 참모와 전투원들을 훈련시키기 위해 과학적 기법을 사용한 실기동 훈련장인 과학화 훈련장 KCTC를 설치 운용하고, 이를 연대급까지 확장하여 운용할 수 있는 역량을 갖추게 되었다.

이러한 교육훈련 분야에서의 M&S 활용 초기 성과에 이어 각종 분석업무와 무기체계 획득을 위한 연구개발 분야, 합동/전투 실험 분야에 이르기까지 다양한 국방 업무분야에 M&S를 활용하여 과학적, 분석적 기법에 의한 국방업무 수행의 효율성을 증진하게 되었다. 실제로 각 군과 합참은 교육훈련 M&S 개발을 시작으로 분석용 모델과 군의 작전요구에 따른 작전기능 분야별 훈련용 및 분석용 모델들을 개발하게 되었다. 또한 한국군 모델 간의 연동을 시도해 보기도 전에 한·미 모델 간 연동을 위한 한국군 워게임 연동체계 KSIMS를 개발하였고, 전작권 전환에 대비하여 한국 측 주도하에 계층형 구조로 연동 운용이 가능하도록 성능개량을 하였다. 특별히 M&S 자원들의 상호 연동 운용을 보장하기 위한 HLA 적합성 인증시험체계를 전 세계 3번째로 독창성을 가지고 구축하여 운용하게 되었고, 국방 M&S 자원에 대한 신뢰성 보장을 위한 검증, 확인 및 인정(VV&A) 업무수행을 위한 역량도 구비하게 되었다. 결국 한국군은 M&S를 국방 업무분야에 도입하여 활용하기 시작한 이래 비교적 짧은 기간에 미군 등 일부 선진국 군에 버금가는 괄목할만한 성과를 이루었고, 효율적 국방경영을 의한 수단으로서의 M&S가 정착되어 가고 있다고 볼 수 있다.

한국군이 국방 업무분야에 M&S를 활용하는 것이 상당한 발전을 이루었음에도 불구하고 그 과정과 내용을 좀 더 자세히 살펴보면 상당히 많은 과제를 내재하고 있음을 알 수 있다. 먼저 국방 업무분야 주요 의사결정자, 정책입안자 및 워파이터들이 효율적인 국방경영과 싸워서 이길 수 있는 전투준비태세 향상을 위한 절박함과 간절함이 부족하며, 국방업무 전 분야에 대해 M&S와 관련한 명확한 작전요구를 제시하지 못한다는 것이다. 그나마 지금까지 한국군이 M&S를 다양한 국방 업무분야에 활용하게 된 것은 대다수 M&S 업무를 수행하는 요원들에 의해 주도되어 왔음을 부인할 수 없을 것이다. 한편으로는 M&S 업무를 수행하는 요원들은 한국군이 M&S를 도입하여 적용하는데 급급하고 제대로 된 M&S 교육을 받을 수 없었던 상황이었음으로 M&S의 기반이 되는 원리와 이론 및 기반기술에 대한 이해가 전반적으로 미흡하였다. 한국군이 M&S 자원들을 개발하는 과정에서도 사용 목적과 의도에 맞게, 보다 효율적으로 개발하고 활용하기 위한 장기적인 투자와 전문가들의 양성, 그리고 기반체계와 기반기술에 대한 연구를 간과하였다.

한국군이 창군 이래 국방과 관련된 전 분야에서 데이터와 역사자료들을 제대로 수집하고, 관리하는 문화가 정착되지 않다보니 M&S 관련된 기반체계와 기반기술, 작전술 개념들에 대한 모의 논리와 알고리즘에 대한 연구와 원천 데이터 축적이 간과되어 왔다. 앞서 언급한 바 있지만, M&S의 개발과정에 있어서 한국군은 단순한 M&S의 활용에 관심이 있었을 뿐 제대로 된 M&S를 개발하기 위한 요구사항의 수렴을 위해 실무그룹(Working Group)을 구성하여 충분한 공감대를 형성하고 제대로 잘 정의된 요구사항을 선정하는 것이 얼마나 중요한지에 대해서는 간과해 왔다. 그러다 보니 M&S 개발과정에 지휘관이 바뀌거나 검토회의를 하게 되면 임기응변에 가까운 요구사항과 추가적인 고려사항들을 제시하고 지시하다 보니, 사용 목적과 의도 관점에서 일관성 있는 개발이 어려울 수밖에 없었다.

또한 한국군이 미군과 함께 근무하고 연습과 작전을 수행하면서 간과한 중요한 것 중 하나는 미군의 M&S 관련 업무에 대한 법과 규정, 방침, 지침 및 기반 체계와 기술에 대한 체계적 접근과 각종 표준화 노력이다. 그러다 보니 미군이 국방성에 DMSO(이후 M&SCO로 개칭)라는 M&S 전담 사무실을 설치하고 일관성 있게 M&S 업무를 추진하며 관련 아키텍처와 기반체계 및 기반기술에 대해 법적 토대 위에 표준화를 추진하는 이유를 제대로 배우지 못한 것이다. 그러한 결과로 워파이터들은 국방경영 수단으로서 M&S의 효용과 가치를 제대로 이해하지 못하였고, M&S 업무분야 종사자들은 한 번이라도 M&S 분야에 일하면 자칭 전문가라고 주장할 뿐 실제 전문성은 미군 M&S 전문가들과 비교할 수 없는 수준이 될 수밖에 없었다.

이러한 문제는 M&S 자원을 개발하는 개발업체와 그 종사자들도 마찬가지이다. 개발자들은 워파이터의 M&S 요구사항과 작전요구가 무엇이든지, 워파이터의 요구사항을 제대로 반영하고 충족하기보다는 개발자가 아는 기술수준으로, 평상시 해오던 방식으로 M&S 자원들을 개발할 뿐 M&S와 관련된 아키텍처나 표준화, 새로운 기반체계 개념이나 기반기술에 대한 연구를 제대로 수행하지 않았다. 또한 모의 논리와 알고리즘을 구현하는 데에서도 M&S 개발절차를 무시하고 개발 일정이 촉박하다는 핑계로 M&S 요구사항 검증 → 개념모델 확인 → 설계 검증 → 구현 검증 → 데이터 검증 및 확인 → 결과 확인에 이르는 일련의 개발절차를 무시할 때가 종종 있었다. 결국 M&S를 개발하는 과정에서 워파이터의 M&S 요구사항과 변화 요구에 적극적이고 능동적으로 대처하지 못하였다. 그 결과 외형적으로는 한국군의 M&S가 상당한 수준으로 발전한 것으로 보이지만 총체적으로 보면 효율적인 국방경영 수단에 대한 한국군 전반에서의 절박함과 간절함의 결여가 포괄적으로 M&S를 국방 업무분야에 활용하는데 있어서 발전하고 성숙하는데 장애가 되어 왔다.

지금까지 한국군 M&S 발전과정에 담겨있는 의미와 과제에서 다소 냉정한 평가에 대해 아마도 많은 이견과 이의가 있을 것이라 생각된다. 그러나 우리 군이 M&S를 개발하여 활용하는 실태를 미군의 발전과정과 대비에 각 해당분야별로 일대일 매칭을 시켜서 우리 군의 현재 상태를 비교해 보면 그 실상을 분명하게 살펴볼 수 있을 것이다. 미군과 한국군의 M&S 활용 면에서 수준차이를 느끼고 생각해 볼 수 있는 몇 가지 사례들은 표 6에서 보는 바와 같다.

표 6 한국군과 미군의 모델링 및 시뮬레이션(M&S) 발전경과 비교

구분	한·미 구분	년대	내용
각 군 모델 개발	한국군	2000년대	창조21, 청해, 창공, 천자봉 등 개발
	미군	1980년대	CBS, RESA, AWSIM 등 개발
BCTP 개념	한국군	1990년대	BCTP단 창설
	미군	1980년대	BCTP 개념 개발
실기동 과학화훈련장	한국군	2000년대	KCTC(대대급–2000년대, 연대급–2010년대)
	미군	1980년대	NTC(사단급)
모델 연동체계	한국군	2000년대	연동기반체계 (KSIMS) 개발
	미군	1990년대	JTC 구축 운용
시뮬레이션 기반 획득 (SBA)	한국군	2010년대	MSRR–2010년대 개발, SBA–미정
	미군	1990년대	SBA 적용
전투실험	한국군		비교대상 없음
	미군	2002년	MC 2002 실험 수행
가상 합성전장환경 (LVC)	한국군		비교대상 없음
	미군	2010년	LVC 구축 활용

결국, 한국군이 국방 업무분야에서 M&S를 활용하는 모습은 미군의 흉내를 내고 있지만, 한국군 전반에 내재되어 있는 M&S 관련 인식, 정책, 법과 규정, 조직, 아키텍처, 기반체계, 기반기술, M&S 자원, 활용 수준 및 예산과 투자 의지와 관련자들의 열정, 전문 인력 양성 프로그램 등 모든 분야에서 시간이 갈수록 미군과의 격차가 증대하고 있다. 또한 현재 인식과 의식 수준으로는 추격이 불가할 것으로 생각되는 실정이다. 현재 우리나라 정보통신기술(ICT: Information and Communication Technology)이 세계 최고의 수준이라고 자처하지만, M&S 관련 인식과 기술 면에서는 3차 산업혁명 시대에도 제대로 적응하지 못하고 있어 미군을 중심으로 한 선진국의 M&S 발달에 대비 기반기술 분야의 격차는 갈수록 증가할 것으로 예상되고 있다. 이런 상황에서 화두로 대두되고 있는 4차 산업혁명 시대의 초 연결성, 초 지능화 사회와 산업 및 국방 환경에서 효율적 국방경영 수단으로 어떻게 M&S를 발전시키고 활용할 것인지에 대한 화두와 과제를 제시하며, 다 함께 절박한 심정으로 고민하고 해결방안을 찾을 수 있기를 기대해 본다.

제 3 편

국방 M&S
변화 요구와 도전!

|

소매물도 등대섬, 73×54㎝, 수채화, 2018. 1. 松霞 이종호

16. 과학기술의 발달에 따른 사회적 변화와 영향은 무엇인가?

모델링 및 시뮬레이션(M&S)의 국방 업무분야 활용에 관해 논의하는 과정에서 과학기술의 발달과 4차 산업혁명의 도래에 따른 국방 M&S의 변화와 도전에 대해서 이야기하는 것은 어떻게 보면 뜬금없이 보일 수도 있다. 그러나 인류의 역사를 살펴보면 과학기술의 발달과 발전은 사회와 산업 전반에 걸쳐 변화와 영향을 미쳤으며 전장과 국방 환경에도 영향을 미쳐왔다. 따라서 제3편과 제4편에서는 과학기술의 발달과 4차 산업혁명의 도래가 전장 및 국방 환경에 어떻게 영향을 미치며, 궁극적으로 국방 M&S에 대한 변화 요구와 그에 따른 도전을 살펴보고자 한다.

제3편에서는 과학기술의 발달과 4차 산업혁명의 도래에 담겨있는 과학기술 발전의 모습과 그로 인한 사회와 산업 환경의 변화와 특징을 살펴보고, 제4편에서는 무기체계 및 전장 환경의 변화와 특별히 한국군의 M&S 변화와 혁신 요구를 중심으로 살펴보고자 한다. 제3편과 제4편을 통해서 2010년대 이후 대두된 4차 산업혁명의 실체가 과연 무엇인지 살펴보고 과학기술의 발달에 따른 사회·산업·국방 환경의 변화가 과연 어떤 모습이며 궁극적으로 효율적인 국방경영 수단인 M&S에 새롭게 요구되는 능력과 과제가 무엇인지 살펴보자는 것이다. 그리고 이를 통해 제5장 이후 한국군 M&S가 어디로 가야하는지, 어떻게 가야하는지를 살펴보고자 한다.

그 첫 번째 이야기로 M&S의 발전과정에 영향을 미친 과학기술 발전과 1차, 2차, 3차 산업혁명이 사회에 미친 변화와 영향이 무엇인지 살펴보자.

기계화 혁명으로 대변되는 1차 산업혁명은 18세기 영국을 중심으로 시작되어 산업구조를 획기적으로 변화시키게 되었다. 당시 영국 내외에서 면직물의 수요가 급증함에 따라 인간의 노동력을 보완하고 대체할 목적으로 여러 가지 기계를 개발하고 개량하기 시작하였는데 이것이 산업혁명의 출발점이 되었다. 면직물 생산을 위한 다양한 형태의 방적기들이 개발되었고, 와트의 증기기관 개량으로 대변되는 증기력은 수력으로 가동되던 면직공장과 제철소에 도입되었으며, 제철공장에서는 숯을 대체하여 석탄이 철 제련단계에서 사용되게 되었다. 이처럼 증기력을 이용한 새로운 기계들의 개발과 개량, 적용은 공장의 생산 방법뿐만이 아니라 사람들의 생활양식까지 변화시키게 되었다.

영국에서 시작한 산업혁명은 점진적으로 유럽과 미국으로 확산되게 되었다. 그 과정에서 가장 중요한 변화는, 인간의 노동력을 대체하는 다양한 기계들이 발명되었다는 것이다. 또한 인간과 동물을 대신하여 증기와 다른 동력이 사용되기 시작하였고, 그러한 결과로서 공장이라는 시스템이 새롭게 도입되게 되었다. 이러한 산업에서의 변화는 당연히 사회적으로도 많은 영향을 미쳐 정치, 경제, 사회 전반에 큰 변화와 영향을 미치게 되었다. 먼저 정치구조 면에서는 서서히 왕족과 귀족 중심의 지배체제가 붕괴하기 시작하였고, 신흥 부르주아 계급이 출현하여 선거법을 개정하는 등 자유주의적인 경제체제로 전환하는 계기가 되었다. 경제구조 면에서는 새로운 기계와 공장 시스템에 의한 새로운 생산 방법이 제품의 생산량을 획기적으로 증가시켰고, 상대적으로 가격이 저렴해지게 되었다. 사회구조 면에서는 공업화로 인해 농촌 인구가 도시로 유입되게 되었고, 그로 인해 도시는 점차 불결해지고 노동자의 인권이 유린되는 현상과 더불어 어린이를 노동현장으로 내몰고 노동을 착취하는 현상이 나타나게 되었다. 결국 이 과정에서 사회주의 운동이 태동되어 이상적 사회주의에 반발한 과학적 사회주의가 등장하게 되었다.

이처럼 18세기 말 영국에서 시작한 1차 산업혁명은 근대화의 촉매가 되었으며, 산업구조의 변화는 사회적·정치적 상황의 변화를 유발하였고, 도시의 급격한 팽창과 총 인구 대비 농민의 수가 감소하는 현상을 낳게 되었다. 당시 영국은 노동시간, 임금, 실업, 여자와 어린이 고용, 거주 환경 등 많은 문제들이 대두되었고, 노동조합이 출현하는 등 산업혁명은 정치, 경제, 사회 전반에 큰 영향을 미치게 되었다.

대량생산을 가능하게 한 에너지 혁명으로 대변되는 2차 산업혁명은 1865~1900년대에 영국, 독일, 프랑스, 미국을 중심으로 시작되었다. 그 당시에는 화학, 전기, 석유 및 철강 분야에서 기술혁신과 소비재 대량생산이 진행되고 있었다. 이때 새로운 산업혁명의 시발점이 되는 몇 가지 주요 기술과 기계, 기법이 발명되었는데, 그중 하나는 전기의 발명이다. 토마스 에디슨과 니콜라 테슬러, 조지 웨스팅하우스가 전기를 발명하고 이를 이용하는 방법을 개발하였다. 다른 것은 내연기관의 실용화로, 독일의 고틀리프 다임러는 석탄 가스 대신 석유의 사용법을, 미국의 헨리 포드는 내연기관의 대량생산을, 루돌프 디젤은 디젤엔진을 발명하였다. 관리기법 분야에서는 프레드릭 테일러의 과학적 관리법이 제안되었고, 1913년 헨리 포드는 컨베이어 벨트를 이용한 T 포드 모델 조립라인을 개발하였다. 한편 사뮤엘 모르스는 전기 텔레그램을 개발하였고, 알렉산더 그래엄 벨은 전화를 개발해서 특허 등록을 하였다.

2차 산업혁명은 독일과 미국이 주도하여 19세기 말 세계 공산품 시장에서 영국에게 도전하는 형국이었고, 이에 따라 영국, 미국, 독일, 프랑스, 그리고 스칸디나비아 일부 국가들이 산업혁명을 주도하였다. 또한 이 무렵 러시아, 캐나다, 이태리와 일본 등의 국가에서도 산업화가 본격적으로 시도되었다. 결국 2차 산업혁명은 1870년 무렵부터 시작된 일종의 기술혁명으로 전신, 철도, 가스 및 물 공급, 하수 시스템이 개발되었고 사람과 아이디어의 이동을 촉진했다. 또한 전기와 전화가 발명되었고 대량생산, 상호교체 가능한 부품과 기계 공구를 사용하게 되었으며, 전기가 증기를 대체하고 인간 노동력을 기계가 대체하게 되었다.

사회적 관점에서 2차 산업혁명은 도시 노동자가 공장 노동자로 전환되는 계기가 되었다. 사회 전반에 실업이 일상화되었고, 저임금 노동력이 일상화되었으며, 화이트 칼라 노동자 수가 현저하게 증가하는 양상을 띠게 되었다. 이 시기에 석유를 동력으로 사용하게 됨에 따라 석유가 고갈되었으며, 또 한편으로는 석유의 환경오염으로 지구 온난화가 가속되었다.

한편, 자동화를 가능하게 한 디지털 혁명으로 대변되는 3차 산업혁명은 1970년대에 전자, 컴퓨터 및 정보통신기술(ICT: Information and Communication Technology)의 발달과 더불어 미국을 중심으로 시작되었다. 이미 1920년~1940년에 드론, 인공지능 및 자율주행 개념이 등장하였고, 특히 인공지능은 1950년~1980년에 걸쳐 AI(Artificial Intelligence), ML(Machine Learning), DL(Deep Learning)이라는 용어와 개념으로 점차 발전해왔다. 또한 1960년대에는 가상현실(VR: Virtual Reality)을 구현하는 HMD(Head Mounted Display)가 개발되었다.

디지털 혁명의 계기가 된 것은 1946년 개발된 컴퓨터 ENIAC과 1969년에 개발되어 추후 인터넷의 기반이 된 ARPANET(Advanced Research Project Agency NETwork)의 개발을 들 수 있다. 1980년대에는 3D 프린터 장치가 개발되어 1952년 밀링 머신

수치 제어장치 개발에 의한 절삭가공이 적층가공의 개념으로 전환되는 계기가 되었다. 2006~2007년에는 스마트폰의 개발에 이어 클라우드 컴퓨팅 기술과 소셜미디어가 출현하여 디지털화를 더욱 촉진하였다. 결국 3차 산업혁명은 정보통신기술(ICT) 기반의 디지털 혁명으로, 자동화 사회와 산업 환경으로 변화시켰고, 석유 동력 시대의 집중됐던 권력을 분산하여 수평적 권력 시대가 도래하게 되었다.

　　과학기술의 발전과 그에 따른 산업혁명의 출현과 발전과정에 대한 간략한 요약은 그림 12에서 보는 바와 같다.

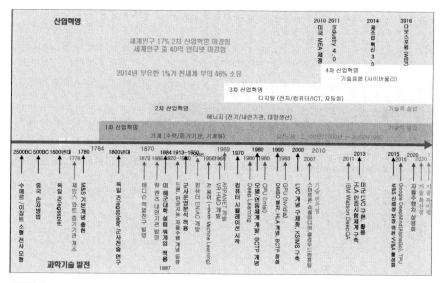

그림 12 과학기술의 발전과 산업혁명의 발전과정 개념도

17. 과학기술의 발달과 4차 산업혁명의 도래! 그 배경과 특징은 무엇인가?

2016년 1월 세계경제포럼(WEF: World Economic Forum)은 'The Future of Jobs' 보고서를 통해 인공지능과 기술의 발달로 향후 5년간 선진 15개국에서 500만개의 일자리가 소멸할 것이라 발표하였다. WEF 회장인 클라우스 슈밥(Klaus Schwab)은 앞으로의 세상은 과학기술의 발전으로 물리적, 디지털, 생물학적 기술과 공간의 경계가 희석된 기술융합의 시대로, 사이버 물리 시스템(CPS: Cyber Physical Systems) 기반의 4차 산업혁명이 도래하고 있음을 화두로 제시하였다. 이는 표 7에서 보는 바와 같이 기계화 혁명인 1차 산업혁명과 대량생산을 가능하게 했던 에너지 혁명인 2차 산업혁명, 그리고 자동화 시스템으로 대변되는 디지털 혁명인 3차 산업혁명에 이어, 기술융합에 의한 4차 산업혁명의 시대가 열리고 있다는 뜻이다. 바라보는 관점에 따라 최근의 과학기술의 발전과 변화와 도전을 여전히 3차 산업혁명인 디지털 혁명의 연장선상에 보는 관점도 있으나, 과학기술의 발전과 기술융합이 사회와 산업 환경을 급격히 변화시키고 있는 것만큼은 분명한 사실이다.

표 7 산업혁명의 구분과 특징

구 분	년 대	특 징	비 고
1차 산업혁명	1780 년대	기계 혁명 – 기계화	Offline
2차 산업혁명	1870 년대	에너지 혁명 – 대량생산	Offline
3차 산업혁명	1970 년대	디지털 혁명 – 자동화	Online
4차 산업혁명	2010 년대	기술융합 혁명 – CPS (Cyber Physical System)	Offline + Online

4차 산업혁명이라는 화두가 대두되게 된 배경에는 2010년 무렵부터 일부 선진국들을 중심으로 전개된 제조업 부활 움직임이 있다. 이러한 움직임의 대표적인 것이

바로 독일의 Industry 4.0으로, 독일은 2011년 하노버 산업박람회(Hannover Fair)에서 첨단 기술시대 제조업 부활 프로젝트를 선언하고 2013년 최종보고서를 발표한 바 있다. 이는 Platform Industry 4.0을 기반으로 기존 제조업과 첨단 정보통신기술(ICT) 산업을 유기적으로 결합하여 제조업을 부활시키겠다는 것으로, 2016년 하노버 산업박람회에서 독일 메르켈 총리가 직접 Industry 4.0을 거론하기도 하였다. Industry 4.0을 구상하고 추진하는 저변에는 디지털 기술인 사물인터넷(IoT: Internet of Things)과 서비스인터넷(IoS: Internet of Services)을 기존 제조업에 접목하여 사이버 물리 시스템(CPS)을 구축하고, 이를 기반으로 한 스마트 팩토리(SF: Smart Factory)를 통해 궁극적으로 제조업의 부활을 이루겠다는 뜻이 숨어 있다.

이러한 Industry 4.0의 움직임을 비롯해 명칭은 다르지만 선진국들을 중심으로 제조업을 부활시키고자 하는 움직임이 있고, 여기에는 우리나라도 참여하고 있다. 미국은 2010년 이후 제조촉진법(Manufacturing Enhancement Act)을 제정하고, 선진 제조 파트너쉽(Advanced Manufacturing Partnership), 선진 제조 구상(Advanced Manufacturing Initiative)을 통해 제조업 혁신과 부활을 추진하고 있다. 주변국인 일본과 중국도 제조업 부활을 위해 노력하고 있는데, 일본은 산업구조비전 2010과 신 성장 전략, 그리고 일본 재흥 전략 2016을 통해 노력하고 있으며, 중국은 중국제조 2025 라는 비전과 구상을 제시하며 노력하고 있다. 이에 우리나라도 제조업혁신 3.0이라는 화두를 제시하고, 제조업혁신 1.0은 영국을 중심으로 한 산업혁명으로, 제조업혁신 2.0은 미국을 중심으로 한 정보화 혁명으로 정의하고, 스마트 혁명인 제조업혁신 3.0은 우리나라가 주도적으로 끌어가겠다는 비전을 제시하기도 하였다.

세계 각국이 과학기술의 발달에 기초하여 여러 가지 모습과 명칭으로 자국의 제조업 부활을 꿈꾸며 추진하는 가운데 4차 산업혁명이라는 화두가 대두되었지만, 앞서 언급한 바와 같이 4차 산업혁명에 대한 정의는 물론 그 시기와 도래 여부 그 자체에 대해서도 여러 가지 관점이 있는 실정이다. 일반적으로 논의되는 4차 산업혁명의 정의는 3차 산업혁명의 기반인 ICT 기술을 중심으로 한 디지털 기술에 물리학, 생물학 기술을 융합한 기술혁명이라는 것이다. 그리고 이러한 기술융합 혁명인 4차 산업혁명의 특징은 초 연결성(Hyper-Connected)과 초 지능화(Hyper-Intelligent)로 대변될 수 있다. 초 연결성이란 정보통신기술(ICT)과 디지털 기술을 기반으로 한 사물인터넷(IoT)/만물인터넷(IoE: Internet of Everything), 사람과 사람의 연결(P2P: Person to Person), 기계와 기계의 연결(M2M: Machine to Machine), 온라인과 오프라인의 연결

(O2O: Online to Offline), 비즈니스와 비즈니스의 연결(B2B: Business to Business), 그리고 비즈니스와 소비자의 연결(B2C: Business to Consumer)로 특징지을 수 있다. 초지능화(Hyper-Intelligent)란 지금까지 나타난 IBM의 DeepQA와 Watson, Google의 DeepMind(AlphaGo)에서 보듯이 인공지능(AI), 머신 러닝(ML), 딥 러닝(DL), 그리고 지능형 로봇의 개발과 활용으로 특징지을 수 있다.

과학기술의 발달에 따라 전통 제조업 부활 움직임과 더불어 초 연결성, 초 지능화 사회와 산업 환경의 변화를 예고하는 4차 산업혁명의 도래에 대해 우리가 주목해야 하는 이유를 많은 사람들이 얘기하고 있다. 하지만 저자는 두 가지 관점에서 이를 바라보고 있다. 먼저 과학기술의 발달과 그로 인한 Industry 4.0, 4차 산업혁명의 변화와 도전의 속도(Velocity)와 범위(Scope), 그리고 영향력(Systems Impact)이 지금까지의 산업혁명과는 차원이 다를 정도로 엄청나다는 것이다. 과거의 1, 2, 3차 산업혁명은 시간이 경과한 후 과학기술의 발달로 인한 사회와 산업의 변화와 혁신을 되돌아 봤을 때 이것이 각각 1, 2, 3차 산업혁명이었다고 정의한 데 비해, 지금 우리가 당면한 Industry 4.0과 4차 산업혁명은 변화와 도전의 소용돌이 속에 현대를 사는 우리 자신이 함께 존재하고 있다는 것이다.

이미 Industry 4.0과 4차 산업혁명이라는 화두가 대두된 것과 더불어 사회와 산업 환경은 엄청난 변화와 도전의 소용돌이 속에 있다. 2016년 세계경제포럼(WEF)에서 밝힌 바와 같이 현재에 존재하는 많은 직업들이 사라지고 인공지능과 지능형 로봇으로 대체될 것으로 보고 있다. 뿐만 아니라 사회와 산업 전반에 걸쳐 디자인이나 마케팅에서의 가치구조(Value Chain)가 바뀔 것이고, 산업제품에 대한 개념(Conception of Industrial Product)과 여러 가지 모습의 비즈니스 모델(Business Model)도 바뀔 수밖에 없을 것이다. 이러한 변화와 도전을 우리가 어떻게 받아들이고 어떻게 대처할 것인가 하는 것이 우리의 선택이라는 것이다. 이러한 관점에서 과학기술의 발달과 4차 산업혁명의 도래에 따른 사회와 산업 환경의 변화, 도전이 전장 및 국방 환경에 어떻게 영향을 미칠지, 그리고 궁극적으로 국방 모델링 및 시뮬레이션(M&S)에 미치는 영향은 무엇인지와 이에 어떻게 대처해야 하며 어느 방향으로 가야 하는지 논의하고자 하는 것이다.

18. 과학기술의 발달과 4차 산업혁명의 도래! 한국 어떻게 대응하고 있나?

과학기술의 발달과 4차 산업혁명의 도래에 독일을 중심으로 한 각국은 전통 제조업의 혁신과 부활, 그리고 4차 산업혁명 시대의 도래에 따른 사회 및 산업 환경의 변화 및 도전에 적극적이고 능동적으로 대응하며 기술융합에 의한 새로운 시대에 주도적 역할을 하기 위해 노력하고 있다. 이번 이야기에서는 4차 산업혁명에 대한 독일과 미국, 그리고 한반도 주변국들의 움직임을 살펴보고 우리나라는 어떻게 대응하고 있는지 살펴보고자 한다.

전통 제조업의 부활을 구상한 독일은 2011년에 Industry 4.0 전략을 수립하고, Platform Industry 4.0을 기반으로 제조업과 첨단 정보통신기술(ICT) 산업을 유기적으로 결합하여 제조업의 혁신과 부활을 추진하게 되었다. 독일은 Platform Industry 4.0에 경제 및 에너지, 교육 및 연구 분야, 연방정부와 Fraunhofer 연구기관을 포함하고 SAP, SIEMENS, BOSCH와 같은 대기업과 KUKA, KAESER와 같은 중소기업, 그리고 노동조합을 참여시켜 협업·공조를 추진하였다. 이러한 노력은 제조업 부활을 위해 연방정부가 일방적으로 전략을 수립하고 추진하는 것이 아니라 제조업 부활에 관련되어 있는 이해당사자들이 과학기술 발달에 따른 변화와 도전, 그리고 혁신의 필요성을 인식하고 공동 목표를 위해 협업하고 공조를 하는 것이다.

미국은 1990년대 세계 제조업 생산의 30% 이상을 담당했었으나 2010년 무렵에 18% 수준으로 하락하였고, 1970년대 미국의 제조업이 GDP 대비 부가가치 비중이 20%대였던 상황에서 2009년에 11.9%까지 하락함에 따라 제조업의 부활의 필요성을 절실히 느끼게 되었다. 이러한 상황에 적극적으로 대응하기 위해 2009년 오바마가 대통령으로 취임한 이후 2010년에는 제조촉진법(Manufacturing Enhancement Act)을 제정하였고, 2011년에는 선진 제조 파트너쉽(Advanced Manufacturing Partnership)과 선진 제조 환경(Advanced Manufacturing Environment) 구축을 추진하였다. 2013년에는 제조업 혁신을 위한 국가 네트워크(National Network for Manufacturing Innovation)를 구축하는 것을 추진하였고, 2014년에는 선진 제조 구상(Advanced Manufacturing Initiative)을 추진하였다. 2017년 트럼프가 대통령에 취임한 이후 보인 일련의 행보는 그간의 미국 중심의 세계경제 질서를 와해하는 것처럼 보였겠지만, 트럼프가 주장한 "America First!", "America Great Again!"이라는 슬로건 속에는 미국의 제조업 부활을 꿈꾸고, 저임금을 따라 해외로 빠져나간 미국 전통 제조업들이 미 본토로 회귀하는 것을 촉구하는 일종의 Reshoring 운동이었다고 생각한다. 이러한 Reshoring에 대한 강력한 요구는 우리나라의 삼성이나 현대와 같은 대기업들을 압박하는 양상이 되었고, 생존을 위해서는 미 본토에 대한 투자를 하지 않을 수 없는 모습으로 보이기도 하였다.

중국은 제조업 부활을 위해서 독일과 아주 유사한 모습으로 중국제조 2025를 통해 과학기술의 발달로 인한 변화와 도전에 적극적으로 대응한다는 전략을 수립하였다. 한편, 장기간의 경기침체를 겪어온 일본은 그간의 저성장과 경기침체를 벗어나고 새로운 산업 환경의 변화에 보다 적극적으로 대응하기 위해 산업구조비전 2010, 신 성장 전략, 그리고 일본 재흥 전략 2016을 수립하고 제조업과 경제 부활을 위해 야심적으로 계획을 수립하여 이를 추진하고 있다.

과학기술의 발달과 4차 산업혁명의 도래에 따른 변화와 도전에 적극 대응하고 제조업 부활을 위해 각국이 추진한 전략적 대응방향을 자세히 살펴보면 그 특징을 몇 가지 사항으로 정리할 수 있다. 먼저 범 정부차원의 대응 전략을 수립하여 추진하였음을 알 수 있다. 그 예로 2011년 독일의 Industry 4.0, 2014년 미국의 선진 제조 구상(Advanced Manufacturing Initiative), 2016년 일본의 신 산업구조 비전, 그리고 중국의 중국제조 2025를 들 수 있다. 각국은 정보통신기술(ICT)을 기반으로 신 성장 동력을 발굴하고 과학기술의 경쟁력을 강화하기 위해 노력하였다. 또한 인공지능과 지능형 로봇에 의한 초 지능화 사회에 적극 대응하기 위해 창의적이고 혁신적인 과학기술 인력을 양성할 수 있는 체계를 구축하기 위해 노력하였다. 그리고 세계경제포럼에서도 권고한 바와 같이 노동시장의 유연성과 기술 수준 및 교육 수준, 인프라 수준을 향상하고 기술과 지식재산권에 대한 법적 보호를 강화하는 방안을 강구하고 있는 것이다.

이러한 선진국과 주변국들의 움직임에 대해 한국은 제조업혁신 3.0을 구상하고 앞으로 다가오는 스마트 혁명을 한국이 주도적 입장에서 추진하고자 하는 계획을 수립하였다. 우리나라는 과학기술의 발달에 따른 산업혁명과 변화 및 도전을 제조업혁신 1.0은 영국 주도의 산업혁명으로, 제조업혁신 2.0은 미국 주도의 정보화 혁명으로 정의했고, 이러한 제조업혁신 1.0과 2.0의 시대에는 우리나라가 Fast Follower로서 선진국들을 추격하는 추격자의 위치였지만, 제조업혁신 3.0 시대에는 First Mover로서 스마트 혁명을 주도할 수 있을 것으로 바라보고 이를 추진하고자 하였다.

한국 정부는 4차 산업혁명에 대비하여 미래 준비에 필요한 사항들로 제도 개선과 기술개발, 인력 양성, 인프라 구축, 그리고 관련 이해당사자들의 협력 활성화로 요약, 제시하였다. 미래창조과학부에서는 과학기술예측위원회와 한국과학기술기획평가원의 공저로 2017년 초 "기술이 세상을 바꾸는 순간"이라는 책자를 발간하였다. 이 책자에서는 24개 혁신기술의 사회적 확산시기를 예측하였는데, 롤러블 디스플레이, 실감형 가상/증강 현실, 스마트 팩토리, 만물인터넷, 3D 프린팅, 웨어러블 보조 로봇, 자율주행 자동차, 인지 컴퓨팅, 지능형 로봇, 양자 컴퓨팅, 초고속 튜브 트레인 등이 대략 2023년부터 2033년까지는 구현이 가능할 것으로 예측하였다. 여기서 언급한 기술확산점(TTP: Technological Tipping Points)은 기술에 대한 혁신수용자 2.5%와 선각 수용자 13.5%를 포함하여 기술 수용자가 16%에 도달하는 시점으로 판단하였다.

이러한 한국 정부의 4차 산업혁명에 대비하는 모습에 대해 한국 매스컴이 바라보는 시각과 실상은 상당한 차이가 있음을 알 수 있다. 일반적인 관점은 우리나라가 국가 차원에서 4차 산업혁명에 대한 입장을 표명한 전 세계의 유일한 국가라는 것이다. 그런 반면 단기적 구호만 요란하고 국가적 차원의 중장기 정책이 없음을 지적하고 있으며, 2014년에 제조업혁신 3.0을 발표하고 Smart Factory 1만 개 구축을 추진했는데 그 구체적 추진성과를 찾아보기 어렵다는 것이다. 정보통신기술(ICT) 관점에서 IT 핵심인 D램의 전 세계 시장에 대한 한국의 점유율은 74%인데 비해, 2016년 UBS(Union Bank of Switzerland)의 4차 산업혁명 대응도 조사에서 한국은 일본(12위), 대만(16위)에 훨씬 못 미치는 25위임을 지적하고 있으며, 빅 데이터, 사물 인터넷, 인공지능 기술은 미국의 70~80% 수준임을 지적하고 있다. 특히 4차 산업혁명의 모든 주체들을 응집시키는 노력이 미흡한 것과 핵심기술에 대한 투자부족이 문제로, 이 문제의 근본 원인은 벤처 인수합병(M&A: Merger & Acquisition)을 규제하는 제도와 사회적 인식이 첨단 기술 분야에서 뒤쳐지는 것이며, 국내 제일 기업이라는 삼성조차도 Google, 알리바바에 대비하여 성장률과 투자비가 비교가 안 될 정도로 저조함을 지적하였다. 결국 우리나라는 성장 동력을 잃고 OECD(Organization for Economic Co-operation and Development) 국가들에 비해 첨단 기술의 개발능력이 뒤처진 상태이고 이 격차는 갈수록 확대되고 있다는 것이다.

참고로 2014년 OECD에서 평가한 국가들의 제조업 혁신지수를 살펴보면 독일 83%, 일본 50%에 비해 한국은 38%로 우리나라는 독일의 절반에도 못 미치는 수준으로 나타나고 있다. 한편 2014년 기준 각국의 제조업 수출은 중국, 독일, 미국, 일본, 한국 순으로 우리나라가 5위를 차지하고 있다. 이를 보면 각국이 제조업 부활을 구상하고 있는 상황에서 우리나라도 어떠한 모습으로든지 제조업 부활을 추진하지 않으면 안 되는 상황임을 알 수 있다. 또한 과학기술의 발전을 나타내는 기술확산점(TTP) 도달시간의 예측에 있어서도 그림 13에서 보는 바와 같이 4차 산업혁명 시대의 주요 기술 개발 시기를 선진국은 개략적으로 헬리콥터 드론은 2020년, 초고속 튜브 트레인은 2028년으로 예측하는데 비해 우리나라는 롤러블 디스플레이는 2023년, 초고속 튜브 트레인은 2033년에 개발된다고 예측하고 있는 실정이다. 이처럼 우리나라의 과학기술의 발달에 따라 대두된 4차 산업혁명에 대한 대응과 조치는 선진국이나 주변국에 비해 선언적 성격에 그치고 있는 실정으로, 우리에게 다가오는 변화 요구와 도전에 대해 정부와 모든 이해당사자들의 협업·공조 하에 적극적, 능동적, 체계적 접근이 절실히 필요한 실정이다.

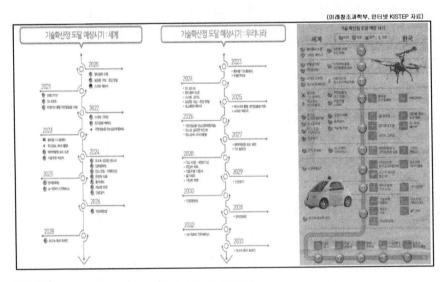

(미래창조과학부, 인터넷 KISTEP 자료)

그림 13 선진국과 한국 주요 기술확산점 도달 예상시기

19. 4차 산업혁명 시대의 주요 과학기술! 어떻게 발달하고 있나?

　4차 산업혁명의 도래와 관련된 주요 과학기술은 일반적으로 물리학 기술, 디지털 기술, 그리고 생물학 기술로 구분되고 있다. 물리학 기술에는 자율주행 기술과 드론, 지능형 로봇, 신소재, 3D 프린팅이 포함되어 있다. 디지털 기술에는 서비스인터넷(IoS), 사물인터넷(IoT), 모바일인터넷(Mobile Internet), 산업인터넷(Industrial Internet), 클라우딩 컴퓨팅, 모바일 컴퓨팅, 빅 데이터, 인공지능, 유비쿼터스, 웨어러블, 그리고 다양한 가상현실(V: Virtual/AV: Augmented Virtual/VR: Virtual Reality/AR: Augmented Reality/MR: Mixed Reality/CR: Coexistent Reality) 기술들이 포함되어 있다. 그리고 생물학 기술에는 유전공학, 스마트 의료, 4D/Bio 프린팅 등이 있다. 각 분야별 기술들의 발달 현황과 관련 이슈들을 간략히 살펴보면 다음과 같다.

　먼저 물리학 기술을 살펴보자. 자율주행기술의 개념은 1930~40년에 대두되었는데 운전대와 가속페달, 브레이크가 없는 차량의 개념으로 궁극적으로는 교통사고를 줄이고, 교통사고에 따른 지급 보험금을 줄이며, 교통체증을 감소시키고, 차량 공유를 통한 경제성 및 친환경성 등 안전성, 편의성, 효율성 등이 증대된다는 관점에서 출발하였다. 일반적으로 자율주행의 단계는 1단계 선택적 능동제어, 2단계 통합적 능동제어, 3단계 제한적 자율주행, 4단계 완전 자율주행으로 구분된다. 자율주행 기술의 구현을 위해서는 센서가 중요한데 위치 센서, 환경인지 센서, 차량제어 센서들을 활용하여 인지, 판단, 제어의 3단계로 구현하게 된다. 자율주행과 관련된 이슈로는 사용자의 신뢰를 어떻게 얻을 것인가와 '트롤리 딜레마'로 불리는 불가피한 상황에서 자율주행 기기의 결심과 판단에 대한 도덕적, 윤리적인 책임문제, 그리고 해킹 우려와 그 결과 의도하지 않은 방법과 수단으로 악용될 수 있는 가능성에 관한 문제를 들 수 있다. 이 기술의 적용과 활용을 위해 테슬러나 애플 등 많은 기업들이 참여하고 있으며, 국내에서도 서울대의 스누버가 2017년 6월 여의도에서 3시간 동안 자율주행을 하는 등 연구가 활발히 이루어지고 있다.

드론이란 개념은 전투기 조종사의 인명피해를 줄이기 위해 100년 전에 대두되었는데, 인간에게 시각적 자유를 제공할 수 있고 새로운 공간과 무대를 제공할 수 있다는 이점이 있는 반면, 경우에 따라서는 살상무기로 악용될 수도 있는 등 안전성의 문제와 사생활 침해 우려 및 배터리 지속시간의 제약에 따른 기술적인 한계 등의 문제점을 갖고 있다. 지능형 로봇은 로봇에 인공지능을 접목한 것으로, 다양한 목적과 형태의 로봇이 있을 수 있으나 일반적으로 인간과 같은 이족 보행의 일반 목적의 지능형 로봇을 구현하는 것이 기술적으로 가장 어렵고 많은 연구가 필요한 영역이다. 지능형 로봇과 관련해서는 Isaac Asimov가 제안한 로봇이 준수해야할 3가지 규칙(Three Laws of Robotics)이 있는데, 첫째 인간 보호로 로봇은 인간에 해가 가도록 해서는 안 되며, 둘째 첫째 법칙에 위배되지 않는 한 인간 명령에 복종해야 하고, 셋째 첫째와 둘째 법칙에 위배되지 않는 한 로봇 자신의 존재를 보호해야 한다는 것이다. 3D 프린팅의 경우에는 일종의 기술공유 개념으로 대량 생산을 대중 생산으로 전환하여 장비 부품의 재고관리나 유지보수 분야에 큰 영향을 미칠 것으로 예상이 되며, 프린팅 소재 개발과 적층 가공의 정밀도를 향상시켜야 하는 과제를 안고 있다.

다음은 디지털 기술에 대해 살펴보자. 먼저 인공지능은 1930년 앨런 매티슨 튜링이 인공지능의 개념을 제시했고, 1936년 독일 암호해석을 위한 튜링머신을 개발하였다. 인공신경망이라는 용어는 1943년 맥킬 록이 사용하였고, AI(Artificial Intelligence)라는 용어는 1956년 존 매카시가 처음 사용하였다. 아더 사뮤엘은 1956년 기계학습(ML: Machine Learning)이라는 용어를 사용하였고, 후쿠시마 쿠니히토는 1980년대에 Deep Learning(DL)을 연구하였으며, 제프리 힌튼은 2004년 Restricted Boltzmann Machine(RBM)을 개발하였다. 인공지능이라는 개념과 연구가 한동안 침체기를 겪었는데, 다시 대두되게 된 배경에는 Big Data의 출현과 CPU(Central Processing Unit) → GPU(Graphic Processing Unit) → TPU(Tensor Processing Unit)로 이어지는 컴퓨팅 능력의 향상에 기인한다고 볼 수 있다.

인공지능은 여러 가지 관점에서 분류될 수 있는데 그 수준과 정도에 따라 1단계 단순한 제어, 2단계 탐색 및 추론이 가능한 수준, 3단계 기계학습(ML)을 활용하여 Big Data를 통해 규칙을 발견하고 학습을 확장하는 규칙의 발견과 지식의 확장 단계, 그리고 4단계 DL(Deep Learning)을 활용하여 입력 데이터의 특징을 스스로 파악하고 정보의 특징을 학습하고 생각하는 단계로 구분할 수 있다. 이 중 3단계인 ML(Machine Learning)은 기법에 따라서 Supervised Learning, Semi-Supervised

Learning, Unsupervised Learning, Reinforcement Learning으로 구분된다. 인공지능의 현재 트렌드는 범용 AI를 개발하고 Messenger, Chatter Robot을 개발하는 단계로 발전하고 있으며, AI 연구를 가능하게 하는 Google의 TensorFlow, Micro-Soft의 Distributed Machine Learning Toolkit, IBM의 SystemML, 그리고 Face-book의 Bigsur와 같은 여러 가지 오픈 소스들이 가용한 상태이다.

인공지능을 개발하고 발전시키는데 있어서의 과제는 양질의 Big Data와 컴퓨팅 파워를 어떻게 확보할 것인가 하는 것이고, 인간의 일자리를 대체하고 감소시키는 문제를 어떻게 해결할 것인가 하는 것이다. 또 다른 한편으로 중요한 것은 윤리성의 문제로 인공지능에 적용할 새로운 윤리관은 무엇이며, 인공지능에 대한 통제방안 강구와 더불어 인간을 배제한 인공지능을 경계해야 한다는 것이다. 이와 관련하여 1983년 베르노이 빈지(Vernor Vinge)와 2005년 레이 커즈와일(Ray Kuzweil)은 인공지능이 인간의 지성을 뛰어넘는 기술적 특이점(TS: Technological Singularity)을 경계해야 한다고 하였다.

한편 Big Data는 사물인터넷(IoT), 서비스인터넷(IoS), 만물인터넷(IoE) 기반 위에서 각종 센서와 데이터 네트워크를 이용하여 데이터를 수집, 저장, 관리하고, Big Data를 활용하여 새로운 가치를 창출하기 위해 검색과 추정을 하는 것으로, 어떻게 하면 양질의 Big Data를 확보할 것인가 하는 것이 관건이다. 다음은, 다양한 가상현실(V, AV, VR, AR, MR, CR) 기술들로, 이러한 기술은 1940년대 비행기 조종사 훈련을 위한 비행 시뮬레이터 개발로부터 시작되었다. 이후 1968년에는 이반 서덜랜드가 우주인 훈련을 위해 HMD(Head Mounted Display)를 개발하였다. 1985년에는 재런 래니어가 VPL 연구소를 설립하고 VR 기기들을 개발하였으며, 2010년대부터 HMD의 상용화와 저렴화가 가능하게 되었다. 특히, 공존현실(CR)은 웨어러블 장비를 이용하여 원격 공간의 사람들과 가상공간에서 가상객체를 오감으로 느끼면서 공동 작업을 가능하게 하는 환경을 제공하는 것으로, 이 기술은 효율적인 국방획득을 위한 협업·공조환경을 제공해 줄 수 있다.

Wearable 기술이란 몸에 착용 가능한 모든 것으로 Wearable과 ICT의 융합을 의미한다. 인공지능과 기기의 결합은 인간에게 생활의 편리함을 줄 수 있고, 인공지능과 통신기술의 접목은 산업에서 공정과 제조의 변화 및 생산성 증대를 가능하게 하며, 바이오산업과 IT의 결합은 인간에게 생명연장의 건강한 삶을 가능하게 할 수 있다.

한편 네트워크에 참여하는 모든 사용자의 모든 거래 내용을 블록 형태의 체인으로 묶은 것을 의미하는 일종의 공공거래장부인 블록체인(Blockchain) 기술은 현재 은행이 모든 장부를 관리하는데 비해 분산화 장부로 투명한 거래내역을 유지하자는 것이다. 블록체인의 특징은 공공거래 장부를 거래에 참여자들에게 분산 저장함으로써 사실상 해킹이 곤란하여 보안성이 보장되고 중앙관리자가 불필요하다는 것이다. 그러나 문제점은 시간이 흐를수록 블록(Block)의 크기가 증가할 수밖에 없기에 컴퓨팅 파워에 대한 요구와 전력소요가 증가할 수밖에 없으며, 매번 블록을 생성할 때마다 만들어지는 Bitcoin이 2140년 무렵까지 2100만 개로 한정되어 있다는 것이다. 요즘 이슈가 되고 있는 Bitcoin은 거품일 수 있으나 블록체인(Blockchain)은 거품이 아니라 보안이 보장된 금융거래의 원장기록을 위한 기술이고 방법임을 기억해야 할 것이다.

마지막으로 생물학 기술을 간략히 살펴보자. 유전공학에 있어서 인간 Genome은 2000년에 이미 해독이 되었고 Human Genome Project를 통해 지속적으로 연구가 진행되고 있으며, Synthetic Biology에 대한 연구가 계속되고 있다. 스마트 의료 분야에서도 IBM Watson의 경우 전 세계적으로 41초당 1개씩 발간되는 의학 논문들을 연구해서 의사들보다도 더 효율적으로 암 진료나 치료에 활용하고 있는 실정이다. 4D나 Bio 프린팅 기술 면에서는 인간 장기를 프린팅하여 이식하는 연구가 계속되고 있으며, 특히, 4D 프린팅 분야에서는 2010년 박테리아를 잡아먹는 바이러스인 Craig Venter Phi-x 174의 생성에 성공한 바 있다.

이처럼, 과학기술의 발달에 따른 4차 산업혁명 시대의 도래는 2007년 무렵에 출현한 스마트폰과 Google, 페이스북과 같은 소셜미디어, IBM Watson과 Big Data 분석툴 Hadoop과 같은 클라우드 컴퓨팅으로 인해 이미 기술적 변곡점(TIP: Technology Inflection Point)을 지났다고 보고 있다. 또한 현재 진행되고 있는 기술융합에 기반한 대다수의 기술들도 2030년 무렵에는 기술적 확산점(TTP: Technological Tipping Points)에 도달할 것으로 보고 있다. 과학기술의 발달이 우리 인간들에게 어떤 영향을 미칠 것이며, 인류 역사가 어떻게 전개될 것인가에 대한 우려와 기대가 병존하는 가운데, 인공지능이 인간의 지성을 뛰어넘는 기술적 특이점(TS: Technological Singularity)이 언제 어떤 모습으로 다가올 것인지 논의를 하는 단계에까지 와 있는 실정인 것이다.

20. 4차 산업혁명 시대의 기술융합!
어떤 모습으로 어떻게 발달되고 있나?

과학기술의 발달과 기술융합을 기반으로 대두된 4차 산업혁명은 기존의 제조업과 산업현장에 엄청난 변화와 혁신의 모습으로 다가오고 있다. 이러한 모습들은 기술융합을 기반으로 하여 스마트 공장(Smart Factory)과 스피드 공장(Speed Factory), 사이버 물리 시스템(CPS: Cyber Physical Systems)과 디지털 트윈(DT: Digital Twin), 그리고 제품 서비스 시스템(PSS: Product Service Systems)이라는 형태로 새로운 부가가치를 창출하고 최적화를 추구하는 양상을 보이고 있다.

먼저 4차 산업혁명 시대 기술융합에 의한 대표적인 현상 중 하나가 스마트 공장(Smart Factory)이다. 이는 기존의 제조업에 정보통신기술(ICT)을 접목하고 융합하여 제조의 전 과정을 자동화, 지능화함으로써 최소 비용과 기간에 소비자가 원하는 최적의 제품을 생산하는 공장을 의미한다. 이를 구현하기 위해 공장 내 모든 설비와 기기에 사물인터넷(IoT)에 기반한 센서와 카메라를 부착하여 실시간에 데이터를 수집·분석·제어하여 가치를 창출하고, 모든 공정 프로세스를 최적화 한다는 것이다. 이는 곧 기존의 제조업과 정보통신기술(ICT)을 결합하고, 센서와 Big Data, 인공지능(AI), 그리고 제어 장치와 기기(Actuators)를 연결한다는 개념으로, 이러한 스마트 공장의 특징은 한마디로 연결성과 유연성, 지능성이라 볼 수 있다.

다음으로는 스마트 공장(Smart Factory)과 유사한 개념인 스피드 공장(Speed Factory)을 들 수 있다. 스피드 공장(Speed Factory)은 스마트 공장(Smart Factory)을 기반으로 공장의 기기들과 공정을 로봇화, 자동화하여 저임금시대, 저임금지역의 인건비가 급격히 상승하는데 적절히 대처하고, 할 수만 있다면 인력을 대체하고자 하는 것이다. 스피드 공장(Speed Factory)은 여기에서 한 단계 더 나아가 스마트 공장(Smart Factory)을 기반으로 인건비를 획기적으로 줄이고 효율성과 생산성을 최적화, 극대화하여 저임금을 찾아 해외로 나갔던(Off-Shoring) 공장들을 다시 국내로 들여오든지, 생산지와 판매지를 일치시켜(Reshoring) 물류시간을 단축하고 소비자의 맞춤형 요구와 최신 유행의 흐름에 유연하면서도 즉각적으로 대처하도록 한다는 것이다. 이는 결과적으로 역관세와 운송비 절감은 물론, 모든 소비자들에게 개인별 맞춤형 제품을 제공하는 것이 가능하게 됨에 따라 추가적으로 수요를 창출하는 효과를 얻을 수도 있다.

기술융합의 결과로 나타난 또 하나의 양상은 사이버 물리 시스템(CPS)이다. 사이버 물리 시스템(CPS)이란 사물인터넷(IoT)을 기반으로 해서 센서(Sensors)와 제어장치(Actuators)를 포함한 물리 시스템과 이를 제어하는 컴퓨팅 요소가 결합된 네트워크 기반의 분산제어시스템을 의미한다. 즉 사물인터넷(IoT) 환경에서 가상공간의 컴퓨터가 네트워크를 통해 실제 물리 시스템을 제어하는 기술로 사물인터넷(IoT) 기반의 물리적(Physical) 환경과 가상(Cyber) 환경을 결합하는 것이다. 여기서 물리환경이라 함은 시간의 흐름 속에서 물리적 법칙에 의해 지배 받는 자연과 인공시스템을 의미하고, 가상환경은 컴퓨터 프로그램이 만든 세계 즉 디지털 환경을 의미한다. 이러한 사이버 물리 시스템(CPS)의 이점은 안전하고 효율적이며, 구축 및 운용비용의 절감이 가능하고, 새로운 능력을 제공할 수 있는 복잡한 시스템의 구축이 가능하며, 또한 계산이나 네트워크, 센서 비용의 절감이 가능하고 범국가적 또는 세계적인 사이버 물리 시스템(CPS) 구축이 가능하다는 것이다.

사이버 물리 시스템(CPS)과 유사하면서도 다소 차이가 있는 디지털 트윈(Digital Twin)이라는 것이 있다. 디지털 트윈(DT)은 컴퓨터에 현실 사물의 쌍둥이를 만들어 놓고 현실에서 발생할 수 있는 상황들에 대해 컴퓨터로 시뮬레이션을 하는 기술을 의미한다. 이러한 디지털 트윈의 개념은 물리적인 물체나 프로세스의 과거와 현재의 활동이 기록된 하나의 진화하는 디지털 프로필로 정의할 수 있다. 디지털 트윈(DT)은 대규모의 누적되고 축적된 실시간 실세계 데이터에 기반하여 시스템 성능에 대한 통찰 또는 제품의 설계나 제조 공정의 변경과 같은 물리적 대응을 수행하는 방법으로 활용될 수 있다. 디지털 트윈(DT)의 이점은 물리적 세계와 디지털 세계 간을 근실시간에 종합적인 연결을 제공할 수 있으며, 설계나 공정의 변화를 손쉽게 구현할 수 있다는 것이다.

기술융합에 기반한 또 다른 양상은 제품 서비스 시스템(PSS: Product Service Systems)이다. 제품 서비스 시스템(PSS)이란 단순한 제품의 판매가 아니라 사용자의 요구 충족을 위해 제품과 서비스를 통합하여 제공한다는 것이다. 이처럼 제품과 서비스를 통합함으로써 기업은 경제성 향상과 더불어 친환경성을 제고할 수 있게 되고, 소비자는 기본적으로 요구를 충족함은 물론 제품을 활용함에 있어서 최대 효용을 얻을 수 있다. 또 다른 측면에서는 기업에 대한 소비자의 의존도는 강화되고, 그로 인해 기업은 지속적인 경쟁력을 유지하는 것이 가능하게 된다. 제품 서비스 시스템(PSS)의 유형과 형태는 여러 가지 모습으로 나타날 수 있는데, 먼저 유형 면에서는 기능중심형(Function Based), 가치추가형(Value-Added) 및 증거중심형(Evidence Based) 제품 서비스 시스템(PSS)으로 구분할 수 있고, 형태 면에서는 제품지향형(Product Oriented), 사용지향형(Use Oriented) 및 결과지향형(Result Oriented) 제품 서비스 시스템(PSS)으로 구분할 수 있다.

결국 과학기술 발달로 인해 도래한 4차 산업혁명 시대의 사회와 산업 환경의 변화 및 도전은 기존 제조업과 정보통신기술(ICT)의 융합, 또는 Offline과 Online의 융합에 기인한다고 볼 수 있다. 이 과정에서 나타난 모습은 지금까지 설명한 스마트 공장(Smart Factory)과 스피드 공장(Speed Factory), 사이버 물리 시스템(CPS)과 디지털 트윈(DT), 그리고 제품 서비스 시스템(PSS)이라는 형태로 구분해 볼 수 있다. 이러한 기술융합을 기반으로 한 사회와 산업의 변화 및 도전은 기업과 생산자, 소비자와 사용자에게 영향을 미치는 것은 물론 한정된 자원의 효율적 사용과 친환경성을 제고하고 새로운 가치를 창출하며 효용성을 극대화하는 방향으로 발전해 가고 있다는 것이다.

21. 4차 산업혁명 시대에 사회·산업 환경의 변화 및 도전! 어떤 것들인가?

과학기술의 발달과 4차 산업혁명 시대의 도래에 따른 사회와 산업 환경의 변화 및 도전은 어떤 것들이 있는지 살펴보자. 이러한 변화와 도전들을 먼저 산업 환경의 관점에서 산업구조와 고용구조, 그리고 인간에 요구되는 직무역량의 관점에서 살펴보고 이어서 사회 환경의 관점에서 살펴보고자 한다.

먼저 산업 환경의 관점에서 산업구조의 변화와 도전을 들 수 있다. 과학기술의 발달에 따른 기존 산업과 정보통신기술(ICT)과 같은 디지털 기술의 융합은 여러 가지 모습의 스마트 비즈니스 모델을 창출하게 되었다. 이는 4차 산업혁명 시대의 사회와 산업의 특성인 초 연결성(Hyper-Connected)과 초 지능화(Hyper-Intelligent)의 토대 위에서 사이버 물리 시스템(CPS)을 기반으로 스마트 공장(Smart Factory), 스피드 공장(Speed Factory)을 구현하고, 단순한 제품의 판매를 넘어 제품과 서비스를 결합한 제품 서비스 시스템(PSS)이 나타나게 되었다.

비즈니스 모델에서는 온라인 ICT 기술과 오프라인의 자동차, 호텔 방을 연결하여 공유하거나 제공하는 공유경제(Sharing Economy)가 등장하게 되었다. 또한, 온라인 ICT 기술과 물류를 접목하여 소비자의 요구와 수요에 따라 물품을 배송하거나 기존의 물품생산 공정에 고도의 ICT 기술을 접목하여 수요와 소비자의 디자인 요구에 따라 생산라인을 자유롭게 바꿈으로써 맞춤형 제품을 제공하는 수요경제(On Demand Economy)가 등장하게 되었다. 그리고 고임금 시대에 저임금을 찾아 해외로 공장을 이전했던(Offshoring 현상) 많은 기업들이 오프라인(Offline)인 기존 제조업에 온라인(Online)의 ICT 기술을 접목하여 스마트 공장(Smart Factory), 스피드 공장(Speed Factory)을 구현함에 따라 다시 주 소비자가 있는 곳으로 공장을 이전하는 Reshoring 현상이 일어나고 있다. 또한 기존의 기업들이 단순히 제품을 판매하는데 그친 반면, 일부 기업들은 건설장비, 비행기 엔진, 심지어 단순해 보이는 타이어 같은 제품에까지 각종 센서를 부착하고 온라인 기술을 결합함으로써 제품과 서비스를 결합한 제품 서비스 시스템(PSS)이라는 비즈니스 모델을 창출하고 있다.

  고용구조 관점에서는 지금까지 많은 블루칼라 노동자들이 수행해왔던 단순 노동은 말할 것도 없고 일부 고급인력이 수행하던 일들 중 단순 반복 업무들의 대다수가 자동화 기술로 대체될 것이라 예측되고 있다. 반면 창의적이고 새로운 일에 적응력이 강한 고숙련 노동수요는 증가할 것으로 예측되고 있다. 이는 우리나라와 같이 삶의 거의 전부를 일터에서 살아온 근로자들의 삶의 질이 향상될 수 있는 기회를 제공하기도 하겠지만, 생산성은 향상되는데 비해 일자리가 감소하여 기존의 노동시장이 붕괴되고 직장과 일터의 개념이 평생직장이 아닌 Human Cloud 개념으로 필요한 일과 업무를 위해 필요한 만큼의 인력을 필요한 시간 또는 기간만큼만 고용하는 모습이 될 것이라는 뜻이기도 하다.

  이 과정에서 고기술과 고직능 노동자가 고임금을 받고, 저기술과 저직능 노동자는 저임금을 받게 된다. 문제는 노동자 간의 임금 격차가 더 확대될 것이라는 것이다. 여기에서 고기술과 고직능이라 함은 현재의 변호사, 회계사 또는 일반 의사와 같은 직능을 의미하는 것이 아니라 과학기술의 발달과 그에 따른 사회와 산업 환경의 변화 및 도전에 지속적으로 적응이 가능하고, 새로운 능력을 습득하거나 접근할 수 있는 능력을 가진 직능을 의미한다. 결국, 이러한 고용구조의 변화는 중산층을 축소 또는 위축시키고, 심지어 사회가 분열되는 양상을 보일 수도 있다.

  다음은 직무역량으로 앞서 고용구조 관점에서 잠깐 언급을 했듯이 미래에는 자본보다는 재능을 가진 인간이 더 중요한 생산요소가 될 것이다. 그러나 인간이 갖는 재능이 과연 무엇인가가 문제가 될 수 있다. 과학기술의 발달, 특히 인공지능과 지능형 로봇의 발달로 인해 대다수의 단순노동과 유사한 일이 반복되는 업무는 모두 인공지능과 지능형 로봇으로 대체될 것이라 예측된다. 따라서 4차 산업혁명 시대의 인간에게 필요한 직무역량은 단순한 문제 해결 능력보다는 복합적인 문제 해결 능력이 더 요구되며, 몸과 손에 익어 기능적으로 숙달된 능력보다는 새롭고 변화된 것을 인식하고 인지하여 창의적으로 해결하는 능력이 더 요구된다는 것이다.

  산업의 효과 면에서도 기존의 생산자와 소비자, 공급자와 수요자의 관점에서 대량생산한 획일적 제품을 단순하게 구매해서 사용하는 개념과 패러다임이 획기적으로 바뀔 것이다. 이미 도처에서 그러한 현상이 나타나고 있으며 예전과 달리 제품과 서비스에 대한 소비자의 기대가 독창적이고 다양하게 바뀌고 있다. 그에 따라 소비자의 요구를 충족할 수 있도록 제품의 질의 향상은 물론, 필요에 따라 기업과 기업, 기업과 소비자간 협업을 통한 혁신을 꾀하는 등 조직의 구조에까지 영향을 미쳐 변화하게 될 것으로 보인다. 예로 과거의 내비게이션은 요청에 따른 지도만 제공해도 충분했다. 그러나 점차 소비자 또는 사용자에 따른 맞춤형 예측 서비스를 제공하게 되었고, 더 나아가 소비자의 숨겨진 욕망(Needs)까지도 추적하여 제공하는 단계로까지 발전할 것이라고 본다.

그 외에도 사회와 산업 환경 전반에서 여러 가지 변화와 도전의 모습들이 나타나고 있다. 4차 산업혁명 시대는 과학기술의 발달에 의한 기술융합으로 기존의 제조산업, 즉 물질산업과 미래의 정보산업이 결합하여 새로운 사회와 산업 환경을 변화시키고 있다는 것이다. 산업 환경에서의 변화를 보여주는 상징적인 현상 중 하나는, 밀링머신과 수치 제어장치를 개발하면서 시작되었던 절삭가공이 3D 프린팅 장치와 다양한 소재의 개발로 적층가공으로 전환되었다는 것이다. 미래의 산업 양상은 자본보다도 재능을 가진 인간이 더 중요한 생산요소로, 또 인간과 소비자의 필요와 소요를 추적하여 제공하는 양상으로 변화하게 될 것이다. 그에 따라 사회와 산업의 기술 플랫폼이 기업 중심의 대량생산에 의한 제품 공급과 구매 관점에서 제품의 사용과 나만의 제품을 추구하는 공유경제, 맞춤형 경제로 변화하게 되었고, 산업의 주요소도 노동 자본에서 금전 자본과 디지털 자본으로, 그리고 다시 변화에 적응역량과 창의력을 가진 인간 자본으로 변화하게 되었다. 주요 상품과 서비스 프로세스 관점에서도 제품과 서비스의 체계화, 디지털화를 거쳐 복제가 가능하고 추가 생산비용이 제로에 근접하는 양상을 띠게 되었으며, 시장의 관점에서도 지속적(Sustaining) 혁신, 효율적(Efficiency) 혁신, 시장 창조형(Market Creating) 혁신(Innovation)과 변화가 불가피하게 되었다.

사회 현상의 변화에 영향을 미치는 인간의 욕구 변화와 도전을 지금까지의 과학기술 발달에 따른 산업혁명과 대비하여 살펴보면, 4차 산업혁명 시대의 변화와 도전을 예측해 볼 수 있다. 표 8에서 보는 바와 같이 Maslow가 제시한 인간 욕구 5단계설에 의하면, 인간의 욕구는 1단계 생리적인 요구, 2단계 안전의 욕구, 3단계 사회적 귀속의 욕구, 4단계 존경과 명예의 욕구, 그리고 5단계 자아실현의 욕구로 구분하고 있다. 과학기술의 발달과 여러 차례 산업혁명을 거치면서 1, 2단계의 생리적 및 안전의 욕구는 1, 2차 산업혁명을 통해 충족되었음을 알 수 있다. 3단계 사회적 귀속의 욕구와 4단계 존경과 명예의 욕구의 일부는 3차 산업시대의 다양한 SNS(Social Networking Services)의 출현으로 충족될 수 있었다. 이제 마지막 4단계 욕구의 일부와 5단계 자아실현의 욕구는 4차 산업혁명 시대의 사회와 산업 환경의 변화 및 도전을 통해 충족될 수 있을 것이다. 또한, 각 개인은 자아실현의 기회를 찾아 변화와 도전에 적극 대응하고 새로운 가치를 추구해야 한다. 4차 산업혁명 시대에 일자리와 삶의 방향은 각 개인의 자기표현 욕망과 자아실현의 욕망에 의해서 움직일 것이기 때문이다.

표 8 Maslow의 인간욕구 5 단계설과 산업혁명 관계

5단계 : 자아 실현의 욕구	**4차 산업혁명**
4단계 : 존경의 욕구	
3단계 : 사회적 귀속의 욕구	3차 산업혁명
2단계 : 안전의 욕구	1, 2차 산업혁명
1단계 : 생리적 요구	

결국 4차 산업혁명 시대에 사회와 산업 환경의 변화 및 도전은 그림 14에서 보는 바와 같이 3차 산업혁명 이후 발전되어 온 디지털 기술의 기반 위에 정보통신기술(ICT)과 기존의 제조기술(OT: Operational Technology)을 융합하여 Online과 Offline을 연결하고, 인간과 기계를 연결하며, 기계와 기계를 연결하고, 비즈니스 절차 및

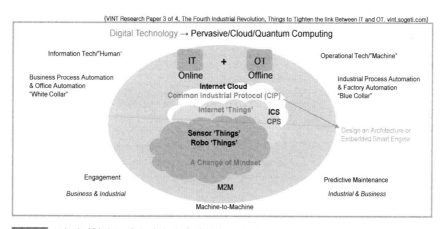

그림 14 4차 산업혁명 특징과 사회·산업 환경의 변화 및 도전

사무 자동화와 산업 절차 및 공장 자동화를 연결한다는 것이다. 이는 궁극적으로 인터넷 기반 사이버 물리 시스템(CPS)으로 모든 것이 연결되어 인간과 기기, 시스템을 연결하고, 모든 필요한 정보를 실시간에 가용하도록 함으로써 비용과 자원, 소비자 요구를 최적화하는 융·복합 기술의 사회, 초 연결의 사회, 초 지능의 사회, 공유경제(Sharing Economy)의 사회 및 수요경제(On Demand Economy)의 사회가 된다는 뜻이다. 산업 환경에서는 Online과 Offline을 연결한 스마트 플랫폼화로 스마트 공장(Smart Factory), 스피드 공장(Speed Factory)을 통해 맞춤형 대량생산체계를 구현하여 한계비용(Marginal Cost)이 0에 근접하고 수확체감이 적용되지 않는 기업과 사회가 될 것이라는 것이다.

이러한 산업과 사회 환경의 변화와 도전에 대해 개인은 물론 사회와 범 정부차원의 전략적 대응이 요구되고 있는 실정이다. 이에 따라 각국은 독일의 경우 2011년 Industry 4.0으로, 미국은 2014년 Advanced Manufacturing Initiative로, 우리나라는 2014년 제조업혁신 3.0으로, 일본은 2016년 신 산업구조 비전으로 정부차원의 전략을 수립하고 있다. 또한 각국 정부는 ICT 기반의 신 성장 동력을 발굴하여 과학기술 경쟁력을 강화하고, 또 다른 한편으로는 창의적이고 혁신적인 과학기술 인력 양성을 위한 체계 구축을 추진하고 있다. 세계경제포럼(WEF)에서도 산업환경의 변화와 도전에 대해 전략적 대응방안으로 노동시장이 유연하게 대처하도록 하고, 기술수준과 교육수준을 높이며, 산업과 사회 인프라를 보완함과 더불어, 법적 보호와 제도를 보완할 것을 권고한 바 있다.

22. 4차 산업혁명 시대 사회·산업 환경변화에 적응! 어떻게 하고 있나?

이번 이야기에서는 4차 산업혁명 시대의 사회와 산업 환경의 변화에 대한 일부 기업들의 대응 및 적응 사례들을 통해 좀 더 구체적으로 우리에게 다가오는 변화와 도전, 그리고 대응 방안을 살펴보고자 한다. 먼저 직접 소유한 차 하나 없이 100년 기업 GM(General Motors)의 기업 가치를 앞선 Uber는 온라인 기술을 오프라인의 택시에 적용하였고, 호텔 방 하나 없이 세계 호텔체인 1위인 힐튼의 기업 가치를 넘어선 Airbnb는 온라인 기술을 오프라인의 호텔에 적용하여 온라인과 오프라인의 기술융합을 통해 새로운 비즈니스 모델인 공유경제(Sharing Economy)를 구현하였다.

세계 물류사업의 최강자로 등장한 Amazon은 기존의 물류와 정보통신기술(ICT)을 접목하여 모든 물품을 다 판매한다는 전략으로 소위 The Everything Store를 통해 소비자의 요구에 대해 빠른 배송으로, 더 나아가 소비자의 수요를 빅 데이터를 통해 예측하여 소비자가 주문하기 전에 예측하여 배송을 실시하는 등 저가 전략으로(Lowest Price) 소비자를 끌어들였다(Lock-In). 이렇게 많은 소비자를 유지함으로써 추가적으로 외부의 생산자와 잠재 소비자를 다시 끌어 들여(Outside-In) 보다 낮은 가격으로 더 많은 소비자와 생산자 및 판매자를 선 순환적으로 연결하는 소위 Fly Wheel 전략을 구사하여 수요경제(On Demand Economy)를 구현하였다. 독일의 고급 주방가구 제조업체인 Nobilia는 생산 공정에 고도의 정보통신기술(ICT)을 접목하여 수요와 소비자의 디자인 요구에 따라 생산라인을 자유롭게 바꿈으로써 맞춤형 제품을 스마트하고 신속하게 대량 생산할 수 있도록 하여 매일 2600세트, 연간 58만 개의 특별주문 주방세트를 세계 70개국에 판매하는 등 수요경제(On Demand Economy), 스마트·스피드 공장(Smart·Speed Factory)을 구현하였다.

스포츠용품 제조업체인 Adidas는 1993년 저임금을 찾아 중국과 베트남으로 공장을 이전했다가 스마트 공장(Smart Factory), 스피드 공장(Speed Factory)을 구현함에 따라 2017년 다시 주 소비자가 있는 독일 안스바흐와 미국 조지아 애틀란타로 공장을 이전하였다. 또한 종전에 디자이너의 새 운동화를 매장에 진열하기까지 1년 6개월이 소요되고 맞춤형 신발 제작과 배송에 6주가 소요되던 것에 비해 단순한 자동화를 넘어서 맞춤형 신발을 5시간 이내로 빠르게 생산하고 10일 이내 배송을 하는 등 Reshoring을 구현하여 스마트·스피드 공장(Smart·Speed Factory)의 대표적 사례로 평가되고 있다.

한편, 기존의 기업들이 단순히 제품을 판매하는데 그친 반면 Caterpillar나 Michelin과 같은 기업들은 건설장비나 단순해 보이는 타이어 같은 제품에 서비스를 결합하여 스마트 제품(SP: Smart Product)과 제품 서비스 시스템(PSS)이라는 비즈니스 모델을 창출하고 있다. Caterpillar는 건설용 중장비에 다양한 센서를 부착하고 사물인터넷(IoT)을 활용하여 실시간에 데이터를 수집, 빅 데이터(Big Data)에 인공지능(AI)을 활용하여 유지보수 상태를 진단하고 예측함으로써 다른 동종 기업들의 사후 서비스(After Service)와는 반대되는 사전 서비스(Before Service)를 제공하고 있다. Michelin의 경우 2013년부터 타이어에 각종 센서들을 부착하고 사물인터넷(IoT)을 연결함으로써 단순한 타이어 제조업에서 서비스업으로 확장·전환했다. 소비자에게 단순히 타이어를 판매하고 타이어에 관한 서비스를 제공하는 것을 넘어서, 연료비 절감과 소비자의 운전습관 분석 및 조언으로 소비자의 안전과 이산화탄소 배출량도 줄이는 등 제품과 서비스를 결합하여 스마트 제품(SP)과 타이어를 하나의 서비스로 간주하는(Tire as a Service) 제품 서비스 시스템(PSS)을 구현한 것이다.

4차 산업혁명 시대의 변화와 도전에 적극적으로 대비하고 적용한 대표적 사례 중 하나가 GE이다. GE는 세계의 항공기 엔진 판매의 60%를 차지하는 대표적 제조업체였으나 2015년 10억 달러를 투자하여 산업 인터넷(Industrial Internet)인 Predix를 구축하고 생산의 스마트 플랫폼화, 온라인과 오프라인의 결합으로 단순한 스마트 플랫폼(Smart Platform), 스마트 공장(Smart Factory)을 넘어 총명한 공장(Brilliant Factory)을 표방하기에 이르렀다. GE가 구축한 Predix는 마치 애플의 ios와 같은 산업계의 사물인터넷 플랫폼인 클라우드 기반 플랫폼(IoT, Cloud, Big Data 적용)으로, Digital Twin 개념을 적용하여 현실 공장과 똑같은 디지털 공장을 만들고 Predix에서 시뮬레이션하여 최적의 프로세스를 찾아 현실 공장에 적용하고, 공장 내 모든 장비에 센서를 부착하고 데이터를 수집하여 실시간으로 분석함으로써 생산성을 극대화하고 현장에서 발생하는 문제점과 소비자의 엔진 문제점을 해결하도록 하고 있다. 또한 GE는 세계 여러 나라의 300여 개 기업들과 산업인터넷 컨소시움을 구축하고 판매한 모든 엔진과 세계 1만여 곳의 가스터빈에 센서를 부착하여 서비스를 제공함으로써 순수익의 75%를 제품 판매가 아닌 서비스를 통해 창출하고 있다. 결국 GE는 다가오는 산업 환경의 변화에 적극 대응함으로써 사이버 물리 시스템(CPS)과 디지털 트윈(Digital Twin), 스마트·스피드 공장(Smart·Speed Factory), 제품 서비스 시스템(PSS)을 구현하여 비즈니스 모델을 개혁하고 혁신할 수 있었다.

세계 대표적인 엔진 개발 업체 중 하나인 Rolls Royce는 엔진 소유에서 사용으로 개념을 전환하여, 항공사에 엔진을 판매하는 대신 운영 서비스 중심의 대여 전략으로 변경하였다. 기존의 엔진 판매에서 엔진을 대여하고 유지보수에 대한 서비스를 제공함으로써 매출의 절반을 달성하고 있는 것이다. 이는 엔진에 대한 토털케어로 엔진의 결함과 교체시기를 분석하고 정비하는 서비스를 제공하여 엔진을 사용하는 항공사는 비행스케줄과 연료 사용의 최적화에만 집중하고, Rolls Royce는 전 세계 500여 개 항공사의 비행기 1만 4천여 대의 엔진에 대한 서비스를 제공하여 안정적인 매출을 달성하고 있는 것이다. Rolls Royce 역시 사이버 물리 시스템(CPS)과 디지털 트윈(Digital Twin), 스마트·스피드 공장(Smart·Speed Factory), 제품 서비스 시스템(PSS)을 구현하여 비즈니스 모델을 개혁하고 혁신할 수 있었다.

그 외에도 SAP, Bosch, IBM, Google, Facebook 등 많은 기업들이 각 기업이 추구하는 가치에 따라 4차 산업혁명 시대의 산업 환경의 변화 및 도전에 적극 대응하고 있다. 독일의 SAP는 전 세계 1만 7천대의 컴퓨터를 연결하여 만물인터넷(IoE), 사물인터넷(IoT), 서비스인터넷(IoS)을 통해 데이터를 수집하고 이를 저장하여(Big Data), 인공지능(AI)을 통해 분석하고 새로운 가치를 창출하거나 최적화를 추구하고 있다. 그들의 전략은 스마트 공장(Smart Factory)에서 다양한 제품을 유연하게 생산함으로써 다품종 소량생산으로 소비자가 직접 디자인한 세상에서 단 하나뿐이 제품을 생산한다는 것이다. Bosch는 스마트 공장(Smart Factory)을 통해 생산성을 10% 향상시키는 한편 인력감축은 없도록 노력하였다. 일반적으로 스마트 공장은 자동화 기계가 사람을 대체하여 대량실업이 예상되는데, Bosch는 노동조합과 협조하여 근로환경의 자동화를 추진하면서 노동자의 직무를 조정하고 기업경쟁력을 강화하는 동시에 노동자를 변화의 길로 인도하였다. Bosch는 Industry 4.0 전략의 중심에 사람이 위치하도록 지원하였으며, 미래 직무에 적응력 있는 근로자가 자산이라는 것을 보여주었다.

IBM과 Google 및 Facebook은 인공지능에 대해 상당한 관심을 갖고 노력을 집중하였다. IBM은 1997년 이미 Deep Blue를 개발하여 체스(Chess)에서 인간 체스 챔피언에게 승리하였고, 2011년에는 Deep QA를 개발하여 미국 퀴즈 쇼인 Jeopardy에서 인간 퀴즈 챔피언에게 승리하였다. 2012년에는 Watson을 개발하여 암 환자 진료와 치료에 활용하기 시작하였고, 2016년에는 Watson을 기상예보에 활용하기 시작하였다. 또한 IBM은 인공지능과 더불어 소비자의 요구를 충족할 수 있는 독창적인 디자인의 중요성과 가치를 인식하여 전 세계 20개국 44개 Studio에 1600여 명의 전문 디자이너를 고용하고 Classical, Commercial, Computational Designer 그룹으로 구분하여 연구를 추진 중에 있다. Google은 창업 후 일찍부터 단순한 탐색과 검색이 아닌 인공지능 우선(AI First)을 선언하고 인공지능(AI)을 개발해 왔다. 그 결과 2016년에 Deep Mind(AlphaGo)는 바둑에서 이세돌을 이겼고, 2017년에는 세계 챔피언 커제를 이기게 되었으며, 처음으로 자체 개발하여 인공지능 연구에 사용하였던 TPU(Tensor Process Unit)을 공개하였다. Facebook은 기계학습(Machine Learning) 기술을 적용하여 사용자 요구를 예측하고 맞춤형 서비스를 제공하고 있으며, Facebook이 개발한 Deep Face의 안면 인식 정확도는 2014년 3월에 인간의 인식 정확도(97.53%)에 근접한 97.25%를 달성하였다.

이처럼 4차 산업혁명 시대의 산업환경의 변화와 도전에 대해 세계 일류 기업들은 일찍부터 회피할 수 없는 변화와 도전의 불가피성과 생존을 위해 기업들이 추구하는 가치와 목표, 목적에 따라 적극적으로 대응하였음을 알 수 있다. 전반적으로 이러한 기업들의 추진 방향은 4차 산업혁명 시대의 산업 구조와 환경의 특징으로 대변되는 초 연결성(Hyper-Connected), 초 지능화(Hyper-Intelligent)에 초점을 맞추고 추진해 왔음을 알 수 있다. 초 연결성(Hyper-Connected) 관점에서는 사물인터넷(IoT), 만물인터넷(IoE), 서비스인터넷(IoS)을 활용하여 구현하였다. 초 지능화(Hyper-Intelligent) 관점에서는 일단 모든 시스템과 공장, 제품에 필요한 정도에 따른 다양한 센서들을 부착하여 데이터를 수집하고, 수집한 빅 데이터에 인공지능(AI)을 활용하여 요구되는 수준과 필요에 따라 단순 제어, 탐색 및 추정, 규칙의 발견과 지식의 확장, 빅 데이터를 활용한 스스로 학습 및 가치의 창출과 최적화를 구현하였다. 그 결과 사이버 물리 시스템(CPS)과 디지털 트윈(Digital Twin)에 기반한 스마트·스피드 공장(Smart·Speed Factory)을 구현하였고, 이러한 공장을 통해 스마트제품(Smart Product)과 제품 서비스 시스템(PSS)을 구현하게 되었다. 이러한 노력의 결과로 새로운 비즈니스 모델인 공유경제(Sharing Economy)와 수요경제(On Demand Economy)의 새로운 패러다임을 이루게 되었고, 한편으로는 저임금을 찾아 해외로 공장을 이전했던 Offshoring 현상을 탈피하고 기업의 자국 또는 소비자의 곁으로 돌아오는 Reshoring 현상이 나타나게 되었다.

23. 4차 산업혁명 시대 사회·산업 환경의 변화! 어떻게 특징지을 수 있나?

지금까지 과학기술의 발달에 따른 4차 산업혁명 시대의 사회와 산업 환경의 외형적으로 나타나는 현상과 특징들을 중심으로 한 변화와 도전들을 살펴보고, 그에 따른 국가와 기업의 여러 가지 모습의 대응 전략과 비즈니스 모델들을 살펴보았다. 이렇게 단편적으로 살펴본 4차 산업혁명 시대의 사회와 산업 환경의 변화 및 도전으로부터 바로 전장 환경과 국방 환경의 변화와 도전을 도출하고 궁극적으로 미래 실제 전장과 국방 환경을 표현하고 실행하는 하나의 기법인 모델링 및 시뮬레이션(M&S)은 어느 방향으로 가야 하는지, 어떻게 가야 하는지를 도출한다는 것은 쉽지 않은 일이다. 좀 더 구체적이고 체계적으로 연구를 하고 미래를 전망하고 추론하기 위해서는 4차 산업혁명 시대의 사회와 산업 환경과 변화와 도전을 특징지을 수 있는 원리와 원칙이 필요하다는 것이다.

이러한 관점에서 관련된 문서들을 연구하던 중 Mario Hermann, Tobias Pentek, Goris Otto가 공동으로 연구한 Design Principles for Industrie 4.0 Scenarios: A Literature Review, Working Paper. No. 1/2015을 찾게 되었다. 이 연구논문에 의하면 연구자들은 4차 산업혁명의 구성요소 특징을 분석할 목적으로 2개의 독립된 그룹의 참고문헌을 Industrie 4.0과 Industry 4.0으로 구분하고 이와 관련하여 각각 100개의 문헌을 연구하였다. 이는 결국 독일어권 문헌 100개, 영어권 문헌 100개를 선정하여 연구하였다는 것이다. 연구자들은 이들 문헌들을 통해 다시 4차 산업혁명과 직접적으로 관련되어 있는 문헌들로 압축하여 51개 주요 문헌들에 나타난 주요 용어(Key Word)의 빈도수를 조사하였다. 이때 나타난 용어들이 사이버 물리 시스템(CPS: 46회), 사물인터넷(IoT: 36회), 스마트 공장(Smart Factory: 24회), 서비스인터넷과 서비스지향아키텍처(IoS/SOA: Service Oriented Architecture: 19회), 스마트제품(Smart Product: 10회), 기계와 기계 연결(M2M: Machine to Machine: 8회), 빅 데이터(Big Data: 7회), 그리고 클라우드 컴퓨팅(Cloud Computing: 5회)이다. 연구자들은 이 중에서 상위 4개의 최다빈도수를 나타내는 주요 용어들의 특성을 분석하여 그 결과로 4차 산업혁명 시대의 디자인 원칙을 도출하고자 하였다.

4차 산업혁명 시대의 디자인 특징을 연구하기 위한 주요 용어로 선정된 것들은 사이버 물리 시스템(CPS), 사물인터넷(IoT), 스마트 공장(Smart Factory), 서비스인터넷과 서비스지향아키텍처(IoS/SOA)이다. 이러한 용어들이 담고 있는 특성들을 분석한 결과, 그 특성들로서 상호 운용성(Interoperability), 가상현실화(Virtualization), 분권화(Decentralization), 실시간 능력(Real-Time Capability), 서비스 지향(Service Orientation), 그리고 모듈화(Modularity)를 도출하였다. 그 결과 선정된 주요 용어와 각 용어에 담겨있는 특성들을 도출한 내용은 표 9에서 보는 바와 같다.

표 9 Industry 4.0/4차 산업혁명 특성 분석표

(Design Principles for Industrie 4.0 Scenarios: A Literature Review, Working Paper, No. 1/2015, Mario Hermann, Tobias Pentek, Boris Otto)				
	CPS	IoT	IoS	Smart Factory
Interoperability	X	X	X	X
Virtualization	X			X
Decentralization	X			X
Real-Time Capability				X
Service Orientation			X	
Modularity			X	

Industry 4.0 또는 4차 산업혁명의 디자인 원칙을 살펴보기 전에, 먼저 Industry 4.0과 관련하여 문헌들에 나타난 주요 용어들의 상호 관계성을 살펴볼 필요가 있다. 앞서 언급한 8개 주요 용어들의 상호 관계성을 표시하면 그림 15와 같이 볼 수 있을 것이다. 이 관계성을 나타내는 그림은 저자가 여러 개의 문서를 연구하여 나름대로 이해한 내용을 바탕으로 도시한 것으로, 보는 관점에 따라서는 다르게 표현할 수도 있을 것이다. 일단, Industry 4.0과 4차 산업혁명 시대의 산업 구조와 환경의 특징은 정보통신기술(ICT)을 기반으로 사물인터넷(IoT)을 구축하게 되고, 그 사물인터넷을 구성하고 있는 각각의 사물에 식별자 기술(Identification Technology: RFID Tags)을 적용하고, 센서와 제어장치(Sensors and Actuators)를 부착하여 데이터를 수집하고 저장하여 분석할 수 있게 함으로써 실제 사물 또는 시스템과 정보통신기술(ICT)인 디지털 기술을 결합하여 사이버 물리 시스템(CPS)을 구축하게 된다.

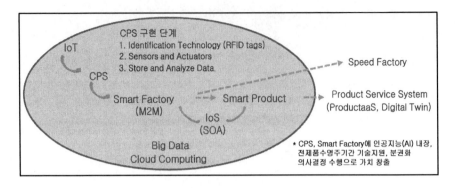

그림 15 Industry 4.0·4차 산업혁명 기본 구성요소 간 상호관계도

　다음은 이러한 사이버 물리 시스템(CPS)을 기반으로 한 기계와 기계 간의 연결
(M2M)을 구현하고, 그것들의 집합인 스마트 공장(Smart Factory)을 구축한 것이다.
이때 스마트 공장(Smart Factory)을 통해 생산된 제품은 단순한 제품이 아니라 사이
버 물리 시스템(CPS) 구축 단계에 적용했던 것과 같이 제품에 식별자 기술(Identi-
fication Technology: RFID Tags)을 적용하고, 센서와 제어장치(Sensors and Actuators)
를 부착하여 데이터를 수집하고 저장하여 분석할 수 있게 함으로써 스마트한 제품
(Smart Product)을 생산하게 된다. 이 과정에서 단순히 제품 생산만으로 끝나는 것
이 아니라 서비스인터넷을 통해 근 실시간에 제품에 대한 서비스를 지속적으로 제
공한다는 것이다. 또한 이 과정을 통해 센서를 통해 수집한 빅 데이터를 활용하게
되고, 인공지능(AI)을 사용하여 빅 데이터에 담겨 있는 가치를 탐색하고 추론하며,
새로운 가치를 창출하고 최적화를 추구하는 과정에서 클라우드 컴퓨팅을 활용한
다는 것이다. 이러한 일련의 과정에서 스마트 공장(Smart Factory)은 곧 스피드 공장
(Speed Factory)을 의미하게 되고, 스마트 제품(Smart Product)은 곧 제품 서비스 시스
템(PSS)으로 간주하여 볼 수 있다.

　앞서 설명한 바와 같이 Industry 4.0과 4차 산업혁명의 디자인 원칙으로 Her-
mann과 함께 연구한 동료들은 상호 운용성(Interoperability), 가상현실화(Virtualiza-
tion), 분권화(Decentralization), 실시간 능력(Real-Time Capability), 서비스지향(Service
Orientation), 그리고 모듈화(Modularity)를 도출하였다. 그러나 이러한 디자인 원칙
의 특성 어디에도 인공지능(AI)을 활용한 빅 데이터의 탐색과, 추론, 새로운 가치 창
출 및 최적화에 관한 사항은 없음을 알게 되는데, 여기에 대한 궁금증을 Wikipedia

에서 살펴보면 Industry 4.0과 4차 산업혁명 시대의 디자인 원칙으로 기술적 지원(Technical Assistance)이라는 특성을 추가로 고려하고, 일부 특성에 대해 근본 의미는 같으나 약간 상이한 표현을 사용하고 있음을 발견할 수 있다. 결국 Industry 4.0과 4차 산업혁명 시대의 디자인 특성은 상호 운용성(Interoperability), 정보의 투명성·가상현실화(Information Transparency·Virtualization), 기술적 지원(Technical Assistance), 분권화 의사결정·분권화(Decentralized Decisions·Decentralization), 실시간 능력(Real-Time Capability), 서비스지향(Service Orientation), 그리고 모듈화(Modularity)로 특징지을 수 있음을 알 수 있다.

여기서 상호 운용성(Interoperability)이란 사물인터넷(IoT), 서비스인터넷(IoS), 인간인터넷(IoP: Internet of Person)으로 사물과 기계와 시스템, 서비스, 그리고 사람을 연결하는 것을 의미한다. 정보의 투명성과 가상현실화(Information Transparency·Virtualization)라는 것은 할 수만 있다면 물리적 실제 세계를 가상현실의 모습으로 표현하고 복제하는 것을 의미한다. 기술적 지원(Technical Assistance)이란 인공지능(AI)이나 기타 기술적인 지원을 통해 정보를 취합하고 가시화하며, 일련의 업무들을 수행하는 것을 의미한다. 분권화 의사결정·분권화(Decentralized Decisions·Decentralization)란 말 그대로 의사결정의 각 단계에서 할 수만 있다면 가장 신속하게 현장에서 의사결정을 바로 수행할 수 있도록 함으로써 효율성을 극대화하는 것이 필요하다는 것이다. 실시간 능력(Real-Time Capability)이란 서비스인터넷(IoS)을 통해 필요로 하는 서비스를 실시간에 수행하는 것을 의미한다. 서비스지향(Service Orientation)은 서비스 지향 아키텍처(SOA)를 통해 실시간 서비스를 제공하거나, 서비스인터넷(IoS)을 활용하여 사이버 물리 시스템(CPS) 또는 스마트 공장(Smart Factory)을 활용한 서비스 제공을 의미한다. 그리고 모듈화(Modularity)란 표준화된 단위(Unit)나 새로운 모듈(Modules)을 통해 소위 Plug and Play 기능을 구현하는 것을 의미한다.

결국 Industry 4.0과 4차 산업혁명 시대에 사회와 산업 환경의 변화로 인한 미래 전장 및 국방 환경의 변화와 도전에 대한 통찰을 얻을 수 있는 Industry 4.0과 4차 산업혁명 시대의 디자인 원칙은 Mario Hermann, Tobias Pentek, Goris Otto의 연구 문헌과 Wikipedia의 자료를 취합하여 상호 운용성(Interoperability), 정보의 투명성·가상현실화(Information Transparency·Virtualization), 기술적 지원(Technical Assistance), 분권화 의사결정·분권화(Decentralized Decisions·Decentralization), 실시간 능력(Real-Time Capability), 서비스지향(Service Orientation), 그리고 모듈화(Modularity)로

구분해 볼 수 있다. Industry 4.0과 4차 산업혁명 시대 디자인 원칙은 표 10에서 보는 바와 같다.

표 10 Industry 4.0/4차 산업혁명 시대 디자인 원칙

(Design Principle for Industrie 4.0 Scenarios, Hermann, Pentek. Otto & Industry 4.0, Wikipedia)

- Interoperability — IoT, IoS, IoP (Connecting Machines, Work Pieces, Systems)
- Information Transparency (Virtualization) — Virtual copy of the physical world
- Technical Assistance — Aggregating/visualizing information and conducting a range of tasks
- Decentralized Decisions (Decentralization) — Decentralization
- Real-Time Capability via IoS
- Service Orientation — Real-Time SOA, CPS or Smart Factory via IoS
- Modularity — Plug-and- Play Principles via Standard Unit/New Modules

제 4 편

국방 M&S
변화 요구와 도전!

|

베네치아 곤돌라, 73×54㎝, 수채화, 2017. 5, 松霞 이종호

24. 과학기술의 발달에 따른 무기체계 및 전장 환경의 변화와 도전! 어떤 것들인가?

지금까지 제1편과 제2편에서는 국방경영 수단으로서의 모델링 및 시뮬레이션(M&S)이란 무엇인지, 그리고 어떻게 발전되어 왔는지 살펴보았다. 또한 제3편에서는 국방 M&S의 변화 요구와 도전을 살펴보기 위해 과학기술의 발달과 4차 산업혁명의 도래에 담겨있는 배경과 특징, 특히, 사회와 산업 환경의 변화 및 도전, 국가와 기업의 대응과 적응, 그리고 변화와 도전의 특징을 살펴보았다. 본 제4편에서는 아주 간결한 두 가지 이야기를 통해 기술의 발달과 4차 산업혁명의 도래에 따른 무기체계와 전장 환경의 변화와 도전이 어떤 모습이 될지 예상해보고 한국군 국방 M&S의 변화와 혁신의 요구를 어떻게 정의할 것인지 살펴보고자 한다. 본 제4편의 이야기는 아주 간결하지만, 제3편에서 살펴본 과학기술의 발달과 4차 산업혁명이라는 시대적인 흐름이 제5편 이후 전개하고자 하는 한국군의 국방 M&S의 미래가 어느 방향으로 가야 할 것인지, 어떻게 그 방향과 목표를 향해 추진해 갈 것인지 이야기를 전개해 가는데 의미 있는 연결 고리가 될 것이라 생각한다.

과학기술의 발달에 따른 산업혁명은 사회와 산업 환경뿐만이 아니라 전장과 국방 환경에 변화와 도전을 가져왔다. 지금까지의 산업혁명이 전장과 국방 환경에 미친 요인과 특징, 현상을 살펴보면, 수력과 증기기관에 의한 기계혁명이었던 1차 산업혁명은 철도와 전신(電信)이 전장에 영향을 미쳤고, 전기와 내연기관에 의한 에너지혁명이었던 2차 산업혁명은 전차와 원자탄이 1, 2차 세계대전의 전장과 종전에 영향을 미쳤다. 전자와 컴퓨터, 정보통신기술(ICT)에 의한 디지털 혁명이었던 3차 산업혁명은 미사일과 무인기, 로봇이 전장에 영향을 미쳤고, 최근에는 무인기와 미사일을 결합하고, 보병의 전자장비와 로봇짐꾼이 결합하는 양상으로 발전되고 있다. 그렇다면, 과연 과학기술의 발달로 인한 4차 산업혁명 시대의 도래에 따른 전장 및 국방 환경의 변화와 도전은 어떤 것들이 있을까?

4차 산업혁명 시대의 사회와 산업, 그리고 국방 환경의 변화 요인과 특징은 디지털 혁명인 3차 산업혁명 이후 전통적인 제조기술과 정보통신기술(ICT)을 접목하고 인공지능(AI)과 로봇, 무인기 등 첨단 기술을 융합하여 국방 분야에 도입, 활용을 시도할 것이라는 것이다. 이러한 움직임은 각국이 추진하고 있는 일부 예이긴 하지만 미국의 경우, 미 해군은 Sea Hunter라는 자율운항 무인군함을 건조하고 있으며, 육군연구소(ARL: Army Research Laboratory)는 인공지능(AI)을 접목하여 사람과 지능형 로봇의 협업에 의한 군사체계를 개발하고 있고, 국방성은 Maven 프로젝트를 통해 인공지능(AI) 이미지 인식기술 향상을 통한 무인항공기 타격능력을 향상시키기 위한 기술을 개발하고 있다. 영국은 Taranis라는 명칭으로 정찰과 공중전이 가능한 무인기를 개발하고 있고, 러시아는 미사일 기지를 방어할 수 있는 보초병 로봇을 개발하고 있으며, 중국의 인민해방군은 인공지능(AI) 기반의 국방강화 프로젝트를 추진하고 있다. 각국의 이러한 움직임과 더불어 우리나라도 하나의 예로서 2018년 2월 KAIST와 한화 시스템이 공동으로 KAIST에 국방 인공지능·융합연구센터를 개소하고 AI 기반 지휘결정 지원 시스템과 무인잠수정 항법 알고리즘, 지능형 항공기 훈련 시스템, 그리고 지능형 물체 추적 및 인식 기술을 개발하고 있으며, 한화 테크윈은 감시 경계 로봇 SGR-1을 개발하여 이미 배치하기도 하였다.

이러한 범세계적인 국방 분야의 움직임에 대해 미 국방성과 구글(Google)은 Google 제품을 자율무기시스템을 만드는데 사용하지 않을 것을 강조하고 확인한 바 있으며, 기계학습(ML)의 군사적 이용을 우려하고 있다. '무인 전쟁'의 저자 폴 샤르는 IT 기술자들의 자유주의 사고와 AI를 군사적으로 이용하고자 하는 정부의 수요로 인해 갈등이 불가피할 것이라 지적하기도 하였다. 이러한 우려는 우리나라에서 현실로 나타나기도 하였는데, KAIST에 국방 인공지능·융합연구센터가 개소하자 영국을 중심으로 한 세계 과학자들은 파이낸셜타임스(Financial Times)를 통해 KAIST에 AI 킬러로봇 개발의 중단을 요구하는 공개 성명을 내는 것과 더불어 KAIST와의 연구협력 보이콧을 선언하기도 하였다.

그러나 분명한 것은, 4차 산업혁명 시대의 도래를 촉진하게 된 계기인 물리학, 생물학, 디지털 기술의 융합, 즉 오프라인(Offline)과 온라인(Online)의 결합은 무기체계와 전장 및 국방 환경에 엄청난 변화를 가져올 것이라는 것이다. 먼저 무기체계의 변화로 인공지능(AI)의 발달과 활용으로 무기체계가 자동화, 자율화, 로봇화할 것이며, 운용유지의 효율성과 새로운 형태의 무기체계 개발을 촉진할 수 있도록 모듈화, 컴포넌트화하고, 더불어 워파이터의 편의성을 고려하여 웨어러블화(Wearable)할 것으로 보인다. 3D, 4D 프린터 기술의 발전으로 생물학 무기를 손에 넣기도, 사용도 용이하고, 테러집단이 예상치 못한 신규 무기체계를 신속하게 확보할 수 있을 것이며, 개인 또는 소규모 집단에 의한 대량 파괴와 살상이 용이하게 될 수도 있을 것이다.

또한 과학기술의 발달에 따라 무기체계의 표적 타격 정확도가 획기적으로 증가하여 폭력과 무력의 규모와 충격이 감소하게 될 것이고, 새로운 형태의 고성능 무기체계를 보다 빨리, 보다 저렴하게 개발하는 것이 가능할 것으로 보인다. 새로운 첨단 기술에 의한 새로운 개념과 형태의 위협과 방호가 대두할 수 있을 것이며, 더욱이 신기술을 이용한 선제공격의 이점(First Mover Advantage)이 절대적인 양상을 띠게 될 것이라는 것이다. 국가 간, 지역 간, 인종 간의 분쟁과 전쟁의 성격과 본질도 과학기술의 발전에 따라 아주 모호한 양상을 띠게 될 수도 있는데, 그 예로 전쟁과 평화, 전투원과 비전투원, 폭력과 비폭력, 군사와 정치의 구분이 애매모호해질 것이고, 여기에 디지털 기술에 의한 사이버전과 새로운 양상의 심리전이 대두될 것이라는 것이다.

무기체계와 전장 및 국방 환경의 변화에 따른 도전은 기술융합에 의한 사이버 물리 시스템(CPS)을 활용하여 새로운 무기체계를 보다 효율적으로 개발하는 것이 가능하게 됨에 따라 이러한 변화에 대응할 수 있도록 군 구조와 조직 편성, 무기체계 운용개념, 작전술 교리와 전술, 전기, 절차(DTTP: Doctrine, Tactics, Techniques, Procedures)의 변화가 요구될 것으로 보인다. 또한 기술융합 시대에 부합한 아키텍처, 프로토콜, 미들웨어, 표준 등 기반체계를 구축하도록 요구될 것으로 보인다. 이는 웨어러블 기술(Wearable Technology)의 발달로 전장의 데이터 통신 소요가 급증하게 되는데 대한 대비가 필요하다는 것이며, 사이버-물리 구성요소를 간단히 서비스로 전환하는 것이 가능하도록 새로운 아키텍처(Architecture)를 요구할 것으로 보인다. 뿐만 아니라 각종 데이터 표준화 및 공통 통신 프로토콜의 필요성이 대두될 수 있을 것이며, 새로운 워파이터(Warfighter, 전투원)와 복합무기체계 간의 인터페이스(Interface)와 인터액션(Interaction)을 요구하게 될 것이다.

최근에 나타나는 각국의 움직임에 담겨 있는 특징은 Industry 4.0과 4차 산업혁명의 화두 대두에 따른 변화와 도전에 대한 대응은 선택이 아닌 필수이며, 전장과 국방 환경의 변화 역시 불가피한 것으로 보인다. 더불어 전장과 국방 환경에 대한 현실체계의 표현이자 실행인 국방 M&S의 요구능력과 과제는 과연 무엇인지 관심과 더불어 연구할 필요가 있으며, 이에 대비하는 것 역시 선택이 아닌 필수가 될 것이다.

25. 4차 산업혁명 시대에 한국군 M&S의 변화와 혁신 요구! 어떤 것들인가?

지금까지 과학기술의 발전과 4차 산업혁명 시대의 도래에 따른 사회와 산업 환경의 변화, 그리고 전장과 국방 환경의 변화에 대해 살펴보았다. 그렇다면 본 이야기들의 주제인 4차 산업혁명 시대에 변화와 혁신에 따른 한국군의 모델링 및 시뮬레이션(M&S)의 요구사항은 과연 무엇인지, 또 어떤 것들이 있는지를 살펴보고자 한다. 이를 위해 외형적으로 나타나는 현상들을 통해 M&S 요구사항을 정의할 수도 있겠지만, 보다 객관적이고 체계적으로 접근하고자 하는 생각에서 앞서 23번째 이야기의 표 10에서 제시한 바와 같이 Industry 4.0과 4차 산업혁명 시대의 디자인 원칙에 기반하여 M&S의 변화와 혁신 요구사항들을 살펴보고자 한다.

표 10 Industry 4.0/4차 산업혁명 시대 디자인 원칙

(Design Principle for Industrie 4.0 Scenarios, Hermann, Pentek. Otto & Industry 4.0, Wikipedia)

- Interoperability – IoT, IoS, IoP (Connecting Machines, Work Pieces, Systems)
- Information Transparency (Virtualization) – Virtual copy of the physical world
- Technical Assistance – Aggregating/visualizing information and conducting a range of tasks
- Decentralized Decisions (Decentralization) – Decentralization
- Real-Time Capability via IoS
- Service Orientation – Real-Time SOA, CPS or Smart Factory via IoS
- Modularity – Plug-and- Play Principles via Standard Unit/New Modules

먼저 Industry 4.0과 4차 산업혁명 시대의 디자인 원칙을 고려하기 이전에 4차 산업혁명 시대의 특징인 초 연결성(Hyper-Connected)과 초 지능화(Hyper-Intelligent) 시대의 전장 환경과 전쟁 양상은, M&S 관점에서의 실 체계 표현(Representation)과 실행(Implementation)의 변화와 혁신이 절대적으로 요구될 것이다. 이는 단순한 표현과 실행의 문제를 넘어 실 체계와 전장 환경과 전쟁 기법의 변화에 따른 M&S 영역에서의 변화와 혁신을 요구하고 있다는 뜻이다. 결국 4차 산업혁명 시대의 전장 환경에서 부딪히게 되는 사이버 물리 시스템(CPS)과 디지털 트윈(Digital Twin), 제품 서비스 시스템(PSS), 그리고 인공지능(AI), 지능형 로봇, 드론, 무인기, 자율주행 기반의 실제 체

계를 표현하는 M&S에 근본적인 변화를 요구할 것이며, 이는 실제 체계의 표현인 모델링 과정과 모델링 결과로 만들어진 모델을 실행하는 시뮬레이션의 수행과 활용에 근본적인 변화가 있을 수밖에 없다는 것이다. 그 결과로서 앞으로의 M&S는 4차 산업혁명의 특징인 초 연결성(Hyper-Connected)과 초 지능화(Hyper-Intelligent)를 고려한 기반체계 위에 구축할 수밖에 없을 것이다.

이러한 변화와 혁신에 따른 첫 번째 요구는 Industry 4.0과 4차 산업혁명의 디자인 원칙인 상호 운용성(Interoperability)에 근거하여 상호 연동 운용이 가능한 M&S(Interoperable M&S)를 구현해야 한다는 것이다. 그간 한국군은 한미연합사가 주도한 연합연습 시에 모델들의 연동에 의한 모의지원체계를 활용하여 연습을 실시하면서도 한국군이 단독으로 연습과 훈련을 실시할 경우에는 단일 모델 운용(Stand Alone)에 의한 모의지원에 초점을 맞추었고, 구성(Constructive) 시뮬레이션들 간의 연동조차도 기술적인 어려움을 내세워 망설여 왔으며, 실제로 연동하여 사용한 적이 전혀 없는 상태이다. 그러나 사회와 산업의 패러다임이 초 연결성으로 특징지을 수 있는 4차 산업혁명 시대에 실제 체계들이 모두 상호 연동 운용되는 상태에서 그러한 체계들을 표현하는 M&S가 연동을 하지 않는다는 것은 상상할 수 없는 일이 될 것이다. 이처럼 상호 연동 운용 가능한 M&S의 구현 요구는 단순한 연동 이외에 당연히 다해상도 모델링(MRM: Multi-Resolution Modeling)에 관한 이슈가 불거질 것이고, 그에 따라 시뮬레이션의 객체(Object)와 상호작용(Interaction) 관점에서 통합(Aggregation)과 분할(Dis-aggregation)이라는 이슈가 더불어 대두될 것이며, 이를 해결하는 노력이 필요하게 될 것이다. 이러한 이슈에 대한 상세한 논의는 제6편에서 설명하고자 한다.

다음은 정보의 투명성(Information Transparency) 원칙으로, 한편으로는 가상화(Virtualization) 원칙으로 표현하기도 하는데 이는 할 수만 있다면 가상화 표현을 통해 정보를 명확히 제시하자는 것이다. 이처럼 실세계에 적용하는 원칙은 실제 체계의 표현인 M&S에서도 그대로 적용해야 할 것이므로, M&S에서의 가시화(Virtualization)가 일반화가 되어야 할 것이다. 결국 사이버 물리 시스템(CPS)의 출현과 투명성 있는 정보 제시를 위한 가시화(Virtualization)가 일반화되다 보니 M&S를 활용하는 과정에서 가상(Virtual) 시뮬레이션과 가상화(Virtualization)의 개념 간에 약간은 혼동될 수 있겠으나, 가상(Virtual) 시뮬레이션의 기본 개념을 정확히 이해한다면 큰 문제는 없을 것으로 보인다. 아무튼 앞으로의 M&S의 활용은 가능한 한 정보를 명확히 전달하고 제시하는 수단으로서 가시화(Virtualization)가 일반화되도록 요구될 것이다.

기술지원(Technical Assistance) 원칙은 정보를 가시화 또는 통합하거나, 일련의 과업들을 수행하는 과정에서 기술의 지원을 받는다는 것으로, 이는 실제 세계에서 센서(Sensor), 제어장치(Actuator), 지능형 로봇 등 인공지능(AI)을 적절히 활용하는 것을 의미한다. 즉 실제 세계에서 사물인터넷(IoT), 만물인터넷(IoE), 서비스인터넷(IoS), 기계와 기계의 연결(M2M), 기업과 기업의 연결(B2B), 기업과 소비자의 연결(B2C), 그리고 포괄적인 오프라인(Offline)과 온라인(Online)의 연결(O2O)에서 모든 사물과 객체에 다양한 형태의 센서를 설치하고, 유무선 데이터 통신망을 통해 데이터를 수집하며, 수집된 빅 데이터(Big Data)를 탐색하고 추론하며 새로운 규칙을 발견하거나 가치를 창출하고 의사결정을 하여 제어장치(Actuator)를 통해 과업을 수행하는 일련의 과정에서 인공지능(AI)을 포함한 다양한 형태의 기술지원을 받는다는 것이다. 이는 4차 산업혁명 시대의 초 지능화(Hyper-Intelligent)의 특징을 나타내는 것으로, 이러한 실세계를 표현하는 M&S에서도 기술지원에 의한 초 지능화 M&S를 구현할 것이 그대로 요구될 것이라는 것이다. 따라서 지금까지 우리 군이 구현에 어려움을 겪어왔던 컴퓨터 생성군(CGF: Computer Generated Forces) 개념이나, 에이전트 기반 모델링(ABM: Agent Based Modeling) 개념이 일반화되도록 요구될 것이다.

분권화 의사결정(Decentralized Decisions or Decentralization) 원칙은 지금까지는 분산 환경에서 M&S의 상호 연동 운용에 의한 모의지원체계 구축과 운용 시 강력한 중앙집권적 통제가 필요하다는 것이 일반적인 개념이었으나, 앞으로는 이것이 획기적으로 변화될 수밖에 없을 것이다. 앞서 설명한 기술지원(Technical Assistance) 원칙에 의해 실세계 체계의 상당히 많은 부분들이 실시간 가장 최적의 의사결정을 내릴 수 있는 상황과 조건이 되면 바로 의사결정을 하는 양상으로 변화되어 가고 있는 실정이기 때문이다. 그리고 이것이 바로 Industry 4.0과 4차 산업혁명 시대의 스마트 공장(Smart Factory), 스피드 공장(Speed Factory)의 구현 개념인 것이다. 따라서 이러한 실세계를 표현하는 M&S에서도 실세계와 유사한 형태로 지리적으로 분산된 상황에서 최적의 분권화 의사결정을 수행하는 양상으로 변화가 요구될 것이다.

실제 세계에서 사물인터넷(IoT), 만물인터넷(IoE), 서비스인터넷(IoS)과 실시간 서비스지향아키텍처(Real-Time SOA)와 사이버 물리 시스템(CPS)에 기반한 서비스 지향(Service Orientation) 원칙과 실시간 능력(Real-Time Capability) 원칙은 앞서 기술지원(Technical Assistance) 원칙을 설명하는 과정과 매우 유사하나, 단지 초점이 서비스 지향이라는 관점과 실시간 능력이라는 관점에 맞추어져 있다는 것이 다르다. 이러한 사실은 초 연결성(Hyper-Connected)과 초 지능화(Hyper-Intelligent)로 특정지어지는 4차 산업혁명 시대의 스마트 공장(Smart Factory)과 스피드 공장(Speed Factory)에서 스마트 제품(Smart Product)을 생산하고, 이러한 제품이 제품 서비스 시스템(Product Service Systems)이라는 개념으로 소비자에게 제공되어 단순한 제품의 판매와 소유가 아닌 서비스 제공과 사용이라는 관점에서 서비스를 제공하는데 초점이 맞춰져 있다. 이는 실시간 서비스 제공을 포함한 포괄적인 능력이 중요하다는 것이다. 따라서 이러한 실세계를 표현하는 M&S 역시 단일 M&S이든지 또는 연동 운용을 하는 M&S체계이든지, M&S를 하나의 서비스로 간주하는(M&SaaS: M&S as a Service) 개념으로 변화하여, 실시간 서비스를 제공할 수 있는 능력을 갖출 것을 요구하고 있는 것이다.

그리고 서비스인터넷(IoS)에서 표준 단위(Standard Unit)와 새로운 모듈(Modules)을 활용하여 소위 Plug-and Play 원칙을 구현 가능하도록 한 모듈화(Modularity) 원칙은 M&S의 구조적 관점에서 변화를 요구하고 있다. 이는 M&S의 모듈화(Modularity)와 컴포넌트화(Component)를 통해 새롭게 요구되는 능력의 M&S를 Plug-and Play 개념으로 신속하게 구현할 것을 요구하고 있는 것이다. 이를 위해서는 M&S 아키텍처와 기반기술, 기반 도구와 체계를 확충하고 강화하는 노력이 수반되어야 할 것이다.

이상과 같이 Industry 4.0과 4차 산업혁명 시대의 사회와 산업의 디자인 원칙에 비추어 본 M&S의 변화와 혁신의 요구 외에도 몇 가지를 더 고려할 수 있을 것이다. 우선, 앞부분에서 간략히 언급하였듯이 한국군은 그간 M&S의 구성(Constructive) 시뮬레이션들 간의 연동, 즉 모델 간의 연동에서도 기술적인 어려움을 들어 연동 운용을 망설여 왔고, 특히 실전적 가상 합성 전장을 구현하기 위한 시뮬레이션 유형들 간의 연동인 LVC 구현은 아예 엄두를 못 내는 상황이다. 그러나 4차 산업혁명 시대의 초 연결(Hyper-Connected) 사회에서 모든 사물과 기계, 기업, 사람이 연결되고, 오프라인과 온라인이 연결되는 실제 세계의 변화와 혁신의 소용돌이 가운데 실제 세계를 표현하고 실행하는 M&S가 연동을 두려워한다는 것은 더 이상 설득력이 없다. 이는 실제 세계를 표현하는 M&S로서는 부적절하다고 생각되는 바이다. M&S에서의 모델 간 연동과 LVC 구현은 이제 더 이상 기술 수준을 탓하며 선택을 망설이는 대상이 아니라 필수적으로 수행해야 할 과제이다.

M&S의 국방 업무분야 활용에 있어서 4차 산업혁명 시대의 기술융합에서 유래된 사이버 물리 시스템(CPS)과 디지털 트윈(Digital Twin), 그리고 M&SaaS 개념의 적용과 활용은 단순한 M&S의 기존의 활용 영역을 넘어 통합군수지원(ILS: Integrated Logistic Support), 정비업무, RAM(Reliability, Availability and Maintainability)업무 등 새로운 영역에 활용되게 될 것이다. 결국 4차 산업혁명 시대에 한국군의 M&S에 요구되는 변화와 혁신의 모습은 Industry 4.0과 4차 산업혁명 시대의 디자인 원칙에서 그 단초를 찾을 수 있을 것이며, 한국군의 M&S 활용 분야에 있어서 스마트한 M&S(Smart M&S), 스피디한 M&S (Speed M&S), 그리고 M&S를 하나의 서비스로 간주하여 신속하고 효율적인 사용을 보장하는 M&SaaS의 구현을 요구하게 될 것이다.

제 5 편

국방 M&S의 미래!
어디로 갈 것인가?

|

보스니아 모스타르, 67×48㎝, 수채화, 2018. 5. 松霞 이종호

26. 4차 산업혁명 시대에 국방 M&S 요구능력! 어디로 가야 하나?

제5편에서는 7가지 이야기를 통해 국방 모델링 및 시뮬레이션(M&S)이 미래에 어디로 가야 할 것인지, 그 나아가야 할 방향을 살펴보고자 한다. 그 첫 번째로 이번 이야기에서는 먼저 4차 산업혁명 시대에 국방 M&S에 요구되는 능력이 무엇인지 살펴보자.

지금까지 살펴본 바와 같이, 과학기술의 발달에 따른 4차 산업혁명 시대에 사회와 산업 환경의 변화 및 도전의 특징은 초 연결성(Hyper-Connected)과 초 지능화(Hyper-Intelligent)로 표현할 수 있는데, 문제는 이러한 변화와 도전의 속도(Velocity)와 범위(Scope), 그리고 시스템에 대한 영향(System Impact)이 엄청나다는 것이다. 이러한 변화와 도전은 과학기술의 발달에 따라 물리학과 디지털, 생물학 기술의 융합에 의한 기술혁명으로 결국은 기존의 제조업을 중심으로 하는 오프라인(Offline)과 정보통신 기술, 즉 디지털 기술에 기반한 온라인(Online) 기술의 결합으로써, 또 다른 표현으로는 IT(Information Technology)와 OT(Operational Technology)의 결합으로 나타낼 수 있다는 것이다.

앞서 23번째 이야기에서 설명한 바와 같이 4차 산업혁명 시대의 국방 M&S에 대한 요구능력을 보다 체계적으로 도출하기 위해서는 단편적인 현상만을 기반으로 일반화한 요구능력을 도출하는 것이 어려우므로 변화와 도전의 밑바탕이 되는 원칙과 원리에 관심을 갖게 되었다. 마침 관련 문헌들을 연구하던 중 Industry 4.0과 4차 산업혁명 시대의 사회와 산업 환경에 대한 디자인 원칙을 연구한 자료를 찾게 되었고, 그것은 앞서 살펴본 바와 같이 Mario Hermann, Tobias Pentek, Goris Otto가 공동으로 연구한 Design Principles for Industrie 4.0 Scenarios라는 연구 문헌이다. Mario Hermann과 연구자들은 연구논문을 통해 상호 운용성(Interoperability) 원칙, 정보의 투명성(Information Transparency) 또는 가상화(Virtualization) 원칙, 분권화 의사결정(Decentralized Decision) 또는 분권화(Decentralization) 원칙, 실시간 능력(Real-

Time Capability) 원칙, 서비스 지향(Service Orientation) 원칙과 모듈화(Modularity) 원칙을 제시하였다. 이러한 원칙만으로 4차 산업혁명 시대의 특징인 초 지능화(Hyper-Intelligent)를 설명하기에는 미흡한 부분이 있어서 계속 자료를 찾던 중, Wikipedia 에서 찾은 기술 지원(Technical Assistance) 원칙을 추가하여 기술한 Industry 4.0 디자인 원칙을 찾게 되었다.

이러한 4차 산업혁명 시대의 사회와 산업 환경의 디자인 원칙을 밑바탕으로 하여 식별된 특징들은 미래 전장 환경과 전쟁 양상에도 영향을 미치는 등 국방환경에서의 변화와 도전이 불가피하게 될 것이다. 먼저 전장 환경 관점에서는 과학기술의 융합에 의한 군사기술 기반의 새로운 형태와 양상의 위협과 로봇화 및 지능화한 새로운 무기체계의 출현을 예상할 수 있을 것이다. 또한 기존 비대칭 전력에 대한 대칭화가 곤란해질 것이 예상되고 새로운 개념과 형태의 방호가 대두될 수 있을 것이며, 이러한 변화와 도전에 대응하기 위해서는 새로운 무기체계를 신속하고도 유연하게 획득할 수 있는 방안이 요구되고 강구되어야 할 것이다.

전쟁의 양상 관점에서는 기술융합에 의한 새로운 무기체계의 출현과 운용으로 인해 새로운 작전술 교리와 전술, 전기, 절차를 개발하는 것을 요구하게 될 것이며, 무엇보다도 기술의 발달로 인한 치명성의 증대와 정밀도의 증가로 선제적, 예방적 타격의 중요성과 그 영향과 효과가 심대할 것으로 예상할 수 있을 것이다. 또한 과학기술의 발달과 융합기술의 등장은 그대로 군사와 정치의 융합 양상으로 나타날 수 있을 것이며, 분쟁이나 전쟁의 성격과 본질이 모호한 양상을 띠게 될 수도 있을 것이다. 결국 과학기술의 발달에 따른 4차 산업혁명 시대의 전쟁 양상은 전통적인 전장 기술과 비국가적인 활동세력이 혼합된 Hybrid한 형태와 양상의 모습이 될 것으로 보인다.

이처럼 전장 환경과 전쟁 양상, 그리고 국방환경의 변화와 도전의 시대에 효율적 국방경영 수단으로 활용할 수 있는 M&S의 미래 요구능력도 변할 수밖에 없을 것이며, 보다 구체적으로 요구능력을 도출하여 대응하고 대비하는 것이 절대적으로 필요하다는 생각이다. 4차 산업혁명 시대에 M&S에 대한 가장 중요한 변화 요구는 그림 16에서 보는 바와 같이, 먼저 사회와 산업 환경의 변화된 모습을 그대로 표현하고 실행할 수 있도록 M&S의 표현과 실행의 변화로 볼 수 있을 것이다. 이것은 결국 4차 산업혁명 시대의 특징인 초 연결성(Hyper-Connected)과 초 지능화(Hyper-Intelligent)

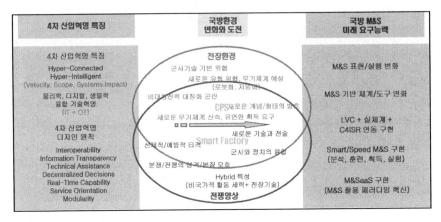

그림 16 4차 산업혁명 시대의 국방 M&S 요구능력 개념도

한 실제 세계를 그대로 반영할 수 있도록 M&S의 표현이 변화되어야 하고, 실행하는 모습도 4차 산업혁명의 디자인 원칙에서 나타난 바와 같이 기술지원(Technical Assistance) 원칙, 분권화 의사결정(Decentralized Decision) 또는 분권화(Decentralization) 원칙, 실시간 능력(Real-Time Capability) 원칙, 서비스 지향(Service Orientation) 원칙이 반영되어 수행되어야 한다는 것이다.

특히 4차 산업혁명 시대의 사회와 산업 환경, 그리고 국방환경의 변화와 도전을 고려한 M&S를 구현하기 위해서는 디자인 원칙에서 제시된 다양한 원칙들을 구현 가능하도록 M&S의 기반 체계와 도구들의 능력이 변화되어야 할 것이다. 지금까지 한국군은 미군을 중심으로 한 선진국에서 일반적으로 적용하는 M&S 아키텍처나, 기반 체계와 도구에 대해서 별로 심각하게 고려하지 않았다. 그러다 보니 일부 분야에 대해 관심을 갖고 연구를 했으나 전반적으로 체계적인 접근이 미흡하고, 단위 모델 또는 시뮬레이터 중심의 M&S 개발 사업을 추진하였다. 그 결과로 한국군 M&S의 기반 체계와 도구 관점에서는 기존의 요구능력조차도 충족하지 못하는 가운데 4차 산업시대의 사회와 산업 환경의 특징인 초 연결성(hyper-Connected)과 초 지능화(Hyper-Intelligent) 시스템과 현상을 표현하고 구현하기 위해서는 획기적이고 혁신적인 노력과 접근이 불가피해 보인다.

그 예로, 한국군은 현재 M&S에서 사용되고 있는 아키텍처인 DIS, HLA, DDS(TENA와 CTIA는 미군의 GOTS 개념으로 운용됨으로 한국군이 도입, 적용을 고려하지 않는다는 전제로) 등에 대해 분명한 정책도, 이를 이용한 상호 연동 운용을 위한 기술적 접근도 없는 상태이다. 그러면서도 한국군은 막연하게 연동이 어렵다고 하는데, 실제 세계에서는 SOA(Service Oriented Architecture) 외에도 CIP(Common Industrial Protocol)를 개발했고, GE와 같은 기업은 산업인터넷인 Predix를 개발하는 등 일련의 노력과 움직임에서 도전과 교훈을 얻어야 할 것이다. 또한 실전적 가상 전장 환경 구현을 위한 지상, 해상 및 해양, 공중 및 우주에 대한 전장 환경을 표현하는 SEDRIS(Synthetic Environment Data Representation and Interface Specification)를 제대로 구현하지 못하였고, 다양한 종류와 유형의 M&S를 연동하여 실전적인 전장 환경을 구현하기 위한 일련의 인터페이스(Gateways/Bridges, Aggregation/Dis-aggregation Interface 등) 역시 구현하지 못하고 있는 실정이다.

이러한 어려움에도 불구하고, 한국군은 4차 산업혁명 시대에 사회와 산업 환경의 특징에 걸맞게 실제(L), 가상(V), 구성(C) 시뮬레이션들을 연결하여 실전적 가상 전장 환경을 제공할 수 있도록 LVC를 구현할 것이 절실히 요구되고 있다. 사물인터넷(IoT), 만물인터넷(IoE), 서비스인터넷(IoS), 기계와 기계의 연결(M2M) 등과 같이 실제 세계 시스템들이 연결되는 마당에 기술적인 어려움으로 M&S 간의 연동이 어렵다는 논리와 핑계는 더 이상 통하지 않을 것이며, 할 수만 있다면 LVC 구현뿐만이 아니라 C4ISR 체계와, 필요에 따른 범위 내에서 실제 체계와 연동을 구현할 수 있는 능력까지 요구할 것이다. 즉, 4차 산업혁명 시대의 초 연결성(Hyper-Connected)의 모습 그대로 M&S도 상호 연동 운용을 구현해야 할 것이라는 것이다.

다음으로 스마트·스피디한 M&S(Smart·Speed M&S)를 구현하는 능력이 요구된다는 것이다. 지금까지 국방 업무분야에서 다양한 문제해결을 위해 M&S를 활용하고자 할 때 실제 M&S를 구현하여 활용하는 데까지는 많은 시간과 자원이 소요된 것이 사실이다. 그러나 4차 산업혁명 시대인 지금은 스마트 공장(Smart Factory), 스피드 공장(Speed Factory)에서 스마트한 제품(Smart Product)을 생산하여 제공하고 있는 실정을 고려한다면 M&S 분야에서도 보다 스마트(Smart)하고 스피디(Speedy)하게 M&S를 개발하고, 준비하여 운용할 수 있도록 하는 능력을 구비해야 할 것이다. 하지만 기존 제조업 분야와는 달리 실제 체계의 표현이고 구현으로 대변되는 M&S를 스마트(Smart), 스피디(Speedy)하게 하는 것은 그리 쉽지 않아 보인다. 먼저, 스마트한 M&S를 구현하기 위해서는 실제 세계에서 가지고 있는 센서(Sensors)-인공지능(AI)-제어장치(Actuators)들을 M&S에 반영하여 표현하는 것 외에도 M&S 자체를 스마트하게 하기 위한 센서(Sensors)-인공지능(AI)-제어장치(Actuators)들이 필요할 수 있을 것이다.

스피디(Speedy)한 M&S 구현은 실제 세계의 제조업 분야와는 달리 M&S를 활용하기 이전에 체계적인 준비와 노력이 좀 더 필요할 것으로 예상된다. 예로, 일반 제조업은 스마트한 공장(Smart Factory)을 만들면 거의 그대로 스피디한 공장(Speed Factory)을 이룰 수 있었다. 반면에 M&S를 스피디하게 하려면, M&S를 사용하는 목적과 의도에 따라 M&S를 단독(Stand Alone)으로 운용하든지 연동하여(Federation) 운용하든지 간에 M&S 개발 간에 모듈화와 컴포넌트화를 해야 하고, 사전에 시나리오와 데이터베이스를 준비해야 하며 연동을 할 경우 국제표준을 준수하여 시뮬레이션 환경과 주고받는 객체와 상호작용에 대한 합의를 해야 하며, 무엇보다도 사용 목적과 의도에 맞게 사용할 수 있는지 충분한 시험을 거쳐야 한다. 어찌됐든지 M&S를 다양한 국방 업무분야에 활용하기 위해서는 사전에, 또는 평소에 치밀한 준비와 노력으로 단독 운용 또는 연동 운용 어느 경우든지 소위 Plug-and-Play가 가능하도록 하는 능력을 구비해야 할 것이다.

앞서 설명한 스피디(Speedy)한 M&S 구현과도 밀접하게 연관되지만, 앞으로는 M&S 활용은 하나의 서비스로서의 M&S(M&SaaS) 성격으로 바뀔 것으로 보이고, 이에 대비하여 M&SaaS를 구현하고 서비스를 제공할 능력과 역량을 키우는 것이 요구될 것이라는 것이다. 지금까지 한국군이 M&S를 활용하는 모습은 M&S를 개발하고 난 후에는 대다수의 경우 군에서 직접 운용하든지, 외부 인력을 활용한다 하더라도 용역업체를 통해 인력을 제공받아 군에서 운용하는 실정이었다. 그러다 보니 M&S를 활용하는 전 과정에서 군이 직접 모든 일을 다 하는 형태일 수밖에 없었다. 이러한 사용개념을 혁신적으로 바꿔서 군에서는 사용 목적과 의도, 보다 구체적인 M&S 활용 요구사항을 제시하고, M&S 자원은 전문 기술지원 업체가 관리하고 유지보수하여 군이 필요로 할 때 필요한 서비스를 제공하는 개념으로 M&S 활용 패러다임을 혁신하는 것이 필요하다는 것이다. 이에 대비하여, 하나의 서비스로서의 M&S(M&SaaS)를 제공할 수 있도록 군과 업체가 함께 준비하고 역량을 키우는 것이 요구되고 있다. 이때 M&S 자원에 대한 소유권은 여전히 군에서 보유하고 단지 업체는 서비스만을 제공한다는 것이다.

4차 산업혁명 시대에 국방 M&S 분야에 요구되는 능력과 역량은 일반 사회와 산업 환경의 변화와 그 특징에 따라 당연히 변화되어야 함은 분명한 사실이다. 그러나 M&S가 실제 세계에 대한 표현이고 구현이라는 관점으로 인해 당연히 변해야 함에도 불구하고, 역설적으로 실제 세계에 대한 표현과 구현을 스마트하게, 스피디하게,

일종의 서비스로서 M&S를 제공하는 것은 그리 쉽지 않아 보이는 것 또한 사실이다. 4차 산업혁명 시대에 한국군의 M&S가 지향하고 추구해야 할 목표와 가치는 현재까지의 선진국들의 M&S 분야 기술발전과 발전추세에도 턱없이 부족한 상태이지만, 미래의 변화와 도전에 대비해야 한다. 이러한 요구가 한국군과 M&S 분야에 엄청 큰 부담이고 과제임에는 분명하다. 그럼에도 불구하고 효율적 국방경영 수단인 M&S를 발전시키고 강한 군 건설을 위해 간절함과 절박한 마음으로 변화와 도전에 적극적, 전향적으로 맞서야 한다.

27. M&S의 표현과 실행! 어디로 가야 하나?

모델링 및 시뮬레이션(M&S)을 함축적으로 표현하자면 실제 환경과 체계, 인간과 조직의 행태에 대한 표현(Representation)이요 실행(Implementation)이라고 볼 수 있다. 이러한 관점에서 과학기술의 발달에 따른 Industry 4.0과 4차 산업혁명 시대에 M&S를 국방 업무분야에 활용하는데 따른 변화와 도전의 가장 큰 요소 중에 하나는 초 연결성(Hyper-Connected)과 초 지능화(Hyper-Intelligent)로 대변되는 사회와 산업, 그리고 전장과 국방 환경의 변화를 어떻게 표현하고 실행할 것인가이다.

지금까지 한국군이 M&S를 개발하고 활용해온 모습을 보면, 전장 환경과 군 조직 및 무기체계를 실제 모습대로 묘사하고, 전투원과 조직의 행태를 작전술 교리, 전술, 전기, 절차(DTTP)에 따라 묘사하려고 노력해 왔다. 하지만 M&S의 사용 목적과 의도에 따라 보다 효율적인 운용을 위해, 때로는 보다 상세하고 세밀한 전술적인 운용을 위해 컴퓨터 생성군(CGF: Computer Generated Forces)이나, 반 자동군(SAF: Semi-Automated Forces), 또는 에이전트 기반 모델링(ABM: Agent Based Modeling) 기법을 적용하는데 어려움을 겪어 왔다. 또한 M&S의 운용에 있어서도 단일 M&S를 운용하는 것을 선호하고 거기에 익숙할 뿐, 모델 간의 연동도 어려워해 왔다. 특히 시뮬레이션 유형 간의 연동은 아직 엄두를 못 내는 실정이다. 이 때문에 선진국 수준으로 CGF, SAF, ABM 개념을 적용하여 실제 세계를 표현하고 모의하는 능력이 제한되고 있으며, M&S의 실행을 위한 모델과 시뮬레이션들을 연동 운용하는 능력이 제한되고 있다.

그러나 4차 산업혁명 시대의 초 연결성(Hyper-Connected), 초 지능화(Hyper-Intelligent) 사회와 산업 환경, 그로 인해 변할 수밖에 없는 전장 환경과 전쟁 양상 등 포괄적 국방환경에 대한 M&S의 표현과 실행의 변화와 혁신은 불가피해 보인다. 이는 단순한 전장 환경과 조직 편성, 무기체계, 조직과 전투원의 행태에 대한 표현의 변화를 넘어서는 것으로, 과학기술의 발달과 기술융합에 의한 새로운 무기체계를 예상하지 못한 시기에 예상치 못한 방법으로 개발하고, 예상치 못한 방법으로 운용이 가능해짐에 따라 이에 대응하기 위한 전장 환경과 무기체계, 전쟁 수행 기법이 변화될 수밖에 없으며, 여기에 대응하여 M&S도 당연히 변화와 혁신이 불가피하다는데 문제가 있다는 것이다. 또 다른 관점에서 제조업 분야에서의 사이버 물리 시스템(CPS)과 디지털 트윈(DT)을 활용한 스마트·스피드 공장(Smart·Speed Factory)과 거기에서 생산된 스마트 제품(Smart Product)과 제품 서비스 시스템(PSS)에서 기인하는 센서(Sensors), 제어장치(Actuators), 인공지능(AI), 지능형 로봇, 드론과 무인기 및 자율주행차량 등에 대한 모델링 과정의 표현과 모델과 시뮬레이션의 실행, 그리고 더 나아가 다양한 국방 업무분야 활용에 있어서 변화가 불가피하다는 것이다.

좀 더 구체적으로 초 연결성(Hyper-Connected) 사회의 전장 환경과 전쟁 양상, 그리고 연동 운용을 고려한 M&S의 표현과 실행을 살펴보자. 우선, 모델을 개발하기 위한 모델링 시에 지금까지는 별로 고려하지 않았던 유무선 데이터 통신망과 센서(Sensors), 내재된 인공지능(AI), 그리고 제어장치(Actuators)들에 대한 표현을 고려해야 할 것이다. 일반적인 C4ISR 체계의 경우는 M&S를 활용한 모의사항을 C4ISR 체계로 Stimulation 해주는 것이라 별도로 취급한다 하더라도, 만약 C4ISR 체계를 M&S에 포함하여 표현하고자 한다면 그 효과를 어떻게 표현할 것인지도 고려해야 할 것이다. 모델과 시뮬레이션들 간의 연동 운용을 고려하여 지금까지보다 더 신중하게 모듈화와 컴포넌트화를 고려해야 할 것이며, 특별히 연동을 위한 M&S 기반 아키텍처를 고려하여 모델링을 수행해야 할 것이다. 또한 M&S 운용 시에도 실제 체계들의 상호연결 운용을 표현하는 M&S에서도 당연히 상호 연동 운용을 고려한 연동 체계(Federation) 관점에서 M&S를 개발하고 운용해야 할 것이다. 이러한 과정에서 사용하고자 하는 목적과 의도에 따라서는 불가피하게 상이한 해상도와 충실도 모델들을 연동하여 운용해야 하는데, 이때 다해상도 모델링(MRM: Multi-Resolution Modeling) 기술도 함께 고려하여 개발하고, 적용하도록 해야 할 것이다.

4차 산업혁명 시대의 M&S 표현과 실행에서 고려해야 할 또 다른 요소는 초 지능화(Hyper-Intelligent)한 실제 체계와 전장 환경에 대한 사항이다. 이는 결국 실제 체계와 전장 환경에 포함된 센서, 인공지능, 또는 지능형 로봇, 그리고 Actuator를 모델링 과정에서 고려하여 표현해야 할 것이라는 것이다. 이 분야는 최근까지는 컴퓨터 생성군(CGF), 반자동군(SAF), 또는 에이전트기반 모델링(ABM) 수준만으로 충분할 수 있었으나, 4차 산업혁명 시대에는 불가피하게 인공지능(AI)과 지능형 로봇 수준의 표현과 모의 논리를 구현할 수 있는 기술연구가 불가피하다. 결국, 4차 산업혁명 시대의 국방 업무분야에서의 M&S의 활용 목적과 의도를 고려하여 M&S를 개발하는 과정에서의 표현과 운용 간의 실행 관점에서 획기적인 변화와 혁신이 불가피하다는 것이다.

이번 이야기를 통해 논의한 것처럼, 4차 산업혁명 시대의 가장 중요한 변화 요구는 M&S의 표현과 실행을 통해 어떻게 사회와 산업, 전장 환경의 변화된 모습을 그대로 표현하고 실행할 수 있을 것인가로 볼 수 있을 것이다. 이것은 결국 4차 산업혁명 시대의 특징인 초 연결성(Hyper-Connected)과 초 지능화(Hyper-Intelligent)한 실제 세계를 그대로 반영할 수 있도록 M&S의 표현이 변화되어야 하고 실행되어야 할 것이라는 것이다.

28. M&S 기반체계! 어디로 가야 하나?

4차 산업혁명 시대에 모델링 및 시뮬레이션(M&S)을 국방 업무분야에 다양한 목적으로 활용하기 위해서 고려해야 할 요소 중에 하나가 바로 기반체계이다. M&S 기반체계에 대한 변화와 혁신 요구의 밑바탕에는 앞시 설명한 M&S의 표현과 실행에서와 마찬가지로 본질적으로 4차 산업혁명 시대의 특징인 초 연결성(Hyper-Connected)과 초 지능화(Hyper-Intelligent)라는 것이 자리 잡고 있으며, 보다 구체적으로 이러한 특징들을 그대로 표현하고 실행하기 위하여 어떻게 기반체계를 준비하고, 구축해야 하는지부터 출발해야 할 것이다. Industry 4.0과 4차 산업혁명의 디자인 원칙 관점으로 보면 상호 운용성(Interoperability) 원칙, 서비스 지향(Service Orientation) 원칙, 실시간 능력(Real Time Capability) 원칙, 그리고 모듈화·컴포넌트화(Modularity·Component) 원칙을 고려하여 기반체계를 구축해야 할 것이다.

이는 먼저, 4차 산업혁명 시대의 초 연결성(Hyper-Connected)이라는 특징을 M&S에 표현하는 것과는 또 다른 관점에서, M&S를 활용하는데 있어서 초 연결성(Hyper-Connected) 시대에 걸맞는 유연하면서도 예비 운용 선로가 고려된(Redundancy 또는 Back-Up Circuits) 유무선(Wire & Wireless) 광역 데이터 통신망(WAN: Wide Area Network)과 지역 데이터 통신망(LAN: Local Area Network)을 구축하여 운용할 수 있도록 해야 한다는 것이다. 이때 고려해야하는 사항은 LAN의 경우야 당연히 국방망의 일부분이겠지만, WAN의 경우에는 반드시 국방망을 고집할 필요는 없다는 것이다. 민간 데이터 통신망을 임차하여 사용하는 방안도 고려해보아야 한다. 이때는 당연히 암호화 장비의 운용에 대해서도 검토함으로써, 비록 민간 데이터 통신 선로라 하더라도 국방망과 동일한 보안성을 보장할 수 있도록 암호화 장비와 더불어 다양한 보안대책을 강구할 수 있도록 해야 할 것이다.

한국군이 4차 산업혁명 시대에 M&S의 기반체계로 반드시 고려해야 할 아주 중요한 요소는 바로 M&S 관련 아키텍처(Architecture)라고 생각한다. 한국군이 그간 상당히 많은 모델을 개발하고 한미 연합연습에 한국군이 개발한 모델들을 연동하여 운용하면서도 간과했던 것 중에 하나가 바로 아키텍처(Architecture)이다. 한국군은 4차 산업혁명 시대에 대비할 수 있도록 M&S 관련 아키텍처들을 제대로 이해하고 적극 활용하는 것이 절대적으로 필요하며, 한 걸음 더 나아가 새로운 아키텍처의 출현에 대비하여 미리 연구하고, 적절한 대응 방안을 강구해야 한다. 이 과정에서 기존에 제정되어 사용되는 아키텍처들인 IEEE 1278 DIS(Distributed Interactive Simulation), IEEE 1516 HLA(High Level Architecture), DDS(Data Distribution Service), IEEE 1730 DSEEP(Discrete Simulation Engineering & Execution Processes), IEEE 1730.1 DMAO(DSEEP Multi-Architecture Overlay), 그리고 SISO(Simulation Interoperability Standard Organization) 표준인 FEAT(Federation Environment Agreement Template) 등을 적극 활용해야 할 것이다.

또한, 새로운 M&S 관련 아키텍처의 개발과 출현에 대비하여 끊임없이 연구해야 한다. 사실 IEEE에서는 HLA의 경우에 2010년에 IEEE 1516-2010으로 HLA를 최신화하여 발표한 이후, 매 5년 단위로 표준을 최신화하기로 하였으나 아직 새로운 표준이 공표되지 않고 있는 실정이다. 때문에 언제든지 새로운 표준이 제정될 수 있고, 그 경우에 대비하는 것이 필요하다는 것이다. 또 다른 관점에서는 4차 산업혁명 시대의 초 연결성(Hyper-Connected)을 구현하기 위해 산업계에서는 CIP(Common Industrial Protocol)를 개발하였고, GE와 같은 기업에서는 일종의 산업 인터넷(Industrial Internet)인 Predix를 개발하여 적용하는 등 상당히 빠른 변화와 혁신의 모습을 보이고 있는데, 이러한 움직임은 M&S 분야에서도 그대로 적용될 수 있으며, SOA(Service Oriented Architecture)의 서비스 능력 향상 후 국방 분야에 활용, 또는 새로운 아키텍처가 나타날 수도 있다는 것이다. 한국군의 입장에서는 이에 적극적 능동적으로 대비해야 함은 물론, LVC(Live, Virtual, Constructive) 구현을 위해 DDS Overlay를 개발하는 등 보다 구체적인 방안을 강구해야 할 것이다. 이러한 노력은 서비스 지향(Service Orientation) 원칙과 실시간 능력(Real Time Capability) 원칙의 측면에서도 고려되어야 할 것이다.

M&S의 신뢰성을 보장하고 상호 운용성을 향상시키며, M&S 자원의 효율적 운용을 위한 재사용성을 보장하고 향상시킬 수 있도록 정책을 수립하고 구체적인 수행 방안들을 강구해야 할 것이다. 우선 M&S의 신뢰성을 향상시키고 제고하는 방안으로 M&S SW의 신뢰성을 향상 시키는 방안과 병행하여 근본적으로 사용 목적과 의도에 부합하게 M&S가 개발되었는지 검증(Verification)하고, 확인(Validation)하며, 인

정(Accreditation)을 수행하는 방안도 강구해야 할 것이다. 또한 4차 산업혁명 시대의 초 연결성(Hyper-Connected) 특징을 표현하고 실행하는 과정에서 M&S의 연동 운용이 필요할 것에 대비하여 시험평가용 M&S와 획득대상 체계 자체가 M&S인 경우에 추가하여 아직까지 한국군이 수행해본 적이 없는 해군함정 조함 활동에 활용되는 M&S와 모델 연동체계(Federation) 개발과정에 대한 VV&A를 수행하는 방안을 강구하고, 이를 수행할 수 있는 역량을 키워야 할 것이다.

M&S의 상호 운용성(Interoperability)을 제공하고 보장할 수 있는 방안으로 관련 기반체계를 확충하도록 해야 할 것이다. 일단 현재 전 세계 3번째로 한국군이 독창적으로 구축하여 인증을 수행 중인 HLA 인증시험체계(HLA Compliance Test)를 좀 더 효율적으로 활용할 수 있도록 시험체계에 대한 성능개선을 계속 추진하는 것이 필요하다. 다음은, 한국군이 LVC를 구축할 때 해외에서 구매하여 사용하고 있는 RTI(Run-Time Infrastructure)의 소요가 엄청 증가할 것으로 예상되는데, 국방예산의 효율적 활용이라는 측면과, 향후 LVC 구축 시 HLA를 기반으로 효율적으로 구축하고자 할 때 한국군의 필요에 따라 RTI의 서비스 기능과 성능을 개선하여 구현하기 위해서는 한국군이 독자적인 RTI를 보유해야 한다. 이때 RTI에 대해 독자적으로 인증을 수행하고 성능개선을 하려면 한국군 고유의 RTI 인증시험체계(Verification Test)를 구축하는 것이 필요하다는 것이다. 이러한 M&S 기반체계를 준비하고 구축하는 것은 서비스 지향(Service Orientation) 원칙과 실시간 능력(Real Time Capability) 원칙의 구현이라는 관점에서도 아주 중요한 것이다.

더 나아가 한국군이 필요에 따라 다양한 LVC를 구축하고자 할 때, 우리 군이나 방산업체는 국방예산을 효율적으로 활용하면서도 가능하다면 보다 양질의 LVC를 구축해야 할 것이다. 이때 하나의 방법은 어느 군이 먼저 LVC를 개발하든지 첫 번째 개발하는 LVC를 제대로 개발하고, 개발한 LVC 기반체계를 가능한 재활용 하고, 여기에 사용 목적과 의도를 충족할 수 있는 새로운 기능들을 추가하여 주어진 예산으로 점진적으로 보다 양질의 LVC를 구현할 수 있도록 하자는 것이다. 이를 위해서는 할 수만 있다면 LVC 인증시험체계(Compliance Test)를 구축하여 과연 제대로 LVC를 구축하였는지 시험을 수행해야 할 것이다. 미군을 포함한 선진국 어디에도 LVC 인증시험체계는 존재하지 않지만, 이러한 인증시험체계를 구축하는 것은 가능하다는 생각이다. 이러한 생각의 밑바탕에는 LVC 구축을 위한 국제표준인 IEEE 표준과 SISO의 표준이 존재하고, 이러한 표준들을 준수하여 LVC를 구축하면 그 산출물로 시뮬레이션 데이터 교환 모델(SDEM: Simulation Data Exchange Model), 시뮬레이션 환경 합의(SEA: Simulation Environment Agreement), 그리고 일종의 아키텍처별 특성에 부합한 데이터인 Overlay를 개발할 수 있고, 이러한 것들을 HLA 개념을 적용하여 LVC를 구현한다면 얼마든지 인증시험을 수행할 수 있다는 생각이다. 저자는 이러한 LVC 인증시험체계에 대해 2014년 I/ITSEC(Inter-service/Industry Training, Simulation and Education Conference)에서 미 국방성 M&SCO 실장(Director)에게 별도로(비공개 Closed Session으로) 발표한 바 있고, 그 이후 인증시험체계에 대한 시스템 아키텍처를 구상하여 연구를 추진해 왔다.

또한 M&S를 보다 효율적으로 활용할 수 있도록 하기 위해 M&S의 재사용성(Reusability)을 제고하고 보장할 수 있는 방안과 기반체계를 구축하는 것이 필요하다. 이를 위해 M&S 관련 아키텍처에 관해 지속적으로 연구하고, 작전술 기능의 경우 임무영역 기능설명(FDMS: Functional Description of Mission Space)에 대해 보다 체계적인 접근과 노력을 해야 하며, 이를 반영하여 M&S를 개발하는 과정에서 모듈화(Modularity) 및 컴포넌트화(Components)를 적절히 구현할 수 있도록 관련 기반을 구축해야 할 것이다.

그 외에도, M&S 기반체계와 기반기술에 관한 연구와 개발을 강화해야 할 것이다. 무엇보다도 4차 산업혁명 시대의 실제 체계의 특징들을 그대로 반영하여 보다 효율적으로 M&S를 표현하고 실행할 수 있도록 M&S 자원들의 상호 연동 운용(Interoperability)과 재사용성(Reusability), 그리고 소위 모듈화(Modularity), 컴포넌트화(Components)한 M&S들을 Plug and Play 할 수 있도록 보장하고 지원할 수 있는 기반체계와 기반기술을 연구하고 개발해야 할 것이다. 이는 곧, LVC를 구현하기 위한 연동 기반체계로 볼 수도 있을 것이다. 여기에서 고려되어야 하는 기반체계들은 연동체계를 관리 및 통제하는 체계, 연동 데이터를 점검하고 감시하는 체계, 시뮬레이션 환경에서 주고 받는 모든 데이터의 수집 및 분석 체계, 필요에 따라서는 연동을 위한 보조 페더레이트, 그리고 이 모든 체계들에서 생산되는 데이터들을 수집하여 저장하고 실시간 또는 추후 분석에 활용할 수 있는 Big Data 저장소 등과 같은 것들이 포함될 수 있다.

결국 4차 산업혁명 시대에 실제 세계의 특징과 디자인 원칙들을 그대로 M&S에 반영하여 표현하고 실행하는데 있어서, 보다 효율적으로 이를 구현할 수 있도록 기반체계와 기반기술을 연구하고 개발하자는 것이다.

29. M&S 기반도구! 어디로 가야 하나?

M&S를 효율적으로 구축하고 활용하기 위해서는 기반체계와 기반도구들을 잘 개발하여 활용하는 것이 필요하나, 사실 명확하게 어디까지가 기반체계이고 또 어느 것이 기반도구인지 분류하는 것은 쉽지 않은 일이다. 앞서 M&S 기반체세에서는 4차 산업혁명 시대의 전장 및 국방 환경을 표현하고 실행하는데 고려해야할 특징과 디자인 원칙 중에서 초 연결성(Hyper-Connected) 특징과 상호 운용성(Interoperability) 원칙, 서비스 지향(Service Orientation) 원칙, 실시간 능력(Real Time Capability) 원칙, 그리고 모듈화·컴포넌트화(Modularity·Component) 원칙의 관점에서 살펴보고 앞으로 나아가야 할 방향을 제시하였다. 이번 M&S 기반도구에서는 초 연결성(Hyper-Connected) 특징의 또 다른 관점과 더불어 초 지능화(Hyper-Intelligent)라는 특징과 상호 운용성(Interoperability) 원칙, 정보의 투명성(Information Transparency) 또는 가상화(Virtualization) 원칙, 기술지원(Technical Assistance) 원칙, 그리고 분권화 의사결정(Decentralized Decision) 또는 분권화(Decentralization) 원칙의 관점에서 기반도구의 나아가야 할 방향을 토의하고자 한다.

M&S를 개발하고 활용하는데 있어 기반도구에 관한 관심은 우선은 M&S를 개발하는데 보다 효율적이고 일관성 있게 개발하고자 하는데 기인한다. 그다음으로 고려하는 것이 잠재적인 상호 운용성과 재사용성에 대비하여 보다 효율적으로 M&S를 활용하고자 하는데 있는 것이다. 한 걸음 더 나아가 기존의 효율적이고 실전적이며 상대적으로 충실하게 M&S를 표현하고 실행하는 수준을 넘어서, 4차 산업혁명 시대에 걸 맞는 보다 스마트한 M&S를 구현하고자 하는 요구가 내재되어 있다고 볼 수 있을 것이다. 이를 구현하려면 앞서 M&S 기반체계에서 설명한 국산 RTI의 개발과 국내 인증을 통한 활용방안을 강구하고, 이를 기반으로 LVC 기반체계를 구축하는 과정에서 보다 세밀하게 고려하고 검토해야 할 기반도구들을 준비하고 개발해야 한다.

한국군은 그간 M&S 기반도구를 체계적으로 구상하고 계획하여 개발한 사례가 그리 많지 않을뿐더러, 설령 있다 하더라도 그 기반을 위해 사전에 준비하고 고려해야 하는 각종 표준과 요소들을 간과하여 소위 Customized, Tailoring된 모습으로 개발함으로 인해 재사용이 사실상 불가능해서 M&S 자원의 축적이라는 것이 유명무실한 상태였다. 이러한 현상은 각종 학계의 연구나 국방 관련 연구소와 산업체가 참여하는 과제 연구, 그리고 군에서 추진하는 체계 개발사업을 막론하고 예외 없이 반복되어 왔다. 이제는 한국군도 기존의 선진국들이 추진했던 기반도구들에 대해 관심을 갖고 M&S 관련 현재의 작전요구와 4차 산업혁명 시대인 미래의 작전요구를 함께 고려하여 보다 주도면밀하게 기반도구들을 구상하고 준비하여 개발해야 할 것이다.

이를 위해 먼저 고려해야 하는 것은 초 연결성(Hyper-Connected) 특징과 상호 운용성(Interoperability) 원칙의 또 다른 관점에서 각종 정의(Definitions)와 언어(Languages), 포맷(Formats), 템플릿(Templates), 오버레이(Overlays) 등에 관심을 갖고, 한국군이 독자적으로 새롭게 개발하는 것이 어렵다면 미군을 비롯한 선진국들이 이미 표준으로 만들어 놓았거나 활용하고 있는 것들을 도입하여 적용해야 한다는 것이다. 이렇게 이야기하면 대다수 군·산·학·연의 M&S 관련자들은 그렇게 안 해도 지금까지 잘 지내왔다고 반응을 보일 수도 있을 것이다. 만약 그렇다면 그렇게 지금까지 지내 온 결과가 무엇인지 되묻지 않을 수 없고, 그 결과로 그간 많은 예산과 노력을 들여 체계와 도구들을 개발했음에도 불구하고 소위 GOTS(Government Off The Shelves)의 일환으로 재사용할 수 있는 M&S 자원이 얼마나 있는지 묻지 않을 수 없는 것이다.

여기서 말하는 정의(Definitions)나 언어(Languages)라 함은 일반적인 소프트웨어 프로그래밍용의 언어를 말하는 것이 아니고 각종 인터페이스나 게이트웨이(Gateway), 브리지(Bridge)를 개발할 때 사용하는 것을 의미하며, 포맷(Formats)과 템플릿(Templates)라 함은 M&S들의 상호 연동 운용을 위해서 정의하고 개발해야 하는 것으로 HLA 개념에서의 SOM(Simulation Object Model), FOM(Federation Object Model), MOM(Management Object Model), 그리고 DSEEP(Discrete Simulation Engineering Execution Process) 개념에서의 시뮬레이션 데이터 교환모델 SDEM(Simulation Data Exchange Model)과 시뮬레이션 환경합의 SEA(Simulation Environment Agreement) 등을 개발하는데 사용되는 것을 의미한다.

Overlays라 함은 각각 상이한 유형의 시뮬레이션들을 연동하여 개발하게 되는 LVC 구축의 경우에 각각 상이한 아키텍처(Architecture)로 인해 부득이 아키텍처별 특성에 맞게 표현해야 되는 LVC 내의 요소들에 대해 그것을 표현할 수 있는 수단을 의미하는 것이다.

만약 한국군과 산·학·연이 이러한 기반도구들을 갖추고 준비한다면, 지금까지 특정 연동 대상 모델들과 연동을 위해 개발한 Gateway나 Bridge의 경우 개발한 목적 이외에는 재사용이 불가능했던 것과는 달리 앞으로는 얼마든지 재설정이 가능한 다목적(Reconfigurable Multi-Purpose) Gateway나 Bridge를 개발하는 것이 가능할 것이다. 또한 시스템 아키텍처를 어떻게 디자인 하는가에 따라서 공동 목적으로 사용 가능한 Common Gateway와 Bridge를 개발할 수도 있을 것이다. 일반적인 모델 간의 연동에서 사용되는 인터페이스 개발에 있어서도 모델 간의 각종 데이터들을 매핑하는 정의(Definitions)나 언어(Languages)들과 포맷(Formats)들을 적절히 활용한다면 시스템 디자인을 어떻게 하는가에 따라 다해상도(Multi-Resolution) 모델 간의 연동 기능까지도 포함하는 통합 인터페이스(Master Interface)를 개발할 수도 있을 것이다. 이러한 개념을 적용한 예로, 각종 포맷(Formats)과 템플릿(Templates)들을 적절히 활용하여 LVC 구축 시 상당히 많은 부분에 공통적으로 적용할 수 있는 객체모델들을 도출해 내고 상대적으로 각 시뮬레이션 유형들에 꼭 필요한 객체모델들을 최소화하여, 보다 효율적으로 LVC 구축을 추진하고자 하는 시도로 수행된 하나의 사례가 미 합참이 개발한 JCOM(Joint Composable Object Model) 프로젝트인 것이다.

4차 산업혁명 시대를 대비하여 M&S 기반도구를 개발할 때 고려해야 할 것은 초지능화(Hyper-Intelligent)라는 특징과 정보의 투명성(Information Transparency) 또는 가상화(Virtualization) 원칙, 기술지원(Technical Assistance) 원칙, 그리고 분권화 의사결성(Decentralized Decision) 또는 분권화(Decentralization) 원칙의 관점에서 기반도구를 준비하고 개발한다는 것이다. 우선 초 지능화(Hyper-Intelligent) 특징과 기술지원(Technical Assistance) 원칙, 분권화 의사결정(Decentralized Decision) 또는 분권화(Decentralization) 원칙을 고려한 M&S의 개발과 활용을 위해서는 기반도구로서 여러 가지 목적과 유형의 센서(Sensors)들을 점진적으로 준비하고 확충하는 것이 필요하다. 다음은 이러한 센서들을 통해 유무선 데이터 통신망을 활용하여 빅 데이터에(Big Data)에 데이터를 수집, 저장할 수 있어야 한다. 이때 다양한 수준과 단계의 인공지능(AI)을 활용하여 때로는 단순한 제어를, 때로는 탐색과 추론을, 또 때로는 규칙을 발견하여 스스로 학습을 하고 경우에 따라서는 필요에 따라 지식을 확장하기도 하며 새로운 가치를 창출할 수 있도록 해야 한다는 것이다.

센서를 활용한 빅 데이터의 수집과 인공지능을 활용한 제어와 추론 및 새로운 가치 창출의 과정에서 이를 실제로 결정하고 수행하는데 필요한 것이 제어장치(Actuators)인데, 이 또한 기반도구로서 고려하고 준비해야 할 것이다. 이러한 과정을 통해서 기술의 지원이 필요하다는 것이 기술지원(Technical Assistance) 원칙이고, 이 과정의 각 단계와 분산된 위치에서 최적의 의사결정을 통하여 가치를 창출한다는 개념이 분권화 의사결정(Decentralized Decision) 또는 분권화(Decentralization) 원칙이다. 그리고 이러한 요소들을 망라한 것을 4차 산업혁명 시대의 M&S가 구비해야할 초지능화(Hyper-Intelligent) 특징으로 볼 수 있을 것이다. 결국 이러한 일련의 과정에서 사용되는 센서(Sensors)와 빅 데이터(Big Data), 인공지능(AI), 그리고 제어장치(Actuators)들을 M&S의 기반도구로서 새롭게 구상하고 준비해야 한다.

M&S 기반도구를 구상하는데 있어 고려해야할 또 다른 요소는 정보의 투명성(Information Transparency) 또는 가상화(Virtualization) 원칙의 관점에서 살펴볼 수 있다. 4차 산업혁명 시대의 시스템적 특징인 사이버 물리 시스템(CPS)이나 디지털 트윈(Digital Twin), 제품 서비스 시스템(Product Service Systems)을 구현하는 수단으로 간과할 수 없는 요소가 바로 가상화(Virtualization) 도구인 것이다. 앞으로 개발하는 M&S는 가상(Virtual) 시뮬레이션과는 또 다른 관점에서 할 수만 있다면 정보를 투명하고 명확히 전달하고 제시한다는 목적과 의도에 따라 가상화(Virtualization)를 요구하고 필요로 할 것인데, 이에 대비하여 기반도구를 개발해야 한다는 것이다. 이 과정에서 가상(Virtual) 시뮬레이션과 혼란이 발생하지 않도록 구분을 잘 설정하는 것이 필요할 것이다.

앞으로의 국방 업무분야에 M&S 활용은 지금까지 개발과 운용유지에 일반 개발업체가 참여하긴 했어도 기본적으로는 군에서 개발하고 군에서 운용하는 형태였다면, 보다 효율적으로 M&S를 활용하기 위해서는 M&S를 하나의 서비스로 간주하는 모습과 양상(M&SaaS: M&S as a Service)을 띠게 될 것으로 예상해 볼 수 있을 것이다. 아직은 M&SaaS 개념으로 활용되고 운용되는 모습으로 예상을 해보는 단계이지만, 최근에 일부 산업분야에서 나타나고 있는 바와 같이 항공기 엔진을 구매와 보유가 아닌 사용과 서비스 관점으로 바라보는 데에서부터, 심지어 타이어를 구매와 소유가 아닌 사용과 서비스 관점으로 바라보는 데에 이르기까지 변화하는 모습과 현상이 이제 곧 M&S의 국방 업무분야 활용에 적용하기까지 이르게 될 것이라 생각한다. 이 과정에서 서비스를 받는 군이나 서비스를 제공하는 업체가 효율적으로 서비스를 준비하고 제공하는데 필요한 기반도구를 준비하고 개발하는 것이 필요할 것이라는 것이다.

결국 M&S 기반도구는 현재의 M&S 운용 환경은 물론 4차 산업혁명 시대인 앞으로의 효율적인 국방 업무분야 운용과 활용을 위해서 필요하고 요구되는 것들이 무엇인지 식별하여 선진국들에 비해 뒤쳐진 것은 신속히 도입하고 개발하여 활용할 수 있도록 해야 한다. 이제 새롭게 대두되는 개념과 원칙을 제대로 적용하기 위해 필요한 것들을 제대로 식별하여 차분히 준비하고 개발하는 지혜가 필요하다는 것이다.

30. LVC – 실 체계 – C4ISR 연동! 어디로 가야 하나?

한국군은 구성(Constructive) 시뮬레이션들 간의 연동조차 제대로 구현해본 적이 없는 상태인데 LVC 구현뿐만이 아니라 여기에 실제 체계와 C4ISR 체계 연동의 모습을 그려보고 그 방향을 제시한다는 게 어떻게 보면 터무니없어 보일 수도 있을 것이다. 그러나 실제로 M&S의 관련 아키텍처(Architecture)나 상호 운용성과 관련된 기술을 깊이 있게 연구해보면 이것이 허무맹랑한 꿈과 이상이 아님을 알게 되고, 단지 한국군이 직접 M&S의 연동 운용과 상호 운용성의 문제들에 대해 깊이 있게 고민하지 않았고, 절박함과 간절함으로 부딪혀보지 않았음에 기인함을 알 수 있을 것이다.

실제로 그간 한국군이 모델을 개발하여 한미 연합연습에 사용하는 과정에서도 줄기차게 제기되어 온 이슈는, 미군이 그들의 필요에 의해 개발한 모델들과 한국군이 우리 군의 필요에 따라 개발한 모델들이 전장 환경과 무기체계, 부대구조, 작전술 교리와 전술, 전기, 절차(DTTP)가 상이함에도 불구하고 어떻게 연동이 가능한지 반문하며 선 표준화 없이는 불가능하다는 의견이었다. 그럼에도 불구하고 미군의 주도로 모의지원(Simulation Support)을 하는 연합연습의 경우에는 한국군의 모델들도 연동해서 사용하고 있는 실정임을 모두 다 알고 있다. 이런 상황에서 한국군의 M&S를 연동하여 LVC를 구현하자고 하면 군이나 무기체계 획득을 담당하는 방사청, 심지어 군 관련 연구기관까지도 어렵다는 선입견에 빠져있는 실정이다. 이러한 상태에서 한국군의 LVC-실 체계-C4ISR 체계의 연동에 관한 문제를 하나하나 살펴보고 나아가야 할 방향을 토의하고자 한다.

한국군이 M&S의 연동 운용과 상호 운용성, 재사용성을 바라보는데 가장 시급한 것은 주요 의사결정자, 정책입안자, 위파이터, 그리고 M&S 분야 종사자를 막론하고 인식과 의식의 변화가 가장 절실하다는 생각이다. M&S 자원의 연동 운용이나 재사용이 어렵고 불가능하다고 생각하여 만약에 시도조차 하지 않는다면 우리 군은 영원히 LVC 구현은 고사하고 모델들의 연동 운용이 불가능할 것이고, M&S 자원들을 활용한 새로운 가치를 창출하는 것도 불가능할 것이다. M&S의 국방 업무분야 효율적 운용을 위해서, 때로는 새로운 가치를 창출하기 위해서 M&S 자원들과 상이한 시뮬레이션 유형들 간의 연동 운용을 시도조차 하지 않는다는 것은 어느 관점에서 바라보든지 소극적이고 패배주의적 사고인 동시 워파이터의 새로운 작전요구에 대한 무관심의 극치라고 볼 수 있을 것이다. 한편으로 정작 문제가 되는 것은 워파이터의 전장 환경과 국방환경의 변화와 도전에 대해 새로운 작전요구를 도출하려는 갈급함과 절박함이 없다는 것일 것이다.

다른 측면에서는 한국군이 원하든지 원하지 않든지 긴에 4차 산업혁명 시대의 조연결성(Hyper-Connected) 사회와 산업 환경, 국방환경 하에서는 실제 세계의 모든 시스템들이 연동되어 있는 상태에서 이를 표현하고, 실행하는 M&S들 간의 연동 운용과 재사용성은 불가피하다는 것이다. 지금까지 M&S들 간의 연동 운용이 기술적으로 어려워서 기피하였겠지만, 앞으로는 사물인터넷(IoT), 만물인터넷(IoE), 서비스인터넷(IoS), 기계와 기계의 연동(M2M), 기업과 기업의 연동(B2B), 온라인과 오프라인의 연동(O2O)이 간단없이 이루어는 상황과 현실에서 M&S 자원들 간의 연동이 어렵다고 얘기하는 것은 너 이상 설득력이 없어 보인다. 한국군도 이제는 어떻게 하든지 M&S 자원들을 상호 연동 운용할 수 있도록 방안을 강구하고, 더 나아가 가용한 자원들을 할 수만 있다면 재사용하여 새로운 가치를 창출할 수 있는 방안을 강구해야 한다. 결국 한국군이 당면한 M&S의 국방 업무분야 효율적 활용을 위해서 그 활용 분야가 무엇이든지, 활용하는 목적이 무엇이든지 모든 M&S를 연동 운용할 수 있도록 상호 운용성이 보장된 M&S(Interoperable M&S)를 구현하자는 것이다.

M&S를 국방 업무분야에서 다양한 목적과 다양한 작전요구를 충족하기 위해 활용하려면 일차적으로는 실제(L), 가상(V), 구성(C) 시뮬레이션을 연동 운용함으로써 각 시뮬레이션 유형이 갖는 장점을 살리고 단점을 보완하여 보다 실전적인 LVC(Live, Virtual, Constructive) 가상 합성 전장 환경을 구축해야 한다. 이렇게 구축한 LVC에 각 제대에 편제된 C4ISR 체계를 연결하여 운용함으로써 마치 실제 전쟁을 수행하듯이 훈련과 연습을 실시하고, 훈련과 연습을 수행한 그 모습 그대로 실제 전쟁을 수행할 수 있도록 하자는 것이다. 여기에 추가하여 만약 실제 체계까지도 연동하여 운용할 수 있는 능력을 구비한다면, 단순한 훈련과 연습의 수준을 넘어서 이러한 연동체계를 사용하고자 하는 목적과 의도에 따라서 때로는 새로운 무기체계의 보

다 실전적이고 실효적인 시험평가를 위해 사용할 수도 있고, 경우에 따라서는 다양한 목적과 형태의 전투·합동실험을 위해 사용할 수도 있을 것이다. 결국 LVC-실 체계-C4ISR 체계의 연동은 우리 군이 M&S를 국방 업무분야에서 활용하고자 하는 궁극적인 목표체계가 될 것이라는 것이다.

이를 위한 선결조건은 서로 상이한 시뮬레이션들을 연동 운용할 수 있는 아키텍처 관점에서의 연구와 검토가 필요하다는 것이다. 경우에 따라서는 M&S 영역의 아키텍처는 아니지만 기존의 SOA(Service Oriented Architecture)나 4차 산업혁명 시대에 새롭게 대두된 CIP(Common Industrial Protocol), 또는 GE에서 개발한 Predix와 같은 산업인터넷(II: Industrial Internet) 등을 고려하고, 적어도 이를 통해 새로운 아이디어를 얻는 노력이 필요하다는 것이다. 또한 앞서 설명한 바와 같이 간단없이(Seamless) 연동을 구현할 수 있도록 M&S 기반체계와 기반도구도 잘 준비해야 하고, M&S의 활용 목적과 필요에 따라 신속하면서도 유연하게 시스템 아키텍처와 FOM, MOM, SDEM, SEA, 그리고 DMAO Overlays 개발이 가능하도록 표준을 적용하여 개발하고, 개발한 자원을 체계적으로 저장 관리하여 재사용할 수 있는 체계를 구축해야 한다는 것이다.

이러한 과정에서 4차 산업혁명 시대의 초 연결성(Hyper-Connected) 특징에 의한 실제(L) 시뮬레이션 환경의 변화를 잘 이해하고 활용하는 지혜가 필요하다. 보다 구체적으로 실제 세계의 초 연결성의 특징과 관련된 기술을 잘 이해하면 실제(L) 시뮬레이션에서의 각종 도구(Instrumentations) 간, 각 도구(Instrumentation)와 실제 세계 플랫폼(Real-World platform) 간, 실제(L)와 가상(V) 시뮬레이션 간의 연동 촉진으로 실전적 LVC 가상 합성 전장 환경을 구현하는데 많은 도움이 될 것이다. 앞으로 한국군이 LVC를 구현하는데 있어서 산업계의 사물인터넷(IoT), 만물인터넷(IoE), 서비스인터넷(IoS)과 실시간 서비스 지향 아키텍처(Real-Time Service Oriented Architecture), 그리고 이러한 저변에 깔려있는 서비스 지향(Service Orientation)과 실시간 능력(Real-Time Capability)을 잘 활용하는 지혜가 필요하다는 것이다.

가상(V) 시뮬레이션의 영역에서는 4차 산업혁명 시대의 일반적 경향으로 나타나는 정보의 투명성(Information Transparency) 또는 가상화(Virtualization) 원칙에 따른 가상화(Virtualization)의 일반화와 사이버 물리 시스템(CPS), 디지털 트윈(DT)을 잘 이해하고 분별하여 혼란을 줄이도록 해야 할 것이며, 가상(V) 시뮬레이션을 적극 활용하는 방안을 강구해야 할 것으로 보인다. 또한 구성(C) 시뮬레이션에서는 모델 간의 연동에 있어 HLA를 기반으로 개발하고 연동하는 것을 원칙으로 하고, LVC를 구현하는데 있어서도 각각의 시뮬레이션 유형에 적용하는 아키텍처가 상이하다 할지라도 HLA를 기반으로 구축을 추진하는 것이 지혜로운 접근방법이 될 것이다. 이러한 제안에 대한 구체적인 설명은 제6편에서 자세히 설명할 생각이다.

결국 한국군이 궁극적으로 각각 상이한 시뮬레이션 유형들을 연동한 LVC를 구현하고 여기에 C4ISR 체계를 연결한 후 사용하고자 하는 목적과 필요에 따라 실제 체계를 연동 운용함으로써 실전적 가상 합성 전장 환경을 구축하여 운용하자는 것이다. 일차적으로 구현하는 LVC는 지금까지 한국군이 경험하지 못한 새로운 가치와 기회를 제공할 것이고, 그동안 워파이터들이 막연하게 생각했던 새로운 작전요구를 보다 구체적으로 식별하고 정의하는 기회를 제공해 줄 것이라 생각한다. 최종적으로 LVC와 실제 체계, 그리고 C4ISR 체계를 연동함으로써 한국군은 연습과 훈련뿐만이 아니라 전투·합동실험과 무기체계 획득을 위한 시험평가에 유용한 수단으로 활용할 수 있을 것이다. 더 나아가 한국군이 아직 식별하지 못한 새로운 작전요구를 식별하고 도전할 수 있는 계기를 제공하게 될 것이 생각한다.

31. Smart·Speed M&S로 변화와 혁신! 어디로 가야 하나?

한국군이 모델링 및 시뮬레이션(M&S)을 국방 업무분야에 활용함에 있어서 스마트 또는 스피디한(Smart·Speed) M&S를 구현하여 활용한다는 개념은 아직 없으며, 시기 상조인 감이 없지 않은 것은 사실이다. 그러나 미군을 중심으로 한 선진국은 정확히 스마트한 M&S 개념은 아닐지 모르지만, 보다 효율적이고 실전적으로 M&S를 활용하기 위하여 M&S를 개발하는 과정에서 컴퓨터 생성군(CGF: Computer Generated Forces)이나 반 자동군(SAF: Semi Automated Forces), 또는 에이전트 기반 모델링(ABM: Agent Based Modeling)의 개념을 활용하기도 하였다. 최근 들어 과학기술의 발달과 4차 산업혁명 시대의 도래에 따른 사회와 산업 환경, 그리고 전장과 국방 환경의 변화에 중요한 특성 중의 하나인 초 지능화(Hyper-Intelligent) 사회에서 이러한 사회의 특징을 그대로 표현하고 실행하는 스마트하고 스피디한 M&S의 개발과 이렇게 개발한 M&S를 보다 스마트하고 스피디하게 활용할 수 있는 능력을 구비한다는 것은 지극히 당연한 일인 것이다.

이러한 스마트(Smart)하고 스피디(Speed)한 M&S의 구현을 위해서는 가능한 범위내에서 최대한 M&S에 4차 산업혁명 시대의 디자인 원칙 중에 기술지원(Technical Assistance) 원칙과 분권화(Decentralization) 원칙, 그리고 모듈화(Modularity) 또는 컴포넌트화(Component) 원칙을 적용하여 구현해야 할 것이다. 여기에서 말하는 기술지원(Technical Assistance) 원칙이라는 개념은 개략적으로 두 가지 관점에서 볼 수 있을 것인데, 우선은 실제 체계와 조직과 인간(전투원)의 행태를 표현하는 과정에서 M&S 자체는 상대적으로 저해상도(Resolution), 저충실도(Fidelity)로 묘사하면서도 M&S 내부에서 상대적으로 고해상도와 고충실도로 묘사하고자 하는 목적으로 앞서 언급한 컴퓨터 생성군(CGF), 반 자동군(SAF), 에이전트 기반 모델링(ABM)을 활용하거나 그보다 한 단계 더 발전된 인공지능(AI)을 활용할 수도 있다는 것이다. 또 다른 관점에서는 실제 세계를 표현하는 M&S의 관점이 아니라, 보다 스마트(Smart)하게 M&S를 활용하고 운용하는 관점에서 볼 수 있다는 것이다.

이때 전자의 경우, 즉 실제 세계의 표현이라는 관점에서는 4차 산업혁명 시대의 사회와 산업 환경과 전장 환경의 변화와 도전을 그대로 표현하는데 초점이 맞추어진데 비해 후자의 경우, 즉 보다 스마트하게 M&S를 활용한다는 관점에서는 M&S 그 자체를 스마트하게 실행하는 모습으로도 볼 수 있을 것이다. 어느 관점이든지 실제 세밀한 표현과 실행 과정에서의 목적과 의도는 상이하겠지만 외형적으로 나타나는 모습은 대체적으로 M&S 운용 간의 인력의 소요를 최소로 하고 운용의 효율을 최적화하며, 사용 의도와 목적의 달성을 극대화한다는 것이다. 한편으로는 이 과정에서 M&S 활용 과정에 참가하는 인력들의 오류(Human Errors)를 감소시키기 위해 노력해야 한다. 또한 스마트한 M&S를 구축하여 운용하는 과정에서 그 사용 목적과 의도가 무엇이든지 간에 최적화 의사결정을 할 수만 있다면, 경우에 따라서는 지리적으로 분산되고(Distributed), 분권화(Decentralized)된 상태에서 의사결정을 수행(Decentralization)하도록 해야 한다.

스마트(Smart)하고 스피디(Speed)한 M&S를 구현하기 위해서는 먼저 스마트한 실제 세계를 표현하는 과정에서 컴퓨터 생성군(CGF), 반 자동군(SAF), 에이전트 기반 모델링(ABM), 또는 인공지능(AI)을 고려하고 포함하여 M&S를 개발하고, 활용하는 단계에서는 마치 사물인터넷(IoT), 만물인터넷(IoE), 서비스인터넷(IoS)의 활용 개념에서 나타나듯이 모든 M&S 구성요소에 센서를 부착해야 한다. 다음은 M&S에 부착한 센서들과 유무선 데이터 통신망을 활용하여 모든 데이터들을 수집하고, 이를 빅 데이터(Big Data)에 저장하는 것이다. 세 번째 단계는 수집, 저장된 빅 데이터에 인공지능(AI)을 활용하여 탐색하고 추론하며, 새로운 규칙을 발견하고 스스로 학습하여 새로운 가치를 창출하는 것이다. 그리고 마지막으로 이러한 과정을 통해 최적화를 추구하여 의사결정을 하게 되는데, 이때 의사결정을 수행하기에 가장 적절한 위치와 시기에 분권화(Decentralized)된 의사결정을 수행한다는 것이다.

이러한 일련의 과정에서 앞서 논의했던 M&S 기반체계와 기반도구들이 절대적으로 필요하게 될 것이다. 특히 스마트하고 스피디한 M&S를 구현하기 위해서는 M&S 내에 포함되어 구현되는 컴퓨터 생성군(CGF), 반 자동군(SAF), 에이전트 기반 모델링(ABM), 인공지능(AI)과 더불어 M&S 구성요소에 부착되는 각종 센서들, 그리고 최적화 가치를 추구하는 인공지능(AI)과 실제로 M&S를 제어하고 통제하는 Actuators들을 준비하는 것이 필요하다. 이처럼 스마트하고 스피디한 M&S를 구현하는 데에는 다양한 형태의 기술지원(Technical Assistance)이 절대적으로 필요하다는 것이다.

스마트하고 스피디한 M&S를 구현하는데 있어 종래에 일반화하여 적용되던 원칙과는 다소 상이한 개념이 분권화(Decentralization)이다. 전통적으로 M&S의 연동 운용, 특히 상이한 시뮬레이션 유형들을 연동하여 운용하는 데에는 연동체계를 구축하거나 운용하는 단계에서 여러 가지 고려해야 할 요소들이 많고, 기술적인 어려움들이 있어 중앙집권적 통제를 수행했다. 연동 활동에 참여하는 인원도 많다 보니 경우에 따라서는 참여자들이 범하는 단순한 오류(Human Errors)로 인해 많은 문제들이 야기되곤 했다. 따라서 M&S를 연동 운용하는 경우에는 일반적으로 강력한 중앙집권적 통제가 보편적이고 일반적인 양상이었다. 그러나 지금까지 설명한 바와 같이 M&S를 보다 스마트(Smart)하게 구현하고 인간의 개입을 최소화한다면 구태여 강력한 중앙집권적 통제를 수행할 이유가 없을 것이다. 특별히 스피디한 M&S를 구현하고자 한다면, 매 의사결정 시에 의사결정에 가장 적절한 위치와 시점에 의사결정을 수행하지 않고서는 스피디한 M&S를 구현할 수 없을 것이다. 그러다 보니 분권화(Decentralization)의 원칙과 양상이 나타날 수밖에 없는 것이다.

실제로 스피디(Speedy)한 M&S와 관련해서 연례적이고 정례적인 사단·군단 및 대부대 연합·합동 연습과 훈련 이외의 대다수 훈련의 경우 사용하고자 하는 목적과 의도에 따라 신속한 모의지원체계의 디자인, 준비, 시험 및 실행의 필요성은 갈수록 증대대고 있는 실정이다. 그러나 실제로 이를 위해 준비하는 과정에 많은 자원과 시간이 소요되고 있는 실정으로, 할 수만 있다면 M&S의 연동에 의한 모의지원체계 구축을 위해 사용하고자 하는 목적과 의도에 부합하며 신뢰성 있고 유연하게 적용 가능한 모델과 연동 기반체계, 시나리오, 객체모델과 데이터베이스를 표준화하여 사전에 준비해야 한다. M&S 자원들 각각에 대해서도 공통 아키텍처와 기반기술을 적용하고, 최대한 모듈화(Modularity) 및 컴포넌트(Component)화를 하여 원리와 원칙, 표준에 따라 소위 Plug and Play를 구현함으로써 새로운 작전요구를 충족하는 새로운 능력의 M&S를 신속히 구축할 수 있어야 한다는 것이다.

이를 구현하기 위해서는 다양한 용도의 M&S 연동 기반체계와 기반도구를 구축하여 운용하는 것이 필요하다. 특히 연동 기반체계로서 페더레이션 관리도구, 일관성감시도구, 사후검토도구, 그리고 시험용 페더레이트를 상시 구비하는 것이 필요하다. M&S 또는 시뮬레이션 유형들 간의 연동을 구현하기 위해서는 연동 목적과 대상에 따라 재설정 가능한 다목적(Reconfigurable Multi-Purpose) Gateway와 Bridge, 다해상도 M&S들을 연동 가능한 인터페이스(Multi-Resolution Interface)를 구비해야 한다.

이뿐만이 아니라 M&S와 시뮬레이션 유형들을 연동하는 목적과 사용 의도에 따라 시뮬레이션 환경에 대한 합의(SEA: Simulation Environment Agreement)와 각종 객체 모델들, 그리고 센서(Sensors)와 인공지능(AI), 제어장치(Actuators)들을 사전에 잘 설계하여 준비하여야 한다. 한편 이렇게 준비된 M&S 자원들을 상호 연동 운용하고 재사용하여 스마트(Smart)하고 스피디(Speedy)한 M&S를 구현하여 운용한 이후에는 모든 M&S 자원의 최신 버전을 재활용이 가능한 상태로 자원저장소에 저장하여 관리해야 한다는 것이다.

결국 과학기술의 발달과 4차 산업혁명 시대의 도래에 따른 미래 한국군 M&S의 모습은 산업의 발전 경과 모습 그대로, 기존의 M&S에 정보통신기술(ICT)을 융합한 형태의 모습이 될 것이라는 것이다. 즉 M&S에 센서와 인공지능(AI)과 제어장치(Actuators)를 연결하여 결합하고, 빅 데이터를 활용하여 스마트한 M&S, 스피디한 M&S를 구현하여 활용하지 않으면 안 될 것이라는 뜻이다. 이를 보다 효율적으로 구현하기 위해서는 앞서 설명한 바와 같이 모든 M&S 개발 및 M&S Federation, 또는 LVC 구현에 적용 가능한 기반체계와 기반도구를 보다 체계적으로 준비하고 개발하여 활용하는 지혜가 절대적으로 필요하다.

32. M&S as a Service(M&SaaS)로 변화와 혁신! 어디로 가야 하나?

효율적인 국방경영 수단으로서의 모델링 및 시뮬레이션(M&S)을 국방 업무분야에 제대로 활용하기 위해서는 많은 자원과 시간이 소요된다. 만약 국방문제를 해결하기 위한 수단과 방법으로 다른 마땅한 대안이 없어 부득이 M&S를 활용하기로 결정하였다면, 그 다음에 대두되는 이슈는 사용하고자 하는 목적과 의도를 충족하는 신뢰할만한 M&S를 어떻게 확보할 것인가 하는 것이다. 이 과정에서 M&S를 개발하고 유지보수하며, 사용을 위한 사전 준비와 각종 시험을 거쳐 최종적으로 사용하기까지 많은 자원과 시간, 인력이 소요되고 있다. 또한 국방 업무분야의 다양한 문제 해결을 위해 군에서 직접 M&S를 개발하고, 관리하기에는 여러 가지 비효율적인 요소들이 존재하고 있는 실정이다. 한국군에는 M&S 담당 전문인력을 양성할 수 있는 체계와 제도가 마련되어 있지 않고, 일정한 보직 기간이 지나면 순환근무를 해야 하는 상황이라 더욱 그러하다.

물론 현재에 M&S 자원을 100% 군에서 직접 개발하고 유지보수 하는 것은 아니다. 현재 방식은 용역업체가 M&S를 개발하여 전력화한 이후에 무상 유지보수를 거쳐 매년 연 단위 계약을 통해 유지보수를 수행하고 있으며, 계약의 범위에 따라 모의지원 서비스를 제공하기도 한다. 그러나 문제는 여전히 M&S 자원의 관리와 모의지원의 주 책임을 군이 가지고 있다는 것이다. 이러한 한국군의 M&S 자원 관리와 모의지원 서비스 개념을 자세히 살펴보면 한미연합사에서 연합연습에 대한 모의지원을 제공하는 방식과도 상당한 차이가 있음을 알게 된다. 한미연합사 미국 측(주한미군사령부)의 한국전투모의실(KBSC: Korea Battle Simulation Center)은 M&S를 활용한 모의지원을 위해 전문 용역업체와 5년 단위 계약으로 M&S 자원에 관한 소유권만 군이 가지고 있을 뿐, 실질적으로 모든 M&S 자원에 대한 유지보수는 유지보수 전담기관이 수행하고, 운용을 위한 각종 시험과 준비 및 모의지원 실행은 전적으로 주용역 계약업체가 책임을 지고 수행을 하고 있다. 이번 이야기를 통해 논의하고자 하는 것은 단순히 한미연합사의 미군이 수행하는 방안을 답습하자는 것이 아니다. 보다 새로운 개념과 방안으로 접근하자는 것이다.

　한국군이 다양한 여러 가지 국방 문제들을 해결하기 위한 수단으로 M&S를 보다 효율적으로 활용하기 위해서는 군에서 해결하고자 하는 문제를 식별하여 명확히 문제를 정의하고 그에 따른 작전요구와 시나리오를 식별하여 그 사용 목적과 의도에 따라 연습과 훈련, 전력분석, 국방획득 또는 전투실험을 위한 계획을 수립하여 제시하고, M&S를 관리하는 전문 용역업체가 포괄적인 서비스를 제공하는 체계로 전환하는 방안을 강구하자는 것이다. 이는 앞서 소개한 바와 같이 마치 제너럴엘렉트릭(GE)과 롤스로이스(Rolls Royce)가 항공기 엔진과 터빈 엔진에 대해 서비스를 제공하는 개념, 캐터필러(Caterpillar)가 건설 장비에 대해 서비스를 제공하는 개념, 그리고 미쉐린(Michellin)이 타이어에 대해 서비스를 제공하는 개념을 의미하는 것이다. 이러한 개념을 통해 군은 상대적으로 저렴한 비용으로 안정적이고 신뢰성 있는 M&S 서비스를 받을 수 있을 것이고, M&S 전문 용역업체는 일시적인 M&S 개발사업과 유지보수만 참여하는 것이 아니라 안정적인 서비스를 제공하는 비즈니스 모델을 통해 안정적인 수익 창출과 고급 전문 인력의 지속적 고용이 가능하게 되는 등 군과 산업체가 공동의 이익을 창출할 수 있다.

　M&S를 국방 업무분야에 활용하는데 있어 M&SaaS 개념의 적용은 단순히 미군의 KBSC 계약방식을 벤치마킹하자는 것이 아니라 4차 산업혁명 시대의 기업과 소비자의 연결(B2C), 제품 서비스 시스템(PSS: Product Service Systems)의 개념을 M&S에 접목하자는 것이다. 이는 결국 현재와 같이 군에서 사용 목적과 의도에 부합하도록 획득절차를 따라 M&S를 개발하고 유지보수하여 군의 주도와 책임하에 M&S를 관리 운용하는 대신에, 군은 M&S의 활용만 고려하고 전문 용역업체가 M&S에 대한 포괄적 서비스를 제공한다는 것이다. 이를 위해서는 M&S를 개발하고 유지보수하며 서비스를 제공하는 비즈니스 패러다임을 정립하는 것이 필요하고, 더불어 한국군의 계약제도와 필요 시 보안규정의 보완도 고려해야 한다는 뜻이다.

　M&SaaS 개념을 구현하기 위해서는 M&S를 개발하는 과정에서부터 스마트(Smart)한 M&S를 구축하는 것이 선행되어야 할 것이다. 초 연결성(Hyper-Connected), 초 지능화(Hyper-Intelligent)한 전장 환경의 특징을 표현하고 실행하기 위해서 M&S에 구현해야 하는 것(지능형로봇, CGF, SAF, ABM) 외에도 센서(Sensors)와 제어장치(Actuators), 인공지능(AI)을 적용하고 활용하여 기술지원(Technical Assistance)에 의한 스마트

(Smart)한 M&S를 구현해야 한다는 것이다. 군이 사용하고자 하는 목적과 의도에 따라 전문 용역업체에서 제공하는 포괄적인 M&S 서비스를 활용하는 동안에도 전문 용역업체는 유무선 데이터 통신망을 통해 데이터를 수집하고 분석과 추론을 하여 M&S 운용과 활용 중에 소비자인 군과 워파이터에게 최적화된 서비스를 제공할 수 있도록 해야 한다는 것이다. 이러한 개념은 사물인터넷(IoT), 만물인터넷(IoE), 서비스인터넷(IoS)과 실시간 서비스 지향 아키텍처(Real-Time SOA)에 기반하여 M&S의 운용과 활용에 있어서 서비스 지향(Service Orientation)과 실시간 능력(Real-Time Capability)을 강화한다는 것이다. 이 과정에서 당연한 결과이겠지만 시뮬레이션을 수행하고 통제하는 활동이 분산화(Distributed), 분권화(Decentralization)하게 될 것이며 의사결정의 최적화로 효율성을 제고시키는 결과를 낳을 수 있을 것이다.

M&S를 활용하는 국방 업무영역에 따라서는 M&SaaS 개념을 적용하여 활용함으로써 한국군이 지금까지 생각하지 못했던 영역에 M&S를 보다 효율적으로 활용하는 계기를 마련할 수도 있을 것이다. 하나의 예로, 만약 한국군의 전투준비태세를 유지하는데 심대하게 영향을 미치는 주요 무기체계나 C4ISR 체계의 Hub 시스템, 또는 아주 중요한 감시정찰 자산의 경우 그에 대한 전체 시스템 또는 일부를 디지털 트윈(Digital Twin)으로 구축하고 M&SaaS 개념을 적용하여 시스템의 안정적 운용과 시스템의 가용률(Availability)을 높이는 것은 물론, 시스템의 유지보수 및 정비체계에도 획기적인 변화와 혁신을 가져올 수 있을 것이다. 이는 현재 한국군이 주로 수행하고 있는 고장정비(Corrective Maintenance), 예방정비(Preventive Maintenance)의 수준을 넘어서, 한국군이 아직 수행할 엄두를 못 내고 있는 예측정비(Predictive Maintenance), Proactive Maintenance와 Reliability Centered Maintenance(RCM) 단계로까지 발전해 가는 계기를 마련할 수도 있다는 것이다.

궁극적으로, 한국군이 M&S를 다양한 국방 업무분야에 활용하는데 있어서 M&SaaS 개념을 도입하여 적용한다면, 군과 워파이터들은 M&S를 활용하여 달성하고자 하는 목적과 의도대로 작전운용 관점(Operational View)에만 집중할 수 있는 여건과 환경에서 일할 수 있을 것이며, 그 결과로 M&S를 활용하고자 하는 목적과 의도가 무엇이든지 보다 효율적인 국방경영과 전력증강, 전투준비태세 유지와 향상에 기여할 수 있을 것이다. 한편 M&S 서비스를 제공하는 전문 용역업체는 지속적이고 안정적으로 수익을 창출할 수 있고 고급 전문 인력을 지속적으로 보유할 수 있는 여건을 마련함으로써 M&S 개발과 관련한 기술 축적 내지는 기반체계와 기반도구 등

솔루션을 개발할 수 있는 여력을 갖게 되는 등 전향적이고 선 순환적인 비즈니스 모델이 정착될 수 있다. 결국 장기적 관점에서 군과 산업체 모두 이익이 되고 발전할 수 있는 계기가 될 수 있다는 것이다.

제 6 편

국방 M&S의 미래!
어떻게 갈 것인가?

|

크로아티아 드브로니크, 67×48㎝, 수채화, 2018. 6, 松霞 이종호

33. M&S 관련 아키텍처(Architecture)와 표준(Standard)! 어떻게 발전되어 왔나?

모델링 및 시뮬레이션(M&S)을 국방 업무분야에 활용하는데 있어서 보다 효율적으로 활용할 수 있도록 하기 위해 고려하게 되는 것이 바로 아키텍처(Architecture)라는 개념이다. 아키텍처(Architecture)라는 용어와 개념은 실제 적용되는 분야에 따라 상이한 개념으로 적용될 수도 있는데, 일반적으로 M&S에서 적용되는 개념은 M&S를 설계하는 기반으로 볼 수 있다. 이 기반을 바라보는 관점은 통상 네 가지 관점으로서 총괄 관점(All View), 작전운용 관점(Operational View), 시스템 관점(System View), 그리고 기술표준 관점(Technical Standard View)으로 구분할 수 있다. 여기에서 총괄 관점(All View)은 마치 건설 공사장에 부착해 놓은 건설공사 조감도와 같은 것으로 M&S의 개발 개관을 요약한 것이고, 작전운용 관점(Operational View)은 M&S의 사용 목적과 의도에 초점을 맞춘 것이며, 시스템 관점(System View)은 M&S의 시스템 구성에, 마지막으로 기술표준 관점(Technical Standard View)은 M&S를 개발하는 데 고려하고 적용하는 기술표준에 초점을 맞춘 것이다. 아키텍처를 얘기할 때 사용하는 관점(View)은 또 다른 표현으로 그냥 아키텍처(Architecture)로 나타내기도 하는데, 이번 이야기에서 설명하고자 하는 것은 바로 기술표준 아키텍처(Technical Standard Architecture)를 의미한다.

M&S를 개발하고 운용하는데 있어서 아키텍처를 고려하게 된 배경에는 다양한 국방 업무분야에 활용하는 M&S를 실제 개발하여 사용하기까지 상대적으로 많은 시간과 자원과 노력이 들어가게 되는데 비해, 하나의 M&S를 활용하여 다양한 목적으로 사용하는 것이 근본적으로 불가능하다 보니 할 수만 있다면 특정한 사용 목적과 의도를 위해 개발한 M&S를 상호 연동 운용하거나 재사용할 수 있도록 하자는 데에서 출발한다. 이는 마치 건물을 개보수하거나 증축을 할 때, 처음부터 표준을 준수하여 설계도면에 따라 건축한 건물의 경우에는 훨씬 쉽게 유지보수나 증개축을 할 수 있는 것과 같은 논리인 것이다. 그러나 실제로 M&S를 개발하여 활용하는 과정에서 M&S의 국방 분야 활용이 가장 앞서 있는 미군조차도 초창기에는 아키텍처 개념

을 고려하지 못하고 연동을 시도하였고, 이후 점진적으로 아키텍처를 발전시켜 오늘날에 이르렀다. 이러한 미군의 아키텍처 발전 과정을 벤치마킹하는 지혜가 필요하다는 것이다.

M&S를 국방 분야에 활용하는데 관련되어 있는 기술표준 아키텍처(Technical Standard Architecture, 이후 아키텍처(Architecture)로 약칭)는 1987년 John Zachman이 제시한 Framework에서부터 시작하게 되었다. 1988년 무렵 미군은 탱크 시뮬레이터의 단순한 작동수준을 넘어 실전적 전술훈련을 수행할 목적으로 시뮬레이터들을 연동한 SIMNET(Simulation Networking)를 최초로 시도하였다. 이후 일종의 Customized, Tailoring 기법을 적용한 SIMNET를 일반화하여 확장하거나 재활용하는 것에 어려움을 느끼고, 이를 해결하기 위한 시도로 M&S의 연동을 위한 국제표준 IEEE 1278로 DIS(Distributed Interactive Simulation)를 개발하게 되었다. DIS는 아키텍처(Architecture)를 개발하기 시작한 초창기 탱크 시뮬레이터의 연동을 고려하다 보니 시간관리(Time Management) 기능이 없이 연동 자체에 초점을 맞추게 되었고, 이를 개선하여 보다 체계적인 연동구조를 설계하고 시간관리 기능을 고려한 것이 1992년 무렵 제시된 ALSP(Aggregate Level Simulation Protocol)이다. ALSP를 개발하는 단계까지는 M&S 개발 단계에서의 표준화라는 개념보다는 각각 개발된 M&S 자원들을 연동 운용하는데 초점이 맞추어져 있었고, 앞서 설명한 시간관리 기능과 더불어 모델 연동체간에 데이터를 주고받는 방법으로서 데이터를 방송하는(Broadcast) 개념을 적용하였다.

M&S를 국방 업무분야에 보다 효율적으로 활용하기 위해 아키텍처를 새로운 관점에서 바라보기 시작한 것은 1991년 미 국방성에 M&S 담당기구인 DMSO(Defense Modeling and Simulation Office)를 설치하면서부터이다. 미군은 다양한 국방문제 해결을 위한 과학적이고 효율적인 방법으로서 M&S를 고려하고, 보다 효율적으로 M&S를 개발하여 연동 운용과 재사용을 할 목적으로 "선 표준 후 모델 개발, Plug and Play" 개념을 공표하였다. 그리고 이를 구현하는 수단으로서 공통기반기술(CTF: Common Technical Framework)을 구상하고, HLA(High Level Architecture)라는 아키텍처를 개발하여 모든 시뮬레이션 유형에 적용하도록 하고, 이를 촉진할 목적으로 HLA 인증시험(Compliance Test) 제도를 만들어 미군뿐만 아니라 모든 동맹국들에게 무료로 인증시험 서비스를 제공하게 되었다. 2000년에는 HLA 아키텍처를 IEEE 1516으로 제정하여 본격적으로 활용하게 되었다.

미군은 HLA를 개발하는 노력과 동시에 몇 가지 활동을 추진하였는데, 그중 하나
는 TENA(Test and Training Enabling Architecture)를 개발하는 노력이었고, 또 다른 하
나는 EA(Enterprise Architecture)를 적용하고자 하는 노력이었다. TENA의 경우, 최
초 HLA를 개발하는 과정에서 모든 시뮬레이션 유형에 HLA를 적용하는 것으로 구
상하기는 하였으나, 실제(L) 시뮬레이션의 경우 사람이 시스템에 포함될 수밖에 없는
사정으로 인해 시간관리(Time Management) 기능의 구현이 적절하지 않음을 고려하
여 실제(L) 시뮬레이션을 특별히 고려한 TENA를 개발하게 되었다. 여기에 추가하여
실제(L) 시뮬레이션을 과학적 기법으로 수행하기 위해서는 많은 도구와 수단(Instru-
mentation)이 활용될 수밖에 없음을 고려하여 CTIA(Common Training Instrumenta-
tion Architecture)를 구상하게 되었다. EA와 관련하여 1996년 미 의회는 Clinger-
Cohen Act를 통해 EA의 적용을 의무화하도록 하였다. HLA와 TENA를 구상할 당
시의 DIS, HLA, TENA의 상호 관계는 그림 17에서 보는 바와 같다.

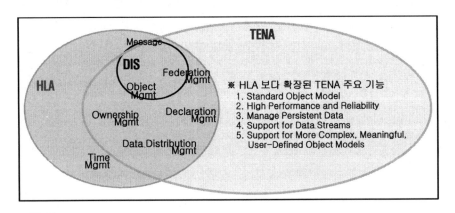

그림 17 DIS, HLA, TENA 상호 관계도

1990년대 중반 이후 미군은 국제표준 수준의 아키텍처는 아니지만 보다 체계적
이고 효율적으로 M&S와 C4ISR 영역에 활용할 목적으로 C4ISR AF(Architecture
Framework)와 JTA(Joint Technical Architecture), DII COE(Defense Information Infra-
structure Common Operation Environment), GIG(Global Information Grid)를 발전시키
게 되었다. 2000년대 들어서는 JTA를 확대 적용하도록 하였고, DoD AF와 DoD EA
Reference Model을 설계하는 등 EA 정착을 위해 노력하였다. 2003년에는 HLA 아
키텍처를 기반으로 연동체계를 구축할 경우에 준수해야 할 FEDEP(Federation Devel-
opment and Execution Process)를 IEEE 1516.3으로 제정하여 보다 체계적인 연동체계

개발과 활용을 촉진하였다.

    이러한 일련의 M&S 아키텍처를 개발하여 적용하고자 하는 노력의 밑바탕에는 미군의 다양한 작전요구를 충족시키기 위해 어떻게 하든지 보다 실전적인 가상 합성 전장 환경을 구축하고자 하는 노력과 의도가 있었다. 이를 구현하려는 노력의 일환으로 미군은 1997년 무렵 STOW(Synthetic Theater of War)라는 개념을 구상하였고, 이 개념을 STE(Synthetic Training Environment), SE(Synthetic Environment)를 거쳐 LVC(Live, Virtual, Constructive) 개념으로 발전시키게 된 것이다. 실제로 LVC를 구현하려고 보니 실제(L), 가상(V), 구성(C) 시뮬레이션이 사용하는 아키텍처가 각각 상이하여 상호 연동 운용이 상당히 곤란한 관계로 이를 해결하고자 하는 노력을 경주하며 미 육군은 LVC-IA(Live, Virtual, Constructive-Integrated Architecture)를 구상하였고, 미 M&SCO(Modeling and Simulation Coordination Office: 구 DMSO의 변경된 명칭)에서는 PEO-STRI(Project Execution Office for Simulation and Training Instrumentation)와 함께 2007년부터 2010년까지 LVCAR(Architecture Roadmap), LVCAR-I(Implementation) 연구를 통해 구체적인 구현 방안을 연구하였다. 그러한 노력의 결과로 LVC를 구현하는 절차와 산출물을 정의한 DSEEP(Distributed Simulation Environment Execution Process)을 개발하여 IEEE 1730으로 제정하였고, 이때 LVC 시뮬레이션 환경을 합의하는 템플릿으로 활용하기 위해 SISO(Simulation Interoperability Standard Organization)에서는 FEAT(Federation Environment Agreement Template)를 제정하였다. M&S 관련 아키텍처들 간의 상호 관계는 그림 18에서 보는 바와 같다.

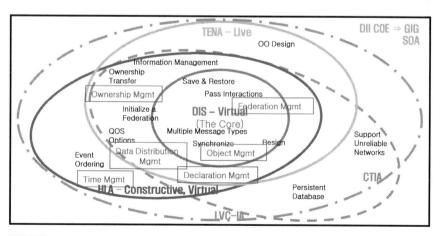

그림 18 M&S 관련 아키텍처 상호 관계도

미군은 2003년 제정하여 HLA 아키텍처를 기반으로 하는 M&S의 연동을 위한 표준절차로 활용하던 FEDEF을 2010년 LVC 구현을 위한 표준절차로 제정한 DSEEP으로 대체하였다. 이는, 앞으로 개발하는 모든 M&S 연동체계는 IEEE 1730 DSEEP과 LVC 구현 간에 부득이 각각의 시뮬레이션 유형에 따른 기반 아키텍처 특징을 고려할 수밖에 없는 경우에 적용하는 IEEE 1730.1 DMAO(DSEEP Multi-Architecture Overlays), 그리고 LVC 시뮬레이션 환경에 대한 합의에 사용하는 FEAT를 활용하도록 아키텍처와 표준을 제정한 것이다. 물론 현재에도 각각의 M&S와 시뮬레이션을 개발할 때에는 그 사용하고자 하는 목적과 의도에 따라 DIS, HLA, TENA 및 CTIA를 기반으로 개발하도록 하고 있다. M&S 관련 기반기술의 발전경과는 그림 19에서 보는 바와 같다.

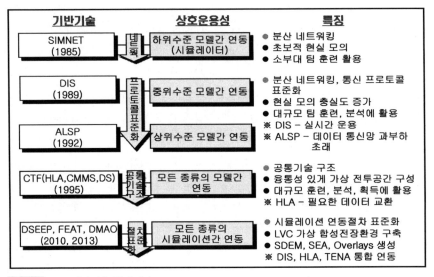

그림 19 M&S 기반기술 발전경과

이러한 미군의 움직임에 비해 한국군은 M&S 관련 아키텍처에 대해 용감하게 보일 정도로 무지하며, 대다수의 전문가들조차도 아키텍처와 표준이 없이도 얼마든지 연동이 가능하다고 주장하고 있는 실정이다. 실제로 한국군이 2000년대부터 한미 연합연습에 참여를 목적으로 개발한 모델들은 HLA 아키텍처 표준을 준수하여 개발하고 HLA 인증시험을 받아 사용 중에 있지만, 그 외에는 M&S 획득사업을 위해 HLA 인증시험을 받으면서도 실제로 연동 운용을 절실히 필요로 하는 모습이 아닌 경우가 일반적인 현상이다. 2000년 중반, 한국군은 MND AF(Architecture Framework)를 제정하고 ITA/EA (Information Technology Architecture/Enterprise Architecture) 의무화 법령을 시행하였으며 MND EA 구축 기본계획을 수립하여 EA 구축을 추진하였다. 2010년에는 합참 위게임 아키텍처를 작성하였으나 구체적으로 M&S 효율적 개발과 활용을 위해 어떤 방향으로 어떻게 기술표준 아키텍처를 발전시킬 것인지에 대해 명확한 정책과 실무방향을 제시하지 못하고 있는 실정이다. 그러한 가운데에서 2009년 미군이 2년간의 유예기간 이후에는 동맹국들에게 더 이상 HLA 인증시험을 제공하지 않기로 결정하자 방사청은 기품원에 HLA 인증시험체계를 구축할 것을 요청하여 2013년부터 독자 인증시험 능력을 갖추게 되었다. M&S 관련 아키텍처의 전반적인 발전경과는 그림 20에서 보는 바와 같다.

한국군	년도	미군
	1987	John Zachman's Framework
	1988	SIMNET
	1989	DIS
	1991	DMSO 설립
	1992	ALSP
	1995	HLA
	1996	Clinger-Cohen Act EA 의무화
	1996	C4ISR AF v1.0 제정
	1996	JTA v1.0 (C4I 체계에만 적용)
	1998	DII COE, CTIA, TENA
	2001	JTA (DoD 5000.2-R JTA 확대 적용)
	2002	JTA (JOA, JSA, JTA), GIG
MND AF 제정 (2005.2 v1.0)	2003	DoD AF, DoDEA Reference Model 설계, FEDEP
	2004	DoD AF v1.0 (C4ISR AF 대체)
ITA/EA 의무화 법령 시행	2006	
MND EA 구축 기본계획	2006	DoD EA Federation Strategy
MND EA 추진	2007	DoD GIG Architectural Vision, LVC AR
합참 위게임 아키텍처	2010	LVCAR-I, DSEEP, FEAT
	2012	SOA Application to LVC Simulation
기품원 HLA 인증시험체계 구축	2013	DMAO

그림 20 M&S 아키텍처 발전경과

34. M&S 관련 아키텍처(Architecture)와 표준(Standard)! 어떻게 적용해야 하나?

모델링 및 시뮬레이션(M&S) 관련 아키텍처 발전경과를 통해 살펴본 내용을 간략히 요약해 보면, M&S를 개발하여 연동 운용하기 위해 현재 사용되고 있는 아키텍처는 DIS(Distributed Interactive Simulation), HLA(High Level Architecture), TENA(Test & Training Enabling Architecture), CTIA(Common Training Instrumentation Architecture), ALSP(Aggregate Level Simulation Protocol)가 있다. 또한 M&S들을 연동 운용하기 위해 연동체계를 개발하는 과정에서 적용하는 국제표준으로는 DSEEP(Distributed Simulation Engineering Execution Process), DMAO(DSEEP Multi-Architecture Overlay), FEAT(Federation Environment Agreement Template) 등이 있다. 이번 이야기에서는 이러한 아키텍처와 국제표준을 한국군이 M&S를 개발하고 연동 운용하는데 어떻게 적용해야 할 것인가를 토의하고자 한다.

앞서 언급한 바도 있지만 한국군은 일반적으로 원리 원칙을 준수하고 표준을 준수하며, 국방 문제 해결을 위한 방법과 기법에 내제되어 있는 가정사항과 전제조건을 준수하거나 고려하는 문화가 아니라는 것이 M&S를 활용하여 국방문제를 해결하고 국방경영을 효율적으로 수행하는데 있어 가장 큰 걸림돌이고 이슈이다. 아키텍처와 국제표준을 준수하여 M&S를 개발하고 연동하자고 하면, 대다수의 경우 그렇게 안 해도 충분히 M&S를 연동하여 운용할 수 있다는 반응을 먼저 보인다. 물론 그러한 애기가 틀렸다는 것은 아니다. 다만 보다 효율적으로 보다 경제적으로 M&S를 재사용하고 연동 운용하도록 하며 보다 실전감 있고 보다 신속하게 가상 전장 환경을 구현할 수 있는데 왜 그렇게 하면 안 되냐는 것이다. 그러한 관점에서 M&S를 개발하고 연동 운용하는데 M&S 관련 아키텍처와 표준을 어떻게 적용해야 하는지 살펴보고자 한다.

한국군이 M&S 관련 아키텍처와 표준을 어떻게 활용해야 하는지 살펴보기 전에 미군이 아키텍처와 표준을 적용하고 활용하는 모습을 보면 많은 교훈을 얻을 수 있다는 생각이다. 미군은 1980년대 M&S를 개발하던 시기를 제외하고는 일반적으로 아키텍처와 표준을 적용하여 M&S를 개발하고, 재사용 또는 연동 운용하여 왔다. 아키텍처와 표준을 관리하는 과정에서 얼마 안 되는 아키텍처와 표준이지만, 이를 이용하여 M&S를 재사용하고 연동 운용하는 것에 상당한 어려움을 겪고 있다는 것이 미군이 LVC 구현을 위한 LVCAR과 LVCAR-I 등 일련의 노력에 고스란히 담겨있는 것이다. 미군은 아키텍처와 표준을 처음 적용할 때는 사용 목적과 의도, 그리고 필요에 따라서 사용하지만 한번 채택하거나 제정된 아키텍처와 표준은 마지막 사용자가 사용을 중지하거나 새로운 것으로 대체될 경우 외에는 여전히 사용할 수밖에 없다는 입장이다. 때문에 아키텍처와 표준의 적용에 신중을 기해야 한다는 것이다. 이러한 사실은 ALSP와 기타의 경우 활용실태가 각각 5%와 7% 수준임에도 여전히 활용되고 있음을 통해 알 수 있다.

미군이 아키텍처를 활용하는 빈도를 보면 그림 21에서 보는 바와 같이 DIS가 35%, HLA가 35%, 그리고 TENA와 CTIA가 각각 15%와 3% 정도를 차지하고 있다. DIS는 IEEE 1278로, HLA는 HLA 1.3과 IEEE 1516-2000, IEEE 1516-2010 세 가지 버전으로 COTS(Commercial Off The Shelve)로 관리되는데 비해, TENA와 CTIA는 미국방성에서 GOTS(Government Off The Shelve)로 관리되고 있다. ALSP와 기타는 특별히 관리 주체가 명시되기보다는 활용되는 현상유지 형태로, 현재 활용 중인 M&S가 더 이상 사용되지 않을 경우 점진적으로 소멸될 것으로 보인다.

구분	DIS	HLA	TENA	CTIA	ALSP/기타
관리 기구	SDO	AMG→SISO	AMT,TRMC,USDAT&L	ACB,PEO STRI	
표준 정도	IEEE 1278	HLA 1.3 IEEE 1516-2000 IEEE 1516-2010 IEEE 1516.3-2003 FEDEP IEEE 1730-2010 DSEEP (IEEE 1516.3 대체)	비공식 표준	표준 비 명시	
활용 실태	35%	35%	15%	3%	ALSP 5% 이하 기타 7%
인증 시험	.1992년 I/ITSEC 제안 . Data Unit Format에 한정 시험 . 5단계 시험 Network,PDU, Terrain,Appearance, Interactivity Test . 공식시험 부재	.4가지 유형 시험 1.RTI Middleware 시험 2.Object Model 시험 3.Federate 시험 1st SOM/CS test 2nd SOM/FOM test 3rd RCT test 4.Federation 시험	.Complied OM 사용 상위수준 적합성 시험 .3단계 시험 Minimal, Extended, Full Comliance .공식시험 부재	.PLAS,PLAF 기반 시험 .Component , Product 시험 .4단계시험 Unique, Integrated, Systematic, Optimized	
주요 특징	.1980년대 중반 DARPA SIMNET 프로그램으로 출발 . 시간관리 미 요구 . HITL 플랫폼 수준 시뮬레이션 최적화	.1990년대 중반 DMSO DIS, ALSP 장점 취합 착수 . L,V,C 시뮬레이션 지원 목적 출발	.초기 HLA Middleware 상 운용 구상 .HLA와 목적, 디자인, 개발, 실행간 상호 보완적 출발 . 라이센스 구매 최소화 정책 전환 HLA와 경쟁	.Wireless Net- work 지원 . CORBA 기반 Middleware . SOA, Client- Server Archi- tectures 사용	

그림 21 M&S 아키텍처 특징 및 상호 비교표

미군의 경우 이러한 아키텍처를 적용하여 M&S를 개발하고, 연동 운용할 경우 그림 21에 나타난 바와 같이 여러 가지 유형의 인증시험을 수행하고 있다. DIS와 TENA의 경우에는 공식적인 인증시험을 수행하지 않는 반면, HLA의 경우에는 4가지 인증시험으로서 첫째 RTI Middleware 시험, 둘째 Object Model 시험, 셋째 Federate 시험, 그리고 넷째 Federation 시험을 수행하고 있다.

각각의 아키텍처에 대한 미군의 활용 관점 특징을 살펴보면, DIS의 경우는 1980년대 중반 탱크 시뮬레이터를 연결하여 탱크 승무원들에게 전술훈련을 시킬 목적으로 개발하여 여전히 가상(V) 시뮬레이션 분야에서 활발하게 사용하고 있음을 볼 수 있다. HLA의 경우에는 1995년 무렵 미 국방성 예하 DMSO에서 DIS와 ALSP의 장점을 취합하여 실제(L), 가상(V), 구성(C) 시뮬레이션에 두루 적용한다는 목적으로 출발하였으나, 초창기에 가상(V)과 구성(C) 시뮬레이션에 보다 적합한 형태로 발전되었다. TENA와 CTIA는 원래는 실제(L) 시뮬레이션에 HLA를 적용하는 것을 상호 보완할 목적으로 디자인되었으나 미 육군성에서 많은 노력을 들여 HLA와 유사한 기능과 성능으로 발전시켰고, 연동 프로토콜 라이센스 구매 최소화 정책으로 전환하여 HLA와 경쟁하는 수준에까지 이르게 되었다. 아키텍처 간의 상세한 기능에 대한 비교는 33번째 이야기의 그림 18에서 보는 바와 같다.

연동체계 구축을 위한 절차를 정의한 표준에 있어서도 HLA 아키텍처를 적용할 경우 연동체계인 Federation을 구축하기 위해서는 IEEE 1516.3-2003 FEDEP을 적용하도록 하였다. 이후에 LVC 구현을 위한 일련의 연구와 노력의 결과로 IEEE 1730-2010 DSEEP와 IEEE 1730.1 DMAO를 제정하였고, SISO에서는 FEAT를 제정하게 되었다. HLA 아키텍처 기반으로 Federation을 구축할 때 적용하였던 기존의 FEDEP는 LVC 구축을 위한 새로운 절차 표준인 DSEEP으로 대체되었다. 이는 결국 HLA 아키텍처를 기반으로 구축하는 Federation이나, 상이한 아키텍처를 기반으로 구축된 실제(L), 가상(V), 구성(C) 시뮬레이션을 연동하여 구축하는 LVC나 M&S 연동체계를 구축하는 절차상에는 아무런 차이가 없다는 것이고, 오히려 상이한 아키텍처를 기반으로 하는 LVC 구축을 위한 절차 DSEEP으로 충분히 HLA 기반의 Federation을 구축할 수 있음을 보여주는 것이라 볼 수 있을 것이다.

이러한 미군의 아키텍처와 표준 제정을 위한 움직임과 노력은 한국군에 많은 것을 시사하고 있다. 미군이 절차상으로 어렵고 까다로운 M&S 아키텍처를 구상하고 제정하여 적용하고 있다는 것은 많은 자원과 노력, 시간이 소요 됨에도 불구하고 궁극적으로 M&S 자원을 상호 연동 운용하고 재사용하기 위해서는 이러한 방법과 접근이 가장 효율적이라는 것을 시사하고 있는 것이다. 또한 TENA를 개발하는 배경에는 원래 목적인 실제(L) 시뮬레이션을 개발하고 연동하는데 필요해서이기도 하지만, HLA의 RTI를 구매해서 사용하기에는 미군이 LVC 구축, 활용을 활성화할 경우 많은 라이센스 비용이 든다는 것도 그들이 GOTS 개념으로 관리하는 하나의 이유인 것이다. 미군이 이렇게 접근할진데 한국군은 국방예산이 무궁무진한가? 한번 쯤 생각해 보아야 할 것이라 생각한다.

지금까지 살펴본 미군의 M&S 관련 아키텍처와 표준에 접근하는 방식을 통해 한국군은 어떻게 해야 하는지 생각해 보자. 일단은 M&S를 개발하고 연동 운용하며 재사용하기 위해 아키텍처라는 개념은 꼭 필요하지만, 그냥 많은 아키텍처를 고려하고 도입하여 적용하는 것만이 능사가 아님을 알 수 있을 것이다. 아키텍처가 많으면 많을수록 상이한 아키텍처 기반의 M&S를 연동하기 위해 필요한 인터페이스인 Gateway가 기하급수적으로 늘어날 수 있기 때문이다. 그렇다면 결국 한국군이 취할 수 있는 방안은 그림 21에서 나타난 아키텍처 중, COTS 개념으로 얼마든지 아키텍처를 구매해서 활용할 수 있는 DIS와 HLA를 최대한 활용하고 미 국방성에서 GOTS로 관리하고 있는 TENA나 CTIA는 아예 고려하지 않는 것이 바람직할 것이라는 것이다. 2014년 I/ITSEC에서 저자가 미 국방성 TENA 관리자에게 동맹국에게, 특히 한국군에 TENA 제공이 가능한지 질문하였을 때 당연히 가능하다는 답변을 받았다. 하지만 만약 한국군이 TENA를 도입하여 활용하고 있는 도중에 미국이 더 이상 TENA 제공을 할 수 없다고 하면 기술적으로 어려움에 봉착할 가능성이 크다. 때문에 한국군이 정책적으로 TENA와 CTIA는 도입하지 않는 것으로 정하는 것이 바람직하다는 생각이다.

DIS에 관해서는 현재까지 사용 중에 있는 DIS 기반의 가상(V) 시뮬레이션은 그대로 최대한 사용을 하되, 추가적으로 DIS를 적용하는 M&S는 개발을 억제하는 것이 바람직하다는 생각이다. 반면에 HLA의 경우, 향후 우리 군이 개발하는 연동 운용을 고려하는 모든 M&S를 HLA 아키텍처 기반으로 구축하는 것이 바람직하다는 생각이다. 이러한 생각의 배경은 HLA 아키텍처를 개발하기 시작한 1995년 무렵 일시적으로 실제(L) 시뮬레이션을 위해 HLA를 보완할 목적으로 구상하였던 TENA에 대해 미 육군성에서 자신들이 생각하는 이익을 위해 TENA 기능과 성능을 확장·개발하여 HLA와 대등한 수준에 이르게 하였으나, 그 이후 HLA 아키텍처와 RTI도 많은 기능과 성능이 보완되어 HLA를 기반으로 실제(L) 시뮬레이션을 포함하는 LVC를 구현하는 데에 아키텍처 관점에서는 큰 무리가 없다는 것이다. 즉 HLA를 기반으로 LVC를 구현하는 것도 가능하다는 생각이고, LVC 구현에 포함된 상이한 아키텍처를 적은 수로 고려함으로써 물리적인 연동이 오히려 수월해질 수 있을 것이라는 것이다. 이때 한국군이 한 가지 고려해야 하는 것은, TENA와 CTIA를 사용하지 않는 대신에 사용하는 DDS(Data Distribution Services)나 기타 연동 프로토콜에 대해 IEEE 1730.1 DMAO 관점에서의 Overlay를 어떻게 디자인하고 개발할 것인지를 충분히 검토해야 한다는 것이다.

현재 한국군은 HLA 아키텍처의 연동을 위한 인터페이스 규약(Interface Specification)을 연동 프로그램으로 만들어 놓은 RTI를 해외에서 구매하여 사용하고 있는 실정이다. 때문에 미래에 한국군이 실전적 가상 합성 전장 환경을 구축하려고 할 경우 많은 수량의 라이센스 구매가 불가피하게 된다. 만약 한국군이 여기에서 한 걸음 더 나아가 독자적으로 RTI를 개발하고 독자적으로 RTI Middleware 인증시험체계를 개발하여 인증시험을 수행하여 사용한다면, RTI 라이센스 비용도 줄이고 LVC 구현에 필요로 하는 RTI의 기능과 성능을 새롭게 추가하여 개발할 수도 있을 것이다. 물론 RTI Middleware 인증시험체계를 구축하는 것이 쉽지는 않겠지만, 저자는 2014년부터 RTI Middleware 인증시험체계와 LVC 인증시험체계를 구상하고 연구를 수행하여 시스템 아키텍처와 세부 기술 분야까지 연구를 수행해 왔다. 결국 한국군은 M&S 아키텍처 관점에서는 HLA 중심의 아키텍처 정책을 추진하는 것이 바람직하다는 것이다.

연동체계 구축을 위한 절차 표준에 관해서는 한국군 어느 누구도 FEDEP이나 DSEEP, DMAO, FEAT에 대해 관심이 없지만, 만약 한국군이 사용하고자 하는 목적과 의도에 정확히 부합하는 연동체계나 LVC를 구축하기를 원한다면 IEEE와 SISO에 의해 제정된 표준을 준수하는 것이 바람직할 것이다. 이러한 절차 표준을 처음 적용하는 것은 어려울 수 있으나 한 번이라도 제대로 절차 표준을 적용하여 연동체계나 LVC를 구축할 경우에는 확실하게 목표체계를 구축할 수 있을 뿐만이 아니라, 그 산출물을 얼마든지 재사용할 수 있다. 한국군이 이제부터라도 임기응변적인 M&S 연동체계나 LVC 구축을 위한 접근이 아니라, 정도를 걷는 접근방법을 선택하여 다양한 국방 업무분야에서 M&S를 보다 효율적으로 활용할 수 있는 기반을 마련하기를 기대해 본다.

35. M&S 충실도(Fidelity)! 어떻게 구현해야 하나?

모델링 및 시뮬레이션(M&S)에서 충실도(Fidelity)란 M&S를 사용하는 목적과 의도에 따라 실제 세계를 있는 그대로 표현하는 정도 또는 수준으로 볼 수 있다. 여기에서 말하는 충실도(Fidelity)란 의미와 해상도(Resolution)라는 의미가 때로는 혼동을 가져오긴 하지만, 정확한 의미를 잘 구분해서 적용하는 것이 필요하다. 앞서 설명한 충실도(Fidelity)와 달리 해상도(Resolution)는 표현하고자 하는 대상을 묘사하는 상세한 정도를 나타내는 것이다. 이렇게 설명하면 여전히 불명확한 부분이 남게 되는데, 그 예로 저해상도(Low Resolution)로는 아무리 고충실도(High Fidelity)로 실제 세계를 표현하고자 해도 저해상도 그 이상으로는 실제 세계를 표현할 수 없는데 비해, 고해상도(High Resolution)에서는 고해상도 자체가 고충실도(High Fidelity)를 의미하는 것은 아니나, 충분히 고충실도로 표현하는 것이 가능하다는 것이다. 아무튼 이번 이야기를 통해서는 M&S에서 실제 세계를 표현하는 충실도(Fidelity)에 관해 살펴보고자 한다.

앞서 설명한 바와 같이 M&S에서 충실도(Fidelity)라는 이슈는 실제 세계를 있는 모습 그대로 표현하고 나타내는 정도와 수준으로 볼 수 있다. 일반적으로 하위 수준의 M&S는 고충실도로, 상위 수준의 M&S는 저충실도로 실제 세계를 표현하는 경향이 있다. 이는 곧 공학급(Engineering Level)과 교전급(Engagement Level)에서는 상대적으로 고충실도로 실제 세계를 표현하는 반면, 전구급(Theater Level) 또는 전역급(Campaign Level)에서는 저 충실도로 함축적으로 실제 세계를 표현하게 된다는 뜻이다. 그리고 그 중간 영역에 속하는 전투급(Combat Level)과 임무급(Mission Level)에서는 개략 중간 정도로 실제 세계를 표현하게 된다. 이러한 차이는 결국 M&S를 사용하는 목적과 의도에 따라 실제 세계를 표현하는 함축의 정도 곧 충실도(Fidelity)가 다르다는 것을 의미한다.

간단한 예로, 대부대급 수준에서 사용하는 M&S의 경우 실제 세계에 대해 저충실도(Low Fidelity)로 개략적으로 표현하는 경향이 있다. 만약, 대부대급 수준의 M&S에서 모든 실제 세계 요소들을 상세하게 고충실도(High Fidelity)로 표현한다면, 전장 환경과 무기체계, 조직의 편성, 작전술 교리와 전술, 전기, 절차에 따른 인간과 조직의 행태 등을 표현하는 과정에서 엄청난 시간과 노력, 그리고 자원이 소요될 것이다. 또한 이렇게 표현하여 개발한 M&S를 실행하는 과정에서 엄청난 연산능력(Computing Power)을 요구하게 될 것이다. 반면에 대부대급 수준의 M&S에서 하위 수준에 대한 상세하고도 실전감 있는 고충실도의 표현은 M&S를 사용하고 활용하는 목적과 의도 관점에서 투입한 시간과 노력, 자원에 비해 별로 얻는 결과가 없거나 작을 수 있으며, 어떤 면에서는 사용하는 목적과 의도에 오히려 부정적인 결과를 낳을 수도 있다.

한국군이 M&S를 개발하는 과정에서 종종 나타났던 일화들이 바로 이런 것들이었는데, 합참 또는 작전사 수준에서 활용하는 대부대급 M&S 자원들에 대해 일부 관심을 가지고 있는 지휘관과 참모들, 그리고 M&S를 좀 이해한다고 자처하는 이들은 모든 작전술 분야와, 심지어는 특정 작전기능 분야에 이르기까지 할 수 있는 범위 내에서 무조건적으로 상세한 표현과 실행을 요구하곤 했다. 경우에 따라서는 초기의 M&S를 개발하는 목적과 의도를 고려하지 않은 상태에서 특정 관심 있는 분야에 대해서만 과도할 정도의 고충실도(High Fidelity)로 표현과 실행을 요구하여 M&S를 균형 있게 개발하는 것이 어려운 경우도 있었고, 초기의 개발하여 사용하고자 하는 목적과 의도에 잘 맞지 않는 경우도 있었으며, 아주 심한 경우에는 실제 체계에는 없는 자산과 기능, 특히 한국군이 보유하지 않은 자산과 능력을 포함할 것을 요구하는 경우도 있었다.

M&S의 실제 세계에 대한 충실도(Fidelity)를 어느 수준으로 구현할 것인가 하는 이슈에서는 무엇보다도 M&S 자원을 사용하는 목적과 의도가 가장 중요하다. 일반적으로 교육훈련 목적이나, 전력분석 목적으로 M&S를 활용하는 경우, 훈련과 분석의 대상 또는 수준이 대부대급이면 개략 묘사 내지는 저충실도(Low Fidelity)로 표현해도 큰 무리와 어려움이 없는 반면, 훈련과 분석의 대상 또는 수준이 하급 제대급이면 상대적으로 상세 묘사 내지는 고충실도(High Fidelity)로 표현해야 하는 것이다. 무기체계를 획득하기 위한 국방획득 분야에 M&S를 활용하기 위해서는 일반적으로 소요기획 단계와 운용유지 단계에서는 M&S를 활용하는 목적과 의도에 따라 상대적으로 저충실도(Low Fidelity)로 실제 세계를 표현해도 큰 무리가 없는 반면, 무기체계

를 연구개발하고, 제조생산하며, 시험평가를 수행하고 전력화 하는 과정을 포함하는 획득단계에서는 실제 전장 환경과 무기체계와 작전술 교리, 전술, 전기, 절차를 실제 세계와 아주 유사하게 고충실도(High Fidelity)로 표현하고 실행하는 것이 필요하고 요구된다. 특히 전투실험 목적으로 M&S를 활용하는 경우에는 실험 대상과 목적에 따라 저충실도에서부터 고충실도까지 다양한 모습과 형태로 표현하고 실행할 수 있다는 것이다.

M&S에서 실제 세계를 표현하는 정도와 수준을 나타내는 충실도(Fidelity)에 관한 이슈는 지금까지 설명한 M&S의 사용 목적과 대상 외에도 여러 가지 요소에 의해 영향을 받을 수 있다. 그중 대표적인 요소는 바로 실제 세계를 표현하고자 하는데 가용 자원이다. 여기서 가용 자원이라 함은 예산과 시간, 전문 인력, Computing Power 등을 들 수 있다. 이처럼 M&S를 개발하는 과정에서 실제 세계를 표현하는 수준과 정도는 당연히 가용한 예산과 시간에 의해 제한을 받을 수밖에 없다. 또한 M&S를 고충실도(High Fidelity)로 표현하기 위해서는 전장 환경, 무기체계, 인간과 조직의 행태 등 실제 세계를 그대로 묘사하고 표현할 수 있는 SEDRIS(Synthetic Environment Representation and Interface Specification)와 같은 전장 환경 표현을 위한 표준과 규격, 무기체계 특성과 운용개념, 군 조직과 인간의 행태를 나타내는 개념모델이나 모의 논리가 있어야 한다. 이러한 요소들을 M&S 내에서 일관성 있게 사용 목적과 의도에 부합하는 수준으로 표현하기 위해서는 무엇보다도 각 분야별 전문 인력들의 가용 여부가 아주 중요하다. 또 한 가지 간과해서는 안 되는 것이 M&S의 실행 과정에 필요한 연산능력(Computing Power)에 관한 사항이다. 아무리 고충실도로 M&S를 개발했다 하더라도 사용하는 목적과 의도에 따라 시뮬레이션 시간(Simulation Time)이 실제 시간(Real Time)에 비해 충분히 빠른 속도로 실행되지 않는다면 아무런 효과가 없기 때문이다.

최근 일반적인 M&S 개발과정에서는 실제 세계에 대한 표현의 정도와 수준을 고충실도(High Fidelity)로 구현할 것을 요구하고 있다. 특히 4차 산업혁명 시대에 정보통신기술(ICT)의 발달과 기술융합에 의한 새로운 개념의 무기체계 등장과 전장 환경의 변화는, M&S 사용자로 하여금 할 수만 있다면 보다 실전적(Realistic)으로 실제 세계를 묘사하고 표현하기를 요구하게 되었고, 또 이런 요구에 걸맞게 구현이 가능하게 되었다. 또한 워파이터들의 다양한 새로운 작전요구를 보다 효과적이고 효율적으로 충족하는 방법의 일환으로써 M&S 자원들의 연동에 의해 상이한 시뮬레이션들의 연동을 구현하고 작전요구를 충족할 수 있게 되었다. 이 과정에서 가급적 동일한 수준의 실제 세계 묘사와 표현의 충실도(Fidelity)를 가진 M&S 자원들을 연동하는 것이 바람직하다는 것이다. 그러나 상이한 시뮬레이션 유형의 연동, 즉 실제(L), 가상 (V), 구성(C) 시뮬레이션들을 연동하여 LVC를 구축하는 경우에는 각각 시뮬레이션 들이 갖고 있는 고유한 특성으로 인해 충실도(Fidelity)가 상이할 수밖에 없는데, 이 때에는 LVC를 구축하는 일련의 표준과 절차를 잘 준수하여 설계하고 개발하여 사용 목적과 의도에 부합하는 수준의 충실도(Fidelity)를 제공할 수 있도록 해야 한다. 이 과정에서 필요할 경우에는 충실도와는 다소 다른 개념이지만 다해상도(MR: Multi-Resolution)를 처리할 수 있는 인터페이스(Interface)를 활용해야 할 것이다.

M&S에서의 충실도(Fidelity) 이슈는 사용자인 워파이터의 관점에서 생각할 때는 무조건적으로 고충실도(High Fidelity)를 추구하는 경향이 있지만, 사실은 M&S가 지닌 고유의 성격과 특징, 그리고 사용 목적과 의도를 고려한다면 고충실도만을 요구할 하등의 이유가 없다. 이 과정에서 추가로 더 고려할 것이 있다면 그것은 바로 전반적인 자원의 가용 여부이다. 결국 M&S를 사용하여 문제를 해결하고자 하는 국방 업무분야의 모든 과제와 이슈들에 대해, 그 대상이 무엇이든 시스템에 대한 통찰 (Insight)을 얻을 수 있는 수준과 정도의 충실도(Fidelity)이면 충분하다는 것이다.

36. M&S 결정적 – 확률적(Deterministic–Stochastic) 개념! 어떻게 적용해야 하나?

모델링 및 시뮬레이션(M&S)은 실제 세계에 대한 표현과 실행으로 대변될 수 있는데, 이때 실제 세계에 내재되어 있는 불확실성과 우연성의 문제를 어떻게 해결할 것인가 하는 것이 바로 결정적(Deterministic), 확률적(Stochastic)이라는 개념이다. 불확실성과 우연성의 문제 자체로만 생각하면 확률적(Stochastic) 개념을 고려해야 한다. 하지만 또 다른 관점에서 실제 세계를 표현하고 실행하는 절차와 과정이 아주 복잡하고 그 안에 내재되어 있는 불확실성과 우연성의 요소마저 고려해야 할 때에는 경우에 따라서 실제 세계와 시스템에 대한 통찰을 얻는 것이 어렵거나 불가능할 수 있다. 이때 고려하게 되는 것이 결정적(Deterministic) 개념이다. 일반적으로 M&S가 결정적(Deterministic)이라 함은 M&S를 활용하여 무엇을 하든지 입력요소가 같으면 출력결과가 항상 동일하게 나오는 것을 의미하고, 확률적(Stochastic)이라 함은 입력요소가 동일하다 하더라도 출력결과가 항상 다르게 나오는 것을 의미한다. 지금까지 한국군은 M&S를 활용하면서 결정적(Deterministic)과 확률적(Stochastic) 개념과 특성을 제대로 이해하지 못하거나 간과한 경향이 있었다.

국방 업무분야에서 다양한 목적과 의도로 사용되는 M&S가 어떤 경우와 어떤 목적을 위해서 때로는 결정적(Deterministic)인 특성을, 또 때로는 확률적(Stochastic)인 특성을 가져야 하는지 알 필요가 있다. 먼저 M&S가 결정적(deterministic)인 경우를 살펴보자. 앞서 설명한 것처럼 이 경우는 입력요소가 동일하면 항상 동일한 출력결과를 제공하는 것으로, 통상적으로 전력분석 분야의 대부대급 분석모델에 주로 사용되는 개념이다. 분석모델 또는 분석목적으로 M&S를 활용하는 경우에는 시뮬레이션을 통해 어떠한 분석 대안과 방책이 정말로 우수하거나 최적인지 의사결정을 하기 위한 것으로, 올바른 분석을 위해서는 분석 대안과 방책을 제외하고는 모든 시뮬레이션 환경을 동일하게 설정해야 한다. 만약 전역(Campaign)이나 전구급(Theater Level)의 대부대급에 대한 분석을 한다든지, 대부대급이 아니라 하더라도 분석모델을 이용하는 시나리오와 모델링 절차가 복잡하고 많은 요소들을 고려하는 경우라면, 확률적(Stochastic) 개념을 적용하여 분석을 수행할 경우 어느 국면에서 어떤 요소에 의해 분석 대안과 방책에 영향을 미치게 되었는지 구분하여 분석하는 것이 어려워질 수 있다. 더 나아가 분석 대상과 방책의 우수성이나 그것이 최적이기 때문이 아니라 불확실성과 우연성에 의해서 분석에 따른 출력결과가 달라질 수가 있다.

이러한 이유로 대부대급 분석목적의 M&S는 실제 세계를 있는 그대로 다 표현할 수 없음에도 불구하고 결정적(Deterministic) 개념을 적용하는 것이다. 이는 결국 M&S로 묘사되고 표현되는 실제 세계에 내재된 불확실성이나 우연성의 요소에 의한 분석 대상과 방책에 대한 영향보다는 실제 세계 그 자체와 시나리오가 갖고 있는 복잡성과 다양성, 그리고 많은 고려요소에 의한 영향을 더 중요하게 여긴다는 관점과 더불어, 시나리오와 모델링 절차의 복잡성 안에 불확실성과 우연성의 요소가 이미 내재되어 있다고 볼 수도 있다는 관점이다.

결정적 개념을 적용하는 M&S 활용분야 중 또 다른 하나는 국방획득 분야 중 획득단계에서 무기체계를 연구개발 하는 경우가 될 수 있다. 이 경우에는 소요기획 단계를 거쳐 무기체계 요구사항이 결정되면, 그 요구사항을 충족하기 위해 시스템과 하위시스템에 대한 연구개발을 하고 설계를 하는 과정에서 공학급(Engineering Level)의 M&S를 사용하게 된다. 이때에는 시스템에 대한 불확실성이나 우연성의 관점이 아니라 정확히 요구사항을 충족할 수 있는 시스템과 하위시스템을 연구개발하고 설계하여 규격화를 하고, 다시 M&S를 활용하여 검증을 하게 됨으로써 주로 결정적 개념을 적용한 M&S를 활용하게 된다. 결정적(Deterministic) 개념을 적용한 시뮬레이션의 예는 그림 22에서 보는 바와 같다.

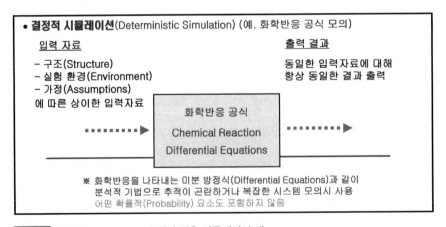

그림 22 결정적(Deterministic) 개념 적용 시뮬레이션 예

다음으로 M&S가 확률적(Stochastic)인 경우를 살펴보면, 이 경우에는 M&S에 동일한 입력요소를 넣어도 매 시뮬레이션의 출력결과는 상이하다. 이는 M&S가 실제 세계를 표현하는 과정에서 실제 세계에 내재되어 있는 불확실성과 우연성이라는 요소를 그대로 다 표현하는 것이 어렵고 불가능하다 보니 실행하는 과정에서 그러한 요소를 고려하고 반영한다는 것이다. 이를 위해 필요한 것이 무작위수 생성기(Random Number Generator)로, 통상적으로 확률적(Stochastic) 모델에서는 적어도 한 개 이상의 무작위수 생성기를 갖게 되며 이를 통해 불확실성과 우연성 요소를 시뮬레이션 과정에 고려하고 반영하게 된다.

이러한 확률적(Stochastic) 개념을 적용하는 것은 거의 대부분의 국방 업무분야에 활용하는 M&S와 시뮬레이션에 해당되게 된다. M&S를 활용하는 분야 관점에서는 교육훈련 분야와 전투실험 분야에서는 거의 다 확률적 개념을 적용하게 되고, 전력분석 분야와 국방획득 분야 중에서는 목적과 필요에 따라 결정적 개념과 확률적 개념을 병행하여 적용하게 된다. 교육훈련 분야와 합동·전투실험 분야에서는 일반적으로 M&S를 활용하는 목적 자체가 다양한 전장 환경과 상황에서 지휘관의 결심과 참모의 판단, 그리고 하급제대 지휘관과 참모, 전투원들의 다양한 전장경험에 초점을 맞추다 보니 당연히 불확실성 요소와 우연성을 고려할 수밖에 없다. 전력분석 분야와 국방획득 분야에서는 앞서 설명한 대부대급 분석모델의 경우와 무기체계 연구개발과 제조생산에 활용되는 공학급 모델의 경우를 제외하고는 확률적 개념의 M&S를 적용하게 된다. 특히 전력분석의 경우에는 하급제대를 묘사하는 교전급(Engagement Level), 임무·전투급(Mission·Combat Level) 등 아무리 상세하게 실제 세계를 표현한다 하더라도 여전히 불확실성과 우연성의 문제를 해결해야 한다. 국방획득의 경우에도 무기체계 소요기획 단계와 운용유지 단계는 물론, 획득 단계의 시험평가 경우에도 불확실성과 우연성의 문제를 고려해야 한다.

M&S를 활용하면서 실제 세계에 내재되어 있는 불확실성과 우연성의 문제를 고려하고 해결하는 방법은 바로 무작위수 생성(Random Number Generating)으로, 이로 인해 확률적 모델의 사용이 가능하게 된다. 일반적으로 확률적 개념의 M&S 내에는 적어도 한 개 이상의 무작위수 생성기가 존재하게 되며, 무작위수를 생성하는 알고리즘은 여러 가지가 존재한다. 일반적으로 M&S를 개발하여 사용하는 목적과 의도, 컴퓨터 시스템 구성(System Configuration)과 특성(Specification), 그리고 가용한 라이브러리 함수(Library Functions)들을 고려하여 가장 적절하다고 판단하는 알고리즘을

선정하게 된다. 여기서 설명하고 있는 바와 같이 무작위수 생성은 결국 수학공식에 의해 만들어지게 되는데, 그렇다면 수학공식에 의해 만들어진 무작위수가 정말 무작위 수가 될 수 있는가라는 의문과 더불어 어떻게 무작위수라고 부를 수 있는지 의문이 제기될 수 있는 것이다.

엄격한 의미에서 수학공식에 의해 생성된 무작위수는 진정한 무작위수가 아니며, 실제로 모든 무작위수 생성기에서는 알고리즘과 초기값(Random Seed)을 결정하면, 수학적으로 1천 번째, 1만 번째, 100만 번째의 무작위수가 무엇이 될지 이미 결정된다는 것이다. 그렇다면 이렇게 생성된 무작위수를 어떻게 확률적 개념을 적용한 M&S에 사용할 수 있으며, 어떻게 이것을 무작위수라 부를 수 있는가? 그것은 바로 이렇게 알고리즘과 초기값에 의해 생성된 무작위수들이 무작위수 시험(Randomness Test)을 통과했기 때문이며, 그 결과로 비록 컴퓨터 알고리즘으로 생성되긴 했지만 이들의 패턴이 마치 무작위수인 것 같이 보이기 때문에 그렇게 부를 수 있다는 것이다. 무작위수 시험을 수행하는 방법에도 여러 가지 방법들이 있으며, 이러한 일련의 테스트를 통과하여 마치 무작위수인 것 같이 보임에 따라 무작위수 생성기의 원래 명칭은 유사 무작위수 생성기(Pseudo Random Number Generator)라고 부르는 것이다.

일반적으로 무작위수 생성기에서 생성된 무작위수는 [0, 1] 사이의 숫자들이나 컴퓨터 시뮬레이션에서는 실제 세계에 내재된 불확실성과 우연성의 성격과 특징을 고려한 확률분포에 따라 얼마든지 변환(Transformation)하여 사용할 수 있게 된다.

이러한 확률적 개념을 적용한 M&S를 사용할 시에는 몇 가지 사항을 주의해야 한다. 먼저, M&S를 활용하여 분석하고자 하는 분석 대안과 방책을 제외하고는 모든 실험환경을 동일하게 설정하는 것이 아주 중요하다. 이때 분석 대상과 방책을 제외한 실험환경을 동일하게 설정한다는 의미는 사실 그 개념을 이해하고 보면 아주 간단한데, 바로 무작위수 생성기의 초기값(Random Seed)을 동일하게 설정한다는 것이다. 이렇게 하면 각각 상이한 분석 대안과 방책을 실험하기 위해 컴퓨터 시뮬레이션을 수행하는 동안 동일한 일련의 무작위수가 생성되게 되고, 그 결과로서 분석을 위한 실험환경은 동일하게 설정되게 된다는 것이다. 확률적 개념을 적용한 M&S를 활용할 때 추가로 고려해야 하는 것은 확률적 개념의 M&S를 이용한 시뮬레이션은 매번 실험을 할 때마다 상이한 결과가 나오기 때문에 한두 번 시뮬레이션한 결과로 의사결정과 시스템에 대한 통찰을 얻는데 활용한다는 것은 아주 위험한 일이라는 것이다. 따라서 각각의 분석 대안과 방책에 대해 충분한 횟수(Number of Replications)의 실험을 통해 데이터를 수집하고, 그 결과를 통계분석 기법을 적용하여 분석해야 한다. 그렇다면 또 다른 하나의 이슈는 과연 얼마만큼이나 실험을 해야 할까 하는 것이다. 이는 실험하는 목적과 방법, 분석 대상에 따라 다르겠지만, 아마도 실험의 결과로 수집되는 데이터의 값이 안정화 상태(Steady State)에 접근할 때까지, 또 다른 표현으로는 데이터값의 변동(Fluctuation)이 크지 않은 일정 상태로 수렴할 때까지로 보는 것이 적절할 것이다. 만약 실험을 반복 수행하여 수집된 데이터 각각이 iid(Independent Identically Distributed)한 패턴을 보인다면, 경우에 따라서는 표본 수 30개(One Number of Replication을 1개로 간주)도 적절할 수 있을 것이다. 확률적 개념을 적용한 M&S를 활용하여 대규모의 아주 중요한 분석을 수행할 경우에는 반드시 무작위수 초기값(Random Seed)을 통제하고 관리하는 습관을 갖는 것이 아주 중요하다. 확률적(Stochastic) 개념을 적용한 시뮬레이션의 예는 그림 23에서 보는 바와 같다.

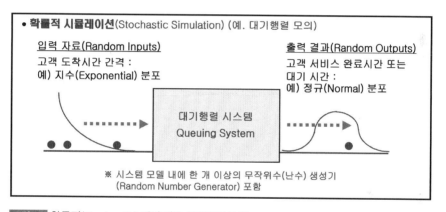

그림 23 확률적(Stochastic) 개념 적용 시뮬레이션 예

M&S를 활용하여 국방 업무분야 다양한 문제들을 해결하고자 할 때, 가용하고 사용하고자 하는 M&S 자원이 결정적(Deterministic) 개념인지, 아니면 확률적(Stochastic) 개념을 적용하고 있는지 제대로 파악하는 것은 아주 중요하다. 특히 두 가지 개념의 차이가 분명하고 명확하게 구분되기 때문에, 전력분석과 국방획득 분야에 활용하는데 있어서는 더욱 그래야만 한다. 각각의 개념을 적용한 M&S의 특징과 고려해야 할 사항들을 충분히 이해하고 고려하여 M&S를 사용하고자 하는 목적과 의도에 맞게, 또 개발되고 가용한 M&S의 용도와 특징에 맞게 활용할 수 있는 능력과 지혜가 절실히 요구된다는 것이다.

37. M&S 다해상도(Multi-Resolution)! 어떻게 구현해야 하나?

앞서 모델링 및 시뮬레이션(M&S)에서의 충실도(fidelity)에 관해 설명하면서 간단히 해상도(Resolution)에 대해 언급한 바가 있다. 충실도(Fidelity)를 실제 세계의 모습을 있는 그대로 표현하는 수준과 정도라고 하는 반면, 해상도(Resolution)란 실제 세계에 대한 표현에 있어서 상세한 정도로 볼 수 있을 것이다. 일반적으로 M&S를 개발하고 사용하는 과정에서는, 단일 M&S에 단일 해상도를 적용하는 것이 원칙이다. 이를 위해서 M&S를 사용하고자 하는 목적과 의도에 맞도록 단일 M&S의 전반에 걸쳐 일관성 있고 균형감 있게 동일한 수준과 상세도로 표현하는 것이 필요하다. 그러나 이러한 원론적인 접근에도 불구하고 실제 M&S를 개발하고 활용하는 과정에서는 한번의 M&S 개발로 여러 가지 목적에 활용할 수 있도록 하자는 생각을 하거나, 새롭게 대두된 작전요구를 충족하기 위해 새로운 M&S를 개발하는 것보다 기존의 M&S를 재사용하고 연동 운용하려고 하는 등 부득이하게 하나의 M&S에, 또는 M&S 연동체계에 다해상도(Multi-Resolution)를 구현할 수밖에 없는 현실과 상황에 부딪히게 되는 것이다. 이럴 경우 과연 어떻게 접근하고, 어떻게 구현해야 하는지 M&S의 다해상도에 관해 논의해 보고자 한다.

일반적으로 단일 M&S에는 단일 해상도를 적용하여 개발하는 것이 원칙이지만 M&S를 사용하는 목적과 필요에 따라서는 특정 부분에 상이한 해상도를 적용할 수도 있을 것이며, 새로운 작전요구를 충족하기 위해서 또는 다양한 전장 환경과 상황 모의를 위해 상이한 해상도의 M&S들을 연동 운용하는 것도 가능할 것이다. 단일 M&S 내에서 또는 M&S 연동체계에서 다해상도를 적용하기 위해서는 모의하는 객체들에 대한 통합과 분할(Aggregation and Dis-aggregation)이 필요하게 되는데, 이 과정에서 보다 명확한 통합과 분할을 위한 논리와 컴퓨팅 파워(Computing Power)가 필요하게 되며 경우에 따라서는 부득이 데이터와 정보의 손실이 발생할 수도 있다.

M&S를 국방 업무분야에 활용하는 과정에서 실제로 다해상도를 구현하여 적용

하는 사례들을 종종 볼 수 있다. 일반적으로 이러한 사례들은 먼저 개략모의를 하는 대부대급 훈련과 연습에서 부분적으로 상세한 모의를 요구하는 경우로, 대표적 사례로는 한미 연합연습 시 또는 합참 태극연습 시 대화력전을 함께 연습하는 경우가 될 것이다. 한미 연합연습이나 합참 태극연습에서는 전반적인 한반도 전구 작전에 대해 상세한 묘사와 모의를 필요로 하지 않는다. 즉, M&S를 활용한 시뮬레이션에서 묘사하고 모의하는 객체들이 상당히 함축적이고 큰 제대로 운용을 해도 연습 목적과 목표 달성에는 무리가 없고, 오히려 연습을 위해 필요한 게이머 수를 최적화한다든지 컴퓨팅 파워를 줄이고 데이터 네트워크의 부하를 감소할 수 있는 등 효율적인 부분이 많다. 그러나 대화력전을 묘사하고 모의하려면 대항군의 장사정 포병을 적어도 갱도 단위로 묘사하고 표현해야 하며, 표적을 탐지할 수 있는 레이더와 센서 등 정보감시정찰(ISR: Intelligence Surveillance and Reconnaissance) 시스템들을 상세하게 묘사해야 하고, 타격 수단도 대대단위 묘사보다 더 세밀하게 구분하여 모의해야 훈련효과를 달성할 수 있게 되므로 고해상도(HR: High Resolution)로 묘사와 모의가 불가피한 것이다. 이 과정에서 일반적으로 저해상도(LR: Low Resolution)로 개략 묘사를 하는 구성(C) 시뮬레이션과 상대적으로 단순히 고해상도(HR) 뿐만이 아니라 3차원으로 모의하는 UAV(Unmanned Aerial Vehicle) 가상(V) 시뮬레이션을 연동하여 표적을 탐지하고 식별하는 과정을 묘사할 수 있는 것이다.

또 다른 사례로는 한미 연합연습이나 합참 태극연습, 경우에 따라서는 사단·군단 BCTP 연습 시에 보다 상세한 전투근무지원 분야 연습과 훈련을 병행할 수 있는데, 어떤 면에서는 이렇게 함으로써 보다 실전감 있는 연습과 훈련이 가능하게 되며 더나아가 훈련효과를 극대화 할 수도 있게 된다는 것이다. 이 경우에도 일반 작전기능을 묘사하고 모의하는 부분은 저해상도인데 비해, 전투근무지원 분야는 고해상도로 상세한 모의를 하게 됨으로 인해 하나의 모의 연동체계에서 다해상도를 구현하고 처리해야 한다. 이러한 일련의 과정과 절차는 일반적으로 연합연습과 태극연습에서 대화력전 모의체계를 연동하여 모의하는 것보다도 다해상도를 구현하고 처리하는 과제와 이슈가 훨씬 더 복잡해 질 수 있다. 예로 창조21 모델이나 태극JOS 모델에서 특정 부대가 전투피해를 입어 전·사상자가 발생했을 경우, 전투근무지원 모델의 의무분야와 연동하여 모의하는 과정에서 특정 병사가 특정 부위에 부상을 입었다고 가정하면, 일단 저해상도 모델에서 고해상도 모델로 전투피해 이벤트 발생 이후 처음 분할(Dis-aggregation)하는 단계까지는 큰 어려움이 없을 수 있다. 그러나 다음 모의 주기에 저해상도 모델로 병사가 통합(Aggregation)되어 부대 객체로서 다시 전투

피해를 입은 후, 고해상도로 연동되어 다시 분할될 때 앞서 부상을 입었던 병사가 정보의 손실 없이 제대로 분할되어 묘사될 수 있을지가 이슈가 된다는 것이다.

이러한 사례 외에도 한국군이 그간 개발했거나 최근에 개발을 시도하는 M&S 자원들을 살펴보면 하나의 모델에 여러 가지 목적의 기능들을 포함하기를 원하는 경우가 종종 나타나고 있다. 예로 해군 분석모델 NORAM(Naval Operation Resource Analysis Model)의 경우 모델 명칭에서 나타나듯이 하나의 모델에 해군의 각종 성분 작전 분석, 무기체계 효과 분석, 각종 자원 소요 분석 등의 기능들을 포함하고 있는데, 이러한 각각의 기능들이 요구하는 해상도가 각각 다르다는 것이 이슈이다. 이 때에는 모델의 요구되는 기능들을 모듈화, 컴포넌트화하여 그 해당 모듈과 컴포넌트 내에서는 동일한 해상도를 적용한다 하더라도, 이들을 통합해서 묘사할 경우에 상이한 해상도의 연동에 따른 이슈가 불가피하게 나타날 수 있는 것이다. 또 다른 예로 합동작전 분석모델-II에서는 장차작전 방책 분석, 무기체계 소요 분석, 작전지속 분석 기능들을 요구하고 있는데, 이러한 요구들에 내재되어 있는 실제 세계에 대한 묘사와 표현의 해상도가 상이하다 보니 부득이 다해상도 이슈가 불거지게 되는 것이다. 때문에 M&S를 개발하고 사용하는 과정에서 가능한 한 단일 M&S나 연동체계에 다해상도 구현을 자제하고, 꼭 필요한 경우에도 상이한 해상도를 요구하는 기능들을 모듈화, 컴포넌트화하여 구현하는 것이 바람직하다.

그러나 여기서는 부득이 다해상도를 구현해야 할 경우, 어떻게 해야 할 것인지 살펴보고자 한다. M&S에서 다해상도를 구현하려면 객체들에 대한 통합과 분할(Aggregation and Dis-aggregation) 과정이 필요하다. 이때 통합은 고해상도의 객체들을 저해상도의 객체로 글자 그대로 통합하는 것이므로 특별한 어려움이 없다. 단지 각각의 고해상도 객체가 가지고 있는 여러 가지 정보를 잃어버릴 수는 있는데, 그 또한 저해상도의 개략 모의에서는 큰 문제가 되지 않는다. 반면에 저해상도의 객체를 고해상도의 객체들로 분할하여 구현하는 것은 상당히 어려우며, 특히 저해상도 내의 객체에 속해 있는 고해상도로 분할 시 나타나게 되는 세부 객체의 고유한 속성이라든지, 고해상도로 나타나는 객체의 조직 또는 인간의 행태에 대해 작전술 교리와 전술, 전기, 절차, 그리고 Human Factor를 고려한 분할 논리를 개발하고 적용하는 것이 필요하다.

이 과정에서 필요한 것이 다해상도 모델링(MRM: Multi-Resolution Modeling) 기법이다. 이러한 모델링 기법은 간략히 표현하면 고해상도(HR)를 저해상도(LR)로, 저해상도(LR)를 고해상도(HR)로 전환하는 기법인데, 일반적으로 생각하는 고해상도(HR)를 저해상도(LR)로 전환하고, 다시 고해상도(HR)로 전환하는 그 이상의 복잡도를 내제하고 있다. 즉 고해상도(HR)를 저해상도(LR)로 통합하고, 이를 다시 고 해상도(HR)로 분할하는 것을 넘어서 고해상도(HR)와 저해상도(LR)의 각 단계에서 교전에 의한 피해와 소모, 손실이 발생할 경우, 각 객체들의 고유의 속성 값을 그대로 반영하거나 적용하면서 논리적으로 하자 없이 피해와 소모, 손실을 어떻게 추적하여 구현할 것인지 하는 것이 이슈인 것이다. 이때 고려해야 하는 것이 작전술 교리와 전술, 전기, 절차이며, 이에 추가하여 인간의 속성인 Human Factor도 더불어 고려해야 한다. 결국, 이를 제대로 효율적으로 구현하기 위해서는 에이전트 기반 모델링(ABM: Agent Based Modeling) 기법, 또는 인공지능(AI: Artificial Intelligence)을 적용하여 실제감, 실전감 있는 분할(Dis-aggregation) 논리를 개발하고, 적용하는 것이 필요하다는 것이다.

실제로 이러한 상이한 해상도의 모델들을 연동하여 구현한 사례로는, 한미 연합연습 시 적용하는 모의연동체계 내에 미군 지상전 모델 WARSIM(Warfighter's Simulation)과 군수모델 LOGFED(Logistics Federation)의 연동, 한국군 지상전 모델 창조 21과 전투근무지원 모델과의 연동을 들 수 있다. 또한 앞서 설명한 바와 같이 한미 연합연습 시 대화력전을 묘사하는 과정에서 구성(C) 시뮬레이션인 지상전 모델 WARSIM과 가상(V) 시뮬레이션인 UAV 시뮬레이터를 연동하여, 센서인 UAV가 저 해상도인 WARSIM 모델 상의 2차원(2D) 대항군 장사정 포병을 탐지하면, 이를 고해상도(HR)의 3차원(3D) 영상정보로 전환하여 미군 개량 야전포병전술자료체계(AFATDS: Advanced Field Artillery Tactical Data System)로 전송하게 된다. 이 과정에서 RTM(Run Time Manager)이라 불리는 상이한 해상도의 객체들을 통합하고 분리하는 기능을 포함한 인터페이스를 활용하고 있는 것이다.

결국 단일 M&S이든지 M&S 연동체계이든지를 막론하고, 다해상도로 실제 세계를 묘사하고 표현한다는 것은 쉽지 않은 일이며 할 수만 있다면 M&S에서 묘사하고 표현하고자 하는 실제 세계에 대해 가급적 동일한 해상도로 일관성 있게 구현하는 것이 바람직하다. 그러나 여러 가지 이유에서 불가피하게 다해상도를 구현해야할 때가 있는데, 이때에는 상이한 해상도를 구현하는 통합과 분할(Aggregation and Dis-aggregation) 과정에서 상이한 해상도를 연결해 주는 일종의 인터페이스가 필요하게 된다. 이때 사용하는 인터페이스의 경우, 고해상도(HR)를 저해상도(LR)로 전환하는 통합과정에서는 특별한 어려움과 이슈가 없는 반면 저해상도(LR)에서 고해상도(HR)로 분할하는 과정에서는 고해상도에서 각각의 객체가 갖는 속성 값들을 잃어버리지 않고 그대로 간직한 상태로 분할할 수 있는 논리를 개발하는 것이 필요하다는 것이다. 이 과정에서 하나의 수단으로 사용할 수 있는 것인 에이전트 기반 모델링(ABM) 기법 또는 인공지능(AI)이며, 이러한 것들을 포함한 개념이 다해상도 모델링(MRM) 기법으로 한국군은 보다 효율적으로 M&S를 활용하기 위해서는 이에 대한 지속적인 연구가 필요하다.

38. M&S VV&A(Verification, Validation & Accreditation)! 어떤 개념과 원리로 수행해야 하나?

한국군은 국방 업무분야의 다양한 목적과 문제 해결을 위해 모델링 및 시뮬레이션(M&S)을 활용하고 있는데, 방사청이 만들어진 이후인 2000년대 말부터 사용하게 된 M&S에 대한 신뢰성(Credibility) 이슈에 관심을 갖게 되었다. 이러한 관심의 배경에는 무엇보다도 무기체계 획득을 위해 활용하게 되는 M&S 중에서도 특별히 시험평가를 위해 부득이 M&S를 사용할 수밖에 없고 다른 대안이 없는 경우에 과연 사용하는 M&S가 사용하고자 하는 목적과 의도에 부합하는지에 대한 이슈가 대두되게 된 것이다.

특히 무기체계 획득단계 중 시험평가에서 M&S를 활용해야 하는 필요성과 당위성은, M&S 외에는 실전적 무기체계 운용환경을 제공하는 것이 제한되거나 불가하다는 것이다. 무기체계에 대한 내구도 시험이나 다양한 작전 환경에서의 시험을 위한 시간의 제한과 더불어 고가의 무기체계 시험평가를 위한 비용의 제한도 M&S를 사용하게 되는 이유인 것이다. 또한 무기체계 시험평가를 위해서는 운용 요원의 안전도 문제가 될 수 있고, 시험평가로 인한 환경오염 문제와 더불어 소음과 안전, 불편 등으로 인한 민원제기 문제도 고려해야 한다. 일부 무기체계의 경우에는 다양한 시나리오를 적용한다든지 또는 동일 시나리오를 반복하여 적용하는 것이 실질적으로 M&S 외에는 사실상 불가능하며, 경우에 따라서는 국제적 여론이나 정치적인 위험 부담도 있을 수 있다.

이러한 관점에서 무기체계 획득단계의 시험평가에 부득이 사용하게 되는 M&S가 요구사항과 사용 의도를 충족하는지, 기능은 정확하게 구현되었는지, 실제 세계 환경과 시스템의 모습대로 충실하게 구현이 되었는지, 그리고 사용 목적과 의도에 대한 신뢰성이 보장되었는지 검증(Verification)하고, 확인(Validation)하여, 인정(Accreditation)하자는 것이다. 이 과정을 통해 M&S의 개발과 운용에 따른 기술과 비용, 기간 상의 위험과 부정적 영향 요소는 없는지 확인하고 점검하여 M&S의 신뢰도를 향상시키고, 개발자 관점에서 개발과 연관된 위험을 감소시키며, 또한 사용자인 워파이터 관점에서 운용과 관련된 위험을 감소시키자는 것이다.

M&S의 사용 목적과 의도에 따른 신뢰성을 보장하기 위한 수단으로 대두되게 된것이 그림 24에서 보는 바와 같이 검증, 확인 및 인정(VV&A: Verification, Validation & Accreditation, 이하 VV&A로 표현)이라는 개념이다. 우선 검증(V: Verification)이라 함은 M&S의 실행과 관련된 데이터가 개발자의 개념 서술과 규격을 정확하게 표현하였는지 여부를 결정하는 과정으로 보다 간략하게는 개발자 의도대로 M&S가 만들어졌는지를 결정하는 과정으로 볼 수 있다. 확인(V: Validation)이란 M&S 실행과 관련된 데이터가 M&S 사용 의도 관점에서 실제 세계를 정확하게 표현하였는지 그 정도를 결정하는 과정으로 볼 수 있다. 인정(A: Accreditation)이란 M&S 활용과 관련한 데이터가 특정 목적을 위해 사용 가능한지를 공식적으로 결정하는 과정으로, 한마디로 M&S가 특정 목적에 부합하게 만들어졌는지 결정하는 과정으로 볼 수 있다. 결국 M&S에 대한 VV&A 활동은 검증(V) 과정에서 디자인한 모습대로 작동하는지 기능(Functionality)을 점검하고, 확인(V) 과정에서 거의 실제 체계 모습대로 보이고 작동하는지 충실도(Fidelity)를 평가하며, 마지막 인정(A) 과정에서 임무수행을 위해 과연 M&S를 사용할 수 있는지 신뢰성(Credibility) 여부를 결정한다는 개념이다.

그림 24 M&S VV&A 개념과 정의

M&S를 사용하고자 하는 목적과 의도에 맞게 개발했는지 여부를 판단하기 위한 VV&A 수행은 그 근본원리를 그림 25에서 보는 바와 같이 가설검증(Hypothesis Test)이라는 통계원리(Statistical Principle)에 기반을 두고 있다. 가설검증에서는 먼저 기본가설(Null Hypothesis) Ho를 "M&S는 사용 의도에 부합"이라고 설정하고, 이에 대한 대안가설(Alternative Hypothesis) Hα를 "M&S는 사용 의도에 미 부합"이라고 설정한다. 그리고 이러한 가설에 대해 각각 수락(Acceptance) 또는 기각(Rejection)을 할수 있도록 상기 가설에 대한 시험을 수행하게 된다. 이때 일반적으로 두 가지 오류

가 발생할 수 있는데, 첫 번째는 Type I 오류로 Ho가 사실임에도 Ho를 기각(Reject)할 때 발생하게 되며, 그 가능성을 Level of Significant α 값으로 표현하고, 두 번째는 Type II 오류로 Ho가 거짓임에도 Ho를 수락(Accept)할 때 발생하게 되며, 그 가능성을 β 값으로 표현하게 된다. 이상적인 상황이라면 α 값과 β 값을 다 낮추면 좋겠지만 이론적으로 그것은 불가능하며 각각의 오류 가능성을 그대로 안고 있게 되는데, M&S VV&A와 관련하여 가장 큰 위험은 사용 목적과 의도 관점에서 잘못 만든 M&S를 목적에 부합한다고 수락하는 것이므로 할 수만 있다면 Type II 오류를 예방할 수 있도록 해야 한다. 그 외에도 VV&A 활동과는 특별한 연관은 없지만 식별되고 구성된 문제가 실제 문제를 완전하게 포함하지 못할 때 발생하는 오류를 Type III 오류로 구분할 수 있다.

● M&S VV&A 기본원리 (Hypothesis Test에 기반)
 Ho : M&S는 사용의도에 부합
 Hα : M&S는 사용의도에 미 부합
 ⇒ 수락(Acceptance) 또는 기각(Rejection) 위해 상기 가설 시험
   Type I Error : Ho 가 사실임에도 Ho 를 Reject할 때 발생, α
   Type II Error : Ho 가 거짓임에도 Ho 를 Accept할 때 발생, β
   Type III Error : 구성된 문제가 실제 문제를 완전하게 포함하지 않을 때 발생
 ＊ 만약 P–Value < α 이면, Null Hypothesis Ho 를 Reject

그림 25 M&S VV&A 기본원리(Hypothesis Test)

통계학적 관점의 가설검증에 기반한 VV&A의 기본원리는 근본적으로 VV&A 수행과 관련하여 두 가지 위험(Risk)을 안고 되는데, 그것은 각각 M&S 개발위험(Development Risk)과 운용위험(Operational Risk)이다. 개발위험이라 함은 M&S의 개발과 연관되어 기술, 일정, 비용 관점에서의 잠재적인 위험을 의미하고, 운용위험이라 함은 올바르지 않은 M&S를 사용함으로써 발생하게 되는 위험을 의미한다. 이중에서 개발위험의 경우 V&V 활동을 통해 결함과 위험요소를 조기에 발견하여 조치함으로써 개발위험을 완화할 수 있도록 해야 하며, 운용위험의 경우 A 활동을 통해 역시 결함과 위험요소를 조기에 발견하여 조치함으로써 운용위험을 완화할 수 있도록 노력해야 한다. 일반적으로 M&S를 개발하고 활용하는데 있어서 M&S 개발사업의 PM(Program Manager)과 개발자는 개발위험의 감소와 완화를 위해 노력하게 되고, 개발된 M&S를 사용하는 사용자는 운용위험이 수용할 만한 수준인지를 개발과정에서 결정하려고 노력을 하게 된다. 이때 VV&A 업무를 수행하기 위해 선정된 V&V 에이전트와 A 에이전트는 각각 V&V 에이전트의 경우 개발자 편에 서서 개발위험의 감

소와 완화를 위해, A 에이전트의 경우 사용자 편에 서서 운용위험의 감소와 완화를 위해 노력하게 된다.

이러한 일련의 M&S VV&A 수행과 관련된 기본원리와 절차는 M&S에 대한 VV&A를 수행하는데 있어서 그 대상이 되는 M&S의 유형이나 활용분야, 사용 목적과 무관하게 동일하다. VV&A를 수행하게 되는 대상과 범위에 따라 VV&A를 수행하는 방법과 적용하게 되는 산출물에 대해 유연하게 변경하여 적용하자는 의견들도 있으나 원리와 원칙의 관점에서 검토하는 것이 필요하고 신중하게 판단하는 것이 필요하다는 생각이다. M&S에 대한 VV&A를 수행하는 시기에 대해서도 가급적 M&S를 개발하는 사업 초기에 VV&A를 수행하는 것이 바람직하며, 이미 VV&A를 수행한 M&S를 최초 계획한 목적 이외에 활용하고자 할 경우에도 VV&A 수행 여부를 결정하여 할 수만 있다면 신뢰성이 보장된 M&S를 활용하고자 하는 인식의 전환이 절대적으로 필요하다는 것이다.

39. M&S VV&A(Verification, Validation & Accreditation)! 어떤 절차와 문서체계로 수행해야 하나?

국방 업무분야의 다양한 목적과 문제 해결을 위해 사용하게 되는 모델링 및 시뮬레이션(M&S)에 대한 신뢰성을 보장하기 위한 VV&A 활동 절차는 M&S 개발과정과 아주 밀접하게 연관되어 있다. 이는 결국 국방 분야의 문제 해결을 위한 수단으로서 M&S를 활용하고자 하는 일련의 활동과 절차, 사용하고자 하는 M&S에 대한 신뢰성을 향상시키고 보장하고자 하는 VV&A 활동이 서로 연계되어 있다는 것이다. 이러한 일련의 절차에 대해서 미 국방성에서는 M&S 개발과정과 VV&A 수행절차를 실행지침 추천안(VV&A RPG: Recommended Practice Guide)으로 권고하고 있으며, 한국군도 M&S에 대한 VV&A를 수행하기 시작하면서 그간의 노력을 통해 미군과 NASA(National Aeronautics and Space Administration)의 표준과 지침들을 벤치마킹하여 효율적이고 일관성 있는 VV&A 수행을 위한 절차와 문서를 표준화하게 되었다.

국방 문제 해결을 위해 활용되는 M&S가 과연 사용하고자 하는 목적과 의도에 부합하는지 검토하고 그 신뢰성을 평가하기 위한 VV&A를 수행하기 전에 먼저 선결되어야 하는 것은 바로 문제 해결을 위해 M&S를 사용할 것인지 여부를 결정하는 것이다. 미군은 국방 문제 해결을 위해 M&S를 활용하기 위한 과정들(Processes)을 그림 26에서 보는 바와 같이 다섯 개의 과정(Process)으로 정의하였다. 그것은 바로 문제 해결 과정, M&S 개발 및 준비 과정, 인정(A) 과정, 검증 및 확인(V&V) 과정, 그리고 M&S 사용 과정이다.

이중 첫 번째가 문제 해결 과정인데, 여기에서는 먼저 해결하고자 하는 문제가 무엇인지를 식별하고 정의하며, 문제 해결과 관련된 목적이 무엇인지를 검토한 후 문제 해결을 위한 접근방법을 선택하게 된다. 이때, 만약 M&S 외에 운용분석(Operations Research) 기법이나 최적화 기법 등 수학적 공식(Closed Form Solutions)을 이용하여 문제 해결이 가능하다면 그냥 문제를 해결하면 된다.

그러나 만약 M&S 외에는 문제 해결을 위한 방안이 없다고 판단되면 M&S 개발 및 준비 과정으로 진입하게 되는데, 이때 먼저 문제 해결을 위한 M&S의 요구사항을 정의하고 그 요구사항을 충족하는 M&S의 가용 여부를 판단한 뒤 접근방법을 구상하고 계획하여, 기존의 M&S를 사용하든지, 새로운 M&S를 개발하든지, 아니면 M&S들을 연동한 페더레이션을 구축하든지 하는 계획을 수립하게 된다. M&S를 개발하고 준비하는 과정에서는 선정된 접근방법에 따라 그림 26에서 보는 바와 같이 일련의 절차를 거쳐 M&S를 개발 또는 준비하게 되는 것이다.

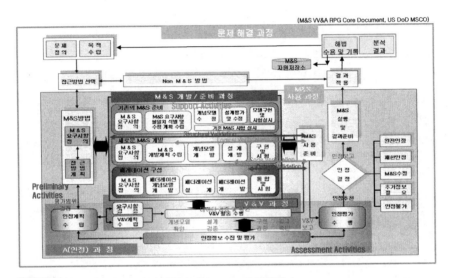

그림 26 문제 해결을 위한 M&S 개발과정과 VV&A 수행절차

M&S를 개발 또는 준비하는 동안에 VV&A 업무를 수행하는 주체인 인정(A) 에이전트는 인정(A) 과정을, 그리고 V&V 에이전트는 V&V 과정을 수행하게 된다. 이때 인정(A) 에이전트는 M&S 요구사항을 기반으로 M&S의 사용 목적과 의도에 적합한지 여부를 판단하는 기준이 되는 인정 수락 기준(인정평가항목)을 도출하고 인정평가를 위한 인정정보 요구를 포함하는 인정계획을 수립하게 된다. 인정(V) 에이전트는 V&V 에이전트가 수행하는 V&V 전 과정을 통해 인정정보를 수집하고 인정평가를 수행하여 인정추천을 하는 등 인정(A) 과정을 수행하게 된다.

한편 V&V 에이전트는 인정(A) 에이전트의 인정계획을 토대로 V&V 계획을 수립하고 M&S 요구사항 검증, 개념모델 확인, 설계 검증, 구현 검증, 데이터 검증 및 확인, 결과 확인 활동을 수행하면서 인정(A) 에이전트가 요구한 인정정보를 제공하고, V&V 활동결과를 종합하여 V&V 보고서를 작성하는 등 V&V 과정을 수행하게 된다.

V&V 에이전트는 V&V 계획을 수립하는 단계에서 인정(A) 에이전트가 M&S 요구사항을 토대로 선정한 인정 수락 기준 외에 V&V 에이전트가 개발위험 감소를 위해 관심을 갖고 검토가 필요한 사항들을 확인 수락 기준으로 선정하여 관리하게 된다.

인정(A) 에이전트와 V&V 에이전트는 M&S 개발과정을 통해 긴밀히 협력하여 인정(A) 에이전트는 사용자를 대변하여 Type II 오류를, V&V 에이전트는 개발자를 대변하여 Type I 오류를 예방하고 감소시키기 위해 각각 인정(A) 과정과 V&V 과정을 수행하고, V&V 에이전트가 제시하는 인정정보를 토대로 인정(A) 에이전트는 인정 수락 기준에 의해 인정평가를 수행하게 된다. 인정 에이전트가 인정보고서를 통해 완전인정, 제한인정(M&S 수정, 추가정보 필요 포함), 인정 불가로 인정추천을 하면 인정권자가 이를 승인함으로써 인정결정이 이루어지고, 이어서 M&S 사용 과정으로 진입하게 된다.

M&S 사용 과정에서는 완전인정일 경우는 최초 계획한 M&S 사용 목적과 의도대로 M&S를 사용할 준비를 하고 실행하여 문제 해결을 위한 결과를 준비하게 된다. 만약 인정결정이 제한인정일 경우, 제한되는 요소로 명시된 사항에 대해 추가로 보완 노력을 해야 하며, 확인(Validation) 활동을 위한 실제 체계 데이터가 가용하지 않다든지, 데이터 확보를 위해 많이 비용이 소요되든지, 구조적으로 추가적인 데이터 확보가 불가능할 경우에는 제한되는 요소를 제외한 부분에 대해 M&S를 사용할 수 있다. 좀 더 상세한 M&S VV&A를 수행하는 절차와 각 활동에 따른 산출문서들의 상호 연관 관계는 그림 27에서 보는 바와 같다.

국방 문제 해결을 위해 M&S를 사용하는데 있어서 가장 중요한 것은 M&S 요구사항을 결정하는 것이다. 한국군의 일반적인 모습은 M&S 요구사항에 대해 일목요연하게 제시할 수 있는 군이나 기관, 부서가 없다는 것이다. 또한 M&S 요구사항과 체계 요구사항 또는 소프트웨어 요구사항을 혼동하는 경우가 많다는 것이다. 따라서 VV&A를 수행할 때 가장 시간이 많이 소요되고 어려운 부분이 바로 M&S 요구사항을 정리하는 것이다. M&S를 사용하는 목적과 의도에 따라 군이나, 무기체계 연구 및 개발자나, 시험평가자가 M&S 요구사항을 명확히 정의하고 결정해야 하지만 실상이 이렇다 보니 통상 인정 에이전트의 주도하에 V&V 에이전트, 군, 연구 개발자, 시험평가자, 주제전문가들의 의견을 수렴하여 결정하고 인정권자의 승인을 받게 된다. M&S 요구사항이 결정되면 이를 충족할 수 있는 M&S 자원이 가용한지 살펴보고 구체적인 접근방법을 결정하게 되는데, 여기에는 가용한 M&S를 사용하는 방안, 기존의 M&S를 수정하여 사용하는 방안, 신규 M&S를 개발하는 방안을 고려할 수 있다. 앞서 설명한 M&S 자원들을 연동하여 페더레이션을 구축하는 방안은 뒤에 별도로 설명을 하고자 한다.

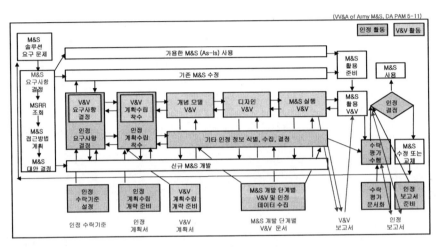

그림 27 M&S VV&A 활동 절차 및 산출문서 관계도

특히 신규 M&S를 개발해야할 경우에는, 먼저 인정 에이전트가 M&S 요구사항을 기반으로 인정 요구사항을 결정하고 인정 수락 기준을 설정하여 인정계획서를 작성하게 된다. V&V 에이전트는 인정계획서를 토대로 V&V 요구사항을 결정하고 확인 수락 기준을 결정하여 V&V 계획서를 작성하게 된다. 다음은 M&S를 개발하는 각 단계별로 V&V 활동을 수행하면서 확인 수락 기준과 인정 수락 기준을 충족할 수 있는 인정 정보와 데이터를 식별하여 수집하게 된다. 이러한 활동을 통해 M&S 요구사항 검증보고서, 개념모델 확인보고서, 설계 검증보고서, 구현 검증보고서, 데이터 검증 및 확인보고서, 결과 확인보고서를 작성하게 된다. V&V 에이전트는 모든 V&V 활동을 수행한 후 V&V 보고서를 작성하게 되는데, 이때 M&S 형상관리에 관한 사항을 추가하여 서술해야 한다. 인정 에이전트는 V&V 에이전트가 수행하는 V&V 활동 전반에 걸쳐 인정 정보와 데이터를 수집하고, V&V 활동 보고서들을 참조하여 인정 수락 기준에 의한 인정평가를 수행하여 그 결과를 포함한 인정보고서를 작성하여 인정권자에게 제출하게 된다. 최종적으로 인정권자는 문제 해결을 위해 선정되거나 개발된 M&S에 대한 인정결정을 수행하게 되는 것이다.

이때 M&S 요구사항을 충족할 수 있는 방안으로 페더레이션을 구축하는 방안이 결정되면, 페더레이션 구축에 기반이 되는 아키텍처에 따라 각각 DIS, HLA를 기반으로, 또는 아키텍처가 상이한 M&S들을 연동할 경우에는 DSEEP 절차에 따라 VV&A를 수행하게 된다. 이 경우, 아직 한국군은 한 번도 페더레이션 구축에 따른 VV&A를 수행해 보지 않았으나 지금까지 VV&A를 수행한 경험과 노하우를 잘 활용하고 아키텍처와 표준 절차를 잘 이해하고 따른다면 특별히 문제가 되거나 어려움은 없을 것으로 생각한다. 한국군은 그간 VV&A 수행절차는 NASA-STD-7009와 미 국방성 예하 각 군의 VV&A 수행절차를 벤치마킹하였고 Aegis사의 컨설팅을 받은 바 있으며, 관련 문서체계는 미 국방성의 M&S VV&A 실무지침추천안((US DoD M&S VV&A RPG)과 MIL-STD-3022를 벤치마킹하여 인정 활동 보고서 2종, V&V 활동 보고서 8종을 표준화하여 적용하고 있다. MIL-STD-3022를 거의 그대로 벤치마킹한 VV&A 활동 주요문서 4종에 대한 표준안은 표 11에, 한국군의 인정 에이전트인 국방기술품질원(이하 기품원)에서 표준화한 V&V 에이전트가 수행하는 6개 활동 보고서는 표 12에서 보는 바와 같다.

표 11 VV&A 표준문서 및 내용구성

(MIL-STD-3022, DoD Standard Practice, Documentation of VV&A for M&S, 28 Jan 2008)

인정 계획서	V&V 계획서	V&V 보고서	인정 보고서
요약문	요약문	요약문	요약문
1. 문제 개요	1. 문제 개요	1. 문제 개요	1. 문제 개요
2. M&S 요구사항 및 수락기준	2. M&S 요구사항 및 수락기준	2. M&S 요구사항 및 수락기준	2. M&S 요구사항 및 수락기준
3. M&S 가정, 능력, 제한사항 및 위험요소/영향	3. M&S 가정, 능력, 제한사항 및 위험요소/영향	3. M&S 가정, 능력, 제한사항 및 위험요소/영향	3. M&S 가정, 능력, 제한사항 및 위험요소/영향
4. 인정 방법	4. 검증 및 확인(V&V) 방법	4. 검증 및 확인(V&V) 임무 분석	4. 인정 평가
5. 인정 이슈	5. 검증 및 확인(V&V) 이슈	5. 검증 및 확인(V&V) 추천	5. 인정 추천
6. 주요 참여자	6. 주요 참여자	6. 주요 참여자	6. 주요 참여자
7. 인정 가용자원	7. 검증 및 확인(V&V) 가용자원	7. 검증및확인(V&V)자원 사용현황	7. 인정 자원 사용현황
		8. 검증 및 확인(V&V) 교훈	8. 인정 교훈
부록(제안 안) A. M&S 개요 B. M&S 요구사항 추적 매트릭스 C. 비교분석 근거 D. 참고문헌 E. 약어 F. 용어 G. 자원 분배표 H. 배부선	D. 검토의견 및 반영결과 E. 참고문헌 F. 약어 G. 용어 H. 자원 분배표 I. 배부선 J. 인정 계획서	별첨 # A. 요구사항 검증 보고서 B. 개념모델 확인 보고서 C. 설계 검증 보고서 D. 데이터 검증 및 확인 보고서 E. 구현 검증 보고서 F. 결과 확인 보고서 H. 자원 분배표 I. 배부선 J. 검증 및 확인(V&V) 계획서 K. 시험 정보	G. 자원 분배표 H. 배부선 I. 인정 계획서 J. 검증 및 확인(V&V) 보고서

한국군은 VV&A 산출문서 표준화를 추진하면서 특별히 V&V 계획서와 보고서에 2.3 확인 수락 기준을 추가하였다. 또한 V&V 에이전트가 수행하는 활동 보고서 6종의 경우 미군은 일반 작성지침만 제공하고 있을 뿐 표준화를 하지 않았으나, 한국

군은 보다 일관성 있고 효율적으로 V&V 활동 수행을 위해 표준화를 추진하여 실제 적용하고 있다. 향후 한국군이 페더레이션이나 LVC에 대한 VV&A를 수행할 경우, V&V 에이전트가 수행하는 V&V 활동 보고서에 대해서는 보다 구체적인 작성지침과 더불어 산출물 표준화 노력이 있어야 할 것으로 생각한다. 현재까지 방사청과 기품원을 중심으로 한국군이 수행한 M&S VV&A 수행 표준 절차와 문서체계는 방사청 과학적 사업관리 지침의 부록으로 제정되어 있다.

표 12 V&V 에이전트 활동 산출문서 및 내용구성

(이종효 제안 표준안)

요구사항 검증보고서	모의개념모델 확인보고서	설계 검증보고서	구현 검증보고서	데이터 V&V보고서	결과 확인보고서
머리말/목차/표목차/그림목차	머리말/목차/표목차/그림목차	머리말/목차/표목차/그림목차	머리말/목차/표목차/그림목차	머리말/목차/표목차/그림목차	머리말/목차/표목차/그림목차
1. 개요 1.1 검증 목적 1.2 검증 활동범위	1. 개요 1.1 확인 목적 1.2 모의개념 및 범위 1.3 모의구성 및 기능 1.4 가정 및 제약사항	1. 개요 1.1 검증 목적 1.2 검증 활동범위	1. 개요 1.1 검증 목적 1.2 검증 활동범위	1. 개요 1.1 확인 목적 1.2 검증 및 확인 활동범위	1. 개요 1.1 확인 목적 1.2 확인 활동범위
2. 참고 문헌 2.1 참고 문서 2.2 참고 사항	2. 모의개념모델 2.1 ○○ 모델 2.2 △△ 모델	2. 참고 문헌 2.1 참고 문서 2.2 참고 사항	2. 참고 문헌 2.1 참고 문서 2.2 참고 사항	2. 참고 문헌 2.1 참고 문서 2.2 참고 사항	2. 참고 문헌 2.1 참고 문서 2.2 참고 사항
3. 검증 방법 3.1 검증 절차 3.2 검증 방법 및 항목 3.3 검증 평가범위 및 한계	3. 확인 방법 3.1 확인 절차 3.2 확인 방법 및 항목 3.3 확인 평가범위 및 한계	3. 검증 방법 3.1 검증 절차 3.2 검증 방법 및 항목 3.3 검증 평가범위 및 한계	3. 검증 방법 3.1 검증 절차 3.2 검증 방법 및 항목 3.3 검증 평가범위 및 한계	3. 검증 및 확인 방법 3.1 검증 및 확인 절차 3.2 검증 및 확인 방법 및 항목 3.3 검증 및 확인 평가범위 및 한계	3. 확인 방법 3.1 확인 절차 3.2 확인 방법 및 항목 3.3 확인 평가범위 및 한계
4. 검증 결과 4.1 검증 활동 4.2 검증 결과	4. 확인 결과 4.1 ○○ 모델 확인방법 및 확인결과 4.2 △△ 모델 확인방법 및 확인결과	4. 검증 결과 4.1 검증 활동 4.2 검증 결과	4. 검증 결과 4.1 검증 활동 4.2 검증 결과	4. 검증 및 확인 결과 4.1 검증 및 확인 활동 4.2 검증 및 확인 결과	4. 확인 결과 4.1 확인 활동 4.2 확인 결과
5. 결론	5. 결론	5. 결론	5. 결론	5. 결론	5. 결론
부록 A. M&S 요구사항 추적표 B. 인정 및 확인수락기준 연관관계 C. 참고문서 연관관계 D. 요구사항 검증결과 E. 검토의견 및 반영결과 F. 업무담당기관 연락처 G. 참고문헌 H. 약어 I. 용어 J. 배부선	부록 A. M&S 요구사항 추적표 B. 인정 및 확인수락기준 연관관계 C. 참고문서 연관관계 D. 모의개념모델 확인결과 E. 검토의견 및 반영결과 F. 업무담당기관 연락처 G. 참고문헌 H. 약어 I. 용어 J. 배부선	부록 A. M&S 요구사항 추적표 B. 인정 및 확인수락기준 연관관계 C. 참고문서 연관관계 D. 설계 검증결과 E. 검토의견 및 반영결과 F. 업무담당기관 연락처 G. 참고문헌 H. 약어 I. 용어 J. 배부선	부록 A. M&S 요구사항 추적표 B. 인정 및 확인수락기준 연관관계 C. 참고문서 연관관계 D. 구현 검증결과 E. 검토의견 및 반영결과 F. 업무담당기관 연락처 G. 참고문헌 H. 약어 I. 용어 J. 배부선	부록 A. M&S 요구사항 추적표 B. 인정 및 확인수락기준 연관관계 C. 참고문서 연관관계 D. 데이터 검증 및 확인 결과 E. 검토의견 및 반영결과 F. 업무담당기관 연락처 G. 참고문헌 H. 약어 I. 용어 J. 배부선	부록 A. M&S 요구사항 추적표 B. 인정 및 확인수락기준 연관관계 C. 참고문서 연관관계 D. 결과 확인 결과 E. 검토의견 및 반영결과 F. 업무담당기관 연락처 G. 참고문헌 H. 약어 I. 용어 J. 배부선

40. M&S VV&A! 어떤 기관들이 어떤 역할과 기능을 수행해야 하나?

모델링 및 시뮬레이션(M&S)에 대한 VV&A를 수행하기 위해서 여러 기관들이 참여하여 각각 독립적이면서도 유기적인 업무를 수행하여 M&S의 사용 목적과 의도에 따른 적합성과 신뢰성을 보장하게 된다. 먼저 VV&A 활동을 수행하기 위해 어떤 역할들이 필요한지 살펴보고 그러한 역할은 어느 기관이 수행하는지, 그리고 보다 정확하게 각 기관이 어떤 기능들을 수행하게 되는지 살펴보고자 한다. 일반적으로 M&S VV&A를 수행하기 위해서는 인정권자, 인정(A) 에이전트, V&V 에이전트, 개발자(프로그램 담당자, 연구자 포함), 그리고 주제전문가가 필요하다.

먼저 인정권자는 VV&A 업무를 총괄하는 임무와 역할을 수행하게 되는데, 통상은 방사청 IPT 팀장이 맡거나 군에서 직접 사업관리를 할 경우에는 소요군 또는 합참의 사업단장이 맞게 된다. 인정(A) 에이전트는 인정권자를 대신하여 VV&A 업무를 실질적으로 주관하여 실행하는 임무와 역할을 맞게 된다. 한국군은 인정 에이전트를 기품원이 하는 것을 원칙으로 하되, 필요시에는 국방 관련 연구기관이나 방사청에서 지정하는 전문기관이 수행할 수 있도록 하고 있다. V&V 에이전트는 개발자 관점에서 개발하는 M&S에 대한 검증(Verification)과 확인(Validation) 활동을 하게 된다. V&V 에이전트는 개발자의 품질보증 업무를 담당하는 부서나 유사한 업무를 담당하는 다른 독립 부서가 수행하는 것을 원칙으로 하되, 개발자에게 V&V 활동을 수행할 만한 능력이 없을 때에는 개발자 이외의 M&S 개발 업체나 국방 관련 연구기관에서 수행할 수 있도록 하고 있다. 이 역할은 국방과학연구소(이하 국과연) 주관 연구개발의 경우는 국과연 M&S기술실이 맡도록 하고 있다. 개발자는 실제 M&S를 개발하는 기관을 의미하며, 여기에는 연구개발을 수행하는 기관이나 프로그램 담당자를 포함하게 되는데 통상 무기체계 개발과 관련된 M&S의 경우에는 국과연과 방산업체가 될 것이고, 획득대상 체계 자체가 M&S인 경우에는 M&S 개발 업체가 될 수 있다. 그 외에 꼭 필요한 역할이 바로 주제전문가(SME: Subject Matter Experts)이다. 주제전문가는 개발하는 M&S의 사용 목적과 의도, 활용하게 되는 분야(Domain Area)에 따라 그 해당분야의 전문가들을 의미하며, 군·산·학·연을 망라하여 VV&A 활동과 업무 수행에 도움을 줄 수 있는 10여 명의 전문가들로 구성하게 된다. VV&A 활동 참여기관과 개략적인 역할은 그림 28과 같다.

(방사청 M&S 적용 매뉴얼 , 청 매뉴얼 제2017-6호, '17.8.23)

구 분	업 무 내 용	기 관
인정권자	• VV&A 절차 및 업무 전반 조정, 관리 / 인정 에이전트 지정 • 인정계획서 승인 / 인정 판정	방사청 IPT 소요군/함장
인정 Agent	• 인정활동 수행 / 인정계획서, 인정보고서 작성 • 인정수락기준, 기준값 설정 / 인정평가 / 인정추천	기품원 (또는 전문기관)
V&V Agent	• V&V활동수행 / V&V활동단계별 검증및확인보고서작성 • 인정 Agent의 인정활동 지원	방산업체 ADD
개발자	• VV&A 활동 지원	방산업체
SMEs (주제전문가 그룹)	• 인정활동 자문, 지원(분야별)	군, 산, 학, 연 10여명

그림 28 M&S VV&A 참여자(기관) 및 역할

이제 VV&A에 참여하는 기관이 수행하는 역할과 기능을 좀 더 상세하게 알아보자. 먼저 통상 IPT 팀장이 맡게 되는 인정권자는 VV&A 수행 절차 및 업무 전반에 대해 조정, 관리, 통제하는 임무와 역할을 수행하게 되고, 인정 에이전트를 지정해야 한다. VV&A를 수행하기 위해서는 개발하는 M&S가 사용하고자 하는 목적과 의도에 부합하는지를 보장하기 위해 VV&A를 수행할 것인지 여부를 가급적 조기에 결정해야 한다. 대다수 경우 M&S 개발사업을 관리한다는 관점에서 인정권자는 VV&A 활동이 계획된 일정과 예산 범위 내에서 사업을 성공적으로 완료하는데 지연이나 장애 요인이 되지 않을까 우려하여 망설이게 되는데, M&S의 신뢰성을 보장하기 위해 개발 절차와 동시에 VV&A 활동을 수행함으로써 제대로 개발을 못 한 것을 밝혀낸 경우는 있었어도 개발일정에 지장을 초래한 사례는 없었다. 아무튼 인정권자는 VV&A 수행 여부와 그 대상과 범위를 결정하고, 인정 에이전트가 제시하는 M&S 요구사항과 인정 수락 기준, 인정계획서, 인정 평가결과와 인정 보고서를 승인하고 인정 판정을 하게 된다.

VV&A 활동을 실질적으로 주도하여 수행하는 것은 바로 인정(A) 에이전트의 몫이다. 앞서 설명한 바와 같이 인정 에이전트는 통상 기품원에서 수행하는데, 획득대상 체계 자체가 M&S인 경우 초기에는 타 기관에서 수행한 적도 있었다. 그리고 그 과정에서 여러 가지 교훈을 얻게 되었다. 인정 활동은 시험평가에서 시험결과에 대한 판정을 하는 것과 달리 그림 29에서 보는 바와 같이 M&S 개발 전 과정을 V&V

에이전트와 함께 계획을 수립하고 수행하면서 활동 보고서들을 검토하여 수정 보완을 요구하고, 인정 정보를 수집하여 신뢰성 있는 M&S를 개발해 가는 과정인 것이다. 따라서 인정 에이전트는 VV&A 활동을 시작하면, 우선 M&S 요구사항을 식별하여 설정하고, 요구사항을 토대로 인정 수락 기준을 선정하며, 인정계획을 수립하여 M&S 개발 전 과정을 거쳐 V&V 에이전트와 함께 인정 정보를 수집하게 된다. 이 과정에서 앞서 설정한 인정 수락 기준에 대해 가중치를 부여하고 인정 기준값을 설정하며, 인정 정보를 토대로 인정 달성값을 부여하여 인정평가를 수행하고 인정추천을 하게 된다. 인정 추천에 대해 인정권자가 인정판정을 하게 되면 그 결과까지 포함하여 인정 보고서를 제출함으로써 인정업무를 종료하게 된다. 이러한 인정 에이전트 전반에 걸쳐 M&S를 활용하게 되는 분야(Domain Area)에 관한 전문지식은 주제전문가(SME)를 선정하여 도움을 받게 된다. 인정 에이전트가 인정업무를 수행하면서 꼭 기억해야 할 사실은, 외형적으로는 인정권자를 대변하여 인정업무를 수행하지만 실제로는 궁극적으로 M&S를 사용하는 워파이터, 즉 전투원을 대변한다는 것과 사용자 관점에서 Type Ⅱ 오류를 감소시키는 것이 주 임무라는 것이다.

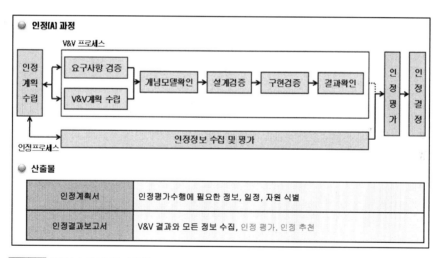

그림 29 인정(A) 과정 및 산출물

V&V 에이전트는 개발자를 대변하는 역할로, 통산 개발자가 지정하고 인정권자의 승인를 받아 결정하게 된다. V&V 에이전트는 인정 에이전트가 선정한 인정 수락 기준과 인정계획을 기반으로 V&V 계획을 수립하게 되는데, 이때 확인 수락 기준도 함께 설정하여 관리하게 된다.

V&V 에이전트는 그림 30에서 보는 바와 같이 V&V 활동을 수행하는 동안 인정 에이전트가 제시한 인정 수락 기준과 인정 정보요구를 참조하여 M&S 요구사항, 개념모델, 설계, 구현, 데이터, 그리고 결과에 이르기까지 각각 검증과 확인 활동을 수행하고, 공식적으로 증거로 활용할 수 있는 자료들을 수집하여 제시하여야 한다. V&V 에이전트는 인정 에이전트와 긴밀하고도 유기적인 협조와 협력으로 인정 에이전트가 요구하는 정보와 V&V 에이전트의 활동 보고서에 대한 검토의견을 경청하고 이를 수정 보완하여 증거자료를 제시해야 한다. 일반적으로 범하는 V&V 에이전트의 오류 중의 하나는 M&S VV&A 활동을 인정 에이전트의 지침에도 불구하고 시스템 엔지니어링(SE: System Engineering) 관점에서 접근한다는 것이다. VV&A 활동 전반을 통해 V&V 에이전트가 명심해야 할 사항은 V&V 에이전트가 개발자의 대변자 역할을 수행하는 것으로, Type I 오류를 감소시키는 역할, 즉 개발자가 M&S를 요구사항에 맞게 개발한 것을 잘못 만들었다고 함으로써 추가적인 자원과 시간을 투입하게 하는 것을 예방하는 것이라는 것이다.

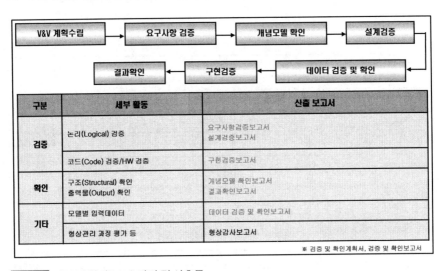

그림 30 검증 및 확인(V&V) 과정 및 산출물

VV&A 활동 간의 개발자의 역할과 기능은, 일단 체계 요구사항과 소프트웨어 요구사항, 그리고 특별히 M&S 요구사항에 따라 양질의 M&S를 개발하는 것이 가장 중요하다. 이에 추가하여 V&V 에이전트와 보다 긴밀하게 협력하여 V&V 활동을 지원하고, 인정 에이전트가 요구하는 인정 정보요구에 대해 단순한 자료 제공을 넘어 증빙자료로서 가치가 있고 신뢰할 수 있는 자료들을 제공해야 한다는 것이다. 일반

적으로 인정 에이전트가 추가 인정정보를 확보하기 위해 수행하는 것이 Black Box Test이고, V&V 에이전트가 확인 활동과 인정 활동 지원을 위해 직접 수행할 수 있는 것이 Gray Box Test인데 비해, 개발자는 개발의 매 단계와 국면에 White Box Test를 수행함으로서 M&S 요구사항에서 요구하는 규격대로, 실제 구현하고자 하는 실세계의 모습대로 만들었음을 스스로 증명한다는 자세가 필요하다. VV&A 활동 전반, 특히 M&S 요구사항을 선정하고 정제하는 과정에서 사용자인 워파이터의 의견을 경청하고 경우에 따라서는 워파이터가 원하는 수준과 기법으로 M&S를 개발하고자 하는 자세가 요구된다는 것이다.

VV&A 활동을 위해 꼭 필요한 참여자가 바로 주제전문가(SME) 그룹이다. 무기체계 획득의 일부로 사용하는 M&S이든지, 획득대상 체계 자체가 M&S이든지를 막론하고 VV&A를 수행하는 대상 체계가 다양하다 보니, VV&A 활동에 참여하는 어느 기관이나 참여자도 해당 분야에 대해 박식한 전문지식을 알고 있기는 쉽지 않은 것이 현실이다. 이러한 어려움을 해결하는 하나의 방안이 바로 주제전문가를 선정하여 운용함으로써 그들의 전문지식을 M&S 개발과정에 적절히 활용하고, 그 결과로 실제 체계의 모습과 같고 신뢰할 수 있는 M&S를 개발하자는 것이다. 주제전문가는 군·산·학·연을 망라한 최고 전문가들을 식별하고 선정하여 운용하고자 하는데, 대상 M&S 체계와 관련된 군, 그리고 방산업체의 이해관계를 고려하여 투명하고도 공정한 VV&A 활동이 되도록 참여인원을 엄선하여 운용하게 되는 것이다. 일단 주제전문가로 선정되면 M&S 개발과정과 병행하여 진행되는 VV&A 활동 전 과정에 함께 참여하도록 하여 M&S 요구사항 선정, 인정 수락 기준 선정, VV&A 활동의 전 산출물의 검토, 인정평가 검토회의를 비롯한 모든 검토회의 참석 등의 활동을 수행하게 된다.

지금까지 설명한 바와 같이 M&S VV&A 활동은 사용하고자 하는 목적과 의도에 적합하게 M&S가 개발되었는지를 평가하고 신뢰성을 향상시키고 보장하기 위해 여러 기관이 각각의 역할과 기능을 수행하며 참여하게 되는 것이다. VV&A 활동은 한마디로 사용자 관점에서는 잘못 개발된 M&S를 제대로 만들었다고 잘못 판단하는 Type II 오류를 줄이고, 개발자 관점에서는 제대로 개발한 M&S를 잘 못 만들었다고 판단하는 Type I 오류를 줄이자는 것으로 이를 위해 여러 기관과 참여자들이 각각 독립적이면서도 유기적으로 일련의 활동을 수행하게 되는 것이다. 이 과정에서 중요한 것은 VV&A의 원리와 원칙을 제대로 이해하고, 이미 만들어진 표준 활동과 절차를 준수하며, 역시 표준화하여 제시된 산출물과 증거자료들을 충실하게 제시하고 제대로 평가하자는 것이다. 한국군의 VV&A 활동 참여자와 상호 연관 관계와는 다소 차이가 있으나 미군이 VV&A 실행 핸드북(DoD M&S VV&A Implementation Handbook VI VV&A Framework, 30 Mar 2004)에서 제시하고 적용하는 원론적인 상호관계도는 그림 31에서 보는 바와 같다.

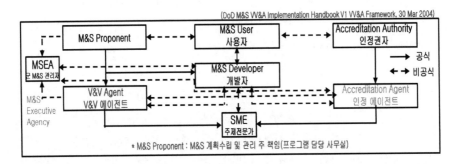

그림 31 M&S VV&A 참여자 상호관계도

41. M&S VV&A!
어떤 기준과 방법으로 인정평가를 수행해야 하나?

　모델링 및 시뮬레이션(M&S)에 대한 VV&A 활동 중 인정평가를 수행하기 위한 기준과 방법은 무엇이며, 어떻게 해야 하는지 구체적으로 살펴보자. 개발하는 M&S가 사용하고자 하는 목적과 의도에 부합하는지를 평가하기 위한 가장 중요한 요소는 M&S 요구사항이다. 사용 목적과 의도에 부합하는지 여부를 따지기 이전에, 검증(Verification)과 확인(Validation) 활동의 요체는 결국 M&S를 M&S 요구사항대로 만들었는지, 또 실제 만들고자하는 실제 체계 모습대로 만들었는지를 평가하는 것이다. 이러한 개념과 원리 속에 사용 목적과 의도에 부합 여부를 평가하는 인정 활동의 기본개념이 담겨 있는 것이다.

(M&S V&V Challenge, JH APL Technical Digest V25, No2(2004), Dale K. Pace)

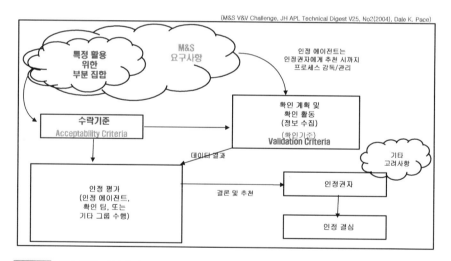

그림 32 M&S 인정 기본개념

　M&S에 대한 인정평가(Acceptability Assessment)를 수행하기 위해서는 그림 32에서 보는 바와 같이 M&S 요구사항을 잘 정의하여 선정하고 M&S 요구사항 중에서 M&S의 사용 목적과 의도에 부합 여부를 평가하고 판단하는데 중요하다고 생각되는 일

부 요구사항들을 고려하여 인정 수락 기준(Acceptability Criteria)을 도출하게 된다. 이때 고려된 M&S 요구사항과 그로부터 도출된 인정 수락 기준은 반드시 동일한 숫자나 요소가 될 필요는 없으며, 경우에 따라서는 One to One, One to Many, 또는 Many to One으로 매핑(Mapping)이 되도록 선정할 수 있다. 또한 이때 M&S 요구사항 중에서 인정 수락 기준을 선정할 때 고려되지 않은 요소들은 V&V 에이전트가 M&S를 제대로 개발하는데 필요하다고 생각하면 확인 수락 기준(Validation Criteria)으로 선정할 수 있다. 이렇게 선정된 인정 수락 기준과 확인 수락 기준은 각각 인정 에이전트와 V&V 에이전트가 별도로 관리하게 된다. 인정 에이전트는 V&V 에이전트가 수행하는 V&V 활동을 통해서 인정 수락 기준의 관점에서 인정정보를 수집하여 인정평가를 수행하게 된다. V&V 에이전트는 인정 에이전트가 요구하는 인정정보를 인정 수락 기준의 관점에서 검토하고 판단하여 적절한 평가가 가능하도록 증빙자료와 데이터를 제공하고, 또 다른 한편으로는 확인 수락 기준의 관점에서 M&S가 제대로 개발되었는지, 실제 체계의 모습대로 개발되었는지를 판단하고 평가하게 된다. 이처럼 인정평가가 완료되면 인정 에이전트는 인정권자에게 인정추천을 하고, 인정권자는 인정결심을 하게 되는 것이다.

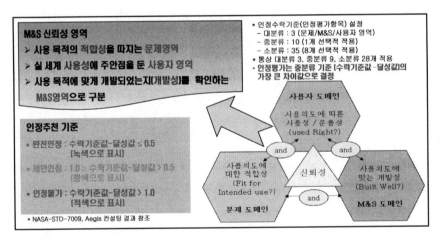

그림 33 인정 수락 기준의 분류 및 인정추천 기준

M&S 요구사항으로부터 도출하여 선정하게 되는 인정 수락 기준(Accreditation Criteria)은 NASA-STD-7009와 Aegis사의 컨설팅 결과와 무기체계 특성들을 고려하여 그림 33에서 보는 바와 같이 문제 영역(Problem Domain), M&S 영역(M&S Domain), 사용자 영역(User Domain)으로 구분한다. 문제 영역에서는 M&S의 사용 목적과 의도

에 대한 적합성을, M&S 영역은 사용 목적과 의도에 맞는 개발성을, 그리고 사용자 영역은 사용 목적과 의도에 따른 사용성과 운용성을 고려하게 된다. 이렇게 분류한 세 가지 영역을 대분류로 하고 그 하위 개념으로 중분류를, 다시 각 중분류에 소분류로 구분하여 인정 수락 기준 즉, 인정평가항목을 설정한다는 것이다. 현재에 적용하고 있는 인정 수락 기준은 대분류 3개, 중분류 10개(문제 영역-구성요소, 기능과 상호작용, 범위·규모 및 상세 정도: M&S 영역-코드검증, 수치해석, 결과물 확인, 개발과정 성숙도: 사용자 영역-실행 편의성, 분석 및 추적 용이성, 운용자·사용자·분석가 적절성(선택 적용)), 소분류 35개(8개 선택적 적용)로, 2008~2015년에 적용한 대분류 3개, 중분류 7개, 소분류 19개 항목에 비해 통상 대분류 3개, 중분류 9개, 소분류 27~28개를 적용하고 있다. 원래 인정 기본개념을 적용하면 VV&A 대상 체계와 범위, 수준에 따라 그에 맞게 인정 수락 기준을 선정하여 적용해야 하나, 실제 VV&A 업무를 수행하다 보면 그때그때 선정해서 적용하는 방안보다도 앞서 설명한 바와 같이 표준화한 인정 수락 기준을 정해 놓고 선택적용에 해당되는 부분만을 고려하는 것이 보다 효율적이고 큰 무리가 없으며, 부작용이 상대적으로 적음을 알 수 있게 되었다.

인정평가를 수행하는 방법은, 먼저 앞서 선정한 대분류, 중분류, 소분류로 구분된 인정 수락 기준들에 AHP(Analytic Hierarchy Process) 기법을 적용하여 상대적 가중치를 결정하고 인정 수락 기준 별로 인정 에이전트가 인정 기준값을 정하게 된다. 다음은 VV&A 활동을 수행한 결과로 수집된 인정정보와 증빙자료를 토대로 인정 수락 기준 별로 인정 에이전트가 인정 평가값을 부여하게 된다. 인정 수락 기준에 대한 가중치와 인정 기준값, 인정 평가값이 결정되고 나면 중분류를 기준으로 하위 소분류에 대해 각각의 인정 기준값과 가중치를 고려하여 합산한 수락 기준값과 각각의 인정 평가값, 가중치를 고려하여 합산한 달성값의 차이를 계산하여 그 차이 값중 가장 큰 차이 값과 해당 중분류에 의해 인정평가를 수행하게 된다. 한국군이 처음으로 VV&A 개념을 도입하여 적용할 때는 대분류, 중분류 및 소분류의 모든 가중치를 함께 고려하여 하나의 수락 기준값과 달성값의 차이로만 인정평가를 수행했다. 하지만 이렇게 하다 보니 M&S 요구사항이나 인정 수락 기준 관점에서 전체적으로 모든 요소를 균형 있게 잘 개발하지 않아도 가중평균(Weighted Average)에 의해 인정평가를 잘 받게 되는 경우가 발생하는 경우가 있었다. 미군이 우주왕복선 챌린저호와 컬럼비아호 참사 이후 수 년에 걸친 분석과 교훈, 그리고 연평도 포격사건 시에 일부 이슈가 되었던 무기체계의 사례들을 토대로 중분류 기준으로 인정평가를 수행하여 전반적으로 균형 있는 개발의 관점에서 인정평가를 수행하게 된 것이다.

인정평가를 수행하는데 있어서 인정 기준값과 인정 평가값을 결정하는 개념으로는 CAS(Credibility Assessment By Score) 기법을 적용하게 된다. 실제 Score를 정하는 방법은 NASA-STD-7009를 준용하고, Aegis사의 컨설팅(2008년) 결과와 그간의 인정 수행 결과를 참조하여 Level 0~4까지(Level 4-실제 환경, 실제 시스템 확인 완료: Level 3-실험 데이터 중요요소 검증 및 확인: Level 2-전문가 의견/다른 M&S 참조 데이터와 비교: Level 1-최소한도 평가증거: Level 0-증거 불충분) 정수단위 점수 부여가 원칙이나, NASA의 우주왕복선이 아닌 무기체계임을 고려하여 0.5점 단위로 부여할 수 있도록 하였다. 통상적으로 인정 수락 기준의 평가항목별 인정 기준값은 3.0(실험 데이터 중요요소 검증 및 확인)을 부여하고, 무기체계별 해당 평가항목의 중요도를 고려하여 필요 시 ±0.5를 고려하여 결정하게 된다. 또한 인정 기준값과 인정 평가값을 판단하는 기준을 그림 34에서 보는 바와 같이 정성요소와 정량요소로 구분하여 제시하고 있고, 실제 인정평가 시에는 이에 추가하여 인정 수락 기준(평가항목)별로 세부 평가 기준을 제시하고 있다. 앞서 설명한 바와 같이 인정평가는 중분류를 기준으로 해당 소분류 평가 항목들에 대한 누적가중치인 (수락 기준값 - 달성값)이 가장 큰 숫자로 수행하게 되는 것이다. 이때 그림 34에서 보는 바와 같이 수락 기준값과 달성값의 차이 값이 가장 큰 숫자가 0.5보다 작거나 같으면 완전인정, 0.5 < 가장 큰 차이값 ≤ 1.0일 경우 제한인정, 1.0보다 크면 인정 불가로 판정하게 된다. 참고로 V&V 에이전트가 수행하는 확인 수락 기준에 대한 평가는 CAL(Credibility Assessment by Checklist) 개념에 의

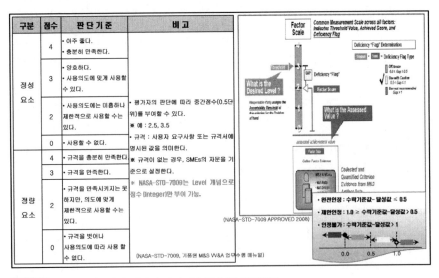

그림 34 인정(A) 기준값과 평가값 판단기준 및 인정 판정기준

해 검증과 확인 활동을 통해 이상 없이 수행이 되었는지 여부를 체크하는 형태로 수행하게 된다.

이와 같이 인정평가를 수행하려면 실제 데이터에 근거한 객관적이고 확실한 정보가 있어야 하는데, 이것을 인정정보라 부르고 인정 에이전트가 직접, 또는 V&V 에이전트를 통해서 수집하게 된다. 이러한 인정정보에는 우선, M&S에 대한 개요 정보로 M&S의 사용 목적과 의도, 요구사항, 적절한 측정 기준, 가정사항 및 제한사항, 위험 요소 및 그 예상되는 영향, 그리고 적용하는 알고리즘이나 기존 프로그램에 대한 VV&A 수행 여부와 사용 현황 등이 포함된다. 다음은 M&S의 기능과 특성에 관한 정보로서 세부적인 기능과 개념모델에 대한 설명, 상세한 소프트웨어 규격, 논리적 검증, 민감도 분석결과 등이 여기에 속한다. 이러한 정보에 추가하여 실제로는 인정평가를 위한 대다수 정보는 V&V 활동 보고서를 통해서 얻게 되는데, 그것은 바로 M&S 요구사항에 대한 검증, 개념모델에 대한 확인, 설계 검증, 데이터 검증 및 확인, 구현 검증, 그리고 결과 확인 활동과 그에 따른 보고서를 통해 얻게 되는 것이다.

보다 가치 있는 인정정보를 확보하기 위해 VV&A 활동 간에 적용할 수 있는 여러 가지 방법과 기법들이 있다. 다양한 형태의 White, Gray, Black Box Test 기법과 공식(Formal), 비공식(Informal), 정적(Static), 동적(Dynamic) 시험(Test) 기법들을 활용할 수 있는 것이다. 그러나 할 수만 있다면 M&S의 사용 목적과 의도와 요구사항과 인정 수락 기준을 고려하여, 비공식보다는 공식, 정적보다는 동적 시험을 수행하여 신뢰할 수 있는 인정정보를 제공하고, 확보하려는 노력이 필요하다. 일반적인 인정정보의 가치는 실제 체계로 실제 환경에서 시험한 결과, 실제 체계로 실험 환경에서 시험한 결과, M&S를 실행한 결과 또는 과거 시험 데이터, 주제전문가의 의견의 순으로 상이하게 평가를 하게 된다. VV&A 활동을 통해 최대한 객관적이고 신뢰할 수 있는 인정정보와 데이터를 수집하고 제공하며 평가하는 것이 인정 에이전트와 V&V 에이전트의 가장 큰 역할 중의 하나임은 부인할 수 없을 것이다.

참고로, 한국군은 2008년 처음으로 철매-II 시험평가용 M&S(MITS: Mid-Surface to Air Missile Integrated Test System)를 개발하면서 VV&A를 수행한 이래 2015년까지 7건을 수행하였고, 그중에 시험평가용 M&S에 대한 인정은 성공했으나 실제 체계개발은 실패한 사례가 있었다. 또한 훈련용 M&S 개발은 국내 기술수준 미흡으로 제한인정으로 평가했으나 실제 사용하기에는 제한되는 사례가 있었다. 2015년부터 획득대상체계 자체가 M&S인 경우에 대한 VV&A 소요가 급증하여 한국국방연구원(이하 국방연)에서 인정 에이전트 역할을 수행하기도 하였다. 무기체계 시험평가용 M&S와 무기체계 내장형 소프트웨어에 대한 VV&A 소요도 급증하여 기품원은 2016~17년간에 7건의 인정 에이전트 임무를 수행하였다. 앞으로 해군 함정 조함사업에 사용되는 M&S에 대한 VV&A 요구와 한국군의 M&S 연동체계(Federation) 구축 및 LVC(Live, Virtual, Constructive) 구축에 대비하여 VV&A 수행 역량을 확충하고, 국제표준인 FEDEF(Federation Development and Execution Process), DSEEP(Discrete Simulation Engineering Execution Process) 절차를 준수하여 VV&A를 수행할 수 있는 역량을 키워야 할 것이다.

M&S VV&A 활동을 수행하면서 어떤 기준과 방법으로 인정평가를 수행하는지, M&S 요구사항 도출에서부터 인정 수락 기준(Acceptability Criteria)과 확인 수락 기준(Validation Criteria) 선정, 그리고 검증(Verification)과 확인(Validation), 인정평가(Accreditation Analysis) 활동을 수행하는 또 다른 관점의 포괄적인 VV&A 절차는 그림 35에서 보는 바와 같다.

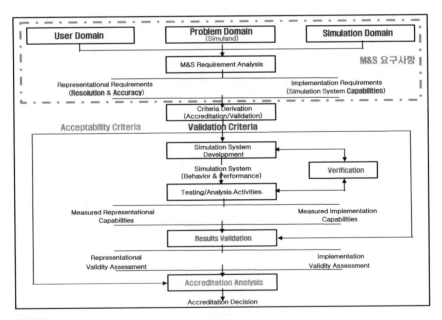

그림 35 M&S 요구사항 관점에서의 VV&A 수행절차

42. M&S VV&A! Federation과 LVC 구축에 대비해 무엇을 어떻게 준비하고 수행해야 하나?

모델링 및 시뮬레이션(M&S)의 연동체계인 페더레이션(Federation)과 상이한 시뮬레이션 유형들의 연동체계인 LVC(Live, Virtual, Constructive)에 대한 VV&A 수행을 위해 무엇을 어떻게 준비하고, 실제 어떻게 VV&A 활동을 수행할 것인가 하는 과제와 이슈는 분명 한국군이 곧 부딪히게 될 당면과제이지만 쉽지 않은 일임은 분명하다. 사실 그간 한국군은 1990년대 초부터 모델연동 개념에 의한 M&S 연동체계를 적용하는 한미 연합연습에 참가하였고, 2000년대 중반부터는 한국군의 모의 모델들을 미군 모델들과 연동하여 연습에 참가하고 있지만, 한국군은 독자적으로 M&S 연동체계(Federation)를 구축해본 적도, 더욱이 LVC를 구현해본 적도 없는 실정이다. 이러한 실정인데 M&S 연동체계와 LVC에 대한 VV&A를 논한다는 것 자체가 무리일 수도 있을 것이다.

그러나 한국군이 M&S 연동체계와 LVC를 구축하여 활용을 시도한다면, 연동체계와 LVC를 구축했다는 그 자체만을 바라볼 것이 아니라 사용하고자 하는 목적과 의도를 충분히 충족할 수 있어야 할 것이다. 이에 추가하여 할 수만 있다면 새로운 작전요구와 목적에 재활용할 수 있도록 연동체계와 LVC에 참여하는 M&S 자원과 시뮬레이션 유형들을 유연하게 상호 연동 운용하고 재사용할 수 있도록 해야 한다. 이러한 필요와 요구를 충족하려면 Customized, Tailoring 개념의 연동이 아니라 국제표준을 준수한 가운데 체계적으로 연동을 구현해야 할 것이며, 이 과정에서 사용하고자 하는 목적과 의도에 부합하도록 적합하게 구현을 하였는지 검증(Verification)하고 확인(Validation)하며 최종적으로 인정(Accreditation)을 수행하여 활용해야 한다는 것이다.

한국군은 M&S 관련 아키텍처나 표준의 관점에서 DIS(Distributed Interactive Simulation)와 HLA(High Level Architecture)는 사용하는 반면, 미군이 사용하고 있는 TENA(Test & Training Enabling Architecture)와 CTIA(Common Training Instrumentation Architecture), 그리고 옛 아키텍처인 ALSP(Aggregate Level Simulation Protocol)는 사용하지 않고 있다. 미군을 비롯한 선진국들이 LVC를 구현하기 위해 적용하는 DSEEP(Distributed Simulation Engineering Execution Process), DMAO(DSEEP Multi-Architecture Overlay), FEAT(Federation Environment Agreement Template)라는 국제표준과 절차도 역시 한국군은 별로 관심이 없어 보인다.

앞서 M&S 관련 아키텍처를 설명하면서 TENA와 CTIA에 관해 설명하였듯이, 이 두 개의 아키텍처는 미 국방성에서 GOTS 개념으로 관리하기에 섣불리 도입해서 사용할 수 없는 실정이다. DIS와 관련해서는 기존에 우리 군이 보유하고 있는 시뮬레이터들의 일부에 적용되고 있을 뿐, DIS를 기반으로 연동체계(Federation)를 구축하는 사례는 거의 없을 것으로 판단된다. 한 가지 더 고려할 사항은 2010년에 IEEE에서 IEEE 1730으로 DSEEP을 제정하면서 2003년에 IEEE 1516.3으로 제정한 FEDEP을 대체하도록 하였고, 앞으로 개발하는 모든 M&S 연동체계는 그것이 HLA를 기반으로 하는 Federation이든지, 아니면 LVC이든지를 막론하고 DSEEP을 적용하도록 권고하고 있다.

이러한 사실을 바탕으로 한국군이 M&S 연동체계(Federation) 또는 LVC를 구축할 경우에는 DSEEP을 적용하는 것이 바람직할 것이며, 당연히 DSEEP 절차에 따른 VV&A 활동이 수행되어야 할 것이다. 그러나 FEDEP에 관한 VV&A 절차는 IEEE 1516.4로 잘 정의되어 있는데 비해 DSEEP에 대해서는 아직 명확히 정의된 것이 없으므로, IEEE 1516.4 VV&A Overlay to the FEDEP을 중심으로 연동체계(Federation) 개발과정에서의 VV&A 활동절차를 살펴보고, 이어서 DSEEP 관점에서 추가로 고려할 요소들을 살펴보고자 한다.

HLA 아키텍처를 기반으로 개발된 M&S 자원들을 연동하여 연동체계(Federation)를 개발하기 위한 IEEE 1516.3 FEDEP 절차는 그림 36에서 나타난 바와 같이 7단계로 나누어져 있다. 먼저 1단계에서 페더레이션 목적을 정의하고, 2단계에서 개념분석을 수행하며, 3단계에서 페더레이션을 설계하고, 4단계 페더레이션을 개발하게 된다. 다음 5단계에서는 페더레이션을 통합 및 시험하는 계획을 수립하고, 6단계에서 페더레이션을 실행하여 결과를 준비하며, 그리고 마지막 7단계에서 데이터를 분석하여 최종적으로 결과를 평가하게 된다. 이러한 FEDEP 절차를 적용하여 연동체계를 구축하는 과정에 대한 VV&A 활동은 마치 M&S를 개발하는 과정에서 M&S 요구사항 검증으로부터 결과 확인 단계까지의 활동과 마찬가지로 매 단계마다 검증과 확인 활동을 수행하게 되는 것이다. 첫 번째인 1단계에서는 페더레이션 목적을 검증하고, 2단계에서는 페더레이션 개념모델에 대해 검증과 확인을 하며, 3단계에서는 페더레이션 디자인을 검증하고, 4단계에서는 페더레이션 개발을 검증하게 된다. 다음 5단계에서는 페더레이션을 확인하여 수락여부를 결정하며, 6단계에서 페더레이션 결과에 대해 검증과 확인을 하고, 마지막 7단계에서 페더레이션 VV&A 활동의 산출물들을 종합하게 된다.

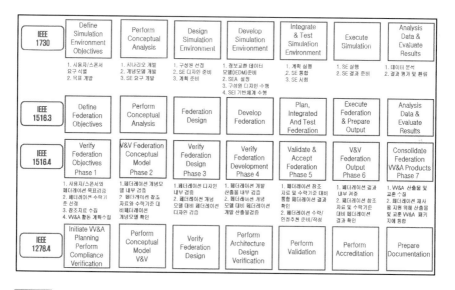

그림 36 VV&A Overlay to the FEDEP

HLA 기반의 FEDEP를 적용하여 연동체계를 구축하는 각 단계별 VV&A 활동을 좀 더 자세하게 살펴보자. 1단계인 페더레이션 목적을 정의하는 과정에서는 페더레이션 목적에 대한 검증 활동을 수행하게 된다. 이를 위한 1단계 세부 활동으로는 우선 페더레이션의 사용자 또는 사용자를 대변하는 스폰서와 함께 페더레이션 목적을 검증하게 되며, 이러한 사용 목적과 의도를 토대로 페더레이션 수락기준을 선정하게 된다. 이와 더불어 페더레이션과 관련된 참조자료를 수집을 하고 VV&A 활동계획을 수립하게 되는 것이다. 2단계 개념분석을 수행하는 과정에서는 페더레이션 개념모델에 대한 검증과 확인 활동을 수행하게 된다. 세부 수행사항으로는 페더레이션의 사용 목적과 의도를 기반으로 페더레이션 개념모델 내부에 대한 검증활동을 수행하고, 더불어 수집한 페더레이션 참조자료와 수락기준에 대비하여 개념모델에 대한 확인활동을 수행하게 된다. 3단계인 페더레이션 설계 과정에서는 페더레이션에 대한 설계를 검증하는 활동을 수행하게 된다. 이를 위해 먼저 페더레이션 디자인 내부를 검증하고, 페더레이션 개념모델과 대비하여 페더레이션 디자인을 검증하게 된다.

4단계 페더레이션 개발 과정에서는 개발된 페더레이션을 검증하는 활동을 수행하게 된다. 이를 위해 페더레이션 개발 산출물 내부에 대해 검증을 하고 페더레이션 개념모델과 대비하여 페더레이션 개발 산출물을 검증하게 되는 것이다. 5단계인 페더레이션 통합 및 시험 계획 수립 과정에서는 페더레이션을 확인하고 수락여부를 결정하는 활동을 수행하게 된다. 이를 위해 우선 페더레이션 참조자료 및 수락기준과 대비하여 페더레이션 통합 및 시험 결과를 확인하여 페더레이션 수락여부를 평가하여 결정하고 그에 따른 인정추천 준비와 보고서를 작성하게 된다. 6단계는 페더레이션을 실행하고 출력결과를 준비하는 과정으로, 이때 페더레이션 출력결과에 대해 검증과 확인 활동을 수행하게 된다. 즉, 보다 구체적으로 페더레이션 결과에 대해 내부 검증 활동을 수행하고 페더레이션 참조자료 및 수락기준과 대비하여 페더레이션 결과를 확인하게 되는 것이다. 마지막 7단계는 데이터를 분석하고 결과를 평가하는 과정인데, 이때 VV&A 활동으로 모든 페더레이션 VV&A 산출물을 종합 정리하게 된다. 이러한 활동을 통해 FEDEP 절차에 대한 VV&A 활동수행과 관련된 모든 산출물과 교훈을 수집하고, 특별히 장차 페더레이션의 재사용을 지원할 수 있도록 산출물과 교훈을 VV&A 수행결과 패키지에 통합하여 저장, 관리하게 되는 것이다.

각각 상이한 시뮬레이션 유형을 연동하여 LVC를 구축하는 절차로 제시된 IEEE 1730 DSEEP의 경우에도 그림 36에서 보는 바와 같이 FEDEP와 유사하게 7단계 절차로 구성되어 있다. DSEEP 절차는 1단계에서 시뮬레이션 환경의 목적을 정의하게 되고, 2단계에서 개념분석을 실행하며, 3단계에서 시뮬레이션 환경을 디자인한 후, 4단계에서 시뮬레이션 환경을 개발하게 된다. 이어서 5단계에서 시뮬레이션 환경을 통합하여 시험을 수행하고, 6단계에서 시뮬레이션을 실행하며, 마지막 7단계에서 데이터를 분석하고 결과를 평가하도록 규정하고 있다. LVC를 구축하기 위해 DSEEP 절차의 각 단계에서 수행하는 보다 구체적인 활동은, 1단계에서 LVC 사용자 또는 사용자를 대변하는 스폰서의 요구를 식별하여 보다 구체적으로 목표를 개발하게 되며, 2단계에서 LVC를 구축하여 운용하게 되는 시나리오를 개발하고 개념모델의 개발 및 시뮬레이션 환경(SE: Simulation Environment)에 대한 보다 구체적인 요구를 식별하여 개발하게 되며, 3단계에서는 LVC 구축을 위한 구성 M&S들을 선정하고 시뮬레이션 환경(SE)을 설계할 준비를 하며, 계획을 수립하게 된다. 4단계에서는 LVC 구축 시 각 구성요소인 M&S들이 주고받는 정보교환 데이터 모델(IEDM: Information Exchange Data Model)을 준비하고 시뮬레이션 환경에 대한 합의사항(SEA: Simulation Environment Agreement)을 설정하며 구성요소들에 대한 설계를 수행하고 시뮬레이션 환경 기반체계(SEI: Simulation Environment Infrastructure)를 준비하게 된다. 5단계에서는 시뮬레이션 환경(SE)을 위한 계획을 실행하여 시뮬레이션 환경(SE)을 통합하여 시험을 수행하게 된다. 6단계에서는 시뮬레이션 환경(SE)을 실행을 하고 결과를 준비하게 된다. 마지막 7단계에서 데이터를 분석하고, 결과를 평가하여 환류하게 된다.

지금까지 설명에서 나타나고 또 그림 36에서 보는 바와 같이 LVC 구축을 위해 제정된 DSEEP 절차는 기존의 FEDEP 절차와 비교해 볼 때 LVC 연동체계를 구성하게 되는 요소 M&S들이 각각 상이한 아키텍처를 기반으로 만들어진 M&S 또는 시뮬레이션 유형이라는 것 외에는 절차상으로는 큰 차이가 없어 보이고 각 단계마다 수행하는 활동도 큰 차이가 없어 보인다. 이런 사실을 통해서 DSEEP 절차를 적용하여 M&S 연동체계 또는 LVC를 구축하는데 대한 VV&A 수행은 FEDEP 절차상의 VV&A 수행활동과 거의 유사한 내용과 형태로 수행이 가능할 것으로 보인다. 단지 지금까지 설명한 M&S VV&A에서 제시했던 VV&A 활동의 주요 요소였던, M&S 요구사항을 설정하는 과정과 내용, 인정 수락 기준 또는 인정평가항목의 설정, 그리고 FEDEP 또는 DSEEP 절차에 따른 VV&A 활동 산출물인 문서체계는 많은 수정과 보완이 필요할 것으로 보인다.

또한 일반적인 M&S 연동체계(Federation)와 LVC의 가장 큰 차이점인 상이한 아키텍처를 적용하는 M&S들 간의 연동, 또는 상이한 시뮬레이션 유형들 간의 연동에 따른 시뮬레이션 데이터 교환 모델(SDEM: Simulation Data Exchange Model), FEAT에 기반한 시뮬레이션 환경 합의(SEA), 시뮬레이션 환경 기반체계(SEI), 그리고 DMAO에 의한 오버레이(Overlay)에 대한 검증과 확인 활동이 필요할 것으로 보인다. 이와 더불어 VV&A 활동을 통해 인정정보를 수집하는 방법과 기법도 M&S VV&A와는 다소 차이가 있을 것으로 판단되는데, 어떤 관점에서는 한미 연합연습을 준비하는 과정에서 수행하는 여러 가지 유형의 기능시험(Functional Test), 성능시험(Performance Test), 부하시험(Load Test), 통합시험(Integration Test)의 범주를 벗어나지는 않을 것으로 보인다. 거기에 M&S의 연동 운용 시 일반적으로 고려해야 하는 기술적 물리적인 연동(Technical Interoperability), 작전술 기능적 연동(Functional Interoperability), 공정한 전투피해평가(Fair Fight Issue), 필요한 수준의 정보보호(Information Security)에 대해 사용 목적과 의도 관점에서 충분한 검증과 확인 활동이 수행되어야 할 것으로 보인다.

아무튼, 향후 한국군이 M&S 연동체계(Federation) 또는 LVC 구축에 대비하여 사용 목적과 의도를 충족하고 신뢰성 있는 연동체계 및 LVC 구축을 촉진하고 보장하기 위한 활동의 일환으로 VV&A를 수행할 수 있도록 인정 수락 기준과 산출물에 대한 충분한 연구와 준비를 포함하는 포괄적인 VV&A 수행역량을 키울 수 있도록 해야 할 것이다.

43. M&S VV&A! T&E 및 SW V&V와 어떻게 다른가?

무기체계 획득과 관련된 모델링 및 시뮬레이션(M&S)의 개발이든지 아니면 획득 대상체계 자체가 M&S이든지, M&S에 대한 검증, 확인 및 인정(VV&A) 활동과 시험 평가(T&E: Test & Evaluation) 활동의 상호 관계성에 대해, 또 다른 관점에서는 M&S 의 VV&A 활동과 일반적인 소프트웨어(SW)의 검증 및 확인(V&V) 활동의 상호 관 계성에 대해 살펴보고자 한다. 일반적으로 무기체계 획득과 관련해서는 시험평가 용 M&S이든지 내장형 소프트웨어(Imbedded Software)를 개발할 경우, 대부분이 개 발시험(DT: Development Test) 전에 VV&A를 완료할 것을 요구하고 있으며, 아무리 늦어도 운용시험(OT: Operational Test) 이전에는 VV&A를 완료할 것을 요구하고 있 다. 획득대상체계 자체가 M&S인 경우에도 각 군과 합참의 시험평가 요원들은 개 발시험(DT)과 운용시험(OT) 이전에 VV&A를 완료할 것을 요구하고 있는데, M&S의 VV&A 수행의 기본개념과 원리가 M&S가 사용 목적과 의도에 부합하고 적합한지, 그 신뢰성(Credibility)을 향상시키고 보장하고자 하는 것임을 고려할 때 과연 옳은 것인지 생각해 보아야 할 것이다. 또 다른 관점에서 M&S VV&A와 직접적인 관련 은 없어 보이지만 소프트웨어(SW)의 V&V 활동과는 어떻게 다른지 살펴보고 올바 로 이해하는 것이 필요하다는 것이다.

한국군이 M&S의 VV&A와 시험평가(T&E)의 상호관계성에 대해 혼동을 하고 그 기본원리에 대해 잘 이해를 하지 못하는데 비해, 미 국방성은 M&S VV&A에 대한 실무지침 추천안(RPG)을 통해 상호 관계성을 명확히 정의하고 이를 준수할 것을 권 고하고 있다. 미 국방성의 M&S VV&A RPG에 의하면 미군은 M&S와 관련된 VV&A 계획(VVAP: Verification Validation & Accreditation Plan)과 시험평가 종합계획(TEMP: Test Evaluation Master Plan)의 상호 관계성을 다섯 가지 경우로 구분하여 그 관계성을 명확히 제시하고 있다. 그 다섯 가지 경우는 그림 37에서 보는 바와 같이 먼저, 획득 과 관계없는 경우와 획득과 관계된 경우로 분류하고, 여기에서 다시 획득과 관련된 경우를 네 가지 경우로 구분하여 앞에 세 가지는 무기체계 획득과 관련된 M&S의 경우, 마지막 한 가지는 획득대상체계 자체가 M&S인 경우로 구분하고 있다.

그림 37에서 보는 바와 같이 VVAP와 TEMP의 상호 관계성을 구분한 첫 번째 경우는 획득과 관계가 없는 경우이다. 이때 M&S는 일반적으로 전투준비태세나 군 구조, 전투지속능력에 대해 연구, 조사, 분석 등에 활용하게 되며, VVAP는 수립하고 수행하는데 비해 작전 운용체계를 개발하지 않고, 따라서 TEMP도 계획하지 않게 된다. 두 번째 경우는 통상적인 무기체계 획득과 관련된 M&S로, 이때 M&S는 무기체계 개발 이전 단계에 획득하게 되는데, 작전 운용체계의 개념을 정의하거나 정립하는데 사용하게 되며, VVAP를 수립하고 TEMP도 수립하게 된다. VVAP와 TEMP의 상호관계는 상호 중첩되는 부분이 없이 각각 해당되는 기능과 역할을 수행하게 된다.

(M&S VV&A RPG, US DoD MSCO)

구분	M&S (모델링 및 시뮬레이션)	Operational System (작전운용체계)	상호 관계성 (VVAP to TEMP)
1 (비 획득 경우)	– 전투준비태세, 군 구조, 전투지속능력에 사용 – VV&A 계획	– 작전운용체계 미 개발 – TEMP 미 계획	 Ⓥ
2 (개발 이전)	– 작전운용체계 개념 정의/ 정립에 사용 – VV&A 계획	– 통상적인 획득 – TEMP 계획	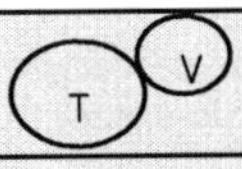 Ⓣ Ⓥ
3 (개발 지원)	– 개념 정의 지원 – 개발 및 시험 간 모델 최신화 – VV&A 계획	– 모델링과 엔지니어링 trades 수행 위해 M&S에 의한 획득 지원 및 유도 – TEMP는 VV&A 계획에 의해 간접 영향	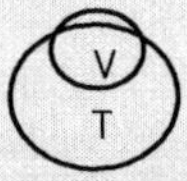 Ⓥ T
4 개발 일부분)	– M&S는 작전운용체계에 내장 또는 구성요소로 개발 – VV&A 계획	– 통상적인 획득 – VV&A 계획은 TEMP 노력의 일부분 – VV&A와 DT&E/OT&E 상호 직접지원	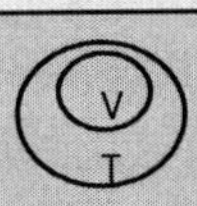 Ⓥ T
5	– M&S 자체가 시스템	– M&S 획득 – VV&A와 T&E 병행/조화	 V T

그림 37 M&S VV&A 계획(VVAP)과 TEMP 와의 상호 관계성

세 번째 경우는 무기체계 획득과 관련된 M&S로, 이때 M&S는 무기체계의 개념을 정의하는데 사용되며 개발 및 시험 간 지속적으로 모델을 최신화하여 활용하게 된다. 이 과정에서 M&S에 의해 획득 활동을 지원하고 유도하며, M&S의 모델링과 무기체계 엔지니어링 활동 간의 Trade-off 비교분석의 최적화를 수행하게 된다. 또한 TEMP는 VVAP에 의해 약간의 간접적인 영향을 받을 수 있다. 네 번째 경우는 M&S가 통상적인 무기체계 획득을 위한 개발의 일부가 되는 경우로, 이때 M&S는 개발하는 작전 운용체계에 내장되거나 구성요소로 개발하게 된다. VVAP는 TEMP 노

력의 일부분으로서, VV&A 활동과 DT&E(Development Test & Evaluation) 및 OT&E (Operational Test & Evaluation) 활동은 상호 직접지원을 하게 되며 VVAP는 TEMP의 일부분으로 간주될 수 있다. 마지막 다섯 번째 경우는 획득하는 대상체계 자체가 M&S인 경우로, 즉 M&S를 획득하는 경우를 의미한다. 이 경우에는 VV&A 활동과 T&E 활동이 병행되고 조화를 이루도록 계획이 되어야 하는데, M&S의 VV&A 개념과 원리를 제대로 이해한다면 TEMP는 결국 VVAP에 포함된 일부분이 되어야 한다는 것이다.

앞서 설명한 바와 같이 미 국방성은 M&S VV&A 실행지침 추천안(RPG)을 통해 무기체계 획득을 위해 M&S를 활용함에 있어 획득 대상체계에 따라, 또 그 활용 목적과 정도에 따라 VVAP와 TEMP의 상호 관계성을 명확히 정의하고 수행지침을 제시하고 있는 것이다. 그에 비해 한국군이 M&S에 대한 VV&A를 바라보는 시각과 관점은 시험평가에 관한 책임과 권한을 방사청에서 가지고 있을 때와 그 권한과 책임이 국방부로 이관되어 합참과 각 군으로 위임된 이후로 확연한 차이를 보이고 있는 실정이다. 방사청의 주도하에 기품원을 통해 한국군에 VV&A 개념을 처음 도입하여 수행하였던 2008년부터 시험평가 임무와 권한을 국방부로 이관할 때까지는 시험평가용 VV&A를 수행하는데 있어서 합참과 각 군은 별로 관심이 없었고, 군의 무기체계 주제전문가의 도움을 받는 것 자체가 어려웠다. 그러나 시험평가 임무와 기능이 국방부로 이관되고 합참과 각 군으로 위임된 이후에는 TEMP의 관점에서 VV&A를 바라보게 되었고, VV&A를 제대로 수행하는 것보다 TEMP의 일정에 차질을 초래하지 않도록 하는 것에 더 관심이 있어 보이며, 경우에 따라서는 시험평가를 수행하는데 부득이 M&S를 사용해야 하는 경우 책임을 전가하는 양상마저 보이고 있다는 것이다.

이러한 현실을 되돌아볼 때, 한국군이 M&S VV&A를 바라보는 관점과 TEMP와의 관계성, 그리고 VV&A를 수행하는 기간과 그 기간 중 이해 당사자들과의 상호협력에 관해 간과해서는 안 될 몇 가지 사실을 제기하고자 한다. M&S에 대한 VV&A를 수행하는 과정에서 가장 큰 문제는 무기체계를 획득하는 과정에서 M&S를 사용할 수밖에 없고, 또 획득 대상체계가 M&S인 경우 그 M&S에 대한 신뢰성(Credibility)을 보장하고자 VV&A 활동을 수행하게 됨에도 불구하고 방사청 IPT를 포함한 거의 모든 이해당사자들이 방사청의 지침에 의해 마지못해 VV&A를 수행하는 모습이다. 먼저 이러한 인식이 바뀌어야 한다. 결국 VV&A를 수행하는 방식과 착수 시기, 대상과 범위, 계획된 종료 시기 대비 실질적 종료 시기 등 VV&A 수행방식에 대한 재검토와 보완이 필요한 상황이다. 이는 VV&A 수행방식을 무기체계 획득의 공식 활동의 일부로 고려하여 먼저 계약 주체를 재검토해야 하며, M&S의 신뢰성을 보장할 수 있는 대상과 범위를 정해야 하고, 계약기간을 앞당겨 종료를 요구하는 관행도 재고되어야 한다는 것이다. 특히 시험평가와 관련하여서는, VV&A 수행과정에서는 시험평가 담당자들이 시험평가에 사용하게 되는 M&S임에도 구체적인 요구사항과 능력에 관심이 별로 없다가 OT에 임박해서 계약일정을 앞당겨 종료를 요구하는 모습은 시정되어야 한다. 더욱이 획득 대상체계 자체가 M&S인 경우는 미 국방성의 RPG에서는 VVAP를 TEMP보다 상위 개념으로 명시하고 있는데, M&S에 대한 VV&A 원리를 고려한다면 이렇게 하는 것이 올바르다는 것을 알 수 있고 또 그렇게 해야만 한다는 것이다.

또 한 가지, 한국군이 M&S에 대한 VV&A를 수행하면서 잘 이해해야 하는 것이 바로 소프트웨어(SW)에 대한 검증 및 확인(V&V) 활동과의 상호 관계성의 문제이다. 이러한 문제와 이슈의 출발은 근본적으로 M&S와 일반 SW와의 차이점을 제대로 이해하지 못한데서 출발한다. M&S는 한마디로 실제 세계에 대한 표현이고 실행인데 비해 SW는 실제 세계 그 자체인 것이다. 그냥 대충 생각하면 SW 역시 실제 세계에 대한 디지털 표현으로 생각할 수 있을 것이다. 그러나 M&S는 사용하고자 하는 목적과 의도에 따라 실제 세계를 표현하는 해상도(Resolution)와 충실도(Fidelity)의 수준과 정도가 달라진다. 즉 실제 세계를 개략적으로 표현하든지, 상세하게 표현하든지 간에 그 사용 목적과 의도에 따라 충분히 M&S로서 사용할 수 있으며, 그 적합성 여부에 대한 신뢰성(Credibility)을 보장하자는 것이 VV&A를 수행하는 이유이다. 그런 관점에서 M&S에서는 SW에서의 V&V 활동에 추가하여 인정(A)라는 활동이 추가되는 것이다.

M&S에 대한 VV&A 활동은 앞서 설명하였지만 다시금 간략히 설명하면, 검증(Verification)은 개발자가 요구되는 능력과 규격을 준수하여 만들고자 의도한 대로 제대로 만들었는지, 확인(Validation)은 실제 세계의 모습대로 만들었는지, 그리고 인정(Accreditation)은 사용 목적과 의도에 부합하는지를 평가하는 활동이다. 이에 비교하여 SW의 V&V 활동은 그림 38에서 보는 바와 같이 먼저 검증(Verification)은 문제를 서술한 규격(Specification)을 해결하고자 하는 문제의 상황과 비교하고, 실행에 대한 규격은 문제를 서술한 규격(Specification)과 비교를, 그리고 시스템의 실행은 다시

실행에 대한 규격과의 비교, 즉 바로 직전 단계와 비교검토를 통해 검증 활동을 수행하게 된다. 확인(Validation)은 문제를 서술한 규격(Specification)과 실행에 대한 규격, 그리고 시스템의 실행의 각 단계를 해결하고자 하는 문제의 상황과 바로 비교하여 각 단계가 실제 문제를 제대로 반영하였는지 확인 활동을 수행한다.

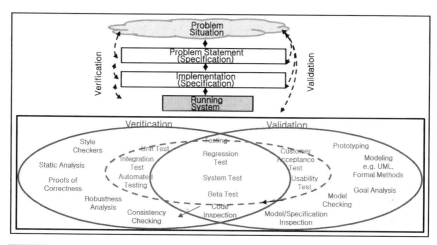

그림 38 소프트웨어 V&V 수행개념

한국군은 M&S에 대한 VV&A를 수행함에 있어, 먼저 지금까지 살펴본 바와 같이 무기체계 획득 및 M&S와 관련한 VVAP와 TEMP의 상호 관계성을 제대로 이해하고 올바로 적용하려는 노력이 절실히 필요하다. 또한 M&S VV&A와 소프트웨어(SW) V&V 활동의 근본적인 차이점을 제대로 이해하는 것이 필요하다. 이러한 VVAP와 TEMP의 상호관계, M&S와 SW에서의 VV&A 개념과 V&V 개념의 차이를 제대로 이해함으로써, 무기체계 획득에 활용되는 M&S와 획득 대상체계 자체가 M&S 경우의 VV&A 활동을 원리와 원칙에 따라 제대로 수행할 수 있도록 해야 한다는 것이다. 또한 그동안 일부 VV&A 활동에 참여했던 기관과 인원들에게서 나타났던 M&S VV&A 활동과 그에 따른 산출물을 소프트웨어 시스템 공학(SE: System Engineering)의 관점과 혼동하여 일으켰던 많은 시행착오를 되풀이하지 않고 VV&A 활동을 제대로 수행할 수 있도록 해야 한다는 것이다.

44. M&S 상호 운용성(Interoperability)! 어떻게 해야 하나?

모델링 및 시뮬레이션(M&S)의 상호 운용성(Interoperability)이란 한마디로 M&S들 간에 서로 연동하여 운용할 수 있는 능력을 말한다. 그러나 한 가지 중요한 사실은 상호 운용성이란 단순한 M&S들 간의 상호 연동 운용 능력을 말하는 것뿐만이 아니라 이 개념에 내재되어 있는 가정사항으로, 그 연동 대상이 필요에 따라 바뀔 경우에도 얼마든지 수월하고 유연하게 연동 운용할 수 있어야 한다는 것이다. 한국군의 경우 군·산·학·연을 막론하여 간과하고 있는 것이 바로 이러한 가정사항이다. 이 가정은 단순히 M&S들 간의 상호 연동 운용이라는데 한정되는 것이 아니라 자원의 유연한 재사용이란 관점과도 연계되어 고려해야 한다. 결국 상호 운용성의 이슈를 특정 M&S들 간의 연동 운용능력으로만 본다면 아키텍처 개념이나 국제표준이 없어도 얼마든지 상호 연동 운용을 구현할 수 있을 것이라는 뜻이다. 이러한 관점에서 M&S의 상호 운용성 이슈를 살펴보고자 한다.

앞서 설명한 것처럼 상호 운용성이란 글자 그대로 M&S들을 상호 연동 운용할 수 있는 능력을 말하는 것이다. 이러한 상호 운용성 이슈를 고려하게 된 것은 본질적으로 M&S가 갖는 고유의 속성과 특성으로 인해 발생하게 된다. 즉 M&S는 실제 세계에 대한 표현과 실행으로 어떤 M&S도 실제 세계를 있는 그대로 다 표현할 수는 없으며, 사용하고자 하는 목적과 의도를 충족하는 그 이상으로 만들 수 없다는 것이다.

반면, 군에 대두되고 요구되는 새로운 작전요구와 이를 해결하고 지원하기 위한 M&S 요구를 모두 충족하기에는 가용자원 면에서 한계가 있다. 따라서 할 수만 있다면 많은 자원과 기간, 노력이 소요되어 개발한 M&S 자원들을 새로운 목적과 용도를 위해 상호 연동 운용하고 재사용하여 새로운 작전요구를 충족할 수 있도록 하고, 궁극적으로 한정된 국방 가용자원을 효율적으로 활용하자는 것이다.

이러한 과제와 이슈는 비록 한국군에만 해당되는 것이 아니라 미군을 중심으로 한 선진국에도 해당되는 사항으로, 이러한 문제를 해결하기 위해 미 국방성은 1980

년대부터 M&S와 관련된 아키텍처를 구상하여 개발하게 되었고, 1990년 중반에는 선 표준화 후 모델 개발 및 Plug & Play 개념을 적용하기 위해 HLA를 개발하고, 그에 따른 일련의 규칙(Rules)과 규격(Specification), 임무기능 개념모델(CMMS: Conceptual Model of Mission Space 또는 FDMS: Functional Description Of Mission Space), 그리고 객체 모델 개발 템플릿(OMDT: Object Model Development Template)을 제정하였다. 이중 M&S 자원들 간의 상호 연동 운용을 위해서는 기술적인 연동뿐만이 아니라 작전술 기능 면에서 일관성 있는 표현과 실행의 중요성을 인식하여 제안한 것이 임무기능 개념모델(CMMS 또는 FDMS)인데, 상이한 목적을 위해 개발한 M&S를 연동 운용하고 재사용하려면 군이 수행하는 작전술 개념에 대해 교리와 전술, 전기, 절차(DTTP: Doctrine, Tactics, Technique, Procedure)를 일관성이 있게 표현하는 것이 필요하다는 것이다. 또 다른 관점에서 M&S를 원활히 상호 연동 운용하기 위해서는 각개 M&S를 개발하는 과정에서 모든 작전술 기능분야에 대해 적절한 규모와 단위로 모듈화, 컴포넌트화를 하지 않는다면 일부 작전술 기능들이 중복되어 포함되어 있는 M&S들 간의 연동 운용은 곤란하다는 것이다. 이와 더불어 적어도 상호 연동 운용을 하고자 고려하는 모든 M&S들 내에 묘사되고 있는 작전술 기능분야는 적어도 동일하거나 유사한 정도와 수준으로 해상도(Resolution)나 충실도(Fidelity)로 표현하고 구현하는 것이 필요하다.

그렇다면 실제 M&S들을 연동 운용하기 위해 고려해야 할 요소들은 무엇인지 보다 구체적으로 살펴보자. 미군을 비롯한 선진국에는 해당이 없겠지만, 한국군의 경우는 M&S들을 상호 연동 운용하는데 대한 절실하고 절박한 필요성에 대한 공감대와 긍정적이고 적극적인 마인드, 그리고 의식과 인식의 전환 및 자세가 절실히 필요하다. 한국군은 1990년대 초반부터 모델연동개념에 의한 한미 연합연습에 참여하였고, 2000년대 중반부터 각 군 모델들을 미군 모델들과 연동하여 운용하면서도 M&S의 상호 연동 운용이 어렵다는 생각을 하고 있다. 특히 국제표준으로 제시된 아키텍처나 개발절차 표준을 고려하지 않고 있으며, 한국군 내부에는 선 데이터 표준 없이는 모델 연동이 불가능하다는 편견이 팽배해 있다. 지금도 상호 연동 운용에 대해 부정적인 생각이 지배적으로, 그에 따른 당연한 결과로서 연동 운용과 관련된 기술이 미흡한 상태이다. 한미 연합연습에 각 군 모델들을 미군 모델들과 연동하면서도 한국군 독자적으로 모델 연동개념에 의한 연습과 훈련을 해본 적이 없으며, 합참 태극 연습과 육군 BCTP 연습에서도 단일 모델 운용에 의한 연습과 훈련을 고집하고 있는 실정이다. M&S들에 대한 연동 운용은 필요성을 공감하고 새로운 작전요구를 충족하기 위한 절박함과 간절함이 있다면 어떤 모습으로든지 연동 운용을 구현할 수 있을 것이다. 그다음 단계는 할 수만 있다면 상호 연동 운용뿐만이 아니라 앞서 설명한 바와 같이 재사용성에 관한 이슈도 함께 고려해야 한다는 것이다.

M&S의 상호 연동 운용성과 재사용성을 함께 고려한 상호 연동 운용을 위해서는 몇 가지 사항을 고려해야 한다. 첫 번째로 고려해야 하는 것이 기술적인 연동(Technical Interoperability)이다. M&S들의 상호 연동 운용을 위해서는 각각의 M&S를 개발하는 과정에서 HLA 등 국제표준을 적용하여 M&S를 개발해야 한다는 것이다. 이는 마치 사람과 사람 간의 의사소통에서 언어가 동일하면 기본적으로 소통을 용이하게 할 수 있는 기본 요건을 충족한다는 것과 같은 이치로, M&S들의 상호 연동 운용 위해서는 동일한 아키텍처를 적용하여 M&S를 개발하는 것이 필요하고 아주 중요하다는 것이다. 두 번째로 고려해야 하는 것이 작전술 기능적인 연동(Functional Interoperability)이다. 이는 동일한 아키텍처를 기반으로 개발된 M&S라 하더라고 상호 운용성이 제약을 받을 수 있다는 것으로, 사람 간의 의사소통에서 언어가 같다고 하더라도 관심이 다른 전문분야나 생각이 다르면 소통이 곤란하다는 것과 같은 이치이다. 각각의 M&S에 적용하는 동일한 전장기능에 대해서는 동일한 모의 논리를 적용하도록 해야 하는데, 만약 임무기능 개념모델(CMMS 또는 FDMS)이 상이하고 적용하는 작전술 교리와 전술, 전기, 절차(DTTP)가 상이할 경우에는 연동 운용이 곤란하게 된다는 것이다. 여기에 한 가지를 더 고려한다면, 비록 각 M&S들이 동일한 방법으로 작전술 기능분야를 표현하고 구현했다 하더라도, 만약 연동 운용하는 M&S들에 동일한 작전술 기능들을 중복하여 모의하고 묘사하는 기능들이 있는데 그 M&S들이 해당되는 작전술 기능들을 적절한 규모와 단위로 모듈화, 컴포넌트화를 하지 않았다면 실질적으로 연동 운용이 불가능하게 될 수 있다는 것이다.

세 번째로 고려하게 되는 것은 연동 운용하는 M&S들 간에 공정한 전투피해평가(Fair Fight Issue)이다. 만약 연동해서 운용하는 M&S들에 지금까지 고려요소로 설명한 첫 번째와 두 번째 요소들이 충분히 고려되었다 하더라도, 예를 들어 작전술 임무기능 개념모델(CMMS 또는 FDMS)의 해상도나 충실도에 일관성 없어 동일하게 표현되지 않고 상이하다든지, 전투피해평가 또는 소모손실을 적용하는 Parametric Data가 상이할 경우에는 공정한 소모손실과 전투피해 평가를 기대할 수 없음으로 인해 실질적으로 연동 운용이 불가능하게 될 것이라는 것이다. 마지막으로 고려할 수 있는 것은 정보보호(Information Security)이다. 이는 M&S들 간의 연동에 있어서 동맹국 M&S들과의 연동뿐만이 아니라 한국군의 제병합동전 모의를 위한 M&S의 연동에서도 각 군별로, 또는 각 M&S 별로 특정 정보를 타 군이나 M&S에 제공하지 않을 수 있는데, 그 정도와 수준이 사전 디자인과 구상에 따라 정확하게 구현이 될 수 있어야 한다는 것이다.

이러한 요소들 이외에도 M&S들의 연동 운용을 위해 기본적으로 준수해야 할 사항들이 있는데, 먼저 시뮬레이션 시간 동기화(Simulation Time Synchronization) 이슈로 연동에 참여하는 모의시간이 일치해야 한다는 것이다. 둘째, 객체 명칭의 일관성 (Naming Convention) 이슈로 M&S들 간에 중복으로 존재하게 되는 객체들에 대해서는 컴퓨터가 동일하게 인식할 수 있는 이름을 부여해야 한다는 것이다.

이상에서 살펴본 바와 같이 M&S 연동 운용을 위해서는 고려해야 할 요소들이 많은 것은 사실이다. 그러나 중요한 것은 M&S를 연동 운용하는데 소요되는 기술과 노력, 자원에 비해서 상대적으로 얻을 수 있는 가치가 크고, 무엇보다도 새로운 작전요구를 충족하기 위해 필요하다면 보다 긍정적이고 적극적으로 M&S들을 연동해서 운용할 수 있는 방안을 강구해야 한다. 그리고 이왕에 많은 노력과 자원을 들여 연동은 구현한다면 새로운 목적과 의도를 위해, 또 새로운 작전요구를 충족할 수 있도록 단순히 상호 연동 운용뿐만이 아니라 M&S 자원의 재사용성까지도 고려하는 것이 바람직하고 올바른 접근이라는 것이다.

한 가지 추가로 고려할 사항이 있다면, 앞서 설명한 고려사항들을 모두 고려하여 M&S 상호 연동 운용을 구현한다 하더라도 학문적인 이론과는 달리 실제 연동 운용 간에는 데이터 네트워크 상의 문제나 하드웨어(Hardware) 상의 문제 또는 연동 체계 운용상의 여러 가지 이슈들로 인해 일부 데이터의 손실이 발생할 수도 있다는 것이다. 하지만 실제 M&S들의 연동 운용에 의한 연습과 훈련, 전투·합동실험의 경우 일부 데이터의 손실은 전반적인 사용 목적과 의도의 관점에서 볼 때 그리 큰 문제는 아니라는 생각이다.

45. M&S 재사용성(Reusability)! 어떻게 해야 하나?

모델링 및 시뮬레이션(M&S)의 재사용성(Reusability)이란 특정 사용 목적과 의도로 기존의 개발한 M&S를 다른 목적과 용도로 재사용할 수 있는 능력을 의미한다. 이러한 M&S의 재사용성에 관한 이슈에 내재되어 있는 기본 원리와 논리는 많은 노력과 기간, 자원이 소용되어 개발한 M&S를 할 수만 있다면 새로운 목적과 용도를 위해 M&S들 간에 상호 연동 운용하고 재사용하여 새롭게 대두되는 다양한 작전요구를 충족할 수 있도록 하고, 궁극적으로 한정된 국방 가용자원을 보다 효율적으로 활용할 수 있도록 하자는 것이다. M&S의 재사용성은 결국 다른 사용 목적과 의도로 개발한 M&S를 또 다른 목적과 용도로 활용하자는 것인데, 이를 위해 무엇을 어떻게 준비해야 할 것인가에 대해 살펴보자는 것이다.

앞서 M&S의 상호 운용성(Interoperability)에 관한 이슈들을 살펴보면서 단순히 상호 운용성 관점에서만 볼 것이 아니라 재사용성에 관한 이슈를 함께 고려해야 한다는 것을 설명한 바 있는 것처럼, M&S의 재사용성 이슈는 상호 운용성 이슈와 별개의 독립적인 이슈로 볼 수는 없다. 만약 어떤 M&S이든지 특정 M&S를 있는 그대로 재사용이 가능하다면 그것은 두 가지 관점으로 볼 수 있을 것이다. 첫 번째 관점은 특정 사용 목적과 의도로 개발한 M&S를 있는 그대로 재사용할 수 있다는 것은, 최초 개발 시 사용 목적과 의도에 포함되지 않은 새로운 작전요구나 사용 목적과 의도에 부합하도록 재사용이 가능하다는 것이므로, 결국 하나의 M&S를 여러 가지 목적과 의도를 충족할 수 있도록 만들었다는 것이다. 하지만 M&S의 속성과 특징을 제대로 이해한다면 그것은 사실상 불가능하다. 두 번째 관점은 만약 정말로 기존에 개발한 M&S를 있는 그대로 다른 목적과 용도에 재사용할 수 있다면, 다른 목적과 용도라는 것이 사실은 최초 개발 시의 사용 목적과 의도에 포함되는 것이었음에도 제대로 사용 목적과 의도를 정의하지 못했다는 것을 의미한다는 것이다. 이는 결국 엄격한 의미에서 기존의 M&S 모델을 새로운 목적과 의도에 재사용한다는 개념은 가용한 M&S들을 상호 연동 운용하여 새롭게 대두된 작전요구를 충족하기 위해서 활용한다는 것을 의미하게 되는 것이라는 것이다.

　이러한 M&S와 관련된 사실들을 기반으로, 실질적으로 M&S를 재사용하려면 어떻게 해야 하는지, 앞서 설명한 상호 운용성(Interoperability)에 관한 설명에서 포함하지 않은 관점들을 중심으로 설명하고자 한다. 이는 곧 M&S들의 상호 연동 운용을 위해 고려해야 하는 사항들을 재사용성 이슈에서도 거의 그대로 고려해야 하지만, 그것을 바라보는 관점이 좀 다를 수 있다는 것이다. 어떤 사용 목적과 의도로 M&S를 재사용하게 되던 특정 M&S를 재사용하기 위해서는 M&S의 재사용 목적과 의도를 정확히 식별하고 그 목적에 적합여부를 판단할 수 있도록 M&S 개발에 적용한 임무기능 개념모델(CMMS 또는 FDMS)이 명확하게 제시되어야 하며, 관련된 교리와 전술, 전기, 절차(DTTP)를 충실하게 적용하여 개발되어야 한다. 이러한 임무기능 개념모델의 토대 위에, 앞서 상호 운용성을 구현하기 위해 요구되었던 작전술 기능분야에 대한 적절한 단위와 수준의 모듈화 및 컴포넌트화가 이루어져야 하고, M&S 전반에 대해 일관성 있고 균일한 수준과 정도의 해상도(Resolution)과 충실도(Fidelity)로 구현이 되어야 한다는 것이다.

　이러한 요소들을 고려하여 개발된 M&S를 재사용한다는 관점에서 한번 살펴보면, 개발된 M&S를 어떤 목적으로든지 재사용할 수 있도록 하기 위해서는 우선 M&S를 개발하게 된 최초의 사용 목적과 의도, 그리고 능력을 명확하게 제시할 수 있어야 한다. 이는 곧 M&S에 대한 메타 정보를 SBA 통합정보체계와 같은 M&S 자원저장소(MSRR: Modeling & Simulation Resource Repository) 또는 국방획득 관련 M&S 자원저장소(DIRR: DoD Industry Resource Repository)에 신뢰할 수 있는 M&S 자원 소유자 정보와 함께 저장하여 관리해야 한다는 것이다. 여기에는 임무기능 개념모델에 관한 상세한 내용이 포함되어 제시되어야 하고, 모듈화 및 컴포넌트화에 관련된 사항과 해상도와 충실도에 관한 사항도 명확히 기록되어 제시되어야 할 것이다. HLA 아키텍처를 기반으로 개발되는 M&S의 경우에는 재사용을 위한 중요한 정보로서 해당 M&S의 포괄적인 기능과 능력을 나타내는 SOM(Simulation Object Model)과 MOM(Management Object Model) 정보, 그리고 RTI(Run Time Infrastructure) 상에서 운용 간에 주고받는 서비스를 정의한 CS(Conformance Statement)를 잘 활용할 수 있도록 해야 한다.

　M&S 자원들을 재사용할 수 있도록 하기 위해서는 개별 M&S 자원의 사용 목적

과 의도 및 능력 외에, 재사용하고자 하는 M&S들을 효율적으로 재사용할 수 있도록 연동 운용하는 M&S들 간에 주고받는 연동객체와 시뮬레이션 환경 합의에 관한 사전 준비와 더불어 기반체계와 기반도구가 필요하다. 기존의 M&S들을 재사용하여 HLA 아키텍처 기반의 연동체계(Federation)를 구축할 경우에는 사용하고자 하는 목적과 의도에 적합하도록 표준 FOM(Federation Object Model)을 설계하여 구축하고, 상이한 RTI 사용에 대비하여 Bridge를 준비하는 것이 필요하며, 재사용하여 연동하게 되는 M&S들 간에 해상도가 상이할 경우에는 주고받는 객체들을 통합(Aggregation)하고 분할(Dis-aggregation)하는 일종의 인터페이스(Interface)를 준비하는 것이 필요하다. 만약 상이한 시뮬레이션 유형들을 연동하여 LVC 구축에 재사용되는 M&S일 경우에는 주고받는 연동객체인 SDEM(Simulation Data Exchange Model)과 시뮬레이션 환경에 대한 합의인 SEA(Simulation Environment Agreement)에 대해 일반적이고 보편적인 표준안을 설계하여 구축하고, 상이한 아키텍처와 통신 프로토콜에서 연동 운용이 가능하도록 Gateway를 준비하는 것이 필요하다. 앞서 언급한 기반체계는 엄격한 관점에서는 재사용성에 관한 이슈라기보다는 M&S의 상호 연동 운용을 위한 기반체계임으로 추가적인 설명은 제외하였다.

지금까지 설명한 바와 같이 개발된 M&S 자원들을 재사용하고자 할 때 가장 중요한 것은 재사용하고자 하는 M&S에 대한 사용 목적과 의도, 그리고 능력을 명확하게 서술하고, 신뢰할 수 있는 M&S 자원 소유자 정보와 함께 관리하자는 것이다. 이와 더불어 재사용하게 되는 M&S의 기능과 능력을 선택적으로 재사용할 수 있고 또 다른 M&S 자원들과 연동 운용이 가능하도록, M&S를 개발하는 과정에서 모듈화 및 컴포넌트화를 해야 하며, 일관성 있고 균일한 해상도와 충실도를 갖도록 M&S를 개발하는 것이 중요하다. 기존에 개발된 M&S를 재사용하는 과정에서 그대로 재사용하지 않고 일부 추가 요구사항을 반영하여 수정 보완을 할 경우에는, 사용하기 전에 해당 부분에 대해 VV&A를 수행하여 새로운 사용 목적과 의도에 부합하는지 여부를 검증(Verification)하고 확인(Validation)하여, 인정(Accreditation)하는 노력을 해야 할 것이다. 어떠한 이유와 목적으로 M&S를 재사용하게 되든지 새로운 작전요구를 충족하기 위해 부득이 새로운 기능을 추가해야 하는 것이 아니라면 M&S 자체에 대한 수정 보완보다는 기존의 M&S에 모듈 수준이나 간단한 인터페이스를 추가하는 형태로 재사용할 수 있도록 하는 것이 바람직하다는 것이다.

46. 실제(Live) 시뮬레이션의 새로운 가치 창출! 어떻게 해야 하나?

　모델링 및 시뮬레이션(M&S)의 상호 운용성(interoperability) 이슈와 재사용성(Reus-ability) 이슈를 통해 특정 사용 목적과 의도를 위해 상당한 기술과 노력, 자원을 투입하여 개발한 M&S 자원들을 새롭게 대두된 작전요구를 충족하기 위해 상호 연동 운용하거나 재사용하는데 대해 무엇을 어떻게 해야 하는지 살펴보았다. 그러나 M&S 자원들의 상호 연동 운용과 재사용에 관한 이슈는 근본적으로 M&S 자원에 대한 시스템적 관점(System View)이나 기술적 관점(Technical View)의 접근이 아니라 작전운용적 관점(Operational View)에서 접근해야 한다. M&S 자원들의 상호 연동 운용과 재사용에 관한 문제의 핵심은 M&S를 활용하여 국방 업무분야의 다양하고도 어려운 문제들에 대해 해결방안을 강구하거나 적어도 문제에 대한 통찰(Insight)을 얻을 수 있어야 하는데, 이때 정작 이슈가 되는 것은 무엇이 문제인지 문제 그 자체를 식별하는 것 또는 새로운 작전요구를 도출하는 것이 선행되어야 한다는 것이다. 결국 현재 국방 업무분야에 M&S를 활용하는 수준과 상태에 대해 자긍하고 자족하는 것이 아니라 보다 효율적으로 국방경영을 하고 전투준비태세를 향상시키기 위해 무엇을 어떻게 해야 할 것인지에 대해 갈급함과 절박함으로 새로운 작전요구와 가치를 추구하는 것이 절대적으로 필요하다는 것이다. 이러한 관점에서 한국군이 활용하고 있는 실제(Live), 가상(Virtual), 그리고 구성(Constructive) 시뮬레이션에 대해 새로운 가치를 어떻게 창출하고 활용해야 하는지 토의하고자 한다.

　이번 이야기에서는 실제(L) 시뮬레이션의 새로운 가치 창출을 위해 무엇을 어떻게 해야 하는지 살펴보자. 실제(L) 시뮬레이션이란 실제 전장 환경에서 실제 장비와 실제 편성된 병력으로 실시간 시뮬레이션을 수행하는 것을 의미한다. 일반적으로 실제(L) 시뮬레이션이 가장 실제적이고 실전적이라고 생각할 수 있겠지만, 다양한 전장 환경과 작전술 상황 구현 및 특정 상황에 대한 반복 재현이 곤란하고, 많은 자원과 시간이 소요되며, 환경오염과 민원 등의 부작용을 낳을 수 있다는 문제와 제한사항을 가지고 있다. 한국군이 1990년대까지 미군과 함께 수행했던 팀 스피리트(Team

Spirit) 연습이 그 대표적 사례인데, 그 이후로는 훈련장소를 포함한 여러 가지 제한사항으로 인해 대규모 실 기동훈련은 수행이 불가능하게 되었고, 이러한 환경의 제한과 여건의 미흡으로 현재는 독수리연습을 수행하는 수준에 머무르게 되었다.

한국군은 이처럼 실제(L) 시뮬레이션을 수행할 수 있는 여건과 환경이 제한되는 가운데에서도 보다 실전감 있는 훈련을 통해 훈련효과를 향상시키고, 실전적 전장 환경에 대한 간접 전장체험과 보다 체계적인 훈련을 수행할 수 있도록 하기 위해 과학적 기법에 의한 과학화 훈련장의 구축을 추진하였다. 초창기 실 기동훈련은 교전 심판 모형을 구축하여 활용하는 수준이었으나, 이후 MILES(Multiple Integrated Laser Engagement System) 장비와 같은 다양한 형태의 훈련장비(Instrumentations)들을 활용하여 과학적이고 분석적인 과학화 훈련장인 KCTC(Korea Combat Training Center)를 구축하였다. 처음 KCTC를 구축할 때는 대대급을 훈련할 수 있도록 구축하였으나, 육군의 대대급 훈련소요에 대비하여 훈련장의 여건과 능력이 턱없이 부족하여 최근에 여단·연대급으로 확장을 하기에 이르렀다.

대대급을 훈련시킬 수 있는 과학화 훈련장을 여단·연대급으로 확장한 것은 엄청난 능력의 향상임은 분명하나, 실제(L) 시뮬레이션의 특성을 제대로 이해한다면 최첨단 과학화 훈련장은 여전히 실전적 훈련환경의 제공이 제한되고 있다는 것을 알 수 있다. 과학화 훈련장이 여단·연대급으로 확장됐음에도 불구하고 훈련소요에 대비하여 훈련장은 여전히 제한되고 있는 실정이며, 과학화 훈련장을 활용한 연습과 훈련에서도 훈련에 참가하는 부대의 인접부대, 상급부대, 타 군 또는 연합부대의 묘사는 여전히 제한되고 있으며, 전투지원과 전투근무지원 분야에 대한 실전적 묘사와 훈련이 제한되고 있는 실정인 것이다.

한국군 과학화 훈련장의 전반적인 훈련장비(Instrumentation)와 훈련 중 데이터를 수집, 저장, 분석하여 사후검토를 실시하고 훈련교훈을 반영하는 일련의 훈련통제, 사후검토, 전문 대항군 운용 등 전반적 시스템과 기반체계 등은 미군의 실 기동훈련장인 국립훈련센터(NTC: National Training Center)와 비교해도 전혀 손색이 없는 첨단장비와 훈련체계를 갖추고 있다고 생각한다. 그간의 과학화 훈련장을 운용한 노하우를 고려할 때, 자타가 인정하는 세계 최고 수준이라 불리 울만큼 발전한 것도 사실이다. 또한 공군은 실제(L) 시뮬레이션 체계인 ACMI(Air Combat Maneuvering Instrumentation)를 활용하여 공군 전투조종사의 공중작전 수행능력을 보다 과학적이고 실전적으로 훈련할 수 있는 환경과 여건을 마련하였음은 물론, KCTC와 ACMI 의 연동도 구현하여 KCTC에서 육군의 훈련 중, 보다 실전적인 공군의 근접항공지원 하에 훈련을 실시할 수 있는 수준으로 발전된 것도 사실이다. 그럼에도 불구하고 실 제(L) 시뮬레이션의 제한사항과 한계를 극복하고 개선하는 것이 필요하다는 것이다.

　간혹 일부 고급 지휘관들과 대화를 나누거나 육군 교육사 주관 전투발전 또는 전 투실험 관련 세미나와 패널 토의에 참가해 보면, 마치 한국군의 실제(L) 시뮬레이션 의 대표적 성공사례인 과학화 훈련장(KCTC)의 경우 더 이상 발전시키거나 개선해야 할 것이 없는 것처럼 얘기하고, 더 이상의 새롭고 절박한 작전요구, 훈련요구가 없는 것처럼 보일 때가 종종 있었다. 현재 구축하고 준비한 과학화 훈련장과 체계만으로 도 이미 충분하다고 생각하는 것 같은 느낌을 종종 받곤 하였다. 정말 한국군에 새 롭고 추가적인 훈련소요가 없는지 한번 되돌아보고 반문해 보는 것이 필요하다는 생각이다. 좀 더 냉정하게 한국군의 KCTC 또는 ACMI 같은 과학화 훈련체계를 살펴 보면 여러 가지 한계와 제한사항이 있음을 알게 된다. 이러한 제한과 한계사항으로 부터 새로운 훈련요구와 교훈을 도출하고 개선소요를 겸허히 수용하여, 실제(L) 시 뮬레이션을 보다 최적화하여 운용할 수 있는 방안과 새로운 가치를 창출할 수 있도 록 해야 한다는 것이다.

　실제(L) 시뮬레이션은 아무리 과학화를 하고 체계적으로 훈련시스템을 갖춘다 하 더라도 정도의 차이가 있을 뿐, 근본적으로 실제(L) 시뮬레이션이 갖게 되는 고유한 특징과 한계를 뛰어넘을 수는 없다. 실제 시뮬레이션은 일단 자원과 시간이 많이 소 요되는 반면, 동일 전장 상황에 대한 반복 재현이 곤란하거나 불가능하다. 또 다른 관점에서는 실제 자연환경에서 실전적으로 훈련할 수 있다는 장점은 있으나, 냉정하 게 실제 자연환경이 곧 작전 환경은 아니라는 것이며, 아무리 다양한 시나리오와 상 황 조성을 한다 하더라도 실제 훈련장이 갖는 환경조건과 훈련시기와 기상, 주·야간 이라는 상황을 뛰어 넘을 수는 없다. 특히 훈련장의 제한과 훈련참가제대의 제한으 로 인해 실전적인 인접부대, 상급부대, 타 군 등에 대한 묘사와 제병, 합동, 연합 연 습과 훈련은 제한을 받을 수밖에 없다. 전투지원 분야와 전투근무지원 분야를 통합 하여 보다 실전적으로 연습과 훈련을 하는 것도 제한을 받을 수 있으며, 훈련에 참 가하는 부대의 편재된 주요 전투 장비들을 통합 운용하는 것도 제한을 받거나 여의 치 않은 형편이라는 것이다. 이러한 실제(L) 시뮬레이션의 제한사항과 단점을 고려한 다면, 현재 구축된 과학화 훈련장과 체계에 자긍자족하고 만족할 것이 아니라, 적어도 작전운용 관점에서(Operational View) 새로운 작전요구와 훈련소요를 도출하고, 새로운 가치를 창출하기 위해 부단히 보완하고 개선하려는 노력이 필요하다는 것이다.

이를 위해 우선 실제(L) 시뮬레이션을 보다 효율적으로 운용하고 새로운 가치를 창출할 수 있는 방안은 없는지 살펴보고, 이어서 실제(L) 시뮬레이션의 장점과 이점은 살리고, 가상(V) 시뮬레이션과 구성(C) 시뮬레이션의 장점과 이점을 활용하는 방법은 없을까 궁리해 보자는 것이다. 또한 할 수만 있다면 각각 상이한 시뮬레이션 유형들(L, V, C를 의미)의 장점을 취합하여 훈련효과를 극대화할 수 있는 새로운 개념의 시뮬레이션체계를 구축해 보자는 것이다. 이 과정에서 아주 중요한 것은 각 시뮬레이션 유형들을 운용하는 기관들이 조직의 이해관계를 버리고 각 군 차원에서, 합동 차원에서 보다 크고 새로운 가치와 작전요구, 훈련소요에 과감히 동참하는 결단과 의지가 필요하다는 것이다. 이러한 관점에서 우선 실제(L) 시뮬레이션 분야에서 KCTC, ACMI를 통해 달성하고 성취한 성과와 효과에 도취하지 말아야 한다. 새로운 가치를 창출한다는 생각으로 실제(L) 시뮬레이션에서 생성되는 모든 데이터들을 보다 정확하게 객관적으로 수집하고 저장하여 빅 데이터(Big Data)를 구축하고, 이를 이용하여 작전술 교리와 전술, 전기, 절차(DTTP)의 연구 및 새로운 무기체계의 개념 또는 소요 도출 등 포괄적인 전력발전업무에 활용하는 방안을 강구해야 하는 것이다.

각각 상이한 시뮬레이션 유형들을 연동하여 구현하는 LVC 개념을 한국군이 접하고, 각 군이 LVC 구축을 위해 지난 10년 이상 노력해 왔음에도 아무런 가시적 성과가 없는 이면에는 각각 시뮬레이션 유형들을 주도적으로 수행하고 있는 기관들이 조직의 이해관계에 너무 집착하기 때문이 아닌가 생각되어질 때가 있음을 부인할 수 없다. 미군을 중심으로 한 선진국들이 이미 구현하여 활용하고 있는 새로운 개념과 새로운 가치를 창출하는 LVC에 대해 이제부터라도 명확히 그 개념을 이해하고, LVC를 구현하여 활용하고자 하는 작전요구와 훈련요구를 식별하고 적극적으로 대응하고 참여하는 자세가 필요하다. 이는 대부대나 합동, 연합작전의 일부로 실제(L) 시뮬레이션을 활용하고, 이때 실제(L) 시뮬레이션을 수행하는 KCTC나 ACMI에 참여하는 훈련부대도 실전감 있고 효율적인 시나리오와 인접부대, 상급부대 상황 모의 등 새로운 훈련효과를 얻을 수 있다는 사실에서 그 가치를 인정하고 최적화하는 노력이 필요하다는 것이다.

실제(L) 시뮬레이션을 상이한 시뮬레이션 유형들과 연동 운용하는 과정에서 나타날 수도 있는 일부 제한사항에 초점을 맞추고 집착하기보다는, 실제(L) 시뮬레이션에 내재된 단점과 제한사항을 극복할 수 있다는 장점과 효과가 더 클 수 있음을 인식하고 보다 적극적으로 LVC 구축에 참여할 수 있도록 아키텍처 개념을 적용한 상호 연동 운용 방안을 강구하는 것이 필요하다는 것이다. 궁극적으로 현재와 같이 실제(L) 시뮬레이션의 단독 운용에 대비하여 LVC 일부로서 연동 운용을 하게 될 때, 보다 실전감 있고 효율적인데다 효과적인 훈련이 가능하게 될 것이며, 경우에 따라서는 군에서 절실히 필요로 하는 전투·합동실험 환경을 제공하는 등 새로운 작전요구에 부응하는 새로운 가치를 창출함으로서 KCTC 과학화 훈련장과 ACMI 훈련체계의 발전은 물론, 군에 크게 기여할 수 있을 것이라는 것이다.

47. 가상(Virtual) 시뮬레이션의 새로운 가치 창출! 어떻게 해야 하나?

가상(Virtual) 시뮬레이션은 실제 사람이 가상의 전투 장비로 가상의 전장 환경에서 마치 실제 장비를 운용하듯이 훈련과 실험 활동을 수행하는 것을 의미한다. 가상(V) 시뮬레이션은 주요 전투 장비 승무원들을 훈련시키는데 적합하며, 일반적으로 장비 운용절차를 연습하고 숙달하는데 초점이 맞춰져 있어 전술적 운용 기능이 누락되어 있는 경우가 대부분이다. 이러한 가상(V) 시뮬레이션을 활용하여 통상적으로 사용되는 목적 이외에 추가적으로 새로운 가치를 창출하는 방법은 없는지, 만약에 있다면 어떻게 해야 하는지 살펴보고자 한다.

일반적으로 주요 전투 장비 승무원들의 장비 조작능력을 습득하고 향상시키기 위해 사용하고 있는 가상(V) 시뮬레이션, 즉 시뮬레이터(Virtual Simulator)의 경우 초창기에는 전투 장비의 운용을 위한 주요 기능을 위주로 개략적으로 개발하여 승무원들을 훈련시키기 위해 사용하였다. 하지만 과학기술의 발달과 디지털화로 인해 무기체계가 복잡해지고 복합 시스템화(System of Systems) 하게 됨에 따라 일부 주요 기능만으로는 장비 운용기술을 연습하고 숙달하기에 부적절하게 되었고, 이런 경우에는 자칫 긍정적인 훈련과 숙달 효과를 기대하기는커녕 오히려 부정적인 훈련효과를 낳을 수도 있다는 우려를 갖게 되었다. 그 결과 최근에 만들어지는 대다수 가상(V) 시뮬레이션인 시뮬레이터들은 사용하고자 하는 목적과 의도에 따라 실제 체계와 거의 동일하게 만들어지는 경향을 갖게 되었다. 경우에 따라서는 시뮬레이터 내의 각종 계기판의 배열이나, 승무원이 시뮬레이터를 작동 시에 느끼는 촉감과 힘을 가하는 세기에 이르기까지 실제 장비와 동일하게 구현하게 되었다. 이러다 보니 시뮬레이터를 개발하는데 소요되는 자원도 만만치 않게 되었다.

가상(V) 시뮬레이션의 새로운 가치 창출이라는 의미는 이처럼 많은 자원을 투입하여 개발한 시뮬레이터를 단순히 승무원들의 장비 조작능력을 숙달하고 훈련시키는데 그칠 것이 아니라 좀 더 효율적으로 활용하여 운용에 소요되는 자원을 경감하던지, 새로운 훈련효과를 창출하던지, 아니면 직접적으로 시뮬레이터 운용과는 상관이 없어 보이는 영역이라 할지라도 새로운 훈련효과나 효율성을 창출할 수 있지 않느냐는 것이다. 그러한 관점에서 먼저 가상(V) 시뮬레이션 즉, 시뮬레이터 자체를 보다 효율적으로 활용하고 자원을 경감하며 실전적으로 활용하는 방안을 생각해 보자. 지금까지 설명하였듯이 한국군이 보유하고 있는 시뮬레이터는 대다수의 경우 승무원들의 장비 조작능력을 훈련시키고 향상시키기 위해 활용하고 있는 실정이다. 단순히 전투 장비 조작을 잘한다는 것과 전장 환경에서 전술적 운용을 잘한다는 것과는 상당한 차이가 있다. 이는 곧 시뮬레이터를 이용한 단순한 장비 조작능력을 훈련시키는데 머물 것이 아니라, 주요 전투 장비 시뮬레이터들을 연동하여 소규모 제대 또는 팀의 전술적 운용능력을 향상시킬 수 있도록 활용하자는 것이다.

시뮬레이터를 승무원들의 전술적 운용능력 향상을 위해 활용하려면 적어도 두 가지 요소를 고려해야하는데, 그것은 바로 각각의 시뮬레이터에 작전술 상황을 묘사하고 훈련할 수 있도록 개선 또는 보완하는 것이 필요하다는 것과 시뮬레이터들을 상호 연동 운용하여 팀 훈련이 가능하도록 해야 한다는 것이다. 이 두 가지 사항을 보완하는 것은 쉽지는 않으나, 새로운 가치 창출을 위해서는 과감한 투자로 기존의 시뮬레이터에 대한 성능개선과 연동 운용이 가능하도록 시뮬레이터 자체에 대한 보완과 기반체계를 함께 개발하는 것이 필요하다. 이렇게 한다면 시뮬레이터를 활용한 단순한 승무원들의 단일 장비 조작능력을 훈련시키고 향상시키는 수준을 넘어 다양한 전장상황에서 팀의 일원으로서 전술적 운용능력까지도 향상시킬 수 있을 것이다. 이때 다양한 전장상황을 제공해 줄 수 있도록 다양한 시나리오를 개발하고, 그에 따른 전장 환경 묘사를 위한 지형 데이터와 대항군과 우군 부대들의 데이터베이스를 구축하며, 모의 논리와 전투피해평가 기능을 추가하는 등 전술훈련 환경을 제공할 수 있도록 하고, 훈련을 통제하고 사후검토를 할 수 있는 시스템 등을 추가로 구축해야 한다.

다음은 가상(V) 시뮬레이션의 직접적인 효과 개선 및 향상과는 상관없이 보이지만 새로운 훈련효과나 효율성 등 가치를 창출할 수 있는 방안을 강구해야 한다는 것이다. 이러한 관점에서도 두 가지 측면에서 새로운 가치를 고려할 수 있을 것이다. 하나는 바로 가상(V) 시뮬레이션에 직접 관련되는 것이고, 다른 하나는 구성(C) 시뮬레이션 등 상이한 유형의 시뮬레이션에 관련되어 가치를 창출하는 것을 의미한다. 먼저 가상(V) 시뮬레이션 즉, 시뮬레이터에 직접 관련되는 관점에서는 앞서 설명한 것처럼 시뮬레이터들을 연동하여 팀 전술훈련환경을 제공하기 위해서는 시뮬레이터 자체를 팀 전술훈련이 가능하도록 성능 개량하는 것 이외에도 많은 노력과 자원이 소요될 수 있다. 이에 추가하여 더욱 중요한 것은 보다 실전적으로 시뮬레이터들의 전술훈련 환경을 구현하기 위해서는 독자적인 별도의 시나리오를 구현하는 것보다 구성(C) 시뮬레이션과 연동에 의해 보다 실전감 있는 다양한 전장 환경 제공이 가능할 수 있다는 것과, 대부대의 일부로서 주요 전투 장비 승무원들을 훈련시키는 것이 보다 효율적이라는 것이다.

이때, 함께 연동하여 운용하게 되는 구성(C) 시뮬레이션에서 얻을 수 있는 새로운 가치는 가상(V) 시뮬레이션을 연동 운용함으로써 다양한 전장상황 하에서 단순한 지휘관 및 참모의 부대지휘 절차와 지휘 결심과 참모 판단을 연습하고 훈련하는데 추가하여, 예하 주요 전투 장비 승무원들의 작전술 운용능력까지를 포함한 보다 실전적인 연습과 훈련이 가능하다는 것이다. 일반적으로 구성(C) 시뮬레이션에서는 주요 전투 장비 승무원들의 장비 조작 및 전술적 운용능력이 우수하든지 여부에 관계없이 편제장비의 운용수준, 기동, 사격술, 명중률, 피해율 등을 Parametric Data로 처리하고 있기 때문에, 예하부대 주요 전투 장비 승무원들의 전투기술과 훈련수준이 제대로 반영되지 않는다는 한계가 있다. 만약에 예하부대 전투원들과 주요 전투 장비 승무원, 그리고 지휘관 및 참모들을 잘 훈련시킨 훈련부대 지휘관의 관점에서, 아무리 훈련을 잘 시키고 전투준비태세를 향상시키기 위해 노력을 해도 구성(C) 시뮬레이션에서 그러한 요소들이 전혀 반영이 되지 않는다면 제대로 된 부대훈련을 위한 수단으로서 구성(C) 시뮬레이션을 활용할 수 있을 것인지에 대해 의문을 갖게 될 수 있을 것이다. 한편으로는 사단·군단 BCTP 연습을 위해 전 부대원을 제대로 훈련시키지 않아도 별로 영향을 미치지 않으며, 오히려 연습과 훈련에 참가하지 않는 예하부대 역할을 해주는 게임어만 잘 훈련시키면 된다는 잘못된 인식을 갖게 할 수도 있다는 것이다.

실제로 이렇게 구성(C) 시뮬레이션과 가상(V) 시뮬레이션을 연동하는 개념은 실시간 연동을 구현할 수도 있고, 아니면 사전에 실시한 가상(V) 시뮬레이션의 결과를 구성(C) 시뮬레이션의 Parametric Data로 반영하는 방법도 있을 수 있을 것이다. 어떤 방법을 적용하든지 만약, 주요 전투 장비 승무원들의 장비 조작능력과 작전술 능력이 구성(C) 시뮬레이션에 반영된다면, 훈련의 실전감을 향상시킬 수 있음은 물론, 부대의 제반 구성요소들을 통합하여 실전적으로 훈련을 시키는 것이 가능할 것이다.

이를 구현하기 위해 추가적으로 고려해야 하는 것은, 실시간(Real Time)으로 연동을 할 경우 물리적인 연동을 위한 데이터 통신망을 구축해야 하고, 연동하는 시뮬레이션들 간에 아키텍처 개념을 적용하여 기술적인 연동을 위한 구체적인 방법을 강구해야 하며, 특히 각각 시뮬레이션에서 운용하는 객체들의 해상도 차이에 따른 연동의 문제를 해결할 수 있도록 연동객체의 통합(Aggregation)과 분할(Dis-aggregation)을 가능하게 하는 다해상도 모델링(MRM: Multi-Resolution Modeling) 기법 또는 인터페이스(Interface)를 적용하는 것을 고려해야 한다는 것이다.

가상(V) 시뮬레이션의 새로운 가치를 창출한다는 것! 사실은 이 역시 쉬운 일은 아니다. 가상(V) 시뮬레이션의 자체 목석으로 새로운 가치를 창출하는 것이든, 아니면 상이한 시뮬레이션 유형들의 목적을 위한 가치를 창출하기 위한 것이든, 앞서 논의한 것과 같은 많은 요소들을 고려하고 새로운 능력과 시스템과 기반체계들을 보완하고 구비해야 한다는 것이다. 이를 위해 많은 자원과 노력이 소요되는 것도 사실이다. 그러나 기존의 가상(V) 시뮬레이션을 구축하는데 이미 많은 포괄적 개념의 국방자원이 투입되었기에, 할 수만 있다면 이를 재사용하거나 재활용하여 새로운 가치를 창출할 수 있도록 해야 한다는 것이다. 특히 새로운 가상(V) 시뮬레이션을 개발할 때에는 단순한 승무원들의 장비 조작능력 숙달을 목적으로 할 뿐만이 아니라, 팀 전술훈련과 타 시뮬레이션과의 연동을 고려하여 다양한 새로운 가치를 창출할 수 있도록 해야 한다. 결국, 가상(V) 시뮬레이션들 간의 연동 운용을 시작으로, 구성(C) 시뮬레이션과 연동을 추진하고, 점진적으로 LVC 연동 운용까지 확대 추진함으로서, 가상(V) 시뮬레이션의 새로운 가치를 창출하자는 것이다.

48. 구성(Constructive) 시뮬레이션의 새로운 가치 창출! 어떻게 해야 하나?

구성(Constructive) 시뮬레이션은 가상의 사람이 가상의 전투 장비로 가상의 전장 환경에서 마치 실제 전쟁을 수행하듯이 훈련하고, 실험하는 활동을 수행하는 것을 의미한다. 구성(C) 시뮬레이션은 일반적으로 대부대급 지휘관 및 참모들의 교육훈련 이나, 전력분석, 전투실험 등에 주로 활용되고 있다. 특히 교육훈련 및 전투실험 목적으로 활용 시에는 단일 모델 운용 또는 모델들의 연동에 의한 실전적 전장 환경과 작전술 기능을 모의하게 된다. 일반적으로 워게임 모델 또는 분석모델은 모두 구성 (C) 시뮬레이션으로 단일 모델 운용 시에는 물론이고 설령, 모델들의 연동에 의한 운용 시에도 실전감 있는 다양한 전장 환경과 상황을 모의할 수는 있지만 여전히 구성 (C) 시뮬레이션이 내재적으로 갖고 있는 제한사항이 있다. 그렇다면 구성(C) 시뮬레이션의 새로운 가치란 무엇이며, 어떻게 해야 하는가? 그것을 살펴보고자 한다.

먼저 구성(C) 시뮬레이션이 갖고 있는 특징이 무엇인지, 그 장점과 단점, 그리고 제한사항을 먼저 살펴보자. 앞서 개략 정의한 바와 같이 구성(C) 시뮬레이션이란 가상의 사람이, 가상의 전장 환경에서, 가상의 전투 장비로 전장 환경과 상황을 모의하여 훈련하고 실험하며 분석하는 활동들을 수행하는 것을 의미한다. 이러한 구성 (C) 시뮬레이션의 정의와 개념 속에 그대로 장점과 단점, 그리고 제한사항이 내제되어 있다. 우선 장점은 실제(L), 가상(V) 시뮬레이션들과는 달리 비교적 실제 전장 환경과 상황을 표현하고 실행하는데 제한이 없어 사용하고자 하는 목적과 의도에 따라 다양한 시나리오와 형태의 훈련, 분석, 실험 등 효율적인 국방 문제해결을 위한 수단으로 활용할 수 있다는 것이다. 실제 세계를 나타내고 표현하는 해상도(Resolution)와 충실도(Fidelity)에 따라, 작전기능의 수준과 범위에 따라, 사용하고자 하는 목적과 의도에 따라, 실질적으로 국방 업무분야 전 부분에 걸쳐 아주 효율적으로 활용될 수 있다는 장점을 가지고 있는 것이다. 또한 국방획득이나 전투 및 합동 실험에 활용할 경우에는 현재 존재하지 않는 군 구조나 조직 편성, 무기체계, 그리고 작전술 교리와 전술, 전기, 절차(DTTP) 들을 얼마든지 데이터베이스로 구축하거나

Parametric Data로 설정하거나 모의 논리에 반영하여 유연하고도 효율적으로 분석하고 실험할 수 있다.

그럼에도 구성(C) 시뮬레이션이 지니고 있는 단점과 제한사항은 구성(C) 시뮬레이션에 적용한 전장 환경과 전투 장비, 조직 편성과 인간의 행태, 전투피해와 소모손실 등에 관한 표현과 모의 논리, Parametric Data를 모두 제대로 구현했다 가정하고, 그 사용 목적과 의도에 대해 VV&A 활동을 통해 신뢰성을 확인했다 하더라도 여전히 존재하고 있다. 가장 큰 단점과 제한사항은 구성(C) 시뮬레이션이 실제세계에 대한 표현이고 실행이다 보니, 아무리 실전적으로 표현하고 모의한다고 하더라도 구성(C) 시뮬레이션에 참여하는 지휘관과 참모들이 전쟁의 실상과 간접 경험을 가상(V), 실제(L) 시뮬레이션에 비해 뼈저리게 느낄 수 없다는 것이다.

또한 구성(C) 시뮬레이션에서는 교전결과에 대한 평가나 소모손실에 대한 평가를 Parametric Data에 의해 획일적으로 적용하다 보니 다양한 전장 환경과 상황에서 지휘관 및 참모의 부대지휘 결심과 참모판단 절차는 연습할 수 있으나, 예하부대 지휘관과 참모, 전투원을 아무리 훈련을 잘 시켜도 그 결과를 시뮬레이션에 반영할 수 없다는 것, 반대로 부대 전체에 대해 교육 훈련 수준이나 전투준비태세가 미흡해도 연습에 참가하는 지휘관과 참모들과, 경우에 따라서는 예하부대 역할을 하는 게임어만 잘 훈련시키면 좋은 결과를 얻을 수 있다는 것이다. 또 다른 단점과 제한사항은 구성(C) 시뮬레이션은 운용자의 전문성이나 능력에 따라 크게 영향을 받을 수 있다는 것이다. 앞서 설명한 것처럼 훈련과 연습 목적으로 활용할 때는 게임어의 영향을 받을 수 있으며, 분석이나 실험 목적으로 활용할 때는 분석 요원이나 실험을 설계하고 모의지원을 제공하는 전문가의 영향을 받을 수 있다는 것이다. 그리고 일반적으로 구성(C) 시뮬레이션을 사용하고자 하는 목적과 의도, 활용하고자 하는 제대 수준에 맞게 개발하여 사용하다 보니, 하나의 구성(C) 모델로 새롭게 요구되는 작전요구를 다 충족할 수 없다.

지금까지 살펴본 바와 같이 구성(C) 시뮬레이션이 지니고 있는 장점과 단점 및 제한사항을 함께 고려하는 가운데 과연 새로운 가치란 무엇을 의미하는지, 또 그러한 가치를 창출하려면 어떻게 해야 하는지 생각해 보자. 우선 구성(C) 시뮬레이션을 활용하는데 있어 새로운 가치를 어떻게 정의할 수 있는지 살펴보자. 구성(C) 시뮬레이션을 활용하는데 있어 새로운 가치란 먼저, 구성 시뮬레이션 자체를 위한 새로운 가치와, 다른 상이한 시뮬레이션 유형을 위한 새로운 가치로 구분해 볼 수 있을 것이다. 구성(C) 시뮬레이션 자체를 위한 새로운 가치로는 무엇보다도 사용하고자 하는 목적과 의도로 개발한 시뮬레이션 모델의 단일 운용을 넘어서 새로운 작전요구로 제시되는 제병협동, 합동, 연합 전장 환경과 상황을 보다 실전감 있게 묘사하고 모의할 수 있도록 할 수 있다는 것이다. 다음으로는 구성(C) 시뮬레이션 안에 획일적으로 적용한 Parametric Data를 해당부대의 주요 전투 장비 승무원들과 전투원들의 작전술 운용능력과 전투준비태세 및 훈련 상태를 반영하여, 지휘관 및 참모의 부대 지휘절차 훈련은 물론 하나의 시나리오로 다양한 제대가 동시에 통합적으로 보다 실전적으로 부대의 전투수행 역량을 그대로 반영할 수 있도록 할 수 있다는 것이다. 또 다른 관점에서는 통상적으로 수행하는 연습과 훈련 목적의 시뮬레이션을 사용하고자 하는 목적과 의도를 잘 정의하고, 시나리오와 모의체계를 지혜롭게 디자인하여 준비한다면 연습과 훈련용 시뮬레이션을 통해서도 얼마든지 전투 및 합동 실험을 할 수 있다는 것이다.

다른 상이한 시뮬레이션 유형을 위한 구성(C) 시뮬레이션의 가치는, 먼저 주요 전투 장비 시뮬레이터인 가상(V) 시뮬레이션을 위해서는 승무원들에게 대부대의 일부로서 보다 실전감 있고, 보다 경제적 효율적으로 작전을 수행할 수 있는 전장 환경과 상황을 제공할 수 있다는 것이다. 육군 과학화 훈련장(KCTC)이나 공군 ACMI와 같은 실제(L) 시뮬레이션을 위해서는 실제 훈련부대가 단독으로 훈련과 연습을 수행하는 것이 아니라 대부대의 일부로서 보다 실전감 있게, 보다 경제적이고 효율적으로 연습하고 실험할 수 있는 전장 환경과 상황을 제공할 수 있다. 이때, 실제(L) 시뮬레이션에 참여하고 있는 지휘관과 참모는 구성(C) 시뮬레이션에서 수행되고 있는 전장상황을 인지할 수 있도록 하고, 전투원들에게는 구성(C) 시뮬레이션에서 수행되고 있는 전투지원이나 전투근무지원을 인지하도록 함은 물론 오감으로 느낄 수 있도록 하는 것이 필요하다.

그렇다면 이러한 새로운 가치를 창출할 수 있도록 하기 위한 방법이 무엇인지 살펴보자. 가장 먼저, 구성(C) 시뮬레이션을 교육훈련 분야와 전투실험 분야에 활용하는데 있어서 단일 모델 운용보다는 여러 모델을 연동하여 운용해야 한다는 것이다. 한국군은 모델 연동체계(Federation) 구축과 운용의 기술적인 어려움과 시간, 예산, 전문인력 등 자원의 소요로 인해 작전운용 면에서의 이익과 새로운 작전요구를 충족할 수 있다는 새로운 가치를 간과하고 있는 실정이다. 앞으로의 구성(C) 시뮬레이선의 운용은, 설령 단일 모델만으로 사용 목적과 의도를 달성할 수 있다 하더라도 연동체계를 구성하여 운용함으로써 제병 협동전, 합동전, 연합작전의 관점에서 가상 전장 환경과 상황을 제공하여 보다 실전적인 훈련과 실험을 할 수 있도록 해야 한다.

이를 위해서는 구성(C) 시뮬레이션의 개발 시 가급적 동일한 아키텍처 즉, HLA를 적용하여 선 표준 후 모델 개발로 연동을 촉진할 수 있도록 해야 한다. 이때 만약 연동을 위한 연동 프로토콜이 상이할(RTI 버전이 상이) 경우 Bridge를 사용할 수 있도록 해야 한다. 이와 더불어 연동체계 구축을 위한 절차 표준인 DSEEP(Distributed Simulation Engineering Execution Process)와 FEAT(Federation Environment Agreement Template)를 적용하여 주고받는 연동객체인 SDEM(Simulation Data Exchange Model)과 시뮬레이션 환경에 대한 합의인 SEA(Simulation Environment Agreement)를 개발해야 한다. 필요에 따라서는 다해상도를 해결할 수 있는 MRM(Multi-Resolution Model) 기술을 적용하고, 연동체계 내의 객체들의 이름과 시뮬레이션 시간을 일관성 있게 적용하기 위한 Naming Convention, Timing Convention을 고려해야 한다.

다음으로 고려할 수 있는 방법은 상이한 시뮬레이션 유형들과의 연동 운용이다. 이는 곧 구성(C) 시뮬레이션과 가상(V), 실제(L) 시뮬레이션을 연동 운용하자는 것으로, 결국 LVC를 구축하여 활용하자는 것이다. 앞서 설명한 구성(C) 시뮬레이션들의 연동 운용으로 새로운 가치를 창출할 수 있지만, 여전히 실제감, 실전감 있는 전장 환경과 상황을 모의하기에는 제한이 되는 부분이 존재한다. 이는 구체적으로 하급제대 지휘관과 참모, 전투원의 전투 수행능력과 주요 전투 장비 승무원들의 장비 조작 및 작전술 운용능력, 그리고 훈련 상태와 숙달 정도를 보다 정확하게 반영함으로써 한 번의 시나리오와 연습으로 다 제대가 동시에 실전적인 연습과 훈련을 수행할 수 있다.

이 과정에서 구성(C) 시뮬레이션을 수행하는 지휘관과 참모는 예하 부대원들의 훈련 상태와 장비운용 숙달상태가 고려되고 반영된 부대지휘 절차와 참모판단 연습이 가능하게 되고, 가상(V) 시뮬레이션과 실제(L) 시뮬레이션에 참가하는 주요 전투 장비 승무원들과 예하부대 지휘관과 참모, 전투원들은 대부대의 일부로서 보다 실전적인 훈련에 참가할 수 있다. 그리고 별도로 시나리오를 준비하고 전장 환경과 상황을 조성하기 위한 수고와 노력을 경감할 수 있다. 이때, 가상(V) 시뮬레이션에서는 구성(C) 시뮬레이션에서 수행되는 전장 환경과 상황을 비교적 쉽게 공유할 수 있는데 비해 실제(L) 시뮬레이션에서는 HMD(Head Mounted Display)와 같은 추가적인 장비로 전투원들이 오감을 이용한 전장 환경과 상황을 체험할 수 있도록 하는 것이 필요하게 된다. 또한 LVC 구축 간에는 각각 시뮬레이션 유형에서 적용하는 아키텍처가 동일하다는 보장이 없으므로 DMAO(DSEEP Multi-Architecture Overlay) 표준을 적용하여 필요시 상이한 아키텍처에 따른 Overlay를 개발하여 적용해야 하고, 시뮬레이션들을 연동하는 데 있어서도 Gateway를 사용해야 한다.

새로운 가치 창출을 위해 고려할 수 있는 또 하나의 방안은 생각과 사고의 발상의 전환이다. 예로 원래 구성(C) 시뮬레이션을 활용하는 목적이 교육 훈련이었다 하더라도 그 목적만을 고집할 이유가 없다는 것이다. M&S를 국방 업무에 활용하는 목적이 다양한 국방 업무분야의 다양한 문제를 해결해보자는 것이지만, 이 해결한다는 수준과 목적이 경우에 따라서는 시스템에 대한 통찰을 제공하는 것만으로도 얼마든지 충분할 수 있다는 것이다. 특히 전투·합동실험의 경우 대다수의 경우는 직접적인 문제 해결보다도 새로운 작전술 개념과 조직 편성 및 편제, 무기체계, 작전술 교리와 전술, 전기, 절차(DTTP) 등에 대한 통찰을 얻고자 한다. 따라서 교육훈련용 구성(C) 시뮬레이션과 연동체계(Federation)를 준비한다든지, LVC를 구축 할 경우 M&S를 사용하는 목적과 의도를 명확히 하고, 그것을 위한 모의체계를 잘 디자인 하여 실험에 필요한 전장 환경과 조직 편성, 무기체계, DTTP를 어떻게 구축하느냐에 따라 얼마든지 전투 및 합동 실험 목적으로 활용하여 새로운 가치를 창출할 수 있다는 것이다.

하나의 비근한 예로, 육군 BCTP단은 한국군이 M&S를 교육훈련 분야에 활용한 가장 우수한 성공적 사례로 볼 수 있다. 1991년에 BCTP단을 창설하여 1994년 독자적으로 첫 번째 백두산 연습을 실시한 이후, 매년 14~16회의 사단 및 군단 BCTP 연습을 수행하고 있다. BCTP단 창설 초기에 일부 비 전술적인 운용사례와 승패에 과도한 집착 등의 일부 부작용도 있었으나, 한국군의 자체 평가는 물론 미군이 바라보는 시각도 세계적으로 가장 과학적이고, 실전적이며, 전문적인 훈련 성공사례로 평가되고 인정받고 있다. 그러나 또 다른 관점, 즉 새로운 가치 창출이라는 측면에서는 한 번쯤 생각해 보는 것이 필요한데, BCTP단의 운용이 활성화되고 안정화 된 이후, 새로운 연습 디자인과 전투실험에 활용할 수 있는 방안 등에 대한 창의적인 생각이 필요하다는 것이다. 그동안 육군은 미래 육군 건설을 위한 지원 수단으로서, 또 발전을 위한 변화와 혁신 수단으로 M&S를 활용하는 방안을 찾고자 노력했는데,

이를 과학적 선진 교육훈련체계인 BCTP 자원을 새로운 가치를 창출하기 위해 활용할 수도 있다는 것이다. 즉 창조21 단일 모델 운용이 아닌 연동체계 개념을 적용하여 보다 실전적인 협동·합동작전 능력을 구비하고, BCTP 훈련의 일부로서 전투실험 또는 육군 전투실험을 위한 새로운 모의체계를 구상하고 디자인한다면 BCTP 연습체계를 전투실험 수단으로 충분히 활용할 수도 있다는 것이다.

이렇게 한다면 매년 반복적으로 수행하는 BCTP 훈련의 일부를 사단, 군단 편제조정 등 다양한 육군 개혁과제를 위한 전투실험의 수단과 도구로 얼마든지 활용할 수도 있을 것이다. 적어도 연습과 훈련의 일부로서 전투실험이나 특별평가를 수행하여 연습의 효율성도 극대화하고 새로운 가치를 창출할 수 있을 것이다. 이러한 경우는 미군이 주도하는 한미 연합연습에서 얼마든지 그 사례를 찾을 수 있으며, 실제 미군은 연합연습의 명칭을 종전의 RSOI와 UFL에서 KR과 UFG로 변경하여 연합·합동 전투실험을 수행하고 있다. 구성(C) 시뮬레이션인 BCTP를 현재 모습에서 보다 전향적으로 미래의 새로운 작전요구를 충족할 수 있도록 연동체계에 의한 모의지원체계로, 상이한 시뮬레이션들과 연동하는 LVC 개념으로 전환하고, 특히 교육훈련 목적으로 창설된 조직이긴 하지만 BCTP단이 보유하고 있는 자원과 능력을 적극 활용하여 육군과 전군 차원에서 전투실험 도구와 수단으로 활용한다면, 한국군이 구성(C) 시뮬레이션을 활용하여 새로운 이익과 가치를 창출하는 아주 훌륭한 사례로 평가될 수도 있을 것이다. 이는 비록 육군에만 해당되는 사항이 아니라 각 군과 합참 모두에게 해당되는 사항이라는 것이다.

49. M&S 연동! 무엇을 어떻게 해야 하나?

워파이터(Warfighter)의 새로운 작전요구를 충족하고 새로운 가치를 창출하기 위해 모델링 및 시뮬레이션(M&S)을 상호 연동하여 운용하고자 할 때 무엇을 어떻게 해야 하는지 살펴보고자 한다. M&S를 연동 운용하는 것은 아무래도 단일 M&S 운용에 비해 번거롭고 더 많은 노력과 수고가 요구되는 것은 어쩔 수 없는 사실임에도 연동을 고려하는 것은 그로 인한 이익과 가치가 더 크기 때문이다. 이는 마치 출퇴근길에 Car Pool제로 승용차를 함께 타기 위해서는 피차 어느 정도의 수고와 배려를 하는 것은 불가피한데, 그로 인해 보다 큰 가치인 유가상승에 대한 유연한 대처, 교통 혼잡의 완화 효과, 환경 보호 및 개선 효과 등을 얻을 수 있다는 것과 비슷한 이치이다. 그러나 M&S를 연동 운용하기 위해 기존의 M&S들에 심대한 부담과 더불어 추가적인 요구가 과다하다면 아무도 연동 운용에 참여하지 않으려 할 것이다. 이러한 관점에서 제1편 7번째 이야기에서 M&S의 연동 운용을 위해 무엇을 고려해야 하는지에 이어서 보다 구체적으로 어떻게 해야 하는지 살펴보고자 한다.

앞서 7번째 이야기에서 M&S 연동 운용을 위해 고려해야 하는 것들로 M&S 연동 운용과 관련한 격언(Precepts)과 원론적인 지침, 연동 구현의 단계, 그리고 연동 저해 요소들을 살펴보았다. 먼저 M&S 연동 운용과 관련한 격언 중 첫째, Do no harm이라는 것은 M&S 연동 운용에 참여하는 어떤 M&S에 대해서도 가능한 한 만들어진 그대로 수용을 하고, 누를 끼치거나 더욱이 해를 끼쳐서는 안 된다는 것이다. 그러나 실제 M&S를 연동하기 위해서는 일부 수정 보완이 불가피한데, 이때 객체 명칭과 시뮬레이션 시간의 일관성을 위한 Naming Convention, Simulation Time Convention과 같이 꼭 필요한 부분에 대해 보완하되 가능한 한 인터페이스를 개발하여 추가하는 형태로 하자는 것이다. 둘째, Interoperability is not free라는 것은 M&S의 상호 연동 운용은 절대로 공짜로 그냥 주어지지 않는다는 뜻이다. 연동에 참여하는 M&S들이 공통객체인 FOM(Federation Object Model)이나 SDEM(Simulation Data Exchange Model), SEA(Simulation Environment Agreement) 개발과 각종 기능시험(FT:

Functional Test), 성능시험(PT: Performance Test), 부하시험(LT: Load Test), 통합시험(IT: Integration Test) 등 일정한 정도와 수준의 참여와 노력이 반드시 필요하다는 것이다.

세 번째, Start with small immediate steps이란 연동 운용을 위해서는 거창하고 큰 계획과 투자보다, 일단은 아주 작은 부분에서부터 바로 시작하는 자세가 중요하다는 것이다. 즉 M&S 연동 운용에 의한 궁극적인 사용 목적과 의도를 달성하기 위해서는 가능한 분야부터 점진적으로 접근해야 한다는 것이다. 네 번째, Provide centralized management라는 것은 각각 상이한 사용 목적과 의도로 상이한 아키텍처 개념 및 프로그래밍 언어로 개발된 M&S들을 연동 운용하기 위해서는 중앙집권적 통제가 불가피하다는 것이다. 특히 첫 번째와 두 번째 격언을 설명하며 열거했던 사항들에 대해 DSEEP(Distributed Simulation Engineering Execution Process), DMAO(DSEEP Multi-Architecture Overlay), FEAT(Federation Environment Agreement Template) 절차와 표준을 적용하고, 연동체계를 운용하는데 있어 강력하고 효율적인 관리가 필요하다는 것이다.

다음은 M&S 연동과 관련된 원론적 지침에서 먼저, 상용(COTS: Commercial Off The Shelve) 도구 빛 기술을 최대한 활용하자는 것은 한국군의 경우에는 M&S 연동과 관련한 가용한 자원이 별로 없지만 할 수 있는 한 상용제품을 최대한 활용하자는 것이다. 이어서 연동에서 동질(Homogeneous) 정보체계 접근방법, 즉 동일한 기반 아키텍처를 적용하는 것보다 연합(Federated) 접근방법을 적용하자는 것은 연동을 위해 가급적 Gateway나 Bridge를 사용함으로서 기존의 M&S를 있는 그대로 사용하자는 것이다. 한국군은 M&S 연동 운용 및 LVC 구축과 관련하여 연동하는 모든 M&S에 모든 정보를 제공하는 것으로 생각하는 경향이 있는데, 사실은 더 많게도 더 적게도 아닌 필요한 M&S에 필요한 경우에 한해 필요한 정보만 제공하고, 결함이 있는 정보를 다른 M&S나 다음 단계에 전달을 금지하자는 것이다. 이러한 것은 HLA/RTI 아키텍처 개념에서 연동체계 내의 각 M&S들이 주고받는 정보를 Publish하거나 Subscribe하는 방식으로 구현이 가능하다는 것이다. 또한, M&S를 연동하여 운용할 때 결함을 야기하는 것을 예방하는 절차를 추가하고, HLA/RTI의 소유권관리(Ownership Management) 서비스를 활용하여 정보를 가장 정확하게 보유하기에 적합한 M&S의 엔티티가 소유하도록 하자는 것이다. M&S 연동 운용 간에 모든 정보에 대해서는 정보를 필요로 하는 M&S들로부터 접근을 보장하도록 해야 한다는 것이다.

실제로 M&S들을 연동 운용하는데 있어서 모델(Model)들이나 페더레이트(Federate)들의 연동, 또는 페더레이션(Federation)이나 페더레이션 컴뮤니티(Federation Community)에서 두 개 이상의 동일한 도메인(Domain)의 모델들을 연동 운용하기 위해서는 몇 가지 단계를 거쳐야 한다. 이때 고려하게 되는 것이 바로 기술적인 연동, 작전술 기능적인 연동, 공정한 피해평가, 그리고 정보 보호이다. 먼저 기술적인 연동이란 M&S들을 연동 운용함에 있어서 기술적 물리적으로 실제 연동체계를 구축하는 것을 의미하게 된다. 이를 구현하기 위해서는 M&S들이 HLA과 같은 동일한 아키텍처를 적용하여 개발하는 것이 선행되어야 한다. 또한, 연동체계 내의 특정 객체에 대해 특정 시점의 소유권(Ownership)은 하나의 페더레이트만 보유해야 하고, 연동체계 내에서 운용되는 동일한 객체에 대한 명칭이 동일하고(Naming Convention), M&S들의 시뮬레이션 시간이 일관성이 있어야(Timing Convention) 한다. 만약 M&S들이 동일한 아키텍처를 적용하여 개발하지 않았다면 Gateway를 사용해야 하며, 비록 동일한 아키텍처를 적용하였다 하더라도 HLA의 경우 연동 통신 프로토콜인 RTI의 개발자(Vendor)나 버전이 상이할 경우에는 Bridge를 사용하여 물리적인 연동을 구현해야 한다.

다음은 작전술 기능적인 연동으로, 이는 기본적으로 M&S를 개발할 때 작전술 기능에 대한 세부적인 구현 방법과 수준은 다르더라도 공통 임무공간 개념모델(CMMS: Conceptual Model of Mission Space) 또는 임무공간 기능서술(FDMS: Functional Description of Mission Space)을 기반으로 구축해야 한다는 것이다. 이렇게 구축된 M&S들을 연동하여 연합 및 합동 작전상황을 모의할 경우 동일한 도메인에 다수의 M&S들을 연동 운용하는 양상으로 나타나게 되는데, 이때 예로서 합동작전 모의시 지상, 해상, 공중, 상륙전 모델에 공통적으로 나타나는 공군전력 특히, 근접항공지원(CAS: Close Air Support) 기능이 중복되지 않도록 하고, 연합작전 모의 시 한·미군의 지상, 해상, 공중, 상륙, 정보 모델 등에 대항군의 운용이 중복되지 않도록 해야 한다. 이를 위해 중복되는 작전술 기능들을 모듈화 또는 컴포넌트화 하여 특정 시점에 특정 기능은 특정한 하나의 M&S에서만 수행할 수 있도록 하고, 각 도메인별 대항군도 각각 하나의 M&S에서만 수행할 수 있도록 해야 한다는 것이다.

그 다음단계로 고려하게 되는 것은 공정한 전투 피해평가 및 소모손실에 대한 평가이다. 연동체계에 M&S들을 연동 운용할 경우 설령 동일한 도메인에 대해 중복되는 작전술 기능이 없다하더라도 만약 연동 운용하게 되는 M&S들 간에 공정한 전투

피해평가와 소모손실이 보장되지 않는다면 M&S들을 연동 운용하는 것은 쉽지 않다는 것이다. 예로, 합동작전 모의의 경우 공중전 모델의 근접항공지원(CAS)에 의한 지상전 모델의 부대는 적절한 수준으로 피해가 발생하는데 비해 지상전 모델의 방공 부대에 의한 공중전 모델의 전투기는 피해를 전혀 입지 않는다든지, 연합작전 모의의 경우 미군 지상전 모델에 있는 대항군에 의한 한국군 지상전 모델의 부대는 적정 수준의 피해가 발생하는데 반해, 이 반대의 경우에서 만약 적절한 수준의 피해가 발생하지 않는다면 실전감 있는 전장상황 모의는 불가하다는 것이다. 결국, M&S들을 상호 연동 운용하기 위해서는 일관성 있고 신뢰할 수 있는 전투 피해평가와 소모손실의 발생이 보장되도록 해야 한다는 것이다.

마지막으로, M&S들을 연동 운용하기 위해서는 절적한 수준의 정보 보호가 이루어져야 한다. 일반적으로 한미 연합 작전과 연습에서 나타나는 미군과 한국군의 정보 보호에 관한 관점은, 미군의 경우는 RELROK(Releasable to ROK)이라는 표현으로, 한국군은 ROK/US Secret으로 표현하는데서 큰 차이가 있다는 생각이다. 이는 실제 정보에 대해 미군은 한국군에 제공이 가능한 정보만 제공한다는 관점이고, 한국군은 한·미 2급 비밀로 공동 취급한다는 관점이다. 특히 한미 연합연습을 위해 미군이 주도하여 한·미군 M&S들을 연동하여 구축한 워게임 연동체계의 시스템 아키텍처(System Architecture)를 자세히 살펴보면, 미군의 모의 모델들과 C4ISR 체계를 통해서 한국 측에 제공되는 일부 정보의 경우 정보 보안장치인 RM(Radian Mercury)을 통해 정보를 필터링하고 있음을 알 수 있다. 이는 동맹국간만이 아니라 한국군 자체 합동작전과 연습에서도 얼마든지 적용될 수 있는 것으로, 특히 M&S들을 연동 운용하여 구현하게 되는 연동체계에 필요한 정보를 필요한 시기에 필요한 당사자에게 한정적으로 제공할 수 있는 정보 보호가 수행될 수 있도록 해야 한다는 것이다.

M&S 연동 운용을 위한 격언과 지침, 단계를 제대로 이해하고 수행하더라도 실제로 연동을 구현하는 데는 여러 가지 어려움이 뒤따르게 되는데, 이러한 M&S들의 연동 운용을 저해하는 요소들을 고려하고 적절히 조치하는 것이 필요하다. 먼저 M&S 연동 운용을 어렵게 하는 것은 실제(L), 가상(V), 구성(C) 시뮬레이션들과 같이 서로 상이한 시뮬레이션 유형들에 대한 피차의 이해가 부족하기 때문이다. 이를 해결하려면 단순하게 L, V, C 각각의 시뮬레이션이 갖는 특징, 즉 장점과 단점, 제한사항의 차이뿐만이 아니라 각각의 시뮬레이션에 내재되어 있는 특성들에 대한 이해가 절대적으로 필요하다.

다음은 각각의 시뮬레이션 유형들을 포함하는 M&S에 적용한 아키텍처들이 최초 구상하고 의도한 사용 목적과 차이가 있다는 것이다. 예로 HLA를 개발할 당시에는 "선 표준 후 모델 개발, Plug and Play"를 추구하였으나 연동하여 운용하게 되는 M&S간에 주고받는 객체들을 사전 합의에 따라 잘 정의하여 개발하지 않는다면 실제 "Plug and Play"는 불가능하다는 것이다. 이와 더불어, M&S의 상호 운용성을 촉진하기 위해 개발한 아키텍처 간의 비 호환성이 연동을 저해하게 된다. 특별히 시뮬레이션 유형들의 특징을 고려하여 각각의 유형에 최적화된 아키텍처들을 개발하여 연동을 촉진하고자 노력하였지만, 객체모델을 정의하거나 각종 서비스를 구현하는 방식에서의 차이들이 결국은 M&S의 연동 운용을 저해하게 되므로, 이에 대한 충분한 이해와 더불어 적절한 조치를 해야 한다는 것이다.

또한 M&S들의 상호 연동 운용을 지원하기 위한 미들웨어(Middleware)나 기반체계(Infrastructure)의 비 호환성도 연동을 저해하는 저해요소 중의 하나라는 것이다. 예로 M&S에 적용하는 아키텍처가 다르면 추가적인 Gateway와 같은 인터페이스가 필요한 건 당연한 이야기이고, 설령 동일한 HLA Interface Specification을 적용하여 M&S를 개발했다 하더라도 RTI의 개발자(Vendor)가 다르면 연동이 불가하고, 심지어 동일한 RTI를 사용한다 하더라도 버전이 다르면 연동이 제약을 받게 되므로 Bridge를 사용해야 한다. 그 외에도 실질적으로는 M&S들 간에 유연한 결합성(Composability)이 결여될 수밖에 없다는 것과, 각각의 시뮬레이션 유형에 적용하게 되는 아키텍처에 따라 연동체계를 구성하는데 적용하는 시스템 공학 절차(System Engineering Process)가 상이하다는 것, 그리고 각각의 M&S 아키텍처에 대해 DIS와 HLA는 COTS로, TENA와 CTIA는 GOTS로 관리하는 등 비즈니스 절차 관점의 특성(Business Process Attributes)이 상이하다는 것 등 연동을 저해하는 요소들이 많기 때문에, 이런 요소들을 세밀히 고려하여 국제 표준절차의 적용과 가급적 상용(COTS) 아키텍처를 활용하고, 경우에 따라서는 RTI와 같은 핵심 소프트웨어를 국산화하는 노력이 필요하다는 것이다.

지금까지 토의한 요소들 외에도 실제로 M&S들을 연동 운용하기 위해서는 그림 39의 왼편에서 보는 바와 같이, 먼저 M&S들 간에 주고받는 객체들에 대한 상태 정보(State Information)가 가용한지 여부와 시뮬레이션 상의 데이터들을 실제 작전 운용체계인 C4ISR 체계에 제공(Stimulation)하는지 여부를 고려하여 구현해야 한다. 연동하여 운용하게 되는 M&S들 간에 각각 적용하는 해상도가 상이할 경우, 이러한 해상도의 차이를 해소하고 전투에 의한 피해평가와 각종 소모손실에 대해 원활하고도 일관성 있는 시뮬레이션 수행이 가능하도록 객체의 통합과 분할(Aggregation and Dis-aggregation)이 자동으로 처리될 수 있는 인터페이스를 개발해야 한다. 또한 각각 M&S들을 연동 운용하려면 광역 데이터 통신망(WAN: Wide Area Network)이나 지역 데이터 통신망(LAN: Local Area Network)을 통해 연결해야 하는데, 이때 신뢰성 있는 데이터 통신망과 상이한 아키텍처를 적용한 M&S들의 물리적 연동을 가능하게 해주는 Gateway도 준비해야 한다. 그 외에도 상호 연동 운용하게 되는 M&S들 간에 특정 객체에 대한 소유권 전환 문제와 시간관리(Time Management)에 관한 이슈도 충분히 고려하여 처리해야 한다는 것이다.

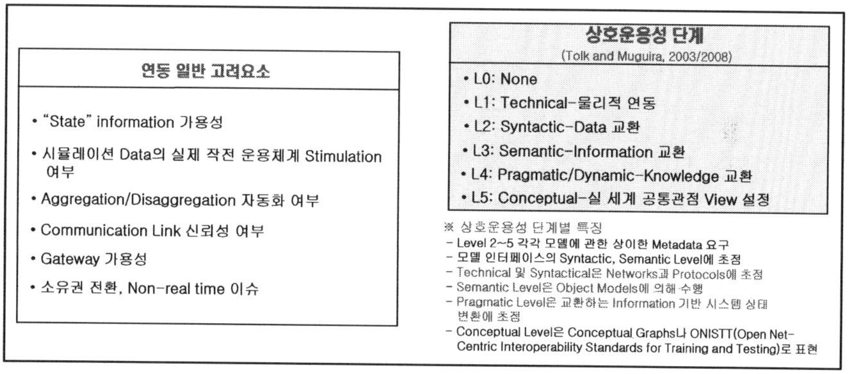

연동 일반 고려요소

- "State" information 가용성
- 시뮬레이션 Data의 실제 작전 운용체계 Stimulation 여부
- Aggregation/Disaggregation 자동화 여부
- Communication Link 신뢰성 여부
- Gateway 가용성
- 소유권 전환, Non-real time 이슈

상호운용성 단계
(Tolk and Muguira, 2003/2008)

- L0: None
- L1: Technical-물리적 연동
- L2: Syntactic-Data 교환
- L3: Semantic-Information 교환
- L4: Pragmatic/Dynamic-Knowledge 교환
- L5: Conceptual-실 세계 공통관점 View 설정

※ 상호운용성 단계별 특징
- Level 2~5 각각 모델에 관한 상이한 Metadata 요구
- 모델 인터페이스의 Syntactic, Semantic Level에 초점
- Technical 및 Syntactical은 Networks과 Protocols에 초점
- Semantic Level은 Object Models에 의해 수행
- Pragmatic Level은 교환하는 Information 기반 시스템 상태 변화에 초점
- Conceptual Level은 Conceptual Graphs나 ONISTT(Open Net-Centric Interoperability Standards for Training and Testing)로 표현

그림 39 M&S 연동 일반 고려요소 및 상호 운용성 단계

이처럼 M&S들의 상호 연동 운용에 관한 제반 요소들을 고려하여 연동 운용을 구현할 때, 실제 상호 운용성의 단계를 구분하는 데는 목적과 사람에 따라 다소 상이하게 분류하고 있는 실정이다. 그중에 Tolk and Muguira에 의하면 그림 39의 오른편에서 보는 바와 같이 상호 운용성 단계를 L0에서부터 L5로 구분하고 있다. L0 단계는 상호 운용성이 전혀 고려되지 않은 상태를 의미한다. L1 단계는 기술적(Technical)으로 연동 운용을 고려하는 수준이며, L2 단계는 구문론적(Syntactic)으로 데이터(Data) 수준에서 연동을 고려하는 것을 의미한다. L3 단계는 의미론적(Semantic)으로 정보(Information) 수준에서, 그리고 L4 단계는 실용적(Pragmatic)이고 동적(Dynamic)으로 지식(Knowledge)수준에서 연동을 고려하는 것을 의미한다. 상호 운용성의 마지막 단계인 L5 단계는 개념적(Conceptual)으로 관점(View) 수준에서 연동 운용을 고려하는 것으로 거의 모든 분야와 수준에서 연동이 이루어지는 것을 의미하게 된다.

결국, 지금까지 설명한 M&S 연동에 관련된 이슈들을 고려하여 가능한 한, 또 할 수만 있다면 간단없이(Seemless) 연동을 구현하고 실전적인 가상 전장 환경과 상황을 구현하자는 것이다.

50. 이종(Heterogeneous) 아키텍처 기반 M&S 연동! 어떻게 접근해야 하나?

이종(Heterogeneous) 아키텍처 기반의 모델링 및 시뮬레이션(M&S)의 연동 이슈는 그리 쉬운 과제가 아님은 분명하다. 각각 상이한 아키텍처를 기반으로 각각 상이한 목적과 사용 의도로 개발된 M&S를 연동한다는 것은 마치 언어가 각각 다르고 관심 분야가 다른 사람들이 모여 회의를 하고 소통을 하려는 것과 비슷한 상황으로 견주어 볼 수 있다. 언어가 같다고 해도 관심분야만 달라도 소통과 대화가 쉽지 않음을 고려할 때, 이러한 이종 아키텍처 기반의 M&S를 연동 운용한다는 것이 얼마나 어려운 일인지 예측해 볼 수 있을 것이다. 이번 이야기에서는 이종 아키텍처 기반의 M&S의 연동 문제, 과연 어떻게 접근하고 해결할 수 있을 것인지 토의해 보고자 한다.

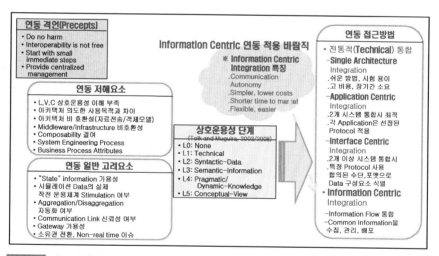

그림 40 이종 아키텍처 기반 M&S 연동 접근방법

이종 아키텍처 기반의 M&S들을 연동 운용하기 위한 일반적인 접근방법은 그림 40의 오른편에서 보는 바와 같이 전통적인 통합방법(Technical Integration)과 정보중심 통합방법(Information Centric Integration)으로 구분할 수 있다. 전통적인 통합방법은 이종 아키텍처 기반의 M&S들을 기술적(Technical) 관점에 초점을 맞춰서 통합을

하고자 하는 접근방안이고, 정보중심(Information Centric) 통합방법은 M&S들의 각각 기반 아키텍처가 무엇인지 하는 관심보다 주고받는 정보에 초점을 맞추는 접근방안이다. 전통적 통합방법을 다시 자세히 살펴보면 단일 아키텍처에 의한 통합방법(Single Architecture Integration)과 응용체계 중심의 통합방법(Application Centric Integration), 그리고 인터페이스 중심의 통합방법(Interface Centric Integration)으로 구분할 수 있다. 정보중심의 통합방법은 마치 전 세계 하늘을 오가는 민간 항공기의 운항과 비슷한 이치이다. 각국의 민간 항공기를 운항하고 관제하는 기장들과 관제사들이 각각 언어가 다르고 모두 영어를 유창하게 잘 구사하지는 못하지만 사고를 예방하고 안전한 항공기 운항과 관제에 꼭 필요한 용어들을 사전에 약속하여 정의하고 표준화하였다. 이렇게 함으로써 비록 영어에 좀 서툴다 하여도 잘못 이해하거나 소통이 되지 않는 가능성을 최소로 하여 전 세계 어디에서도 민간 항공기를 안전하게 운항할 수 있도록 하고 있는데, 정보중심의 통합방법은 이것과 비슷한 접근방안인 것이다.

이종 아키텍처 기반의 M&S를 연동 운용하기 위한 접근 방법 중에서, 먼저 전통적(Technical)인 접근방법을 살펴보자. 첫 번째로 단일 아키텍처에 의한 통합방법(Single Architecture Integration)은 연동하여 운용하고자 하는 모든 M&S에 동일한 단일 아키텍처를 적용하자는 것이다. 이렇게 접근할 경우 M&S를 통합한다는 관점에서는 가장 쉬운 방법으로 통합 시험이나 통합 이후 관리와 사용이 수월한 반면, 기존에 각각 상이한 아키텍처를 기반으로 개발된 M&S들을 동일한 단일 아키텍처를 사용하도록 수정 보완하는데 많은 비용과 시간이 소요된다는 단점이 있다는 것이다. 이는 앞서 설명한 연동과 관련된 격언에서 보듯이 연동 운용을 위해서는 어느 정도 수고와 노력의 분담은 필요하지만, 기존의 M&S에 해를 끼쳐서는 안 된다는 "Do no harm"에 위배된다. 비유하자면 언어가 다른 사람들이 회의와 소통을 하기 위해 하나의 단일 언어를 사용하자는 것(통역과는 다른 개념임)과 같은 논리로, 거의 구현 가능성이 없는 접근방안이다.

두 번째로 응용체계 중심의 통합방법(Application Centric Integration)은 연동하여 운용하고자 하는 응용체계에 초점을 맞추어 통합하자는 것이다. 이 경우는 2개의 응용시스템(Application) 통합 시에 최적인 통합방법으로, 이때 각각의 응용체계는 선정된 연동 프로토콜(Protocol)을 적용하고 각 응용체계에 적용된 아키텍처와 연동 프로토콜에 따라 적절한 일종의 인터페이스를 적용하게 된다. 세 번째로 인터페이스 중심의 통합방법(Interface Centric Integration)은 연동 운용하고자 하는 수단과 방법인 인터페이스에 초점을 맞추어 통합하자는 것이다. 이 경우는 2개 이상의 응용시스템 통합 시에 효율적인 방법으로, 특정 연동 프로토콜(Protocol)을 사용하게 되며 사전에 합의된 수단과 포맷으로 데이터 구성요소를 식별하여 연동한다. 결국 전통적인 통합방법 중 응용체계 중심의 통합은 연동 운용하게 되는 2개의 응용체계를 중심으로, 그리고 인터페이스 중심의 통합은 2개 이상 다수의 응용체계를 통합하는 수단인 인터페이스를 중심으로 통합한다는 것이다. 지금까지 살펴본 바와 같이 전통적인 통합방법은 연동을 위한 기술적인 관점에 초점을 맞춰서 M&S의 기반이 되는 아키텍처, 또는 물리적인 연동을 구현하는 Gateway나 Bridge, 그 외에 기반 도구와 수단을 포함하는 인터페이스를 중심으로 연동을 구현하자는 것이다.

이러한 M&S의 연동 및 통합 접근방법에 대비되는 것이 정보중심의 통합방법(Information Centric Integration)이다. 정보중심의 통합방법 역시 M&S에 적용한 기반 아키텍처가 상이할 경우에는 부득이 전통적인 기술적 연동 접근방법을 고려할 수밖에 없겠지만, 일단은 연동하여 운용하게 되는 M&S들 간의 주고받는 정보의 흐름(Information Flow)에 초점을 맞추어 통합하자는 것이다. 앞서 예로 설명한 바와 같이 민간 항공기들의 안전 운항과 관제를 위해 항공기 운항과 관제에 사용되는 용어를 사전에 식별하여 합의하고 정의하여 공통으로 사용하듯, M&S들을 연동 운용하면서 주고받는 공통정보(Common Information)들을 사전에 합의하여 정의한 후, 이를 수집하고 관리하며 배포하는 방식의 정보중심 체계로 통합하자는 것이다. 이러한 정보중심의 통합방법의 특징은 전통적인 통합방법에 비해 몇 가지 장점을 갖게 되는데, 우선 데이터 통신방법과 비교적 독립적(Communication Autonomy)이고 연동의 방식이 간단하여 비용이 적게 들며, 연동을 구현하는데 시간이 적게 소요되고, 비교적 연동이 유연하며 상대적으로 구현하기 쉽다는 것이다. 이를 구체적으로 구현하고 실행하기 위해서는 정보를 어떻게, 어떤 절차로, 어떤 포맷으로 식별하여 정의하고 합의할 것인지를 정해야 하는데, 이러한 사항들은 뒷부분에서 별도의 이야기 제목으로 논의하고자 한다.

지금까지 이종 아키텍처를 기반으로 개발한 M&S들을 연동 운용하기 위한 통합방법을 살펴보았다. 기술적 관점에서 접근하는 전통적인 통합방법과 주고받는 정보에 초점을 맞춘 정보중심의 통합방법을 토의하였는데, 사실은 어떠한 통합방법을 적용하든지 기본적으로 물리적, 기술적인 연동은 어쩔 수 없이 적용할 수밖에 없다. 이때 고려해야 하는 것이 바로 Gateway와 Bridge라는 일종의 인터페이스다. 일반적으로 Gateway는 상이한 아키텍처를 적용하여 개발한 M&S들을 연동하는데 필요한 인터페이스이고, Bridge는 아키텍처는 동일하나 연동 프로토콜을 적용하는 방법이나 버전이 상이할 때, 즉 HLA의 경우 RTI를 개발하여 판매하는 개발자(Vendor) 또는 제품이 다르거나 동일한 개발자와 제품의 RTI라 하더라도 버전이 상이할 경우에 사용하게 되는 인터페이스다. 일반적으로 Gateway나 Bridge는 여러 개의 M&S를 한 번에 연결하는 것이 아니라 바로 직접적으로 연결하는 2개의 응용체계를 연결하게 되므로, 연동 운용하고자 하는 M&S가 많을 경우 상당한 수의 Gateway와 Bridge를 필요하게 된다.

Gateway를 개발하여 활용하는데 고려해야 할 것은, 연결하여 운용하고자 하는 M&S들을 연결하는 인터페이스로서 일단 주고받는 데이터와 정보를 원활히 매핑하여 처리할 수 있어야 하고, 할 수만 있다면 여러 개의 Gateway를 개발하여 사용할 것이 아니라 한번 개발한 것을 재사용할 수 있도록 디자인하고 개발해야 한다는 것이다. 사실 일반적인 소프트웨어(SW) 개발자라고 하면 아무리 상이한 아키텍처를 적용한 M&S라 하더라도 이를 상호 연결하여 연동을 구현하는 것은 별로 어려움이 없을 것이라 생각한다. 그러나 오류 없이 데이터와 정보를 매핑하고, 요구되는 성능을 보장하며, 연동하고자 하는 응용체계가 바뀔 때 얼마나 유연하게 적용하여 사용할 수 있도록 하는가 하는 이슈는 전혀 다른 문제라는 것이다. 이를 고려하는 것이 바로 공통(Common) Gateway의 개발과 활용이다. 공통 Gateway를 개발하기 위해서는 다양한 성능(Capability)과 구성(Configuration) 및 활용(Employment)을 지원할 수 있는 표준 방법론(Mechanism)을 개발하여 적용하는 것이 필요하다. 미군은 이를 위해 Gateway Configuration Model(GCM), Gateway Capability Descriptions(GCD), Gateway Performance Benchmarks(GPB), Common Gateway Description Language(GDL), Common SDEM Mapping Language(SML), Gateway Configuration Language(GCL), Gateway Filtering Language(GFL) 등을 개발하여 활용하고 있다.

미군은 이러한 노력에 추가하여 공통 재사용 가능한 Gateway를 개발하는 노력의 일환으로 일반 Gateway에 Common Data Definition(CDD)과 LVC Interface Module(LIM) 개념을 접목하여 JLVCDT(Joint LVC Data Translator)를 개발하였다. 또한 여기에서 한 걸음 더 나아가 CDD를 적용하고 Plug-In 개념을 적용하여

JBUS(Joint Simulation Bus)를 개발하여 이종 아키텍처 기반의 M&S를 연동하기 위한 공통구성 도구(CCT: Common Component Tool)로 개선하였고, 이를 더 발전시켜 LVC 구현을 촉진하기 위한 공통 LVC 아키텍처(CLA: Common LVC Architecture)로 개선하는 등 지속적으로 노력하고 있다. 미군의 Gateway 개념의 발전 경과는 그림 41에서 보는 바와 같다.

일반 Gateway → JLVCDT(CDD, LIM) → **CCT JBUS(CDD, Plug-In)** → **CLA**

* JLVCDT : Joint LVC Data Translator   CDD : Common Data Definition
  LIM   : LVC Interface Module   CCT : Common Component Tool
  JBUS : Joint Simulation Bus   CLA : Common LVC Architecture

그림 41 미군 Gateway 개념 발전경과

지금까지 살펴본 바와 같이 이종 아키텍처를 기반으로 개발한 M&S들을 연동 운용하기 위해서는 전통적인 통합방법과 정보중심의 통합방법 등 여러 가지 방법이 있을 수 있다. 또한 어떤 통합방법을 택하든지 이종 아키텍처를 기반으로 하는 M&S들이 갖고 있는 제한사항으로 인해 수준과 정도의 차이일 뿐 물리적, 기술적인 관점에서 M&S들을 연동하는 것은 불가피하다는 것이다. 이렇게 생각해 보면 전통적인 통합방법은 세부적으로 어떤 방법을 선택하든지 실질적으로 M&S를 통합하는 방법으로는 주고받는 정보와 데이터에 관한 합의가 누락되었다는 데에서 포괄적인 통합 연동 운용이 제한된다는 것을 알 수 있다. 따라서 이종 아키텍처를 기반으로 개발된 M&S들을 연동 운용하는 데는 앞서 언급한 장점과 이점을 고려할 때 정보중심의 통합(Information Centric Integration)이 가장 적절함을 알 수 있는 것이다. 이때 부득이 사용할 수밖에 없는 Gateway를 개발하여 활용할 때에도 힘들고 어렵겠지만 할 수만 있다면 예산과 자원의 효율적 운용과 향후 유지보수의 부담을 경감하기 위해서라도 미군들이 추진하고 있는 노력들을 벤치마킹하여 보다 지혜로운 접근방법을 선택해야 할 것이다.

51. 미군의 LVC 구축! 어떻게 발전되어 왔나?

미군은 1990년대 후반 교육훈련 분야를 시작으로 국방업무 전 분야에 걸쳐 다양하고 새로운 작전요구를 충족하기 위한 하나의 수단과 방법으로 모델링 및 시뮬레이션(M&S)을 활용하여, 어떻게 하면 실제 전장 환경과 동일한 가상 전장 환경을 구현할 수 있을 것인가를 구상하게 되었다. 이렇게 구현하게 되는 가상 전장 환경은 각각 상이한 시뮬레이션 유형인 실제(Live), 가상(Virtual), 그리고 구성(Constructive) 시뮬레이션을 연동하여 보다 실전적인 합성 전장 환경을 구현한다는 개념으로 구상하게 되었다. 최초로 이러한 개념을 구상하였을 때에는 합성 전장 환경(STOW: Synthetic Theater of War)이라는 명칭으로 시작하여, 합성 훈련환경(STE: Synthetic Training Environment)과 합성 환경(SE: Synthetic Environment)을 거쳐 LVC(Live Virtual Constructive)로 명명하기에 이르렀다. 미군은 이러한 일련의 과정을 거치면서 LVC에 대한 개념과 가치를 명확히 인식하였고 워파이터들(Warfighters)의 작전요구도 명확히 식별하게 됨으로써 모든 미군이 실전적 가상 합성 전장 환경을 구현하기 위한 수단으로 M&S를 바라보는 관점과 LVC에 대한 필요성과 가치를 분명하게 인식하게 되었던 것이다.

이처럼 LVC에 대한 작전요구와 필요성, 그리고 그 가치를 인식하였지만 실제로 LVC를 구현한다는 것은 미군 역시 그리 용이한 과제는 아니었다. 이는 본질적으로 각각 상이한 아키텍처를 기반으로 개발된 M&S들을 연동해야 한다는 것, 특히 각각 상이한 시뮬레이션 유형들인 실제(L), 가상(V), 그리고 구성(C) 시뮬레이션들을 연동한다는 것은 시뮬레이션의 특성들로 인하여 쉽지 않다는데 기인한 것이다. 미군은 2000년대 초반까지만 하더라도 육군을 중심으로 아키텍처 관점에서 LVC-IA(LVC-Integrated Architecture)를 개발하고, 실제(L) 시뮬레이션을 구성(C) 시뮬레이션과 연동하기 위한 일종의 인터페이스로 I-HITS(Initial Homestation Instrumentation Training System)를 개발하여 LVC 구현을 시도했으나 그리 좋은 성과를 내지는 못하였다고 판단된다. 이러한 문제점을 개선하고 근본적으로 LVC 구현 방안을 강구하기 위해 추진하게 된 것이 미군 회계연도 FY 2007~2008년에 걸쳐 추진한 LVCAR(LVC Archi-tecture Roadmap)이다. 이 기간 중 연구를 통해 LVC 구현을 위해 관심을 갖고 연구해야 할 분야들을 식별하였고, 이를 기반으로 FY 2009~2010년에 걸쳐 보다 구체적인 구현방안을 연구하는 LVCAR-I(LVCAR-Implementation)을 추진하여 LVC 구현을 위한 실행 방안을 연구하게 되었다. 미군은 LVCAR과 LVCAR-I의 연구결과를 바탕으로 2010년대부터는 점진적으로 LVC를 구현하여 활용하게 되었던 것이다.

미군은 LVCAR의 연구를 통해, LVC 구현을 위해서는 LVC 관련 정책과 기반기술에 대해 체계적 접근이 절대적으로 필요하다는 것을 인식하게 되었다. 또한 LVCAR 연구결과로서 현재 M&S와 관련하여 존재하는 아키텍처만 하더라도 LVC 구현에 상당한 장애가 된다는 사실을 식별하고, 아키텍처 통합(Architecture Convergence) 노력이 필요하다는 교훈을 얻게 되었다. 그리고 보다 효율적으로 LVC를 구현하기 위해서는 LVC 구현을 촉진하고 도움이 될 수 있도록 공통 능력(Common Capabilities)을 배양하는 것이 필요하다는 것을 인식하게 되었다. LVC를 구현한다는 것은 곧 이종 아키텍처 기반의 M&S의 연동과 상이한 시뮬레이션 유형들을 연동 운용해야 하는데, 이를 위해서는 앞서 설명한 바와 같이 물리적이고 기술적인 연동을 위해 Gate-way와 Bridge의 개발과 활용이 불가피하다. 또 Gateway 및 Bridge의 개발과 관련하여서는 할 수만 있다면 다양한 능력(Capability)과 구성(Configuration), 그리고 활용(Employment)을 지원할 수 있는 표준 방법론(Mechanism)을 개발하고 그 활용을 확대하여 공통(Common) Gateway와 Bridge를 개발하는 것이 필요하다는 것이다.

이 외에도 LVC 구현을 위해서는 미래의 예상되는 기술들의 적용 가능성 여부를 조사하고 활용하려는 미래지향적 노력(Future Oriented Efforts)이 필요함을 인식하는 등, LVC 구현을 위한 정책과 기반기술에 대해 체계적인 접근과 지속적인 투자의 필요성을 제시하게 되었다. 이후 미군은 LVCAR 연구를 통해 공통 데이터 및 정보와 시뮬레이션 환경에 대한 합의 등 정보중심의 통합연동(Information Centric Integra-tion) 방향의 제시와 더불어 Gateway의 활용과 필요하다면 수동통제 방안까지도 고려한 LVC 구현을 추진하고자 구상하게 되었다. 그렇게 미군은 LVCAR 연구를 통해 LVC 운용개념을 다시 명확히 정립하게 되었고, LVC 관련 정책과 기반기술에 대한 연구결과를 기반으로 LVCAR-I를 계획하여, LVC 관련 정책과 기반기술을 보다 구체적으로 구현하게 되었다. LVCAR과 LVCAR-I 추진에 관한 개략적인 현황은 그림 42에서 보는 바와 같다. 미군이 LVC 구현을 위해 노력한 보다 구체적인 정책과 기반기술 분야의 추진 현황은 바로 이어 다음 이야기에서 설명하고자 한다.

미군은 그림 42에서 보는 바와 같이 앞서 설명한 FY 2008년까지 수행한 LVCAR 연구결과 추천 안을 토대로 LVCAR-I를 FY 2009~2010에 수행하면서 보다 구체적으로 LVC와 관련된 정책과 기반기술의 구현을 추진하였다. 먼저 표준화(Standards)의 관점에서 LVC를 연동 운용하는데 따른 시뮬레이션 환경 합의를 위해 공통 재사용 가능한 페더레이션 합의 템플릿인 FEAT(Federation Engineering Agreement Template)와, 상이한 아키텍처를 기반으로 하는 상이한 시뮬레이션 유형들을 연동하기 위한 공통 아키텍처 독립적인 시스템 공학 절차(Common Architecture Independent System Engineering Process)인 DSEEP(Distributed Simulation Engineering Execution Process)의 프로토타입을 제시하였다. LVC 구현을 효율적으로 지원하기 위한 도구를 설계(Tool Set Design)하는 관점에서는 여러 가지 연구들이 수행되었다. 우선 LVC에 참여하는 M&S들과 상이한 시뮬레이션 유형들에 공통으로 적용할 수 있는 데이터 양식(Common Data Formats)에 대한 연구가 수행되었다. LVC 구현을 위해 사용될 수 있도록 저장소에 저장하여 재사용 가능한 개발도구(Reusable Development Tool)에 대해서도 연구가 수행되었으며, 공통 재사용 가능한(Common Reusable) Gateway와 Bridge에 대해서도 충분한 연구가 수행되었고, 공통으로 적용 가능한 아키텍처 독립적인 객체 모델(Common Components of Architecture Independent Object Model)에 대해서도 연구가 수행되었다.

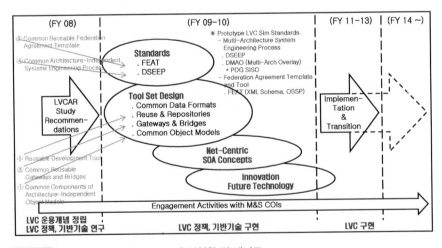

그림 42 미군의 LVCAR 및 LVCAR-I 추진현황 및 개념도

그 외에도 M&S 및 상이한 시뮬레이션 유형들에 적용되는 아키텍처들에 따른 LVC 구현의 복잡성과 어려움들을 해소할 수 있는 방안 연구의 일환으로 네트워크 중심의 SOA(Service Oriented Architecture) 개념을 활용할 수는 없는지 연구를 수행하여 그 프로토타입을 제시하기도 하였다. 그와 더불어 LVC 구현 간에 상이한 시뮬레이션 유형들을 연동하는데 있어서 각각의 시뮬레이션이 갖는 특성으로 인해 실전적인 LVC를 구현하는 것에는 지금까지 토의한 사항들 외에도 많은 어려움과 이슈들이 있을 수 있음으로 혁신적인 미래의 기술(Innovation of Future Technology)들을 적용할 수 있는 방안을 연구하는 등, M&S 분야 관련 이해당사자들(COI: Communities of Interest)과도 긴밀히 협조하였다. 미군은 LVCAR과 LVCAR-I 노력의 결과로 FY 2011년 이후부터 LVC 구현을 위한 보다 구체적인 실행과 전환을 추진하였다. 이러한 노력은 미군 내에서 뿐만이 아니라 국제표준기구인 IEEE에서 DSEEP을 IEEE 1730으로, DMAO를 IEEE 1730.1로, 그리고 SISO(Simulation Interoperability Standard Organization)에서는 FEAT를 표준으로 제시하는 등 곳곳에서 진행되었다. 특히 IEEE 1730 DSEEP은 그간 HLA 기반의 연동체계 구축절차로 적용되어오던 IEEE 1516.3 FEDEP를 대체하기에 이르게 되었던 것이다.

지금까지 살펴본 바와 같이 미군은 실전적 가상 합성 전장 환경 구축을 위해 M&S 및 상이한 시뮬레이션 유형들을 연동 운용하여 구축하는 LVC의 필요성을 절실하게 느끼는 가운데 LVC의 개념과 그 필요성을 잘 정립하여 일관성 있고 과감하게 추진할 수 있는 기반을 마련했음을 알 수 있다. 이어서 LVC 구현을 위해 관련된 정책과 기반기술이 무엇이며 어떤 방향으로 추진해야 할지 그 구체적인 방향을 설정하기 위해 LVCAR을 추진하였다. LVCAR의 연구결과와 추천안을 토대로 보다 구체적으로 정책과 기반기술을 구현할 수 있도록 LVCAR-I 연구를 추진하였고, 각 해당 분야별로 프로토타입을 완성하여 제시함으로써 국제표준을 제정하는 기관들로 하여금 LVC 구현을 위한 표준을 제정하도록 하는 동시에, 미군은 연구결과를 바탕으로 LVC를 구현하여 활용하는 단계로 발전하였음을 알 수 있다. LVC 구현과 관련하여 이러한 미군의 작전요구와 필요성을 식별한 이후 일관성 있고 과감하게 추진한 그 과정과 교훈을 벤치마킹하여, 만약 LVC가 한국군에 정말로 필요하다면 보다 과감한 투자와 노력으로 군의 작전요구 충족과 더불어 새로운 가치를 창출할 수 있도록 노력해야 한다.

52. 미군의 LVC 구축! 어떻게 정책과 기반기술을 추진해 왔나?

　바로 앞 이야기를 통해 미군이 LVC(Live, Virtual, Constructive)를 구현하기 위해 어떠한 노력을 했으며 어떻게 발전되어 왔는지를 개략적으로 제시하였다. 이번 이야기에서는 미군이 LVC를 구현하기 위해 과연 어떻게 관련 정책을 추진하고 기반기술 확보를 위해 노력해 왔는지 보다 구체적으로 살펴보고자 한다.

　앞서 설명한 바와 같이 미군은 LVC 구현을 위한 노력의 일환으로 LVCAR(LVC Architecture Roadmap)과 LVCAR-I(LVCAR-Implementation) 연구를 통해 LVC 구현에 직접 관련 있는 몇 가지 사항을 추진하였는데, 그것은 LVC 공통 능력(LVC Common Capabilities) 배양, 공통(Common) Gateways 및 Bridges 개발, LVC 아키텍처 수렴(Architecture Convergence) 노력, 그리고 LVC 미래 지향적(Future Oriented) 노력으로 구분해 볼 수 있다. 먼저 LVC 공통 능력(Common Capabilities) 배양을 위한 노력과 활동을 살펴보자. 미군이 LVC 공통 능력을 배양한다는 관점에서 우선 추진한 것은 상이한 시뮬레이션 유형들을 연동하여 LVC를 구현하기 위한 시스템 공학 절차(System Engineering Process)로서 IEEE 1730 DSEEP(Distributed Simulation Engineering and Execution Process)와 IEEE 1730.1 DMAO(DSEEP Multi-Architecture Overlay)를 제정하였다는 것이다. DSEEP 절차는 HLA 아키텍처 개념에서 연동체계 Federation을 구축하기 위한 절차인 FEDEP(Federation Development and Execution Process)와 유사한 절차로, 결국 DSEEP은 제정과 동시에 IEEE 1516.3인 FEDEP를 대체하게 되었다. DMAO는 아키텍처 중립적(Architecture Neutral)인 연동접근 절차인 DSEEP을 적용하여 LVC를 구현하는 과정에서 부득이 아키텍처 특성(Architecture Specific)을 고려해야할 경우, 그에 따라 각 아키텍처별로 Overlay를 개발하는 수단을 제공하고자 개발하게 되었다.

　DSEEP 절차를 적용하여 LVC를 구현하는 과정에서 생성하는 것 중 하나가 시뮬레이션 환경 합의(SEA: Simulation Environment Agreement)인데, 이를 개발하기 위한 페더레이션 합의 템플릿(Federation Agreement Template)으로 FEAT(Federation Engineering Agreement Template)를 SISO(Simulation Interoperability Standards Organization) 표준으로 제정하였다. 그 외에도 LVC 개발을 위해 재사용 가능한 개발 도구 (Reusable Development Tools)들을 개발하여 미 정부에서 개발 도구를 소유하고 배포하는 비율이 무려 53% 수준에 이르고 있다. 또한 LVC 구현과 관련된 자산 재사용 매커니즘(Asset Reuse Mechanism)을 정립하고, 데이터 저장 양식에서 공통요소를 확대함으로서 LVC 구현과 실행을 용이하게 구상하였다.

다음은 LVC를 구현하고자 할 때 물리적이고 기술적인 연동을 위한 도구로서 공통(Common) Gateways와 Bridges를 개발하고자 하는 노력을 살펴보자. 우선 기존의 Gateway의 특성을 고려 시 연동하고자 하는 대상이 늘어나면 그에 따라 Gateway의 소요도 함께 늘어나게 되어 연동의 구현조차 어려운 가운데, 여기에 추가적으로 Gateway를 관리하고 유지보수하는 것 또한 만만치 않다는 것이다. 이에 착안하여 기존 Gateway에 대한 접근 및 재사용을 촉진하고 신규 개발을 억제함과 더불어 Gateway와 관련하여 효율과 효과를 개선할 수 있도록 Gateway의 능력 (Capability)과 구성(Configuration) 및 활용(Employment)을 지원하는 표준 매커니즘을 강화하였다. 또한 LVC 구현을 위해 Gateway와 Bridge의 사용을 확대하는 동시에, Gateway의 효율성과 재사용성을 촉진하기 위하여 50번째 이야기에서 설명하였듯이 Gateway Configuration Model(GCM), Gateway Capability Descriptions(GCD), Gateway Performance Benchmarks(GPB), Common Gateway Description Language(GDL), Common SDEM Mapping Language(SML), Gateway Configuration Language(GCL), Gateway Filtering Language(GFL) 등 각종 모델과 설명 및 언어들을 개발하였다. 한편으로는 LVC에서 주고받는 데이터 교환 모델(DEM: Data Exchange Model)을 개발하고자 하는 활동의 일환으로 추진된 JCOM(Joint Composable Object Model)의 결과로 개발된 아키텍처 중립적인 데이터 교환 모델(ANDEM: Architecture Neutral Data Exchange Model)을 검토하여 평가하기도 하였다.

세 번째로 미군이 LVC를 구현하기 위해 시도한 것은 LVC 아키텍처 수렴(Architecture Convergence) 노력이다. 미군의 관점에서 현재 M&S에 적용할 수 있는 아키텍처들이 그리 많은 것은 아니라할지라도, 실제로 LVC를 구현한다는 것은 그리 쉽지만은 않다는 것이다. 그래서 고려한 것이 기술적, 비지니스적, 관리적 관점에서 아키텍처를 수렴(Architecture Convergence)할 수 있는 방안을 도출한 평가시도이다. 일단 미군은 M&S 관련 아키텍처들에 대해 1. 현 상태 유지, 2. 혼합 아키텍처 상호 운용성 향상, 3. 아키텍처 통합 유도 및 촉진, 4. 기존 아키텍처 중 단일 아키텍처 선정, 5. 새로운 아키텍처 개발이라는 다섯 가지 방안을 도출하고 여기에 대해 평가를 수행하였다. 이렇게 도출한 방안 중에 1, 4, 5 방안은 실질적인 방안으로 고려하기는 어려운 방안들이므로 결국은 2, 3 방안을 강구할 수밖에 없다는 것이다. 이에 따라 LVC 구현과 관련된 아키텍처의 수렴 여부(Convergence)를 조사하게 되었다. 또 한편으로는 LVC 구현과 관련하여 보다 구체적인 실행을 위한 3가지 대안을 선정했는데, 여기에는 DIS(Distributed Interactive Simulation)과 같은 Networking Protocol을 의미하는 Wire Standard를 개발하는 방안, 서비스 실행을 보장하는 Static API(Application Programming Interface)를 개발하는 방안, 그리고 공통 시뮬레이션 기반체계(CSI: Common Simulation Infrastructure)를 개발하는 방안을 제시하였다.

마지막으로 미군이 LVC 구현을 위해 시도한 것은 LVC 미래 지향적(Future Oriented) 노력이다. 이를 위해 미군은 상이한 시뮬레이션 유형들의 연동 구현을 위해 추가적인 기술의 적용여부를 조사하고 2025년 무렵의 LVC 구현에 따른 미래 기술 적용에 대한 양상을 전망하기도 하였다. 또한 앞서 설명한 바와 같이 LVC 구현을 보다 효율적으로 수행하기 위한 구체적인 방안으로 아키텍처들의 수렴 여부(Architecture Convergence)를 조사하고 연구하는 활동과 병행하여, 현재 일반 민간부문에 활용되고 있는 SOA(Service Oriented Architecture)를 활용할 수는 없는지 연구를 추진하였다. 이 연구를 통해 SOA를 LVC 구현에 활용하는 데는 장점 및 이점과 장애요소가 함께 존재한다는 것을 식별할 수 있었다. 그 외에도 LVC 구현을 위해 SOA를 적용하고자 하는데 따른 도전은 과도한 비용이 소요될 것으로 예상되나 장기간 재사용할 경우에는 비용절감이 가능할 것으로 판단되었고, LVC 구현에 SOA를 적용하기 위해서는 전통적인 개발에 대비하여 분산 시뮬레이션 개발자들 간에 보다 긴밀한 협력이 필요하고 요구됨을 식별할 수 있었다. 그 외에도 LVC 구현을 위해 SOA를 적용하고자 하는데 따른 도전은 기술적 요소뿐만이 아니라 정치적, 사회적 요소와 연관이 될 수 있음을 식별하였는데 비해, SOA는 LVC 구현을 위해 적용 가능한 잠재적인 미래 기술임을 식별하게 되었다. 미군은 LVCAR과 LVCAR-I 연구를 통해 LVC 구현에 SOA 적용 가능성을 타진할 수 있는 SOA의 LVC Interoperability Pilot을 개발하는 단계에까지 이르게 되었다.

이처럼 미군은 LVC에 대한 개념과 필요성 및 작전요구를 일찍이 정립한 이후 LVC

구현을 위해 부단한 노력과 연구를 지속적으로 추진하였다. LVCAR과 LVCAR-I 연구를 통하여 LVC 구현을 위한 추진 방안과 추천 안의 제시, 그리고 그에 따른 구현 활동과 노력으로 LVC를 구현하여 활용할 수 있는 수준에 도달하게 되었다. 이러한 일련의 활동과 과정을 통해 미군은 LVC 구현과 관련한 정책과 기반기술 관점에서 LVC 공통 능력(LVC Common Capabilities) 배양, 공통(Common) Gateways 및 Bridges 개발, LVC 아키텍처 수렴(Architecture Convergence) 노력, 그리고 LVC 미래 지향적 (Future Oriented) 노력과 연구를 일관성 있게 추진하여 LVC를 구현하여 활용할 수 있게 되었다는 것이다.

53. 미군의 LVC 구축!
어떻게 공통객체모델 구현을 추진해 왔나?

미군은 상이한 시뮬레이션 유형들을 연동하는 LVC(Live, Virtual, Constructive)를 구현하기 위한 노력의 일환으로 LVCAR(LVC Architecture Roadmap), LVCAR-I(LVCAR-Implementation) 연구를 추진하여, 그 결과 LVC 구현을 위한 절차를 표준으로 정하였고 그 표준절차에 따라 개발하게 되는 공통객체모델에 대해서도 많은 연구를 수행하였다. LVC를 구현하기 위해 적용하는 각종 표준과 절차에 대해서는 바로 이어다음 이야기에서 논의하기로 하고, 이번 이야기에서는 각각 상이한 시뮬레이션 유형들 간에 주고받는 공통객체모델에 대해 토의하고자 한다.

LVC를 구현하는 과정에서 공통객체모델이란 간략히 설명하자면, LVC 구축에 참여하는 각각의 시뮬레이션 유형들이 주고받는 객체에 관해 정의한 것으로 볼 수 있다. 미군은 각각 상이한 M&S 아키텍처를 기반으로 개발된 M&S 자원들과 시뮬레이션 유형들을 연동하여 구현하게 되는 LVC에서 과연 어떤 방식으로 공통객체모델을 개발해야 하는지에 대해 많은 연구를 수행하였다. LVC 구현은 근본적으로 상이한 아키텍처를 기반으로 개발된 M&S와 시뮬레이션들을 연동하고자 하는데서 상당한 어려움이 내제되어 있는데, 이를 어떻게 하면 좀 더 쉽고 간편하게 해결할 수는 없겠는가 하는 데에서 연구를 시작하게 되었다. 이러한 연구와 노력의 밑바탕에는 시뮬레이션의 유형에 따라 상이한 아키텍처를 기반으로 만들어진 객체들을 있는 그대로 연동하는 것이 쉽지 않으므로, 그림 43에서 보는 바와 같이, 할 수만 있다면 최대한 아키텍처 중립적인 공통요소가 되는 객체들을 찾아내고, 그 이후 부득이 아키텍처 특성을 고려하고 반영할 수밖에 없는 요소들에 대해서는 아키텍처의 특성을 고려하여 처리 방안을 강구한다는 개념으로 접근하였다는 것이다.

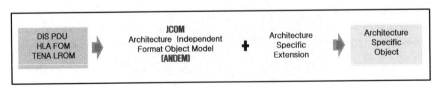

그림 43 LVC 공통객체모델(JCOM) 개념

이러한 개념에 따라 각각 상이한 시뮬레이션 유형에 따른 객체들을 주고받는 공통객체를 식별하려는 노력과 접근을 시도하는 과정에서 구상하게 된 것은 표 13에서 보는 바와 같이 주고받는 객체(DEM: Data Exchange Model)들을 정의하는데 사용하는 데이터의 Formats과 Types을 표준화하려고 시도하였다는 것이다. 먼저 데이터 교환 모델(DEM)의 Formats을 ASF(Architecture Specific Format), ANF(Architecture Neutral Format), AMF(Architecture Mapping Format)으로 정의하였다. 다음은, 이러한 Format을 적용하여 개발하는 데이터 교환 모델(DEM)의 Types을 ASDEM(Architecture Specific Data Exchange Model), ANDEM(Architecture Neutral DEM), AMDEM(Architecture Mapping DEM)으로 정의하였다. 여기에서 ASF는 아키텍처 특성을 고려하여 주고받는 객체를 정의하는 양식(Format)이고, ANF는 아키텍처 특성과는 독립적으로 아키텍처 특성에 영향을 받지 않고 주고받을 수 있는 객체를 정의하는 양식(Format)이며, AMF는 상이한 아키텍처를 기반으로 한 동일한 객체들을 매핑 시키고자 할 때 그러한 객체를 정의하는 양식(Format)으로 정의하였다. 이러한 Format을 활용하여 데이터 교환 모델(DEM)을 개발하게 되는데, ASDEM은 ASF를 사용하여 정의한 데이터 교환 모델(DEM) 형태(Type)이고, ANDEM은 ANF를 사용하여 정의한 DEM 형태(Type)이며, AMDEM은 AMF를 사용하여 정의한 DEM 형태(Type)로 정의하였다. Formats과 Types을 적용한 데이터 교환 모델(DEM)의 예는 표 14에 보는 바와 같다.

표 13 데이터 교환 모델(DEM)의 Formats과 Types

구분	DEM 3가지 Formats	구분	DEM 3가지 Types
ASF	Architecture Specific Format	ASDEM	Architecture Specific SDEM (ASF)
ANF	Architecture Neutral Format	ANDEM	Architecture Neutral SDEM (ANF)
AMF	Architecture Mapping Format	AMDEM	Architecture Mapping SDEM (AMF)

표 14 Formats과 Types 적용 데이터 교환 모델(DEM)의 예

DEM	Format Name	Format Definition	Format Example	Instance Example
ASDEM	ASF		HLA OMT 1.3 HLA OMT 1516 TENA Definition Language (TDL)	RPR FOM v14 MATREX FOM TENA Platform v4.0 * DIS PDU
ANDEM	ANF		ANDEM	To be determined
AMDEM	AMF		SML	RPR2 TENA Platform

※ ADEM : Architecture Specific SDEM   NDEM : Neutral SDEM   MDEM : Mapping SDEM
※ RPR FOM : A reference FOM ready-made for Real-time, Platform-level Simulation
    MATREX : Modeling Architecture for Technology, Research and Experimentation
※ SML(SDEM Mapping Language)은 AMF의 일종의 instance임

미군이 LVC를 구축하기 위한 노력의 일환으로 공통객체모델을 개발하는데 적용한 개념은 JCOM(Joint Composable Object Model)이라는 개념이다. JCOM의 운용개념은 각각의 시뮬레이션 유형별로 표준에 따라 실험적으로든지, 사용자 정의에 의해서든지, 개발된 DIS(Distributed Interactive Simulation)를 적용하는 가상(Virtual) 시뮬레이션의 PDUs(Protocol Data Units), HLA(High Level Architecture)를 적용하는 가상(Virtual) 또는 구성(Constructive) 시뮬레이션의 FOMs(Federation Object Models), TENA(Test and Training Enabling Architecture)를 적용하는 실제(Live) 시뮬레이션의 LROMs(Logical Range Object Models), 그리고 CTIA(Common Training Instrumentation Architecture)를 적용하는 실제(L) 시뮬레이션의 각종 훈련 장비(Instrumentation) 데이터 모델(Data Model)에서부터 시작된다. JCOM의 운용개념은 그림 44에서 보는 바와 같이 DIS의 PDUs, HLA의 FOMs, TENA의 LROMs, 그리고 CTIA의 Data Model들을 세분화하여 객체모델(OM: Object Model)들을 아키텍처 독립적(Architecture Independent)인 Format으로 구분하여 자원저장소에 저장하고, 여러 개의 재구성 가능한 객체모델(OMC: Object Model Composability)들로부터 새로운 객체모델(OM)을 구성한다는 것이다. 이렇게 새롭게 구성된 객체모델들은 구현하고자 하는 LVC의 이벤트(Event)에 적합한 데이터 모델로서 각각 DIS의 PDUs, HLA의 FOM, TENA의 LROM, 그리고 CTIA의 Data Model로 다시 만들어지게 된다.

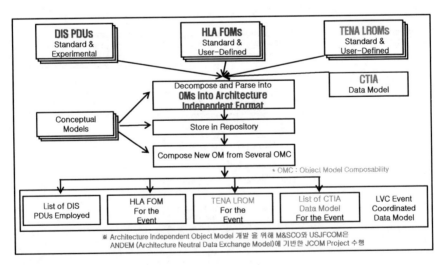

그림 44 JCOM(Joint Composable Object Model) 운용개념 1

이렇게 만들어진 객체모델(OM)들은 아키텍처 중립(Architecture Neutral) 또는 독립적(Independent)인 성격을 띠게 되며, 각각 최초의 객체모델(OM)과 비교해 볼 때 일부 누락된 객체들이 있을 수 있다는 것이다. JCOM 운용개념을 좀 더 구체적으로 살펴보면 지금까지 설명한 아키텍처 중립(Architecture Neutral) 또는 독립적(Independent)인 객체모델(OM)은 그림 45의 중간 부분에서 보는 바와 같이, 결국 LVC에서 주고받는 객체모델(OM)의 핵심부분(Core)으로서 각각 시뮬레이션 유형별로 아키텍처 중립적인 데이터 교환 모델(ANDEM: Architecture Neutral Data Exchange Model)을 개발한 것임을 알 수 있다. 여기에서 그림 45을 통해 JCOM 운용개념을 보충하여 설명하면, LVC를 구축하는데 참여하는 각각의 시뮬레이션 유형별 HLA FOM, TENA LROM, CTIA DM, DIS PDU들은 모두 아키텍처 특성에 따른 객체모델들인데, 이들이 JCOM 운용개념에 의한 공통객체모델 구현에 참여하게 되면 각각의 시뮬레이션 유형별로 아키텍처 중립 또는 독립적인 ANDEM을 생성하게 된다는 것이다. 이때 최초의 객체모델에서 누락된 부분인 각각의 아키텍처 특성에 따른 객체들은 확장자(Extension)라는 형태로 HLA Extension, TENA Extension, DIS Extension, CTIA Extension으로 만든다는 것이다. 이러한 일련의 JCOM 개발절차를 거치면서 재구성 가능한 아키텍처 중립적인 공통객체모델 ANDEM과 각각 아키텍처 특성을 고려한 Extension들을 재조합하면, 각각의 시뮬레이션 유형별 아키텍처의 특성이 포함된 원래의 객체모델이 그대로 LVC에 반영될 수 있다는 것이다.

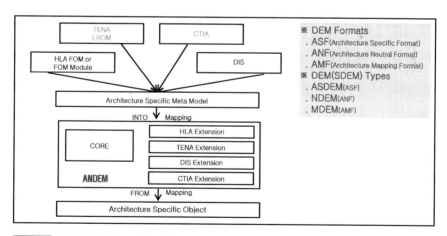

그림 45 JCOM의 ANDEM 운용개념

지금까지 설명한 JCOM 운용개념은 미 국방성의 M&S 담당기관인 M&SCO (Modeling & Simulation Coordination Office)와 미 중부군사령부 JFCOM(Joint Forces Command)이 공동으로 ANDEM의 형태(Type)로 아키텍처 독립적인 객체모델(Architecture Independent Object Model)을 개발하기 위해 수행한 공통객체모델 개발 논리이다. 결국 공통객체모델을 구현하기 위해 추진한 JCOM의 운용개념의 핵심은, LVC 구현에 참여하는 각각의 시뮬레이션 유형별 객체모델(OM)들로부터 최대한 아키텍처 중립적, 독립적인 공통객체모델을 도출해 냄으로써 비교적 수월하게, 또 효율적으로 LVC를 구현하자는 것이다. 이러한 접근방법과 노력은 향후 한국군이 LVC를 구현하는데 좋은 벤치마킹의 사례가 될 것으로 보인다. 종합적인 JCOM 운용개념은 그림 46에서 보는 바와 같다.

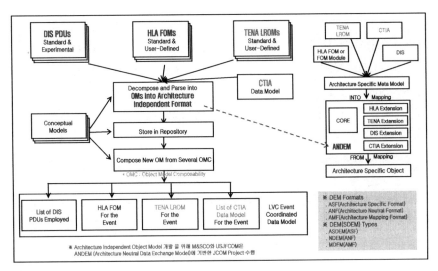

그림 46 JCOM(Joint Composable Object Model) 운용개념 2

54. LVC 구축 기반 표준과 절차! 무엇을 어떻게 적용해야 하나?

미군은 LVC(Live, Virtual, Constructive) 구현을 위한 노력의 일환으로 LVCAR(LVC Architecture Roadmap)과 LVCAR-I(LVCAR-Implementation) 연구를 통해 LVC 구현에 직접 관련 있는 몇 가지 사항을 추진하였는데, 그 중 하나가 LVC 공통 능력(LVC Common Capabilities)을 배양하자는 것이었다. 미군이 LVC 공통 능력을 배양한다는 관점에서 우선 추진한 것은 상이한 시뮬레이션 유형들을 연동하여 LVC를 구현하기 위한 시스템 공학 절차(System Engineering Process)로서 IEEE 1730 DSEEP (Distributed Simulation Engineering Execution Process)와 IEEE 1730.1 DMAO(DSEEP Multi-Architecture Overlay)를 제정하였다는 것이다. 다른 한편에서는 SISO(Simulation Interoperability Standard Organization)에서 FEAT(Federation Engineering Agreement Template)를 표준으로 제정하였다. 이번 이야기에서는 LVC를 구축하는데 기반이 되는 표준과 절차는 어떤 것들이 있으며, 어떻게 적용해야 하는지 살펴보고자 한다.

LVC를 구축하는데 제일 먼저 고려해야 하는 표준과 절차는 바로 DSEEP이다. 2010년에 제정된 이 절차는 마치 HLA 아키텍처 개념에서 연동체계인 Federation을 구축하기 위한 절차인 FEDEP(Federation Development and Execution Process)와 유사한 절차로서, 결국 DSEEP은 제정과 동시에 2003년 제정된 IEEE 1516.3인 FEDEP를 대체하게 되었다. DSEEP 절차의 기본개념은 기존의 FEDEP의 High-Level Process Framework를 Lower-Level SE(System Engineering) Practice로 확대하여 적용하자는 것으로, 이 절차를 통해 고려하는 시뮬레이션 아키텍처는 LVC를 구축하는데 참여하게 되는 각각 상이한 시뮬레이션 유형의 기반이 되는 DIS, HLA, TENA를 모두 포함한다는 것이다. 또한 기본적으로 DSEEP 표준과 절차는 아키텍처 중립적(Architecture Neutral)이며, 이 절차를 통해 LVC를 구축하는 과정에서 부득이 아키텍처별 특성을 고려해야할 경우에는 DIS, HLA, TENA 관점의 확장자(Extension) 또는 첨부(Annexes)를 포함하여 고려하게 된다. 결국 DSEEP 절차는 각 단계별로 LVC를 구축하기 위해 분산 시뮬레이션 환경을 설계하고 구축하며 실행하기 위한 세부지침을 제공하게 되는데, 이때 이 절차에 내제된 가정사항은 단일 시뮬레이션 아키텍처를 적용하는 것으로 고려한다는 것이다.

2013년 IEEE 1730.1T로 제정된 DMAO는 아키텍처 중립적(Architecture Neutral)인 연동 접근 절차인 DSEEP을 적용하여 LVC를 구현하는 과정에서 부득이 아키텍처 특성(Architecture Specific)을 고려해야 할 경우, 그에 따라 각 아키텍처별로 Overlay를 개발하는 수단을 제공하고자 개발하게 되었다. DMAO에 의한 아키텍처별 Overlay를 적용하기 위해서는 먼저 DSEEP의 표준 절차에 따라 LVC를 구축하는 과정에서 각 단계별 Multi-Architecture 즉, DIS, HLA, TENA와 관련된 이슈들이 무엇인지를 식별하고 각각 이슈들에 대한 조치가 필요하며, DMAO는 해당 문제의 해결을 위한 조치방안의 추천안을 제시하고 있다. 초창기 DSEEP 절차를 구상하였을 때는 40여 개의 이슈를 식별하였으나, 그 이후 좀 더 정제를 하여 30여 개의 이슈로 정리하였다. DMAO에서 제시하고 있는 각 이슈별 조치방안 추천안은 Gateway 또는 Middleware와 같은 번역기(Translators)를 사용하는 방안, 시뮬레이션 환경 합의(SEA: Simulation Environment Agreements)를 이용하는 방안, 시뮬레이션 데이터 교환 모델(SDEM: Simulation Data Exchange Model)과 같은 메타 모델을 표현하는 아키텍처 중립적인 방안(Architecture Neutral Way), 그리고 모든 것이 여의치 않을 때 사용할 수동통제(Manual Control) 방안을 제안하고 있는 것이다.

다음으로 고려해야 하는 표준은 SISO에서 제정한 FEAT이다. FEAT는 DSEEP 표준 절차를 적용하여 LVC를 구축하는 과정에서 아키텍처별 특성을 고려해야 하는 이슈들에 대한 DMAO의 조치방안 추천안 중 둘째에 해당하는 시뮬레이션 환경 합의(SEA)를 작성하기 위해 아키텍처 독립적인 템플릿(Architecture Independent Template)을 제시하고자 하는 의도에서 개발되었다. FEAT는 일단 아키텍처 독립적이나, 필요한 경우에는 잠재적으로 아키텍처의 특성을 고려한 확장자(Architecture Specific Extension)로 보완할 수 있게 개발되었다. 이러한 FEAT는 유연하게 적용 가능한 공통 템플릿으로 LVC 구축 간에 일관성 있는 문서화 및 재사용성을 촉진할 수 있도록 개발되었다는 것이다.

지금까지 설명한 LVC를 구축하는데 기반이 되는 표준과 절차인 DSEEP, DMAO, 그리고 FEAT를 적용해야 하는 이유는 간단하다. 현재 한국군은 IEEE나 SISO에서 제시하는 표준과 절차에 익숙하지 않지만, 할 수만 있다면 각각 상이한 아키텍처 기반의 상이한 시뮬레이션 유형들을 상호 연동하여 구현하는 LVC 구축 시에 제반 고려사항과 이슈들을 누락됨 없이 고려하고, 최대한 아키텍처 중립적인 객체모델을 개발하며, 시뮬레이션 환경에 대한 합의를 도출하기 위해서는 제정된 국제 표준과 절차를 따르는 것이 가장 지혜로운 방법이라는 것이다. 여기에 한 가지를 더 고려하여 DMAO에서 제시하고 있는 조치방안 추천안을 유심히 살펴보면 한국군이 LVC를 구축하면서 어떻게 접근해야 하는지를 알 수 있는데, 정보 중심의 통합방안(Information Centric Integration)이 가장 효율적이라는 것이다. 결국 DSEEP과 DMAO와 FEAT라는 표준과 절차를 적용함으로써 아키텍처 중립적, 독립적인 데이터 교환 모델인 SDEM(Simulation Data Exchange Model)을 개발하고, 시뮬레이션 유형별 특성을 고려하고 반영해야 할 경우에는 아키텍처 특성을 고려한 확상자(Architecture Specific Extension)를 개발하며, 상이한 시뮬레이션 유형들을 연동하기 위한 시뮬레이션 환경에 대한 합의인 SEA(Simulation Environment Agreement)의 개발을 촉진하는 등 LVC 구축과 관련된 데이터 교환 모델들과 다양한 이슈들에 대한 해결방안을 제공할 수 있다는 것이다.

보다 구체적으로 DSEEP, DMAO, 그리고 FEAT의 적용 방안을 살펴보자. 지금까지 설명하였듯이 상이한 아키텍처 기반의 상이한 시뮬레이션 유형들을 연동하는 LVC 구축을 위해서는 정보 중심의 통합방안(Information Centric Integration)이 가장 적합하며, 당연히 한국군은 이 접근방안을 선택해야 할 것이다. 이를 위해 한국군은 아키텍처 독립적인 시스템 공학 절차(Architecture Independent System Engineering Process)인 DSEEP과 페더레이션 합의 템플릿(Federation Agreement Templates)인 FEAT를 도입하여 적용해야 한다는 것이다. 그림 47에서 보는 바와 같이 DSEEP 절차를 그대로 적용하다 보면 SDEM과 SEA를 개발해야 하는데, 이때 SDEM은 앞서 설명한 3가지 Formats인 ASF, ANF, AMF를 활용하여 3가지 형태(Types)의 ASDEM, ANDEM, AMDEM을 개발하게 된다. DSEEP 절차를 적용하여 LVC를 구축하는 과정에서 무엇보다도 중요한 것은, 할 수 있는 범위 내에서 최대한 상이한 시뮬레이션 유형에 공통적으로 적용 가능한 아키텍처 독립적인 객체모델(Architecture Independent Object Model)의 구성요소들을 개발하여 적용하는 것이다.

한편 LVC 구축을 위해 아키텍처 중립적 또는 독립적인 DSEEP 표준 절차를 적용하는 매 단계에 부득이하게 아키텍처의 특성을 고려해야 하는 이슈들을 식별하는 노력을 해야 한다. 그리고 이슈들이 식별될 경우에는 각각의 이슈들을 분석하여 어

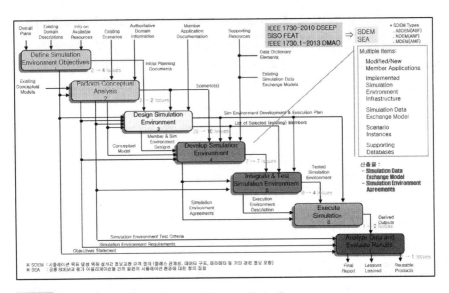

그림 47 IEEE 1730-2010 DSEEP(Detailed Top Level View)

떻게 해결할 것인지 그 해결방안을 강구해야 한다. 이때 각 이슈에 대한 추천 방안을 제공하는 것이 DMAO라는 표준 절차로, 이슈에 따라 Gateway 또는 Middleware와 같은 Translators를 사용하든지, SEA나 ANDEM에 포함하여 고려하든지, 아니면 수동 통제를 하든지 하는 방안을 제안하게 되고 그에 따라 적절한 방안을 선택하여 적용하면 된다는 것이다. 이 과정에서 필요시 각 이슈별로 아키텍처의 특성을 반영한 Overlay를 개발하여 적용하자는 것이다.

한국군이 국제 표준과 절차를 적용하여 LVC를 구축하는 과정에서 추가적으로 몇 가지 고려해야 할 사항은, M&S 아키텍처에 관한 정책과 그에 따른 대처 방안을 고려해야 하고 보다 효율적으로 LVC를 구축할 수 있도록 하기 위해 재사용 가능한 개발도구 및 자원 재사용 매커니즘(Mechanism)을 개발해야 한다는 것이다. 먼저 아키텍처의 경우 한국군은 KCTC(Korea Combat Training Center)나 ACMI(Air Combat Maneuvering Instrumentation)에 TENA(Test and Training Enabling Architecture)를 적용하고 있지 않는데 구태여 이를 도입하여 적용하고자 하지 말자는 것으로, 대신에 현재 사용하고 있는 미들웨어(Middleware)나 통신 프로토콜(Protocol)에 관한 이슈들을 식별하여 대처 방안을 강구하자는 것이다. 이 과정에서 SDEM, SEA를 개발하는데 영향요소가 무엇인지 식별하여 조치하고, 아키텍처 특성에 따른 확장자(Architecture Specific Extension)와 관련된 이슈도 식별하여 조치해야 할 것이다. 한국군은 실제(L) 시뮬레이션과 관련된 아키텍처에 대해 특별히 요구사항이나 언급이 없는데, 적어도 기반구조나 미들웨어에 대해 표준화를 위한 노력이 필요하다는 것이다.

그간 다양한 국방업무 분야에 활용하기 위해 한국군이 개발하는 M&S 사업에 참여하는 군·산·학·연에 일반적으로 나타나는 양상은 M&S의 상호 운용성과 재사용성, 그리고 효율성을 촉진하고 보장하기 위해 제정된 국제 표준과 절차, 그리고 각종 도구(Tools & Utilities)와 정의(Definition 또는 Descriptions) 및 언어(Languages)를 준용하지 않는 것이었다. 이러한 개발 관행에 대한 일관된 변명과 이유는 국제 표준과 절차를 적용하시 않아도 얼마든지 M&S를 개발할 수 있다는 것이었다. 그러나 실제로는 한국군이 독자적으로 제대로 된 HLA 기반의 연동체계(Federation)를 구축해본 적도 없고, 더욱이 상이한 아키텍처 기반의 LVC의 경우는 개발사업 착수조차 못하는 실정임을 간과해서는 안 될 것이다. 따라서 한국군이 앞으로 LVC를 구축하든지, 아니면 HLA 기반의 연동체계(Federation)를 구축하든지 반드시 국제 표준과 절차인 DSEEP과 DMAO 및 FEAT를 적용하고, SDEM과 SEA 및 아키텍처를 고려한 Overlay를 개발하는 등 정보 중심의 통합방안(Information Centric Integration)을 적용한다면 군의 요구를 충족하는 양질의 LVC를 구현할 수 있을 것이다.

55. HLA 기반 Information Centric Integration에 의한 LVC 구축! 어떻게 구축해야 하나?

지금까지 이야기들을 통해 한국군이 LVC를 구현하려면 국제 표준과 절차인 DSEEP과 DMAO, 그리고 FEAT를 도입하여 적용하고 정보 중심의 통합방안(Information Centric Integration)을 적용할 것을 제시하였다. 이러한 LVC 구축 방안은 근본적으로 그 밑바탕에 DIS, HLA, TENA와 같은 각각 상이한 아키텍처를 기반으로 개발한 상이한 시뮬레이션 유형들을 연동한다는 사실에 근거를 두고 있는 것이다. 그러나 실제 한국군은 M&S 관련 아키텍처 중에 DIS와 HLA는 적용하고 있는데 비해 실제(L) 시뮬레이션을 위한 TENA는 적용하지 않고 있으며, 그 대신에 DDS(Data Distribution Services) 또는 일반적인 미들웨어(Middleware)를 사용하고 있는 실정이다. 이러한 한국군의 실정과 TENA가 미 국방성에 의해 정부관리 자산인 GOTS (Government Off The Shelve) 개념에 의해 관리되고 있다는 점을 고려했을 때, TENA를 도입하여 적용하는 것은 적절하지 않으며 현재 주어진 환경과 조건에서 LVC를 구현하는 것이 바람직하다는 것이다. 이러한 관점에서 한국군이 LVC를 구축한다면 HLA를 기반으로 정보 중심의 통합방안(Information Centric Integration)을 적용하는 것이 가장 바람직해 보이는데, 과연 어떻게 구현해야 하는지 살펴보자는 것이다.

한국군이 LVC를 구축한다면 먼저 고려해야 하는 것은 각각 상이한 아키텍처를 기반으로 개발한 M&S들을 간단없이 상호 연동 운용할 수 있어야 하고, 가장 간편하고 효율적인 방법으로 구현해야 한다는 것이다. 다음은 한국군의 누가 어떤 형태의 LVC를 구축하든지 한번 구축한 LVC 기반체계와 도구 및 데이터들을 할 수만 있다면 재사용해야 한다는 것이다. 이를 보장하기 위해서는 지금까지 한국군이 개발하는 M&S 사업에 참여하는 군·산·학·연에 일반적으로 만연해 있는 임시방편적(Ad hoc)인 접근방법이 아닌, 아키텍처(Architecture) 기반의 접근과 국제 표준과 절차를 준수한 접근방법이어야 한다. 특히 LVC 구축에 참여하게 되는 모든 M&S에 대해서 HLA 기반의 M&S의 경우에는 상호 연동 운용을 보장할 수 있도록 HLA 호환성 인증시험을 받아야 할 것이고, HLA 기반의 연동체계(Federation)에 참여할 수 있어야 한다.

또한 한번 구축한 LVC 기반체계를 재활용하기 위해서는 기술적 관점에서 신뢰성이 보장이 되어야 하는데, 이를 위해 힘들겠지만 국제 표준과 절차에 부합하게 개발했다는 검증과 확인을 위한 절차와 도구 및 수단이 필요하다는 것이다. 여기에 추가하여 하나를 더 고려한다면, 한국군이 다양한 국방업무 분야에 다양한 목적과 의도로 LVC를 구축하여 활용하게 될 경우 LVC 기반체계에 포함되는 미들웨어(Middleware) 또는 데이터 통신 프로토콜(Protocol)이 상당히 많이 소요될 수 있는데, 이 또한 할 수만 있다면 이러한 미들웨어도 국내에서 개발하여 사용해야 한다는 것이다.

한국군이 LVC를 구현하는 접근방법을 구체적으로 생각해 보면 미군과 동일한 아키텍처와 국제 표준과 절차를 도입하여 적용해야 하지만 좀 더 지혜롭게 접근해야 함을 알 수 있다는 것이다. 그것은 바로 한국군이 현재 적용하지 않는 아키텍처를 어떻게 할 것인가 하는 이슈이고, 처음 시도하는 LVC 구축에서 한 번에 어떻게 재사용 가능한 LVC 기반체계를 구축할 수 있을 것인가 이슈이며, 보다 저렴하고 고성능의 미들웨어를 어떻게 확보할 것인가의 이슈인 것이다. 먼저 아키텍처 이슈는 앞서 논의한 바와 같이 TENA를 도입하지 말자는 것이고, 이로 인해 실제(L) 시뮬레이션에 꼭 필요한 서비스가 있다면 다른 미들웨어에 그 기능을 포함할 수도 있을 것이라는 것이다. 다음은 처음 개발하는 LVC에 참여하는 M&S 자원과 시뮬레이션에 대해 각각 필요한 인증시험을 수행하여 재사용 가능한 기반체계를 구축하자는 것이다. 마지막으로 보다 저렴하면서도 LVC 구현을 지원 가능한 고성능의 미들웨어를 확보하기 위해서는 국내에서 미들웨어를 독자 개발하자는 것이다. 이러한 아이디어와 구상을 종합한 것이 바로 HLA 기반의 정보 중심의 통합방법(Information Centric Integration)에 의한 LVC를 구축하자는 것이다. 결국 이번 이야기의 핵심은 한국군이 LVC를 구축한다면 HLA 아키텍처를 기반으로 한 구현이 가장 효율적이라는 것이다.

그렇다면 어떻게 구현해야 할 것인가가 문제이다. 일단 한국군이 실전적 가상 합성 전장 환경을 위해 LVC를 구축한다면, 앞으로 개발하는 모든 구성(C), 가상(V) 시뮬레이션의 M&S는 HLA 아키텍처를 기반으로 개발하는 것이 바람직하고, HLA를 기반으로 한 M&S는 반드시 HLA 호환성 인증시험을 수행해야 한다. 이때 HLA 인증시험은 M&S를 상호 연동 운용하기 위한 필요한 조건일 뿐 충분한 조건이 아님을 명심하여 실제 연동체계(Federation)에 참여하여 연동이 가능하도록 시뮬레이션 객체 모델(SOM: Simulation Object Model)과 페더레이션 객체 모델(FOM: Federation Object Model)을 잘 설계하고, 사용 목적과 의도한데로 연동이 되도록 충분한 시험을 수행해야 한다. 실제(L) 시뮬레이션에 대해서도 TENA를 도입하여 적용하는 대신에 초기 버전 이후 성능이 훨씬 개선된 HLA의 상당한 부분이 적용 가능하므로 가급적 HLA를 적용하고, 부득이 다른 미들웨어나 프로토콜을 적용할 경우에는 표준화하여 적용하자는 것이다. 이렇게 하여 LVC 구현을 추진한다면 정보 중심의 통합방안(Information Centric Integration)을 적용함으로써 국제 표준과 절차인 DSEEP과 DMAO, 그리고 FEAT를 적용하여 주고받는 객체모델과 시뮬레이션 환경의 상당히 많은 부분을 시뮬레이션 데이터 교환 모델(SDEM)이나, 시뮬레이션 환경 합의(SEA)를 도출 시에 포함하여 개발할 수 있을 것이고, 상대적으로 아주 적은 부분에 대해 아키텍처의 특성을 고려한 Overlay로 처리가 가능하게 될 것이라는 것이다.

한국군의 누가 LVC 개발을 맨 처음 시도하든지, 한 번에 제대로 된 재사용 가능한 LVC 기반체계를 구축하고, 이와 동시에 LVC 인증시험체계를 구축한다는 이슈는 사실 쉽지 않은 일임은 분명하다. 그러나 또 다른 한편으로는 LVC 구축과 관련된 국제 표준과 절차가 있고 그로부터 생성되는 산출물과 그 산출물을 위한 양식(Format)과 템플릿(Templates)이 있으므로 잘 구상한다면 불가능한 일만은 아니라는 생각이다. 실제로 저자는 2014년부터 LVC 인증시험체계를 구상하여 2014년 12월에 미국 플로리다 올랜도의 I/ITSEC(Inter-Service/Industry Training Simulation and Education Conference)에 참석하여 그곳에서 미 국방성 M&SCO 실장에게 그간 연구한 LVC 인증시험체계 개념과 시스템 아키텍처(System Architecture)를 설명하였다. 그 이후로도 연구를 계속하여 인증시험체계 구축이 가능한 것으로 판단하고 있으며, 인증체계에 대한 상세한 설명은 하나의 이야기로 뒷부분에서 토의하고자 한다. 이렇듯이 만약 LVC 인증시험체계를 개발하여 LVC 구축 추진 시 개발과 시험을 함께 수행한다면, 개발하는 LVC의 성공을 보장할 뿐만이 아니라 이렇게 만들어진 LVC 기반체계는 다른 목적을 위해 개발하게 되는 LVC 구축에 얼마든지 재사용될 수 있을 것이다. 구현이 쉽지는 않겠지만 LVC 인증시험체계를 개발한다면, 한국군의 LVC 구축을 촉진하고 양질의 LVC 구축을 보장하게 됨은 물론, 상당한 수준의 노력과 자원을 절감하게 될 수 있을 것이다. 다만 HLA를 기반으로 LVC를 구축하게 된다면 그렇지 않아도 HLA의 미들웨어인 RTI(Run Time Infrastructure)의 소요가 많이 필요한데 그 수효가 상당히 많이 늘어나게 되어 라이센스 구매 비용이 만만치 않게 될 것으로 보인다.

한편, HLA가 국제표준으로 제정된 이래 RTI 기능과 성능 면에서는 HLA의 연동

규격(Interface Specification)이 보완되어 실제(L) 시뮬레이션을 위해 RTI를 충분히 활용할 수 있을 것으로 예상되고 있다. 그러므로 한국군과 산·학·연이 협력하여 RTI를 독자 개발해야 한다. 2000년 무렵 국내에서 한 차례 RTI 개발을 시도한 적이 있어 그간 중복 투자라는 벽에 부딪혀 개발이 어려운 상태인데, 이제는 보다 큰 국가와 군의 이익을 위해 군 주도로 RTI를 개발하자는 것이다. 국내에서 개발한 RTI에 대해 국내에서 인증시험(Verification Test)을 수행하고, 부분적 정부관리 자산(Semi-GOTS)으로 지정하여 수입 RTI보다 저렴한 가격에 적정 이윤을 보장하고, 실제(L) 시뮬레이션에 필요한 서비스를 보완하여 개발한다면 한국군의 LVC 구축에 큰 도움이 될 수 있을 것이다. 이때 RTI를 개발한 이후 인증시험이 문제가 될 수 있는데, 이 또한 수년간 연구한 결과 조금만 더 노력하면 얼마든지 RTI 인증시험체계(RTI Verification Test System)를 개발할 수 있을 것으로 판단하고 있다.

지금까지 논의한 바와 같이 한국군이 LVC 구축을 추진한다면 DSEEP, DMAO, 그리고 FEAT와 같은 국제 표준과 절차를 도입하여 적용하는 것이 반드시 필요하며, LVC 구현을 위해 적용할 수 있는 여러 가지 통합방안 중에 정보 중심의 통합방안(Information Centric Integration)을 적용해야 한다. 이번 이야기의 핵심은 여기에서 한 걸음 더 나아가 HLA 아키텍처를 기반으로 한 LVC 구축이 한국군의 현 실정을 고려할 때 최선의 방법이라는 것이다. 이를 보다 효율적으로, 보다 신뢰할 수 있는 수준으로 구현할 수 있는 보완 수단과 방법으로 LVC 인증시험체계(Compliance Test System)을 개발하고, 국산 RTI를 개발하며, 이를 위한 RTI 인증시험체계(Verification Test System)를 개발하여 활용하자는 것이다.

LVC 구축을 위한 정보 중심의 통합방안(Information Centric Integration)에 관해서는 50번째 이야기에서 토의하였고, RTI 인증시험체계(Verification Test System)와 LVC 인증시험체계(Compliance Test System)에 관해서는 각각 61번째와 62번째 이야기에서 상세하게 토의하고자 한다.

56. LVC – C4ISR 연동과 새로운 가치 창출! 어떻게 구현해야 하나?

지금까지 토의한 바와 같이 모델링 및 시뮬레이션(M&S)을 국방업무의 다양한 분야에 다양한 목적과 의도로 활용함에 있어서 할 수만 있다면 보다 실전적인 가상 합성 전장 환경을 만들어 제공하기 위해 구상된 것이 바로 상이한 시뮬레이션 유형들인 실제(L), 가상(V), 구성(C) 시뮬레이션을 연동 운용하는 LVC라는 개념이다. 이렇게 M&S를 연동 운용하는 시뮬레이션에 의해 만들어진 가상 합성 전장 환경에 실제 작전수행 체계인 C4ISR(Command Control Communication Computer Intelligence Surveillance & Reconnaissance)을 연동하여 운용함으로써 보다 실전적이며, 마치 실제 작전과 전쟁을 수행하듯이 연습과 훈련을 실시하고, 전투실험과 합동실험을 수행할 수 있도록 하자는 것이 LVC와 C4ISR 체계를 연동하고자 하는 개념인 것이다. 이는 곧 M&S를 연동 운용하는 시뮬레이션과 실제 세계 C4ISR 체계를 연동하여 시뮬레이션이 묘사한 가상 합성 전장 환경과 작전상황을 정보, 감시, 정찰(ISR) 체계에 제공해주고(Stimulate), 지휘통제(C4) 체계에서 상황을 종합하고 파악하여 지휘결심을 하고, 이를 다시 시뮬레이션(Simulation) 할 수 있도록 LVC에 제공함으로써, 실전과 유사한 가상 전장 환경과 작전상황을 묘사하자는 것이다. 결국, 전장 환경과 작전상황을 모의하는 LVC뿐만이 아니라 실제 체계인 C4ISR 체계를 함께 연동 운용함으로써 워파이터(Warfighter)들에게 새로운 가치를 제공하자는 것이다.

미군은 LVC를 구축하여 활용하기 훨씬 이전인 M&S를 연동하여 운용하던 초창기부터 시뮬레이션체계와 C4ISR 체계를 연동하여 운용하였다. 모델 연동개념을 적용하여 연합연습을 실시하기 시작한 1990년대 초부터, 미군은 시뮬레이션 결과를 C4ISR 체계에 전달하고 투입(Stimulate)하여 ISR 체계는 물론 C4 체계를 활용하여 실전감 있는 가상 전장 환경과 작전상황에서 지휘관과 참모의 부대지휘 및 참모판단 절차를 연습하도록 하였다. 그 당시만 하더라도 아직 한국군이 C4I 체계를 제대로 구비하지 못하였던 때였으므로, 한국군은 미군이 시뮬레이션체계와 C4ISR 체계를 연동하여 연합연습을 수행하는 모습을 지켜볼 수밖에 없었다. 이러는 가운데, 2000

년대 초에 당시 한미연합사령관은 한미 연합연습 시에 한국 해군이 보유하고 있는 KNTDS(Korea Naval Tactical Data System)를 해상전 모델인 RESA(Research Evaluation & System Analysis)와 연동 운용할 수 있도록 하자는 아이디어를 제시하게 되었다. 비록 KNTDS가 C4I 체계는 아니지만, 한미연합사령관의 의견은 논리적으로 타당한 아이디어이고, 향후 한국군이 C4ISR 체계를 구축할 경우에 대비하여 먼저 기술적 관점에서 검토를 하는 것이 한국군의 이익에 부합한다고 판단하였다.

한미연합사령관의 아이디어이고 지시사항이어서가 아니라 한국군이 손해를 볼 게 없고, 미래를 위해 사전에 기술적 관점에서 검토가 필요하다는 생각에서 해군본부와 KNTDS를 RESA와 연동하는 방안을 토의하게 되었다. 당시 해군본부의 담당 참모 및 과장들 10여 명과 몇 시간을 토의하였으나 해군은 KNTDS가 C4I 체계가 아니라는 점, 실제 작전을 위해 구축한 체계를 연습을 위한 시뮬레이션 모델과 연동할 수 없다는 점, 미국 측에서 연동 운용을 요구하는 사항을 수용할 수 없다는 점 등을 이유로 KNTDS와 RESA의 연동 운용을 반대하였다. 이러한 해군의 논리에 대해, 먼저 평시에 연습 시에 사용하지 못하는 체계를 어떻게 전시에 사용할 수 있다고 보장할 수 있는지, KNTDS가 평시 가용한 실제 상황에 한해서는 정상 작동여부를 확인할 수 있으나 그 외에 전장 환경과 작전상황에 대해서 제대로 작동하는지 확인할 수 있는 기회를 가질 수 없다는 점, KNTDS를 최초 개발할 때 전시 작전모드와 평시 연습모드를 함께 개발하였으므로 현행 작전에 활용하면서도 충분히 연습에 참여할 수 있다는 점 등을 설명하며 설득했으나 KNTDS를 RESA와 연동 운용하는데 실패하였던 경험이 있었다. 이는 해군만의 문제가 아니라 실제로 한국군은 실제 작전 운용체계를 연습과 훈련에 활용하는데 대해 그 가치와 필요성을 잘못 이해하는 경향이 있음을 알 수 있다.

그 당시 KNTDS와 RESA의 연동 운용과 관련된 이슈는 단순한 연합사령관의 아이디어와 지시에 의한 하나의 해프닝이 아니라 M&S를 활용한 시뮬레이션에 의한 연습과 훈련, 그리고 C4ISR 체계를 바라보는 관점과 작전 운용체계에 대해 한국군과 미군 간의 상당한 견해 차이가 있음을 보여주는 상징적인 해프닝이었다는 생각이다. 만약 한국군이 아주 많은 예산과 노력을 투입하여 실제 작전 운용체계를 구축하였는데 그것을 평시 교육훈련과 전투실험 및 합동실험에 시뮬레이션체계와 연동하여 활용할 수 없다면, 무엇을 어떻게 사용하여 실제 작전 운용체계의 모든 기능과 성능을 점검하고 확인하며, 어떻게 그러한 체계를 운용하는 것에 숙달하여 실제 작전상황에서 지휘관과 참모들이 작전지휘와 참모판단을 수행하고, 전시에 모든 기능과 성능을 발휘하며 제대로 활용할 수 있다고 보장할 수 있겠는가? 냉정하게 말하자면 한미 연합연습에 KNTDS와 RESA를 연동하여 운용하고자 시도하였으나 당사자인 해군뿐만이 아니라 한국군의 대부분이 그 의미와 가치에 대해 공감을 하지 못하여 반대함으로써 한동안 KNTDS는 물론 그 이후에 개발된 각 군과 합참의 C4I 체계를 연동 운용하는 시도를 하지 못하였던 것은 작전 운용체계에 대한 한국군의 이해 수준과 전쟁에 대비하는 자세를 단적으로 보여준 사례였다는 생각이다.

M&S를 연동하는 시뮬레이션, 특히 상이한 시뮬레이션 유형들을 연동하는 LVC와 실제 작전 운용체계인 C4ISR 체계의 연동 운용 개념은 그림 48에서 보는 바와 같이 시뮬레이션에 의해 조성된 전장 환경과 작전 환경, 각종 위협과 전투상황을 C4ISR 체계에 제공하고(Stimulate), 이를 전달받은 C4ISR 체계가 제대로 기능을 발휘하여 전투 지휘관과 참모들이 편제된 C4ISR 체계를 활용하여 마치 전쟁을 수행하듯 실전적인 연습과 훈련, 실험을 수행하자는 것이다. 또한 이러한 개념은 일단 LVC에 의한 시뮬레이션의 결과를 C4ISR 체계에 전달함으로써(Stimulate) 일차적으로 개발되고 구축된 C4ISR 체계들이 모두 정상적으로 작동하고 기능과 성능을 발휘하는지 확인할 수 있을 것이며, 연습과 훈련을 통해 실전적 연습을 수행할 수 있을 뿐만 아니라 C4ISR 체계의 작동방법을 배우고 익히며 숙달할 수 있게 된다는 것이다. 또 한편으로는 C4ISR 체계를 시뮬레이션에 직접 연동하여 참모판단 결과와 부대지휘 결심을

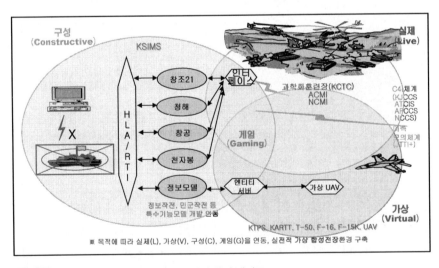

그림 48 LVC-C4ISR 연동 연합합동 합성전장 환경 개념도

입력할 수 있도록 함으로써, C4ISR 체계를 통해 얻은 첩보와 정보들 토대로 분석을
하고 참모판단을 하며 지휘결심을 하여 작전을 수행하는 실전과 같은 훈련과 연습,
실험이 가능하다는 것이다. 이와 더불어 연습과 훈련, 전투 및 합동실험에서 불필요
한 추가 인력소요를 줄일 수 있고, 무엇보다도 실제 작전 운용체계를 활용하여 실제
작전과 동일하게 연습과 훈련, 실험을 수행할 수 있다는 것이다.

　최근에는 한국군도 미군과 동일한 개념으로 한미 연합연습 시 시뮬레이션에 각
군과 합참의 C4ISR 체계를 연동하여 운용하고 있는데, 연합연습뿐만이 아니라 그
림 49, 50에서 보는 바와 같이 한국군이 수행하는 모든 연습과 훈련, 실험 시에 편제
되어 있는 실제 작전 운용체계를 연동하여 운용해야 한다는 것이다. 시뮬레이션에
C4ISR 체계를 연동하기 위해서는 실제 여러 가지 요소들을 고려해야 한다. 우선 시
뮬레이션 체계와 C4ISR 체계를 기술적으로 연동할 수 있어야 한다. 기술적인 연동
에는 시뮬레이션과 C4ISR 체계를 물리적으로 연동하는 것뿐만이 아니라 시뮬레이
션에서 C4ISR 체계로 시뮬레이션 결과를 전달해주는 것(Stimulate)과 C4ISR 체계에
서 시뮬레이션으로 각종 판단과 명령을 입력하는 것으로 구분해볼 수 있다. 이때 일
반적으로 시뮬레이션에서 C4ISR 체계로 시뮬레이션 결과를 전달하고 제공하는 것
은 시뮬레이션 결과가 Computer에서 모의되고 연산된 결과이므로, 잘 정의되어 있
고 정형화되어 C4ISR 체계로 데이터를 제공하는데 큰 문제가 없다. 그러나 반대로
C4ISR 체계에서 시뮬레이션으로 제공하는 각종 판단과 명령은 일반적으로 잘 정형

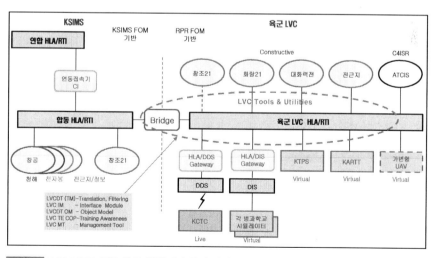

그림 49 LVC-C4ISR 연동 육군 합성전장 환경 개념도

화되어 있지 않은 관계로 정확하게 전달되고 입력되는 것이 쉽지 않은 일이다. 따라서 이런 이슈들을 해결하기 위해 BML(Battle Management Language)과 같은 잘 정의된 언어를 개발하여 적용하는 것이 필요하다. 또한, 시뮬레이션과 C4ISR 체계가 양방향으로 연동하여 운용하기 위해서는 각 체계에서 사용되는 객체나 무기체계에 대한 명칭이 동일하거나 올바로 매핑(Mapping)이 되어야 한다.

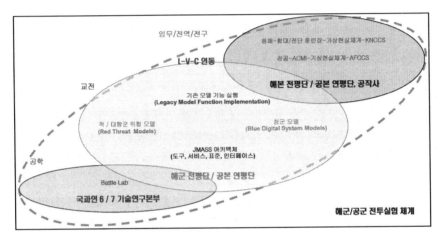

그림 50 LVC-C4ISR 연동 해군/공군 합성전장 환경 개념도

상이한 시뮬레이션 유형들을 연동하여 구현한 LVC와 실제 작전 운용체계인 C4ISR 체계를 연동 운용하는 것은 여러 가지 관점에서 쉬운 일이 아님은 분명하다. 시뮬레이션과 실제 작전 운용체계를 연동 운용하기 위해서는 그와 관련된 연동 운용개념과 그에 따른 가치를 올바로 이해하고 인식하는 것이 무엇보다 중요하다. 또한 앞서 토의한 여러 가지 기술적인 연동과 더불어 객체 또는 무기체계 명칭의 일관성과 필요한 각종 도구와 언어(Language) 등을 개발하여 사용해야 한다는 것이다. 이러한 노력과 수고에도 불구하고 LVC와 C4ISR 체계를 연동 운용하고자 하는 것은, 할 수만 있다면 실전적인 가상 합성 전장 환경하에서 마치 실제 전쟁을 수행하듯이 연습과 훈련을 하고 전투 및 합동 실험을 수행하며, 연습과 훈련을 하고 실험한 그대로 전쟁을 수행할 수 있도록 하기 위함이다.

57. M&S 적합성 인증시험(Compliance Test)! 어떻게 구분되나?

일반적으로 모델링 및 시뮬레이션(M&S) 적합성 인증시험(Compliance Test)이란 M&S를 개발할 때 적용하는 아키텍처의 표준과 규격 및 요구사항을 준수하면서 제대로 M&S를 개발하였는지 여부를 평가하는 것을 의미한다. M&S와 관련된 아키텍처를 개발하게 된 배경과 목적은 초기에는 기존에 이미 만들어진 M&S를 상호 연동 운용하기 위해서, 이후에는 선 표준 후 M&S를 개발하여 연동 운용을 용이하게 하고 촉진하기 위해서였다. 따라서 M&S에 적용하는 모든 아키텍처에 대해서는 공식이든 비공식이든 인증시험이 존재하고 있다. M&S와 관련된 아키텍처 중에 ALSP(Aggregate Level Simulation Protocol), DIS(Distributed Interactive Simulation) 및 TENA(Test & Training Enabling Architecture)는 비공식적으로 인증시험을 수행하는데 비해, HLA(High Level Architecture)는 공식적으로 인증시험을 수행하고 있다. 이번 이야기에서는 한국군에서 ALSP와 TENA를 사용하지 않기도 하지만 비공식적인 인증시험이니 제외하고 HLA와 관련된 인증시험을 위주로 살펴본다. 또한 공식적인 인증시험은 세상에 존재하지 않지만 LVC와 관련한 인증시험 수행 개념을 함께 토의하고자 한다.

먼저 선 표준 후 모델 개발, Plug and Play를 표방하며 1995년 무렵부터 개발하여 적용하기 시작한 HLA에 대한 인증시험의 경우는 Federate Test, RTI Test, Object Model Test, 그리고 Federation Test로 구분된다. 첫 번째, Federate Test는 HLA를 적용하여 개발한 M&S에 대해 HLA 표준을 제대로 적용하였는지 여부를 시험하는 것으로, 일반적으로 불리는 HLA 호환성 인증시험(Compliance Test)을 의미한다. HLA 인증시험(Compliance Test)은 상호 연동 운용을 목적으로 HLA 아키텍처를 적용한 모든 M&S를 대상으로 인증을 수행하게 된다. 이때, M&S를 개발하여 사용하고자 하는 목적과 의도 및 요구에 적합하고 충실하게 표준을 적용하였는지 여부를 MOM(Management Object Model) 정보를 포함하여 실제 적용하는 서비스들을 명시하고 서술한 CS(Conformance Statement)와 M&S의 시뮬레이션 기능과 능력을 객체모델로 정의한 SOM(Simulation Object Model), 그리고 개발한 M&S를 연동하여 사용하고자 할 때 연동체계(Federation)의 기능과 능력을 객체모델로 정의한 FOM(Federation Object Model)에 대해 인증을 수행하게 된다. 개발한 M&S가 표준을 제대로 적용하였는지 여부는 시험대상 M&S에서 적용한 HLA 표준과 RTI(Run Time Infrastructure)의 제품(Vendor)과 버전(Version)을 기준으로 제출한 시험자료에 대해 인증평가를 수행하게 된다. 현재, HLA 인증시험은 미국의 국방성 M&S 담당사무실 M&SCO를 대신하여 Johns Hopkins 대학의 APL(Applied Physical Laboratory)과 NATO군을 위해 프랑스군, 그리고 한국군을 위해 기품원이 수행하고 있다.

다음으로 RTI Test라 불리는 RTI 인증시험(Certification 또는 Verification Test)은 HLA 아키텍처의 연동규격(Interface Specification)에 따라 M&S들을 연동하여 운용하게 되는 미들웨어(Middleware) 또는 데이터 통신 프로토콜(Protocol)인 RTI에 대해 표준과 규격에 맞게 개발하여 모든 서비스가 정상으로 작동하는지 여부를 시험하게 된다. 전 세계에서 RTI를 개발하여 판매하고 있는 곳은 Raytheon(구 Virtual Technology Cooperation), MAK, 그리고 Pitch사이고, RTI 인증시험은 Johns Hopkins 대학의 APL에서 수행하고 있다. RTI 인증시험은 HLA 인증시험에 비해 시간과 노력이 훨씬 더 많이 소요되고, RTI 내에 구현한 서비스가 개선되고 보완될 때마다 지속적으로 시험을 수행하여 기능과 성능을 점검해야 한다. 여기에서 한국군이 관심을 가져야 하는 것이 바로 RTI 개발과 그에 따른 인증시험이다. 아직까지는 한국군에 RTI 소요가 그리 많은 편은 아니지만 앞으로 LVC를 구축하게 되면 RTI 소요가 획기적으로 증가할 것으로 예상되는데, 이에 대비하여 핵심 SW를 국산화하고 RTI에 요구되는 기능과 성능을 충족할 수 있도록 해야 한다는 것이다. RTI를 국산화하여 개발하게 되면 당연히 그에 대한 인증시험 능력도 배양해야 하는데, 이를 위해 M&S VV&A 기법을 적용하여 RTI 요구사항을 검증하고 기능과 성능을 확인하며, HLA 인증시험체계를 수정 보완하고 RTI Verifier를 개발하여 인정(Accreditation)에 의한 인증(Certification 또는 Verification)을 수행한다면 얼마든지 RTI 인증이 가능하다는 생각이다.

HLA를 기반으로 개발한 M&S들을 연동하여 구축한 연동체계(Federation)가 HLA 표준에 따라 사용하고자 하는 목적과 의도대로 제대로 기능과 성능을 갖추고 있는지 확인하는 것이 HLA Federation Test이다. HLA를 기반으로 개발한 M&S들을 연동 운용하기 위해서는 선행조건으로 모든 M&S는 HLA 인증시험 즉 Federate Test

를 수행해야 한다. 하지만 이러한 인증시험은 연동체계(Federation)을 구성하기 위한 필요한 조건일 뿐 충분조건이 아니다. 실제로 연동체계를 제대로 구축하기 위해서는 사용하고자 하는 목적과 의도에 따라 필요한 M&S들이 참여할 수 있도록 하고, 각각의 M&S들이 SOM을 잘 개발하여야 하며, 특히 연동하여 구현하고자 하는 기능과 성능을 보장할 수 있도록 FOM을 잘 정의하여 개발하고 Federation Test를 제대로 설계하여 수행해야 한다. 이때 수행하는 Federation Test는 연동체계를 구축하여 사용하는 기관이 주도하여 수행하게 되는데, 사용하고자 하는 목적과 의도에 따라 각종 기능시험(Functional Test), 성능시험(Performance Test), 부하시험(Load Test), 그리고 통합시험(Integration Test)을 수행해야 한다. 특히 통합시험을 하는 과정의 경우, 연동체계에 참여하는 M&S들 간의 공정한 전투 피해평가와 소모손실이 제대로 이루어지는지 충분한 시험을 수행해야 한다. 결국 Federation Test는 정형화된 시험절차라기보다는 연동체계를 구성하여 사용하게 되는 목적과 의도, 규모에 따라 그에 따른 시험을 구상하고 설계하여 수행하게 되는 것이다.

이 외에도 HLA Object Model 시험을 수행하게 되는데, 이것은 통상 개발자가 자체적으로 수행하는 시험으로 HLA를 기반으로 개발하는 M&S에서 구현하는 기능과 성능을 나타내는 SOM과 FOM에 대해 수행하게 되며, 이 또한 정형화된 시험절차가 존재하는 것은 아니다. 지금까지 살펴본 바와 같이 M&S와 관련된 아키텍처들 중에 공식적인 인증시험을 적용하는 것은 HLA 아키텍처이며, HLA와 관련된 인증시험 중에 Federate에 대한 인증시험인 HLA 인증시험(Compliance Test)과 RTI에 대한 인증시험인 RTI Certification Test 또는 Verification Test만이 공식적이고 정형화된 인증시험임을 알 수 있다.

이번 이야기에서는 마지막으로, 이 세상에 존재하지 않는 LVC Test에 대해 논의하고자 한다. 미군은 LVC 구축을 추진하면서 수년간에 걸쳐 LVC 개념을 정립하고 사용자들의 공감대를 형성한 후 LVCAR(LVC Architecture Roadmap), LVCAR-I(Implementation) 연구를 통해 구체적인 구축 관련 정책과 기반기술을 연구하고 실행하여 LVC 구축을 추진하였다. 그 과정에서 시행착오도 있었지만 LVC 구축을 위한 국제 표준과 절차를 정립하였으며, 공통 기술과 능력 및 도구를 배양하고 개발하여 실제로 LVC를 구축할 수 있는 수준에 도달하였다. 반면에 한국군은 미군의 LVC 구축 움직임을 통해 LVC가 필요하겠다는 생각은 하였지만 사용자인 워파이터(Warfighter)들이 그 필요성을 실감하고 공감하지 못하고 있으며, M&S 분야 종사자들은 관련 아키텍처와 절차 및 기술에 대해 깊이 있게 연구하지 못한 상태이다. 이러한 상황에서 LVC를 구축하게 될 경우 자칫 잘못하여 LVC 구축의 당위성과 필요성을 절박하고 간절하게 느끼지 못하는 가운데서 시행착오를 겪게 된다면, 한정된 자원의 낭비 외에도 실제 LVC가 우리 군에 필요함에도 잘못된 인식을 줄 수 있다는 우려가 있다. 이에 대비하여 첫 번째 LVC 구축을 반드시 성공시키고, 할 수만 있다면 한번 구축한 LVC 기반체계를 재사용할 수 있도록 하여 그를 기반으로 점진적으로 성능을 개선시킬 수 있도록 하자는 것으로, 이를 위한 수단이 바로 LVC 인증시험이다.

결국 LVC 인증시험이라는 구상을 하게 된 것은 LVC를 효율적으로 구축할 수 있도록 보장하고 L, V, C의 상호 연동 운용성과 LVC 기반체계의 재사용성을 보장하자는 것이다. LVC 인증시험이 가능하다고 판단하는 것은 우선 LVC 구축과 관련된 국제표준인 IEEE 1730 DSEEP(Distributed Simulation Engineering Execution Process), IEEE 1730.1 DMAO(DSEEP Multi-Architecture Overlay), 그리고 SISO(Simulation Interoperability Standard Organization) 표준인 FEAT(Federation Engineering Agreement Template)가 존재하고 있으며, 이러한 표준과 절차에 따라 SDEM(Simulation Data Exchange Model), SEA(Simulation Environment Agreement), 그리고 Overlay라는 산출물을 생성할 수 있기 때문이다. HLA 인증시험체계에 포함되어 있는 FCTT(Federation Compliance Test Tool)를 LVCCTT(LVC Compliance Test Tool)로 개조하고, SimTest(Simulation Test)를 LVC Emulator로 개선하여 DSEEP과 FEAT의 산출물인 SDEM과 SEA, 그리고 DMAO 산출물인 HLA Overlay를 대상으로 인증을 수행한다는 것이다. 이번 이야기에서 논의한 각각의 인증시험에 대해서는 바로 다음 이야기에서 이어서 설명하고자 한다.

58. HLA 인증시험(Compliance Test)! 어떻게 발전시켜 왔나?

HLA 인증시험(Compliance Test)이란 1995년 미 국방성이 선 표준 후 M&S 개발로 M&S의 상호 운용성과 재사용성을 촉진하고 보장할 목적으로 제안하고, 2000년 IEEE에 의해 국제표준으로 제정된 HLA 아키텍처의 준수 여부를 평가하는 시험이다. HLA 아키텍처를 개발하고 표준으로 제정한 이후, 지금까지 표준으로 제정된 HLA 표준 버전은 HLA 1.3, IEEE 1516-2000, IEEE 1516-2010(Evolved) 세 가지 존재하며, 계획상으로는 매 5년 단위로 버전을 최신화하는 것으로 하였으나, 2010년 이후로는 새로운 버전이 나오지 않고 있다.

HLA 인증시험은 HLA를 국제 표준으로 제정한 이후, 2010년까지는 미 국방성 M&SCO에서 약 10여 년간 전 세계적으로 300여 건의 M&S에 대해 무상으로 인증시험을 수행하였는데, 이때 국내 개발 모델인 창조21, 청해, 창공, 천자봉 등 모델과 한국군 워게임 연동체계인 KSIMS(Korea Simulation System) 기반체계에 대해서도 인증을 받았다. 2010년, 미 국방성은 동맹국들에게 HLA 인증시험에 대해 1건당 1억 원 수준의 유료화를 통보하고 인증시험을 일방적으로 중지함에 따라 방사청이 기품원에 인증시험체계를 구축할 것을 요청하면서 한국군 인증시험기관으로 지정하게 되었다. 이에 기품원은 2011년부터 인증시험 능력을 구비하기 위해 자체 연구에 착수하고, 한편으로는 인증시험 도구 중 일부를 미 국방성 M&SCO에 FMS(Foreign Military Sale)로 구매를 요청하였다. 2013년 기품원은 미 국방성으로부터 인증시험 도구 중 하나인 FCTT(Federate Compliance Test Tool)를 FMS로 구매하고, 한미연합사 한국 측과 합참으로부터 KSIMS 기반체계를 기술이전을 받아 한국군 고유의 독창적인 HLA 인증시험체계를 구축하여 한국군 최초로 자체 기술로 합참 태극JOS(Joint Operation System) 성능개량 모델을 대상으로 인증시험을 실시하였다. 이때 미 국방성 M&SCO에서는 미국 측 인증시험과 관련한 현역과 전문연구원 6명을 기품원에 보내 두 달 동안 한국군 인증시험체계 구현과정과 태극JOS 인증시험 수행과정을 점검하였다.

미국 측 인증시험 전문가들이 기품원의 인증시험체계와 인증시험 과정 및 결과를 지켜보면서 기품원 인증시험체계가 미군 인증시험체계와 달리 독창적인 체계라는 것과 첫 번째 인증시험 시도임에도 흠잡을 데 없는 완전한 인증시험이라는 것을 인정하였다. 그 결과로 원래 계획은 인증시험체계 구축 이후 1~2년 정도 미 국방성 M&SCO에서 간접적으로 인증시험체계와 시험결과를 확인할 계획이었으나 바로 한국군 독자적으로 인증시험 수행이 가능하다는 평가와 더불어 인증시험 권한을 위임하였다. 미국 측은 한국군 인증시험체계의 독창성을 인정하고 인증시험체계에 대한 논문을 미 국방성에 기고해 줄 것을 요청하였고, 이에 따라 기고된 논문은 미 국방성의 M&S Journal 2014년 Summer International Edition에 게재되었다. 2013년 후반기에 한국군 독자적으로 첫 번째 HLA 인증시험을 수행한 이후 구성(C) 시뮬레이션과 가상(Virtual) 시뮬레이션을 포함하여 10여 차례 이상의 인증시험을 수행하였고, 2014년부터 지속적으로 HLA의 다양한 표준과 RTI의 다양한 제품과 버전에 대한 인증시험 수행이 가능하도록 성능과 인증 능력을 개선하였다.

한국군의 독자적인 HLA 인증시험을 수행할 수 있도록 기품원이 구축한 인증시험체계의 특징과 인증시험 절차를 좀 더 자세히 살펴보자. 먼저 한국군 인증시험체계와 미국 측 인증시험체계를 비교해 보면, 그림 51에서 보는 바와 같이 미국 측 인증시험체계는 인증시험을 수행하는 FCTT와 인증시험을 관리하는 FTMS(Federate Test Management System)으로 구성되어 있다. 이에 비해 한국 측 인증시험체계는 미국 측에서 FMS를 통해 구매한 FCTT와 KSIMS 기반도구(기반체계, 관리도구 혼용)인 페더레이션 관리도구 KFMT(KSIMS Federation Management Tool), 사후검토도구 STAAR(System of Theater After Action Review), 데이터 일관성 감시도구 FCC(Federation Cross Checker), 그리고 보조 Federate인 SimTest로 구성되어 있다. 한·미 양측 인증시험체계의 특징은 시스템 구성도 관점에서 미국 측은 인증시험 관리도

그림 51 한(기품원)/미(M&SCO-JHU/APL) HLA 인증시험체계 구성도

구인 FTMS가 있는 반면, 한국 측은 KSIMS 기반도구를 재활용하고 있는 모습이다.

한국군 HLA 인증시험체계는 미국 측의 인증시험체계와 상이하지만 인증시험을 수행하는 절차는 큰 차이가 없다. 그림 52의 오른편에서 보는 바와 같이 HLA 인증시험을 수행하기를 원하는 합참이나 소요군 또는 방사청이 인증시험 기관인 기품원에 인증시험을 요청하게 되면, 그림 52의 왼편에서 보는 바와 같이 4단계에 걸쳐 인증시험을 수행하고, 마지막 단계에서 인증서를 발급하게 된다. 인증시험 1단계에서는 인증시험을 신청하면 인증시험 일정을 검토하게 되고, 2단계에서는 인증시험을 수행하게 되는 Federate에 대한 CS(Conformance Statement)와 SOM(Simulation Object Model), FOM(Federation Object Model)을 작성하여 제출하면 이에 대한 검토 및 일관성 검사를 수행하게 된다. 3단계에서 보조모델과 RTI 설정파일을 제출하면 동적시험을 위한 수행환경을 준비하고, 4단계에서 인증시험 대상 모델 및 보조모델을 포함하여 인증시험 페더레이션을 구성하여 인증시험을 수행하게 된다. 모든 인증시험을 성공적으로 마치게 되면, 인증시험을 신청한 기관에서 인증서를 요청하고 인증기관에서 인증서를 발급함으로서 모든 인증절차를 완료하게 된다. 한국군 독자적 인증시험의 특징과 장점은, 먼저 인증시험 기간이 종전의 2~3개월에서 2주로 단축되었다는 점, 인증시험 수행 간에 시차와 언어의 장벽이 없다는 점, 그리고 무엇보다 인증시험 간에 발생하는 오류에 대한 명확한 원인을 식별할 수 있다는 점이다. 결국, 한국군 독자적 인증시험이 훨씬 효율적이고 투명하고 명확하다는 것이다.

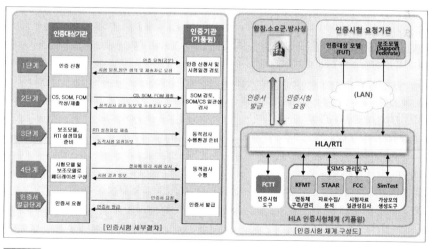

그림 52 HLA 인증시험 체계 구성도 및 세부 절차도

이러한 한국군 독자적 인증시험 수행의 이점과 장점 외에도 한국군 인증시험체계는 실질적으로 미국 측의 인증시험체계에 비해 시험 수행능력과 분석능력에 현격한 차이가 있다. 이는 그림 53의 왼편에서 보는 바와 같이, 미국 측 인증시험체계는 실제 인증시험을 수행하는 FCTT 외에 인증시험 절차와 페더레이션을 관리하는 FTMS로 구성된데 비해, 한국 측 인증시험체계는 인증시험 페더레이션을 관리하는 KFMT, 시험 데이터를 수집하고 분석하는 STAAR, 시험 데이터의 일관성을 검증하는 FCC, 인증시험 대상 Federate를 보조하는 SimTest로 구성되어 있다. 이 중에 미국 측이 가지고 있지 않은 도구가 STAAR와 FCC로, 미국 측 인증시험에서는 생각할 수 없는 정도와 수준의 분석 능력을 보유하고 있다. 실제로 그림 53의 오른편에서 보는 바와 같이 한국군이 독자 인증시험체계를 구축하여 운용하기 시작한 2013년부터 2017년 사이에 그간 미국 측 인증시험체계에서 식별할 수 없었던 많은 오류들을 식별할 수 있었다. 그러한 오류 중에는 한국군의 KSIMS 기반체계 자체에 대한 오류도 있긴 했으나, 미 국방성의 인증도구인 FCTT의 오류와 상용으로 판매하는 Raytheon(구 VTC), MAK사의 RTI에 대한 오류의 식별은 해당 업체에게 상당한 충격을 주는 계기가 되었다. 미 국방성은 FMS로 판매한 FCTT에 오류가 있음을 순순히 시인하였으나, Raytheon과 MAK사의 경우에는 처음 1년간은 오류에 대해 완강히 부정하고 저항하였다. 하지만 계속되는 분석결과 증거 제시로 마침내 오류를 시인하기에 이르렀다.

DTaQ	기능 및 능력	M&SCO
	시험요청 / 페더레이션/시험절차 관리	FTMS
FCTT	인증시험 수행	FCTT
KFMT	시험 페더레이션 관리	
STAAR	시험 데이터 수집 및 분석	
FCC	시험 데이터 일관성 검증	
SimTest	FUT 지원	

구분	오류	해결	미 해결
FCTT	35	35	0
RTI (VTC, MAK)	21	21	0
KSIMS 기반체계	8	8	0
기타	1	1	0
총계	65	65	0

* '13년 이후 기품원 인증시험간 오류 식별 및 해결 현황

그림 53 한(기품원)/미(M&SCO-JHU/APL) HLA 인증시험 능력 비교

사실 인증시험 도구 구매를 위해 저자가 직접 미 국방성 M&SCO와 협상을 하던 초기, 미국 측은 자신들의 도구인 FCTT에 오류가 있을 수 있음을 시사하고 오류를 수정하여 판매하는 조건으로 많은 비용을 요구하였으나 협상 당시의 버전 그대로 소스코드를 포함하여 구매하기로 협상을 하였다. 이때 미국 측은 FCTT 만으로는 절대 인증시험체계를 구축할 수 없다 하였고, 저자는 한국 측에서 제대로 사용할 수 있든지 없든지 간에 그냥 판매를 요구했다. 이렇게 구매한 FCTT와 KSIMS 기반도구

를 연동하여 한국군 독자적인 HLA 인증시험체계를 구축한 2013년의 인증시험 능력은 HLA 1.3 표준과 Raytheon(구 VTC) RTI에 대해서만 인증시험 수행이 가능한 상태였다. 이를 2014년부터 점진적으로 개량하기 시작하여 HLA 1.3 표준과 MAK RTI 기반의 인증능력을 추가하였고, 그다음은 IEEE 1516-2000 표준에 대한 인증능력을 추가하였으며, 다시 여기에 IEEE 1516-2010 표준에 대한 인증능력을 추가하여 2016년에는 그림 54에서 보는 바와 같이 HLA 1.3, IEEE 1516-2000, IEEE 1516-2010 모든 표준과 한국군이 사용하고 있는 Raytheon(구 VTC), MAK사의 모든 RTI 기반의 다양한 FOM에 대해 인증수행 능력을 확보하는 수준으로 발전하게 되었다.

HLA 인증시험도구 개발 및 고도화 연구 결과, 2017 기품원/사이버텍

그림 54 한국군 HLA 인증시험 능력의 발전현황

그간 한국군 HLA 인증시험체계를 구축하고 발전시키는 가운데 10여 차례가 넘는 HLA 인증시험 중 몇 차례에 걸쳐 가상(Virtual) 시뮬레이션에 대해서 시험을 수행한 바가 있다. 일반적으로 구성(Constructive) 시뮬레이션에 비해 가상(V) 시뮬레이션에 대한 인증시험이 인증시험 Federation 구성이나 시험 데이터 수집과 분석에서 많은 도전이 있는데, 그림 55에서 보는 바와 같이 KT-1 시뮬레이터에 대해서 성공적으로 시험을 수행하였다.

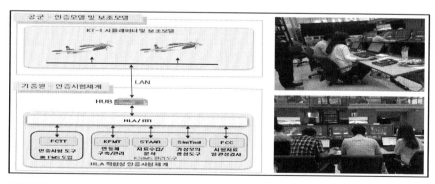

그림 55 KT-1 시뮬레이터 HLA 인증시험

59. HLA 인증시험(Compliance Test)! 운용 관점에서 어떻게 발전시켜야 하나?

앞서 한국군과 방사청을 대신하여 기품원이 어떻게 HLA 인증시험체계를 구축하고 발전시켜왔는지 설명하였다. 기품원이 HLA 인증시험(Compliance Test)체계를 잘 구축하고 발전시켜 현재 HLA 표준으로 제정된 3가지 버전의 표준과 한국군이 주로 구매하여 활용하는 2개 RTI 제품의 모든 버전에 대해 인증시험 능력을 구비하고 인증시험을 수행하고 있다. 하지만 인증시험 그 자체는 M&S의 상호 연동 운용을 위한 필요조건일 뿐 충분조건이 아니라는 것이다. 이번 이야기에서는 운용관점(Operational Perspective)에서 한국군이 HLA 인증시험에 임하는 현 실태와 문제점을 살펴보고, 이를 어떻게 개선하고 발전시켜야 하는지 살펴보고자 한다.

먼저 한국군이 HLA 인증시험에 임하는 자세의 현 실태와 문제점을 살펴보고자 한다. 한국군이 M&S를 본격적으로 개발하기 시작한 1990년대 중반 이후, 즉 HLA 아키텍처 개념이 대두되기 시작한 1995년 이후에 한국군은 모델(Federate) 개발 자체가 목적이었고, 미군을 중심으로 한 HLA 아키텍처 개념의 대두와 국제표준화 움직임에 대해 별로 큰 관심을 가지지 않았다. 보다 정확히 표현하자면 미군의 움직임과 국제표준을 준수하면서 모델을 개발할 여력이 없었으며, 미군의 모델을 벤치마킹하여 한국군 모델을 개발하는 그 자체가 우선적인 목표이었다. 육군이 창조21을 개발하고 나서 이어 창조21 연동화 모델을 개발하게 된 연유가 바로 그것이며, 육군에 이어 해군과 공군, 해병대가 독자 모델을 개발하면서도 추후 연동 운용이 가능해야 한다는 요구조건 충족을 위한 HLA 인증 자체가 목표이고 목적인 경향을 보였다. 그러다 보니 국내 개발 한국군 모델의 거의 모든 경우에 있어서 연동 목표와 목적의 중요성을 간과함으로 인해 모델들을 연동하여 운용하기 위해 적용해야 하는 절차인 FEDEP(Federation Development and Execution Process)의 적용과 그 결과로서 만들어지는 연동체계에서 주고받는 객체를 정의한 FOM(Federation Object Model)의 개발에 무관심하게 되었다. 한편으로는 HLA 인증시험을 M&S 개발사업과는 별도로 무상으로 제공해 주다보니 시험에 임하는 개발자의 자세가 천차만별로 제대로 준비하지 않는 경우도 나타나게 되었다.

　그 결과로 HLA 인증시험을 위해 모델 개발자가 준비하게 되는 모델에서 주고받는 서비스를 정의한 CS(Conformance Statement)와 모델이 가진 시뮬레이션의 기능과 능력을 나타내는 SOM(Simulation Object Model)에 대해서는 비교적 완성도가 높게 개발하고 준비하는데 비해, 추후 연동체계 내에서 타 모델들과 연동하면서 주고받는 객체와 상호작용을 명시한 FOM(Federation Object Model)에 대해서는 완성도가 상당히 낮은 상태로, 거의 형식적인 수준에 머물게 되었다. 이러다 보니 HLA 인증시험은 성공적으로 통과하였으나 막상 타 모델들과 연동체계(Federation)를 구성하여 연동을 구현하려고 보면 주고받는 객체와 상호작용의 요소들에 대한 식별과 정의가 제대로 되어 있지 않아 상당한 어려움에 직면할 수밖에 없었다. HLA 인증시험이라는 개념은 HLA 표준을 얼마만큼 충실하게 준수하여 M&S를 개발하였는가를 표준에 대비하여 점검하고 확인하는 활동으로, 이러한 활동의 대상은 모델 개발자가 제시하는 CS, SOM, 그리고 FOM이 될 수밖에 없는 것이다. 또한, HLA 인증시험은 인증시험의 시기가 모델을 개발하는 초반부, 중반부, 또는 개발이 완료되는 후반부 어느 시점인가에 따라 각각 장단점이 있다 보니 개발자가 원하는 시점에서 준비하여 제출한 자료에 대해 인증시험을 수행할 수밖에 없는 실정이다.

　참고로 HLA 인증시험의 시점이 모델을 개발하는 초반부인 경우에는 인증시험을 통해 개발자가 HLA 표준과 RTI 서비스, 그리고 타 모델들과 연동을 위해 주고받는 객체와 상호작용을 제대로 식별하여 개발하고 있는지를 인증시험을 통해 점검함으로써 전 개발과정에 거쳐 제대로 개발할 수 있는 장점이 있는 반면, 모델 개발이 완료된 최종 산출물에 대해 HLA 표준을 제대로 준수하였는지 확인할 수 있는 방법이 없다. 반면에 모델 개발 후반부에 인증시험을 수행할 경우에는 제대로 HLA 표준과 RTI 서비스를 준수하여 개발하였는지, 최종 산출물이 제대로 HLA 표준을 준수하였는지 확인할 수 있는 장점이 있으나 만약 제대로 개발하지 않았음이 식별될 경우에는 계획된 개발 일정 내에 성공적으로 사업을 완료하는데 어려움을 겪을 수 있다는 위험이 내재되어 있다. 모델을 개발하는 중반부에 HLA 인증시험을 수행할 경우에는 앞서 설명한 초반부와 후반부의 장단점과 위험을 경감할 수는 있으나, 여전히 개발하는 모델에 대한 완전한 HLA 인증시험이 되기에는 한계가 있다. 이러한 현 실태와 문제점은 자칫 HLA 인증시험의 본질을 잘못 이해할 경우, 인증시험이 M&S의 상호 연동 운용을 위한 필요충분조건이 아님에도 인증시험 불필요성을 제기할 가능성을 내재하고 있다는 것이다.

한국군이 모델을 개발하여 HLA 인증시험에 임하는 현 실태와 문제점을 해결하기 위해서는, 무엇보다도 M&S를 개발하는 사업 추진 중에 연동의 목표와 목적을 명확히 정립하는 것이 가장 절실하다. 다음은 이러한 목표와 목적을 달성할 수 있도록 반드시 IEEE 1516.3 FEDEP 또는 IEEE 1730 DSEEP(Distributed Simulation Engineering Execution Process)을 적용하여 FOM 또는 SDEM(Simulation Data Exchange Model)을 제대로 개발해야 한다는 것이다. 2010년 DSEEP이 국제표준으로 제정되면서 2003년 제정된 FEDEP를 대체하게 되었기에, 향후 한국군은 FOM 대신에 DSEEP을 적용하여 SDEM을 개발해야 하고, HLA 인증시험에서도 FOM 대신에 SDEM을 적용하는 것이 바람직하다는 것이다. 사실 지금까지 한국군은 독자적으로 단 한 차례도 FEDEP를 적용하여 연동체계를 구성한 적이 없고, 당연히 FOM을 설계하여 개발해 본 적이 없다. 이러한 상태에서 DSEEP을 적용하여 SDEM을 개발하고 적용할 것을 제안하는 것이 실현 가능성이 없어 보일 수도 있다. 그러나 한국군도 이제는 LVC 구축을 추진해야 할 시점에 와 있음을 고려할 때 DSEEP을 적용하여 SDEM을 개발하는 것이 HLA 인증시험에 제대로 대비하고, 추후 LVC를 구축하는 데에도 도움이 될 것이라는 것이다.

HLA 인증시험을 보다 활성화하고 인증시험 취지와 목적에 부합하도록 하기 위해서는, 먼저 모델 개발 시 단순히 요구사항을 충족하기 위한 HLA 인증시험이 아니라 M&S 자원들을 연동 운용하는 연동체계에 의한 모의지원 개념으로의 전환과 이를 구현하기 위한 수단과 필요조건으로 인증시험을 인식하는 것이 무엇보다 시급하다. 또한 이러한 모의지원을 수행하는 기관들이 주도하여 연동시험(Federation Test)을 구상하고 FEDEP 또는 DSEEP 절차를 적용하여 FOM 또는 SDEM을 개발해야 한다. 그리고 한미 연합연습을 준비하는 과정에서 모의지원체계에 대해 기능시험(FT: Functional Test), 성능 또는 부하시험(PT/LT: Performance/Load Test), 통합시험(IT: Integration Test) 등 여러 가지 명칭으로 연동시험(Federation Test)을 수행하고 있음을 참고하여 합참 JWSC(Joint Warfighting Simulation Center), 육군 BCTP, 해군 전쟁연습실, 공군 모의센터(KASC: Korea Air Simulation Center) 등을 중심으로 한국군 독자적인 연동시험을 수행해야 한다. 여기에 추가하여 HLA 인증시험을 수행하는 시점도 모델의 개발 초반부, 중반부, 후반부가 모두 장단점이 있으므로 각각의 장단점 중 단점을 경감하고 인증시험의 목적을 달성할 수 있도록 하기 위해서는 모델 개발 초반부와 개발이 완료되고 개발시험(DT: Development Test)을 수행할 무렵, 두 차례에 걸쳐 인증시험을 수행하는 방안과 수익자 부담 원칙에 따라 인증시험을 유료화하여 개발자로 하여금 HLA 인증시험에 좀 더 관심을 갖고 제대로 개발하고 시험에 대비하도록 하는 방안도 고려할 수 있을 것이다.

60. HLA 인증시험(Compliance Test)! 체계 관점에서 어떻게 발전시켜야 하나?

기품원이 구축하고 발전시켜 온 한국군 HLA 인증시험(Compliance Test)체계는 HLA 표준으로 제정된 3가지 버전의 표준과 2개 RTI 제품의 모든 버전에 대해 인증시험 능력을 구비하여 수행하고 있다. 한국군 HLA 인증시험체계는 미군의 인증시험체계에 비해 인증시험 관련 데이터의 수집과 분석 능력이 우수한 반면, 체계 자체가 다소 복잡하고 인증시험 수행에 불필요한 기능도 일부 포함하고 있으며 미군 인증체계에 비해 원격 인증수행 능력과 인증시험 수행관리 기능이 미흡한 실정이다. 따라서 이번 이야기에서는 체계관점(System Perspective)에서 HLA 인증시험체계를 어떻게 개선하고 발전시켜야 하는지 살펴보고자 한다.

앞서 한국군 HLA 인증시험체계가 가지고 있는 몇 가지 이슈들을 언급한 바와 같이, 실제 기품원에서 구축한 HLA 인증시험체계는 미국 측에서 구매한 FCTT(Federate Compliance Test Tool)와 KSIMS(Korea Simulation System) 기반도구를 통합하여 구축함으로써 HLA 인증시험을 수행함에 있어 데이터 수집과 분석능력은 아주 뛰어나다. 반면 일부 인증시험에 불필요한 기능들을 포함하고 있어서 인증시험 중 RTI와 인증시험 대상 페더레이트(FUT: Federate Under Test)에 불필요한 부하(Load)를 유발할 가능성이 있으며, HLA 인증시험체계 운용자에게 KSIMS 기반도구로 인한 운용상의 어려움을 야기할 가능성이 있고, 인증시험체계에 연동 운용되는 도구가 많다 보니 RTI 라이센스 비용이 증가될 수 있다는 것이다. 이런 상황에서 추후 필요에 따라 원격 인증시험을 위해 시스템 구조를 변경한다든지, 인증시험 관리도구를 추가할 경우 체계에 부담과 복잡도가 늘어날 수 있으므로 인증시험체계를 보다 간단한 구조로 통합 또는 개선할 필요가 있다는 것이다.

이를 위해, 현재 운용되고 있는 HLA 인증시험체계를 보다 간편한 시스템 구조로 통합 개발하고자 하는 것이다. 그 구체적인 시스템 구조는 그림 56에서 보는 바와 같이 KSIMS 기반도구를 중심으로 단계적으로 통합하여 개발하는 것이다. 1단계로

KSIMS 기반도구 중에 페더레이션 관리 및 통제 기능을 수행하는 KFMT(KSIMS Federation Management Tool)와 페더레이션 상의 객체들의 일관성 여부를 감시하고 확인하는 FCC(Federation Cross Checker)를 통합하자는 것이다. 실제로 이러한 통합개발 노력은 2017년에 이미 성공적으로 완료가 되었다. 다음은 2단계로 인증시험체계 내에서 데이터를 수집하고 검증하는 STAAR(Syst em of Theater After Action Review)와 인증시험 대상 모델의 보조모델로서 로그 파일(Log File)을 재생하거나 HLA 함수를 호출하는 역할을 하는 SimTest의 주요 기능들을 통합하여 1단계 산출물과 다시 통합함으로서 결국 KSIMS 기반도구들을 하나의 도구로 통합한다는 것이다. 이처럼 1, 2단계에 걸친 KSIMS 기반도구 통합개발이 완료되면, 결국은 4개의 도구로 구성된 KSIMS 기반도구는 1개로 통합되고, FCTT와 더불어 HLA 인증시험체계는 2개의 도구로 구성할 수 있게 된다.

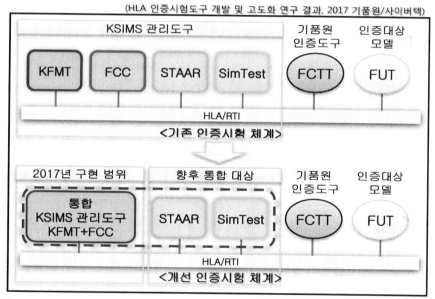

그림 56 HLA 인증시험체계 통합개발 개념도

다음으로, 현재 한국군 HLA 인증시험체계는 지역 데이터 통신망(LAN: Local Area Network) 상에서 운용하는 개념인데 이를 지리적으로 분산된 환경하에서 원격으로 인증시험을 수행할 수 있도록 인증체계를 발전시켜야 한다는 것이다. 이렇게 인증체계를 발전시켜야 하는 이유는, 한국군이 HLA 인증시험체계를 구축한 이후 지금까지는 인증 대상 모델이 구성(C) 시뮬레이션일 경우에는 기품원에서, 가상(V) 시뮬레이션의 경우에는 개발자 위치에서 인증시험을 수행하였으나 앞으로는 인증시험 대상 모델과 인증기관이 지리적으로 분산된 각각의 위치에서 인증시험을 수행할 수 있도록 해야 할 것으로 보이기 때문이다. 이는 결국 현재 LAN 상에서의 시험이 아니라 광역 데이터 통신망(WAN: Wide Area Network) 상에서 HLA 인증시험을 수행하자는 것이다. 광역 데이터 통신망인 인터넷 환경하의 원격 인증시험체계 개념은 그림 57에서 보는 바와 같으며, RTI 제품군 별 Node/Forwarder 사용 유무와 VPN(Virtual Private Network) 방식에 따른 데이터 정보 전송 결과는 표 15에서 보는 바와 같다. 결국 원격 인증시험체계 Best Effort(UDP: User Datagram Protocol) 전송을 위해서는 RTI 제품군에 따라 Node 또는 Forwarder, 그리고 VPN이 필요함을 알 수 있다.

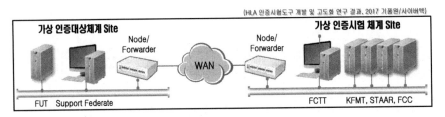

(HLA 인증시험도구 개발 및 고도화 연구 결과, 2017 기품원/사이버텍)

그림 57 인터넷 환경(WAN) 하 원격 HLA 인증시험체계

표 15 RTI 제품군 별 Node/Forwarder 사용 유무 및 VPN 방식 시험결과

(HLA 인증시험도구 개발 및 고도화 연구 결과, 2017 기품원/사이버텍)

구분	VTC			MAK		
	Node X	Node O	VPN	Forwarder X	Forwarder O	VPN
MOM 정보	O	O	O	O	O	O
Reliable 정보 (TCP)	O	O	O	O	O	O
Best effort 정보 (UDP)	X	O	O	X	O	O

특히 원격 HLA 인증시험체계 구축을 위해 가상 네트워크 연결기법인 VPN을 이용할 경우, Virtual LAN을 구성하는 방법에 대한 개념도는 그림 58에서 보는 바와 같다. 이 경우 UDP 전송을 위해서는 Raytheon(구 VTC) RTI에는 Node가, MAK RTI에는 Forwarder가 필요하며, VPN 이용 시에는 TCP(Transmission Control Protocol)/UDP 지원이 가능할 것으로 보인다.

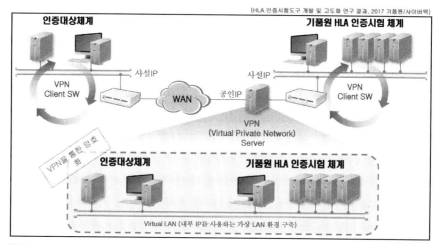

(HLA 인증시험도구 개발 및 고도화 연구 결과, 2017 기품원/사이버텍)

그림 58 원격 HLA 인증시험체계 구축을 위한 가상네트워크(VPN) 연결기법

이때, 앞서 1, 2단계에 걸쳐 KSIMS 기반도구를 통합하여 하나로 개발한 도구에 원격 인증시험 수행에 따른 인증시험 신청에서부터 인증시험 수행과 인증서 발급 및 수여에 이르는 인증시험 관련 모든 절차를 관리할 수 있는 기능을 추가하여 개발해야 한다는 것이다.

참고로 본 이야기에서 포함된 그림과 표들은 저자가 2017~18년에 기품원에서 사이버텍과 용역사업으로 수행한 HLA 인증시험 도구 개발 및 고도화 연구 결과물에서 발췌하여 제시하였음을 밝힌다.

61. 연동 소프트웨어(HLA/RTI) 인증시험체계! 어떻게 구축, 적용해야 하나?

한국군의 대다수는 인지하지도 못하고 있지만, 2010년대 들어 한동안 HLA 아키텍처의 연동규약(Interface Specification)에 따라 개발한 연동 프로토콜인 RTI(Run Time Infrastructure)에 대한 인증시험이 이슈가 된 적이 있었다. 이 이슈는 2010년 무렵 민군협력 기술개발의 일환으로 방산업체 L사에서 nRTI를 성공적으로 개발했다고 주장하면서 방사청을 통해 기품원에 nRTI에 대한 인증시험(Certification Test 또는 Verification Test)을 수행해 줄 것을 요청하면서 시작되었다. 그 당시는 미군이 일방적으로 동맹국들에 대한 HLA 인증시험(Compliance Test)의 중지 및 유료화를 통보할 무렵이라 RTI에 대한 인증시험은 고사하고 HLA 인증시험을 수행할 능력조차 없던 상태로, 실제로 RTI에 대한 인증은 엄두를 낼 수 없는 상태였다. 당연히 기품원은 nRTI에 대한 인증은 불가능하다고 하는 한편, 페더레이트에 대한 HLA 인증시험 능력을 확보하기 위해 노력을 경주하였다.

2013년 기품원은 한국군 독자적인 HLA 인증시험 체계와 능력을 구비하고 최초로 합참의 태극JOS에 대한 인증을 성공적으로 수행하였으며, 그 이후 지속적인 인증시험으로 인증시험체계 성능과 인증수행 역량을 강화하였다. 또 한편으로 기품원은 2015년에는 2008년 이후 수행해 오던 M&S에 대한 VV&A 수행 개념과 절차와 기법, 문서 표준화 등 전반적인 체계를 획기적으로 개선하였다. 저자는 직접 설계하고 개발한 HLA 인증시험체계와 획기적으로 개선한 M&S VV&A 개념을 통합하여 잘 활용한다면 미국 측의 RTI 인증시험도구(Verifier)를 구매하지 않고서도 독자적인 인증시험이 가능하겠다는 판단으로 RTI 인증시험 수행방안에 대해 본격적인 연구를 시작하게 되었다. 이러한 판단을 바탕으로 nRTI 개발기관에 RTI 인증시험을 제안하였으나, 어떤 이유인지 그동안 인증시험 수행을 요구하던 개발기관들이 아무런 반응을 하지 않는 것을 의아하게 생각했다. 때문에 RTI 개발자가 당연히 수행해야 할 IEEE에서 권장하는 자체 시험(Self Test) 결과를 제시할 것을 요구했으나, 이 또한 아무런 반응이 없어 일단 개발 결과가 인증시험을 수행하기에는 미흡한 수준이 아닌가 하는 판단으로 nRTI에 대한 인증시험은 더 이상 거론하지 않기로 하였다.

이러한 RTI 인증시험에 대한 일련의 과정을 거치는 동안, 한편으로는 국내에서 누구든지 RTI를 개발한다면 독자적인 인증시험 능력을 갖춰야 할 필요가 있다는 생각을 하게 되었다. 또 한편으로는 현재 상용으로 판매되는 RTI가 고가라는 점, 앞으로 한국군이 LVC를 구축하게 되면 RTI 소요가 상당히 많이 증가할 수 있다는 점, 그리고 앞서 토의한 바와 같이 HLA 기반의 정보 중심 통합방법(Information Centric Integration)에 의한 LVC를 구현하기 위해서는 한국군의 필요에 따라 RTI의 기능과 성능을 보완하고 개선할 수 있어야 한다는 점 등의 이유로 국내에서 제대로 된 RTI를 개발할 필요가 있다는 생각을 하게 되었다. 만약 한국군이 국내에서 독자적으로 RTI를 개발하고, 국내에서 독자적으로 RTI 인증시험을 수행하여 구성(C) 시뮬레이션과 가상(V) 시뮬레이션은 물론 실제(L) 시뮬레이션 영역에서도 적용할 수 있는 양질의 RTI를 개발하여 활용할 수 있다면 경제적, 효율적 관점에서 한국군에 크게 도움이 될 것이라 판단하게 되었다. 이러한 RTI 개발 및 인증과 관련된 가정과 전제로는 민군이 협력하여 누구든지 가장 먼저 가장 우수한 성능의 신뢰할 수 있는 RTI를 개발하고, 자체 시험(Self Test) 결과를 제시하는 RTI를 대상으로 인증시험을 수행하여 IEEE에서 제시하는 시험항목을 모두 충족할 경우, 그 RTI를 Semi-GOTS(Government Off The Selves)로 지정하여 업체에는 적정수준의 이윤을 보장하고 군에는 외국산 RTI에 비해 저렴한 가격과 성능을 보장함으로써 점진적으로 국내 적용 RTI를 모두 국산 RTI로 대체하자는 것이다. 이를 위해 RTI 인증시험체계를 과연 어떻게 구축하여 적용할 것인지 토의하고자 한다.

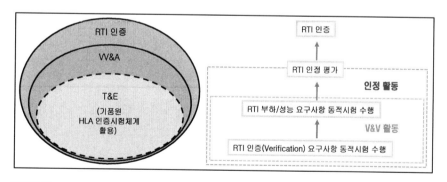

그림 59 HLA 인증시험체계와 M&S VV&A를 활용한 RTI 인증 개념도

앞서 설명한 바와 같이 RTI 인증시험 이슈에 대해 처음 가용한 방안으로 고려한 것은, 그림 59에서 보이는 것처럼 HLA 인증시험체계와 M&S VV&A 기법을 적용하여 인정(Accreditation)에 의한 인증(Certification 또는 Verification)을 고려하였다. 이러한 구상을 하게 된 배경은, 국내 RTI 인증은 여러 개의 RTI에 대한 인증이 아니라 가장 먼저 가장 적절하게 개발한 한 개의 RTI에 대해 인증을 수행한다는 점이었다. 거기다 인증 수행 후에도 RTI의 기능과 성능을 개선 보완할 때마다 수시로 인증시험을 수행해야만 하니, 미 국방성의 M&SCO로부터 RTI 인증도구(Verifier)를 구매하여 적용하는 것은 소요되는 시간과 예산, 노력의 관점에서 부적절하다고 판단하였다. 이러한 판단을 하게 된 것은 상대적으로 짧은 기간임에도 성공적으로 독창적인 HLA 인증시험체계를 구축할 수 있었고, 그 성능이 우리 자신은 물론 미군과 상용 RTI 개발업체도 놀라는 수준이었다는 점 때문이다. 따라서 그림 60에서 보는 바와 같이 기품원이 구축한 한국군 HLA 인증시험체계를 활용하여 인증시험도구인 FCTT에 국내 개발 RTI 모듈을 추가하고, KSIMS 기반도구에 RTI 인터페이스를 수정 보완하며, 그 이후에 국내 개발 RTI의 기능에 대한 검증시험(Verification Test) 및 성능·부하시험(Performance/Load Tests)을 수행하여 VV&A 활동을 통해 인정에 의한 인증을 수행한다는 것이다.

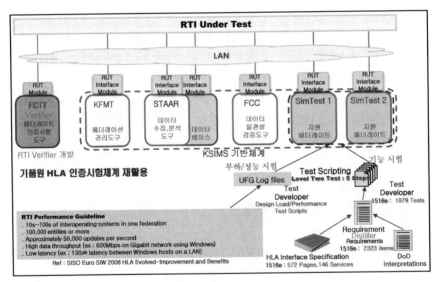

그림 60 HLA 인증시험체계를 활용한 RTI 인증시험 체계도

이러한 인증시험 개념에 따라 기존의 HLA 인증시험체계를 활용하여 RTI의 기능시험을 수행할 경우의 세부적인 RTI 기능시험 수행 개념은 그림 60에서 보는 바와 같다. 이 그림에서 나타내고 있는 것처럼, 한편으로는 기능시험을 위해 IEEE에서 명시하고 있는 HLA 연동규약(Interface Specification)과 미 국방성의 연동규약에 대한 해석(Interpretations)을 토대로 2300여 개의 RTI 요구기능을 정제하여 테스트 스크립팅을 개발하게 된다. 또 다른 한편에서는 성능과 부하 시험을 위해 적절한 RTI 성능에 대한 지침을 참고로 하든지, 아니면 한미 연합연습의 결과로 산출된 Log Files 들을 참조하여 테스트 스크립팅을 개발하게 된다. 다음은 이렇게 개발한 테스트 스크립팅을 개발자 자체 시험인 RTI 인증 1차 시험(Level One Test) 이후 그림 61의 RTI 인증시험(Verification Test) 수행개념과 절차에 따라 5단계로 수행되는 인증 2차 시험(Level Two Test)의 각 단계에 따라 SimTest 1, 2에 입력하고 FCTT를 이용하여 제반 RTI의 기능과 성능 및 부하를 시험한다는 것이다. 이렇게 RTI에 대한 인증시험을 수행할 경우, 사전 연구 결과에 의하면 개략 테스트 스크립팅의 25% 수준을 시험할 수 있는데, 이는 근본적으로 HLA 인증시험체계의 FCTT는 페더레이트가 수행하게 되는 RTI의 서비스를 제대로 구현하고 있는지를 보는 반면, RTI 인증시험에서 요구하는 시험요구항목은 RTI의 기능을 보다 구체적으로 수행할 것을 요구함에 따른 시험의 상세 정도의 차이에 기인한 것으로 결국 FCTT를 그대로 활용하기에는 제한이 있음을 시사하고 있다는 것이다.

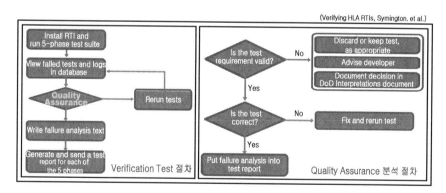

그림 61 RTI 인증시험(Verification Test) 수행개념 및 절차

따라서 RTI에 요구되는 기능적 요구사항을 모두 제대로 시험하기 위해서는 어떤 형태이든지 RTI Verifier를 개발하는 것이 필요하다는 것이다. RTI Verifier를 포함한 한국형 RTI 인증시험(Verification)체계 구성도는 그림 62에서 보는 바와 같다. 그

림 60과 그림 62에서 보는 바와 같이 인증시험체계에 적용하는 연동 프로토콜은 인증을 받고자 하는 국내 개발 RTI를 사용하게 된다. RTI에 요구되는 기능을 제대로 시험하기 위해서는 RTI Verifier 외에도 Test Federate를 제대로 개발하여 테스트 스크립팅에 있는 모든 요구되는 기능들을 묘사해 줄 수 있어야 한다.

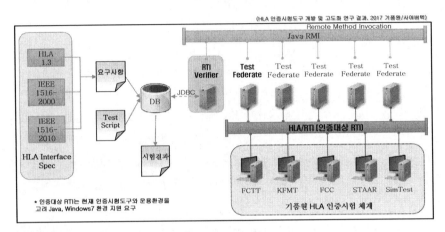

그림 62 한국형 RTI 인증시험(Verification) 체계 구성도

이러한 문제와 이슈들을 해결하기 위한 RTI Verifier와 Test Federate를 개발하기 위해서는, 현재 HLA 인증시험체계에 포함되어 있는 SimTest의 기능을 확장하여 개발이 가능할 것으로 판단하고 있다. 한국형 RTI Verifier와 Test Federate 모듈의 시스템 구성도는 그림 63에서 보는 바와 같다. 이들 모듈들이 수행하게 되는 주요 기능들은 HLA 서비스 지원 기능, MOM 서비스 지원 기능, 테스트 스크립팅 처리 기능, 성능 및 부하 시험 기능, 결과분석 기능, GUI(Graphic User Interface) 전시 기능, 수집정보 저장 기능, 다양한 OS(Operating System)·언어 지원 기능 등으로 이런 기능들을 수행할 수 있어야 한다는 것이다.

지금까지 설명한 RTI 국내 개발 및 인증 방안은 핵심 소프트웨어 국산화 정부정책에 부합하고, 한국군이 구축을 추진하고 있는 LVC 관련 핵심 소프트웨어 국산화라는 관점에서 신뢰할 만한 첫 번째 국내 개발 RTI에 대해 인증을 수행하고 정책적으로 Semi-GOTS화 하여 활용할 수 있도록 하자는 것이다. 그리고 조금만 더 노력한다면 HLA 인증시험 도구에 포함된 SimTest를 수정 보완하여 RTI Verifier와 Test Federate 모듈을 개발할 수 있을 것으로 판단하며, 앞서 설명한 바와 같이 RTI Verifier와 Test Federate를 이용한 기능시험과 성능 및 부하 시험, 그리고 M&S VV&A 기법을 적용한 인정에 의한 인증을 수행할 수 있을 것이다.

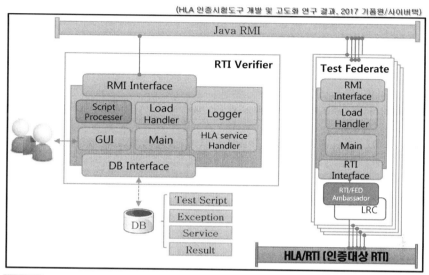

그림 63 한국형 RTI Verifier와 Test Federate 모듈 시스템 구성도

　그러나 RTI를 국내에서 독자적으로 개발하고 그에 대한 인증시험체계를 구축하는 것이 한국군에 미치는 영향과 이익이 상당함에도 불구하고 국내에서 RTI를 개발하는 것은 쉽지 않은 실정이다. RTI 국내 개발을 위해 이미 민군 기술협력 사업으로 RTI를 개발한 적이 있다. 때문에 중복투자라는 이유로 더 이상 정부투자가 불가하다는 것이다. 처음 RTI 개발 사업을 추진할 때 제대로 사업관리를 하고 개발한 RTI에 대해 IEEE에서 권고하고 개발자가 수행하는 자체 시험이라도 수행했더라면 하는 아쉬움이 남음을 부인할 수 없는 것이 현실이다. 지금이라도 중복투자를 이유로 국가 이익, 군의 이익을 저버리지 말고 보다 전향적으로 RTI 개발 노력을 하든지, 아니면 최초 개발한 nRTI에 대해 인증시험을 수행하도록 하든지 하는 결단과 더불어 RTI에 대한 인증시험체계를 구축하려는 노력을 경주하자는 것이다.

　본 이야기에 제시된 한국형 RTI 인증시험(Verification)체계와 RTI Verifier 및 Test Federate 모듈의 시스템 구성도는 저자가 기품원에서 2017년 사이버텍과 연구용역 사업으로 수행한 HLA 인증시험도구 개발 및 고도화 연구결과를 발췌하여 인용하였음을 밝힌다.

62. LVC 적합성 인증시험체계! 왜 필요하며 어떻게 구축, 적용해야 하나?

LVC(Live, Virtual, Constructive)란 워파이터(Warfighters)들에게 다양한 국방 업무분야의 다양한 목적을 위해 각각 상이한 아키텍처를 기반으로 하는 시뮬레이션 유형인 실제(L), 가상(V), 그리고 구성(C) 시뮬레이션들을 연동하여 실전적 가상 합성 전장 환경을 제공하고, 특히 각각의 시뮬레이션 유형이 갖는 장점을 살리고 단점을 보완할 수 있다는 특징을 가지고 있다. 이때 LVC를 구축하는 모습과 형태는 무엇보다도 사용하고자 하는 목적과 의도에 따라 상이하게 된다. 그러나 어떤 사용 목적과 의도로 LVC를 구축하든지, LVC를 구현하는데 내재된 어려움은 근본적으로 상이한 유형의 시뮬레이션들이 상이한 M&S 아키텍처들을 기반으로 개발되었다는데 기인하고 있다.

미군의 경우는 LVC라는 개념이 1997년 무렵 STOW(Synthetic Theater Of War)에서 출발하여 STE(Synthetic Training Environment), SE(Synthetic Environment), LVC(Live Virtual Constructive)로 그 명칭이 바뀌는 가운데에서도 기본 목적과 개념을 명확히 이해하고 있었고, 구체적인 구현방안에 대해 LVCAR(LVC Architecture Roadmap)과 LVCAR-I(LVCAR-Implementation)라는 연구를 통해 LVC 관련 정책과 기반기술을 충분히 연구하고 개발을 추진하여 현재 사용 중에 있는 실정이다.

이에 비해 한국군은 LVC를 바라보는 시각과 관점에 따라 이해의 수준과 정도가 모두 상이하고, 정작 이러한 개념의 가상 합성 전장 환경이 절대적으로 필요한 주요 지휘관과 참모, 의사결정자들이 그 필요성을 제대로 이해하지 못하고 있어 LVC 구축을 추진하고는 있지만 그 진행속도가 더딘 실정이다. 한국군의 이러한 LVC를 바라보는 관점과 더불어 LVC를 구현하는데 많은 기술적인 어려움이 내재되어 있다는 점, 그리고 그로 인해 많은 예산과 기간과 노력을 요구한다는 점 등이 있기에 가능하다면 맨 처음 LVC 구축을 추진할 때 제대로 구축하고, 그 이후 개발자들은 앞서 개발한 기반체계를 재활용하여 주어진 가용자원 범위 내에서 사용 목적과 의도를 충족할 수 있는 최대한 양질의 LVC를 구축하는 것이 필요하다. 이러한 한국군의 LVC 관련 당면 현실과 필요에 따라 저자가 구상하게 된 것이 LVC 인증시험체계이다.

미군은 LVC 구축을 위한 노력의 일환으로 미 회계연도 FY(Fiscal Year) 2007부터 LVCAR 연구를, FY 2009부터 LVCAR-I라는 연구를 통해 LVC 구축을 위해 필요한 상이한 아키텍처 기반의 M&S 자원들 간의 상호 운용성과 재사용성을 촉진하고 보장할 수 있는 아키텍처 중립적인 절차와 템플릿 등을 개발하였고, 2010년 IEEE는 이를 국제 표준화하여 IEEE 1730 DSEEP(Distributed Simulation Engineering Execution Process), IEEE 1730.1 DMAO(DSEEP Multi-Architecture Overlay)로 제정하였으며, SISO(Simulation Interoperability Standard Organization)는 FEAT(Federation Environment Agreement Template)를 표준으로 제정하였다.

제정된 표준을 준수하여 LVC 구축을 추진하다보면 산출물로 시뮬레이션 데이터 교환 모델(SDEM: Simulation Data Exchange Model)과 시뮬레이션 환경 합의(SEA: Simulation Environment Agreement), 그리고 아키텍처 특성에 따른 Overlays를 개발하게 된다. LVC 인증시험의 개념은 LVC 구축 중에 적용하는 국제 표준이 존재하고 그에 따른 산출물이 있으므로 이러한 산출물들이 국제 표준을 제대로 잘 준수했는지 여부를 점검하고 확인하는 시험이 가능하다는 것이었고, 그에 따른 인증시험체계를 구상하게 되었던 것이다. 만약 이러한 LVC 인증시험체계를 구축할 수 있다면 한국군이 추진하고 있는 시뮬레이션 유형들 간의 연동 운용을 촉진하고 보장함으로써 LVC 구축 사업의 성공 가능성을 높임은 물론, 사업의 최종 산출물인 LVC 기반체계를 재활용할 수 있을 것이라는 것이다.

이러한 LVC 인증시험의 개념과 앞서 설명한 HLA를 기반으로 한 정보 중심의 통합방법(Information Centric Integration)을 적용하여 LVC 인증시험체계를 그림 64와 같이 설계하였다. 인증시험체계의 기본 개념은 HLA 아키텍처를 기반으로 RTI를 사용하여 연동하게 되며, HLA 인증시험체계를 약간 수정 보완하여 재활용한다는 것이다. 또한 HLA 인증시험체계의 시험 도구인 FCTT(Federate Compliance Test Tool)를 LVCCTT(LVC Compliance Test Tool)로 개선하고, 시험 보조도구인 SimTest를 시험자료 생성도구인 LVC Emulator로 개조한다는 것이다. 개략적인 인증시험 수행개념은 다음과 같다. 먼저, LVC 구축사업의 산출물을 시험대상으로 정하여 DSEEP과

DMAO의 산출물인 SDEM, SEA, 그리고 HLA Architecture Specific Overlay를 개발하게 된다. 다음은 이러한 산출물을 LVC Emulator에 입력(Input)하여 마치 시험대상 LVC가 정상적으로 작동하듯이 시험자료를 생성하게 되며, 이러한 시험자료들이 HLA/RTI 기반 위에서 객체와 상호작용을 주고받으면서 마치 HLA 인증시험을 수행하듯이 제반 서비스와 SDEM, SEA, Overlay가 정상적으로 작동하는지를 점검하고 확인한다는 것이다.

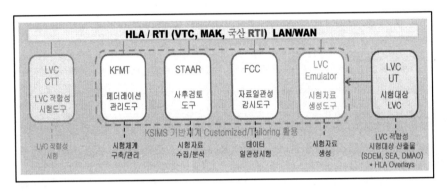

그림 64 LVC 인증시험체계 시스템 개념도

　LVC 인증시험체계를 사용한 인증시험 절차를 좀 더 상세하게 살펴보면 LVC 인증시험의 단계가 HLA 인증시험 단계와 매우 흡사함을 알 수 있다. 이는 근본적으로 LVC와 인증시험체계가 HLA/RTI를 기반으로 구축된다는데 기인한 것이다. LVC 인증시험은 3단계로 수행하게 되는데, 먼저 1단계에서는 LVC가 사용하게 되는 HLA/RTI 서비스를 명시한 CS(Conformance Statement) 시험을 수행하게 된다. 다음 2단계에서는 DSEEP 절차에 따라 LVC 구축을 추진하여 얻은 산출물인 SDEM과 SEA가 각각 DEM의 Formats과 Types을 준수하고, FEAT를 준수하여 제대로 개발했는지를 검토하고 확인하게 된다. 마지막 3단계에서는 인증시험체계를 실시간 구동하여 LVC Emulator에서 생성하는 시험자료들이 정상적으로 작동하고 기능을 발휘하는지 여부를 RCT(Runtime Compliance Test)를 통해 수행하게 된다. 이렇게 함으로써 HLA 아키텍처를 기반으로 LVC 구축을 추진할 수 있을 것이며, 특히 LVC 인증시험체계를 통해 LVC 구현을 촉진할 수 있을 것으로 판단한다.

　LVC 인증시험체계를 개발하는 과정에서 우선적으로 개발해야 하는 것은 LVC Emulator이다. 앞서 설명한 바와 같이 LVC Emulator는 마치 실제 구축하는 LVC처럼 제반 서비스와 기능을 그대로 흉내 내고 묘사해야 한다. LVC Emulator는 KSIMS 기반도구인 SimTest를 활용하여 그림 65의 오른편에서 보는 바와 같이 개량할 수 있을 것이다. 인증시험 중에는 LVC를 구축하는 과정에서 개발하고 합의한 연동 관련 정보들인 SDEM, SEA, 그리고 Overlay를 LVC Emulator에 입력하고, Emulator 가 인증시험 대상인 LVC의 연동 데이터 및 연동 서비스를 생성하여 제공함으로써 HLA 적합성 인증시험체계를 재활용하고, 일부 기능을 개선하여 인증시험을 수행할 수 있다는 것이다.

(HLA 인증시험도구 개발 및 고도화 연구 결과, 2017 기품원/사이버텍)

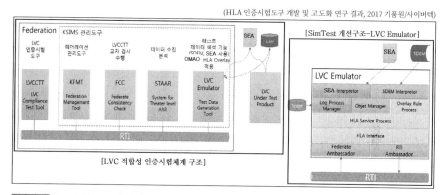

그림 65 LVC 인증시험체계와 LVC Emulator 시스템 구성도

저자가 연구하고 있는 LVC 인증시험체계는 기본적으로 HLA/RTI 상에서 구현하는 것으로 구상하고 있으나, 실제로 상이한 아키텍처들을 기반으로 구축되는 LVC 를 제대로 연동하고 시험하기 위해서는 Gateway를 사용하는 것이 불가피하다. 특히 SDEM의 각각 DEM에 대한 Formats과 Types을 고려하고, 아키텍처 특성에 따른 확장자(Architecture Specific Extension)를 고려한 연동 데이터 검증과 아키텍처별 Overlay를 검증하기 위해서는 Gateway를 사용해야 하는데, 이러한 Gateway를 개발하여 적용해야 한다는 것이다. 이때 Gateway가 수행하는 기능들은 주로 공통으로 주고받는 시뮬레이션 환경(SEA)과 데이터(SDEM)를 관리하고 매핑하며, 상이한 아키텍처에 따른 이종 미들웨어 간 서비스를 변환하고, DMAO Overlay를 적용할 수 있도록 하게 된다. 상이한 이종 아키텍처를 기반으로 한 시뮬레이션들을 연동하기 위한 Gateway를 포함한 LVC 인증시험체계 시스템 구성도는 그림 66에서 보는 바와 같고, Gateway가 수행해야 할 기능과 HLA 인증시험체계의 기능개선이 요구되는 사항들은 그림 67에서 보는 바와 같다. HLA 인증시험체계의 경우 SEA와 SDEM을 로딩하고 처리할 수 있는 기능을 보완하여 개선하면 거의 대부분의 기능은 그대로

LVC 인증시험체계로 재활용할 수 있을 것으로 판단하고 있다.

(HLA 인증시험도구 개발 및 고도화 연구 결과, 2017 기품원/사이버텍)

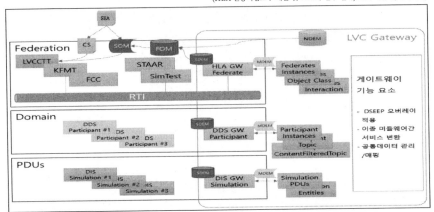

그림 66 Gateway를 포함한 LVC 인증시험체계 구성도

HLA 인증시험도구 개발 및 고도화 연구 결과, 2017 기품원/사이버텍

구분	개선 기능	내용	구분	개선 기능	내용
SimTest (LVC Emulator)	Overlay 적용	· 국내 시험대상 아키텍처의 Overlay 적용 기능 개선	LVC Gateway	SEA 적용 기능	· FEAT를 통한 시험 대상 서비스 정의 기능 · SEA정보 추출 및 선언 기능
	SEA 적용 기능	· SEA를 통한 시험 대상 서비스 정의 기능 · P/S 정보 추출 및 선언 기능		SDEM 로딩 및 변환	· SDEM 정보에 기반한 SOM 생성 및 Export 기능 · 변환된 SOM 기반하의 연동데이터 관리 기능
	SDEM 로딩 및 변환	· SDEM 정보에 기반한 SOM 생성 및 Export 기능 · 변환된 SOM 기반하의 연동데이터 관리 기능		아키텍처간 연동기능	· 국내 시험대상 아키텍처의 Overlay 적용
	스크립트 재생 기능	· 시험 대상 체계의 연동규약에 맞는 스크립트를 HLA 규격으로 변환하여 전송하는 기능	FCTT FCC KFMT STAAR SimTest (LVC Emulator)	SEA로딩 및 처리	· SEA에 명세된 FUT의 P/S 정보 추출(CS 정보) · SEA에 명세된 FUT의 사용 서비스 관리
FCTT FCC KFMT STAAR	SEA 로딩 및 처리	· SEA에 명세된 FUT의 P/S 정보 추출(CS 정보) · SEA에 명세된 FUT의 사용 서비스 관리		SDEM 로딩 및 처리	· SOM 정보 변환 및 내부화 기능 · 객체 및 상호작용 클래스 로딩 및 내부화
	SDEM 로딩 및 처리	· SOM 정보 변환 및 내부화 기능 · 객체 및 상호작용 클래스 로딩 및 내부화			

그림 67 LVC 인증시험체계로 HLA 인증시험체계 개선 요구사항

지금까지 설명한 LVC 인증시험체계에 관련된 한 가지 가정사항은 DMAO에서 제시하고 있는 상이한 아키텍처의 특성을 고려한 이슈들 해결 추천방안에 근거하고 있다. DMAO에 따르면, 먼저 최대한 아키텍처 중립적, 독립적인 SDEM와 SEA 를 정의하여 개발하고, 다음은 상이한 아키텍처 기반 시뮬레이션들의 연동을 위해 부득이할 경우 Gateway를 사용하며, 아키텍처 특성을 고려하여 처리 가능한 사항 은 Overlay를 사용하고, 그 외에 불가피한 경우에는 수동 통제를 하도록 추천하고 있다는 사실이다. 이러한 DMAO 추천방안을 참조하여 LVC에서 수행하게 되는 모 든 연동 서비스와 데이터에 대해 100% 인증시험은 불가하겠지만, 가능한 한 SDEM, SEA, Overlay를 활용하여 인증시험을 수행한다는 개념으로 LVC 인증시험체계를 구상하고 설계하게 되었다.

이러한 LVC 인증시험체계에 대해 저자는 2014년 미국 플로리다 올랜도에서 개최된 I/ITSEC(Inter-Service/Industry Training Simulation & Education Conference)에서 미국방성 M&SCO(Modeling & Simulation Coordination Office) 실장을 초청하여 토의하였다.

본 이야기에 제시된 LVC 인증시험체계의 상세한 시스템 구성도는 저자가 기품원에서 2017년 사이버텍과 연구용역 사업으로 수행한 HLA 인증시험도구 개발 및 고도화 연구결과를 발췌하여 인용하였음을 밝힌다.

63. Smart·Speed M&S 구현 기반기술과 기반체계! 어떻게 구축, 적용해야 하나?

미 국방성은 국방 업무분야의 다양한 문제해결을 위해 모델링 및 시뮬레이션 (M&S)을 활용할 경우 실무지침 추천안(RPG: Recommended Practice Guide)을 통해, 먼저 사용 목적과 의도에 따라 M&S 요구사항을 설정하고 그러한 요구사항을 충족할 수 있는 방안으로서 기존 모델의 활용, 새로운 모델의 개발, 또는 모델 연동체계를 구축하는 방안을 제시하고 있다. 일반적으로 새로운 모델을 개발하는 경우에는 M&S를 사용하는 목적과 의도, 그리고 M&S 요구사항에 따라 수년이 소요되게 되므로, 스마트·스피드(Smart·Speed) M&S 구현이라는 이슈는 이슈 그 자체에 이미 기존 모델을 활용하는 경우나 모델 연동체계를 구축하여 활용하는 경우를 의미하고 있는 것으로 볼 수 있다는 것이다. 여기에서 스마트(Smart) M&S의 의미는 초 지능화(Hyper-Intelligent)한 실제 세계를 사용 목적과 의도에 부합하게 표현하고, M&S의 표현과 실행을 보다 효율적이고 스마트하게 수행하는 것을 뜻하며, 스피드(Speed) M&S의 의미는 M&S의 사용 목적과 의도에 부합하는 M&S를 보다 적은 자원으로 보다 신속하게 구현하여 활용하는 것을 뜻한다. 설령 M&S 요구사항을 충족할 수 있는 방안이 여의치 않아 부득이 새로운 모델을 개발할 경우일지라도, 과연 어떻게 스마트하고(Smart) 스피디(Speedy)하게 M&S를 구축하여 적용할 것인가 하는 것이다.

실제 세계의 특징을 표현(Representation)하고 실행(Implementation)함으로써 실제 세계에 대해 연구, 조사, 분석 및 실험하고, 교육 및 훈련을 하는 목적과 의도로 사용되는 M&S 영역에서의 스마트(Smart)하고 스피디(Speedy)한 M&S라는 이슈를 고려하게 된 것은, 2010년 이후 제조업 혁신을 추진하는 Industry 4.0과 4차 산업혁명이라는 화두의 대두와 그에 따른 사회와 산업 환경의 특징과 전장 환경의 변화 때문이다. 즉 Industry 4.0과 4차 산업혁명 시대의 초 연결성(Hyper-Connected)과 초 지능화(Hyper-Intelligent)로 대변되는 사회와 산업의 특징과 스마트(Smart)하고, 스피디(Speedy)한 공장(Factory)으로의 변화가 그대로 전장 환경에도 영향을 미쳐 변화

될 것이므로 실제 세계를 표현하고 실행하는 M&S도 당연히 스마트(Smart)하고, 스피디(Speedy)한 M&S로 변화하고 혁신되어야 한다는 것이다. 이러한 M&S의 변화와 혁신의 방향에 대해서는 제5편의 31번째 이야기 'Smart·Speed M&S로 변화와 혁신! 어디로 가야 하나?'를 통해 이미 토의하였다. 이번 이야기에서는 스마트·스피드(Smart·Speed) M&S를 구현하기 위한 기반기술과 기반체계를 어떻게 구축하고, 어떻게 적용해야 하는지에 초점을 맞추고자 한다.

먼저 M&S 요구사항을 충족할 수 있는 기존 모델이 존재하여 기존 모델을 사용할 경우를 살펴보자. 일반적으로 기존의 모델을 재사용하기 위해서는 모델 개발 시에 검증, 확인 및 인정(VV&A: Verification, Validation & Accreditation) 활동을 수행하여 M&S에 대한 신뢰성을 확보하고, VV&A 활동의 산출물인 M&S 요구사항 검증보고서, 개념모델 확인보고서 등을 통해 M&S의 사용 목적과 의도 및 M&S 요구사항의 충족 여부를 확인해야 한다. 또한 모델 활용 시나리오별 전장 환경 데이터와 부대, 무기체계, 파라미터 등 입력 데이터를 준비하거나 과거 활용자료를 DB로 구축하여 저장, 관리해야 한다.

다음으로, 부득이 새로운 모델을 개발해야 할 경우에는 M&S에 적용하는 아키텍처를 명시하고 M&S 요구사항을 충족할 수 있도록 개발해야 함은 물론, 가급적 표준화, 모듈화 및 컴포넌트화하여 개발해야 한다. 또한 모델 연동체계를 구축하여 M&S 요구사항을 충족하고자 할 경우에는 연동 운용하여 사용하게 되는 모든 모델들은 HLA 아키텍처를 적용하여 선 표준 후 모델 개발 개념에 의해 개발되어 연동 운용 능력을 확보해야 한다. 이때 각각의 연동 대상 모델들은 사용 목적과 의도에 따라 SOM(Simulation Object Model)을 개발하여 보유해야 하고, 모델 연동체는 DSEEP(Distributed Simulation Engineering Execution Process)을 적용하든지, 적어도 FEDEP(Federation Development and Execution Process)을 적용하여 연동체계를 사용하고자 하는 목적과 의도에 따라 SDEM(Simulation Data Exchange Model) 또는 FOM(Federation Object Model)을 개발하여 관리해야 한다. 이때, 모델 연동체계를 사용 목적과 의도에 맞게 활용할 수 있도록 하기 위해 준비단계 상당기간에 걸쳐 각종 기능시험, 성능 및 부하시험, 통합시험 등을 수행하여야 한다.

지금까지 설명한 일반적인 사항들에 추가하여 스마트·스피드(Smart·Speed) M&S를 구현하기 위한 기반기술에 대해 살펴보자. 스마트·스피드(Smart·Speed) M&S를 구현하기 위한 기반기술로는 미군이 LVC 구축을 위해 LVCAR(LVC Architecture Roadmap)과 LVCAR-I(LVCAR-Implementation) 연구와 노력을 통해 발전시키고 습득한 기반기술을 활용하는 것이 필요하다. 즉 DSEEP, DMAO(DSEEP Multi-Architecture Overlay), FEAT(Federation Engineering Agreement Template) 등 표준을 적용하고, 각종 개발 도구들과 공통 Gateways와 Bridges를 개발하여 활용하며, SOA(Service Oriented Architecture) 개념의 활용방안 검토와 동시에 미래기술(Future-Oriented Technology)을 적용할 수 있도록 해야 한다는 것이다.

다음은 M&S의 표현 및 실행 기술을 연구하고 개발하는 것이 필요하다. 이는 곧 4차 산업혁명 시대의 사회와 산업의 특징인 기술융합에 기반 한 초 연결성(Hyper-Connected), 초 지능화(Hyper-Intelligent) 현상과 특성을 표현하고, 실행할 수 있는 기술을 개발하고 연구하는 것이 필요하다는 것이다.

다음으로 고려해야 하는 것은 예상되는 새로운 분쟁과 전쟁 개념에 따른 모의 논리에 대한 연구와 개발이 필요하다는 것이다. 기술융합에 의한 새로운 유형의 고성능, 초정밀 무기체계의 소수 집단에 의한 신속한 개발과 운용의 용이성은 기존의 작전술 교리와 전술, 전기, 절차를 뛰어넘어 전쟁과 평화, 전투원과 비전투원, 폭력과 비폭력, 군사와 정치의 구분이 모호한 미래 전쟁양상이 될 것으로 보이는데, 이에 대비하여 작전을 수행할 수 있도록 훈련하고 분석할 수 있는 모의 논리에 대한 연구와 개발이 시급하다는 것이다.

마지막으로, M&S 연동 운용과 지능화 구현을 가능하게 하는 상용기술의 도입, 적용을 고려해야 한다는 것이다. 미군과 달리 한국군의 경우 M&S의 연동 운용에 대해 기술적으로 상당히 어렵다는 선입견을 가지고 있으며, 그로 인해 한국군 단독의 모델 연동 운용을 고려해 본적이 없는 실정이다. 그러나 현재 사회와 산업 전반에는 사물인터넷(IoT: Internet of Thing), 만물인터넷(IoE: Internet of Everything), 서비스인터넷(IoS: Internet of Services), 기업과 기업의 연결(B2B: Business to Business), 온라인과 오프라인의 연결(O2O: Online to Offline)이 일반화 된 상태에서 실제 세계를 표현하고 실행하는 M&S가 연동 운용을 고려하지 않는다는 것은 상상할 수 없는 일인 것이다. M&S의 지능화 구현에 관해서도 사회와 산업 전반에 일반화 되어 있는 상용 초지능화(Hyper-Intelligent) 구현 기술을 도입하여 적용하는 것이 필요하다는 것이다.

다음은 스마트·스피드(Smart·Speed) M&S를 구현하기 위한 기반체계 관점에서 살펴보자. 앞서 설명하였듯이 새롭게 대두된 M&S 요구사항을 충족하기 위해 새로운 M&S를 개발한다는 것은 상당히 많은 자원을 요구함으로 쉽지 않은 일이다. 따라서 M&S를 개발할 당시에 M&S 개발과 관련된 원칙과 표준을 준수하여 모듈화(Modularity), 컴포넌트화(Component)하여 개발하고, 새로운 M&S 요구사항을 충족하기 위해 해당되는 기능과 성능을 갖춘 모듈과 컴포넌트들을 재취합하여, 소위 Plug and Play를 구현할 수 있도록 해야 한다. 또한, 모든 M&S에 대해 연동(Interoperability) 운용 기능을 구현하여 실제 세계의 초 연결성(Hyper-Connected) 모습 그대로 M&S의 초 연결성을 구현할 수 있도록 해야 한다.

시뮬레이션을 수행하는데 있어서 시뮬레이션의 모든 구성요소들의 필요한 부분들에 센서(Sensor)와 인공지능(AI: Artificial Intelligent), 그리고 제어장치(Actuator)를 설치하여 센서에 의해 시뮬레이션 운용과 관련된 데이터를 수집하고, 이를 유무선 데이터 통신망을 통해 빅 데이터(Big Data)로 저장 관리하며, 인공지능을 활용하여 수집된 데이터를 이용한 탐색과 추론, 규칙의 발견, 그리고 예측을 하도록 함으로써 새로운 가치의 창출과 최적화를 이루어 제어장치(Actuator)로 하여금 시뮬레이션의 수행과 통제에서 분권화(Decentralization) 내지는 분산화(Distributed)를 구현할 수 있도록 한다.

한편, 스마트·스피드(Smart·Speed) M&S를 구현하는데 있어 사람이 시스템에 포함되어 있어서 구현이 쉽지 않은 실제(L) 시뮬레이션에 대해서는, 기술융합 시대의 기술을 기반으로 하여 실제(L) 시뮬레이션을 개발하자는 것이다. 이는 최근 사회와 산업 전반에 걸쳐 일반화, 보편화 되고 있는 사물인터넷(IoT), 만물인터넷(IoE), 서비스인터넷(IoS), 실시간(Real-Time) 서비스 지향 아키텍처(SOA)에 기반한 서비스 지향(Service Orientation)과 실시간 능력(Real-Time Capability)을 최대한 활용하자는 것이다. 여기에 정보의 투명성(Information Transparency) 관점에서 일반화 되고 있는 가상화(Virtualization)와 사이버 물리 시스템(CPS: Cyber Physical Systems)의 상용 기반체계를 활용하자는 것이다.

Industry 4.0과 4차 산업혁명 시대의 사회와 산업의 특징과 그에 따른 전장 환경의 변화에 대비하여 실제 세계에 대한 표현과 실행으로 대변되는 M&S를 보다 스마트(Smart)하고, 스피디(Speedy)하게 구현하기 위해서는, 앞서 설명한 바와 같이 미군이 LVC 구축을 위해 연구한 LVCAR, LVCAR-I 연구 결과와 Industry 4.0과 4차 산업혁명 시대의 시스템 디자인 원칙을 고려하여 M&S 관련 기반기술과 기반체계를 적절하게 활용하는 것이 필요하다. 이렇게 함으로써 궁극적으로 초 연결성(Hyper-Connected), 초 지능화(Hyper-Intelligent) 사회와 산업 구조로 대변되는 Industry 4.0, 4차 산업혁명 시대에 효율적인 국방경영 수단이요 다양한 국방 문제 해결수단인 M&S를 보다 스마트(Smart)하고 스피디(Speedy)하게 구현할 수 있음은 물론 각각 상이한 시뮬레이션 유형들을 연동하여 가상 합성 전장 환경을 구현하게 되는 LVC도 보다 스마트(Smart)하고 스피디(Speedy)하게 구현할 수 있게 될 것이라는 것이다.

64. 교육훈련분야 Smart·Speed M&S! 어떻게 구축, 적용해야 하나?

한국군이 모델링 및 시뮬레이션(M&S)을 가장 활발하게 효율적으로 활용하고 있는 분야가 바로 교육훈련 분야이다. 한국군이 현대적 의미의 교육훈련 목적으로 M&S를 처음 접하게 된 것은 1980년 초 한미야전군사령부(이하 한미야사)에서 실시한 군수 위게임이다. 그 당시 저자는 한미야사에 근무하였는데, 한미연합사의 운영분석실(OAG: Operations Analysis Group)에서 워게임 모델과 장비를 모두 가져와서 모의지원을 수행하였다. 그 이후 한미연합사에서 한미 연합연습으로 포커스클리어(FC: Focus Clear) '87 연습과 을지포커스렌즈(UFL: Ulchi Focus Lens) '88 연습을 실시하게 되었다. 이때 사용하던 모델들은 지상전 MTM(Mcclintic Theater Model), 해상전 NWISS(Naval Warfare Interactive Simulation System), 공중전 ADSIM(Air Defense Simulation)으로 일부는 Batch 개념으로, 일부는 Man-Machine Interface 개념으로 운용하였고 모델 간 연동은 아직 생각하지 못하던 때였다.

모델 연동에 의한 모의체계를 활용하여 한미 연합연습을 실시하기 시작한 것은 UFL'92 연습부터로, 이때에는 ALSP(Aggregate Level Simulation Protocol)이라는 아키텍처를 기반으로 지상전 CBS(Corps Battle Simulation), 해상전 RESA(Research, Evaluation and System Analysis), 공중전 AWSIM(Air Warfare Simulation)을 포함한 합동훈련 연동체계(JTC: Joint Training Confederation)를 사용하였다. 그 이후 한미 연합연습은 HLA(High Level Architecture)를 적용하고 한국군 모델들을 포함한 JTTI+(Joint Training Transformation Initiative+) 연동체계로 발전하게 되었으며, 여기에서 새로운 지상전 WARSIM(Warfighter's Simulation) 모델과 여러 가지 작전기능 모델들을 추가하여 발전하게 되었다. 연합연습 모의체계가 진화 발전하는 과정에서 한국군은 2000년대 초반 KSIMS(Korea Simulation System)라는 모델연동 기반체계를 개발하여 한국군 모델은 물론 미군 모델까지도 연동하여 운용할 수 있도록 하였고, 2000년대 말에는 전작권 전환에 대비하여 한국군 주도의 모의지원에 의한 한미 연합연습이 가능하도록 KSIMS를 계층형 구조(Hierarchical Structure)로 성능개량을 하였다.

한국군 중 현대적 개념의 위게임을 가장 먼저 사용하여 훈련을 실시한 것은 해군으로, 1987년 한미연합사 운영분석단의 모의지원 하에 필승 연습을 시작하게 되었다. 육군은 미군의 BCTP 개념을 도입하여 1990년대 초 BCTP단을 창설하였고, 처음 몇 년간은 미군 한국전투모의실 KBSC(Korea Battle Simulation Center)의 지원하에 CBS 모델을 사용하여 백두산 연습을 실시하였으며, 1994년 말부터는 한국군 독자적인 사단·군단 BCTP 연습을 실시하게 되었다. 한국군이 실질적으로 독자 모델을 개발하기 시작한 것은 1990년대 중반 육군이 창조21 모델을 개발하면서부터이다. 육군은 창조21 모델 개발에 이어 한미 연합연습에 사용할 목적으로 창조21 연동화 모델을 개발하게 되었고, 뒤이어 해군은 청해 모델을, 공군은 창공 모델을, 해병대는 천자봉 모델을 개발하게 되었다. 그 외에도 합참은 초창기 미측 KBSC의 지원하에 압록강 연습을 실시하였으나 독자 모델인 태극JOS를 개발하여 적용하면서 훈련 명칭도 태극 연습으로 변경하여 실시하게 되었다. 최근 합참은 여러 가지 작전기능 모델들을 개발하여 모델 연동체계를 구성하여 보다 실전감 있게 연습과 훈련을 실시할 수 있도록 노력하고 있다.

한편, 앞서 설명한 구성(Constructive) 시뮬레이션 외에도, 한국군은 각군 교육사 병과학교를 중심으로 다양한 유형의 가상(Virtual) 시뮬레이션들을 개발하여 활용하고 있으며, 육군의 과학화 훈련장 KCTC(Korea Combat Training Center), 공군의 ACMI(Air Combat Maneuvering Instrumentation)와 같은 실제(Live) 시뮬레이션을 개발하거나 도입하여 활용하고 있다. 특히, 가상(Virtual) 시뮬레이션들의 경우에는 단순히 주요 전투 장비 승무원들의 장비 조작능력을 배양하는 것뿐만이 아니라, 팀 작전술 역량을 배양할 수 있도록 시뮬레이터에 작전술 기능과 연동 능력을 포함하여 개발하고 있는 추세이다. 실제(L) 시뮬레이션의 경우에는 육군의 경우 KCTC를 연대급으로 확장하였고, 한걸음 더 나아가 상이한 유형인 구성(C), 가상(V) 시뮬레이션들과 연동까지도 고려하게 되었다.

지금까지 한국군이 M&S를 교육훈련 분야에 활용하는 모습을 살펴보았다. 한국군은 미군과 함께 세계 최첨단의 기술과 M&S 능력을 적용한 한미 연합연습을 실시하면서 상당히 일찍 M&S를 접하게 되었고, 그 결과로 상당한 수준으로 발전하게 된 것은 분명한 사실이다. 그러나 이렇게 세계 최첨단의 M&S 관련 기술과 기반체계, 연습과 훈련 시스템을 접하면서도 미군이 주도적으로 연습 디자인과 모의지원 계획수립 및 준비, 모의지원체계에 대한 각종 시험의 수행, 사후검토 의제 발굴과 전투 발전 노력들을 하다 보니 한국군이 독자적으로 이러한 것들을 수행하는데 있어서는 일부 미흡한 부분이 있는 것도 사실이다. 특히 한국군은 모델 연동체계를 구축하고 여기에 C4ISR 체계를 연동하여 실전적 가상 전장 환경을 구축하는 부분이 많이 미흡하며, 상이한 유형의 시뮬레이션을 연동 운용하는 소위 LVC를 구축하여 운용하는 것은 단 한 번도 시도해본 적이 없다. 이러한 상태에서 과학기술의 발달로 인한 Industry 4.0과 4차 산업혁명 시대에 사회와 산업 환경의 변화와 그에 따른 전장 환경의 변화에 보다 능동적 적극적으로 대응하기 위해 스마트(Smart)하고 스피디(Speedy)한 M&S를 구축하여 활용해야 하는데, 과연 이를 어떻게 구현하여 활용할 것인가 하는 것이 이슈이고 이번 이야기의 핵심인 것이다.

교육훈련 분야에서 M&S를 활용함에 있어 스마트·스피드(Smart·Speed) M&S를 구현하기 위한 M&S의 변화와 혁신의 방향과 어떠한 기반 기술과 체계 위에서 구축해야 하는지는 제5편의 31번째 이야기와 제6편의 63번째 이야기에서 언급한 바와 같다. 그렇다면 실제로 어떻게 스마트·스피디(Smart·Speedy)한 M&S를 구현할 수 있을 것인가? 실제 스마트·스피디(Smart·Speedy)한 M&S를 구현하는 개념은 두 단계로 나누어볼 수 있다는 생각이다. 먼저 앞서 설명한 상호 연동 운용을 위한 M&S 관련 아키텍처 개념과 HLA 인증시험을 포함한 각종 인증시험을 수행하고, 미군이 연구하고 개발하여 국제 표준화한 연동 운용을 위한 절차와 템플릿, 데이터 포맷과 타입, 그리고 M&S들을 물리적으로 연동하여 운용하는데 필요한 Gateway와 Bridge 등을 포함하여 적용함으로써 M&S의 초 연결성(Hyper-Connected)을 구현하자는 것이다. 다음은, 이렇게 연동하여 운용하게 되는 M&S에 대해 실제 세계가 초 지능화(Hyper-Intelligent)한 경우에는 그 모습대로 표현(Representation)을 하고 실행(Implementation)을 보다 효율적이고 스마트(Smart)하게 할 수 있도록 하며, 한편으로는 사용 목적과 의도에 따른 M&S 요구사항을 충족하는 M&S를 보다 신속하게(Speedy) 구현하자는 것이다.

한국군이 미래에 교육훈련 분야에서 M&S를 보다 실전감 있게 가상 전장 환경을 구현하여 활용하기 위해서는 앞서 제6편 49~56번째 이야기를 통해 설명한 것처럼 M&S를 사용하고자 하는 목적과 의도에 부합하도록 상이한 시뮬레이션 유형들을 연동하고 여기에 C4ISR 체계를 연동하며, 필요한 경우에 따라서는 실제 체계를 연동함으로써 가능한 한 실제 작전 환경과 유사한 가상 합성 전장 환경을 구현하는 것이다. 실제로, 4차 산업혁명의 초 연결성(Hyper-Connected) 시대에 앞으로 구축하여 운용하게 되는 M&S는 M&S뿐만이 아니라 모든 교육훈련 관련 체계들을 연동하여 근 실시간(Near Real Time)에 추적하여 관리해야 한다. 이를 위해 연합합동필수임무목록(CJMETL: Combined Joint Mission Essential Task List) 관리체계를 구축하여 M&S 연동에 의한 모의체계와 연동하고, 이러한 체계를 인공지능(AI) 기반의 모니터링체계(Monitoring System)와 연동하여 구축하자는 것이다.

또한 M&S를 활용하여 연습과 훈련을 진행하는 과정에서 근 실시간에 임무과제와 연습 및 훈련 목표, 시나리오에 따른 훈련 진행현황 등을 Big Data로 수집하여 관리하고, 매 단계마다 인공지능(AI)을 활용하여 사전에 준비한 사후검토(AAR: After Action Review) 과제에 따라 실시간 사후검토를 실시하자는 것이다. 이때 사후검토 결과에 따라 연습과 훈련의 목표와 중점이 달성되었는지 여부를 평가하여 연습과 훈련 실시간 필요한 통제를 하든지, 추가적인 시나리오를 조성하든지, 아니면 차후 훈련소요를 도출하도록 해야 한다. 한편으로는 연습과 훈련의 소요에 대비하여 M&S 또는 연동체계의 개선 소요까지도 자동으로 추적하여 도출하도록 하자는 것이다. 이러한 교육훈련 모의체계의 시스템 구성도(System Architecture) 개념은 그림 68에서 보는 바와 같다. 그림 왼편 하단부의 연동 기반체계와 왼편 상단부의 Big Data 저장소는 연습과 훈련의 목적과 의도에 상관없이 상시 구축하여 운용하도록 하고, 그림 오른편 하단부의 LVC 모의체계는 연습과 훈련의 목적과 의도에 따라 필요한 M&S들을 연동하여 운용하되 기본적으로 실제(L), 가상(V), 구성(C) 시뮬레이션을 연동하는 LVC를 구축하여 운용하고, 그림 상단부 오른편과 중앙의 실제 체계와 연합합동임무목록 관리체계는 필요에 따라 연결하여 운용하자는 것이다.

그림 68에 나타난 시스템 구성도를 자세히 살펴보면, 먼저 스마트(Smart) M&S의 구현은 LVC 모의체계에 연동 운용하게 되는 각각의 시뮬레이션과 M&S에 실제 세계에 내재되어 있는 지능화(Intelligent) 요소들을 표현함은 물론, 효율적 M&S 운용을 위한 인공지능(AI) 기반의 컴퓨터 생성군(CGF: Computer Generated Forces), 반 자동군(SAF: Semi-Automated Forces), 에이전트 기반 모델링(ABM: Agent Based Modeling) 기법들을 적용하여 활용하자는 것이다. 연동 기반체계에는 인공지능(AI) 기반의 사후검토 도구와 훈련모니터링 도구를 개발하여 운용함으로써 연습을 하는 동안 실시간으로 Big Data 저장소에 수집된 데이터를 자동으로 분석하고 최적화하여 위임된 권한 범위 내에서 분산환경(Distributed) 하의 분권화 통제(Decentralization)와 의사결정이 가능하도록 함으로써 새로운 가치를 창출하도록 하자는 것이다.

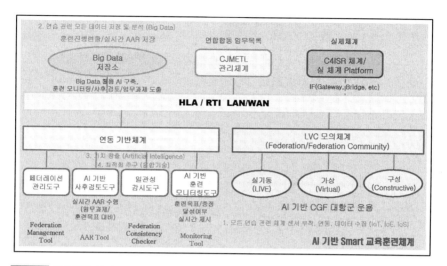

그림 68 교육훈련 분야 Smart·Speed M&S 시스템 구성도

스피디(Speedy) M&S의 구현은 앞서 설명한 바와 같이 근본적으로 모든 M&S 자원에 대해 상호 운용성과 재사용성, 그리고 사용 목적과 의도에 대한 신뢰성(Credibility)을 보장하는 가운데 모듈화 또는 컴포넌트화를 통해 사용 목적과 의도에 따른 M&S 요구사항을 충족할 수 있는 모의체계를 신속하게 구현한다는 것이다.

결국 한국군의 교육훈련 분야 M&S 작전요구를 충족할 수 있도록 하기 위한 스마트·스피드(Smart·Speed) M&S의 구축 및 운용 개념은 그림 68에서 보는 바와 같이 모든 연습관련 체계들을 일단 연동 운용하도록 하고, 각 체계에 센서를 부착하여 유무선 데이터 통신망을 이용해 데이터를 수집하고, 이를 Big Data 저장소에 저장하여 관리하며, 인공지능(AI)를 활용하여 탐색하고 추론하고, 새로운 규칙을 찾고 예측하여 새로운 가치를 창출함으로써 최적화를 추구하자는 것이다.

65. 전력분석분야 새로운 M&S 개발 및 연계 분석! 어떻게 수행해야 하나?

한국군은 모델링 및 시뮬레이션(M&S)을 전력분석 분야에 활용함에 있어 작전 계획 수립을 위한 방책분석, 전력분석, 무기체계 획득을 위한 소요분석, 자원소요 분석, 운용분석 등 다양한 업무분야에 다양한 목적으로 활용하고 있다. 한국군이 전력분석 분야에 M&S를 활용하기 시작하던 초창기의 대다수 모델은 미군으로부터 무상지원 또는 FMS(Foreign Military Sale)로 획득한 모델들로서 JTLS(Joint Theater Level Simulation), JICM(Joint Integrated Contingency Model), TACWAR(Tactical Warfare Model), JANUS, CALAPER(Calculation of Ammunition Petroleum and Equipment Requirement), COSAGE(Combat Sample Generator), CEM(Concept Evaluation Model) 모델들과 THUNDER, STORM(Synthetic Theater Operations Research Model), ITEM(Integrated Theater Engagement Model), EADSIM(Enhanced Air Defense Simulation), CBAM(Combat Base Assessment Model), OneSAF(One Semi-Automated Forces) 모델들을 활용하였고 일부는 지금도 사용하고 있다.

한국군은 이러한 미군 모델들을 운용하는데 있어 여러 가지 어려움에 직면하였는데, 우선 한국군이 대부분의 작전술 교리와 전술, 전기, 절차(DTTP: Doctrine, Tactics, Techniques & Procedures)를 미군으로부터 도입하여 미군의 DTTP와 매우 유사함에도 미군 모델들의 모의 논리와 모의개념에 대한 충분한 이해가 부족하다는 것이다. 또한 대부분의 미군 모델의 경우 무상이전의 경우는 말할 것도 없고 FMS를 통해 구매한 모델조차도 운용자 매뉴얼(Operator Manual)이나 분석 지침서(Analysis Guide)가 포함되어 있지 않아 모델을 제대로 운용할 수 있는 충분한 이해와 운용기술을 습득하는데 제한을 받는다는 것이다. 그 외에도 분석모델을 운용하는데 필수적으로 필요한 각종 파라메타 데이터를 확보하기도, 입력하기도 쉽지 않으며 운용을 위해 가장 기본적으로 설치하고 입력해야 하는 지형 데이터, 부대 데이터, 무기체계 데이터, 적군 관련 데이터는 물론, 일부 C4ISR 관련 데이터조차도 제대로 확보하여 입력하기가 쉽지 않다는 것이다.

또한 한국군이 M&S를 활용하여 분석업무를 수행하는데 있어서 겪는 일반적인 어려움 중의 하나는, 분석 대상이 무엇이든지 분석에 적용할 수 있는 표준 시나리오가 개발되어 있지 않다는 것이다. 미군의 경우에는 다양한 분석 목적과 의도에 따라 그에 합당한 다양한 유형의 표준 시나리오를 개발하여 각각 상이한 기관에서 검증하여 승인된 시나리오를 적용함으로써, 분석을 수행하는 기관과 요원에 의한 분석결과의 차이가 상대적으로 그리 크지 않아 결과적으로 분석결과에 대해 신뢰를 얻을 수 있다. 반면 한국군의 경우 무기체계 획득을 위한 소요기획 단계의 분석이나 획득 단계의 분석의 경우, 획득하고자 하는 새로운 무기체계에 대한 운용요구서(ORD: Operational Requirements Document)는 물론, 개략적인 운용개념조차 없다 보니 M&S를 활용한 무기체계 효과분석을 위한 시나리오를 제대로 작성하기가 쉽지 않고, 당연히 분석 요원에 따른 분석결과의 차이가 클 수밖에 없다는 것이다. 또 하나, 한국군의 M&S를 활용한 분석업무에서의 특징은 미군으로부터 확보한 모델 또는 한국군이 개발한 모델에 대해 전문가를 양성하여 제대로 활용하기가 쉽지 않다는 이유와 핑계로 보다 운용이 수월한 간편 모델이나 상용 모델을 사용하고자 하는 시도가 많다는 것이다. 분석모델의 경우 사용 목적과 의도에 대한 모델의 신뢰도(Credibility)가 아주 중요한데, 이러한 움직임은 이를 간과하는 것으로서 M&S를 활용한 분석의 이론과 절차, 그리고 원칙에 충실한 접근이 필요하다.

이러한 어려움에 추가하여 한국군이 M&S 또는 분석분야 전문인력을 양성하고 키운다는 생각과 개념이 없다 보니, 당연한 결과로 M&S를 활용한 전력분석 절차나 시나리오, 실험계획, 시뮬레이션 결과 분석 및 해석을 제대로 수행하지 못하는 경우가 빈번하였다. 어떤 경우에는 분석을 수행하는 사람이 분석모델이 결정적(Deterministic) 모델인지, 확률적(Stochastic) 모델인지도 모를 때도 있었고, 확률적 모델일 경우 무작위수 생성기(Random Number Generator)의 초기값(Seed) 통제 여부와 시뮬레이션 반복횟수(Number of Replications)에 대한 고려가 전혀 없는 경우도 빈번하게 나타나고 있다. 심지어 또 어떤 경우에는 분석모델을 선정하는데 있어서 모델의 개발 목적과 사용 범위에 대한 고려는 전혀 없이 가용한 모델이 이것밖에 없어서 사용했다는 답변이 나오는 실정이다.

한국군은 M&S를 활용한 분석분야의 구조적인 문제를 한 번에 다 해소할 수는 없겠지만 그래도 일부분만이라도 개선해 보자는 노력으로 1990년대 말부터 독자적인 분석모델 개발을 시도하게 되었다. 특히 2000년도 중반부터는 교육훈련 분야 독자 모델들의 개발 경험과 축적된 모의 논리, 파라미터 데이터들을 바탕으로 한국군 독자적인 작전술 기능분야별 분석모델을 개발하기 시작하였다. 이러한 노력의 결과로 개발된 모델들이 바로 지상전 분석모델 VISION 21, 해상전 분석모델 NORAM(Navy Operation & Resource Analysis Model), 합동작전 분석모델 JOAM-K(Joint Operations Analysis Model-Korea), 지상 무기체계 분석모델 AWAM(Army Weapon Effectiveness Analysis Model), 상륙작전 분석모델, C4ISR 분석모델, 항공무장효과 분석모델들이고 현재는 합동작전 분석모델(JOAM-K)에 여러 가지 새로운 작전기능분야 분석능력을 추가하는 합동작전 분석모델-II(JOAM-K-II)의 개발을 추진하는 단계에까지 이르게 되었다.

지금까지 간략하게 설명한 한국군의 전력분석 분야 M&S 활용의 특징과 실상을 요약해보면 다음과 같다. 먼저 분석용 M&S는 교육훈련용에 비해 한국군의 DTTP를 반영한 정확한 모의 논리와 파라미터 데이터가 중요한데, 현재 활용 중인 대다수 모델이 미군 모델이긴 하지만 최근 한국군 분석모델을 개발하는 추세에 있다는 것이다. 다음은 한국군이 분석모델을 개발하면서 부딪히는 이슈로, 한국군의 DTTP를 적용하려다 보니 합동작전 분석모델-II(JOAM-K-II)에서 볼 수 있듯이 일부 세부 작전 기능분야에 대해 아직 교리를 제대로 발전시키지 못한 부분이 있다는 것, 그리고 대부분의 경우 파라미터 데이터 설정을 위한 원천 데이터가 거의 없다는 것이다. 또한, 분석모델을 운용하는 과정에서도 분석과제와 분석모델에 대한 충분한 검토와 통찰이 미흡하여 분석과제의 특성과 성격, 분석모델의 활용 가능 범위와 수준을 제대로 고려하지 않음으로 인해 모델의 선정, 시나리오 설정, 실험 계획수립 등에서 오류가 빈번하다는 것이다.

그렇다면, 과연 한국군은 전력분석 분야에 활용하기 위한 새로운 M&S를 어떻게 개발해야 하며 M&S를 활용한 분석을 어떻게 수행해야 할 것인지 살펴보자.
한국군이 전력분석 분야에 M&S를 제대로 활용하기 위해서는, 우선 개발하고자 하는 분야에 대한 한국군 DTTP를 충실히 발전시키고 한국군 DTTP가 제대로 반영된 모의 논리를 기반으로 한 분석모델을 개발해야 한다. 이때 각 모의 논리에 해당되는 파라미터 데이터 설정을 제대로 할 수 있도록 그와 관련된 신뢰할만한 원천 데이터의 수집과 관리가 이루어져야 한다. 다음은 보다 일관성 있고 체계적인 M&S 활용 분석이 가능하도록 다양한 목적과 형태의 표준 시나리오를 사전에 개발하고 이를 검증하고 승인하여 활용하자는 것이다. 참고로 미군은 시나리오를 유형에 따라 Operational, Study, Vignette, Dynamic, Excursion 시나리오로, 또한 적용하는 제대에 따라 CDS(Corp and Division Scenario), BBS(Brigade and Below Scenario) 시나리오 등으로 구분하고 있으며 다양한 관련 기관이 상호 협력하여 시나리오를 개발하고 승인하여 사용하고 있다.

또한 M&S를 활용한 분석을 보다 효율적으로 제대로 수행하기 위해서는 분석과제에 따른 적절한 모델의 선정으로부터 무기체계 획득 시 운용개념, 적용 시나리오, 파라미터 설정, 입력 데이터베이스 구축, 실험계획 수립, 그리고 데이터 수집과 결과 분석에 이르기까지 협력이 가능한 유관기관들과 실무그룹(Working Group)을 편성하여 운용하자는 것이다. 이때, 분석의 각 단계마다 관련 분석 요원들 간의 협력과 토의는 물론 동료 또는 독립된 동료 검토(Peer or Independent Peer Review)를 수행하여 분석의 질을 높이려는 노력이 필요하다는 것이다. 한국군이 M&S 활용 분석을 위한 전문분석가를 양성하거나 고용하여 운용하는 것은 의식과 제도적 관점에서 쉽지 않은 실정이므로 유관기관 간의 협력과 분석관련 주요 자료의 공유와 상호검토를 통해 분석의 질과 결과에 대한 신뢰도를 높임으로써 합리적 의사결정의 도구로 쓰일 수 있도록 해야 한다는 것이다. 필요시 M&S 활용 분석 전반에 대한 검증활동을 제도화하여 수행하는 방안도 검토할 수 있을 것이다. 결국 미군에 비해 분석전문가를 확보하여 운용할 수 없는 한국군의 상황을 고려하여 분석 요원의 전문역량에 의해 좌우되는 요소를 가급적 줄이고, 표준화와 정보 공유 및 상호협력을 통해 신뢰할 수 있는 M&S 활용 분석을 수행하자는 것이다.

과학기술의 발달과 4차 산업혁명의 도래에 따른 사회와 산업 환경의 변화 및 그로인해 자연적으로 변할 수밖에 없는 전장 환경의 변화와 도전에 적절히 대응하여 M&S를 활용한 전력분석을 수행하기 위해서는 앞서 논의한 사항들 외에 다음과 같은 사항들을 고려해야 한다. 우선적으로, 전쟁과 분쟁의 양상의 변화에 따른 새로운 작전술 개념과 우발작전상황에 대처할 수 있는 분석모델의 개발, 또는 확보 방안을 강구하고 분석도구를 보다 지능화해야 한다는 것이다. 이는 현재 수행하고 있는 다양한 형태의 전력분석 또는 무기체계 획득사업 단위의 분석을 수행하는 방식에서 국방 업무분야 전반에 걸쳐 다양한 형태와 기능의 센서들을 개발하여 설치하고, 유무선 데이터 통신망을 통해 데이터를 수집하여 저장한 Big Data와 인공지능(AI)을 이용하여 새로운 분쟁과 전쟁 양상에 따른 DTTP와 모의 논리를 개발하며, 경우에 따라서는 단순한 탐색과 추론을 넘어 예측(Prediction)을 함으로써 시스템에 대한 통찰을 얻도록 하자는 것이다. 또 다른 관점에서는 초 연결성(Hyper-Connected), 초 지능화(Hyper-Intelligent)한 사회와 산업 환경의 영향을 받을 수밖에 없는 전장 환경과 전쟁양상을 제대로 분석하기 위해 분석모델의 표현(Representation)을 어느 수준까지 할 것인지, 분석을 위한 평가 기준(Measurements)을 어떻게 설정할 것인지도 충분한 연구가 있어야 할 것이다.

일반적으로 전력분석 분야의 M&S는 분석업무의 특성상 개별 모델 위주로 운용하는데, 실제 세계의 초 연결성과는 별개로 M&S를 활용한 분석의 목적과 필요에 따라 공학급에서부터 전구급까지를 연계 또는 연동하여 운용하는 방안도 연구할 필요가 있다는 생각이다. 직관적으로 생각하더라도 전구급 또는 전역 차원의 분석에 있어서는 경우에 따라서 하위 수준의 분석의 결과가 입력 데이터로 사용될 수도 있을 것이며, 공학급 또는 교전급 수준의 분석에서는 상위 수준의 분석의 결과는 분석을 위한 제한조건(Boundary Condition)이 될 수도 있다는 것이다. 특히 한반도 전구차원의 작전 분석이나 무기체계 획득에 있어서 합참 차원의 주요 무기체계 소요결정, 국방부 주관의 전력소요 검증 위원회의 활동을 위해서는 분석모델의 연계 또는 연동에 의한 분석이 필요할 수도 있다는 생각이다. 만약 이러한 경우에 효과적으로 활용할 수 있고 결과측도(Measure of Outcome) 또는 가치측도(Measure of Value)를 측정할 수 있는 이종 무기체계 대안 비교분석(Trade-Off Analysis)이 가능한 분석모델이 있다면 더 바랄 것이 없을 것이다. 보다 효율적인 무기체계 획득을 위한 분석의 경우에 전 수명주기에 걸쳐 관련기관끼리 분석 자료를 공유하고 협력할 수 있도록 인식과 의식의 전환, 그리고 이를 구현할 수 있는 제도와 시스템이 구비되어야 한다는 것이다. 무기체계 획득의 관점에서 본 수준별 M&S 활용 분석 개념도는 그림 69에서 보는 바와 같다.

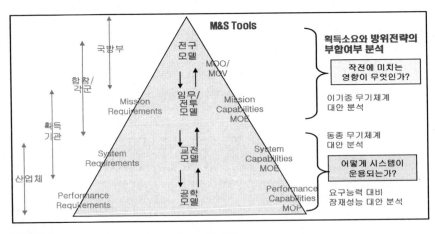

그림 69 무기체계 획득 관점의 M&S 활용 분석 개념도

66. M&S 효과분석체계! 어떻게 구축, 적용해야 하나?

모델링 및 시뮬레이션(M&S)을 활용한 무기체계 효과분석은 무기체계 소요기획단계에서는 M&S의 전력분석 분야에, 획득단계에서는 M&S의 국방획득 분야에 포함되는 것으로 볼 수 있을 것이다. 그럼에도 M&S 효과분석을 별도의 제목으로 선정한 것은 무기체계 획득 전 수명주기 간 M&S를 활용한 분석에 대해 현재 이슈가 되고 있는 선행연구 전담기관으로 기품원 지정과 그에 따른 M&S 효과분석 요구의 급격한 증가와 더불어 추후 획득단계 사업분석 전담기관 지정 움직임 등과 관련하여 M&S를 활용한 분석을 어떻게 해야 할 것인지를 보다 구체적으로 살펴보기 위함이다. 엄격한 의미에서 현행 작전운용 무기체계에 대한 효과분석이 아닌 미래 무기체계에 대한 M&S 활용 효과분석은 그리 쉬운 이슈가 아니다. 일단 새로운 무기체계가 분석모델에 포함되어 있지 않고, 운용개념이 명확하게 제시되는 경우가 별로 없으며, 또한 무기체계 일부 요구 성능의 경우 개발 가능성의 불확실성과 더불어 파라미터 데이터를 설정하기가 쉽지 않기 때문이다.

먼저 무기체계 획득을 위한 국방전력발전업무 절차와 그에 따른 M&S 활용 개념을 살펴보면 그림 70과 같다. 무기체계 획득 절차는 소요기획단계, 획득단계, 운영유지단계로 구분되며 소요기획단계와 운영유지단계는 소요군과 합참을 중심으로, 획득단계는 방사청을 중심으로 수행하게 된다. 소요기획단계에서는 소요군이 소요 제안과 요청을 하고, 합참이 소요 제기와 결정을 하며, 국방부 주관하에 한국국방연구원(이하 국방연)이 전력소요 검증을 수행하여 국방부에서 중기계획서를 작성하게 된다. 획득단계에서는 다시 계획단계, 예산단계, 집행단계로 구분하여 계획단계에서 선행연구 전담기관인 기품원이 선행연구를 수행하여 사업추진전략의 수립을 지원하고, 방사청은 사업분석과 통합분석을 수행하여 국방중기계획 요구서를 작성하게 된다. 선행연구 결과에 따라 무기체계 획득을 국내 연구개발로 할 것인지, 해외 구매로 할 것인지를 결정하여 각각 그에 따른 절차를 수행하게 된다. 이때 예산단계로 진입하기 직전 국방연은 사업타당성조사를 수행하게 되며, 집행단계에서는 집행 중 사업분석과 집행성과 사업분석을 수행하게 된다. 양산 또는 구매가 완료되면 전력화 배치를 하게 된다. 운영유지단계 직전에 국방부로부터 권한을 위임받은 합참과 소요군은 시험평가와 야전운용시험을 수행하고, 전력화 배치 이후에 소요 군은 전력화 평가를, 합참은 전력운영분석을 수행하게 된다. 이러한 무기체계 획득 단계에서 M&S를 활용하는 개념은 소요기획단계에서는 소요를 요청하고 제기한 무기체계에 대해 M&S 효과분석을 하고 분석에 대한 검증을 수행하게 되며, 획득단계에서는 M&S를 활용한 효과분석과 분석에 대한 검증을, M&S를 활용한 연구개발과 생산을, 그리고 시험평가를 하게 되며, 운영유지단계에서는 M&S를 활용하여 전력화 평가와 전력운영분석을 수행하게 된다.

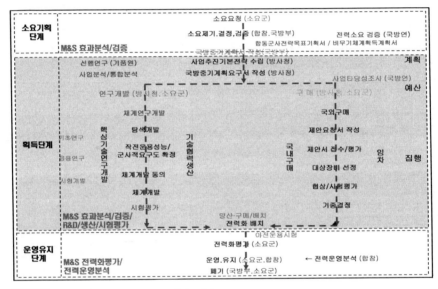

그림 70 무기체계 획득절차와 M&S 활용 개념도

무기체계 획득을 위한 M&S 활용 분석이라는 관점에서 관련기관들의 수행 기능과 능력, 그리고 운용 실태를 살펴보자. 소요기획단계에서 소요군은 소요 제안과 요청을 위해 교전급(Engagement Level) 및 임무/전투급(Mission/Combat Level) 모델을 이용하여 무기체계의 효과측도(MOE: Measures of Effectiveness)를 중심으로 분석을 수행하고, 합참은 소요 제기와 결정을 위해 전역/전구급(Campaign/Theater Level) 모델을 이용하여 무기체계의 가치측도(MOV/MOO: Measures of Value/Outcome)를 중심으로 동종 무기체계 또는 이종 무기체계 간에 대안 비교분석(Trade-Off Analysis)을 수행해야 하는데 실제 이를 수행하기에는 적절한 모델의 가용성이나 분석 요원들의 전문성

과 숙련도 면이 많이 미흡하다는 생각이다. 국방부 주관으로 국방연에서 수행하게 되는 전력소요 검증을 위해서는 소요 결정된 무기체계가 과연 적절한지를 검증한다는 취지에 부합하도록 합참에서 수행하는 것과 동일한 수준의 M&S를 활용하여 분석을 수행해야 하는데, 실제 어떻게 수행하는지는 공개된 바가 없어 정확히 알기는 어려운 상태이다.

이러한 과정을 거쳐 무기체계 획득단계로 진입하게 되면, 먼저 계획단계에서 선행연구 전담기관인 기품원은 모든 선행연구 과제에 대해 자체 수행과제와 외주용역 수행과제로 구분하어 연구'를 진행하게 되고 그 각각에 대해 M&S를 활용한 분석을 수행할 것인지 여부를 판단하게 된다. 이때 분석대상 무기체계 관점에서 운용개념과 시나리오가 가용한지와 효과측도(MOE)가 제대로 선정되었는지를 살펴야 하고, 주로 교전급(Engagement Level) 모델을 사용하게 되는 M&S 분석모델의 관점에서는 분석하고자 하는 무기체계와 분석측도에 적합한 모델과 도구가 가용한지, 대상 무기체계가 모의가 되는지, 모의 논리는 적절한지, 파라미터 데이터가 가용한지, 분석 시나리오에 적합한 입력 데이터는 가용한지, 그리고 분석 요원이 잘 준비되고 숙련되어 있는지를 고려해야 한다는 것이다. 이러한 고려와 검토 결과로서 M&S를 활용한 분석이 가능하여 적합한 모델이 선정되고 나면 그림 71에서 보는 바와 같이 일련의 절차에 의해 M&S를 활용한 무기체계 효과분석을 수행하게 되는 것이다.

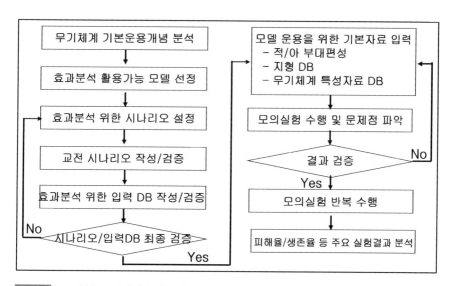

그림 71 M&S 활용 무기체계 효과분석 절차도

기품원이 선행연구 전담기관으로 M&S 활용 분석을 수행하는데 관련된 이슈로는, 자체 수행과제의 경우 무기체계 효과측도(MOE)를 분석할 수 있는 지상전 AWAM(Army Weapon Effectiveness Analysis Model)과 OneSAF(One Semi-Automated Forces), 해상전 NORAM(Navy Operation and Resource Analysis Model), 공중전 EAD-SIM (Enhanced Air Defense Model) 등 일련의 모델들을 구비하였으나 분석 요원들의 전문성과 분석역량이 턱없이 미흡하다는 것이다. 이는 근본적으로 기품원이 진주혁신단지로 이동한 이후 모델운용 전문 요원들이 모두 이직을 하였으며, 그나마 모델운용을 익힐만하면 순환보직을 하여 구조적으로 분석역량을 배양하기가 어렵다는데 기인하고 있다. 이러다 보니 선행연구를 전담하는 부서에서는 궁여지책으로 상대적으로 운용이 용이하다는 생각에서 상용 분석 도구를 도입하여 무기체계 효과분석을 시도하고 있다. 그러나 이 또한 선행연구과제 대상 무기체계별로 운영개념에 따른 모의 논리를 별도로 구축해야 하는데, 분석결과의 타당성 여부를 따지기 이전에 과연 모의 논리가 적절하고 타당한지 신뢰도에 관한 문제가 대두될 수 있다는 것이다. 외주용역 수행과제의 경우, 제대로 된 분석모델을 용역기관이 보유할 수 없다는 것과 분석에 필요한 파라미터 데이터와 시나리오에 따른 입력 데이터를 제대로 구축할 수 없다는 구조적인 문제가 있다.

획득단계 중 계획단계에서 방사청이 수행하고 있는 사업분석과 통합분석, 그리고 집행단계에서 수행되는 집행 중 분석과 집행결과 분석에서는 분석의 목적과 대상, 기관의 특성상 M&S를 활용한 무기체계 효과분석은 실제로 수행하기가 쉽지 않은 실정이다. 또한 예산단계에서 국방연이 수행하는 사업타당성조사는 이 역시 연구에 가용한 시간이나 목적을 고려해 볼 때 M&S를 활용한 효과분석은 부적절해 보인다. 획득단계에서 선행연구 결과 국내 연구개발로 무기체계를 획득하게 될 경우, 국과연과 방산업체는 요구조건을 충족하는 무기체계 연구개발을 위해 공학급(Engineering Level) 모델들을 사용하여 시스템과 하위 시스템(System and Sub System)의 성능측도 (MOP: Measures of Performance) 또는 SMOP(Sub-system MOP)를 분석하는 여러 가지 형태와 유형의 M&S 도구들을 활용하게 되며, 이 과정에서 HILS(Hardware In The Loop Simulation)을 활용하기도 한다. 반면 국외구매로 결정될 경우에는 연구 및 평가(S&A: Study & Assessment) 활동의 일환으로 무기체계 제조업체가 제시하는 M&S 활용 분석결과 외에도 방사청 주관하에 국내 자체적으로 M&S 활용 분석을 시도하기는 하지만, 구매하는 무기체계를 모의할 수 있는 M&S 분석모델이 가용하지 않다는 것과, 설령 유사한 모델이 있다 하더라도 무기체계에 관련된 파라미터 데이터를 확보할 수 있는 방법이 없어 유명무실하다는 것이다. 실제 이러한 상황의 대표적 사례가 차기전투기(FX: Fighter eXperimental) 도입 사업이다.

M&S를 활용한 분석이라고 보기에는 곤란한 면이 있지만 방산업체에서 무기체계를 생산하는 과정에서, 또 합참과 소요군의 주관 하에 시험평가를 수행하는 과정에서 여러 가지 목적으로 다양한 형태와 유형의 M&S를 활용하게 된다. 무기체계를 양산하든지, 구매하여 전력화 배치를 하게 되면, 소요군은 교전급(Engagement Level)에서부터 임무/전투급(Mission/Combat Level) 모델을 사용하여 무기체계 효과측도(MOE)를 중심으로 전력화 평가를 하게 되고, 합참은 전역/전구급(Campaign/Theater Level) 모델을 사용하여 가치측도(MOV/MOO)를 중심으로 전력운영분석을 수행하게 된다.

지금까지 전력발전업무훈령에 명시되어 있는 무기체계 획득 전 수명주기와 각 단계에 관련된 M&S 활용 분석에 대해 살펴보았다. 무기체계 획득과 관련한 M&S 활용 분석은 획득 단계별, 수행하는 기관별로 잘 정의되어 있으나, 보다 신뢰할 수 있고 효율적으로 M&S 활용 분석을 수행하기 위해서는 몇 가지 보완하고 발전시켜야 할 요소들이 있다는 것이다. 먼저 M&S 활용 분석에 대한 전반적인 이해 부족과 무지는 선진국 군이 모두 활발히 활용하고 있음에도 유독 한국군이 M&S를 활용한 과학적, 체계적, 효율적 분석을 수행하지 못 하는 가장 큰 장벽이 되고 있다. 여기에는 우리나라 특유의 빨리빨리 문화와 서당 개 3년이면 풍월을 읊는다는 속담이 있듯이 비전문가가 전문가인 척하는 문화가 악영향을 미치고 있다. 비근한 예로 한미연합사 과거 운영분석단이나 현재 운영분석과에서 작계분석이나 방책분석 등을 수행하면, 한미 연합으로 토의할 때는 M&S 활용 분석결과에 대해 진지하게 토론하고 결과를 수용하는데 비해, 똑같은 내용을 한국군 단독으로 토의하면 완전히 다른 양상을 보인다는 것이다. 이처럼 한국군의 전문가를 양성하지 않는 시스템과 문화와 전문가를 인정하지 않는 문화와 풍토가 다양한 국방 문제를 해결하기 위한 효율적 분석수단인 M&S를 제대로 활용할 수 없게 하고, 그나마 합리적인 의사결정 지원수단으로 활용할 수 있는 수단마저 제대로 활용하지 못하는 우를 범하고 있다는 것이다.

M&S를 활용한 분석을 제대로 수행하려면 군의 DTTP와 시나리오, 무기체계 및 운용개념, 분석모델과 파라미터 등 데이터, 그리고 실험계획 등에 대해 자세히 알아야 하는데, 그러기 위해서는 전문분석가를 제대로 양성해야 한다. 전문분석가를 양성하기 위해서는 아주 많은 시간이 소요되는데, 이를 위해 우수 인력을 뽑아 능력을

배양하고 숙달될 수 있도록 환경과 여건을 마련해주는 시스템과 제도적 장치가 필요하다는 것이다. 또한 현행 수행과제의 양적 부담으로 인해 M&S를 활용한 분석의 정도를 걷기보다 신뢰성(Credibility)이 보장되지 않은 보다 쉬운 방법을 택하고자 하는 유혹을 벗어날 수 있어야 한다. 더디게 가는 것 같이 보이는 원리와 원칙에 입각한 정도를 걷는 것이 M&S를 활용한 분석에서는 가장 빠른 길임을 잊어서는 안 된다는 것이다. 여기서 언급한 원리와 원칙은 M&S에 관한 기본 원리와 원칙일 수도 있고, 한국군의 무기체계 획득관련 기관들의 부여된 업무영역에 관한 원칙을 의미할 수도 있다. 예로 선행연구를 전담하는 기품원의 M&S 효과분석에 공학급 성능측도(MOP) 분석을 요구하는 것은 옳지 않다는 것이다.

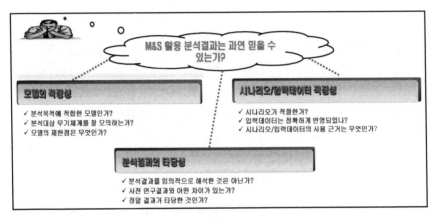

그림 72 M&S 활용 분석에 대한 타당성 검증 개념

　한국군에 시급히 필요하고 중요한 것은 비교적 단기간에 당면한 M&S 활용 분석 소요와 요구를 제대로 충족하기 위해서는 분석에 적용한 기본 자료를 공유하고 그림 72에서 보는 바와 같은 사항을 중심으로 분석결과를 검증하는 시스템을 구축하여 적용해야 한다는 것이다. 분석 대상과 과제 무기체계의 운영개념과 시나리오, 분석대안, 측도(Measurements), 파라미터 및 입력 데이터 등을 공유하게 된다면, 현재 주어진 분석 환경하에서 보다 효율적으로, 보다 신뢰할 수 있는 분석이 가능할 것이라 생각한다. 이렇게 분석 자료를 공유하고 검증하는 활동에 장해요인이 되는 것이 군사보안에 관한 이슈인데, 가뜩이나 M&S 활용 분석에 대한 이해와 공감이 미흡하고, 전문분석가의 수와 역량이 턱없이 부족하며, 신뢰할 만한 분석모델과 각종 데이터가 부족하거나 확보가 어려운 실정에서 그나마 보안규정으로 인해 분석결과의 상호 공유와 사업에 적용, 또는 교훈의 도출과 추후 활용, 그리고 합참이나 국방연에서

수행하는 이기종 무기체계 대안 비교분석(Trade-Off Analysis)과 전력소요 검증에 각 기관에서 수행한 분석결과를 활용하는 것이 어렵다는 것이다. 이러한 어려움을 해결할 수 있도록 보안규정의 보완과 유연한 적용 및 적절한 보안대책을 강구하여 모든 분석결과를 Big Data로 저장하여 관리하고, 필요시 재활용이 가능하도록 체계를 구축하여 운용하자는 것이다.

67. 국방획득 분야 Smart·Speed M&S/Digital Twin! 어떻게 구축, 적용해야 하나?

앞서 전력분석 분야와 국방획득 분야에 걸쳐 수행되고 있는 모델링 및 시뮬레이션(M&S) 효과분석체계에 대해, 특히 무기체계 획득 선행연구를 지원한다는 관점에서 전력발전업무훈령에 나와 있는 무기체계 획득 단계와 절차에 따른 M&S 활용 분석에 대해 구체적으로 살펴보았다. 이번 이야기에서는 국방획득 분야에서 한국군의 M&S 활용 실태를 살펴보고, 보다 과학적, 효율적, 체계적으로 무기체계 획득업무를 수행하기 위해 포괄적 관점에서 M&S를 활용하는 방안을 생각해 보고자 한다. 특히 4차 산업혁명 시대에 사회와 산업의 현상과 특징으로 나타나고 있는 초 연결성(Hyper-Connected)과 초 지능화(Hyper-Intelligent)를 기반으로 한 Smart·Speed Factory라는 개념과 Digital Twin이라는 개념을 M&S 영역에 접목할 수는 없는지 살펴보고자 한다.

미국을 중심으로 한 선진국들은 무기체계의 효율적인 획득을 위해 전 수명주기시스템관리(TLCSM: Total Life Cycle Systems Management)라는 관점과 총 소유비용(TOC: Total Ownership Cost)이라는 관점에서 이를 구현하기 위한 하나의 수단(Enabler)으로 M&S를 적극적으로 활용하고 있다. 한국군도 보다 효율적으로 무기체계를 획득하기 위해서 M&S를 활용하는데 대한 필요성을 인정하고, 국과연과 방산업체는 비교적 활발히 M&S를 활용하고 있다. 이러한 모습과 양상은, 국과연의 경우 무기체계를 연구 개발하는데 체계요구사항에 대한 다양한 성능 대안을 연구하고 분석하여 설계하는데 소요되는 시간을 단축하고, 성능요구조건 충족 가능성을 높이며, 보다 효율적인 연구개발을 위해 필요하기 때문이고, 방산업체의 경우 무기체계 요구조건과 성능을 충족하는 체계, 부체계의 설계와 검증과 제작을 보다 효율적, 경제적으로 수행하기 위해 꼭 필요하기 때문이다. 여기서는 한국군이 무기체계 획득을 바라보는 포괄적 관점에서 국방획득을 위한 가용자원 범위 내에서 꼭 필요한 무기체계를 소요기획하고, 요구되는 성능과 물량의 무기체계를 계획된 예산과 기간 내에 획득하며, 배치한 무기체계를 전투준비태세 증진을 위해 운용능력을 최적화하고 극대화하여 운용

유지를 하는 구현 수단으로서 사용 중인 M&S를 어떻게 활용하고 있는지 살펴보자는 것이다.

먼저 한국군의 국방예산은 제1편 2번째 이야기 표 1에서 나타난 바와 같이 대략 국내총생산액(GDP: Gross Domestic Product) 대비 2.4~2.5% 수준, 정부재정 대비 14~15% 수준으로 이 중에 30% 정도가 방위력개선비에 투입되고 있다. 무기체계 획득사업에 투입되는 가용자원이 군 입장에서는 늘 부족하겠지만, 국가재정을 집행하는 관점과 국민의 혈세를 사용하는 관점에서 보면 적지 않은 자원임에는 틀림이 없을 것이다. 또 하나 선력증강사업을 추진하면서 간과해서는 안 될 부분은 한국군에 요구되는 능력 중에 특히, 정보감시정찰(ISR: Intelligence Surveillance and Reconnaissance) 자산과 정밀타격을 위한 전략자산에 대한 미군에 의존도가 상당히 높다는 것이다. 이는 단적으로 전작권 전환을 논의할 때 능력보완을 위해 추정한 소요예산이 당시 국방예산의 20년 치 정도에 해당되는 것만으로도 잘 알 수 있는 것이다. 본 이야기의 핵심은 소요와 요구에 비해 적을 수밖에 없는 무기체계 획득을 위한 가용자원을 보다 필요한 곳에, 보다 지혜롭게, 보다 효율적으로 활용할 수 있어야 한다는 것이다. 또한 무기체계 획득을 전 수명주기관점(TLCSM)과 총 소유비용(TOC)이라는 관점에서 접근하여 보다 경제적이고 효율적으로 수행해야 한다는 것이다. 이는 곧 무기체계 획득을 위한 작전능력 소요와 국방 가용자원의 할당과 무기체계 획득 시스템이 잘 조화를 이루어 효율적으로 운용할 수 있어야 한다는 것이며, 이를 구현할 수 있는 효율적 국방경영 수단이 있어야 한다는 것이다.

우리는 무기체계 획득업무를 바라보는데 있어 전문성이나 효율성의 관점보다는 부정과 비리를 예방하고 투명한 사업관리에 초점을 맞추고 있다는 느낌이다. 이러한 모습은 방사청을 국방부 외청으로 창설하여 운용하는 모습에서 볼 수 있고, 또 실제로 소요기획단계, 획득단계, 그리고 운용유지단계의 무기체계 전 수명주기관리(TLCSM)와 총 소유비용(TOC)이라는 관점을 간과하거나 전혀 고려하지 않는다는 것에서 볼 수 있다. 또한 보다 효율적으로 무기체계 획득을 위해 모든 이해당사자들(Stakeholder)의 유기적인 협조와 공조에 대한 이해와 인식도, 시스템도 고려하지 않아 구조적으로 쉽지 않다는 것에서 볼 수 있다는 것이다. 소요군과 합참이 주관하는 무기체계 소요기획단계와 운용유지단계, 방사청이 주관하는 획득단계를 보다 긴밀히 연결하여 협업·공조할 수 있는 시스템이 절박한 것도 바로 이런 이유 때문이다.

소요군과 합참이 수행하는 소요기획단계에서 무기체계 소요기획을 위해 수행하는 M&S 활용 분석에 관해서는 바로 앞 이야기를 통해 이미 토의하였다. 한국군이 지금까지 수행해 온 소요기획 활동에 있어서 중요한 무기체계 요구사항을 결정하는 과정이 얼마만큼 치밀하게 기획되고 계획되며, 다양한 M&S 모델과 도구들을 활용하여 분석하고 수행하였는지 되돌아보는 것이 필요하다는 것이다. 특히 소요군이 주도하는 소요요청 과정에 대해 소요 제기와 결정을 하는 합참이 어떤 형태로든 모니터링과 참여를 했는지, 주요 획득 대상사업의 경우 전력소요 검증 위원회에서 관심을 갖고 지켜봤는지, 획득단계에서 참여하는 방사청, 기품원, 시험평가기관 등이 각 기관의 관점에서 모니터링과 의견개진을 하였는지, 운용유지단계에서 실제 무기체계를 운용하는 부대가 어떤 형태로든지 참여하였는지 한번 되돌아보자는 것이다. 만약 무기체계 획득을 위한 첫 단계인 소요기획단계의 소요요청을 하는 과정에서 관련 이해당사자들이 각 분야의 전문가적 식견으로 한번 검토하기만 해도 무기체계 획득 전 수명주기에 나타날 수 있는 많은 문제와 이슈를 식별하여 해결할 수 있을 것이다. 미 연방회계국(GAO: Government Accountability Office)이 제안하는 지식 기반 획득(KBA: Knowledge Based Acquisition)에 나타나듯이, 소요군의 무기체계 요구능력에 대비한 해당 기술의 성숙도(TRL: Technical Readiness Level)를 유심히 검토한다면 무기체계 획득과 관련된 위험요소(Risk)를 상당히 경감할 수 있을 것이라는 것이다.

방사청과 국과연, 기품원, 그리고 방산업체가 수행하는 획득단계에서는 한국군이 전력증강사업의 일환으로 주요 무기체계의 국산화를 추진하면서부터 국과연은 거의 모든 무기체계를 연구 개발하는데 M&S를 사용해 왔고, 방산업체 또한 M&S를 사용해 왔다. 그러나 그 실상을 자세히 보면 방사청은 무기체계 획득 전 수명주기 관점에서의 효율적인 사업관리 수단으로서의 M&S를 고려하지 않음은 물론, 획득단계에서조차 시뮬레이션 기반 획득(SBA: Simulation Based Acquisition)의 필요성을 별로 느끼지 못하고 있다는 것이다. 이러한 모습은 2010년데 초에 효율적 무기체계 획득을 위한 수단으로서 SBA 구현을 추진하였으나, 1단계 사업으로 SBA 통합정보체계를 구축한 이후 SBA 협업공조체계 구축사업을 취소하였다는 것과, 방사청에서 미국을 중심으로 한 선진국들이 더 이상 SBA 개념을 적용하지 않는다고 공언하는 것을 봐도 알 수 있다는 것이다. 그러나 미군의 경우 2007년 미 하원의결 HR 487(House Resolution 487)을 통해 M&S를 국가 이익의 핵심기술(NCT: National Critical Technology)로 지정하고 국방성에 권고하여 모든 웹사이트를 동맹국에 공개하지 않고 있다. 한국군은 이러한 사실을 간과하고 있다는 것이다.

무기체계 획득 사업추진 기본전략을 수립하기 위해 기품원이 수행하는 선행연구와 관련된 M&S 활용 분석에 대해서는 이미 앞의 이야기를 통해 상세히 토의하였다. 무기체계를 국내 연구개발을 통해 획득하기 위한 국과연의 관점에서는 M&S를 활발하게 활용하고는 있으나 전반적으로 컴퓨터 지원·기반 설계(CAD·CBD: Computer Aided·Based Design) 수준을 조금 벗어난 상태로 볼 수 있으며, 최근 수년에 걸쳐 미군의 JMASS(Joint Modeling And Simulation System)와 유사한 목적과 기능을 갖춘 AddSim을 개발하여, 향후 다양한 무기체계 연구개발에 필요한 M&S 모델과 도구를 상호 연동하고 재사용할 수 있도록 추진하고 있다. 방산업체에서도 각 업체별로 특화된 무기체계 분야에 활용할 수 있는 다양한 M&S 모델과 도구들을 보유하여 활발히 사용하고 있다. 그러나 공통적으로 미흡한 것은 무기체계를 연구·개발하고, 설계하여 생산하며, 시험 평가하는 과정에서 획득단계에 관심 있는 이해당사자들이 협업·공조할 수 있는 시스템과 수단이 전혀 없다는 것이다. 그로 인해 지식 기반 획득(KBA)에서 제안하는 바와 같이 상세설계검토(CDR: Critical Design Review)를 마칠 무렵이면 디자인에 대한 안정도가 90% 이상의 수준에 도달해야 하나 이를 함께 검토할 수 있는 방법이 없고, 방산업체에서 제조단계로 진입하기 이전에 제조성숙도(MRL: Manufacturing Readiness Level)가 적절한지를 함께 검토할 수 있다면 이와 관련된 위험(Risk)을 경감하여 성공적인 획득을 수행할 수 있음에도 그것이 불가하다는 것이다.

소요군과 합참이 참여하거나 주도로 수행하는 무기체계 양산과 구매에 따른 야전운용시험과 운용유지단계 전력화 평가와 전력운영분석에 대한 토의는 이미 앞 이야기에서 상세히 토의하였다. 한국군의 현행 획득체계나 획득업무 수행 관행으로 보면 공감하기 어렵겠지만, 만약에 야전운용시험평가의 전문가가 소요기획단계에 참여하여 무기체계 소요를 요청하는 단계에서 시험평가 관점에서 검토할 수 있다면, 또 시험평가에 활용하는 M&S를 개발하고 검증, 확인 및 인정(VV&A: Verification, Validation & Accreditation)을 수행하는 초기단계에 M&S 요구사항을 검토할 수 있다면, 아마도 많은 시행착오와 오류를 줄이고 궁극적으로 소요군이 원하는 무기체계를 획득하는데 크게 도움이 될 것이다. 이러한 관점에서도 역시 전력화 배치 이후 실제 무기체계를 운용하게 되는 워파이터를 포함한 모든 이해당사자들이 함께 참여할 수 있는 협업공조체계가 절실히 필요하다.

지금까지 토의한 내용을 정리해 보면 무기체계 획득과 관련하여 전 수명주기시스템관리(TLCSM)와 총 소유비용(TOC)의 관점에서 접근하여 무기체계 획득 전 단계인 소요기획단계, 획득단계, 운용유지단계를 유기적으로 연계하자는 것이다. 거기에 무기체계 전 수명주기에 걸쳐 워파이터를 포함한 획득 관련 모든 이해당사자들이 함께 참여하여 의견을 나누고 협업·공조할 수 있도록 인식과 의식의 전환과 더불어 실제 이를 구현하고 실행할 수 있는 시스템을 구축하자는 것이다. 그리고 무기체계 작전능력소요 도출과 가용자원의 할당, 무기체계 개발과 관련된 무기체계 획득 관련 체계들을 연계하여 보다 효율적으로 운용할 수 있도록 하자는 것이다. 또, 지금까지 한국군이 무기체계를 획득하면서 겪었던 문제점들과 교훈들을 참고하여 무기체계 획득 전 수명주기 간에 중요한 판단과 결심시점에 고려할 요소들을 제대로 검토할 수 있도록 함으로서 획득사업의 성공 가능성과 효율성을 높이자는 것이다. 그리고 아직도 방사청이 제대로 이해하지 못하여 공감하지 못하고 있지만, 무기체계 획득 전 수명주기를 통해 이해당사자들이 지리적으로 분산된 환경과 조건에서 다 함께 참여하여 협업·공조를 촉진하고 보장할 수 있는 시뮬레이션 기반 획득(SBA)체계를 구현하고 활성화함으로서 워파이터가 원하는 양질의 무기체계를 보다 빨리, 보다 저렴하고, 보다 유연하게 획득할 수 있도록 하자는 것이다.

그렇다면, 지금까지 논의하고 토의한 사항들이 과연 무기체계 획득에 있어서 Smart·Speed M&S와 Digital Twin을 구축하여 운용하자는 것과 어떻게 연관이 되며, 또 어떻게 구축하여 운용하자는 것인지 살펴보자. 앞서 논의한 무기체계 획득 전 수명주기 간 워파이터를 포함한 이해당사자들의 참여와 협업·공조 활동은 일종의 B2B(Business to Business) 또는 B2C(Business to Consumer) 개념으로 볼 수 있다. 무기체계 획득과 관련된 작전능력소요 도출, 가용자원 할당, 무기체계 획득 관련 체계들의 연계 운용도 역시 B2B 개념으로 볼 수 있다는 것이다. 이를 통해 무기체계 획득 전 수명주기의 주요 의사결정 단계인 예비설계검토(PDR: Preliminary Design Review) 시에 기술성숙도(TRL)를, 상세설계검토(CDR: Critical Design Review) 시에 디자인의 안정도(Design Stability)를, 생산단계 진입 직전에 재조성숙도(MRL)를 검토하고 평가하는 등 획득 이해당사자들이 단순히 CAD/CBD/CAM(Computer Aided Manufacturing) 수준의 M&S를 활용하는 것이 아니라 지리적으로 분산된 환경하에서 M&S를 활용한 무기체계 소요기획, 연구개발, 생산 및 시험평가, 운용유지에 이르기까지 협업·공조를 촉진하고 보장할 수 있도록 시뮬레이션 기반 획득(SBA) 체계를 구축하고 활성화 하자는 것이다.

이때 무기체계 획득에 활용하게 되는 모든 M&S에 대해, 우선 현행 사용 목적과 의도뿐만이 아니라 상호 연동 운용성과 재사용성까지도 고려하여 모듈화 컴포넌트화하여 개발하고, 이렇게 개발한 모든 M&S 자원에 대해 검증, 확인 및 인정(VV&A: Verification, Validation & Accreditation)을 수행하여 사용하고자 하는 목적과 의도에 부합하는지 여부에 대한 신뢰성을 보장해야 한다. 이처럼 사용 목적과 의도에 잘 부합하도록 준비된 M&S 자원들을 정보통신기술(ICT: Information and Communication Technology)과 접목하여 유무선 데이터 통신망으로 연결하고 실시간 통합운용이 가능하도록 하자는 것이다. 이때 M&S 자원을 연동 운용하는 전 과정을 자동화, 지능화하여 효율적인 연구개발이 가능하도록 하고, 연결되는 모든 M&S와 참여기관 시설(Site)에 사물/만물/서비스 인터넷(IoT/IoE/IoS) 기반의 센서와 카메라를 부착하여 실시간에 데이터를 수집하고 분석하여 제어함으로써 무기체계 획득에 M&S를 활용하는데 있어 연결성, 유연성, 지능성을 갖추고, 필요시 2D 데이터를 3D로 변환할 수 있는 Smart M&S를 구현함으로서 효율성을 제고하고, 새로운 가치를 창출하여 최적화를 이루자는 것이다.

무기체계 획득 전 수명주기 간에 관련된 M&S 자원들과 ICT 기술을 접목하여 구현한 Smart M&S의 기반 위에, 우선 획득단계 연구개발과 설계, 생산, 시험평가에 활용되는 상호 연동 운용이 가능하고 재사용이 가능하며 모듈화 및 컴포넌트화 되어있고 신뢰할 수 있는 M&S 자원들을 재조합하여 새롭게 요구되는 M&S 능력을 신속하게 구현할 수 있도록 하자는 것이다. 다음으로 무기체계 획득 이해당사자들이 위치한 지리적 분산 환경에서 M&S와 ICT 기술을 연결하여 무기체계 전 수명주기의 각 단계인 소요기획단계, 획득단계, 운용유지단계를 주관하여 수행하는 기관뿐만이 아니라, 소요기획단계에 획득단계에서 참여하는 연구개발자, 생산자, 품질보증자, 시험평가자 등과 실제 운용 유지하는 군이 참여할 수 있도록 하는 등 필요와 목적에 따라 함께 참여할 수 있도록 하자는 것이다. 무기체계 획득과 관련된 이해당사자들의 관점에서는 진행현황에 대한 검토와 의사결정의 시간을 단축하고, 문제와 이슈에 대해 보다 신속하게 예방과 해결이 가능하도록 보다 스피디(Speedy)한 M&S를 구현하자는 것이다. 결과적으로 단순하게 소요기획단계에서 제시된 무기체계 요구 성능을 충족하는 수준을 넘어 소요군과 사용군이 원하는 맞춤형 무기체계를 보다 효율적으로 주어진 사업일정을 단축하여 보다 빨리 획득할 수도 있을 것이다. 특히 소요기획단계에 획득단계와 운용유지단계 이해당사자들이 참여함으로써 새로운 체계와 성능의 맞춤형 무기체계 소요기획이 가능할 수도 있다는 것이다.

한편, 원래 Digital Twin이라는 개념은 컴퓨터에 현실 사물의 쌍둥이를 만들고 현실에서 발생할 수 있는 상황을 컴퓨터로 시뮬레이션하는 기술을 의미하는데, 무기체계를 획득하는 과정에서 일부 시스템의 경우 먼저 Digital Twin을 만들고 이를 시뮬레이션 하여 데이터를 수집하고 분석하며 연구 개발함으로써 계획된 요구성능을 충족하는 시스템을 개발할 수도 있다는 것이다. 이를 다른 관점에서 바라보면 무기체계 요구성능에 대한 정보의 투명성(Information Transparency) 또는 가상화(Virtualization)로 볼 수도 있을 것이다. 이는 실제로 연구 개발하여 획득하고자 하는 무기체계 또는 그 일부분에 대해 개발을 시작한 이래 계속 진화하는 디지털 프로필로 정의할 수도 있을 것이며, 개발하고자 하는 무기체계 또는 일부 부품의 시스템 성능에 대한 통찰과 제품의 설계·제조 공정에 대한 통찰을 제공할 수도 있다는 것이다.

이번 이야기에서 토의한 무기체계 획득 관련 체계의 연계 운용, 지식 기반 획득(KBA), 시뮬레이션 기반 획득(SBA) 등에 관한 사항은 제7편에서 여러 편의 이야기를 통해 다시 상세하게 설명하고자 한다.

68. 국방획득 운용유지단계 Product Service Systems(PSS)! 어떻게 구축, 적용해야 하나?

과학기술의 발달과 4차 산업혁명의 도래에 따른 사회와 산업의 패러다임의 변화 중 하나는 제품 서비스 시스템(PSS: Product Service Systems)이라는 개념의 출현이다. 이는 사용자의 요구를 충족하기 위해 제품과 서비스를 통합하여 제공하는 시스템을 의미한다. 일반적으로 제품과 서비스를 통합함으로써 제조업체는 기업의 경제성을 향상시킬 수 있고, 제품에 대한 소유가 아니라 사용이라는 개념에서 자원의 절약과 그에 따른 친환경성을 제고할 수 있으며, 소비자의 요구를 충족하고 제품의 최대 효용을 제공할 수 있다는 것이다. 또한 기업에 대한 소비자의 의존도는 더욱 강화되고, 그 결과 기업은 지속적으로 경쟁력을 유지할 수 있게 된다. 소비자의 입장에서는 제품의 구매에 따른 초기 비용에 대비한 제품의 가용 여부와 정비 및 운용유지에 대한 부담을 줄이고 제품의 효율적인 활용에만 집중할 수 있다는 장점과 이점이 있다는 것이다. 이러한 개념을 한국군의 무기체계 획득과 운용유지에 적용할 수는 없겠는가 하는 것이 이슈이고, 그런 관점에서 이번 이야기의 초점을 맞추고자 한다.

한국군이 무기체계를 획득하여 배치하고 운용·유지하는 단계에서 제품 서비스 시스템(PSS)을 적용할 수는 없는지 하는 것과 어떻게 구축하여 적용할 것인가 하는 이슈는, 정확하게는 모델링 및 시뮬레이션(M&S)에 관한 사항이 아닐 수도 있을 것이다. 그러나 이러한 개념을 획득하는 무기체계에 적용하는 데에서는 얼마든지 M&S가 적용되고 활용될 수 있을 것이라 생각하며, 특히 한국군의 무기체계 정비체계나 신뢰성(RAM: Reliability Availability and Maintainability) 관점에서 엄청난 변화와 혁신을 몰고 올 수 있으며 실제 무기체계의 효율적 운용과 가용도 향상 및 그에 따른 준비태세 향상에 영향을 미칠 것이라 생각한다. 일반적으로 적용할 수 있는 제품 서비스 시스템(PSS)의 유형은 기능 중심(Function Based), 가치 중심(Value Added), 증거 중심(Evidence Based)으로 구분할 수 있으며, 형태로는 제품 지향(Product Oriented), 사용 지향(Use Oriented), 결과 지향(Result Oriented)으로 구분되는데, 한국군이 무기체계에 제품 서비스 시스템(PSS)을 적용하는 데에서는 무기체계 특성에 따라 몇 가지 유형과 형태를 혼합하여 적용할 수도 있을 것이라는 생각이다.

한국군이 획득한 무기체계를 배치하여 운용하는 동안 적용하는 정비체계는 고장정비(CM: Corrective Maintenance), 예방정비(PM: Preventive Maintenance), 예측정비(Predictive Maintenance)로 구분하고 있으나, 실제 적용하는 것은 고장정비와 예방정비 수준에 머무르고 있는 실정이다. 고장정비는 무기체계 운용 간에 예상하지 못한 고장으로 인해 무기체계가 가용하지 못하므로 작전에 부정적 영향을 미치게 되고, 예방정비는 무기체계별 하위 시스템 또는 부품을 규정에 명시된 주기로 교체 또는 정비하는 것으로 실제 해당 무기체계의 정확한 시스템 상태를 제대로 반영할 수 없음으로 인해 기회 손실비용과 더불어 가용도에 부정적 영향을 미칠 수 있다는 것이다. 만약 무기체계의 개별 실제 작동상태를 보다 정확히 예측하고 진단할 수 있다면, 또한 단계 더 나아가 예측에 따른 원인까지도 분석할 수 있다면(Proactive Maintenance) 이러한 기회 손실비용과 가용도 저하를 경감할 있을 것이며 보다 효율적인 무기체계 운용이 가능할 것이다.

무기체계에 대한 장비의 신뢰도, 가용도, 정비도를 분석하고 예측하여 보다 효율적인 무기체계 운용을 위해 수행하고 있는 신뢰성(RAM) 분석은 국방장비정비정보체계(DELIIS: Defense Logistic Integrated Information System)에 무기체계를 운용하는 야전부대에서 장비 운용제원을 수집하여 입력한 데이터를 이용하여 분석하고 있다. 이렇게 장비 운용 관련 데이터를 수집하는데 있어 관련된 여러 가지 용어와 개념을 잘 정의하고 표준화를 한다고 하였지만, 여전히 데이터를 수집하고 입력하는 과정에서 일관성의 결여와 인간의 오류(Human Error) 등으로 인하여 신뢰할 수 있는 데이터를 얻기가 상당히 어려운 실정이다. 그러나 만약 이러한 신뢰성(RAM) 분석업무에 제품 서비스 시스템(PSS)를 적용하여 근 실시간(Near-Real Time) 무기체계 운용상태 데이터를 수집하여 분석할 수 있다면 데이터에 대한 신뢰도 향상은 물론, 신뢰성(RAM) 분석의 개념이 획기적으로 바뀔 것이고 정비체계의 변화와 혁신과 더불어 무기체계를 보다 효율적으로 운용할 수 있을 것이다.

그렇다면 과연 무기체계를 획득하여 운용 유지하는 단계에서 제품 서비스 시스템(PSS)을 어떻게 구축하여 적용할 것인지 살펴보자. 무기체계에 대한 제품 서비스 시스템(PSS)을 구축하기 위해서는, 먼저 주요 무기체계 또는 주요 핵심부품에 대한 사이버 물리 시스템(CPS: Cyber Physical Systems) 또는 디지털 트윈(Digital Twin)을 구현하고, 모든 부품에 센서를 부착하며, 시스템 운용유지 상태를 모니터링하여 데이터를 수집하고 저장하여 관리하며, Big Data를 분석하여 가치를 창출하고 최적화를 추진하자는 것이다. 이렇게 함으로써 무기체계에 대한 고장정비(CM)와 예방정비(PM)를 넘어 예측정비(Predictive Maintenance)와 Proactive Maintenance를 구현하고, 한 걸음 더 나아가 신뢰성중심정비(RCM: Reliability Centered Maintenance) 개념을 적용함으로써 운용유지와 저장관리의 신뢰성을 향상시키자는 것이다. 만약, 이처럼 제품 서비스 시스템(PSS) 개념을 적용한다면 현재 무기체계 RAM 분석방법에 대비하여 혁신적인 방법으로서 무기체계 운용의 신뢰성을 제고할 수 있을 것이며, DELIIS 체계를 이용한 무기체계 정비 데이터에 의한 RAM 분석에 대비하여 근 실시간 (Near-Real Time) 데이터를 활용한 RAM 분석업무 수행방안을 강구해야 한다는 것이다.

제품 서비스 시스템(PSS)을 구축하는데 중요한 요소인 사이버 물리 시스템(CPS)의 특징은 사물인터넷(IoT) 환경에서 가상공간의 컴퓨터가 네트워크를 통해 실제 물리 시스템을 제어하는 기술로서 일종의 사물인터넷(IoT) 기반의 물리(Physical)와 가상(Cyber) 세계를 결합하는 인간과 사물의 인터넷으로 볼 수 있다. 사이버 물리 시스템(CPS)을 구축하는데 있어 가상환경이라 함은 컴퓨터 프로그램이 만든 세계, 즉 디지털 환경을 의미하며 물리환경이라 함은 시간의 흐름 속에서 물리적 법칙에 의해 지배받는 자연과 인공 시스템에 의해 만들어진 환경을 의미하게 된다. 그리고 이러한 사이버 물리 시스템(CPS)의 이점은 실제 체계에 비해 안전하고, 효율적이며, 구축 및 운용비용을 절감하고, 새로운 능력을 제공하는 복합시스템 구축을 가능하게 한다는 것이다. 결국 이러한 기술들을 기반으로 구현되는 제품 서비스 시스템(PSS)은 필요에 따라 사이버 물리 시스템(CPS)이나 디지털 트윈(Digital Twin)의 토대 위에, 센서(Sensors)를 통해 무기체계 시스템의 상태를 모니터링(System Monitoring)하고, 빅 데이터(Big Data)를 수집하여 인공지능(AI: Artificial Intelligence)을 활용한 예측으로 무기체계의 운용유지 및 정비를 최적화하자는 것이다.

이러한 제품 서비스 시스템(PSS)을 획득한 모든 무기체계를 대상으로 적용하자고 하는 것은 아니다. 획득하여 운용하는 무기체계 중 작전적, 전략적 가치나 많은 자원이 투입된 주요 무기체계 또는 핵심 부품에서부터 먼저 적용하여, 제품 서비스 시스템(PSS)을 구현할 수 있는 기반 체계와 도구들이 갖추어지고 다양한 유형의 센서들을 보다 저렴하게 확보하여 사용할 수 있을 때 점진적으로 그 적용 대상과 범위를 확장하자는 것이다. 이러한 제품 서비스 시스템(PSS)을 무기체계에 적용하고자 하는 것은 이러한 개념이 민간영역에서는 아주 단순해 보이는 타이어에서부터, 건설 중장비와 항공기 엔진, 발전시설의 각종 터빈에 이르기까지 다양한 모습으로 그 적용 대상과 범위가 확대되어가고 있다는데서 기인한다. 한국군이 획득하여 운용하고 있는 고가치 자산의 안정적인 작전운용과 가동률을 유지하고 높이기 위해서는 절대적으로 이 개념의 적용이 필요하다. 또한 이 과정에서 무기체계에 부착하여 운용하는 다양한 센서들로부터 수집되는 Big Data를 분석하고 예측하여 새로운 가치를 창출하는 인공지능(AI)에 대한 지속적인 관심과 개발이 필요하다는 것이다.

그리고 사이버 물리 시스템(CPS)과 디지털 트윈(Digital Twin)을 기반으로 한 제품 서비스 시스템(PSS)을 잘 구축하여 사이버와 디지털의 속성을 잘 활용한다면 무기체계의 운용과 소요자원 및 안전과 환경에 영향을 주지 않으면서 시간의 함축과 확장하에 무기체계의 다양한 운용 방안과 대안을 시뮬레이션함으로써 보다 최적화한 운용을 가능하게 할 수 있다는 것이다. 한걸음 더 나아가 다양한 M&S와 시뮬레이션 유형을 활용하여 가상 전장 환경과 상황을 묘사하는 수준과 정도에 따라, 그리고 묘사한 전장 환경과 상황이 무기체계 사이버 물리 시스템(CPS)이나 디지털 트윈(Digital Twin)에 영향을 미치는 수준과 정도에 따라서는 제품 서비스 시스템(PSS)은 전시 작전상황에서의 주요 무기체계 작전운용에 관한 통찰을 제공할 수도 있을 것이다. 결국 이러한 제품 서비스 시스템(PSS)을 구축하여 적용함으로써 주요 무기체계의 신뢰도와 가용도를 높이고 보다 효율적으로 정비 및 운용유지를 하자는 것이다.

69. 전투실험 분야 Smart·Speed M&S/CPS! 어떻게 구축, 적용해야 하나?

한국군은 지금까지 일반적인 작전술 교리, 전술, 전기, 절차(DTTP: Doctrine, Tactics, Techniques, Procedures)의 발진, 새로운 개념의 무기체계 개발, 새로운 작전 개념과 방책의 개발, 조직편성의 발전 등과 시대적인 요구에 따른 전력증강사업, 국방개혁, 전작권 전환, 그리고 군 구조개편을 추진하기 위한 일환으로 여러 가지 전투실험과 합동실험을 구상하고 계획하여 추진해 왔다. 이러한 전투실험과 합동실험을 제대로 수행하기 위해 M&S를 활용한 가상 실험환경을 구축하기 위해 노력하였으나 실험의 목적에 적합한 M&S 자원의 부족과 모의지원 계획의 구상과 수립을 위한 전문 지식과 경험의 부족, 그나마 가용한 M&S 자원과 수단을 보유하고 있는 기관들의 실험에 대한 이해와 인식의 부족과 전투실험과 합동실험에 대한 간절함과 절박함의 결여로 한국군이 제대로 된 실험을 수행하는데 장애와 한계를 드러내게 되었다는 것이다.

한국군은 미군이 2002년 Millenium Challenge(MC '02)라는 명칭으로 미 켈리포니아를 중심으로 미국 전역의 주요 부대와 시설을 연결하여 새로운 작전술 개념과 새로운 무기체계들을 대상으로 분산 환경하에서 모의지원에 의한 대규모 실험을 수행하는 모습을 지켜보면서도 이를 통해 별다른 교훈을 얻지 못하였다. 당시 미군은 MC '02를 통해 그림 73에서 보는 바와 같이 미국 전역의 9개 실 기동훈련장과 17개 모의센터를 연결하여 미래전에 대비한 디지털 군 건설을 위한 전투실험을 실시하였다. 이때, 미군은 전투실험을 위해 실험 전용의 M&S를 활용한 것이 아니라 가용한 훈련용 M&S와 시뮬레이션 유형들을 연동하여 사용하였는데, 이를 지켜보면서도 한국군은 그것이 무엇을 의미하는지 전투실험에 대한 통찰을 얻지 못했다는 것이다.

한국군이 전투실험과 합동실험을 수행하기 위해 노력하는 가운데, 가장 아쉽고 안타까운 것이 있다면 워파이터들과 주요 지휘관들, 의사결정권자들이 실험에 대한 간절함과 절박함이 없다는 것이다. 앞서 설명하였듯이 전투실험이란 작전술 교리, 무기체계, 신기술, 조직편성, 작전계획 등에서 전투 발전 노력의 일환으로 수행을 하는 것으로, 실험을 위해 가용한 수단과 방법을 최대한 동원하여 할 수만 있다면 보다 실전과 같은 가상 합성 전장 환경을 조성하려고 노력하고, 실험을 통해 실험 대상에 대한 통찰(Insight)을 얻으려고 노력해야 한다는 것이다. 그러나 실상은 전투실험과 합동실험에 적합한 M&S 자원이 없다는 이유를 반복적으로 제기하였을 뿐, 냉정하게는 실험다운 실험을 제대로 한 번도 시행해 보지 못했다. 이렇게 보는 이유는 한국군이 독자적으로 실험을 구상하여 수행할 때는 그렇다 치더라도 미군이 한미 연합연습을 통해 때로는 연합연습의 명칭을 변경해 가면서까지 연습의 목적과 중점을 변경해도, 연합연습의 일부로서 한반도 전구작전의 일부에 대해 우발계획이라는 명목으로 작계를 변경하여 연습을 수행해도, 또 미군의 예하부대가 수행하는 일부작전에 대해 외부평가(External Evaluation)를 수행해도, 한국군의 대다수는 그것이 무엇을 의미하는지 별로 생각하지 않았고, 더욱이 그러한 이벤트들이 연합연습에 포함된(Embedded) 연합합동 실험이라는 생각과 의심을 해본 적이 없다는 것이다.

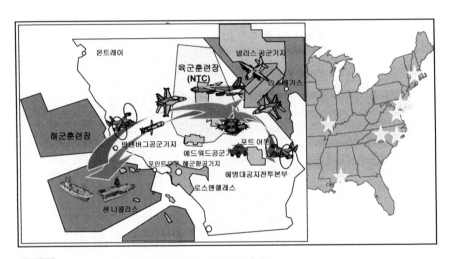

그림 73 Millennium Challenge (MC) '02 전투실험 개념도

　그러다 보니 한국군에 가용한 전투 및 합동 실험을 위한 수단과 방법이 무엇이 있을 수 있는지에 대한 신중한 고려와 검토가 미흡하였고, 실험에 활용할 수 있는 절호의 기회들을 제대로 활용할 수 없었다는 것이다. 만약 한국군이 현존 위협과 미래 잠재적 위협에 대비하여 다양한 실험 소요를 발굴하여 도출하고 이를 실험해야겠다는 절박함과 간절함이 있었다면, 실험용으로 만들어진 M&S 자원을 활용하지 않더라도 얼마든지 실험을 수행할 수 있었다는 것이다. 마치 미군이 한미 연합연습

을 통해 그들이 한반도 전구작전에서 필요한 전투실험 과제들을 여러 가지 모습으로 수행하였듯이, 정말 한국군이 절박함으로 지혜롭게 연합연습을 포함한 합참과 각 군의 연습들을 구상하고 설계하였다면 얼마든지 전투실험을 수행할 수 있었고, 적어도 실험의 목적과 의도에 완전히 부합하는 모의체계는 아니었을지 모르지만 충분히 실험과제에 대한 통찰을 얻을 수 있었다는 판단이다. 냉정하게 평가해보자면 한국군은 한미 연합연습의 모의체계를 이용한 우리 군이 필요로 하는 연합합동 실험과제에 대한 실험의 기회와 합참의 태극 연습을 이용한 합동실험 기회도, 육군의 BCTP(Battle Command Training Program) 연습과 해군 필승 연습, 공군 웅비 연습, 그리고 해병대 천자봉 연습을 통한 각 군의 전투실험 기회도 제대로 활용하지 못했다는 생각이다.

저자는 그간 수년간에 걸쳐 군의 주요 지휘관들과 의사결정권자들에게 전투실험과 합동실험을 위한 적절한 M&S 자원이 없다는 얘기를 하지 말고, 한국군이 수행하는 각종 연습 시에 연습에 포함된(Embedded) 실험을 수행하자고 제한했고, 합참과 각 군의 연습 일부를 아예 전투 및 합동 실험으로 구상하여 디자인할 것을 제안하기도 하였으며, 그것도 안 된다면 연습용 M&S체계를 활용하여 실험 목적에 부합하는 모의체계를 디자인하고 구축하여 실험을 수행할 것을 제안하였다. 보다 구체적으로 육군 BCTP단이 수행하는 연간 사단과 군단 BCTP 연습의 경우 사단 연습의 2~3회, 군단 연습의 1회 정도를 미래 육군 군 구조개편을 위한 실험의 기회로 활용하자고 제안했다.

이러한 제안에 대한 반응은, 저자가 육군 BCTP단의 임무가 훈련을 위한 것이지 전투실험을 위한 조직이 아니라는 것과 BCTP에 적용하는 모의체계가 훈련용이지 실험용이 아니라는 것을 잘 이해하지 못한다는 것이었다. 한국군이 각종 연습과 훈련을 수행하는 것은 전쟁에 대비하여 전투준비태세를 유지하고 증진시키는 것이고, 전투실험과 합동실험을 수행하고자 하는 것도 미래 잠재위협에 보다 능동적으로 대처할 수 있도록 실험을 통해 작전술 개념과 교리, 신기술, 무기체계, 군 구조 및 조직편성에 대한 통찰을 얻고자 하는 것이라면 훈련과 연습을 위한 조직과 M&S 자원을 실험을 위해 사용하면 안 된다는, 사용할 수 없다는 논리가 과연 적절한 것인지 생각해 보아야 할 것이다. 군이 전쟁에 대비하고 국민의 생명과 재산, 영토와 주권을 지키고 수호한다는 것은, 무식한 표현일지 모르지만 수단과 방법을 가릴 필요가 없다는 생각이며 M&S를 활용한 실험은 실험 대상에 대한 통찰을 얻기 위함이지 정확한 분석이나 결과를 얻기 위함이 아니라는 논리적 합리적 관점에서도 전혀 문제 될 것이 없다는 생각이다.

어떤 관점에서는 한국군은 전투실험과 합동실험을 주관하는 기관과 부서는 있지만 M&S를 활용한 모의지원을 전담하는 부서가 없다는 것이 하나의 이유일 수는 있으나, 전투 및 합동 실험 수행을 위한 실험 목적과 목표를 달성할 수 있는 모의체계를 설계하고, 구현하여 지원하는데 상당히 많은 시간과 자원, 인력이 소요됨으로 인해 M&S 자원을 보유하고 있는 기관과 부서가 추가로 부여되는 임무와 과제를 기피하는 경향이 있지 않은지 생각되기도 한다는 것이다. 어떤 이유이든지 한국군은 전투실험과 합동실험을 수행하고자 노력하면서도 그간 제대로 된 M&S를 활용한 모의체계를 적용한 실험을 수행해보지 못했다는 것은 분명한 사실이다. 한국군이 보유하고 있는 M&S 자원과 능력 중 육군의 BCTP단이나 과학화 훈련장(KCTC: Korea Combat Training Center) 같은 경우는 분명히 선진국에서조차 부러워할 만한 수준의 첨단 연습 및 훈련 체계와 능력, 그리고 포괄적인 자원을 보유하고 있다. 그럼에도 불구하고 정작 미래를 대비한 각종 다양한 실험에 활용할 수 없다는 것은 제도적 관점에서 재검토하여 적극 활용하고 참여할 수 있는 방안을 마련해야 한다는 것이다.

지금까지 토의한 바와 같이 한국군이 전투 및 합동 실험에 대한 절박함과 간절함으로 제도적인 보완을 거쳐 우리 군이 보유하고 있고 가용한 포괄적인 관점에서의 M&S 자원들을 활용할 수 있다면, 전투 및 합동 실험을 위한 M&S를 보다 Smart하고 Speed하게 어떻게 구축하고 또 사이버 물리 시스템(CPS: Cyber Physical Systems)을 어떻게 구축하여 적용할 수 있는지 한번 살펴보자. 우선 한국군이 전투 및 합동 실험을 위해 M&S를 활용한 보다 실전적인 가상 합성 전장 환경을 구축한다면, 당연히 실제(Live), 가상(Virtual), 구성(Constructive) 시뮬레이션들을 연동하여 LVC 개념을 적용해야 한다는 것이다. 미래를 대비한 전투실험체계는 가상의 전장 환경을 만들어 제공하는 모의체계뿐만이 아니라, 전투실험 대상이 새로운 무기체계나 C4ISR 체계라면 이들도 함께 참여할 수 있도록 해야 하고, 전반적인 실험을 보다 효율적으로, 과학적으로, 체계적으로 수행할 수 있는 시스템을 갖춰야 한다는 것이다. 또한 이러한 실험을 위한 모의체계는 그림 74에서 보는 바와 같이 전투실험 기반체계와 실험 간 생성되는 모든 데이터를 수집하여 관리할 수 있는 Big Data 저장소를 갖추어야 한다는 것이다.

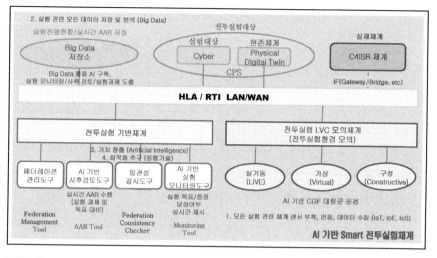

Smart-Speed M&S와 CPS 개념을 적용한 전투실험 모의체계도

앞으로 한국군이 전투 및 합동 실험을 위해 구축해야 하는 모의체계에 대해 좀 더 자세히 설명을 해보자. 우선 모의체계 구축을 위한 기반 아키텍처와 참여하는 모든 시스템들을 연동하기 위한 통신 프로토콜은 앞서 설명한 HLA(High Level Architecture) 기반의 정보 중심의 통합방법(Information Centric Integration)을 적용하여 HLA와 RTI(Run Time Infrastructure)를 기반으로 사용하고, 실험 목적과 대상 및 범위에 따라 지역 데이터 통신망(LAN: Local Area Network)이나 광역 데이터 통신망(WAN: Wide Area Network) 상에서 운용하자는 것이다. 이때 실험의 목적과 대상이 무엇이든지 전투실험을 위한 기반체계로 그림 74의 좌측 하단에서 보는 바와 같이 실험 모의체계 전체를 관리하는 페더레이션 관리도구와 사후검토도구, 데이터 일관성 감시도구, 그리고 실험 모니터링도구를 함께 준비하게 된다. 또한 실험 수행 간 실험 모의체계에서 주고받는 모든 데이터를 수집하여 저장할 수 있는 Big Data 저장소를 준비하게 된다. 이렇게 실험을 위한 기반체계가 준비되고 나면, 다음은 실험의 목적과 대상과 범위에 따라 실험을 보다 실전적인 전장 환경하에서 수행할 수 있도록 LVC 모의체계를 구축함으로써 가상 합성 전장 환경을 구축하자는 것이다. 이때 실제 연동에 참여하는 실제(L), 가상(V), 구성(C) 시뮬레이션은 실험 목적과 의도에 부합하도록 구축하게 된다. 그리고 실제 전투 및 합동 실험대상이 되는 체계를 연결하고, 실제 구축하여 운용하는 C4ISR 체계를 연동 운용함으로서 보다 실전적인 실험을 수행할 수 있도록 하자는 것이다.

이러한 실험체계에서 중요한 것은 이렇게 준비한 실험체계를 어떻게 하면 보다 Smart하고 Speed 하게 운용할 수 있도록 할 것인가 하는 것이다. 이를 위해 먼저 전투실험 기반체계에는 사후검토도구와 실험 모니터링도구에 인공지능(AI: Artificial Intelligence)을 추가하여 실험 실시간에 실험 과제와 목표에 대비하여 사후검토를 실시하고, 실험 목표와 중점의 달성 여부를 실시간에 제시할 수 있도록 하자는 것이다. 전투실험을 보다 실전적인 가상 전장 환경에서 수행하도록 실험환경을 조성하기 위한 LVC 체계의 각 시뮬레이션과 M&S에 대항군의 효율적 운용 등을 위한 컴퓨터 생성군(CGF: Computer Generated Forces)이나 반 자동군(SAF: Semi-Automated Forces), 에이전트 기반 모델링(ABM: Agent Based Modeling) 기법 등을 적용하여 시뮬레이션의 효율성을 높이자는 것이다. 그리고 실험하는 대상에 따라 필요시에 현존체계를 직접 연결할 수도 있고, 실제 체계에 대한 디지털 트윈(Digital Twin)을 구축하여 연결할 수도 있을 것이며, 통상 실험 대상체계는 아직 개발이 되지 않았을 것이므로 사이버(Cyber) 또는 디지털 트윈(Digital Twin) 개념을 적용하는 등 전반적으로 사이버 물리 시스템(CPS: Cyber Physical Systems)을 구축하여 운용하자는 것이다.

이렇게 실험 모의체계를 구축하여 운용하는 가운데 일단은 사물·만물·서비스 인터넷(IoT, IoE, IoS) 개념을 적용하여 모든 실험 관련 체계에 센서를 부착하고, 연동 운용 간에 데이터를 수집하여 Big Data에 저장하여 관리하고, 실험이 진행되는 동안 실시간으로 수집된 데이터를 기반으로 사후검토와 실험을 모니터링하여 실시간에 실험 목표와 중점을 달성했는지를 평가하고, 필요시에는 추가적인 실험과제를 도출하자는 것이다. 이렇게 함으로써 새로운 가치를 창출하는 동시에 전체적인 실험을 최적화하여 운용하자는 것이다. 앞으로 한국군이 계획하여 수행하게 되는 전투 및 합동 실험을 위해 이러한 개념과 시스템 아키텍처를 적용한다면, 현재 보유하고 있는 가용한 M&S 자원들이 비록 전투실험용으로 개발된 것은 아니라 하더라도 얼마든지 보다 Smart하고 Speed 하게 모의체계를 구축하여 전투 및 합동 실험에 사용할 수 있을 것이라 판단하고, 그렇게 해야 한다는 것이다.

70. M&S as a Service(M&SaaS) 구현 기반(Infrastructure)! 어떻게 구축, 적용해야 하나?

한국군이 다양한 국방 업무분야 활용을 위해 모델링 및 시뮬레이션(M&S: Modeling & Simulation)을 개발하여 활용하는 방법에 대해 검토하여 보다 효율적인 활용이 가능하도록 그 제도와 기반을 구축해야 한다는 생각이다. 현재 한국군이 M&S를 개발하는 방법은, 모든 무기체계 획득을 위한 계약방법이 다 마찬가지지만 최저가 입찰제도를 적용하고 있다. 그에 따른 당연한 결과이겠지만, 저가 입찰경쟁의 양상으로 최신 아키텍처 개념과 첨단 기술과 기법을 적용하여 M&S 요구사항을 충족하는 양질의 M&S를 개발하는 것은 생각지도 못하고 요구조건을 최소한도 수준으로 충족하는 개발이 이루어지고 있는 실정이다. 실제 개발에 참여하는 업체들의 모습이나 컨소시움을 구성하는 모습을 보면 개발에 필요한 필수 또는 핵심 기술을 구현하기 위해 역량 있는 업체를 끌어들이기 위한 것이 아니라, 저가 개발을 위한 하도급의 양상을 띠고 있다.

이렇게 M&S를 개발하고 나면 모델 개발 이후 1년간은 무상 유지보수를 수행하고 이후 계약에 의한 유상 유지보수를 수행하게 되는데, 이때도 최저가 입찰방식으로 개발업체가 유상 유지보수에 참여할 수 있다는 보장이 없는 상태이다. 개발된 M&S에 대해 누구든지 신뢰할 만한 수준의 유지보수 서비스를 제공할 수 있다면 별다른 문제가 없겠지만, 만약 그렇지 않다면 구조적으로 양질의 서비스를 기대하기가 어려운 실정이라는 것이다. 그러다 보니 대다수 유지보수는 유지보수를 맡은 업체가 주도적으로 유지보수를 하기보다는 사용 부대나 기관이 요구하는 내용을 위주로 유지보수 하게 되며, 이때에도 모델을 활용하는 빈도에 따라 유지보수를 하거나 훈련이나 분석, 실험의 일정에 따라 유지보수 또는 운용준비를 하는 양상을 띠게 된다는 것이다. 한편으로는 통상적인 유지보수는 모델의 작전기능과 성능의 관점에서 수행되고, 당장 사용하고 운용하는 데에 따른 양질의 서비스를 제공하는 것과는 상관이 없으며, 사용 간 문제점이 식별되었거나 사용자의 수정 보완 요구에 따라 유지보수가 수행되는 양상을 띠고 있다는 것이다.

실제, 한국군이 M&S를 개발하여 사용하는데 있어 소요제기에서부터 M&S를 획득, 즉 개발하여 활용하기까지 전 과정을 미군의 시스템과 개략 비교해 보면, 한국군의 경우 군에서 M&S에 대한 소요제안으로 하고 합참에서 소요를 결정하게 되면 개발은 통상 방사청에서 수행하게 된다. 이때 개발사업과 소요군의 특성에 따라 해당 군 또는 합참에서 사업을 관리하기도 한다. 개발이 완료된 이후에는 시험평가를 하여 전력화를 하게 되고, 그 이후에 무상 유지보수 기간을 거친 후 유상 유지보수로 전환하게 되며, 통산 군에서 직접 M&S를 관리하고 활용하게 된다. 이에 비해 미군은 M&S에 대한 작전 요구사항 제기, 요구 선정, M&S 개발의 결정, 개발 및 유지보수, 그리고 운용기관이 각각 모두 다르며 부여된 임무와 기능, 책임과 권한 범위 내에서 개발과 운용을 담당하게 된다. 이때 한국군과 미군이 M&S를 운용하고 활용하는데 있어서 큰 차이점은, 한국군은 M&S 전문특기 보유자 자체가 없는 상태에서 현역이 주도적으로 M&S를 활용하는데 비해, 미군의 경우는 현역은 FA(Functional Area) 57, 군무원은 CP(Career Program) 36라는 M&S 전문특기 보유자들이 M&S를 사용하고자 하는 목적과 의도에 따른 작전운용 관점(Operational View)에서 M&S의 운용과 활용에 대한 개념과 개략 계획과 지침을 준비하고, 주로 모든 서비스는 M&S를 운용하기 위해 5년 단위로 장기 계약된 용역업체가 제공한다는 것이다. 한 가지 특이한 것은 M&S에 대한 유지보수는 운용을 위해 계약한 용역업체가 수행하는 것이 아니라, M&S 자원별로 유지보수를 전담하는 별도의 기관에서 수행한다는 것이다.

한국군의 관점에서 바라본 미군의 개발 및 운용 개념은 M&S 작전 요구사항 제기에서 개발과 운용에 이르는 모든 담당기관이 상이한 체계로는 효율적 운용이 쉽지 않은 반면, M&S 작전 요구사항이나 개발 간에 일관성 없이 반복되는 작전요구의 변경이 구조적으로 불가능하여, 비교적 일관성 있고 안정적인 개발과 운용이 가능하다는 것이다. 또한 M&S를 활용하는데 있어서도 작전운용 관점(Operational View)에 대해서는 현역과 군무원, 즉 정부 측 인원(Government Side)이 관심을 갖고 주도하게 되고, 나머지 M&S의 시스템 관점(System View)과 기술표준 관점(Technical Standard View)에 대해서는 전적으로 계약 용역업체가 책임을 지고 운용한다는 것이다. 이러한 체계는 미군의 현역과 군무원의 경우 M&S 전문특기를 운용하고 있고, 일반적으로 그들의 전문성이 한국군 현역이나 군무원 보다 훨씬 우수함에도 제도적으로 전문성과 효율성을 고려한 제도이다. 이러한 M&S 전문특기 운용제도와 안정적인 서비스 제공을 보장하는 용역업체 운용 개념과 제도는 우리가 배워야 할 점이라는 것이다.

이처럼 M&S를 활용하는데 있어서 한국군이 안고 있는 구조적인 문제점에 추가하여, 4차 산업혁명 시대에 기술융합에 의한 제품 서비스 시스템(PSS: Product Service Systems)에서 한 단계 더 나아가 제품을 하나의 서비스로 바라보는 Product as a Service 개념을 접목하여 M&SaaS(M&S as a Service)를 구현하여 활용하는 것이 필요하다는 생각이다. 만약 한국군이 M&SaaS 개념을 적용한다면, 군의 입장에서는 평상시에 M&S를 유지보수하고 운용 준비를 하는데 관심을 갖기보다는 M&S를 활용하는 작전운용 관점과 목적에 집중하면서도 양질의 서비스를 보장받을 수 있다는 것이다. 한편, 개발 업체의 경우에는 단순히 M&S를 개발하고 마는 것이 아니라 개발 이후 서비스를 연계하는 사업으로 고급인력을 보다 안정적으로 확보하여 운용하는 것이 가능하게 되고, 당연히 양질의 M&S 개발과 운용 서비스 제공이 가능하게 된다는 것이다. 결과적으로 M&S 개발업체들이 겪고 있는 개발사업 단위의 인력운용을 타파하여 안정적으로 고급 인력을 유지할 수 있으므로 인력운영 여건이 개선되고, 전문성을 확보하는 것이 가능하게 된다. 결국 군은 양질의 서비스를 제공 받을 수 있고, 업체는 새로운 수익을 창출하면서 고급 인력과 전문성을 지속적으로 확보할 수 있다는 것이다.

그렇다면, M&SaaS를 구현하려면 무엇을 어떻게 해야 하는지 기반체계(Infrastructure) 관점에서 살펴보자. 무엇보다도, 한국군이 M&S를 개발하여 유지보수를 하고 운용하는 패러다임(Paradigm)의 변화와 혁신이 절대적으로 필요하다. 이는 곧, 지금까지 해오던 것처럼 군이 M&S를 획득하여 주도적으로 관리하고 운용하던 방식을 벗어나 M&S 자체를 하나의 서비스로 바라보자는 것이다. 국방예산을 투입하여 개발한 M&S에 대한 소유권은 당연히 군에 귀속이 되겠지만, M&S를 바라보는 관점을 소유라는 측면보다는 신뢰할 수 있는 수준의 필요한 서비스를 필요한 때에 제공받는다는 측면으로 보자는 것이다. 다음으로, M&S 개발 및 운용과 관련된 용역계약 제도를 보완하는 것이 필요하다. 이를 위해서는 사용 목적과 의도에 부합하고 M&S 요구사항을 충족하는 양질의 M&S 개발을 보장할 수 있도록 최저가 입찰계약 제도를 보완하고, 편성예산 범위 내에서 업체가 일정수준의 이익을 낼 수 있도록 하여 구조적으로 부실 개발을 예방하고 방지할 수 있도록 해야 한다. 여기에서 한 걸음 더 나아가 M&S 개발업체에게 무상 유지보수 이후 유상 유지보수와 운용 서비스까지 패키지 개념으로 계약을 체결할 수 있도록 하자는 것이다. 특히 유지보수 및 운용 서비스와 관련해서는 3~5년의 다년간 계약이 가능하도록 함으로써 업체와 군 모두 안정적인 M&S 운용 서비스를 기대하고 제공할 수 있도록 하자는 것이다.

실제로 M&S를 하나의 서비스로 바라보기 위해서는 M&S 서비스를 보다 효율적으로 주고받을 수 있는 시스템 관점의 기반체계가 필요하다는 것이다. M&S를 제대로 된 서비스로 활용하기 위해서는 반드시 서비스를 제공하는 업체나 서비스를 받는 군이 같은 공간에 함께 위치해야 하는 것만은 아니다. 지리적으로 분산된 위치에서도 얼마든지 양질의 서비스를 제공할 수 있을 것이며, 특별히 연습과 훈련·분석 또는 실험을 수행한다든지 하는 특정 목적으로 M&S를 활용 시에 효율적인 통제를 위해서가 아니라면 오히려 분산 환경 하에서 유지보수를 하고 모의지원 서비스를 제공하는 것이 훨씬 효율적일 수도 있다는 것이다. 이를 위해서는 M&S를 지역 데이터 통신망(LAN: Local Area Network)이나 광역 데이터 통신망(WAN: Wide Area Network)에서 운용할 수 있어야 하고, 이를 효율적으로 운용하고 통제하며 분석할 수 있도록 그림 75에서 보는 바와 같이 연동 프로토콜과 페더레이션 통제도구, 데이터 일관성 감시도구, 데이터 수집 및 분석도구, 시험 보조 페더레이트 등 기반도구를 갖추어야 한다. 지금까지 설명한 M&S 개발과 서비스를 분산 환경 하에서 수행하기 위해서는 여기에 참여하는 업체의 인원과 시설에 대한 적절한 수준의 보안조치와 보안시스템 구축이 반드시 수반되어야 한다는 것이다.

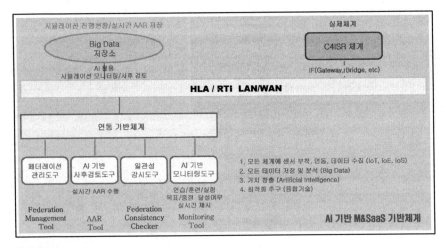

그림 75 M&SaaS 기반체계 구성도

M&S를 서비스 관점에서 바라보고 M&S를 활용하는 군이나 서비스를 제공하는 업체가 제대로 맡겨진 역할과 기능을 수행하기 위해서는 적어도 평상시에는 근 실시간(Near Real Time)에, 연습이나 훈련, 분석, 실험 등 M&S를 활용할 때에는 실시간(Real Time)에 사용하고자 하는 목적과 의도에 따른 서비스의 품질을 모니터링하여

간단없는 양질의 서비스를 제공할 수 있어야 한다는 것이다. 이를 위해서는 적어도 근 실시간에 M&S의 서비스 상태를 모니터링 하고 진단할 수 있어야 하며, 최적화한 서비스 운용을 위해서는 분산 환경하에서 적절한 수준의 제어와 통제도 가능해야 한다는 것이다. 또 이를 구현할 수 있도록 M&S를 서비스로 활용하기 위한 기반체계와 M&S의 모든 구성요소들에 센서(Sensors)와 인공지능(AI)과 제어장치(Actuators)를 설치하여 운용해야 한다는 것이다. 이처럼 기반체계를 구축하여 운용함으로써 적어도 근 실시간(Near Real Time)에 M&S 운용 상태에 대한 데이터를 수집하여 분석하며, 시스템 오류(System Error)와 부적절한 작동(Mal-Functioning) 및 운용자 오류(Human Errors)를 예방하고, M&S의 사용 의도와 목적의 달성여부를 분석하고 진단 평가하여, 필요시에 제한된 범위 내에서 제어하고 통제함으로서 궁극적으로 양질의 M&S 서비스를 보장하고, M&S 서비스의 가용도를 최적화하자는 것이다.

71. M&S as a Service(M&SaaS) 활용!
어떻게 구축, 적용해야 하나?

앞서 한국군이 다양한 국방 업무분야에 모델링 및 시뮬레이션(M&S: Modeling & Simulation)을 활용하는데 있어서 M&S의 활용을 보다 효율적으로 개선하기 위해서는 M&S를 하나의 서비스로 바라보는 M&SaaS(M&S as a Service)로 패러다임(Paradigm)의 변화와 전환이 필요하고, 이를 구현하기 위해선 기반체계(Infrastructure)를 구축해야 한다는 것을 제시하였다. 이번 이야기에서는 다양한 국방 업무분야에서 하나의 서비스로서 M&S(M&SaaS)를 활용하기 위해서 어떻게 M&S를 구축하고 활용해야 하는지 살펴보고자 한다.

한국군이 효율적 국방경영 수단으로서 M&S를 활용하는데 있어서 M&S를 활용하고자 하는 작전요구는 날이 갈수록 증대할 것으로 예상이 되는데 비해, M&S를 제대로 이해하고 사용 목적과 의도에 부합하게 보다 효율적으로 운용하는데 절대적으로 필요한 전문성 있는 현역과 군무원 M&S 운용요원을 확보하는 것도, 양성하는 것도, 유지하는 것도 쉽지 않다. 이러한 상황에서 다양한 M&S 활용분야에서 필요한 때에 간단없이 신속하게 M&S 운용 서비스를 제공받는 요구와 필요성은 더욱 더 증대할 것으로 예상되고 있다. 현재 M&S를 활용하기 위해 운용 서비스를 제공하는 방식은 대부분의 경우 용역업체 인원들이 참여하고 있지만 여전히 M&S 운용 서비스에 대한 주 책임은 현역과 군무원이 지고 있는 형태로, 전문성 있고 신뢰할 수 있는 수준의 양질의 서비스를 기대하기는 구조적으로 어렵다. 게다가 현역과 군무원이 주도적으로 수행해야 하는 M&S를 활용하고자 하는 작전운용 관점(Operational View)의 각종 기획과 계획 분야에서의 전문성도 그리 만족할 만한 수준이 아니라는 것이다. 즉 현재의 M&S를 운용하고 활용하는 방식으로는 작전운용 관점(Operational View)도, 시스템 관점(System View)도, 기술표준 관점(Technical Standard View)도 모두 제대로 수행하기가 쉽지 않다는 것이다.

이러한 측면에서 M&S를 국방 업무분야에 활용하고 수행하는 패러다임(Paradigm)

을 바꾸고 혁신하여 M&SaaS 개념을 적용하자는 것이다. M&S를 하나의 서비스로 바라보는 새로운 패러다임하에서는 군의 현역과 군무원은 교육훈련과 전투실험 및 합동실험을 기획하고 계획하며, 개략적인 M&S 활용계획 내지는 M&S 요구사항을 수립하거나 정립하는데 초점을 맞추자는 것이다. 만약 M&S를 활용하여 전력분석 업무를 수행하고자 할 때에는 작전계획과 무기체계 운용개념에 따른 시나리오를 발전시키고, 분석 대안을 설정하며 분석측도(Measures of Analysis)를 설정하는데 초점을 맞추자는 것이다. 또한, 무기체계 획득을 위한 소요기획단계와 획득단계의 시험 평가, 그리고 운용유지단계의 전력화 평가 및 전력운영분석을 위해서는, 전력분석 업무의 경우에서 설명한 바와 같이 M&S를 활용한 소요기획 분석계획과 시험평가계획, 전력화 평가계획 및 전력운영 분석계획을 수립하는데 초점을 맞추고 집중하자는 것이다.

이러한 현역과 군무원의 임무와 역할과 기능에 대하여 M&S를 하나의 서비스로 바라보는 관점에서 M&S를 개발하거나 유지보수, 운용 서비스를 제공하는 용역업체의 전문 인력들은 현역과 군무원들이 제시하는 작전운용 관점에서의 M&S 활용을 위한 구상과 개략 계획 및 지침을 기반으로 시뮬레이션 지원계획을 수립하고, 시뮬레이션 시스템 아키텍처를 설계하며, 사용 목적과 의도한대로 시뮬레이션이 기능과 성능을 발휘할 수 있도록 기술표준 아키텍처(Technical Standard Architecture)를 고려하여 유지보수와 각종 시험 수행 및 운용 서비스를 제공하자는 것이다. 이들은 군이 제시하는 M&S의 오류 수정 보완 요구와 성능개선 요구를 포함하여 상시 M&S 개선 요구를 수집하고, 군이 성능개선과 수정 보완을 승인한 범위 내에서 개선과 보완을 수행하며, M&S와 기반체계에 설치한 센서를 통해 운용 상태에 대한 데이터를 수집하여 분석함으로써 최적화된 서비스를 지원하고 제공하도록 하자는 것이다.

실제, M&S를 하나의 서비스로 바라보고 활용하는 M&SaaS를 구현한다는 것은 현재 M&S를 운용하는 방식과는 시스템 아키텍처(System Architecture) 관점에서 상당히 큰 차이가 있다. M&SaaS 개념을 구현하여 적용하기 위해서는 앞 이야기에서 토의한 지역·광역 데이터 통신망(LAN·WAN)과 연동 프로토콜(HLA/RTI), 연동 기반체계와 Big Data 저장소를 포함하는 기반체계의 토대 위에, 그림 76에서 보는 바와 같이 실제 운용하는 M&S를 연동하여 구축한 LVC 모의체계(가상 합성 전장 환경 모의)를 연동하여 서비스를 제공해야 하는 것이다. 이때 LVC 모의체계는 사용하고자 하는 목적과 의도에 따라 각각 상이한 모습으로 구현할 수 있다는 것이다.

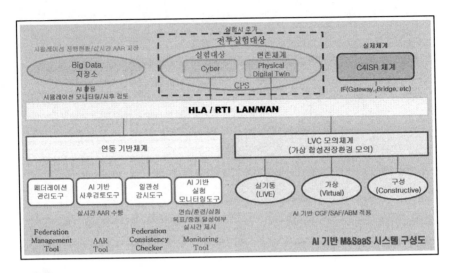

그림 76 M&SaaS 시스템 구성도

　만약 전투 및 합동 실험을 위한 M&S 운용 서비스를 제공할 경우에는, 그림 상단 중앙에서 보는 바와 같이 필요에 따라 실험대상 체계를 Cyber로 구축하여 포함할 수 있고, 만약 현존체계를 포함할 필요가 있을 때에는 실험의 성격에 따라서 물리적 상태 또는 디지털 트윈(Digital Twin)으로도 연결할 수 있다. 이때 M&SaaS 시스템 구성도에 포함되는 모든 도구와 M&S, 실험대상 체계에는 센서를 부착하여, 시뮬레이션 수행 간에 데이터를 수집하여 Big Data에 저장하고, 인공지능(AI)을 활용하여 탐색하고, 추론하며, 예측하여 새로운 가치를 창출하도록 해야 한다. 이는 궁극적으로 M&SaaS 개념을 적용하여 M&S를 활용하는 서비스 자체와 M&S를 사용하는 목적과 의도에 대해 최적화를 추구하자는 것이다.

　만약 한국군이 M&S를 다양한 국방 업무분야에 활용함에 있어 M&S를 하나의 서비스 관점으로 접근하여 M&SaaS라는 새로운 개념을 적용하고, 실제 이를 적용하여 운용하는 패러다임을 변화하고 혁신한다면, 군과 업체 양측 모두 지금까지 경험하지 못했던 기대효과와 이익을 얻을 수 있을 것이다. 먼저 군의 입장에서는 기존의 최저가 입찰제도를 변경하여 개발업체에 적정수준의 이익을 보장해 주는 제도로 바뀔 경우, 기존의 편성된 예산으로 사용 목적과 의도에 부합하며 M&S 요구사항을 충족하는 양질의 M&S를 개발할 수 있다는 것이다. 또한 한국군은 미군 현역의 FA(Functional Area) 57이나 군무원의 CP(Career Program) 36와 같은 M&S 전문특기를 아예 고려하지 않고 있는 상황인만큼, M&S를 운용하는 책임까지 현역과 군무원에 부여할 것이 아니라 M&S 운용 서비스를 용역업체 전문 인력에게 맡기고, 작전운용 관점에만 집중함으로써 오히려 M&S를 활용하고자 하는 사용 목적과 의도에 더 충실하게 활용할 수 있다는 것이다. 이때 추가로 고려해야 할 것이 있다면 M&S의 유지보수 및 운용 서비스를 제공할 수 있는 전문 용역업체와 계약을 하는 예산이 좀 더 필요하다는 것인데, 이것도 어차피 군에 M&S 전문특기도 없고, M&S 전문성을 갖출 수 있는 별도의 인력양성 시스템이 갖추어져 있지 않는 상태에서 비전문가인 현역이나 군무원을 편성하여 운용하는데 소요되는 인력과 예산을 고려한다면 별로 큰 문제가 아니라는 생각이다.

한편 업체의 경우 그간 한국군의 관행이 최저가 입찰제도라는 점, 개발 이후 유지보수를 맡는다는 보장이 없다는 점, 운용 서비스 제공에 참여한다 해도 1년 단위 계약이라는 점 등으로 개발과정에서 필요한 고급인력을 안정적으로 확보하는 것이 어려웠고, M&S 개발 수행 이후 공백 기간에 기업의 안정적 운영도 어려웠다. 하지만 만약 한국군이 M&SaaS 개념을 적용하게 된다면 업체는 고급인력의 안정적인 확보가 구조적으로 가능하게 되고, 개발과 유지보수, 운용 서비스 전 영역에 걸쳐 업체의 전문성 향상이 가능하게 될 수 있다는 것이다. 업체는 M&S 개발 산출물로 M&S만을 군에 납품하고 마는 것이 아니라, 단순한 유지보수 차원을 넘어 M&S를 활용하는 전 기간에 걸쳐서 서비스를 제공한다는 새로운 비즈니스 모델의 창출과 그로 인한 수익으로 기업 운영여건이 획기적으로 개선될 수 있을 것이다. 이렇게 될 경우 기업 경영상태가 양호하고 전문 인력을 갖춰 전문성 있는 업체에서 M&S 개발과 운용에 참여하게 되니, 양질의 M&S를 개발하게 되고 또 양질의 운용 서비스를 제공하게 되는 선순환의 효과를 낳게 될 것이다. 그리고 그 결과로서 군은 보다 양질의 M&S 체계 개발과 유지보수 및 운용 서비스를 기대할 수 있다는 것이다.

결국 한국군이 M&S를 획득하여 군이 직접 운용하여 활용한다는 개념으로부터 하나의 서비스 관점으로 M&S(M&SaaS)를 바라보는 인식과 의식의 전환으로 M&SaaS를 구현할 수 있도록 기반체계와 M&S 자원을 활용하여 시스템을 구축하여 제대로 활용하게 된다면 군과 업체 모두 이익을 얻을 수 있으며 새로운 가치를 창출할 수 있다는 것이다. 군은 M&S를 사용하는 목적과 의도인 작전운용 관점과 작전요구에 초점을 맞춰 임무를 수행할 수 있을 것이며, 업체는 고급 전문인력의 안정적 운용에 의한 전문성의 향상과 단순한 M&S 개발에 추가하여 운용 서비스라는 비즈니스 모델의 창출과 수익으로 보다 안정적인 기업 운영과 양질의 M&S 운용 서비스를 제공할 수 있게 된다는 것이다. 궁극적으로 한국군은 M&S를 활용하는 국방업무 전 분야에서 M&SaaS라는 개념의 도입, 적용으로 보다 효율적이고 과학적, 분석적이며, 신뢰성과 충실도가 보장된 양질의 M&S 운용 서비스를 활용하는 국방경영 수단을 얻을 수 있다는 것이다.

제 7 편

국방 M&S의 미래!
남겨진 뒷이야기들!

|

양수리 새미원. 67×48㎝. 수채화. 2018. 4. 松霞 이종호

72. M&S 관련 이해당사자들! 어떻게 M&S 원리와 원칙을 이해해야 하나?

지금까지 이야기들을 통해 우리에게 다가오는 4차 산업혁명 시대에 효율적 국방경영 수단인 모델링 및 시뮬레이션(M&S: Modeling & Simulation) 분야에서의 변화 요구와 도전, 그리고 한국군이 어디로 어떻게 가야하는지 살펴보았다. 이번 제7편에서는 미래에는 보다 제대로 M&S를 활용할 수 있도록 하기 위해 그간 M&S를 다양한 국방 업무분야에 활용하면서 겪었던 경험과 실수와 오류, 그리고 그것들을 통해 느꼈던 교훈들을 살펴보고자 한다.

한국군이 M&S를 다양한 국방 업무분야에 활용하는 과정에서 느끼는 것은, 어디에서 어떤 목적과 의도로 어느 수준과 정도로 M&S를 접했든지 모두가 자신을 전문가인 듯 생각하고 판단하며 행동하고 있다는 것이다. 앞서 한차례 토의했듯이 미군과 달리 한국군은 M&S 전문특기도, 인력 양성 프로그램도, 전문성을 쌓을 수 있는 인사제도 어느 것 하나 준비되어 있지 않음에도 각 분야마다 모두가 자신을 전문가로 자칭하고 있다는 것이다. 그러다 보니 정말 제대로 M&S를 이해하고 제대로 활용해야 함에도 불구하고, 많지 않은 M&S 자원과 인력을 보다 효율적으로 활용하는 데 어려움이 많으며, 한정된 자원과 노력이 낭비되고 제대로 활용되지 못하는 경우가 빈번하다. 이러한 관점에서 먼저, M&S 분야에서 일하는 이해당사자들이 어떻게 M&S의 원리와 원칙을 이해해야 하는지 살펴보자는 것이다.

한국군은 전반적으로 M&S와 관련된 기본개념에 대한 이해가 부족하다. 미군의 경우에는 영관장교 정도이면 M&S가 무엇인지 어떤 목적과 의도로 어떻게 사용해야 하는지 정도는 다 이해하고 있다는 생각이다. 이에 비해 한국군은 상당한 수준의 고급장교가 되어도 M&S가 무엇인지조차 모르는 경우가 허다하며, 너나 할 것 없이 거의 모두 M&S의 기본개념에 대한 이해가 턱없이 부족하고 미흡한 상태이다. 더욱이, M&S 분야에서 상당한 기간을 일하면서도 M&S의 기본 원리와 원칙을 고려해야한다는 그 자체를 모르는 경우도 허다하다. 실제 M&S를 개발하든지 활용하는 경우에는 그 사용 목적과 의도와는 무관하게 할 수만 있다면 실제 세계와 같이 상세하게 묘사하고 실행할 것을 요구하기도 하고, 때로는 사용자 편의성을 위해 실제 체계와 전장 환경 그 이상으로 과도한 묘사를 요구하기도 한다는 것이다.

또한, 하나의 모델로 여러 가지 목적에 활용할 수 있다는 생각이나 M&S의 출력결과를 맹목적으로 신봉하는 경향, 또는 그 반대로 M&S 결과를 얼마든지 조작이 가능하다는 불신 풍조까지 다양한 양상을 보이고 있다. M&S를 사용 목적과 의도, 활용 범위에 벗어나게 적용하여 훈련하고, 분석하며, 실험하여 시스템에 대한 통찰을 얻고자 할 때, 그에 내재된 오류 가능성과 위험을 고려해야 함에도 M&S 사용 목적과 의도, 내재된 원리와 원칙에 대한 무지와 이해 부족은 결국 한국군이 M&S를 활용하는데 불신을 초래하게 될 것이라는 것이다. 이러한 모습은 비단 군에만 해당되는 것이 아니라 산업계와 연구소, 학계에 이르기까지 거의 동일한 수준이다. M&S를 개발하는 과정에서 군이 제시하는 요구사항을 제대로 이해하여 수용하지 않음은 물론, 새로운 이론과 기술도, 새로운 각종 표준과 포맷과 도구도 제대로 고려하지 않는 모습이라는 것이다. 이러한 현상의 이면에는 무엇보다도 M&S에 대한 기본 이론과 원리와 원칙을 배울 기회가 없었으며, M&S 사용 목적과 의도, 요구사항에 따라 체계적으로 M&S를 개발하고 활용해야 함에도 마구잡이식 개발과 활용에 그 원인이 있다는 생각이다.

그렇다면 M&S에 내재된 원리와 원칙은 과연 무엇일까? 가장 기본적인 M&S의 원리와 원칙은 M&S의 개념과 정의에 내재되어 있다. 즉 M&S란 그 사용하고자 하는 목적과 의도에 부합하도록 대상이 무엇이든지 실제 체계를 표현하는 모델링 과정을 거쳐 모델을 만들고, 시간의 흐름상에서 모델을 실행하여 시뮬레이션을 함으로써 실제 체계에 대한 통찰을 얻어 의사결정의 지원 수단으로 활용한다는 것이다. 여기에서 실제 체계를 표현하는 수준과 정도는 사용 목적과 의도에 의해 결정되는데, 여기에 관련된 이슈가 해상도(Resolution)와 충실도(Fidelity)라는 개념이다. 모델을 시간의 흐름상에서 수행하는 것은 연속상태(Continues)와 이산상태(Discrete)로 구분할 수 있으나, 일반적으로 연속상태를 이산상태로 전환하여 이산사건 시뮬레이션(Discrete Event Simulation)으로 수행할 수 있다는 것이다. 이렇게 시뮬레이션을 수행하는 과정에서 실제 체계의 상태나 절차가 너무 복잡하여, 모든 관련 요소에 불확실성을 고려할 경우 오히려 시스템에 대한 통찰을 얻고 의사결정 수단으로 활용하는 것이 어려울 경우에는 결정적(Deterministic)으로, 이와 반대로 상태와 절차는 단순하나 불확실성 요소를 고려해야 할 경우에는 확률적(Stochastic)으로 수행해야 한다. 이때 확률적 개념을 적용할 경우에는, 특히 분석 목적으로 활용 시에는 시뮬레이션 수행 간에 무작위수 생성기(Random Number Generator)와 무작위수 초기값(Random Seed)을 고려해야 하고, 샘플추출(Sampling)을 위해 실험계획(Design of Experiments)을 수립하고 반복 횟수(Number of Replications)를 고려해야 한다는 것이다.

다양한 국방 업무분야 문제를 해결하기 위해 M&S의 사용을 검토할 때는 M&S 외에 문제해결을 위한 다른 방법이 없는지 먼저 살펴야 한다. M&S 외에 다른 방법이 있다면 구태여 M&S를 사용할 필요가 없으며, 사용해서도 안 된다는 것이다. 만약 M&S를 부득이 사용해야 한다면, 문제해결을 위해 M&S가 갖추어야 하는 요구사항은 무엇인지를 먼저 잘 선정해야 한다. 그 이후에는 이러한 요구사항을 충족하기 위해 기존의 M&S를 재사용하든지, 새로운 M&S를 개발하든지, M&S들을 연동하든지 하는 방법을 강구하게 되는 것이다. 이때 기존의 M&S를 재사용하기 위해서 고려해야 하는 것은, 기존 M&S를 최초 개발 시에 아키텍처 개념을 적용해야 하고, 최소한 M&S 요구사항에 대한 검증과 개념모델에 대한 확인 자료들을 잘 보관해야 한다는 것이다. 새로운 M&S를 개발해야 할 경우에는 M&S 개발절차를 원칙대로 준수하여 M&S 요구사항, 개념모델, 설계, 구현, 데이터 입력, 결과 확인 순으로 개발해야 한다. 이때, 상호 운용성과 재사용성을 고려하여 아키텍처 개념을 반드시 적용하고, 모듈화 및 컴포넌트화하여 개발해야 한다는 것이다.

특히 M&S 요구사항을 충족하기 위해 M&S들을 연동하는 연동체계(Federation)를 구성하게 될 경우에는 반드시 아키텍처 개념을 적용하고, 국제표준인 IEEE 1730 DSEEP(Distributed Simulation Engineering Execution Process)과 IEEE 1730.1 DMAO(DSEEP Multi-Architecture Overlay), 그리고 SISO(Simulation Interoperability Standard Organization) 표준인 FEAT(Federation Engineering Agreement Template)를 적용해야 한다. 하지만 한국군의 M&S 연동체계에 대한 인식은 일반적으로 '어렵다'는 것이며, 각 M&S 자원들에 대해 연동하여 사용할 수 있다는 막연한 생각뿐으로, 보다 구체적으로 각 M&S에서 어떤 객체와 상호작용을 주고받을 것인지 정의하는 SOM(Simulation Object Model)과 연동체계 내에서 전체적으로 어떤 객체와 상호작용을 주고받을 것인지 정의하는 SDEM(Simulation Data Exchange Model)에 대해서는 물론, FEDEP(Federation Development & Execution Process)에 의한 FOM(Federation Object Model) 조차 한 번도 개발해본 적이 없다는 것이다. 또한 산·학·연에서 연구를

할 때에도 연동 그 자체가 목적이었을 뿐 아키텍처 개념도, 재사용성에 관한 개념도 고려하지 않다 보니 Customized·Tailoring된 형태의 연동체계 수준에 머무르게 되었다. 즉, 아키텍처와 표준을 기반으로 한 M&S의 상호 운용성 이슈와 재사용성 이슈를 진지하게 고려하지 않는다는 것이다.

이처럼, 문제 해결을 위해 M&S 요구사항을 충족할 수 있는 M&S를 준비하는 과정에서는 당연히 사용하는 목적과 의도에 부합하는지를 검증, 확인 및 인정(VV&A: Verification, Validation & Accreditation)하는 활동을 수행해야 하나, VV&A를 수행하는 대상과 범위, 시기, 방법 등에 대해 업무수행 절차와 문서 양식이 이미 표준화가 되어 있음에도 불구하고 제대로 준수지 않는 경향이 있다는 것이다. 우선 VV&A 대상 범위를 선정함에 있어서 당연히 M&S 그 자체, 또는 연동체계가 되어야 함에도 모의 논리로 한정하여 수행을 하였고, 수행 절차와 방법도 시험평가를 하듯이 적용하기도 했으며, 문서 양식도 외형적으로는 표준 양식은 따랐으나 실제는 소프트웨어 시스템 엔지니어링(SW System Engineering) 절차를 준하여 수행하다 보니 M&S 요구사항을 기준으로 VV&A를 수행하는 것이 아니라, 시험평가용 M&S VV&A의 경우 체계요구사항과 소프트에어 요구사항을 기준으로 수행하는 모습을 보이기도 하였다는 것이다.

문제 해결을 위해 M&S를 준비하였으면 M&S를 사용하고자 하는 목적과 의도, 그리고 적용 범위에 맞게 활용을 해야 하고, 만약 사용 목적과 의도가 다르면 다시 VV&A를 수행해야 하나, 그냥 M&S가 가용하니까 사용한다는 주장도 빈번하게 나타나곤 하였다. 이처럼 M&S의 기본 원리와 원칙에 대한 무지와 이해 부족은 대두되는 문제와 이슈에 대해 통찰을 얻기 위해 충분히 활용할 수 있는 M&S 자원이 가용함에도 사용 목적이 다르다는 이유로 재사용하거나 재활용할 생각조차 하지 않는 경우도 빈번히 나타나곤 하였다. 그 대표적인 예가 육군의 사단·군단 BCTP를 전투실험에 사용할 수 없다는 것과 육군 BCTP와 과학화 훈련장 KCTC를 LVC 구축에 사용하거나 참여할 수 없다는 주장을 제기한 것이다.

이외에도 상이한 시뮬레이션 유형들을 상호 연동하여 구현하는 LVC를 구축하기 위해 고려해야 하는 아키텍처에 대한 한국군 차원의 정책도, 기술적인 연구도, 또 상이한 아키텍처들을 연동하는 Gateway를 재설정 가능하게(Reconfigurable) 개발한다는 개념도 아직 전혀 고려하지 않고 있으며, 그것을 구현하기 위해 개발되어 있는 각종 정의(Definitions)와 언어(Languages), 도구(Tool & Utilities)들에 대해 전혀 관심이 없다. 심지어 그러한 개념이 필요하다는 것조차 모르고 있다는 것이다. 앞서 설명한 상이한 아키텍처 기반의 상이한 시뮬레이션들을 보다 효율적으로 연동 운용하기 위해서는 각각 아키텍처 의존적(Dependent)인 객체와 상호작용에서 공통적으로 적용 가능하고 아키텍처 독립적(Independent)이고 중립적(Neutral)인 요소들을 뽑아내어 서로 쉽게 주고받을 수 있도록 해야 하나, 이와 관련되어있는 데이터 타입(Type)이나 포맷(Format)에 대해서 전혀 관심이 없어 보인다. 연동체계를 구성하여 운용하는 가운데 만약 상이한 해상도(Resolution)의 M&S를 연동할 경우에 연동 대상 객체를 통합 또는 분할(Aggregation-Disaggregation)하는 MRM(Multi-Resolution Modeling)을 적용해야 하는데, 이 경우에도 아주 기본적인 수준만 생각하고 본질적인 이슈를 생각지 못하는 경우가 있다는 것이다.

(John A. Battilega and Judith K. Grange, The Military Applications of Modeling, P8~11)

- 고객 우선-사용자/고객 요구 충족
- 분석시 평가기준은 모델설계에 절대적 영향
- 동일 비용, 동일 효과 분석이 수학적으로 동일하게 보여도 실제로는 동일하지 않음
- 통상적으로 분석은 대안 평가를 위한 다양한 평가기준에 초점
- 요구되는 모델링 수준과 기본 입력 데이터의 불확실성간의 문제와 갈등 해결
- 불확실한 분석요소는 모델 속에서 외형적, 내재적, 모수 또는 제약식으로 처리
- 사용자 목적에 따라 광범위하게 또는 상세하게 설계, 두 가지 요소 동시추구 곤란
- 모델이 연대적으로 가까운 시점에 활용될수록 보다 적합하게 모델링 가능
- 고도의 불확실성을 내포한 문제 연구시 모델링에 적절한 가정 및 시나리오 설정 활용
- 모델의 능력과 상세 정도는 컴퓨터 자원의 가용성과 기술수준에 의해 제한
- 모델링 가정은 특정관점에 대해 보수적으로 편향 경향
- 모델 개발자는 특정 시스템의 선호하는 특성을 강조하는 모델 개발 경향
- 모델과 데이터는 두 개의 구분되는 개체이나 때로는 상호 밀접하게 관계
- 군사모델 실행시 정밀도는 모델이 사용되는 분석환경의 상관관계로 표출
- 모델 개발자의 최우선 목표는 문제해결에 본질적인 최소한도 수준의 세부적 묘사를 제공할 수 있도록 모델링 개념, 가정, 계산절차에 대한 완전한 투명성 제공

그림 77 모델링 설계원칙 및 고려사항

한국군이 일반적으로 간과하고 제대로 이해하지 못하는 M&S 관련 원리와 원칙들에 대해 일부분만 토의하였고, 그 이외에 고려해야할 모델링 설계원칙과 고려사항을 그림 77과 78에서 보는 바와 같이 제시하였다. 결국 M&S 관련 이해당사자들이 M&S에 대한 원리와 원칙을 제대로 이해하고 제대로 적용하여 활용할 수 있어야 한다는 것이다.

(Fundamental Principles of MS by Roger Smith 1999)

- 단순화, 그리고 단순화
  - 과거 경험으로부터 교훈 도출
    - 개념 모델(Conceptual Model) 구축
      - 프로토 타입(Proto type) 구축
        - 사용자의 핵심 쟁점 고려/반영
- 가용한 데이터 범위 내에서 모델 구축
  - 프로그램과 데이터의 분리
    - 개발자의 창의적인 에너지 신뢰
      - 전반적인 제약조건(품질, 시간, 예산, 개발자 능력) 고려
        - 개발자 자신의 모델링 원칙 개발/개선

그림 78 모델링 10가지 설계원칙

73. M&S 관련 이해당사자들! 어떻게 M&S를 활용해야 하나?

바로 앞 이야기에서는 모델링 및 시뮬레이션(M&S: Modeling & Simulation) 분야 이해당사자들의 M&S 원리와 원칙에 대한 이해에 대해서 토의하였고, 이번 이야기에서는 과연 어떻게 M&S를 활용해야 하는지 살펴보고자 한다.

한국군의 M&S 분야에 몸담고 일하면서 느꼈던 것은 먼저, 많은 사람들이 M&S에 대한 지식과 이해, 그리고 국방 업무분야 활용에 대해서 자세히 알지 못하고, 더욱이 M&S에 대한 통찰(Insight)이 없으면서도 아주 단편적인 정보로 전문가 행세를 하는 경향이 있다는 것이다. 이러한 모습은 M&S를 개발할 때에도, M&S를 활용할 때에도 다양한 수준에서 다양한 형태로 나타나곤 했다. 예로 일부 M&S를 개발하는 경우에 M&S의 사용 목적과 의도와는 상관없이 합참 차원의 모델 개발에서 아주 상세한 후방지역 민간인에 의한 적 침투부대 신고 묘사를 요구하기도 했고, 전방 사단들의 부대상태를 자동으로 전시(Display)할 것으로 요구하기도 했으며, 해병대 상륙전모델을 개발하는 과정에서 상륙작전을 모니터링 할 수 있는 전시(Display) 시스템 개발을 요구하기도 했다. 혹시라도 한국군의 고급장교가 미국을 방문하여 미군의 M&S 발전계획과 추진현황 설명을 듣게 되면, 그 설명의 전후 관계와 현 상태에 대한 정확한 의미는 생각하지 않은 상태에서 소위 이렇다 하더라는 식으로 얘기를 전하는 경우가 비일비재하였다는 것이다.

경우에 따라서는 한국군의 M&S 현실과 개발 및 운용 시스템은 고려하지 않고, 미군 M&S 개발 프로그램 담당자의 의견만을 맹신하는 경우도 빈번했으며, M&S의 사용 목적과 의도에 따른 M&S 요구사항이 아주 중요함에도 한국군의 작전요구를 무시하는 경우도 많았다. 특히 M&S를 개발하는 경우에는 대다수의 경우 M&S를 운용하는 현역 실무자들이 주로 M&S 요구사항을 도출하였고, 실제로 M&S를 활용하는 워파이터들은 계급의 고하를 막론하고 M&S를 어떤 목적으로 어떻게 활용하고자 하는지에 근거하여 도출하게 되는 M&S 요구사항을 단 한 줄도 내놓지 못한다는 것이다. 이처럼 M&S를 다양한 국방 업무분야에 활용하는데 대한 시스템적인 통찰이 없이 실무자 수준에서는 약간의 M&S를 활용해본 경험만으로, 고급장교 수준에서는 미군으로부터 M&S에 대해 소개를 받은 것만으로 전문가 행세를 하고 의견을 제시하고 시행을 요구하는 모습은 한국군의 M&S 업무 발전에 많은 장애와 저해 요인이 되었다는 것이다.

한국군은 일반적으로 M&S 분야 전문가의 의견을 무시하는 경향이 있으며, 일부 미군의 의견을 맹목적으로 추종하거나 신봉하는 경향이 있다. 앞서 설명했듯이 미군의 경우는 현역과 군무원 각각 M&S 분야 전문특기가 있으며, 전문 인력을 양성하고, 전문성을 갖출 수 있는 시스템과 인사제도를 운영하고 있다. 미군의 경우 M&S 전문특기 근무자들은 현재 보직을 받은 업무가 아니라면 구태여 다른 업무영역에 대해서는 관심을 가질 필요도, 추가로 연구를 할 필요도 별로 없다. 매 보직마다 부여된 업무를 열심히 성실하게 수행하다보면 자연스럽게 해당업무에 대한 전문성을 갖출 수 있는 시스템이라는 것이다. 그런 상태에서 미군 M&S 실무자가 한마디 의견을 개진한다든지 설명을 하면 그 의미와 수준과 깊이를 제대로 이해할 수 있어야 하나, 한국군이 그런 시스템이 아니다 보니 정확히 이해하는 것이 어려우며, 결국 별도의 깊이 있는 연구와 통찰이 없이 미군의 논조를 전달하고 주장하며 신봉하는 모습밖에는 안 된다는 것이다

한편, 미군은 M&S를 개발하여 운용하는 과정에서 몇몇 체계의 개발에서 실패한 사례가 있음에도 불구하고 해당 실무자와 개발부서의 의견을 신뢰하는 경향이 있는데 비해, 한국군은 실패를 인정하지 않는 문화이며 개발 사업의 일정 지연조차 수용하지 않는 문화로 실무자의 의견에 대한 신뢰가 없다. 저자가 미군과 함께 일하면서 경험해 본 바로는, 2000년대 중반에 합동전 모델인 JTLS(Joint Theater Level Simulation)를 한미 연합연습에 적용을 추진했으나 작전요구 성능시험에서 실패한 바가 있었으며, 현재 미군이 사용하고 있는 지상전 모델인 WARSIM(Warfighter's Simulation)은 사업 착수 이후 15년이 경과한 2000년대 말경 운용준비 시험평가인 ORE(Operational Readiness Evaluation)에 실패하였고, 이후 미 2사단 워패스연습(WP: War Path)을 통해 몇 차례 추가시험을 수행하였다. 또한, 미 육군이 심혈을 기울여 개발한 여단급 이하 훈련, 분석, 실험, 획득 전 영역에 활용이 가능하다고 주장했던 OneSAF조차도 작전요구에 대한 충족 미흡으로 어려움을 겪었다.

반면 한국군은 M&S에 대한 전반적인 이해와 인식이 부족하고 미흡하며, 일부 분야에서 괄목할만한 성과를 얻었음에도 아직 활용이 많이 미흡하다는 생각이다. 이러한 모습은 실무자에서부터 고급 지휘관에 이르기까지 M&S에 대한 전반적인 이해가 부족한 것이 가장 큰 이유이고, 그나마 일부 전문성을 갖춘 실무자들의 의견을 무시하거나 배제하는 경향 때문이다. 이렇게 된 배경에는 아마도 미군의 경우 M&S 전문특기가 있고, 전문인력 양성 프로그램이 있으며, 전문특기에 대한 체계적인 인사 제도와 관리가 이루어지는데 비해, 한국군은 그러한 시스템이 없다 보니 당연하게 실무자가 얼마나 알겠는가 하는 선입견이 있을 수도 있다는 것이다. 뿐만 아니라, 한국군은 정책적 관점에서 국방 전 업무분야에 걸쳐 효율적인 국방경영 수단인 M&S에 대해 비전도, 정책도, 장기발전 구상도 없다는 것도 배경 중 하나일 수 있다. 한때는 국방부 정보화기획관실에서 국방 M&S 관련 업무에 관심을 갖기도 하였지만, 거의 대부분의 업무를 합참 합동실험실로 위임하여 수행하였다. 그 와중에 M&S라는 용어가 이해하기 어렵다는 이유로 그냥 워게임이라 부르자 하여 M&S 분야의 비전과 정책방향, 그리고 작전운용 관점(Operational View)의 발전방안을 담아야 할 한국군의 M&S 종합발전계획이 한동안은 한국군이 추진하고 있는 M&S 개발 사업을 종합 정리한 '한국군 워게임 종합발전계획'이라는 제목으로 가늠되기도 하였다. 그러다 보니 당연한 결과로 다양한 작전요구에 대비하여 한정된 국방 가용 자원을 효율적으로 운용하는 방안을 연구하고 분석하여, 훈련하고 획득하며 실험하는 수단으로서의 M&S를 제대로 활용할 수 없게 되었다는 것이다.

또한, 한국군은 권위 있는 어느 기관에서도 M&S에 관련된 작전운용 관점(Operational View)은 물론 시스템 관점(System View)과 기술표준 관점(Technical Standdard View)에 대한 아무런 비전도, 정책도, 지침도 제시하지 않거나 못 하다 보니 군·산·학·연 모두 M&S의 기본 원리와 원칙, 아키텍처와 표준에 기반하여 보다 체계적이고 상호 운용성과 재사용성을 고려한 M&S의 개발과 활용보다는 접근하기 쉬운 일회성의 Customized·Tailoring 된 방법을 선호하고 집착하는 양상을 띠고 있다. 결국 조금만 더 관심을 갖고 연구하고 보다 효율적 활용 방안을 강구하면 한정된 국방 가용 자원과 M&S 자원들을 보다 효율적으로 활용할 수 있음에도 불구하고 M&S의 가치와 이익에 대한 이해 부족으로 장기적이고 지속적인 투자와 연구를 통해 보다 큰 가치를 창출하기보다는 단편적이고 단기적인 성과와 결과에 집착하고 있다는 것이다.

한국군이 다양한 국방 업무분야에 효율적 국방경영 수단으로 M&S를 제대로 활용하기 위해서는 M&S 분야 근무자들만의 열정과 노력만으로는 한계가 있다는 생각이다. 국방경영을 책임지는 정책결정자들과 군을 실제로 이끌어가는 워파이터들의 최고위 의사결정자들이 주어진 국방예산을 어떻게 하면 보다 효율적으로 운용할 수 있을까 고민하고, 방위력개선사업을 어떻게 하면 보다 지혜롭고 효율적으로 수행할 수 있을까 고민하며, 군을 어떻게 하면 싸워서 이길 수 있는 보다 강한 군으로 전투준비태세를 유지하고 향상시킬 수 있을까 고민하는 절박함과 간절함이 절대적으로 필요하다는 것이다. 이러는 가운데 정책결정자들과 워파이터들은 M&S를 제대로 활용할 수 있고 제대로 활용하기 위한 작전운용 관점(Operational View)의 작전요구를 제시하고, 군의 M&S 업무담당자와 전문가들은 이러한 작전요구를 충족할 수 있는 시스템 관점(System View)의 시스템 아키텍처를 제시하며, 산·학·연의 M&S 종사자들은 기술표준 관점(Technical Standard View)에서 원리와 원칙, 아키텍처와 표준, 상호운용성과 제사용성을 고려하여 이를 구현할 수 있도록 해야 한다.

결국 한국군이 M&S를 국방 업무분야에 보다 효율적으로 활용하기 위해서는 군·산·학·연의 모든 M&S 종사자들은 물론 정책결정자와 워파이터들이 M&S에 대한 원리와 원칙을 제대로 이해하는 것이 우선 선행되어야 한다는 것이다. M&S에 대한 이해와 지식을 토대로 정책결정자들과 워파이터들이 효율적 국방경영과 강군 육성을 위한 간절함과 절박함으로 작전요구를 제시할 수 있어야 하고, M&S 분야 종사자들은 이러한 요구를 충족할 수 있도록 시스템과 기술을 제공하고 지원할 수 있어야 한다. 그리하여 M&S를 사용하고자 하는 목적과 의도에 부합하게 제대로 활용함으로서 새로운 이익과 가치를 창출할 수 있도록 하여 M&S를 효율적인 국방경영 수단으로 활용해야 한다는 것이다.

74. 정책수립자들! 효율적 국방경영 수단인 M&S 정책 어떻게 접근해야 하나?

이번 이야기에서는 한국군이 국방 업무분야의 다양한 문제와 이슈를 해결하기 위해 모델링 및 시뮬레이션(M&S: Modeling & Simulation)을 활용하는데 있어 과연 어떤 정책을 어떻게 추진해 왔는지 되돌아보고, 미래에는 어떻게 접근해야 하는지 한번 생각해보자. 이렇게 이야기를 시작하면서도 그간 한국군이 M&S와 관련하여 정책적 관점에서 무엇을 어떻게 해 왔는지 딱히 설명할 것이 없다는 생각이다. 그렇다면 왜 이렇게 되었는지 한번 생각해보자는 것이다.

한국군이 M&S를 도입하여 활용하게 된 데에는 한미연합사의 역할이 아주 중요했다. 특히 한미연합사 운영분석단(OAG: Operation Analysis Group)은 작전계획 분석과 수립을 위해, 전투준비태세 향상을 위한 연습과 훈련을 위해 1970년대에는 수동 계산 모델을, 1980년대에는 컴퓨터 보조 모델을 사용하였다. 1984년 한미연합사는 MTM(Mcclintic Theater Model)을 들여와 한미야전사 군수 워게임에 사용하기 시작하였고, 1987년에는 해군이 한미연합사 운영분석단의 지원으로 미군 NWISS(Naval Warfare Interactive Simulation System) 모델을 사용하여 필승 연습을 실시하게 되었다. 이후 한미 연합연습을 컴퓨터 시뮬레이션으로 수행하면서, 한국군은 미군의 초창기 Batch 운용개념의 MTM, NWISS, ADSIM(Air Defense Simulation) 모델들을 자연스럽게 사용하게 되었고, 곧 이어서 사람과 컴퓨터가 직접 연동하는 Man-Machine Interface 체계인 CBS(Corps Battle Simulation), RESA(Research Evaluation and System Analysis), AWSIM(Air Warfare Simulation) 모델을 사용하게 되었다. 또한, 전구급 작전계획 수립을 위해 방책을 연구하고 분석하기 위한 분석용 모델 TACWAR(Tactical Warfare) 모델을 접하게 되는 등 한국군이 특별히 M&S를 활용하기 위해 사전 정책과 계획을 수립하고, 도입 활용을 위해 준비하고 노력하지 않아도 자연스럽게 당시 최첨단의 M&S를 접하게 되었던 것이다.

미군은 1980년대 후반 BCTP(Battle Command Training Program) 개념을 개발하였

고, 한미연합사는 1991년에 KBSC(Korea Battle Simulation Center)를 설립하게 되었다. 육군은 1991년에 BCTP단을 창설하여 창설 초창기 한편으로는 시뮬레이션에 의한 훈련을 수행할 수 있는 준비를 하면서, 또 한편으로는 한미연합사 KBSC의 지원으로 백두산 연습을 수행하였다. 그 후 육군 BCTP단은 1995년부터 독자적으로 백두산 연습을 실시하게 되었고, 한국군은 한미 연합연습에 대해 비용분담을 하게 되면서 비용분담에 상응한 권한 확보라는 관점에서 한미연합사에 한국 측 모의센터인 CBSC(Combined Battle Simulation Center)를 설립하기에 이르렀다. 이후 한미 연합연습은 ALSP (Aggregate Level Simulation Protocol)라는 아키텍처를 기반으로 한 연동체계 개념으로 발전하게 되었다. 앞서 설명하였듯이 해군에서 먼저 시작한 시뮬레이션을 활용한 필승 연습은 이후 육군 백두산 연습, 해병대 천자봉 연습, 합참 압록강 연습으로 점차 확대되었는데, 이러한 연습 모두 한미연합사의 미측 KBSC에서 미군 모델을 활용하여 시뮬레이션 지원을 제공하였던 것이다.

이러한 과정을 거치면서 한국군도 점차 M&S에 익숙하게 되고, 한국군 작전술 교리와 전술, 전기, 절차에 부합하며 우리나라 전장 환경을 그대로 반영한 독자 모델을 개발하여 사용해야 한다는 자각과 그 간의 시뮬레이션을 활용한 연습에 참가하면서 쌓은 노하우를 바탕으로 창조21, 태극JOS, 청해, 창공, 천자봉 모델들과 한국군 위게임 연동 기반체계인 KSIMS(Korea Simulation System)를 개발하게 되었던 것이다. 이렇게 한국군이 필요한 독자 모델을 개발하면서부터 노하우 축적으로 자신감이 붙게 되자, 한국군은 전작권 전환에 대비하여 연동 기반체계인 KSIMS를 계층형 구조로 성능 개량하였다. 한편, 방사청은 기품원을 통해 시뮬레이션 기반의 무기체계 획득을 추진할 목적으로 SBA(Simulation Based Aquisition) 통합정보체계를 구축하게 되었다.

모델을 개발하는데 있어서도 태극JOS 성능개량에 이어 훈련 목적의 각종 작전 기능모델들을 개발하게 되었다. 이와 병행하여 지상전 자원 분석모델 GORRAM(Ground Operations, Requirements, Resource Analysis Model), 해상전 분석모델 NORAM(Navy Operations & Resource Analysis Model), 지상전 무기체계 분석모델 AWAM(Army Weapon Effectiveness Analysis Model), 합동작전 분석모델 JOAM-K(Joint Operations Analysis Model-Korea) 및 다양한 작전기능 분석모델을 개발하게 되었다. 국과연은 무기체계 획득을 위한 연구개발에 사용할 목적으로 AddSIM을 개발하는 단계에까지 이르게 되었다. 각 군은 지금까지 토의한 구성(Constructive) 시뮬레이션 외에도 각종 가상(Virtual) 시뮬레이션을 발전시켰고, 육군의 과학화 훈련장 KCTC(Korea Combat Training Center), 공군의 ACMI(Air Combat Maneuvering Instrumentations)와 같은 실제(Live) 시뮬레이션에서도 상당한 수준으로 발전하게 되었다.

한국군은 주한 미군과 한미연합사를 통해 미군의 선진 M&S를 일찍부터 접하게 되어 미군을 중심으로 한 일부 선진국을 제외하고는 한국군만큼 M&S 분야에서 괄목할만한 발전을 이룩한 국가가 없을 정도에 이르게 되었지만, 여기에 이르기까지 과연 한국군의 M&S 관련 정책은 무엇이었는지, 어떤 역할과 기능을 했는지 한번 생각해 보아야 할 것이다. 더불어 우리가 이룩한 M&S 분야의 발전과 성과가 그간에 투입한 자원과 노력의 결과로서 최선의, 최상의 수준과 상태인지 한번 생각해 보자는 것이다.

M&S를 국방 업무분야의 다양한 목적과 문제 해결을 위한 수단으로 활용하기 위해 열심히 노력하여 여기에까지 이르렀는데, 막상 지나온 길들을 되돌아보면 M&S가 국방경영을 위한, 또 다양한 국방 문제와 이슈를 해결하기 위한 수단임에도 한국군의 정책결정자, 워파이터, M&S 분야 근무자들 모두 그 기본 원리와 원칙을 제대로 이해하지 못하고 있다. 또한, M&S를 제대로 이해하고 제대로 활용할 수 있는 전문가와 전문특기도, 인력 양성과 재교육 프로그램도, 인력관리와 인사제도도 아무것도 되어 있는 것이 없다. 뿐만 아니라, 지금까지는 어떻게 마구잡이식으로 미군의 흉내를 내며 쫓아왔는데 그간 적지 않은 예산과 자원, 노력을 투입하고서도 개발하고 확보한 M&S 자원들에는 아키텍처 개념도, 국제 표준도, 상호 운용성과 재사용성에 관한 고려도 별로 제대로 되어 있지 않다. 이러한 한국군의 M&S 분야에서의 실상을 단적으로 나타내 주고 있는 것은 워파이터인 군이 그동안 그렇게 갖고 싶어 하던 가상 합성 전장 환경을 구현하는 LVC(Live, Virtual, Constructive) 구축 사업을 군·산·학·연의 모든 M&S 종사자들이 망설이고 있다는 것이다. 또한 무기체계를 보다 효율적으로 획득할 수 있는 수단으로서의 SBA를 아직도 구현하지 못하고 있으며, 혹자는 불필요성과 더불어 시기상조임을 제기하고 있는 상태라는 것이다.

그렇다면 한국군의 효율적인 국방경영 수단인 M&S와 관련된 정책을 어떻게 접근해야 하는지 살펴보자. 앞서 토의한 바와 같이 한국군은 각 군이나 기관이 그 필요에 따라서 자생적인 노력으로 M&S를 발전시켜온 것에 비해, 미군은 1990년대 초에 국방성 예하에 DMSO(Defense Modeling & Simulation Office)라는 전담기구를 설치하고, 장성급으로 구성된 M&S 조정협의회(Steering Committee)를 운영하는 등 M&S를 체계적으로 발전시키기 위해 노력하였으며 관련 정책을 수립하여 추진하였다. 한국군은 M&S에 대해 제대로 이해하지 못하다 보니 국방부 정보화기획관실에 전담인력을 편성하는 것조차 망설이게 되었고, M&S와 관련된 조정통제 기능을 합참 분석실험실에 위임함에 따라, 국방부 차원에서의 M&S 정책은 아예 존재하지 않게 되었다. 혹자는 국방부에서 합참으로 M&S 관련 조정통제 기능을 위임하였으면 합참 차원에서 잘 정책을 수립하여 추진하면 되지 않느냐고 주장할 수도 있는데, 일단 국방부 관점에서 정책 수립의 필요성을 느끼지 못 한 사안을 합참 관점에서 정책을 수립하여 잘 발전시키기를 기대할 수도 없을 뿐더러, 합참이라는 조직이 작전을 수행하는 군령 조직이라 정책을 수립하는 것 자체가 무리라는 것이다.

국방부 차원에서의 M&S 관련 정책이 부재인 상태에서 한국군이 자생적으로 M&S를 발전시키다 보니, 국방업무 활용분야에서 균형 있는 발전과 M&S 기반 아키텍처와 기반기술의 체계적 발전을 기대하는 것 자체가 무리인 상태가 되었다. 한국군이 M&S를 국방 업무분야에 활용하는 모습을 보면 교육훈련 분야에 가장 활발하게 활용하고 있으며, 그 뒤를 이어 전력분석 분야, 국방획득 분야, 전투실험 분야 순으로 활용되고 있다는 생각이다. 그런데 한국군이 가장 활발히 M&S를 활용하고 있는 교육훈련 분야의 실상을 살펴보면, 개별 M&S 또는 시뮬레이션 유형을 활용하는 것은 잘하고 있으나 M&S를 연동 운용하는 것은 망설이고 있으며, 상이한 시뮬레이션 유형들을 연동 운용하는 것은 아예 엄두조차 못 내고 있는 실정이다. 왜 이럴 수밖에 없을까? 그 이유는 M&S 관련 정책의 부재로 상호 연동 운용과 재사용을 촉진하고 보장할 수 있는 한국군의 개별 M&S 개발에 적용하는 아키텍처 정책, 연동체계 개발과 관련된 국제표준 정책, 기술적 측면에서 연동체계 구성에 필요한 Gateway와 Bridge 관련 정책, 그 외에도 M&S 관련 기반체계와 기반도구에 관련된 정책들이 전무하기 때문이다. 하나의 예로 미군은 2000년대 말 LVC 구현을 위해 예상되는 여러 가지 문제들을 해결하기 위해, 먼저 문제점들을 식별하고 해결방안을 제시하기 위한 연구의 일환으로 LVCAR(Live, Virtual, Constructive Architecture Roadmap) 연구를 추진하였다. 이때 연구결과로 추천된 안들을 구현하기 위해 LVCAR-I(LVCAR-Implementation) 연구를 추진하여, 아키텍처 정책과 기반체계 및 기반도구를 구체적으로 연구하고 개발하였다.

한국군이 국방예산의 30%를 투입하는 분야가 바로 방위력개선사업 분야이다. 무기체계 획득업무를 전담하고 있는 방사청은 무기체계 획득의 전 수명주기관리 관점에서 획득단계를 책임지고 있는데, 보다 효율적인 무기체계 획득업무 수행을 위한 수단으로서의 M&S를 활용하는 개념인 시뮬레이션 기반 획득(SBA: Simulation Based Acquisition)에 대해서는 별로 관심이 없어 보인다. 무기체계 획득이라는 이슈를 무기체계 전 수명주기 관점에서 바라보는 것이 옳다는 생각이다. 그러나 획득단계의 무기체계 연구개발이나 해외구매만을 고려해서인지 무기체계 획득과 관련된 이해당사자들이 서로 협업·공조하고, 보다 효율적으로 연구개발 및 생산하며, 시험 평가하여 전력화 배치를 하고, 이후에 전력화 평가와 전력 운영분석까지 효율적으로 수행할 수 있는 시스템을 구축하는데 대해 무관심한 실정으로 국방부의 정책이 절실하다는 것이다. 방사청은 선진국이 효율적인 무기체계 획득을 위해 적용하고 있는 SBA 개념에 대해 미군은 더 이상 적용하고 있지 않다는 얘기를 하고 있는데, 이는 잘못 이해한 것으로 미 하원이 2007년 하원의결 HR 487(House Resolution 487)을 통해 M&S를 미국의 국가 이익에 중요한 기술(NCT: National Critical Technology)로 선언하면서 미 국방성에 모든 웹사이트를 동맹국에 대해 폐쇄할 것을 권고한 사실을 인지하지 못함에 기인한 것이다.

한국군의 각 군과 합참이 필요에 따라 자생적으로 M&S를 개발하여 활용하다 보니 대다수의 경우 개별 모델을 개발하여 활용하는 그 이상의 비전을 가지지 못하고 있으며, 실제 M&S를 개발하여 활용하는 과정에서도 최초 구상하고 계획한 그 이상의 가치에 대해 비전을 가지지 못하고 있는 실정이다. 앞서 토의한 M&S 자원들을 연동하여 운용하는데 따른 아키텍처, 상호 운용성, 재사용성을 포함하는 M&S 정책의 부재가 가장 큰 원인이긴 하지만, 현재 각 군과 합참이 확보하여 운용하고 있는 M&S 자원과 시뮬레이션 유형들만 하더라도 얼마든지 한국군에 새롭게 요구되는 다양한 작전요구를 충족할 수 있도록 재활용할 수 있음에도 그렇지 못하다는 것이다. 예로 육군이 보유하고 있는 사단·군단 BCTP 수행 능력이나, 육군 과학화 훈련장 KCTC 능력, 그리고 각 병과학교의 가상현실체계인 가상(V) 시뮬레이션의 능력을 잘 연결하면 얼마든지 LVC를 구현할 수 있음에도 이를 시도조차 하지 못하고 있는 실정인데, 이는 기술의 부족도 하나의 이유이긴 하지만 정책적인 비전과 방향, 지침이 없다는 것이 더 큰 이유인 것이다. 또한 합참과 각 군이 국방개혁과 군 구조개편 등 여러 가지 목적의 전투 및 합동 실험을 수행하고자 하였으나 지금까지 제대로 된 실험을 수행하지 못하였다. 이 역시 연합연습, 합동연습, 각 군 연습의 일부로서의 전투실험 수행, 연습을 대체한 실험 수행, 또는 연습체계를 활용하여 실험 목적과 의도에 부합하는 실험체계를 구상하여 얼마든지 실험을 수행할 수 있음에도 불구하고 정책의 부재 때문에 제대로 수행해보지 못한 것이다.

 한국군이 이제라도 M&S에 관한 정책을 제대로 수립하여 추진해야 하는 것은 우리가 직면해 있는 4차 산업혁명 시대의 도래에 따라 지금까지와는 다른 새로운 패러다임에 의해 사회와 산업 및 국방 환경이 변화되어 가는데 대해, 보다 능동적으로 대응하여 새롭게 대두되는 다양한 작전요구에 대비하고 한정된 국방 가용자원을 보다 효율적으로 활용하기 위해서라도 M&S 정책이 절대적으로 필요하기 때문이다. 지금까지 해왔듯이 자생적으로 각 군과 합참이 M&S를 개발하고 활용하는 것이 아니라, 국방부가 M&S에 대한 정책적 비전과 방향을 제시함으로써 한국군 모두와 국방 분야와 관련이 있는 산·학·연이 다 함께 M&S를 제대로 이해하고 원리와 원칙에 충실하게 아키텍처, 상호 운용성, 재사용성을 고려하여 개발하고, 이를 다가오는 미래의 효율적인 국방경영 수단으로 활용하자는 것이다.

75. 정책수립자들! 국방 M&S 종합발전계획 어떻게 접근해야 하나?

지금까지 한국군은 국방부의 위임으로 합참과 국방연이 함께 수립하고 추진해 온 국방 모델링 및 시뮬레이션(M&S: Modeling & Simulation) 종합발전계획에 의해 수십 년에 걸친 현 실태 진단과 분석 및 대안 제시에도 불구하고 M&S 발전에 별다른 변화와 혁신을 가져오지 못하였다. 이는 근본적으로 한국군 M&S 종합발전계획이 각 군과 합참 및 군 관련 연구기관들의 M&S 획득사업을 종합하는데 그치고, M&S를 효율적 국방경영 수단으로 활용하고자 하는 정책적 목표도 비전도, 기반체계와 기반기술에 대한 연구와 투자 방향도 제대로 제시하지 못한데 기인한다. 무엇보다도 워파이터들의 작전운용 관점(Operational View)에서의 M&S에 대한 작전요구(Operational Requirements)가 전혀 제시되지 못하였으며, 정책결정자나 정책수립자들 역시 워파이터들의 작전요구를 예측하여 정책방향을 제시하지 못하였다는 것이다. 더욱이 M&S에 대한 기본 개념조차 제대로 이해하지 못하다 보니, M&S에 대한 개념이나 의미를 별로 생각지 않고 그저 워게임이라고 부르자고 하였고, 그 결과로 한국군 워게임 종합발전계획을 수립하는 수준이었다. 이렇듯 한국군은 한정된 국방 가용자원을 보다 효율적으로 운용하기 위한 수단으로서 M&S를 바라보지 못하고 단순히 각 군과 합참 수준에서의 교육 훈련의 수단 정도의 개념만 가진 상태였고, 새로운 가치를 창출하고 최적의 가치를 창출한다는 개념은 전무하였다는 것이다.

한국군이 M&S를 도입하여 활용하는데 지대한 공헌과 기여를 한 것이 바로 주한 미군이고 한미연합사였는데, 한국군은 미군이 M&S를 국방 업무분야에 활용하기 위해 다양한 모습으로 준비하여 활용하는 모습을 지켜보면서도 별다른 교훈을 얻지 못했다. 미군은 M&S를 국방 업무분야에 활용을 추진하면서 활용 분야별로 임무와 역할과 기능을 구분하여 업무를 분담하여 조직적으로 발전을 추진하였다. 그 대표적인 것이 1990년 초에 국방성에 설립한 국방 M&S 사무실(DMSO: Defense Modeling & Simulation Office)이라는 조직이다. 국방성에는 DMSO를 설치하고, 각 군에는 M&S를 전담하는 조직을 설립하였다. 특히 M&S에 대한 요구사항을 제기하는 기관,

요구사항을 결정하는 기관, 요구사항에 따라 M&S 자원을 개발하는 기관, 워파이터들에게 M&S 서비스 지원을 위해 M&S를 운용하는 기관을 각각 구분하여 설립하였다. M&S를 전문성을 가지고 보다 효율적으로 활용하기 위해 현역과 군무원에 M&S 전문특기를 편성하였고, 군단과 사단에 모의센터(Battle Simulation Center)를 설치하였으며, 해외 주둔 미군사령부에는 M&S를 활용한 교육 훈련을 전담하는 모의센터와 작전계획 수립 및 다양한 방책분석과 우발계획을 수립하는 운영분석(Operations Analysis) 부서를 설치하여 운용하고 있다.

미군은 국방성과 각 군에 M&S 담당사무실을 설치하고 보다 효율적으로 M&S를 활용하기 위한 노력의 일환으로써 국방 업무 전 분야에 M&S 활용의 활성화를 추진하면서 기반체계와 기반기술의 발전에 대한 분명한 목표와 비전을 제시하였다. 미군이 효율적 국방경영 수단으로 M&S 활용을 추진하면서 고려했던 것은 무기체계 획득을 위한 수단으로 M&S를 활용하여 비용을 절감하자는 것과 M&S 자원들의 상호 운용성과 재사용성을 증진하자는 것이었다. 이를 보장하고 촉진하기 위해 우선 고려한 것이 시뮬레이션 기반 획득(SBA: Simulation Based Acquisition)의 적용과 아키텍처(Architecture) 개념의 적용이었다. SBA란 무기체계 획득 전 순기 간에 M&S를 활용하여 보다 빨리, 보다 저렴하게, 보다 양질의 무기체계를 획득하자는 것이다. 아키텍처 개념은 선 아키텍처 표준화 후 M&S 자원 개발로 동일한 아키텍처 기반의 M&S 자원들을 상호 연동 운용을 용이하게 하여 새로운 M&S 요구 능력을 충족할 수 있도록 하자는 것이다. 그리고 이러한 개념으로 개발된 아키텍처들이 DIS(Distributed Integrated Simulation), ALSP(Aggregated Level Simulation Protocol), HLA(High Level Architecture), TENA(Test & Training Enabling Architecture), CTIA(Common Training Instrumentation Architecture)이다.

다음으로 고려한 것은 공통기반기술로 미군은 미군의 각종 작전술 교리, 전술, 전기, 절차(DTTP: Doctrine, Tactics, Techniques, Procedures)에 대해 공통적이고 일관성 있는 이해와 표현이 중요하다는 것을 인식하여 임무공간 개념모델(CMMS: Conceptual Model of Mission Space) 또는 임무공간 기능설명(FDMS: Functional Description of Mission Space)을 개발하도록 하였다. 또한 전장 환경에 대해서도 실제 환경과 유사한 모습으로 보다 객관적이고 일관성 있게 표현할 수 있도록 하기 위해 SEDRIS(Synthetic Environment Data Representation and Interface Specification)라는 합성환경 데이터 표현 및 인터페이스 규격을 표준화하였다. 이러한 노력 외에도 M&S를 상호 연동 운용

시에 주고받는 객체들을 잘 정의하기 위해 객체 모델 템플릿을 개발하고, 상이한 아키텍처를 적용하는 M&S들의 연동체 내의 공통객체를 개발하기 위한 개념과 도구들을 개발하였다. 특히 상이한 아키텍처 기반의 실제(Live), 가상(Virtual), 구성(Constructive)과 같은 상이한 시뮬레이션 유형들을 연동하기 위해 필요한 Gateway와 같은 인터페이스를 개발하기 위한 각종 정의(Definitions), 언어(Languages)와, 시뮬레이션 데이터 교환 모델(SDEM: Simulation Data Exchange Model)을 개발하기 위한 각종 데이터 포맷(Format)과 타입(Type) 등을 개발하였다.

미군은 초기 DMSO와 이후 명칭이 변경된 M&SCO(Modeling & Simulation Coordination Office)를 통해 M&S 개발 시에 아키텍처를 적용할 것을 정책으로 제시하였고, 아키텍처가 다변화됨에 따른 문제를 인식한 이후에는 아키텍처의 확산을 막기 위한 정책을 제시하였다. 또한 M&S들을 연동 운용하기 위해 필요한 인터페이스의 소요가 과다해지자 재설정 가능한(Reconfigurable) 인터페이스를 개발할 것을 권고하였다. 그 중에서도 상이한 아키텍처를 적용한 상이한 시뮬레이션 유형들을 연동하는데 필요한 Gateway의 경우, 그 소요가 급증할 것을 우려해 재설정 가능한(Reconfigurable) Gateway를 개발할 것을 권고하였다. 워파이터들의 가상 합성 전장 환경 STOW(Synthetic Theater Of War), 합성 훈련 환경 STE(Synthetic Training Environment), 합성 환경 SE(Synthetic Environment), 그리고 LVC(Live Virtual Constructive)라는 개념으로 보다 실전적인 가상 합성 전장 환경에 대한 구축 요구가 증가하자, LVCAR(LVC Architecture Roadmap), LVCAR-I(LVCAR-Implementation)라는 연구를 구상하였다. 먼저 LVC를 구현하기 위해 연구하고 준비해야 할 것이 무엇인지를 식별하도록 하였고, 이렇게 식별된 이슈들에 대해 보다 구체적으로 실행을 위한 연구를 추진하여 LVC를 구현할 수 있도록 하였던 것이다. 결국 미군은 M&SCO(구 DMSO)와 각 군의 M&S 담당기관을 중심으로 미군이 효율적인 국방경영 수단으로 M&S를 활용할 수 있도록 그 활용분야와 M&S 자원의 개발 및 활용 원칙에 대해 매우 구체적인 정책 방향을 제시하고, M&S를 보다 효율적으로 활용할 수 있도록 기반체계와 기반도구를 구축하기 위한 방향과 지침을 제시하여 구체적이고 세부적으로 연구를 주도해 왔다는 것이다.

한국군은 미군의 이러한 M&S를 국방 업무분야에 활용하기 위한 주도면밀하고도 치밀한 계획과 준비와 그 추진 과정을 옆에서 지켜보면서도 별다른 교훈을 얻지 못하였고, 그냥 한국군의 형편과 처지와 상황이 미군과는 다르다는 생각만 해왔다는 것이다. 실제 미군이 M&S를 발전시킨 그 저변에는 한국군이 상상하기 어려울 정도의 엄청난 국방예산으로 다양한 연구계획을 추진하고 대학을 포함한 연구기관들이 국방성 M&S 관련 프로젝트에 참여하는 등 연구 인프라와 기반체계와 기반기술이 우리와는 비교할 수 없다는 것이다. 그렇다면 모든 것이 미군에 비해 부족하고 미흡할 수밖에 없는 상황인데, 그나마 한정된 국방 자원을 투입하여 M&S를 개발하고 이를 활용하고 있음에도 불구하고, M&S에 관한 정책을 수립하는 부서도 종합발전계획도 없었다는 것이 놀랍고, 여기까지 발전해 온 것만으로도 참으로 놀라운 일이 아닐 수 없다. 한국군이 M&S를 보다 효율적으로 국방 업무분야에 활용하기 위해서 미군과 똑같이 하자는 것이 아니라 미군의 접근방법을 벤치마킹하여 최소한 우리 수준에 걸 맞는 M&S 정책과 종합발전계획을 수립하여 추진하자는 것이다.

한국군이 M&S를 발전시켜 효율적 국방경영 수단으로 제대로 활용하기 위해서는 이제라도 국방부, 합참과 각 군에 M&S 담당기관 또는 기구를 설립해야 한다는 것이다. 지금까지 설명하고 토의한 바와 같이 한국군은 적과 대치하고 있는 휴전상태로 국방예산의 많고 적음을 떠나 주어진 국방예산을 보다 효율적으로 사용할 수 있는 수단과 방안을 강구해야 함에도 이에 대한 절박함과 긴절함이 없을 뿐더러, 그 가용수단인 M&S에 대해서 올바로 이해하지도 못하고 있다는 것이다. 이제라도 국방부 정보화기획관실, 합참의 합동분석실험실이 아닌 별도 기구를 설립하고 적정인력을 편성하여 운용해야 한다는 것이다. 또한 각 군 중에서 육군이 분석평가단에 M&S과를 설치하여 운용하듯이 해군, 공군, 해병대도 적절한 수준의 조직과 인력을 보강하여 운용하는 것이 필요하다. 가급적이면 M&S 전문특기를 편성하고 인력을 양성할 수 있는 시스템과 인사제도를 함께 발전시켜서 전문가들이 보다 효율적으로 M&S를 운용할 수 있도록 하는 방안을 강구해야 한다는 것이다.

현재, 한국군은 M&S를 국방 업무분야에 활용하는데 필요한 외형적인 법과 규정, 그리고 제도는 어느 정도 갖추었다고 평가하고 있으나, 앞서 설명한 M&S 담당기관과 기구가 제대로 편성되어 있지 않고, M&S에 대한 전반적인 인식과 의식이 부족하고 미흡하다 보니 그나마 그 동안 키우고 배양해 놓은 전문 역량마저도 한 번에 허물어질 수 있는 상태라는 생각이다. 이러한 모습은 실제로 일부 군 관련 연구기관이 수행하고 있는 M&S 임무와 업무에 대해 그 가치와 중요성, 전문성을 이해하지 못하는 행태에서 고스란히 드러나고 있다. 국방전력발전업무훈령과 방위사업법, 방위사업시행령, 방위사업시행규칙, 과학적 사업관리지침에 포함되어 명시된 임무와 업무분장에 대해서도 여러 가지 이견과 갈등이 있는 실정이다. 이러한 문제를 해결하기 위해서라도 M&S 담당기관·기구를 설립하고 관련법과 규정, 지시, 지침, 교범 등을 짜임새 있게 구축하여 시행해야 한다는 것이다. 또한 M&S 관련 아키텍처에 관해서도 미군이 아키텍처 적용에 관한 지침과 아키텍처 확산을 예방하기 위한 지침을 정책적으로 추진한 사실을 참고하여, 한국군에 적합한 아키텍처 정책을 수행해야 하고 기반체계와 기반기술에 관한 정책을 추진해야 한다는 것이다.

앞으로 한국군이 국방 M&S 종합발전계획을 수립한다면 지금까지 수행해온 것과 같은 단순한 M&S 개발 사업의 종합이 아니라 실질적인 M&S 분야의 비전을 담은 종합발전계획(Master Plan)이 되도록 해야 한다. M&S를 활용하는 국방 업무분야별로 보다 구체적인 목표와 비전과 방향을 제시하고, 그것을 구현할 수 있도록 보다 구체적인 시스템 관점(System View)과 기술표준 관점(Technical Standard View)의 방향과 지침을 제공할 수 있어야 한다는 것이다. 그리함으로써, 이러한 종합발전계획을 토대로 주어진 한정된 국방 가용자원을 보다 지혜롭고 효율적으로 활용할 수 있도록 보장하는 수단으로서의 M&S를 개발하고 활용할 수 있는 환경과 여건을 마련해야 한다. 결국 한국군의 정책수립자들이 M&S를 효율적 국방경영 수단으로 활용할 수 있는 정책 비전과 목표와 방향을 제시하고, 이를 반영한 한국군 국방 M&S 종합발전계획(Master Plan)을 수립하여 강력히 실행하는 것이 절실히 필요하다는 것이다.

76. 워파이터들! 어떻게 M&S를 이해하고 활용해야 하나?

한국군이 모델링 및 시뮬레이션(M&S: Modeling & Simulation)을 국방 업무분야에 활용하는 모습을 가만히 지켜보고 있을 때 가장 안타깝고 답답한 것은, 바로 워파이터들이 M&S를 제대로 이해하지 못하고 있으며 M&S와 관련된 간절하고 절박한 작전요구가 없다는 것이다. 전반적으로 한국군은 M&S를 소수의 몇몇 전문가들만이 수행할 수 있는 그들만의 고유 업무로 인식을 하는 경향이 있으며, 대체로 다양한 국방 업무분야에 M&S를 활용하는데 대해 무관심한 모습이다. 그러면서도 어쩌다 M&S 관련된 이슈들이 대두되고 야기되면 워파이터들은 전문가들의 의견을 경청하기보다는 얄팍한 부분적인 정보로 전반적인 M&S에 대해 논하는 모습들을 보인다는 것이다. 그런 가운데, 정착 워파이터인 주요 지휘관, 주요 의사결정자 대다수의 경우 M&S를 국방 업무분야의 다양한 문제를 해결하기 위한 수단으로 활용을 해도 그만, 안 해도 그만이라는 마인드를 가진 경우가 대부분이며, 특별히 자신들이 지휘하는 부대와 관련된 이슈에서조차 M&S와 관련된 작전요구가 전혀 없다는 사실에, 경우에 따라서는 M&S를 사용할 필요를 못 느낀다는 사실에 더욱 놀라게 된다.

이 대목에서 미군과 한국군을 비교하는 것이 기분 나쁘고 자존심 상할 수도 있겠으나, 미군들이 M&S를 바라보는 시각과 M&S에 대한 작전 요구사항들을 제시하고 토의하는 모습을 보면 마치 그들 모두가 M&S 전문가로 생각이 들 때가 많다. 그만큼 자신이 지휘하는 부대와 부대원의 강점과 약점을 분명하게 알고 있고, 이를 개선하고 전투력과 전투준비태세를 향상시키기 위해 무엇을 어떻게 하고자 하는지에 대해 분명한 목표와 의도를 가지고 있다는 것이다. 그리고 그러한 워파이터의 M&S와 관련된 작전요구를 M&S 전문가들과 토의하는 과정은 보다 정확하게 M&S의 작전운용 관점(Operational View)과 시스템 관점(System View) 및 기술표준 관점(Technical Standard View)과 접목하여 해당부대에 필요한 작전요구를 충족할 수 있는 모습으로 M&S를 활용하는 시뮬레이션 아키텍처(Simulation Architecture)를 발전시키게 된다. 반면에 한국군의 경우에는 대다수 이러한 과정과 절차 자체가 없음은 물론, 워파이터들이 M&S의 원리와 원칙에 대해 이해가 부족하고, 본인이 지휘하는 부대와 부대원의 강점과 약점의 분석에 따른 훈련소요와 그에 따른 작전요구를 제시하지도 못하면서 M&S를 탓하는 경우가 비일비재하다. 이러한 모습은 한·미군이 한미 연합연습에서, 또는 미 2사단 연습과 과거 미 3군단 연습에 참가하여 동일한 모델을 사용하여 훈련과 연습을 함에도 유독 한국군은 모델과 시뮬레이션 체계에 대한 이유와 핑계와 변명이 많았다는 데에서도 엿볼 수 있다.

이러한 모습의 가장 근본적인 이유를 저자 나름대로 생각해보면, 크게 M&S의 근본 원리와 원칙에 대한 이해 부족과 M&S를 활용하는 목적에 대한 인식의 차이가 하나의 원인이고, 다음으로 상시 전쟁에 대비하고 전쟁을 수행하고 있는 미군의 특수성에 비해 한국군은 세계 유일의 분단국가이며, 종전이 아닌 정전상태에 있음에도 전쟁을 대비하는 모습이 그리 절박하지도 간절하지도 않다는 것이 또 하나의 원인이라는 생각이다. 진정한 워파이터라기보다는 지휘관과 참모로서 평상시에 부대만 잘 관리하면 된다는 생각이 지배적이지 않나 하는 생각이 들며, 최근 들어 남북 정상회담 이후 이어진 남북한의 화해와 협력 무드에 군도 함께 취해버린 것이 아닌가 하는 생각이 들기도 한다. 군은 항상 군사력을 사용하여 국민의 생명과 재산과 영토와 주권을 지켜야 하는 최악의 상황을 상정하고 주변국의 잠재적 위협에 대해서도 상시 대비해야 함에도, 어쩐 일인지 그러한 절박함과 간절함이 별로 느껴지지 않으며 그러한 것이 결과적으로는 별다른 절박한 작전요구를 제시하지 못하는 모습으로 나타나는 것이 아닌가 생각된다는 것이다.

한국군은 M&S를 활용하게 되는 국방 업무분야 전 부분에서 미래에 대비하여 발전시키고자 하는 비전이 거의 보이지 않는다. 한국군이 M&S를 가장 활발하게 잘 활용하고 있는 교육훈련 분야에서조차 그간의 달성한 성과에 자긍하고 자족하는 모습은 엿보이나 새로운 가치와 비전을 제시하지 못하고 있다. 즉, 사단·군단 BCTP 연습을 수행하는 BCTP단의 경우 창조21 단일 모델 운용에 의한 모의지원을 성공적으로 수행하는데 자족하는 모습이라는 것이다. 워파이터들의 다양한 작전요구를 충족할 수 있도록 보다 실전감 있는 가상 합성 전장 환경을 제공하기 위해 여러 가지 구성(Constructive) 모델들을 연동하여 모의지원을 제공하는 방안이나, 상이한 시뮬레이션들인 실제(Live), 가상(Virtual) 시뮬레이션을 연동하여 LVC를 구현하는 방안을 생각하지 못하고 있다. 그리고 사단·군단 BCTP 연습을 육군의 전투실험 소요를 충족하기 위한 수단으로 활용하여 연습의 일부로서 전투실험을 수행하는 방안이나,

또는 연습 자체를 전투실험으로 디자인하여 수행하는 방안 등을 전혀 고려하지 못하고 있는 실정이다. 보다 정확하게는 육군의 작전요구에 대해서조차 BCTP단의 고유 임무와 역할과 기능이 교육 훈련임을 내세우며 새로운 가치 창출과 새로운 비전에 대해 외면하고 있는 실정으로, 여기에 대해서 누구도 새로운 작전요구를 제시하지 못하고 있다는 것이다.

한국군의 가장 첨단 교육훈련 체계인 육군 과학화 훈련장 KCTC(Korea Combat Training Center)의 경우에도 그 모습은 BCTP단과 큰 차이가 없다. 그간 대대급 부대를 훈련시킬 수 있는 상태에서 연대급 부대를 훈련시킬 수 있도록 확장되어 실질적으로 엄청난 발전을 이루었지만, 한반도 전구작전이 연대급 또는 여단급 작전이 아니라 대부대의 일부로서 작전을 수행하는 것임을 고려한다면 현재 발전된 첨단 훈련장을 활용한 훈련이 대부대 작전의 일부로서 전장 환경과 작전상황이 통합되고 확장될 수 있는 방안을 강구하는 것이 필요하다. 그동안은 육군이 LVC 구현을 추진하면서 여러 차례 협의하고 토론하는 과정에서 KCTC가 LVC에 참여함으로서 얻는 이익과 가치가 너무 없다는 얘기만을 해왔고, KCTC가 보다 큰 개념으로 육군 LVC에 어떻게 기여할 것인가는 별로 고민하지 않았다는 것이다. 현재 주어진 임무와 기능에 충실한 것도 중요하지만, 군의 새로운 작전요구를 어떻게 충족할 수는 없는지 함께 고민하고 방안을 강구한다면 새로운 작전요구 충족은 물론 보다 큰 가치를 창출하여 군에 기여할 수 있을 것이다. 그렇게 노력하고 연구하며 궁리하는 가운데서 KCTC는 가상(Virtual)과 구성(Constructive) 시뮬레이션을 연동함으로써 전투지원부대들의 작전지원을 보다 실전감 있게 훈련에 반영할 수 있을 것이고, 상급부대와 인접부대의 작전상황과 통합된 보다 실전감 있는 훈련을 수행할 수 있을 것이다.

이러한 현상은 비단 육군 BCTP단이나 KCTC에만 국한된 것이 아니다. 해군, 공군, 해병대 및 합참 모두 비슷한 양상으로 일반적으로 새롭고 절박한 작전요구를 제시하지 못하는 가운데 일부 의식이 깨어있는 실무자들만이 안타까워하는 모습이다. 하나의 예로, 공군은 2010년 무렵 LVC 구현을 위해 1년간에 걸쳐 관련된 아키텍처와 가용한 시뮬레이션 유형들과 기반 체계와 기술에 대해 국방연과 함께 연구를 마쳤지만 아직까지 LVC 구현을 추진하지 못하고 있으며, LVC를 구현하여 무엇을 위해 어떻게 활용하겠다는 관점보다는 기술적 관점에 초점을 맞추고 구현이 가능할 것인가를 고민하고 있는 실정이다. 해군도 전쟁연습실을 중심으로 국과연과 협력하여 훈련과 실험을 수행할 수 있는 체계 구축을 추진하였으나 별다른 성과를 이루지 못하였고, 해상전술종합훈련장체계와 유도무기훈련장체계를 구축하는 수준에 머무르게 되었다. 합참의 경우도 태극JOS 모델 성능개량과 다양한 작전기능 모델들을 개발하여 합참 태극 연습과 한미 연합연습에 적용하여 보다 실전적인 가상 전장 환경을 구현하고자 하고 있으나, 한미 연합연습에 부분적으로 참여하는 것 외에는 LVC는 물론 모델 연동에 의한 연습과 실험조차 제대로 시행하지 못하는 수준에 머무르고 있는 실정이다.

전력분석 분야와 국방획득 분야, 전투실험 분야에서의 M&S 활용은 교육훈련 분야에 비해 아직도 발전해야할 부분들이 많이 있음에도 이러한 것들에 대해 그리 다급해 하지도 절박해 하지도 않고 있다는 느낌이다. 전력분석 분야에서 각 군은 작전분석, 자원소요분석, 무기체계 효과분석 등의 업무를 주로 수행하고 있으나, 군정기능을 수행하는 군이 작전분석을 수행한다는 개념은 잘 맞지 않으며, 만약 그렇다면 각 작전사를 중심으로 M&S를 활발히 활용하여 작전분석, 방책분석 등을 수행해야 하나 그만한 역량이 구비되지 못하고 있다고 판단한다. 특히 합참에서는 합동작전 분석모델 JOAM-K를 성능 개량하여 JOAM-K II를 개발하기 위해, 또 다양한 분석모델들을 개발하기 위해 노력을 경주하고 있으나 일부 작전술 기능분야에서는 그간 전투 및 교리 발전 노력이 미흡하여 작전요구를 충족하는 개념모델과 모의 논리를 개발하는 것이 쉽지 않은 상황이다.

국방획득 분야에 대해서는 앞에 이미 논의한 방사청의 관점보다는 워파이터의 관점에서 한번 바라보자. 무기체계 소요기획단계에서 새로운 무기체계에 대한 소요를 제기하고 결정하는 과정에서 작전 요구능력과 가용자원이 매칭되고, 특히 기술성숙도(TRL: Technical Readiness Level)가 적합한지를 미리 검토하고 판단할 수 있다면 무기체계 획득 사업의 성공 가능성을 획기적으로 높일 수 있을 것이다. 그리고 획득단계의 상세설계 과정에서 워파이터의 작전요구를 충족하는 디자인 완성도가 충분히 안정되어 있는지, 방산업체의 생산 능력이 디자인한 모습대로 생산할 수 있는 제조성숙도(MRL: Manufacturing Readiness Level)를 구비하고 있는지를 해당과정 진입 전에 확인할 수 있다면 그만큼 획득사업의 성공 가능성은 높아질 것이라는 생각이다. 만약 워파이터가 정말로 획득하고 싶은 무기체계라면 이런 정도의 관심과 애정은 있어야 하지 않는지 반문해보고 싶고, 또 이러한 무기체계 획득을 보장할 수 있는 절차와 시스템을 구축하여 활용하는데 대한 요구사항이 있어야 하는 것이 아닌지 반문하고 싶다. 이처럼 무기체계 획득과 관련하여 전 수명주기에 걸쳐 관련 전문가들과 함께 협업하고 공조할 수 있는 환경과 여건이 제공된다면 얼마나 좋을까 하는 그런 작전요구와 생각이 없다는 것이 의아스럽다. 이러한 사항은 무기체계 획득과 관련하여 군과 방사청, 국과연과 기품원 및 방산업체 간의 임무와 역할에 대한 업무분장과는 또 다른 관점의 이야기라는 것이다.

한국군은 그동안 전력증강, 군사혁신, 전작권 전환, 감군 및 군 구조개편, 국방개혁 등을 거론하고 추진하는 과정에서 수많은 전투 및 합동 실험에 대한 요구와 소요가 있었음에도 불구하고 제대로 된 실험을 한 번도 시행해본 적이 없다고 생각한다. 그리고 매 실험을 준비하여 수행 후 검토회의를 통하여 적절한 실험 수단으로서의 M&S 자원이 부족하다는 것을 반복하였다. 하지만 당시 우리에게 가용한 M&S 자원들을 적절히 활용하여 최선의, 최상의 실험환경을 구축하였는지에 대해서는 아무도 당당하게 답변할 수 없을 것이다. 즉, 한국군에 가용한 실험의 기회와 M&S 자원을 제대로 활용하지 못했다는 것이다. 실제로 한국군은 미군이 한미 연합연습을 통해 연습에 포함된(Embedded) 전투실험을 기획하고 계획하여 수행하는 모습을 보면서도 사실 그것이 실험인지 인지조차도 하지 못했다. 그러다 보니 한국군이 독자적으로 수행하는 합참과 각 군 연습과 훈련을 실험의 기회로 활용할 수도 있다는 생각도, 연습과 훈련을 새롭게 디자인 하면 실험의 기회로 활용할 수도 있다는 것도, 연습에 사용되는 M&S 자원과 체계를 전투 및 합동 실험 도구로 활용할 수도 있다는 생각도 제대로 하지 못했다는 것이다. 이러한 사실이 저자가 M&S 자원이 없는 것이 아니라 워파이터들이 실험에 대한 갈급함과 절박함이 없다고 판단하는 이유인 것이다. 실제로 저자가 수차례에 걸쳐 연습과 훈련, 훈련용 M&S를 활용한 전투 및 합동 실험을 수행할 것을 제안했음에도 한 번도 받아들여지지 않았다.

결국 저자는 한국군의 이러한 모습이 단지 M&S와 관련된 아키텍처 개념과 기반 체계와 기술수준이 부족해서라기보다는 워파이터들의 M&S에 대한 이해 부족과 그에 따른 작전요구를 제대로 제시하지 못하는데 기인한다는 생각이다. 실제로 M&S와 관련된 업무를 수행하면서 느낀 것은 우리 군의 워파이터들은 계급의 고하를 막론하고, 군과 병과를 막론하고 워파이터로서의 사용자 관점에서 M&S에 대한 요구사항을 단 한 줄도 제대로 제시하지 못하는 수준이다. 이런 가운데서 M&S 요구사항을 개략적으로 작성하여 제시하게 되면 그때에서야 각각의 요구사항이 맞다 틀렸다 얘기하는 수준이다. M&S를 개발하고 활용하는데 있어서도 M&S를 사용하는 목적과 의도는 별로 생각을 안 하고 무조건 모든 M&S에 작전술 교리와 전술, 전기, 절차(DTTP: Doctrine, Tactics, Techniques, and Procedures)를 있는 그대로 상세하게 구현해야 한다고 고집을 피우기만 한다는 것이다.

지금까지 한국군이 이렇게 M&S를 이해하고 활용해 왔는데, 우리는 원하든지 원하지 않던지 간에 Industry 4.0과 4차 산업혁명 시대에 들어서게 되었다. 그렇다면 과학기술의 발달과 기술융합에 의한 4차 산업혁명 시대에 과연 워파이터들은 어떻게 효율적 국방경영 수단으로서 M&S를 이해하고 어떻게 활용해야 할 것인가. 워파이터들은 앞서 설명하였듯이 M&S를 활용하는 국방 업무분야 모든 영역에서 M&S를 보다 정확히 이해하여 보다 분명하고도 명확하게, 특히 절박하고 간절하게 작전요구를 제시할 수 있어야 한다. 즉 워파이터는 M&S를 국방 업무분야에 활용함에 있어서 기술보다는 시스템에, 시스템보다는 작전운용 관점에 초점을 맞추어야 한다는 것이다. 그와 동시에 M&S와 관련된 기술에 대한 이해를 증진하고 촉진하며 장려하는 식견을 갖춰야 하며, 적어도 M&S 분야의 전문가를 전문가로서 인정하고 적절히 활용할 수 있는 리더쉽이 필요하다. 그리고 한국군 모두 새롭게 대두되는 기술들의 특성을 제대로 이해하고 새로운 가치를 창출할 수 있도록 노력하는 가운데, 기술융합 시대에 국방 업무 전 분야에서 개혁과 혁신을 주도하는 하나의 효율적 국방경영 수단으로서 M&S를 활용하는 지혜가 절대적으로 요구된다.

77. M&S 전문가들! 어떻게 M&S를 이해하고 활용해야 하나?

한국군은 지속적으로 증가하는 다양한 작전요구에 대비하여 한정된 가용자원을 효율적으로 운용하기 위한 국방경영 수단으로서 모델링 및 시뮬레이션(M&S: Modeling & Simulation)을 제대로 활용할 수 있는 전문가가 절대적으로 부족하고 필요한 실정이다. 우리 속담에 '서당 개 3년이면 풍월을 읊는다'는 말이 있다. M&S 분야에서는 풍월을 읊는 수준이어서는 안 됨에도 불구하고 그런 모습들이 도처에 나타나곤 한다. 개발자와 운용자는 어떤 분야에 어떤 모습으로 참여했든지 한 번이라도 M&S 개발과 운용에 참여해본 사람은 모두 전문가를 자처하고, 심지어 M&S에 대한 이해와 통찰이 전혀 없음에도 미국 출장길에 M&S 관련 기관이나 전문가를 만나게 되면 그곳에서 들은 내용만으로 갑자기 전문가 빰치는 수준의 평가와 비평을 늘어놓는 경우가 다반사였다. 한국군은 미군과 달리 M&S 전문특기가 편성되어 있지도, 전문인력을 양성하지도, 인사제도로 전문성을 키울 수 있는 기회와 여건을 제공하도 않은 상태인데 어떻게 전문가가 있을 수 있는지 반문할 수 있겠지만, 일단은 학문적으로 M&S를 접할 기회가 있었거나 군과 연구소, 방산업체에서 수행하는 일을 통해 M&S 업무분야에 근무하거나 접할 기회가 있었던 사람을 잠재적인 전문가 그룹으로 간주하자는 것이다. 이번 이야기에서는 그러한 잠재적인 M&S 전문가들이 과연 어떻게 M&S를 이해하고 활용해야 하는지 한번 생각해 보자는 것이다.

한국군이 60만 이상의 대군으로 40조 원 이상의 국방예산을 집행하면서도 국방경영 수단으로서 M&S를 활용하는 전문특기와 M&S 종합발전계획이 없다는 것이 의아스러울 정도다. 그만큼 가용한 국방 자원을 효율적으로 집행하고 활용해야겠다는 인식과 의지가 없다는 반증이며, 또 그만큼 절박하고 간절하지도 않다는 것이다. 그렇다고 해서, 앞으로 다가오는 미래에도 지금처럼 해도 된다는 것은 아닐 것이다. 우리도 이제는 보다 체계적으로 M&S를 이해하고 활용할 수 있는 전문가를 양성할 수 있는 프로그램과 전문성을 더욱 키우고 제대로 역량을 발휘할 수 있도록 할 수 있는 인사 정책과 제도를 갖추어야 한다. 그리함으로써 현재 나타나고 있는 모습인 자칭

M&S 전문가가 아니라, 실제로 M&S의 기본 원리와 원칙을 제대로 이해하고 준수하며, 워파이터들에게 신뢰감을 줄 수 있는 전문가들을 양성하고 적재적소에 배치하여 제대로 활용할 수 있어야 한다는 것이다.

한국군의 경우 M&S 전문가를 양성하는 프로그램이 없는 것이 하나의 원인일 수도 있으나 전반적으로 M&S 분야 업무 종사자들이 업무 관련 전문지식을 습득하기 위한 노력이 많이 부족하다고 생각한다. M&S 업무 분야 종사자 중에서 M&S를 제대로 공부한 사람은 극히 일부분에 불과하다. 대다수의 경우는 M&S 분야에 보직을 받으면서 M&S를 접하게 되는 경우로, 그나마 업무를 시작하기 전에 M&S의 이론과 원리와 원칙을 학습할 기회를 거의 가지지 못한 채 부여된 업무를 수행하기에 바쁘다는 것이다. 그러다 보니 M&S 업무 분야에 근무하고 종사하면서도 수년이 경과해도 여전히 기본적인 이론과 원리, 원칙에 대해 제대로 이해하지 못하고, 더욱이 M&S를 활용한 국방 문제 해결이라는 전반적인 시스템에 대한 이해와 통찰이 부족할 수밖에 없다는 것이다. M&S 업무 분야에 근무한지 한참의 세월이 경과해도 여전히 초보자 수준에 머무르는 M&S 개발자와 운용자 등 소위 전문가들의 모습이 M&S에 대한 불신을 초래하고, 역설적으로 워파이터들이 효율적 국방경영 수단으로서 M&S를 바라보고 고려하는데 지장을 초래하게 된다. M&S 분야에 근무하는 전문가들이 진정한 전문가로 거듭나, M&S 전문가가 전문가다울 때, 우리 군의 M&S가 효율적인 국방경영 수단으로 정착되게 될 것이다.

그렇다면 국방 분야 M&S 전문가들이 과연 어떻게 M&S를 이해하고 활용해야 하는지 생각해 보자. 먼저 얘기하지만, 우리 국방 분야 M&S 전문가들은 마치 생활의 달인과 같이 M&S 업무 영역에 대해 달인이 되어야 한다는 것이다. M&S의 업무 영역에서의 달인이란, M&S와 관련된 모든 분야에서 달인을 의미하는 것이 아니라 적어도 자신이 수행하는 한 분야에서 만큼은 타의 추종을 불허하는 달인이 되어야 한다는 뜻이다. 그러려면 먼저, M&S 전문가들은 M&S의 이론과 기본 원리와 원칙에 충실한 이해와 자세가 필요하다. 각자가 수행하는 M&S 업무 영역에 대해 충분한 이해가 있어야 하며, 원리와 원칙에 충실하게 업무를 수행해야 한다는 것이다. M&S를 국방 업무분야에 활용함에 있어 쉬운 길과 편법을 남용할 경우, 종국에는 군과 그렇게 접근하는 본인에게 결코 도움이 되지 않는다는 것을 뼈저리게 느껴야 한다. 이 세상에는 쉽고 빠르고 편하게 전문가가 되고 달인이 될 수는 있는 방법은 없기 때문이다.

올바른 M&S 전문가의 자세는 기술적인 어려움이나 복잡도 등에 대한 도전을 두려워하지 않고 과감하게 도전하는 것이다. 지금까지 한국군의 M&S 개발과 활용을 자세히 살펴보면 관련된 인원과 기관이 군·산·학·연을 막론하고 세계적인 M&S 기술 동향과 추세에 적극적이고 능동적으로 대처하여 수용하기보다는 쉬운 방법을 찾는 경향이 있음을 보게 된다. 또한, 미군을 중심으로 한 선진국의 군이 국제표준을 개발하여 이를 준수하며 M&S 체계를 개발하고 활용하는 모습을 지켜보면서도 왜 국제표준을 준수해야 하는지 깊이 있는 생각과 통찰을 가지지 못하고 단기 성과에만 집착하는 모습을 자주 보게 된다. 다시 강조하지만, M&S 관련 원리와 원칙의 관점에서 보다 빨리, 보다 쉽게 원리와 원칙을 준수하며 M&S를 개발하고 활용할 수 있는 방법은 이 세상 어디에도 없다. 예로 미군이 1990년대 중반부터 가상 합성 전장 환경을 구축하고자 노력하는 이면에는 그것이 군에 그만한 새로운 가치를 창출할 수 있기 때문이며, 이 과정에서 새로운 국제표준으로 DSEEP(Distributed Simulation Engineering Execution Processes), DMAO(DSEEP Multi-Architecture Overlays), FEAT(Federation Engineering Agreement Template)를 제정하고, 이에 추가하여 다양한 데이터 타입(Types)과 포맷(Formats)을 제정했다. 그리고 이 모든 것에는 모두 그만한 이유가 있기 때문이다. 이처럼 우리 나름대로 해서 될 일이 있고 해서는 안 되는 일이 있다는 것을 분명하게 인식해야 한다는 것이다.

M&S 전문가들이 M&S를 군의 다양한 업무분야에 활용하는데 있어서 항상 생각하고 고려해야 하는 것은, 다양하고 새로운 작전요구를 충족하기 위해 한정된 자원의 상호 운용성과 재사용성이라는 이슈를 고려하여 개발하고 활용해야 한다는 것이다. 따라서 M&S를 개발할 때에는 항상 모듈화, 컴포넌트화하고, 재설정 가능한(Reconfigurable) M&S와 도구를 개발해야 한다는 것이다. 또한 M&S를 연동하여 운용하기 위한 기반체계나 각종 인터페이스를 개발하기 위해서는 효율적인 운용을 보장할 수 있도록 각종 표준과 미리 합의하여 개발한 정의(Definition)와 언어(Language)들을 적절히 활용하는 지혜가 필요하다는 것이다. 이러한 원리는 M&S를 개발하거나, M&S를 연동 운용하는 기반체계를 개발하거나, 또는 M&S들을 연동 운용하는데 필요한 상이한 시뮬레이션 연동을 위한 Gateway, 동일한 아키텍처 기반의 상이한 통신 프로토콜 연동을 위한 Bridge, 상이한 해상도 연동을 위한 MRI(Multi-Resolution Interface), 그리고 상이한 시뮬레이션들의 연동 객체를 정의하는 SDEM(Simulation Data Exchange Model), 상이한 시뮬레이션들의 환경에 대한 합의를 정의하는 SEA(Simulation Environment Agreement) 등을 개발할 때에도 일관성 있게

적용해야 한다.

M&S를 국방 업무분야에 활용하는데 있어서 M&S 전문가들이 고려해야 하는 것은 M&S 원리와 원칙에 충실하게 활용해야 한다는 것이다. 모든 M&S를 개발할 때는 M&S를 사용하고자 하는 목적과 의도를 반드시 고려해야 하며, M&S를 활용하여 국방 문제를 해결하고자 하는 과정에서는 M&S 요구사항을 정제하여 선정하게 되는데 이때 새로운 M&S를 개발하거나 기존 개발되어 있는 M&S를 사용하고자 할 때 M&S 요구사항을 충족할 수 있는지, M&S가 사용하고자 하는 목적과 의도에 적합하고 신뢰할 수 있는지를 반드시 확인하고 점검해야 한다. 활용하고자 하는 목적과 의도에 부합한 M&S을 선정해야 하고, 개발된 M&S의 개발 목적과 의도에 부합하게 활용해야 한다는 것이다. 그 외에도 M&S의 활용분야를 잘 파악하고 고려하여, 그 사용하고자 하는 분야가 교육훈련인지, 전력분석인지, 무기체계 획득인지, 전투실험인지 잘 식별하여 그 목적에 부합하게 활용해야 한다. 또한, M&S의 특성이 확률형(Stochastic)인지 결정형(Deterministic)인지를 잘 구분하고, 특히 확률형을 분석 목적에 활용할 때는 무작위수 생성기(Random Number Generator)와 그 초기값(Random Seed)을 반드시 고려하여 데이터 수집을 위한 시뮬레이션 실험계획을 수립하고, 충분한 데이터를 수집하여 분석을 수행할 수 있도록 해야 한다.

이처럼 M&S 전문가들은 각자의 업무 분야에서 보다 명확하고 정확하게 M&S의 이론과 원리, 원칙, 국제표준 등을 이해하고 시스템에 대한 통찰을 가지고 국방 업무의 다양한 문제와 이슈들을 해결하기 위한 수단으로서 M&S를 개발하고, 활용할 수 있어야 한다. 앞으로 4차 산업혁명 시대를 살아가게 될 M&S 전문가들이 진정한 전문가가 되기 위해서는 미래를 대비하고 시대에 걸 맞는 자질과 역량을 배양할 수 있도록 노력해야 한다는 것이다. 또한 사회와 산업, 전장 환경에 변화와 도전을 가져오는 첨단 과학기술과 기술융합에 대한 이해와 기술에 대한 지식 습득이 필요하며, 양질의 데이터를 확보하여 저장하는 빅 데이터에 대한 이해와 데이터 분석기술을 습득하고 숙달하는 것이 필요할 것이다. 또한 M&S의 궁극적인 사용자인 워파이터들과 협업·공조함으로써 워파이터들의 작전요구에 대해 공감하고, 그들의 필요를 충족해 줄 수 있는 자세가 절실히 요구된다. 무엇보다도 4차 산업혁명 시대는, 사회와 산업은 물론이고 전장 환경마저 초 연결성(Hyper-Connected), 초 지능화(Hyper-Intelligent) 양상으로 변하고 있는 실제 세계에 대해, 과연 어떻게 이것을 사용 목적과 의도에 맞게 표현(Representation)하여 M&S를 개발할 것인지, 개발된 M&S를 어떻게 실행

(Implementing)하여 다양한 문제들을 해결하고 시스템에 관한 통찰을 제공할 것인지 고민하고, 그에 대비한 역량을 함양해야 한다는 것이다. 그리하여 M&S 전문가로서 각 분야에서 달인이 되어 M&S의 궁극적인 사용자이며 의사결정자인 워파이터들에게 믿음과 신뢰를 줄 수 있어야 한다.

78. M&S 개발자들! 어떻게 M&S를 이해하고 개발해야 하나?

한국군이 무기체계 획득 대상체계 그 자체로서 모델링 및 시뮬레이션(M&S: Modeling & Simulation)을 획득하고자 할 때 통상적으로는 방사청 M&S IPT(Integrated Project Team)에서 사업관리를 하는데, 경우에 따라서는 각 군과 합참이 사업을 관리하기도 한다. M&S 획득 사업관리의 주체를 어느 기관이 맡게 되든지 최저가 입찰계약에 의해 개발업체를 선정하고 개발을 추진하게 된다. 현재 M&S 개발은 최저가 입찰계약제도와 과당 경쟁에 따른 저가 입찰 관행으로 인해 개발업체가 여러 가지 어려움에 처하게 되고, 그 결과로 양질의 개발 산출물을 기대하기 어렵다는 악순환에 빠져 있다. 이 고리를 타파하는 것이 쉽지는 않겠지만, 그래도 M&S 개발자들이 어떻게 M&S를 이해하고 개발해야 하는지 한번 생각해 보자.

한국군의 경우 배정된 예산을 다 투입하더라도 일반적으로 요구되는 M&S 요구사항을 모두 충족하며 사용 목적과 의도에 부합하는 M&S를 제대로 개발하는 것이 쉽지 않은 상황인데, 그나마도 저가 입찰경쟁으로 인해 배정된 예산을 다 집행하지 못하는 가운데 요구사항을 충족하는 M&S를 주어진 일정기간 내에 개발해야 한다는 부담까지 안게 된다. 이런 상황이다 보니 애초에 개발팀을 편성할 때에 M&S 요구사항을 충족할 수 있는 우수하고 역량이 있는 인력을 제대로 편성하는 것 자체가 어려운 실정으로, 구조적으로 양질의 M&S를 개발하는 것이 쉽지 않은 상황이다. 아무튼 주어진 계약제도에 의해 업체가 선정되고 나면, 소요군이 제시한 M&S 요구사항과 제안사의 제안 내용을 중심으로 기술협상을 하고, M&S 요구사항에 대해 보다 구체적으로 요구사항에 대한 정의와 개념, 그리고 구현 범위에 대해 구체적인 협의를 진행하게 되는데 통상 이 과정에서부터 상당한 난항을 겪게 된다. 이 과정에서의 이슈는 소요군이 제시한 M&S 요구사항에 대해 보다 구체적이고 명확한 요구사항을 정의하지 못하는 경우나, 소요군은 명확하게 요구사항을 제시했으나 개발자가 그 요구사항과 수준을 충족하고자 하는 의지가 없는 경우와 요구 수준을 구현할 기술을 보유하고 있지 않은 경우가 있을 수 있다. 어떤 경우가 되었든지 개발에 착수하는 초기부터 M&S 요구사항을 충족하면서 사용 목적과 의도에 부합하는 M&S를 개발하는 것이 어렵다는 것을 알 수 있다.

개발자들이 M&S를 개발하면서 통상적으로 범하는 오류 중에 가장 크고 심대한 오류는 M&S 개발 단계와 절차를 제대로 준수하지 않는다는 것이다. 개발자들이 준수해야할 M&S 개발절차는 크게 두 가지 범주로, 하나는 개별 M&S를 개발하는 절차이고, 또 다른 하나는 한국군이 공식적으로 개발을 한 번도 시도해본 적이 없는 M&S 연동체계를 개발하는 절차이다. 먼저 개별 M&S를 개발하기 위해서는 미 국방성이 M&S 개발 실행지침 권고안(RPG: Recommended Practise Guide)을 통해 소요군이 제시한 M&S 요구사항을 제대로 식별하여 검증하고, 이러한 요구사항을 기반으로 개념모델을 개발하여, 설계를 하며, 구현을 하고, 파라메타 데이터와 입력 데이터를 준비하여, 그 구현 결과를 검토하는 활동을 단계적으로 수행할 것을 권고하고 있다는 점을 명심해야 한다. 또한 연동체계를 개발할 경우에는 과거 HLA(High Level Architecture) 아키텍처를 적용하여 페더레이션을 구축할 경우 IEEE 1516.3 FEDEP(Federation Development Execution Process) 절차를 적용하여야 하며, 상이한 시뮬레이션 유형들을 연동하여 LVC(Live Virtual Constructive)를 구축할 경우 IEEE 1730 DSEEP(Distributed Simulation Engineering Execution Process) 절차를 적용하도록 하고 있다는 걸 기억해야 한다. 실제로는 2010년 DSEEP이 제정되면서 2003년 제정된 FEDEP을 대체하게 됨으로써 HLA 페더레이션을 구축하든지, LVC를 구축하든지 막론하고 DSEEP 절차를 적용해야 한다.

이러한 미 국방성의 권고안과 국제표준이 있음에도 불구하고 M&S를 개발하는 과정에서 통상적으로 나타나는 모습은 M&S 요구사항이 제대로 잘 선정이 되었는지, 개발자가 충분히 소요군의 사용 목적과 의도를 제대로 이해하였는지 검토하고 검증하는 활동과 절차가 생략되는 경우가 빈번하며, 이러한 요구사항을 토대로 개념모델을 개발하는 과정과 개념모델을 기반으로 모의 논리에 대한 개략설계와 상세설계도 없이 바로 구현하는 모습이 빈번하게 나타난다는 것이다. 즉 소요군으로부터 주어진 요구사항을 토대로 바로 프로그램을 코딩하다 보니 매 개발 단계를 거쳐가며 각 단계에 대해 사용 목적과 의도 관점에서 검증하고 확인하여야 함에도 불구하고 그런 과정이 모두 생략되게 된다. 또한 전후 인과관계가 명확히 설정되어 준수해야 할 절차가 무시되다 보니 최종 M&S 산출물이 소요군의 M&S 요구사항을 제대로 충족하지 못하고, 개념모델과 모의 논리와 설계 및 구현이 일관성 있게 개발되기도 어려워진다. 결국은 M&S의 사용 목적과 의도를 충족하기가 사실상 어려운 상황이라는 것이다.

M&S 개발자가 통상적으로 범하는 오류 중의 또 다른 모습과 양상은 소요군이 요구하고 제시하는 보다 구체적인 요구사항들을 자의적으로 해석하고 현재 알고 있는 기술 수준으로 개발을 시도하는 경향이 있다는 것이다. 그리고 이러한 현상의 가장 심대한 오류는 개발자들이 일반적으로 워파이터들의 M&S 관련 작전요구를 자의적으로 해석한다는 것이다. 그러다 보니 소요군인 워파이터가 원하는 기술을 적용하여 원하는 모습대로 개발하는 것이 아니라, 개발자가 통상적으로 적용해왔던 기술과 개발 방식을 고집한다는 것이다. 만약 소요군인 워파이터가 적용하기를 원하는 기술이 새로운 기술일 경우, 개발자들은 이러한 M&S 신기술에 대한 이해와 개발 또는 연구에 대한 열정이 부족한 경우가 태반이다. 이러한 모습은 극히 드문 경우이긴 하지만, 단일 M&S 내에서 다해상도(MRM: Multi-Resolution Model)를 구현하고자 할 때라든지, 컴퓨터 생성군(CGF: Computer Generated Forces), 반 자동군(SAF: Semi-Automated Forces), 에이전트 기반 모델링(ABM: Agent Based Modeling)을 구현하고자 할 때 그러한 기술에 대해 깊이 있게 이해하지 못하는 경우가 생기며, 개발하는 M&S를 차후 상호 연동 운용하고 재사용하고자 할 때에도 관련 아키텍처에 관한 이해와 지식이 부족하고, 연동 운용을 구현할 수 있는 기술과 재사용을 보장하기 위해 고려해야할 요소들을 제대로 이해하지 못한다는 것이다.

현재 한국군이 필요로 하는 M&S를 개발하는 과정에서 야기되는 이러한 문제와 이슈들은 과학기술의 발달과 기술융합에 의해 도래하는 4차 산업혁명 시대의 사회와 산업, 전장 환경의 변화와 도전에 대비하기에는 턱없이 미흡하다는 것을 의미한다. 앞으로 예상되는 새로운 형태의 분쟁이나 전쟁개념에 따른 우발작전계획의 분석이나 훈련을 위한 모델을 개발하는 것은 더욱 더 어려움이 있을 것이라는 것이다. 이는 앞으로의 전쟁이나 분쟁이 사실상 전쟁과 평화, 전투원과 비전투원, 폭력과 비폭력, 군사와 정치의 구분이 갈수록 모호해질 것이며, 이를 M&S로 구현하기 위한 개념모델과 모의 논리 개발이 갈수록 어렵고, 미흡할 수밖에 없을 것이라는 뜻이다. 그런 상황에서 과연 어떻게 워파이터들의 M&S 요구사항을 충족하면서 실제 세계와 체계를 제대로 묘사하고 표현하여 M&S를 개발할 것인지가 개발자들이 부딪히게 될 현실이고 도전이 될 것이다.

M&S 개발자들은 초 연결성(Hyper-Connected)과 초 지능화(Hyper-Intelligent)로 대변되는 4차 산업혁명 시대의 전장 환경의 구조적인 변화를 예측하고 대비하여 제대로 개발할 수 있는 역량을 구비하는 것이 필요하다. 앞서 제3편 23번째 이야기와 제4편 25번째 이야기에서 토의한 Industry 4.0과 4차 산업혁명 시대의 디자인 원칙에 따른 M&S 요구능력에서 개략적으로 예상했던 바와 같이, 앞으로 M&S 개발자들은 모든 M&S를 개발할 때에 모듈화(Modularity)와 컴포넌트(Component)화하여 개발하고, 원칙(Principle)과 표준(Standard)에 기반하여 소위 Plug and Play이가 가능하도록 구현함으로써 새로운 능력의 M&S를 개발할 수 있도록 해야 한다.

또한, 모든 M&S는 연동(Interoperability)이 가능하도록 개발해야 하고, 가상화(Virtualization)가 일반화 될 것이기에 사이버 물리 시스템(CPS: Cyber Physical Systems)을 적절히 활용하여 LVC의 구현과 구축을 촉진하도록 해야 한다. M&S를 운용하는 상황을 고려하여 시뮬레이션의 수행과 통제의 분권화(Decentralization)와 분산화(Distributed)가 가능하도록 M&S를 개발해야 하며, 사물인터넷, 만물인터넷, 서비스인터넷(IoT/IoE/IoS: Internet of Things/Everything/Services)과 실시간 서비스 지향 아키텍처(Real-Time Service Oriented Architecture)에 기반한 서비스 지향과 실시간 능력을 활용하여 실제(Live) 시뮬레이션을 개발할 수 있는 역량을 기우고 대비해야 한다는 것이다.

결국, 앞으로 M&S 개발자들은 그 개발 대상이 무엇이든지 궁극적으로 보다 실전적인 가상 합성 전장 환경을 구현할 수 있는 기술을 개발하고, 그 기술을 적용하여 LVC를 구현할 수 있도록 M&S를 개발할 수 있어야 한다는 것이다.

79. M&S 전문인력! 어떻게 양성하고 운용해야 하나?

한국군이 모델링 및 시뮬레이션(M&S: Modeling & Simulation)을 다양한 국방 업무 분야에서 효율적으로 활용할 수 있도록 하기 위해서는 M&S를 제대로 이해하는 전문인력이 절대적으로 필요하다. 일반적으로 M&S 전문인력이라 하면 M&S 분야에 대한 이론과 원리, 원칙과 기반 체계와 기술에 대해 풍부한 지식과 통찰을 가진 사람을 의미하게 된다. 그러나 지금까지 토의하였듯이, 한국군이 M&S를 제대로 활용하기 위해서는 무엇보다 사용자이자 워파이터들인 주요 지휘관들과 의사결정자들이 M&S의 원리와 원칙을 제대로 이해하고 작전요구를 제대로 제기할 수 있어야 한다. 그리고 또 다른 한편에서는 워파이터들의 이러한 작전요구를 실제로 구현하여 활용할 수 있도록 사용 목적과 의도에 부합하는 M&S를 개발하고, 양질의 M&S 운용 서비스를 제공할 수 있는 M&S 분야의 전문가(Domain Experts)가 필요하다. 그러한 관점에서 한국군이 효율적 국방경영 수단으로서 M&S를 제대로 활용할 수 있도록 하기 위해 어떻게 워파이터들에게 M&S의 기본 원리와 원칙을 이해시키고, 특히 M&S 전문가들을 어떻게 양성하고 운용해야 할까? 이번 이야기에서는 그것을 한 번 생각해 보고자 한다.

한국군이 다양한 국방 업무분야에서 M&S를 제대로 활용하기 위해서는 워파이터들에게 M&S에 대한 이해를 증진시키고 M&S를 제대로 활용할 수 있는 작전요구를 식별하여 제시할 수 있는 역량을 배양해야 한다. 이를 위해서는 워파이터들이 사용자로서 M&S 활용 목적과 의도를 명확하게 식별할 수 있어야 하고, M&S에 대한 원리와 원칙을 제대로 이해할 수 있어야 한다. 또한, M&S를 활용하는 국방 업무분야전 영역에서 워파이터 관점의 분명한 작전요구를 식별하고 제시할 수 있어야 한다. M&S를 교육훈련 분야와 전력분석 분야, 국방획득 분야, 그리고 전투실험 분야에 제대로 활용하기 위한 비전과 방향을 제시할 수 있어야 한다는 것이다. 과학기술의 발달과 기술융합에 의한 4차 산업혁명 시대 전장 환경의 특징인 초 연결성(Hyper-Connected)과 초 지능화(Hyper-Intelligent)한 실제 세계와 체계를 그대로 표현하고 실행할 수 있도록, 앞으로 개발하는 모든 M&S 뿐만이 아니라 현재 잘 활용하고 있는 BCTP 와 KCTC에 대해서도 개혁하고 혁신할 수 있는 요구를 도출할 수 있어야 한다. 여기에서 한걸음 더 나아가 지금까지 LVC 구현에 참여를 망설여 왔던 BCTP와 KCTC를 포함한 주요 M&S 자원을 보유한 기관들이 LVC 연동 운용에 적극 참여도록 하고, 전투실험 수단으로 활용할 수 있도록 하는 등 가용한 M&S 자원을 효율적으로 활용할 수 있는 방안을 강구해야 한다.

이를 가능하도록 하기 위해서는 직접적으로 M&S를 개발하고 운용하는 M&S 전문가 보다는 오히려 워파이터들이 M&S의 원리와 원칙을 제대로 이해하는 가운데, 사용 목적과 의도 및 분명한 작전요구를 제시할 수 있어야 한다는 것이다. 이는 곧, 모든 워파이터들에게 기본적인 M&S에 대한 기본적인 소양교육을 실시해야 한다는 뜻이다. 이를 위해 우선 군 간부 양성과정에서 한 학기 정도 국방문제 해결을 위한 수단인 운영분석(Operations Research)과 M&S를 함께 교육함으로써, 다양한 국방문제를 해결하기 위한 문제해결 기법과 방안이 어떤 것들이 있는지, 그 가운데에서 M&S가 무엇인지, 어떤 경우에 활용할 수 있는지를 포함한 기본적인 원리와 원칙을 이해할 수 있도록 하자는 것이다. 임관 이후에는 초등군사반에서는 M&S에 관한 초급 수준의 기본 사항을 교육하고, 고등군사반에서는 M&S를 국방 업무분야에 활용하는 방안을 위주로 교육하며, 각 군 대학에서는 고급장교로서 기본적으로 갖추어야할 소양과 자질인 효율적인 국방경영 수단으로서의 M&S 활용 방안에 대해 교육하자는 것이다. 이때 워파이터들에게 M&S를 소개하고 교육하는데 있어서 작전운용 관점(Operational View)에 초점을 맞춰야 할 것이다.

다음으로 M&S 전문인력(Domain Experts)을 어떻게 양성하고 운용할 것인지 살펴보자. 한국군의 현재 실상은 M&S와 관련된 전문특기도, 전문 인력을 양성하기 위한 교육 시스템도, 또 전문 역량을 배양할 수 있도록 제대로 관리하기 위한 인사제도도 아무것도 없는 상태이다. 현재 수준으로 그나마 M&S 분야가 발전하고 유지될 수 있었던 것은, 개인적 비전과 열정으로 연구하는 몇몇 젊은 장교와 국방 관련 연구소의 연구원들이 있었기 때문이다. 그러다 보니 전반적으로 M&S의 기본 원리와 원칙에 대한 이해의 폭과 수준이 제각각으로, M&S 업무영역에 대한 충분한 이해와 원칙에 충실한 업무수행이 제한을 받을 수밖에 없었다. 실상이 이렇다 보니 한국군은 M&S 활용에 있어서 기술적인 어려움이나 복잡도(Complexity) 등 도전에 대해 적극 대응하지 못하고, 국제표준에 대해서조차 제대로 도입하여 적용할 수 없었으며, M&S 자원의 상호 운용성과 재사용성을 고려한 개발과 활용이 제대로 이루어질 수 없었다. 특히 현재와 같은 모습으로는 4차 산업혁명 시대의 전장 환경의 변화와 도전에 걸맞게 M&S를 개발하고 활용하는 것이 갈수록 어려울 것이다. 이러한 이유에서 더 이상 M&S 전문 인력을 양성하여 운용하는 것을 미룰 수 없는 상황이라는 것이다.

만약 한국군이 M&S 관련 전문특기를 편성하여 운용하게 된다면 그 인력운용과 인사제도를 현재 수준에서 검토할 것이 아니라 보다 전향적으로 검토하는 것이 필요하다. 즉, 현재 한국군이 M&S를 활용하는 수준이 아니라 좀 더 포괄적이고 효율적으로 다양한 국방 업무분야에 M&S를 활용하는 방안을 강구하자는 것이다. 예로, 현재 한국군의 접근방법은 육군의 경우 사단과 군단에 가상(Virtual) 시뮬레이션이나 실제(Live) 시뮬레이션을 개발하여 편성하면 누군가가 운용할 수 있을 것으로 생각하고 있다. 해군의 경우에는 각 함대에 해상전술종합훈련장체계를 구축한다든지, 일부 해당 전단에 유도탄훈련장체계를 구축하게 되면 담당교관이 이를 제대로 운용하고 활용할 수 있을 것으로 생각하고 있다는 것이다. 과연 한국군이 현재 접근하는 방식대로 과연 그렇게 해서 개발하고 구축한 M&S를 사용 목적과 의도에 부합하게 제대로 운용하고 활용할 수 있을지 하는 것을 한번 생각해 보자는 것이다. 정말 그렇게 생각한다면, 한국군의 M&S 운용과 활용은 현재 수준을 벗어날 수 없을 것이며 향후 이렇게 막대한 예산을 들여 개발한 M&S체계들을 상호 연동 운용하여 LVC를 구현한다든지, 전투실험 목적으로 활용한다든지, 가용한 M&S 자원을 보다 효율적으로 운용하고 활용하고자 할 때 많은 어려움을 겪을 것이다.

이처럼 예상되는 어려움을 극복하고 보다 효율적으로 M&S를 활용할 수 있도록 하기 위한 한 가지 예로, 육군의 사단급 이상 부대에 M&S 전문특기자를 편성하여 보다 효율적으로 M&S를 활용할 수 있도록 계획을 수립하도록 하고, 워파이터들인 주요 지휘관과 의사결정자들의 M&S 관련 작전요구에 대해 M&S 전문가로서의 조언과 지원을 제공하도록 해야 한다. 또한 M&S 전문특기자들은 워파이터들의 작전운용 관점의 요구사항을 시스템 관점과 기술표준 관점으로 전환하여 M&S 시스템을 디자인하고, 이를 구체적으로 구현하여 실행할 수 있도록 하는 중계자의 역할을 수행하며, 때로는 전문 참모로서의 역할을 수행하도록 하자는 것이다. 이런 개념으로 각 군과 합참 모두 M&S 전문특기를 편성하여 운용한다면 M&S를 사용하고자 하는 목적과 의도에 부합하게 활용할 수 있을 뿐만이 아니라 다양한 작전요구에 대비하여 한정된 M&S 가용자원을 보다 효율적으로 활용할 수 있게 됨으로서 한국군에 새로운 가치를 창출할 수도 있게 될 것이다.

한국군이 보다 효율적으로 국방 업무분야에서 M&S를 제대로 활용하기 위해서는 M&S 전문특기를 편성하여 운용하는 것이 가장 바람직하나, 육군의 경우 그동안 정책형 장교를 편성하고 운용해 온 인력운용과 인사정책을 고려해 볼 때 미군과 같이 M&S 전문특기를 편성하여 운용하는 것이 그리 쉽지만은 않다는 생각이다. 그러나 진정으로 한국군이 4차 산업혁명 시대에 부딪히게 될 새롭고 다양한 작전요구에 대해 한정된 국방 가용자원으로 보다 효율적으로 국방경영과 무기체계 획득 및 현존 위협과 미래 잠재 위협에 대한 전투준비태세를 유지하고 향상시키기 위해서는 M&S 전문특기를 편성하고, 우수한 인재를 양성하여 활용하는 것이 반드시 필요하다는 생각이다. 그리고 이때 M&S 전문특기로 선발하는 조건은 최소한 석사과정에서 시스템 시뮬레이션을 한 과목 이상 수강한 자원으로 선발하자는 것이다. 이렇게 전문특기를 편성하여 운용하는 과정에서 중요한 것은 전문성을 지속적으로 함양하고 배양할 수 있도록 인사관리를 하고, 재교육 프로그램을 개발하여 시행해야 한다는 것이다. 이때 적절한 재교육 프로그램은 국방대 직무연수원에 2주 정도 M&S 교육과정을 편성하고, 국내의 가장 우수한 군·산·학·연 M&S 전문가들을 강사진으로 강의내용을 잘 구성하여 교육을 실시하고, 교육수료 시에는 수료증을 수여하여 이를 인사관리에 반영하는 것이 필요하다.

만약에 M&S 전문특기를 편성하여 운용할 수 없다면, 어떤 방식이든지 M&S에 대한 기본 소양교육과 전문교육을 계획하여 시행해야 할 것이다. 기본 소양교육이나 전문교육 모두 국방대 직무연수원에서 수행하되, 기본 소양교육은 국방대 주관으로 2주간 M&S의 정의와 개념, M&S의 원리와 원칙, M&S의 활용 필요성과 활용 분야, 활용시 주의사항 등 기본적인 사항을 교육하고, 전문교육은 합참과 각 군 및 국방연이 공동으로 참여하고 계획하여 교육훈련, 전력분석, 전투실험 분야를 중심으로 보다 구체적이며 시스템 관점과 기술표준 관점의 심화과정으로 2주간 수행하자는 것이다. 이때, 국방획득 분야에 대해서는 기존의 국과연에서 수행하고 있는 M&S 교육 프로그램을 보완하고 방사청과 기품원이 공동으로 참여하여 단순히 무기체계 연구개발을 위해 M&S를 활용하는 수준을 넘어, 무기체계 전 수명주기 간에 획득 관련 이해당사자들이 보다 빨리, 보다 저렴하게, 보다 양질의 무기체계를 획득하기 위해 협업하고 공조하는 수단으로서 M&S를 활용하는 시뮬레이션 기반 획득(SBA: Simulation Based Acquisition) 개념과, 사용 목적과 의도에 부합한 M&S를 개발하고 획득하기 위해 필요한 M&S 개발 절차와 검증, 확인 및 인정(VV&A: Verification, Validation & Accreditation) 절차 등을 포함하여 2주간 전문교육을 수행하자는 것이다. 그리고 모든 교육의 종료 이후에는 수료증을 수여하고, 이를 인사관리제도에 반영하는 것이 필요하다.

또한 현재 방사청과 국방대에서 수행하고 있는 M&S와 관련된 과정들은 군의 M&S 업무를 수행하고 있는 전문가로부터 방산업체 근무자까지 포함하는 현재 방식의 프로그램을 그대로 유지하되, M&S와 관련된 교육과 강좌의 폭과 수준을 다변화하자는 것이다. 필요에 따라 KAIST에서 여름 방학기간에 개설하는 M&S 특별강좌와 국방연에서 수시로 개설하는 세미나 형태의 특별강좌를 활용하는 방안도 강구하자는 것이다. 결론적으로, 한국군이 국방 업무분야에서 M&S를 제대로 활용하여 한정된 국방 가용자원을 보다 효율적으로 활용하고 국방경영을 제대로 하며, 무기체계 획득을 제대로 하고, 전투준비태세를 향상시키며 다양한 국방 문제를 해결하기 위해 실질적으로 유일한 수단인 M&S를 워파이터와 전문가들이 제대로 이해하고 제대로 활용할 수 있도록 교육하고 양성하는 것이 절실히 필요하다는 것이다.

80. M&S 개발, 유지보수 및 운용! 어떻게 수행해야 하나?

한국군이 모델링 및 시뮬레이션(M&S: Modeling & Simulation)을 국방 업무분야에 활용하기 위해 M&S를 개발하고 유지보수하며 운용하는 실태를 살펴보자. 무기체계 획득절차를 통해 M&S를 획득하는 개발사업은 최저가 입찰제도로 인해 참여 업체 간의 과당 경쟁으로 덤핑으로 입찰하는 경향이 있으며, 개발 절차상 아키텍처 관점의 체계적인 개발 접근방법이 구조적으로 불가하다는 것이다. 또한 새로운 모델링 기법을 적용하기에는 기술이 부족하고 미흡한 경우가 있으며, 새로운 작전술 개념은 교리발전을 위한 연구가 미흡하여 모의 논리를 제대로 구현하는 것이 어려운 경우가 종종 발생하는 실정이다. M&S를 개발한 이후 유지보수나 운용의 경우에도 년 단위 계약에 최저가 입찰제도로 경력이 있고 유능한 진문인력을 유지보수 사업에 투입하여 운용하는 것이 곤란하고, 예비역 장교인 전문가를 활용하는 경우에는 능력과 서비스 질에 의한 합리적인 처우보다는 연금을 고려한 급여 책정으로 능력 있는 전문인력을 확보하기도, 유지하기도 쉽지 않다. 결과적으로 군이 필요로 하는 사용 목적과 의도에 부합하며 M&S 요구사항을 충족하는 양질의 M&S를 개발하기도, 제대로 유지보수하기도, 양질의 운용 서비스를 제공하기도 모두 쉽지 않다는 것이다.

M&S를 개발하는 업체의 전문인력 운용실태를 좀 더 구체적으로 살펴보면, 한국군의 M&S 개발사업 자체가 그리 많지 않아 한정적이라는 것, 그나마 통상 계획에 비해 지연되어 사업이 추진된다는 것, 그리고 최저가 입찰제도로 능력 있는 전문인력을 개발사업에 투입하여 안정적으로 인력을 운용하기에는 여러 가지 측면에서 제한요소가 많다는 것이다. 설령 능력 있는 전문인력을 개발사업에 투입했다 하더라도, 개발사업이 종료된 이후에는 새로운 개발사업이 없는 기간 동안에 유휴 전문인력을 투입하여 새로운 기술 분야에 대해 연구개발을 하자니 동기유발도 안되고 투입된 예산과 자원을 회수하기도 어렵다는 것이다. 이러한 현상은 근본적으로 선순환 구조에 의한 개발업체의 양질의 능력 있는 전문인력의 확보와 투입으로 양질의 M&S를 개발하고 유지보수하며, 양질의 운용 서비스를 제공하는 것이 아니라 최저

가 입찰제도에 의한 덤핑 수준의 입찰과 낙찰, 그로인한 수익성 제한과 전문인력의 확보와 투입의 제한으로 부실한 M&S 개발과 부실한 유지보수 및 부실한 운용 서비스로 인해 전반적인 M&S 개발과 운용 수준의 저하로 연결되는 악순환 구조를 초래하고 있는 것이다.

이러한 악순환 과정 속에 또 다른 부정적인 요인은, 한국군이 M&S 자원과 모의체계에 대한 유상 유지보수 예산을 부적절하게 편성하여 운용하고 있다는 사실이다. 유상 유지보수 예산편성은 규정상에 취득원가의 10~15%를 편성하도록 되어 있으나, 실제 편성은 7~10% 수준으로 별도의 성능개량사업을 추진하지 않는 한 실질적으로 제대로 유지보수를 수행한다는 것이 구조적으로 불가능하다. 이러한 모습은 M&S 자원을 단순한 소프트웨어가 아닌 하나의 유기체로 인식하여 지속적인 유지보수를 수행할 때 사용 목적과 의도에 부합하게 제대로 활용할 수 있음을 인식하는 것이 절대적으로 필요하다는 것을 보여준다. 결국 M&S의 개발과 유지보수, 운용과 관련된 모든 계약제도와 예산편성이 최저가 입찰제도에 최저 수준의 예산편성을 하다 보니 M&S 자원 그 자체도 부실할 수밖에 없고, 적정수준의 운용예산에 턱없이 부족한 수준의 예산편성과 계약은 M&S의 효율적 운용과 활용을 위한 고급 전문인력을 제대로 확보하여 운용하는 것 자체를 불가능하게 한다는 것이다.

참고로 미군의 경우에는 작전요구를 충족하기 위해 꼭 필요하다고 판단하면 전문인력이 정년을 넘어선 이후에도 수행하는 임무를 성공적으로 완수하는데 초점을 맞춰 근무기간을 연장해가면서까지 고급 전문인력을 중요시 여기고 있다. 이에 비해 한국군은 외형적으로는 중요한 임무를 성공적으로 완수하기 위해 전문가가 필요하고 중요하다고 말만 하지, 실제로는 합참의 합동전투모의센터(JWSC: Joint Warfighting Simulation Center)의 경우 실장은 비전문가로 보직하고 정작 전문가는 부실장으로 보직하는 양상을 보이고 있다. 한국군의 경우, 전문가가 그리 많지 않으므로 가용한 모든 전문가를 다 모아서 역량을 발휘할 수 있도록 해도 성공적으로 임무가 완수될까 말까한 상황에서도 그나마 가용한 한정된 전문인력조차 제대로 활용하지 못하는 우를 범하고 있다는 것이다.

이와 더불어 전문인력이나 고급 기술인력에 대해서도 제대로 된 가치를 부여하지 않고, 누구든지 M&S를 개발하고 운용할 수 있다는 생각을 가지고 있는 것처럼 보인다. 이러한 모습은 M&S 운용을 위한 전문용역업체를 계약하는 과정에서 군의 작전

요구를 충족하는 안정적인 서비스를 제대로 제공하기 위해서는 다년 계약이 절대적으로 필요함에도 1년 단위 계약을 고집하고 있는 데에서 알 수 있다. 심지어 전문인력을 전문용역업체에 의한 일괄 계약이 아니고 개인별로 계약을 하여 계약인력을 관리하는데 비효율적이고, 고급인력의 안정적인 유지가 곤란하며 최악의 경우에는 연간계획이 변경되거나 추가적인 임무가 발생할 경우 임무수행 자체가 곤란한 경우도 종종 발생하였다는 것이다. 과거에 육군 BCTP단의 전문교관들이 제기했던 법정소송 사례를 교훈으로 삼아야 할 것이며, 전문 및 고급 기술인력에 대해 서비스에 상응하는 급여를 보장하는 것이 필요하고, 반대로 급여가 적다면 급여 수준에 맞는 서비스에 만족해야 한다는 것이다.

한국군은 주로 단일 모델을 운용하는 개념으로 M&S를 활용하다 보니 전문 및 고급 인력의 중요성을 제대로 이해하지 못하고 있다고 생각한다. M&S 개발 시에 고도의 기술을 요하는 모델링 기술이나 기법을 적용한다든지, 다수의 M&S를 연동하는 모델 연동체계를 운용하는 경우라면 기술 수준에 의한 모델 개발 결과와 운용능력의 차이가 두드러지게 나타나겠지만, 한국군이 통상 활용하고 있는 평범한 단일 모델 운용의 경우에는 그리 큰 차이를 느끼지 못하는 게 사실이다. 그러나 한미 연합연습과 같이 여러 개의 모델들 연동하고, 해상도가 상이한 모델과 상이한 유형의 시뮬레이션을 연동한다든지, 여기에 다시 C4ISR 체계를 연동하여 분산 환경에서 운용하는 경우에는 전문 및 고급 기술인력들의 개별 능력은 물론 팀워크가 아주 중요함을 알 수 있다.

실제로 한미 연합연습 모의체계를 운용하다 보면 수년 동안 함께 모의체계를 운용하였음에도 불구하고 빈번하게 운용자에 의한 오류(Human Error)가 나타남을 볼 수 있다. 이를 예방하기 위해서는 제대로 된 전문 기술인력을 안정적으로 고용할 수 있는 기본적인 시스템을 만들고, 그것을 기반으로 운용요원들 간의 일관성 있고 공통적인 전문용어 사용과 페더레이션 운용절차에 대한 공동 이해가 절대적으로 필요하다. 또한, 연동에 의한 모의체계에 참여하는 각각 페더레이트(모델)의 운용절차를 표준화하는 것이 필요하고, 페더레이션에 참여하는 모든 운용요원들의 팀웍이 무엇보다도 중요하다는 것이다. 한편으로는 이러한 팀웍을 기반으로 하는 노력을 제대로 통합하고 촉진할 수 있는 모의통제체계 등 시스템을 구축하는 것이 절대적으로 필요하다.

이렇게 모든 것들을 잘 준비하여 M&S를 운용한다 하더라도 실제 운용 간에는 여러 가지 예기치 못한 일들이 발생할 수 있으며, 이에 대비하여 충분한 우발계획을 수립하여 대비하는 것이 필요하다. 앞서 토의하였듯이, 한국군이 M&S를 분산 환경에서 모델들 간의 연동, 상이한 시뮬레이션 유형 간의 연동, 그리고 C4ISR 체계까지 연동하여 운용하게 되면 데이터 통신망과 모의센터, 하드웨어(HW: Hardware), 소프트웨어(SW: Software), 전력공급 장치와 암호화 장비 등 많은 시설과 장비를 잘 통합하고 성능을 제대로 발휘하게 하여 운용해야 한다. 이때 하드웨어(HW), 소프트웨어(SW)의 고장과 장애는 물론 데이터 통신망의 단절, 전원공급의 단절, 심지어는 천재지변에 의해 모의센터를 사용할 수 없는 상황도 빈번하게 일어날 수 있다. 이에 대비해 사전에 주도면밀한 계획과 준비가 필요하며, 실제로 이러한 우발사태가 발생했을 때에 대비하여 충분한 예비조치(Back-Up)를 마련하고, 신속하게 의사결정 하여 일사불란하게 대응하는 것이 필요하다는 것이다.

지금까지 살펴본 바와 같이 한국군이 M&S를 제대로 개발하고 유지보수하며, 안정적으로 운용을 하는데 장해가 되는 것은 여러 가지 있다. 그중에서 가장 문제가 되는 것은 근본적으로 M&S의 가치를 제대로 이해하지 못한다는 것이고, 그러다 보니 전문 및 고급 기술인력에 대한 가치를 제대로 이해하지 못하고 있다는 것이다. 또한 M&S를 제대로 개발하여 운용하는데 관련된 모든 시스템이 최저가 입찰제도에 1년 단위 유지보수 계약, 규정상 명시된 유지보수 예산의 최저 수준 편성, 그리고 군 출신 예비역 M&S 전문인력의 경우 연금을 고려한 급여의 책정 등으로 능력 있는 전문인력들의 참여를 실질적으로 제한하는 모습이고, 신기술에 대해 연구하고자 하는 동기 유발이 어려운 실정이라는 것이다. 결국은 군이 필요로 하는 사용 목적과 의도를 충족한 양질의 M&S 개발과 안정적인 운용 서비스 제공이 구조적으로 곤란하고, 그 결과는 고스란히 군에 부정적인 모습으로 되돌아온다는 것이다.

이러한 문제들을 근본적으로 개선하고 한국군이 M&S를 국방 업무 다양한 분야에서 효율적인 국방경영 수단으로 제대로 활용할 수 있도록 하기 위해서는 M&S에 대한 올바른 이해와 인식의 토대 위에 제도적, 시스템적 관점에서 변화와 혁신이 필요하다. 먼저 M&S 개발 및 운용과 관련된 계약제도를 다년 계약에 의한 적정가격 입찰제를 도입하고, 계약 참여업체에 적정수준의 이익을 보장해 주며, 전문인력에 대한 불평등한 계약 고용구조를 탈피하고 능력에 기반한 보수체계를 정착시켜야 한다. 이렇게 함으로써 M&S 관련 전문업체가 우수한 전문인력을 확보하여 M&S 개발과 유지보수 및 운용에 참여할 수 있도록 여건을 마련해야 한다는 것이다. 이러한 환경과 여건이 조성이 된다면 M&S 관련 사업에 참여하는 업체와 전문인력은 당연히 새로운 아키텍처나 신기술을 적극적으로 연구하고 도입하여 적용하게 되는 계기와 동기가 될 것이고, 자연적으로 보다 체계적으로 M&S를 운용할 수 있는 시스템과 환경을 구축하게 될 것이다. 이처럼 시스템에 의한 M&S 운용 관리와 모니터링은 M&S의 운용과 서비스의 효율성을 높여줄 뿐만이 아니라, 운용요원들에 의한 오류(Human Error)도 획기적으로 경감함으로써 전반적인 운용 서비스의 질을 높여주게 된다. 이러한 변화는 각 군이 각각 필요한 수준의 모의센터를 설치하고 운용하는데 새로운 자극과 동기를 부여하게 되고, 독자적인 모의센터 설치와 운용, 모의체계 구축 및 운용에서 자신감을 갖게 될 것이며, 결국은 워파이터들의 다양하고 새로운 작전요구에 대해 모의지원(Simulation Support)의 시스템 관점(System View)과 기술표준 관점(Technical Standard View)에서 획기적인 발전과 도약의 계기를 마련해 줄 것이다.

한국군이 각 군과 합참의 필요에 따라 모의센터나 훈련장체계를 구축하여 운용할 경우, M&S 전문가를 중심으로 한 단일 지휘통제하에 효율적인 운용과 통제방안을 강구해야 한다. 실제로 모의센터나 훈련장체계 운용과 관련하여서는 여러 분야의 용역업체들의 참여와 도움이 필요할 수 있는데, 이때 계약을 해당 분야별과 사안별로 할 것이 아니라 사용자인 워파이터의 관리가 가장 수월한 방식인 단일 용역업체에 의한 다년계약을 추진하는 것이 바람직하다는 것이다. 또한 사전에 계획하고 준비한 사용 목적과 의도를 위해 모의센터나 훈련장체계를 운용할 때 나타날 수 있는 다양한 상황과 사태에 대비하여 데이터 통신망이나 전력공급장치, 하드웨어(HW), 소프트웨어(SW) 등은 물론 운용요원과 M&S 개발 및 유지보수 요원까지도 포함하는 적절한 예비조치(Back-Up)를 사전에 준비하여야 한다. 이렇게 주도면밀하게 준비를 잘하여도 실제 운용 간에는 여러 가지 문제들이 발생할 수 있는데, 이러한 문제와 이슈, 상황이 발생했을 때 워파이터가 M&S와 관련된 모의지원에 관심을 갖지 않고 오로지 M&S를 활용하여 달성하고자 하는 사용 목적과 의도에만 전념하고 작전요구를 달성할 수 있도록 하기 위해서는 단일 용역업체와 다년 계약에 의한 M&S 운용과 활용이 필요하다. 더 나아가서는 앞서 토의한 일종의 서비스로서 M&S를 활용하는 M&SaaS(M&S as a Service) 개념을 도입하여 적용해야 한다는 것이다.

81. 실세계에 대한 표현과 실행인 M&S! 어떻게 표현해야 하나?

한국군이 모델링 및 시뮬레이션(M&S: Modeling & Simulation)을 개발하여 국방 업무의 다양한 분야에 활용하면서 부딪히게 되는 이슈는 M&S가 실제 세계에 대한 표현인가, 복제인가 하는 것이다. M&S의 기본 개념과 정의로 보면 당연히 M&S는 실제 세계에 대한 표현이고, 그 표현의 결과로 만들어진 모델을 시간의 흐름 상에서 실행하는 것임은 자명하다. 그럼에도 불구하고 실제로 M&S를 개발하는 과정에서 빈번하게 나타나는 모습과 양상은 그 사용 목적과 의도와는 무관하게 할 수만 있다면 실제 세계를 있는 모습 그대로 표현할 것을 요구한다는 것이다. 그렇다면 과연 M&S를 개발하여 활용하는데 있어서 실제 세계를 어떻게 표현해야 하는 걸까? 자세히 살펴보자.

M&S에서 모델링(M)이란 실제 세계를 표현하는 과정으로, 이 과정을 거쳐 만들어지는 것이 모델이고, 시뮬레이션(S)이란 이렇게 만들어진 모델을 시간의 흐름 상에서 실행하여 실제 세계에 대해 연구, 조사, 분석, 연습, 실험을 하여 실제 세계에 대해 통찰(Insight)을 얻는 기법을 의미한다. 모델을 개발하는 모델링 과정에서는 가장 중요한 것은 사용 목적과 의도에 부합하고, M&S 요구사항을 충족하는 수준으로 실제 세계를 표현하고 묘사해야 한다는 것이다. 이때 실제 세계와 체계를 잘 표현한 실전감 있는 모델과 시뮬레이션이 되기 위한 고려요소는, 무엇보다도 모델과 시뮬레이션의 사용 목적과 의도에 정확히 부합해야 한다는 것이다. 이를 보다 구체적으로 살펴볼 수 있는 것이 사용 용도와 적용 범위를 보다 구체적으로 서술한 작전요구와 M&S 요구사항에 부합하는지 여부이다. 또한 M&S를 개발하여 운용할 때 단독 운용(Stand Alone)을 할 것인지 아니면 연동하여 운용할 것인지를 고려해야 하고, 실전감 있는 전장 환경과 작전술 기능, 무기체계, 인간과 조직의 행태를 어떻게 표현할 것인가를 고려해야 한다는 것이다.

그러나 실제 M&S를 개발할 때 범하기 쉬운 일반적이고 보편적인 오류는 할 수만 있다면 실제 세계처럼, 실제 체계와 유사하게 표현하고 구현할 것을 요구한다는 것이다. 이 과정에서 나타나는 문제는 전장 환경이나 작전술 기능과 무기체계, 인간과 조직의 행태를 표현하는데 있어서 전반적으로 균형 있고 일관성 있는 표현이 미흡하다는 것이다. 특히 적군과 우군을 표현하는데 있어서도 적군에 대한 표현에 비해 우군을 보다 상세하게 표현하는 경향이 있으며, 우군에게 유리하게 표현하고 모델링하는 경향이 있고, 경우에 따라서는 상대적으로 우군의 전투피해를 적게 묘사하는 경향이 있다는 것이다. M&S를 개발하는 과정에서 실제 세계와 체계에 대한 표현은 M&S를 다양한 국방 업무분야에 활용하게 되는 그 사용 목적과 의도에 맞게 실제 체계와 시스템에 대한 통찰을 얻을 수 있는 정도면 충분하다는 것이며, 꼭 실제 모습처럼 M&S를 구현할 필요가 없다는 것이다.

즉 M&S를 국방 업무분야에 활용하는 것은 전반적으로 전장 환경과 전쟁, 군 조직과 편성, 무기체계와 그와 관련된 첨단 기술, 작전술 교리와 전술, 전기, 절차에 대해 시스템 관점의 통찰을 얻는 것이 목적이라는 것이다. M&S를 교육훈련 분야에 활용할 때는 각급 제대의 지휘관 및 참모들과 연습과 훈련에 참가하는 워파이터들에게 보다 실전적이고 다양한 전장 환경을 체험하도록 하는 것이 중요하다. 이때에는 M&S는 사용하고 적용하는 제대의 수준에 적합한 범위 내에서 워파이터들에게 가급적이면 다양한 전장 환경과 상황하에서 간접 경험과 체험을 할 수 있도록 다양성에 초점을 맞춰서 표현해야 한다. 반면에 M&S를 전력분석 분야에 활용하고자 할 때는 그 사용 목적이 작전계획 수립과 발전을 위한 방책 분석이든지, 무기체계 효과분석이든지, 아니면 전시 작전에 따른 자원소요를 분석하든지 간에 분석하고자 하는 목적과 의도에 따라 합리적인 의사결정과 판단을 할 수 있도록 각 사용 목적과 의도에 따른 주요 요소들이 무엇인지를 잘 분별하여 그것들을 중심으로 표현하고 묘사하여야 한다. 실제로 합리적인 의사결정을 위한 수단으로 M&S를 활용하기 위해서 실제 세계의 모든 요소들을 같은 수준의 깊이와 범위로 표현하여 M&S를 개발한다면, 상세하게 묘사한다는 관점에서는 좋아 보일지 모르나 합리적인 의사결정에는 복잡성만 가중시킬 뿐 별로 도움을 주지 않는다는 것이다.

M&S를 무기체계 획득을 위한 국방획득 분야에 활용할 경우에는, 일반적으로 다른 분야에 활용할 때에 비해 상대적으로 무기체계를 운용하는 전장 환경이나 무기체계 그 자체를 아주 상세하게 표현하고 묘사하게 된다. 실제 무기체계를 연구 개발하여 생산하고 시험 평가하여 전력화 배치를 하는 과정에 사용되는 모든 M&S들은

소요기획 단계 무기체계 효과분석과 획득 단계 일부 분석에 활용되는 경우를 제외하고는 획득 단계의 각종 분석과 연구개발, 생산 및 시험평가에 활용되기 위해서는 공학적 관점에서의 체계와 하위체계까지도 상세하게 표현하고 묘사하는 것을 요구하게 된다는 것이다. 이에 비해 M&S를 전투실험 분야에 활용하게 되는 경우는 실제 세계에 대한 표현과 묘사의 상세 정도가 전적으로 그 사용 목적과 의도에 따라 달라진다. 예로, 군 구조와 조직 편성 및 작전술 개념에 대한 실험 시에는 그 적용 제대와 범위를 고려하되 상대적으로 개략적인 표현과 묘사만으로도 충분할 수 있으며, 보다 상세한 작전술 교리와 전술, 전기, 절차에 대한 실험 시에는 중간 정도의 상세도로 표현하고 묘사하게 되며, 새로운 무기체계와 신기술에 대한 실험일 경우에는 국방획득 분야에 활용되는 것과 같이 아주 상세한 표현과 묘사를 필요로 한다는 것이다.

이처럼 M&S의 실제 세계에 대한 표현과 묘사의 정도는 M&S를 활용하는 목적과 그 활용 분야에 따라 상당한 차이가 있다. 이때 M&S의 실제 세계에 대한 표현의 정도를 나타내는데 함께 고려해야하는 몇 가지 요소들이 있는데, 이것은 실제 세계를 표현할 때 픽셀(Pixel) 또는 객체(Object)의 크기를 나타내는 해상도(Resolution)라는 개념과 실제 세계 표현의 함축(Abstract)의 정도를 나타내는 충실도(Fidelity)라는 개념이다. 또 다른 관점에서 비록 직접적이지는 않지만 M&S의 표현과 실행에 영향을 미치는 것은 실제 세계와 체계에 내재되어 있는 불확실성(Uncertainty)이나 우연성(By Chance)을 어떻게 표현할 것인지 하는 것이다. M&S를 개발하는 과정에서 실제 세계를 표현하는 정도를 나타내는 대표적인 개념인 해상도(Resolution)는 대체적으로 M&S를 활용하고 적용하는 수준(Level)과 제대(Echelon), 즉 부대의 규모에 의해 결정된다고 해도 과언이 아니다. 이는 곧 M&S를 활용하는 수준이 공학급, 교전급, 임무 및 전투급, 전역 및 전구급 여부에 따라서, 또 다른 관점에서는 소부대급에서 대부대급에 이르는 M&S를 사용하고 적용하는 제대에 따라서, 실제 세계와 체계를 표현하고 묘사하는 상세 정도에 차이가 있다는 것이다. 즉, 공학급이나 소부대급을 표현할 때는 고해상도(High Resolution)로, 반면에 전역 및 전구급이나 대부대급을 표현할 때는 저해상도(Low Resolution)로 표현하게 된다는 것이다.

실제 세계와 체계를 표현하는데 있어서 충실도(Fidelity)라는 개념은 일반적으로 M&S를 운용하는 수준(Level)이나 제대(Echelon)와 완전히 무관할 수는 없겠지만, 앞서 잠깐 토의했던 바와 같이 M&S를 활용하는 목적과 분야에 따라 좌우된다고 보는 것이 적합할 것이다. 즉 M&S를 사용하고 활용하는 목적이 무기체계를 획득하기 위한 연구 개발이나 생산일 경우에는 고충실도(High Fidelity)를, 반면에 교육훈련 분야에 활용이라면 상대적인 저충실도(Low Fidelity)로 많은 함축(Abstract)을 적용하여 표현할 수 있다는 것이다. 충실도(Fidelity)와 해상도(Resolution)의 관계는 상호 분명하게 선을 그어서 설명할 수 있는 것이 아니라 상당한 정도의 상관관계를 갖게 된다. 그러나 저해상도에서는 아무리 실제 세계와 체계를 상세하게, 있는 그대로 고충실도로 표현하고자 해도 그것이 불가능하다. 즉 일반적으로는 고해상도에서 고충실도로 실제 세계를 표현할 수 있으며, 저해상도에서는 저충실도로 실제 세계를 표현할 수밖에 없는데, 이 경우에 충실도는 해상도 그 이상을 뛰어넘어 표현할 수 없다는 것이다.

M&S에서 실제 세계를 표현하는데 영향을 미칠 수 있는 것은 불확실성(Uncertainty)과 우연성(By Chance)을 어떻게 표현하고 처리할 것인지 하는 이슈이다. 만약 실제 세계와 체계를 표현하는데 있어서 불확실성의 원인이 되는 요소가 너무 많을 경우, 그것을 모두 확률적으로 표현하게 되면 M&S를 활용하여 분석을 할 때 어떤 요소가 의사결정과 판단에 영향을 미쳤는지 명확히 식별할 수 없게 되므로, 이런 경우에는 각각의 불확실성 요소들을 보다 구체적으로 표현하여 불확실성을 해소할 수 있도록 표현할 수 있다. 반면에, 불확실성 요인은 존재하나 그 원인이 되는 요소가 그리 많지 않을 경우에는 그러한 요소를 개략적으로 표현하는 대신에 확률개념을 적용하여 표현할 수도 있다. 이렇게 M&S를 표현하는 것을 전자는 결정적(Deterministic), 후자는 확률적(Stochastic) 개념을 적용한 모델링이라 부르게 된다.

지금까지 살펴본 바와 같이, M&S를 개발하는 과정에서 실제 세계를 표현하는데 있어 실제 세계를 어느 정도로 얼마만큼 상세하게 표현할 것인가 하는 이슈는 일단은 M&S를 어떤 목적으로 어떻게 사용하고자 하는지, 그 사용 목적과 의도에 의해서 결정된다. 이때 공학급 수준과 하급부대에서 활용하는 M&S는 전구 및 전역급 수준과 상급부대에서 활용할 경우에 비해 고해상도, 고충실도로 표현을 하게 된다. 또한 실제 세계에 내재된 불확실성을 어떻게 처리하고 표현할 것인가에 따라 M&S를 표현하는 방식에 상당한 차이가 있는데, 불확실성의 원인까지도 고려할 필요가 있을 때에는 실제 세계와 체계를 상세하게 표현하는 대신 결정적(Deterministic)으로, 그 반대로 불확실성의 원인보다는 그 현상만을 표현하고자 할 때는 개략적으로 표현하는 대신에 확률적(Stochastic) 개념을 적용하여 표현할 수 있다.

그러나 M&S를 개발하고 활용하는데 있어서 중요한 것은 사용 목적과 의도에 따라, 즉 필요성에 따라서 실제 세계를 표현하는 수준과 정도가 달라질 뿐이며, 무조건 실제 세계와 체계를 있는 그대로 표현할 필요도 이유도 없다는 것이다. 다가올 4차 산업혁명 시대에는 이러한 M&S의 실제 세계에 대한 표현의 수준과 정도는 분명히 달라질 수밖에 없고, 많은 도전과 변화를 가져올 것이다. 이러한 판단과 생각의 배경에는 과학기술의 발달로 사회와 산업, 그리고 전장 환경과 전쟁 양상이 초 연결성(Hyper-Connected)과 초 지능화(Hyper-Intelligent)하고 있다는 사실이 존재한다. 또한 할 수 있다면 실제 체계의 모습이 정보의 투명성(Information Transparency)을 추구하는 가운데 가상화(Virtualization) 현상이 나타나고 있고, 산업과 사회 시스템이 사이버 물리 시스템(CPS: Cyber Physical Systems)과 디지털 트윈(Digital Twin)이 혼재되어 있는 양상으로 바뀌어 가고 있다. 이러한 변화와 도전의 시대에 과연 M&S가 지금까지 해온 방식의 표현과 실행의 방법으로 그대로 생존하고 유지할 수 있을지, 그리고 변화의 시대에 아직 명확히 식별되지도 않은 워파이터의 새로운 작전요구를 충족할 수 있을지 고민하지 않으면 안 될 것이다. 이러한 관점에서 현 시점은 물론, 다가오는 미래에 대비하여 M&S의 실제 세계에 대한 표현과 실행에 대해 충분히 연구하고 대비하는 자세가 필요하다는 것이다.

82. 단일 모델 운용과 모델연동 운용! 어떻게 접근해야 하나?

한국군은 모델링 및 시뮬레이션(M&S: Modeling & Simulation)을 도입하여 다양한 국방 업무분야에 활용하기 시작한 초창기부터 지금까지 그 활용분야가 무엇이든지 단일 모델 운용에 의한 활용을 고집하고 있는 모습이다. 한미 연합연습을 통해 미군이 분산 환경에서 20여 개의 많은 모델들을 연동하여 구축한 구성(Constructive) 시뮬레이션에 상이한 시뮬레이션 유형인 무인기(UAV: Unmanned Aerial Vehicle) 가상 현실체계(Virtual)를 연동하고, 여기에 다시 C4ISR 체계를 연동하여 운용하는 모습을 지켜보면서도 연동 운용의 이점과 장점, 그리고 그 당위성과 필요성을 제대로 인식하지 못했다는 생각이다. 한국군이 앞으로 다양한 국방 업무분야에 M&S를 활용하는데 있어서, 특히 교육훈련 분야와 전투실험 분야에서 M&S를 어떻게 운용하고 활용해야 하는지, 지금처럼 단일 모델 운용을 고집할 것인지, 아니면 기술적인 어려움은 많이 있지만 모델들을 연동하여 운용해야 할 것인지 한 번 생각해 보자.

이번 이야기를 시작하기 전에 말해둘 것은, 단일 모델 운용으로는 워파이터들이 제기하는 새로운 작전요구를 다 충족할 수 없다는 것을 우리들의 일상생활과의 비교를 통해서도 쉽게 찾아볼 수 있다는 것이다. 아무리 유명하고 아름답고 멋있는 모델이 있다 하더라도 사람의 발끝에서부터 머리카락까지, 에어컨에서부터 히터까지, 주류에서부터 아파트까지 모든 광고에 활용할 수는 없다는 것이다. 즉 하나의 모델로는 상용 광고에서 모든 사용 목적과 의도를 충족할 수는 없다는 것이며, 필요시에 여러 모델들이 갖는 장점을 취합함으로써 새로운 사용 목적과 의도를 충족할 수 있다는 것이다. 또한 2002년 월드컵에 대비하여 한국 국가대표팀이 준비하는 과정에서 홈그라운드의 이점을 살려서 경기장의 잔디의 종류, 깎는 높이, 물 주는 시기, 경기장의 응원의 열기와 함성까지 고려하여 실제 환경과 동일한 조건과 상황에서 반복적으로 연습하고 훈련했던 것을 되돌아본다면, 실제 전장 환경 및 상황과 동일하거나 유사한 환경과 상황에서의 훈련과 연습, 그리고 실험이 얼마만큼 중요한지 잘 알 수 있다.

한국군이 M&S를 활용하여 과학적 연습을 시작하게 된 것은 1987년 해군이 미군의 도움으로 미군 해상전 모델인 NWISS(Naval Warfare Interactive Simulation System) 모델을 이용하여 필승연습을 수행한 것이 처음이었다. 이후에 한국군 각 군은 미군의 모델 지원과 도움으로 육군 백두산 연습, 합참 압록강 연습, 공군 웅비 연습, 해병대 천자봉 연습을 수행하게 되었다. 한국군이 독자 모델을 개발하고 모델 운용 능력을 구비한 이후에는 육군 사단·군단 BCTP 연습과 합참 태극 연습을 실시하게 되었으며, 이어서 해군과 공군, 해병대도 독자적으로 연습을 수행할 수 있게 되었다. 그러나 이렇게 발전해 오는 과정에서 한국군은 모델 간의 연동이나 모의체계 간의 연동이 힘들고 어렵다는 것으로 치부하는 경향이 있었으며, 워파이터들은 모델 및 모의체계 연동과 관련된 작전요구를 제대로 이해하지도 제시하지도 못하였고, M&S 전문가들은 연동과 관련된 아키텍처나 기술에 대한 지식이 부족하고 경험이 전혀 없어 심지어 두려움을 느끼는 상태였던 것이다.

한국군은 M&S를 이용한 과학적인 연습과 훈련을 시작한 초창기, 미군 모델을 이용하여 미군의 지원하에 연습을 실시하였고, 독자모델을 개발한 이후에는 자체 모의 지원 능력으로 단독 모델을 운용하여 연습을 실시하였다. 당시에 한국군 각 군이 수행한 모든 연습은 단일 모델을 중심으로 사단·군단 BCTP 연습, 필승 연습, 웅비 연습, 천자봉 연습 등을 실시하였다. 그런데 이때 각 군은 작전에 영향을 미치는 타 군과 기관의 작전 영향요소들을 충분히 고려하고 협조한 연합, 합동, 제병협동, 민·관·군 통합 연습과 훈련으로 실시한 것이 아니라, 해당 군만 단독으로 단순하고 반복적인 연습과 훈련을 수행하였다. 즉 각 군의 연습 간에 타 군이나 미군, 또는 작전에 관련된 정부기관이 제대로 참여하지 않은 상태에서 시나리오상으로 협조가 이루어졌다는 가정과 전제하에 연습을 수행하였다는 것이다. 하나의 예로, 해군 2함대가 싸우는 모습대로 연습과 훈련을 하고, 훈련하고 연습한 모습대로 싸우려면 육군, 해병, 공군, 미군, 해경 및 정부 관련 기관이 적어도 협조하고 협의하여 함께 참여함으로써 실제 작전을 수행하는 모습대로 제대로 필승연습을 수행해야 하는데 그렇게 하지 못했다는 것이다. 그리고 이는 해군만의 문제가 아니고 각 군이 거의 비슷한 모습이요 수준이라는 것이다. 워파이터들은 실제 작전을 수행하듯이 연습과 훈련을 수행하기 위한 작전요구를 제대로 제시하지도 못하고 별로 고려하지 않다 보니 M&S 전문가들의 관점에서는 구태여 모델들을 연동한 합동전 모의체계의 필요성을 별로 느끼지 못하고 있다는 것이다.

M&S의 연동 운용과 관련해서는 한국군은 기본적으로 모델 연동 운용이 어렵다고 생각하고 있으며, 기술적인 어려움을 도전하여 구현하기보다는 회피하는 경향이 강하다는 것이다. 이러한 경향의 배경에는 여러 가지 요소들이 포함되어 있다는 생각이다. M&S를 운용하여 모의지원을 수행하는 인원들이 현역이든지 용역업체이든지 간에, 통상 M&S를 사용하고 적용하는 기관의 지휘관 또는 부서장은 M&S에 대한 이해가 부족한 비전문가로 보직되게 된다. 비전문가인 지휘관은 M&S를 유지보수하고 운용하는 기술적인 어려움과 이슈들을 자세히 이해하지 못하다 보니 전문 운용요원들이 겪는 기술적인 어려움에는 관심이 없고, 시스템의 가용율과 성능, 그리고 성과에만 집착하게 된다는 것이다. 그 가운데에서 갈등이 생기게 되고, 그러한 환경과 조건은 아주 자연스럽게 특별히, 워파이터나 지휘관이 새로운 작전요구를 제시하지 않는다면 위험(Risk)을 감수할 이유도, 새로운 기술을 적용하는 부담을 질 이유도 없다는 것이다. 그러다 보니 단독모델 운용만으로도 충분히 연습 목적과 목표를 달성할 수 있는데 왜 모델들을 연동하여 운용해야 하는지 반문하게 된다는 것이다.

그러나 좀 더 냉정하게 생각해 보면, 본질적으로 단일 모델을 운용하여 가상 전장 환경을 모의하고 연습을 수행하게 되는 경우에는 실전적으로 전장 환경을 모의하는 것이 제한을 받을 수밖에 없다. 그만큼 M&S를 개발할 때 사용 목적과 의도에 부합하게 개발하는 과정에서 상이한 작전술 기능들을 하나의 모델에 균형 있게 잘 구현하여 개발하는 것이 어렵다는 것이다. 그러다 보니 M&S를 개발하면서 각 모델별로 전장 환경을 잘 묘사할 수 있는 모델이 있을 수 있고, 사용 목적과 의도에 가장 적합한 모델들이 있을 수 있는데, 이때 이러한 모델들을 재사용하여 상호 연동 운용함으로써 보다 실전적으로 전장 환경과 상황을 묘사할 수 있다. 물론 이 과정에서 많은 기술적인 어려움이 있는 것은 사실이나, 미군의 경우에는 기술적인 어려움과 많은 사전 연동시험과 자원의 소요에도 불구하고 워파이터의 작전요구를 충족하고 보다 실전적인 전장 환경 제공을 중시하는 까닭에 모든 연습에 단일 모델을 운용하기보다는 모델 연동에 의한 모의체계를 운용하고 있다. 한국군도 모델 연동 운용에 대한 심리적, 기술적인 부담감을 부단한 노력으로 연동을 구현하여 극복하도록 하고, 보다 실전적인 전장 환경을 제공하기 위해서라도 모델들의 연동 운용은 불가피하다는 것이다.

한국군이 모델을 연동하여 좀 더 실효적 실전적으로 다양한 목적과 의도에 활용하기 위해서는 그간 모델 연동 운용과 관련해 우리 군 저변에 깔려 있는 인식과 생각을 되돌아볼 필요가 있다는 생각이다. 미군은 1990년대 초부터 모델 연동개념에 의한 모의체계를 사용하여 한미 연합연습을 실시하였다. 저자는 한국군도 워게임 연동체계를 구축하여 운용해야겠다는 생각으로 1999년에 한국군 워게임 연동체계 KSIMS(Korea Simulation System) 개념을 제안하였고, 2002년에 연동체계 개발에 착수하여 2004년에 체계 개발에 성공하였다. 이 과정에서 거의 모든 한국군의 M&S 전문가들은 먼저, 연동하여 운용할 한국군 독자 모델도 없는데 연동이 가능하겠느냐는 것, 모델 간에 주고받는 데이터의 선 표준화 없이 어떻게 연동이 가능하겠느냐는 것 등을 이유로 연동체계 개발을 반대하였고, 연동체계를 개발한 이후에도 연동이 불가하다는 주장을 제기해 왔다.

이러한 주장과 반대하는 이들의 이면에는 연동 그 자체에 대한 의구심보다는 아키텍처를 기반으로 한 첨단 연동기술에 대한 이해 부족과 구현에 대한 두려움과 불안감이 도사리고 있다는 생각이다. 실제로 미군이 1995년 선 표준화 후 모델 개발, Plug and Play를 표방하며 HLA(High Level Architecture)를 개발하였고, 이후 IEEE에서 국제표준 IEEE 1516 HLA로 제정하면서 모델 연동을 위한 규칙과 인터페이스 규격, 객체모델 템플릿을 제시하였음에도, 이에 대한 이해는커녕 연동이 불가함을 고집하였다. 심지어 2004년 이후 개발된 KSIMS를 이용하여 한국군 일부 모델들의 연동을 구현했음에도, 연동이 될 수가 없다며 모델들의 연동 운용과 KSIMS 연동체계 자체를 반대하였다. 한편, 저자가 한국군 워게임 연동체계 KSIMS의 개념과 시스템 구성도를 발표할 때 구현이 가능하다며 개념에 찬성하고 개발을 격려했던 미군이 정작 2004년 KSIMS 개발을 완료한 이후에는 태도를 바꿔 사용이 불가능하고 성능을 신뢰할 수 없다는 주장을 하였다. KSIMS의 기반도구들에 대해 미 국방성 주관 HLA 인증시험을 받았음에도 불구하고, KSIMS 운용을 반대하는 미군의 움직임은 1년 정도 계속되었다. 그러는 가운데, 미군의 연합연습 연동체계가 제대로 작동하지 않아 2005년 UFG 연습 모의지원이 곤란할 지경이 돼서야 한국군 KSIMS를 시험 적용하는 것을 허용하였고, 여기에서 보기 좋게 성공함으로써 미군의 신뢰를 얻게 되었던 것이다.

M&S를 연동하여 운용하는데 있어서 아주 기본적인 원리로 중요한 것은 연동 운용과 관련된 기술이 아니라 워파이터의 작전요구이다. 워파이터들로 하여금 싸우는 방식대로 훈련하고 실험하며, 훈련하고 실험한대로 싸울 수 있도록 작전술 교리와

전술, 전기, 절차(DTTP: Doctrine, Tactics, Techniques, Procedures)를 숙달하게 하고 간접적인 전쟁체험을 가질 수 있도록 우선적으로 고려한다면, 당연히 실전적 가상 전장 환경과 상황을 구현해야 마땅하다는 것이다. 결국 M&S를 연동하여 운용하는 것이 기술적으로 어려운 것은 사실이나, 보다 중요한 것은 일부에서 주장하고 반대했던 논리였던 선 표준화가 아니라 워파이터들의 작전요구를 충족하고자 하는 M&S 전문가들의 열정이 더 중요하다는 것이다. 쉬운 예로, 같은 언어를 사용하는 사람들이 함께 있어도 소통하겠다는 의지와 생각이 없다면 대화 자체가 불가능한 것과 같은 이치이다. 만약, 언어가 다름에도 꼭 대화를 나누어야 하겠다는 생각과 의지가 있다면 통역을 활용하면 될 것이고, 통역으로 정확하고 명확한 대화가 제대로 이루어질 수 없어서 꼭 필요하다면 그때 상대편의 언어를 배우면 될 것이다. 그리고 실제 M&S를 연동하여 운용하는 이치도 이것과 마찬가지라는 것이다.

한국군은 워파이터들이 M&S를 국방 업무분야에 활용하는데 따른 명확한 작전 요구를 제시하지 못하고 있는 것은 분명한 사실이다. 그러나 과학기술의 발달과 기술융합에 의한 4차 산업혁명 시대의 도래와 그에 따른 사회와 산업, 전장 환경의 특징이 초 연결성(Hyper-Connected), 초 지능화(Hyper-Intelligent)한 모습으로 변해가고 있다는 것도 거부할 수 없는 사실이다. 특히 M&S가 실제 세계와 체계에 대한 표현(Representation)이고 실행(Implementation)이라는 사실을 상기한다면, 실제 세계와 체계를 표현하는 M&S 역시 체계 간의 연동이 불가피하다는 것이다. 한국군도 이제는 어떤 단일 모델로도 실전감 있는 실제 전장 환경을 묘사할 수 없다는 것을 인식하고, M&S를 연동 운용하는데 따른 여러 가지 기술적인 어려움이 있다 하더라도 M&S 간의 연동 운용을 통해 실제 전장 환경 및 상황과 유사한 연습과 훈련 및 무기 체계 획득과 전투실험 환경을 제공할 수 있어야 한다.

83. 국제표준과 절차에 따른 연동체계 구축! 어떻게 접근해야 하나?

한국군이 모델링 및 시뮬레이션(M&S: Modeling & Simulation)들을 연동하여 운용하는 개념에 접하게 된 것은 한미 연합연습에 참여하면서부터다. 연동개념에 의한 모의지원의 초창기인 1990년대에는 ALSP(Aggregate Level Simulation Protocol)라는 연동 프로토콜을 사용하여 미군의 전시 한반도 증원훈련인 RSOI(Reception, Staging, Onward Movement & Integration) 연습과 독수리(FE: Foal Eagle) 연습, 그리고 을지포커스렌즈(UFL: Ulchi Focus Lens) 연습에 참여하였다. 2000년대 초 이후에는 HLA(High Level Architecture)라는 아키텍처를 적용하여 연동체계를 구축하고, 연습 명칭도 키리졸브·독수리(KR·FE: Key Resolve·Foal Eagle) 연습과 을지프리덤가디언(UFG: Ulchi Freedom Guardian) 연습으로 변경하여 수행하는데 참여하였다. 이처럼 오랫동안 M&S 연동에 의한 연습에 참여하면서도 한국군은 연동체계에서 주고받는 객체를 정의한 FOM(Federation Object Model)의 개발에 대해 별로 생각해본 적이 없으며, 한국군 독자적인 모델 연동체계를 구축해서 활용해야겠다는 생각도 없었다는 것이다. 그렇다면 앞으로 한국군은 M&S를 연동하여 운용하는 연동체계 구축을 어떻게 바라보고, 어떻게 접근해야 하는지 한번 생각해 보자.

한국군은 미군이 구축한 한미 연합연습 연동체계에 한국군 모델을 연결하여 연습에 참여하면서도 한국군 모델의 시뮬레이션 객체모델인 SOM(Simulation Object Model)의 개발이나 페더레이션 객체모델인 FOM 개발에 별로 관심이 없었고, 단지 미군이 한국군에 연동 운용하는 한국군 모델에서 구현하고자 원하는 작전술 기능이 무엇인지 요청한 사항에 대해서만 필요한 정보를 제공하는 수준으로 연동에 참여하였던 것이다. 이러다 보니 2004년에 한국군 워게임 연동체계인 KSIMS(Korea Simulation System)를 개발한 이후에도 한국군 모델들에 의한 독자적인 연동체계를 구축하는 시도조차 하지 않았다. 이러한 모습은 여러 가지 요인들에 의해 기인하는 것으로, 워파이터들의 연동체계에 대한 작전요구가 없는 것이 가장 큰 이유였고, M&S 전문가들이 연동 운용에 따른 아키텍처와 연동기술에 대해 부담감을 느꼈다는 것, 그리고 각 군이 독자 개발한 모델들을 연합연습에 참여하는데 있어 유지보수와 운용 예산이 터무니없이 부족하였다는 것이다.

이러한 와중에도 저자는 전작권 전환 이후에 한국군이 연합연습에 대한 모의지원을 주도하게 될 경우를 대비하여 2004년 단일 연동체계(Single Federation) 개념으로 설계하여 개발한 한국군 위게임 연동체계 KSIMS를 계층형 구조(Hierarchical Architecture) 개념으로 개량하는 KSIMS 성능개량 사업을 추진하여 2012년에 성공적으로 개발을 완료한 것은 큰 성과라고 생각한다. 여기에서 단일 연동체계(Single Federation) 개념이라 함은 연합연습에 참여하는 한·미군 모델들을 막론하고 모두 하나의 페더레이션으로 연동하는 것을 의미한다. 반면에 계층형 구조(Hierarchical Architecture) 개념이라 함은 미군과 한국군 모델들은 각각 독립적인 페더레이션으로 구축하여 운용할 수 있도록 하고, 이를 다시 한국군이 주도적으로 모니터링과 관리와 통제가 가능하도록 계층적으로 연동한다는 것이다.

한국군은 미군 주도의 연합연습에 오랜 전부터 참여하고, 한국군 위게임 연동체계 KSIMS와 KSIMS 성능개량체계를 개발하면서도 한국군 단독의 사전 연동시험조차 한번 시도해 볼 수 없는 형편이었다. 이는 근본적으로 워파이터들이 모델 연동에 의한 가상 전장 환경의 구현에 대해 작전요구가 없다는 것과 연동체계를 이용하여 연습을 디자인하고 목표와 중점을 설정하는데 대한 요구도 비전도 아무것도 없었다는 것에 기인한다. 이러한 실상을 좀 더 자세히 들여다보면, 미군이 주도하는 연합연습을 통해 연동의 필요성을 인식하고, 연동과 관련된 아키텍처에 대한 이해와 더불어 기반기술을 인식하고 확보했음에도, 연동의 목적과 목표를 워파이터들이 제시하지 못하면서도 연동기술만을 탓하는 모습이 있었다는 것이다.

또 다른 관점에서는 군·산·학·연을 막론하고 M&S 전문가들이 전반적으로 아키텍처와 연동 기반기술에 대한 이해가 부족하며, 국제표준에 기반한 연동을 구현하려는 노력이 시급한 실정이라는 것이다. 실제로 군의 워파이터들은 M&S 연동 운용에 의한 작전요구를 제시하는 것이 필요하며, M&S 전문가들은 연동 기반기술에 대한 연구와 더불어 과감한 도전이 필요하다. 특히 기능시험(FT: Functional Test), 성능시험(PT: Performance Test), 부하시험(LT: Load Test), 통합시험(IT: Integration Test) 등과 같은 여러 가지 유형의 페더레이션 시험(Federation Test)을 수행하면서 연동체계 구축을 시도하려는 노력이 필요하다는 것이다. 산업계에서는 국제표준과 절차를 적용하는데 있어 새로운 표준과 절차, 기술에 대한 연구로 많은 시간이 소요됨으로 인해 망설이고, 종전에 해오던 방식을 고집하는 경향이 있다. 또한, 학계와 연구소에서는 연동체계 또는 LVC를 시연하는 과정에서 통상적으로 국제표준과 절차를 무시하고, 상호 운용성과 재사용성이라는 본래의 의미를 무시하며, 임시방편적(Ad hoc)인 연동 기술을 구현하는 경향이 있어 군에서 실제로 적용하는데 한계가 있으며, 실제로 상호 운용성과 재사용성을 보장하기에는 어려움이 많다.

지금까지 한국군이 연동체계를 구축하는데 대한 일련의 행태에 대해 개략적으로 살펴보았다. 그렇다면, 앞으로 한국군이 보다 실전적인 가상 전장 환경을 구축하고, 워파이터의 다양한 작전요구를 충족할 수 있도록 M&S들을 연동하여 운용하는 연동체계를 구축하기 위해 무엇을 어떻게 접근해야 하는지 보다 구체적으로 살펴보자.

한국군이 연동체계를 구축하여 활용하기 위해서는 몇 가지 요소들을 고려해야 하는데, 우선 워파이터의 분명한 작전요구가 있어야 하고, 연동 기반체계와 기반기술에 대한 충분한 이해와 준비가 필요하며, 연동 운용하게 되는 M&S 자원들을 잘 준비해야 하고, 워파이터의 작전요구를 충족하는 페더레이션을 개발하고 구축하여 충분한 시험을 실시해야 한다는 것이다.

먼저, M&S를 연동 운용하는 연동체계를 구축하기 위해서는 워파이터들의 분명한 작전요구가 선행되어야 한다. 이때 워파이터들은 연동체계를 구축하여 어떤 목적에 어떤 의도로 사용하고자 하는지를 분명하게 제시하여야 하며, 그 연동체계가 구비하고 수행해야 하는 보다 구체적인 M&S 요구사항을 제시할 수 있어야 한다는 것이다. 특히, 워파이터가 연동체계가 수행하게 되는 기능(Functional Area)과 성능(Performance Benchmark)을 제시할 수 있다면 연동체계를 훨씬 수월하게 구축할 수 있다.

다음은, 연동체계 구축을 위한 기반체계와 기반기술에 대한 충분한 이해와 준비가 필요하다는 것이다. 이때, 무엇보다도 연동체계의 기반이 되는 아키텍처와 표준을 분명하게 이해하고 선정하는 것이 필요하다. 아키텍처 관점에서는 DIS(Distributed Interactive Simulation), HLA, DDS(Data Distribution Services)를 고려할 수 있으며, 표준의 관점에서는 IEEE 1730 DSEEP(Distributed Simulation Engineering Execution Process), IEEE 1730.1 DMAO(DSEEP Multi-Architecture Overlay), SISO FEAT(Federation Environment Agreement Template) 등을 적극 활용해야 한다. 만약, 한국군이 연동체계를 구축한다면 HLA/RTI(Run Time Infrastructure)의 기반 위에 구축하는 것이 가

장 바람직할 것이라 생각한다. M&S를 연동하여 구축하는 연동체계는 그 밑바탕에 분산 환경에서 운용할 수 있는 광역 데이터 통신망(WAN: Wide Area Network)을 필요로 하는데, 이때 준비하는 WAN은 특정 회선의 단락 시에도 우회가 가능하도록 예비 선로(Redundancy)를 고려해야 하며, 각 선로의 양 끝단에 암호화장비(Encryption Device)를 설치하여 보안이 보장된 데이터 네트워크를 구축해야 한다.

연동체계를 개발하는 국제표준절차인 DSEEP을 적용하게 되면, 그 산출물로서 SDEM (Simulation Data Exchange Model)과 SEA(Simulation Environment Agreement)를 개발하게 된다. SDEM을 개발하는 과정에서는 DEM의 타입(Types)과 포맷(Formats)을 설정하게 되는데, 이것은 관련된 아키텍처에 중립(Neutral)인지, 매핑(Mapping)인지, 종속(Specific)인지에 따라 상이한 타입과 포맷을 갖게 된다. 상이한 아키텍처를 기반으로 하는 시뮬레이션들의 연동 환경에 대한 합의인 SEA는 SISO(Simulation Interoperability Standard Organization)의 표준인 FEAT를 사용하여 만들어지게 된다. 그 외에도 M&S에 적용된 아키텍처가 동일하고 연동 프로토콜이 상이할 때는 Bridge를, 아키텍처가 상이할 때는 Gateway를 사용하여 물리적인 연동을 구현하게 된다. 특히 연동하는 M&S들이 많을 경우에는 Gateway와 Bridge의 소요가 기하급수적으로 늘어날 수 있음으로 인해 할 수만 있다면 재설정 가능한 형태(Reconfigurable)로 개발하는 지혜가 필요하다. M&S들을 연동 운용하는 연동체계를 실제로 구현하는 것은 앞서 설명한 한국군 워게임 연동체계인 KSIMS 또는 KSIMS 성능개량체계를 활용하면 보다 효율적으로 연동체계를 구축할 수 있다는 것이다. 이러한 이유는 저자가 KSIMS와 KSIMS 성능개량체계를 구상하고 설계할 때, 한번 구축한 연동 기반체계를 얼마든지 재사용, 재활용 가능하도록 설계를 하였다는 것이다. 이는 실제로 KSIMS를 이용하여 세계 3번째로 한국군 HLA 인증시험체계를 기품원에 구축한 사실로 증명이 가능하다는 것이다.

연동체계 내에서 실제로 연동하여 운용하게 되는 M&S를 개발하는 과정에서는 상호 운용성과 재사용성을 고려하여 개발해야 한다는 것이다. 이때 구체적으로 고려해야 하는 것은 M&S를 개발할 시에 반드시 아키텍처 개념을 적용하여 개발해야 하다는 것이다. 또한 M&S 내에서 표현하고 묘사하는 작전술 기능에 대해서는 일관성 있고 표준화된 표현이 이루어질 수 있도록 사전에 정의되고 개발된 임무공간 개념모델(CMMS: Conception Model of Mission Space) 또는 임무공간 기능설명(FDMS: Functional Description of Mission Space)을 기반으로 구현해야 한다는 것이다. 그 외에도

M&S들을 연동 운용하는 과정에서 작전술 기능을 가장 적절하게 잘 표현한 M&S에서 그 기능을 수행할 수 있도록 각 작전술 기능들에 해당하는 부분을 모듈화 및 컴포넌트화하고, Plug and Play가 가능하도록 이를 지원하고 보장하는 기술과 체계로 개발해야 한다. 각각의 M&S의 기능과 성능, 능력을 포괄적으로 나타낼 수 있는 SOM을 제대로 잘 정의하고 만들어서 실질적으로 연동 운용하는데 문제가 없도록 해야 하며, 특히 연동 운용하는데 필요조건인 HLA 인증시험도 반드시 통과해야 한다.

마지막으로 연동체계를 개발할 때는 앞서 설명하였듯이 먼저 워파이터가 제시하는 사용 목적과 의도에 따른 분명한 작전요구를 토대로 DSEEP 절차를 적용하여 연동체계를 설계하고 개발해야 한다는 것이다. 이때, 앞서 설명한 것처럼 SDEM과 SEA를 개발하는 과정에서 최대한 아키텍처 중립적인 요소들을 도출하고, 각각의 M&S에 적용한 아키텍처 특성으로 인해 SDEM과 SEA로 해결할 수 없는 이슈들에 대해서는 DMAO에 의한 아키텍처별 Overlay를 개발하여 처리하자는 것이다. 특히 SDEM을 개발하는 과정에서 할 수 있는 한 연동에 사용되는 각각의 M&S에 적용된 아키텍처들에 중립적(Neutral)이고 독립적(Independent)인 요소들을 충분히 도출하여 정의할 수 있다면 그만큼 연동은 수월해지고, 부득이 Overlay를 사용해야 하는 경우를 줄일 수 있다는 것이다. 이렇게 연동체계를 구축하게 되면 워파이터가 제시한 작전요구와 사용 목적과 의도에 부합하는지 여부를 확인하고 점검하기 위해 충분한 시험을 수행해야 한다. 이때 수행하는 시험들은 각 M&S들의 작전술 기능시험(FT)과 성능시험(PT) 및 부하시험(LT), 그리고 통합시험(IT)을 반복적으로 수행하여, 사용 목적과 의도에 부합하는지 확인한 후 비로서 실제 사용하고자 하는 목적에 사용해야 한다는 것이다.

한국군이 M&S를 연동 운용하는 연동체계를 구축하여 운용하는 과정에서 보다 효율적인 연동체계 구현을 가능하도록 하기 위해 HLA의 연동규격(I/F Spec: Interface Specification)을 충족하고, DIS와 DDS 연동규격까지도 포함하는 확장 가능한 국산 RTI를 개발하여 사용하는 방법을 강구해야 한다. 이는 단순히 연동체계를 구축하는데 꼭 필요한 연동 프로토콜을 해외에서 구매하여 사용하는 비용을 절감하자는 것뿐만이 아니라, 상이한 아키텍처를 기반으로 개발된 M&S들을 보다 효율적으로 연동하여 운용하는데 필요하기 때문이라는 것이다. 이와 관련된 상세한 설명은 이미 제6편의 61번째 이야기에서 상세하게 설명한 바 있다.

한국군이 M&S들을 연동하여 운용하는 연동체계를 개발하여 활용하는데 추가로 고려하여야 할 것은 공통으로 적용하게 되는 연동 기반체계와 기반기술을 분산화 통제가(Decentralized) 가능하도록 하고, 보다 지능화(Intelligent)하도록 구축하는 것이 필요하다는 것이다. 앞으로 한국군이 M&S 연동체계를 구축하여 다양한 국방 업무분야에 활용하려면 M&S 활용을 보다 최적화하고 유연하게 적용이 가능하도록 보완하는 것이 필요하다는 것이다. 즉, 연동체계를 구축하여 활용하는 분산 환경 하의 모든 데이터 네트워크와 연동 운용하는 모든 M&S 자원들에 센서를 부착하여 데이터를 수집하고, 이러한 데이터를 빅 데이터(Big Data)로 저장하며, 인공지능(AI: Artificial Intelligence)을 활용하여 분석하고 예측하며 최적화하여, 자동제어 기능을 통해 분산통제가 가능하도록 함으로서 새로운 가치를 창출할 수 있도록 해야 한다는 것이다.

84. 보안 보장된 분산환경 광역모의망! 어떻게 구축, 운용해야 하나?

    한국군이 모델링 및 시뮬레이션(M&S: Modeling & Simulation)을 활용하는 모습은 전통적으로 단일 모델을 지역 데이터 통신망(LAN: Local Area Network)에서 운용하는 것을 선호하는 모습이다. 이처럼 M&S를 단일 모델로 LAN 상에서의 운용은 모의기술지원이나 모의통제가 용이한 반면, 연습과 참가부대의 규모에 따라 실전적인 가상 전장 환경과 상황을 모의하고 묘사하는 데는 많은 제한을 가질 수 있다. 그러나 미군이 주관하는 한미 연합연습 시에는 미군이 모의지원 계획을 수립하고 준비하며 기술지원을 하여 광역 데이터 통신망(WAN: Wide Area Network) 상에서 연습을 수행하고 있다. 합참이 주관하는 연습이나 각 군이 주관하는 일부 연습의 경우에는 WAN 상에서 연습을 수행하고 있으나, 전투실험이나 합동실험의 경우 실질적으로 제대로 준비된 모의지원 하에서 실험은 거의 수행을 하지 못한 상태이다. 또한 기품원에서 수행하고 있는 HLA 인증시험 때에는 구성(Constructive) 시뮬레이션의 경우에는 기품원에서, 가상(Virtual) 시뮬레이션의 경우에는 개발현장의 LAN 상에서 수행을 하고 있는 실정이다. 이러한 상황에서 만약 우리 군이 분산 환경하에 광역 데이터 통신망(WAN)을 구축하여 활용한다면 어떻게 구축하고 어떻게 운용해야 하는지 한번 살펴보자는 것이다.

    미군이 1990년대 초에 한미 연합연습을 모델 연동 운용에 의한 분산 환경에서의 모의지원 개념으로 발전시키면서 고민한 분야 중에 하나가 바로 광역 데이터 통신망이었다. 당시에 미군은 국방시뮬레이션인터넷(DSI: Defense Simulation Internet)이라는 모의지원을 위한 광역 데이터 통신망이 전 세계 주요 미군 기지를 연결하여 구축되어 있었었다. 이러한 DSI의 장점은 미군이 연습과 훈련을 위해 사용하고자 할 때에 항상 가용하고 보안이 보장된다는 장점이 있는 반면에, 상용 데이터 통신망을 임차하여 사용하는데 비해서 데이터 통신망의 유지보수가 어렵다는 것과 데이터 품질이 안정되지 못하다는 것, 모의센터의 위치까지 DSI가 설치되어 있지 않다면 어차피 상용 데이터 통신망을 임차해서 연결하여 사용할 수밖에 없다는 것이다.

이렇게 상용 데이터 통신망을 임차하여 사용하게 되는 경우라 할지라도 각 통신 선로의 양 끝단에 암호화 장비(Encryption Device)를 설치하여 운용하면 보안이 보장된 폐쇄된 전용선로(Secured Closed Data Network)가 된다. 이때, 하나 추가로 고려해야 하는 요소가 있다면 암호화 장비를 운용하는 요원이 추가로 필요하다는 것이다.

미군은 연합연습을 준비하는 과정에서 국방시뮬레이션인터넷(DSI)이 구축되어 있음에도 거의 대다수 선로를 한국통신에서 임차하여 사용하였다. 특히 미군은 분산환경에서 광역 데이터 통신망을 구축하여 운용하는데 있어서 먼저 적정량의 용량(Through-put)이 보장된 데이터 선로를 구축하려고 노력하였고, 우발사태에 대비하여 특정 선로가 단절이 되더라도 우회(By-pass)가 가능하도록 예비선로(Redundancy)를 항상 고려하였다. 여기서 예비선로(Redundancy)라 함은 특정선로가 단절된 이후에 이를 대체하여 추가로 설치하는 개념이 아니라, 처음 데이터 통신망을 설계하는 단계에서 계획하고, 여유분의 선로를 구축하여 운용한다는 개념이다. 이러한 예비선로(Redundancy) 개념을 한국군이나 한국군과 계약하는 한국통신이 이해하기로는, 만약 특정선로를 임차하여 사용하다가 문제가 발생할 경우에 추가로 선로를 할당하여 연결해 주는 개념으로 이해하는데, 그런 것이 아니다. 우발적인 문제가 발생하지 않는다면 사용할 필요가 없는 줄 알면서도 우회가 가능하도록 추가로 선로를 처음부터 구축한다는 것이다. 분산 환경에서의 광역 데이터 통신망에서 가장 중요한 것은 전체 데이터 통신망을 관리하는 허브(Hub)를, 반드시 우발상황을 대비한 예비용(Back-up)을 포함하여 완전히 독립된 두 개의 허브를 구축하여 운용한다는 것이다.

미군은 이렇게 광역 데이터 통신망을 구축하여 연합연습을 실시하는 동안에 실시간에 전체 데이터 통신망을 모니터링하고 관리하고 통제할 수 있는 시스템을 구축하여 운용하였다. 전체 데이터 통신망의 각각 선로에 대해 실시간 사용률을 확인하고 점검하여 안정적인 데이터 통신이 이루어질 수 있도록 노력하였다는 것이다. 이때 만약 특정 선로에 오류가 발생할 경우에는 물리적으로 부품을 교환하는 상황 이외에는 모두 데이터 통신망 관리 시스템을 통해 원격으로 진단하고 문제를 해결할 수 있도록 하였다. 이러한 노력의 결과로 국내와 국외 미 본토를 포함한 여러 군데 미군기지에 편성된 모의센터를 연결하여 전 연습기간 동안 안정적인 모의지원을 가능하도록 하였던 것이다. 참고로 미군은 연합연습을 마치 전쟁을 수행하듯이 연습하고 훈련한다는 원칙하에 모의체계와 C4ISR 체계를 연동하여 연습을 실시하였는데, 이때 모의체계를 위한 광역 데이터 통신망과 C4ISR 체계의 데이터 통신망이 물리적으로 연결이 될 수밖에 없다. 이때 미군이 적용하는 원칙은 모의지원을 담당하는 기관은 모의체계에서 C4ISR 체계로 필요한 데이터와 정보를 제공하는 데까지만 책임을 진다는 것이고, 특히 한국군에는 정보를 필터링하는 시스템을 연결하여 한국군에 공개 가능한(Releasable to ROK) 정보만 제공한다는 것이다.

지금까지 설명한 한미 연합연습에 적용하는 광역 데이터 통신망은 모의지원을 위한 시뮬레이션 관련 광역 데이터 통신망에 대해 토의하였다. 연합연습 모의지원을 위한 데이터 네트워크에 연결되어 있는 모의센터의 시설 관리적인 측면에서 보면 대다수는 미군의 시설이었고, 그 중에 일부만이 한국군의 시설이었다. 미군이 주도하여 수행하는 연합연습에서의 광역 데이터 통신망과 관련한 문제와 이슈는 얼마 되지 않는 한국군 시설을 연결하는데 관한 것이었다. 기술적 측면과 보안규정, 특히 암호화 장비 관리라는 측면에서 보면 가장 쉬운 접근방법은 미 국방성이 운용하는 국방시뮬레이션인터넷(초기 DSI, 이후 JTEN(Joint Training and Experiment Network))이든지, 한국통신의 상용 데이터 선로이든지 막론하고 모두 미군이 관리하고, 모든 선로에 미군의 암호화 장비를 설치하여 관리하는 것이다. 이때에는 한국군 시설에 연결된 데이터 선로에 연결된 암호화 장비 운용을 위해 미군이 24시간 상주해야 한다. 다른 고려할 수 있는 방안은 한국군 시설에는 한국군이 미군으로부터 FMS를 통해 구매한 암호화 장비를 연결하여 사용할 수도 있다는 것이다. 실제로 이 방안은 충분히 가능성 있는 방안임에도 한 번도 시행된 적은 없었다.

이처럼 미군은 연합연습을 위한 광역 데이터 통신망을 잘 구축하여 운용하였음에도 불구하고, 2000년대 중반 을지프리덤가디언(UFG) 연습 도중에 연습지원 광역 데이터 통신망이 Warm Virus에 감염되어 무려 9시간여에 걸쳐 시스템이 정지되었던 적이 있었다. 여기서 얻은 교훈을 토대로 이후 연습 시에는 광역 데이터 통신망에 연결되는 모든 HW, SW와 데이터 네트워크에 대한 방호조치를 강구하여 모든 시스템을 스캐닝(System Scanning)하였다. 한편으로는 저장매체에 의한 감염을 예방하고 통제하는 방책을 강구하였으며, 모든 시스템 운용요원과 관련 요원에 대한 교육과 통제를 강화하고, 보다 효율적인 통제 시스템을 구축하였던 것이다. 이 사건은 연합연습 모의지원체계 운용 간에 정보보호와 시스템 보호를 위한 보안대책의 중요성을 실감할 수 있었던 계기가 되었다.

사실 한국군도 필요에 따라 광역 데이터 통신망(WAN)을 구축하여 운용하였고,

2010년대 초부터는 중요한 부대와 기관을 연결하는 국방모의망을 구축하여 운용하고 있다. 그러나 그러한 국방모의망을 구축하여 운용하는 개념이 상당히 경직되어 있는 모습으로, 미래 분산 환경에서의 다양한 작전요구를 충족하기에는 유연성이 부족하고, 효율적으로 활용하기에는 많은 제한사항이 있다는 것이다. 우리 군이 광역 데이터 통신망을 구축하여 운용하는데 있어서 가장 어려운 부분이 바로 보안규정이다. 일반적으로 분산 환경하의 광역 데이터 통신망을 활용하는 경우는 연습이나 실험, 또는 시험을 할 경우인데, 이때 중요한 것은 연습이나 실험에 참여하는 지휘관이나 참모들이 실제 작전지역이나 주둔지, 실험 대상이 되는 무기체계의 개발 또는 운용 장소에서 참여하는 것이 가장 바람직하다. 즉 작전요구를 보다 적절히 실전적으로 충족할 수 있도록 분산 환경을 지원할 수 있는 광역 데이터 통신망이 필요하고, 이를 보안이 보장된 상태에서 구현할 수 있는 보다 유연한 보안규정 적용이 필요하다는 것이다.

이러한 적전요구를 적절히 지원할 수 있도록 하기 위해서는 국방모의망을 사용하든지, 아니면 한국통신의 상용 데이터 통신망을 임차하여 활용하든지 작전요구를 보다 효율적으로 지원할 수 있는 방안을 강구하는 것이 필요하다. 이때 필요한 것이 보안규정을 보다 유연하게 적절히 적용하고, 암호화 장비를 활용하여 국방모의망이든지, 상용 데이터 통신선로이든지를 막론하고 연결하여 하나의 보안이 보장된 전용 데이터 네트워크로 구축할 수 있어야 한다는 것이다. 그러나 우리 군은 일반적으로 국방모의망과 상용 데이터 통신망을 연결한다는 개념도, 작전요구 충족을 위해서는 그렇게 해야겠다는 생각도 없어 보인다. 국방모의망을 필요에 의해 신청해도 최초 구축한 이후에는 확장한다는 생각도 별로 없어 보인다는 것이다. 그러다 보니 실효적으로 국방모의망을 활용하기도 어렵고, 군이 그간 구축한 일부 시스템들의 경우 분산 환경에서 운용은 더욱 더 어렵다.

결국 전작권 전환에 대비하여 한국군은 한국군의 광역 데이터 통신망을 구축하여 운용하고, 미군은 미군의 광역 데이터 통신망을 구축하여 운용할 경우를 고려하여 광역 데이터 통신망을 어떻게 연결하여 운용해야 할 것인지 연구하는 것이 필요하다. 이때 일반적인 광역 데이터 통신망을 구축하는 고려요소는 당연히 모두 고려하여 구축하였다고 가정하고, 미군의 광역 데이터 통신망과 연결하는 방법, 그리고 한·미군 광역 데이터 통신망을 통합하여 누가 어떻게 관리할 것인지에 대한 충분한 고찰이 필요하다는 것이다. 먼저, 물리적으로 한·미군 데이터 통신망을 연결하는 방법은 한·미군의 허브(Hub)를 연결하는 것이 가장 가능성 있는 방안인데, 이때 고려해야 하는 것은 암호화 장비에 관한 사항과 데이터 용량(Through-put)의 병목현상(Bottle Neck)을 어떻게 해소할 것인가 하는 것이다. 암호화 장비 관점에서는 설령 기술적으로 문제가 없다 하더라도, 한국군의 암호화 기술을 보호하기 위해서 한국군의 암호화 장비를 사용하기보다는 미군으로부터 FMS를 통해 구매한 암호화 장비를 사용하는 것이 지혜로운 방법이라는 생각이다. 병목현상을 예방하기 위해서는 충분한 용량의 데이터 선로를 연결하되 Redundancy 또는 Back-Up 관점의 충분한 예비 선로를 준비하여 연결해야 한다는 것이다.

이렇게 한·미군 데이터 통신망을 연결하고 나면, 다음 이슈는 누가 어떻게 이것을 관리하고 통제할 것인가 하는 것이다. 전작권 전환 이후 명분상으로는 한국군이 이를 관리하고 통제하는 것이 맞겠지만, 실질적인 측면에서 미군이 이를 허용하고 양보할 것 같지가 않다. 이는 단순히 데이터 통신망에 대한 관리, 통제의 이슈가 아니고 지금까지 토의한 바와 같이 시스템 보호, 정보 보호, 해킹 예방 및 Virus 예방 등 포괄적인 보안대책의 관점에서 데이터 통신망과 연결하게 되는 모든 모델들과 암호화 장비를 포함하여 HW, SW, 기반 체계와 도구에 이르기까지 미군의 관리와 통제에 있을 수밖에 없다는 생각 때문이다. 이에 대해 한국군이 준비하고 대비해야 하는 것은 국가이익을 보호할 수 있도록 한국군의 장비와 소프트웨어, 데이터 통신망을 미군과 연결하여 운용하는데 대한 포괄적인 법과 규정을 준비하고, 보안규정과 암호화 장비 관리규정 등을 보완하는 노력이 필요하다는 것이다. 또한, 실질적으로 한국군의 정보를 보호하고 해킹을 예방할 수 있도록 관련 절차와 도구, 기술, 그리고 전문인력을 준비해야 한다.

앞으로 한국군이 다양한 국방 업무분야에서 분산 환경의 M&S를 활용하기 위해 필요한 광역 데이터 통신망(WAN)을 구축하기 위해서는 과학기술의 발달에 따른 초연결성(Hyper-Connected) 시대의 사회와 산업, 전장 환경의 변화에 걸맞은 보다 유연한 광역 데이터 통신망을 구축하여 운용할 수 있어야 한다. 이를 위해 지금까지 토의한 내용들을 충분히 고려하여 데이터 통신망을 구축하고, 여기에 WAN 환경에서 M&S의 효율적인 운용을 지원하고 보장하며 보다 촉진할 수 있도록 관리, 감시, 통제 및 분석 도구를 개발하여 활용할 수 있어야 한다는 것이다. 특히 데이터 통신망에 연결된 모든 M&S에 센서를 부착하고 데이터를 수집하여, Big Data에 저장하여 관리하고, 인공지능을 활용하여 탐색하고 추론하며 규칙과 패턴을 발견하고 예측함으로써 새로운 가치를 창출할 수 있어야 한다. 전작권 전환에 따른 한·미군 데이터 통신망을 연결하여 운용할 경우를 대비하여 관련된 국가이익을 지킬 수 있도록 법과 규정에서부터 관련 기술의 습득에 이르기까지 통합적인 노력이 필요하다는 것이다.

85. 작전요구 충족하는 M&S 개발! 어떻게 원천 데이터(Raw Data) 및 전투 발전 준비해야 하나?

한국군은 다양한 국방 업무분야에 모델링 및 시뮬레이션(M&S: Modeling & Simulation)을 활용하던 초창기에 미군으로부터 양도를 받거나 구매한 모델을 사용했다. 한국군이 독자적인 M&S를 개발하기 시작한 것은 1990년대 중반 육군이 창조21 모델을 개발하면서부터라고 볼 수 있다. 그 이후에 한미연합사 한국 측은 한국군 워게임 연동체계(KSIMS: Korea Simulation System)를 개발하였고, 각 군은 청해, 창공, 천자봉 모델을, 그리고 합참은 태극JOS 모델을 개발하였다. 이렇게 각 군과 합참이 교육훈련용 모델을 개발하면서 M&S 개발에 경험과 노하우를 축적한 후에는, 지상 작전 및 자원 분석, 해상 작전 및 자원 분석, 지상무기 효과 분석, 항공무장 효과 분석, 합동 작전 분석 등 분석모델을 개발하기 시작하였다. 이처럼 일련의 구성(Constructive) 시뮬레이션 모델들을 개발하면서 자신감을 쌓게 되자, 다양한 유형의 가상(Virtual) 시뮬레이션과 육군의 과학화 훈련(KCTC: Korea Combat Training Center)과 같은 실제(Live) 시뮬레이션을 개발하게 되었다. 최근에는 각종 작전술 기능분야에 대한 훈련용, 분석용 모델들과 무기체계 획득용 모델들을 개발하기 시작하였고, 특히, 합참에서는 합동작전 분석모델인 JOAM-K(Joint Operation Analysis Model-Korea)를 성능 개량하는 KOAM-K-II의 개발을 추진하게 되었다.

한국군이 독자 모델을 개발하기 시작한 초창기에는 대부분의 경우 미군의 모델들을 벤치마킹하든지, 미군 모델을 한글화하는 수준으로 개발하였다. 각 군이 개발한 대부분의 훈련용 모델이 여기에 해당하는 것으로, 이 과정에서는 모의 논리는 한국군의 작전술 교리와 전술, 전기, 절차(DTTP: Doctrine, Tactics, Techniques, Procedures)를 적용하고 모델 개발에 필요한 각종 파라미터 자료들은 미군 모델의 파라미터를 참조하여 개발하였다. 기본적인 훈련용 모델들은 훈련용 모델의 특성상 모의 논리나 파라미터 데이터의 정확성보다는 전장 환경과 상황 모의의 다양성에 초점을 맞추다 보니 별다른 문제가 없었다. 기본적인 분석모델을 개발할 때는 미군 모델을 그대로 모방하다 보니 일부 파라미터 데이터에 이슈는 있을 수 있지만 큰 문제가 되지 않았던 것이다.

그러나 최근 들어 개발 중에 있거나 개발을 추진 중에 있는 작전술 기능 모델들의 경우에는 훈련용이건 분석용이건, 모의 논리와 파라미터 데이터는 물론이요 경우에 따라서는 입력 데이터들조차 문제가 되기 시작했다. 특히, 합동작전 분석모델을 성능개량 하는 JOAM-K-II의 경우에는 새롭게 추가하는 일부 작전기능에 대한 파라미터 데이터를 구할 수 있는 방법이 별로 없을 뿐만이 아니라, 심지어 일부의 경우에는 모의 논리에 대한 교리도 개념도 지침도 아무것도 준비되어 있지 않다는 것이다. 이런 상태에서 앞으로 우리 군에 요구되는 획득 목적과 전투실험 목적의 M&S 등 새롭고 다양한 작전요구를 충족할 수 있는 M&S를 과연 어떻게 개발할 수 있을 것인지, 모의 논리를 위한 전투 발전 준비는 어떻게 해야 하는지, 그리고 파라미터 데이터를 설정하는데 필요한 원천 데이터를 어디서 어떻게 구하고 준비해야 하는지 한번 생각해 보자는 것이다.

한국군이 다양한 국방 업무분야에 활용할 목적으로 M&S를 개발하는 과정에서 부딪히는 가장 어려운 문제와 이슈는, 개발하고자하는 M&S에 대한 분명하고도 일관성 있는 작전 요구능력(ROC: Required Operational Capability)을 제시하지 못한다는 것이다. 실제로 한국군은 연습과 훈련, 분석, 무기체계 획득, 전투실험 등 거의 모든 M&S에 대해서 대부분의 경우 명확한 작전요구를 제시하지 못했다. 예로 대화력전 모의체계를 개발하는 과정에서도 그 사용 목적과 의도와 그에 따른 작전요구가 불명확했으며, 심지어 연합연습에 참여하는 한국군이 연습 목표와 중점을 선정할 때도 대다수의 경우 미군의 합동임무 중점과제 목록표 JMETL(Joint Mission Essential Task List)에서 발췌하여 적용했다. M&S를 사용 목적과 의도에 적합하게 제대로 개발하려면 작전 요구능력이 명확하고 구체적으로 제시되어야 하나, 이는 물론 개념모델과 모의 논리 구현을 위한 DTTP를 워파이터들이 제대로 제시하지 못하고, 더욱이 개발자가 연구하여 제시하기를 요구하거나 의존하는 경향이 비일비재하다는 것이다. 이러다 보니 M&S를 개발하는 과정에서 가장 중요한 요소인 M&S 요구사항을 검증하는 단계에서부터 워파이터들이 제시하는 작전 요구사항의 일관성이나 무모순성, 명확성, 완전성 등이 미흡할 수밖에 없었다.

이는 2000년대 중반에 미군이 수행하던 대화력전본부 임무가 한국군으로 전환되면서 나타났던 일련의 양상과 모습은 참으로 많은 생각을 하게 하며, 많은 교훈을 던져주고 있다는 것이다. 당시에 대화력전본부의 임무전환은 전작권 전환과 관련한 일련의 조치 중 첫 번째로 한국군에 임무가 전환되게 되었다. 이때 비교적 충분한 준비기간이 주어졌음에도 한국군은 대화력전을 어떻게 수행할 것인지, 임무수행을 위해 어떻게 연습을 실시할 것인지, 연습을 실시하기 위해 어떤 수단과 방법을 활용하고 적용할 것인지 등 그에 따른 준비가 적절하게 진행되고 있는지 여부에 대해 제대로 준비지도, 대비하지도 못했다는 생각이다. 물론 당시에 책임을 맡은 부대와 기관은 임무전환 TF(Task Force)를 편성하여 운용하였지만, 결과적으로는 대화력전 임무전환 이후에도 한국군 주도의 독자연습을 수행할 수 있는 연습체계는 물론 아무런 준비도 되어 있지 않았다는 것이다. 특히 대화력전 연습을 하기 위한 한국군 독자 모의체계를 개발하고 구축하는데 대해 별로 관심도 없었고 구축 개념도, 열정도 별로 보이지 않았다는 것이다.

그간 미군이 주도하는 대화력전 임무수행과 대화력전 연습과 모의체계를 통해 작전의 성격이 연합합동작전으로 협조와 협력이 중요하며, 표적을 탐지하고 타격하는 반응시간이 결정적임을 경험하고서도 대화력전 모의체계 개발을 위한 선행연구 시 단일 모델 개념에 집착하고 고집하였다. 미군과 함께 작전을 수행하면서도 미군이 입버릇처럼 반복하는 전쟁을 하듯이 연습과 훈련을 하고 훈련을 한 방식대로 싸운다는 의미를 제대로 배우지 못했다는 것이다. 결국 한국군은 대화력전 임무전환을 받고 나서도 미군의 대화력전 연습체계인 DBST(Digital Battle Staff Trainer)를 임차하여 미군의 운용 지원 하에 연습을 실시하였고, 이때 연습 일정을 결정하는 주 고려요소는 일정 수준의 전투준비태세를 유지하기 위한 관점에서가 아니라, 미군 모의체계의 가용 여부였다는 것이다. 이번 이야기가 M&S 개발에 관한 것인데 대화력전 임무전환과 그에 따른 연습 모의체계에 대해 이렇게 토의하는 것은 이를 통해 한국군이 반드시 교훈을 얻어야 한다는 생각이기 때문이다.

또 다른 M&S 개발 사례와 그와 관련된 이슈를 살펴보자. 먼저 방사청이 주관하는 FX(Fighter eXperimental) 사업을 추진하는 초기에 획득대상 무기체계 특성에 따른 효과분석을 위해 스텔스 기능에 대한 적절한 분석도구는 아니지만 EADSIM(Enhanced Air Defense Simulation) 모델을 활용하기 위해 미 록히드 마틴(LM: LocKheed Martin)사에 최초 3000여 개, 최종 협의를 거쳐 1000여 개의 파라미터 데이터를 요청했으나 미국 측으로부터 단 하나의 데이터도 얻지 못했다. 또한, 합참은 그간 개발하여 사용하던 합동작전 분석모델 JOAM-K에 기존 모델에서 분석할 수 없었던 일부 작전기능들을 추가하여 합동작전 분석모델-II(JOAM-K-II)를 개발하고자 추진하고 있다. 그런데 문제는 성능개량 하고자 하는 분야의 일부 작전기능에 대해 사실상 우리 군은 별다른 전투 발전과 교리발전 노력을 하지 않았다는 것이다. 막상 모델을 개발하기 위한 탐색개발 과정에서 개념모델과 모의 논리에 대한 개략 설계를 하려다 보니, 새롭게 요구한 작전기능에 대해 명확한 작전요구도, 개념모델도, 개략 모의 논리도 어느 것 하나 제대로 개발할 수 있도록 준비되어 있는 것이 없었다. 그리고 이 경우, 과연 어떻게 해당 작전기능을 개발할 수 있을 것인지 마땅한 묘책이 없다는 것이다.

분석모델을 제대로 개발하려면 작전술 교리가 있다고 하여도 파라미터 데이터를 설정할 수 있는 원천 데이터가 있어야 하고, 실제로 분석을 하려면 여러 가지 입력 데이터가 있어야 하는데 그 또한 가용하지 않다. 그 외에도 무기체계 획득에 사용되는 시험평가용 M&S나, 내장형 소프트웨어를 개발하든지, 획득 대상체계 자체가 M&S인 경우의 일부 사업에서 검증, 확인, 인정(VV&A: Verification, Validation & Accreditation) 활동을 수행하다 보면, M&S 요구사항은 제시했으나 실제 무기체계에 대한 운용요구서(ORD: Operational Requirements Document)나 운용개념, 무기체계 운용과 관련된 DTTP에 관한 연구가 제대로 수행되지 않은 사례들이 빈번하게 나타나곤 하였다는 것이다.

지금까지 토의한 사항들을 살펴보면, 한국군에 새롭게 요구되고 필요한 M&S를 제대로 개발하기 위해서는 무엇보다도 M&S를 개발하여 어떤 목적과 의도로 어떻게 사용하고자 하는지를 분명하게 정해야 한다는 것이다. 이 과정에서 M&S 분야에 근무자들이 그 사용 목적과 의도를 결정할 것이 아니라, M&S 운용 서비스와 결과의 사용자인 워파이터들이 결정해야 한다는 것이다. 그리고 여기에서 한 걸음 더 나아가 M&S에 대한 보다 구체적이고 분명한 작전 요구능력(ROC)을 제시할 수 있어야 한다. 이때의 작전 요구능력은 M&S 운용의 편의성에 초점을 둘 것이 아니라, 연습과 훈련용일 경우에는 실제 작전하는 모습대로, 전쟁에서 싸우는 모습대로 표현하고 구현할 수 있도록 작전 요구능력을 제시해야 한다는 것이다. 다음은, 이처럼 M&S 요구사항을 제시하고 나면 개발자들이 어떤 모습으로든지 이러한 요구사항을 구현하기를 기대하지 말고 군에서 작전을 수행하는 모습 그대로 작전술 교리와 전술, 전기, 절차(DTTP)를 명확히 제시해야 한다는 것이다. 그리고 만일 이 과정에서 DTTP가 가용하지 않을 경우에는 M&S 개발사업에 대한 소요기획을 하는 시점에서 전투 발전 노력을 병행하여 할 수 있는 최대한 작전술 교리를 제대로 개발할 수 있도록 해야 한다는 것이다. 만약 부득이 이것이 불가능하다면 최소한도의 작전 개념과 지침, 그리고 보다 상세한 개념모델 정도는 제시할 수 있어야 한다.

앞서 토의한 바와 같이 M&S를 개발하는 과정에서 M&S 작전 요구능력이 명확하게 제시되고, 전투 발전 노력과 준비로 DTTP가 제시되든지, 최소한 작전개념과 지침, 개념모델이 제시되었다고 가정해 보자. 그러면 M&S 개발자들은 먼저 M&S 요구사항을 면밀히 분석하고 검토하여 작전 요구능력이 과연 타당하고, 완전하며, 상호 모순성이 없고, 일관성이 있으며, 구현이 가능한지 여부를 검토해야 한다는 것이다. 다음은 M&S 요구사항을 토대로 개념모델을 개발하게 될 때, 각각의 요구사항이 제대로 개념모델에 반영되었는지 검토해야 한다는 것이다. 이처럼 개념모델이 개발된 이후에는 개념모델을 토대로 모의 논리를 발전시키면서 개략설계와 상세설계를 수행하게 된다. 앞서 토의했듯이 한국군이 M&S를 개발하면서 또 다른 심대한 문제에 부딪치게 되는 것이 바로 M&S 구현 단계와 데이터 입력 단계인 것이다.

앞서 가정을 하였지만 전투 발전 노력에 의해 DTTP가 제대로 제시되어 개념 모델과 모의 논리, 설계가 다 이상 없이 수행이 되었다 하더라도 정작 문제가 되는 것은 설계에 제시된 모의 논리대로 구현하는 과정에서 필요한 파라미터 데이터와 입력 데이터들을 어디서 어떻게 구할 것인가 하는 것이다. 하지만 이 과제이자 문제는 냉정하게 바라보면 현재는 똑 부러지는 묘책이 없어 보인다. 한국군이 새로운 작전요구에 의해 새로운 M&S를 개발하려고 시도하면 할수록, 이 문제는 더 크게 부각될 것이라 생각한다. 이 문제의 핵심은 그간 한국군이 창군 이래 전장과 전쟁에 관련된 다양한 유형의 데이터들을 제대로 수집하지도, 관리하지도 않았다는데 있다. 여기에 해당되는 데이터는 전장 환경에서부터 무기체계와 조직과 인간의 행태에 이르기까지 아주 다양하고 광범위하다는 것이다. 설령 이러한 모든 데이터를 모두 수집하여 관리했다 하더라도 한국전쟁과 월남전 외에는 실제 전쟁을 수행해보지도, 경험해보지도 못한 상태라서 상당히 많은 원천 데이터를 수집할 수 있는 기회가 없었다는 것이 문제이다.

그렇다면 이러한 상황을 극복하기 위해 우리는 무엇을 어떻게 해야 하는지 생각해 보자. 한국군이 창군 이래 원천 데이터를 수집하지도, 실제 전쟁에 참전하지도 않았다는 사실은 어쩔 수 없다. 일반적으로 데이터를 평가하는 그 가치와 기준은 실제 장비와 체계로 실제 환경에서 수집한 데이터, 실제 체계와 장비로 실험 환경에서 수집한 데이터, 시뮬레이션을 수행하거나 유사한 체계의 데이터, 그리고 마지막으로 해당 분야의 전문가(SME: Subject Matter Expert)의 의견 순으로 부여할 수 있다. 그렇다면, 우리 군이 해야 하고, 할 수 있는 것은 우리 군이 수행하는 모든 실제(Live), 가상(Virtual), 구성(Constructive) 시뮬레이션들에 적절한 센서를 개발하고 부착하여, 유무선 광역 데이터 통신망(WAN: Wide Area Network)을 통해 시뮬레이션 수행 간의 모든 데이터를 수집하여 빅 데이터(Big Data)로 관리하고, 인공지능(AI: Artificial Intelligence)을 통해 빅 데이터를 분석하여 필요한 파라미터 데이터와 입력 데이터들을 설정하자는 것이다.

또 다른 편에서는, 쉽지는 않겠지만 미군과 타 국가 군들의 M&S에 포함된 데이터나 실험 데이터를 확보하여 활용하자는 것이다. 마지막으로, 객관적이고 타당한 데이터의 확보가 불가능한 부분에 대해서는 전문가 그룹을 편성하고 그들의 의견을 수렴하여 데이터를 도출할 수 있도록 하자는 것이다. 궁여지책이긴 하지만 지금이라도 이러한 노력을 하는 것이 한국군에 절대적으로 필요한 원천 데이터와 파라미터 또는 입력 데이터를 수집할 수 있는 가장 빠른 방법이다. 그리고 이렇게 개발하는 M&S에 대해서는 반드시 검증, 확인, 인정(VV&A: Verification, Validation & Accreditation) 활동과 절차를 통해 M&S에 대한 신뢰성을 향상하고 보장할 수 있도록 해야 한다.

86. 효율적 M&S 구축, 운용 위한 Back-Up/Redundancy! 어떻게 준비해야 하나?

　모델링 및 시뮬레이션(M&S: Modeling & Simulation)을 다양한 국방 업무분야에 활용하기 위해서는 모델이나 연동체계, 관리 및 통제 도구, 데이터 통신망, 전력공급 장치, 그리고 운용요원에 이르기까지 예비(Back-Up) 또는 여유자원(Redundancy)을 고려하는 것이 필요하다. 이처럼 예비 또는 여유자원을 고려하는 것은 단일 모델을 지역 데이터 통신망(LAN: Local Area Network)에서 운용할 때는 그 필요성을 별로 못 느끼겠지만, 여러 모델들을 연동하여 광역 데이터 통신망(WAN: Wide Area Network)에서 운용하고, 많은 인원이나 자원이 함께 참여하는 대규모 연습이나 훈련, 전투/합동실험의 경우에는 아주 중요하다는 것이다. M&S를 운용하는 동안에 소프트웨어 오류(SW Crash)나 인간의 오류, 천재지변 등 여러 가지 이유로 인한 작동중단이 발생할 수 있으며, 이러한 M&S의 작동중단은 연습이나 실험의 목적을 달성할 수 없음은 물론, 많은 인원과 장비를 제대로 활용하지 못하는데 따른 기회비용이 발생하는 등 많은 시간과 자원의 낭비를 초래하게 된다. 이러한 관점에서 보다 효율적으로 M&S를 활용하기 위해서 고려해야 하는 예비(Back-Up) 또는 여유자원(Redundancy)은 어떤 것들이 있으며, 어떻게 준비해야 하는지 한번 살펴보자는 것이다.

　일반적으로 어떤 자원이든지 예비와 여유자원을 고려한다는 것은 그에 따른 추가 비용이 발생한다는 사실을 뜻한다. 그러나 M&S를 활용한 대규모 연습과 훈련 및 실험을 수행하는 경우, 작동중단의 발생 가능이라는 불확실성에 대비하고 계획한 목적과 목표를 달성하기 위해서는 적정수준의 예비와 여유자원을 준비하여 이에 대비하는 것이 보다 효율적이라는 것이다. 이때 고려해야 하는 요소들은 예비 모의센터와 전력공급 장치, 모델 또는 연동체계, 모의통제 도구를 포함하는 연동 기반체계, 예비 데이터 통신망, 그리고 기술통제 요원이다. 먼저, 예비 모의센터를 고려해야 하는 것은 어떻게 생각하면 전혀 터무니없는 얘기로 들릴 수도 있을 것이다. 그러나 과거 한미 연합연습을 준비하고 수행하는 동안에 미 2 사단 동두천 모의센터가 폭우로 접근자체가 불가한 상황이 발생했고, 오산 공군기지 모의센터가 낙뢰로 사용할 수 없는 상태가 발생하기도 했으며, 진해 해군 모의센터 역시 폭우에 따른 누수로 사용이 곤란한 상황이 발생하기도 했다. 전력공급 장치에 관해서는 기본적으로 상용 전기와 발전기(Generator)를 항상 함께 준비하였다. 분산 환경에서의 모델 연동에 의한 연습을 시작한 1990년 초만 하더라도 상용 전기의 품질이 불안정하여 상당히 많은 부분을 발전기에 의존하곤 하였는데, 이때에 발전기라는 의미는 비상시에 잠깐 운용하는 수준을 대비하는 것이 아니라 하루 24시간씩 전 연습기간을 운용할 수 있는 상태를 의미한다는 것이다.

또한 모델 또는 연동체계의 경우에는, 비록 단일 모델을 운용하는 경우라 할지라도 항상 모의를 지원하는 주 모델과 예비 모델을 함께 준비하여 대기해야 한다. 만약 모델 운용 간에 소프트웨어 오류(Software Crash)가 발생할 경우에는 주 모델은 임시로 오류를 수정하여 바로 모의지원을 할 수 있도록 하고, 예비 모델에서 오류에 대한 문제를 식별하고 수정 보완을 한 후, 충분한 시험을 거쳐서 이상이 없다고 판단하면 주 모델과 교체하여 모의지원을 계속 수행하도록 한다는 것이다. 연동체계의 경우에도 기본개념은 동일하나 다수의 모델을 연동하느니만큼 그 복잡도와 HW, SW, 운영인력 등 자원의 소요는 사실 엄청나다. 이때 단일 모델 경우와 마찬가지로 연습이나 실험 전 기간에 주 연동체계와 예비 연동체계를 항상 동일한 버전, 동일한 상태에서 운용한다. 단지 차이가 있다면 직접 모의지원에 사용하는 것인지, 예비로 유지하는 것인지만 차이가 있다는 것이다.

그러나 실제 많은 모델을 연동하여 운용할 경우에는 주 연동체계이건 예비 연동체계이건 그 자체를 연동하여 운용하는 것이 쉽지 않다. 특히 오류가 발생할 경우에는 오류에 대한 수정 보완 및 충분한 시험과 더불어 동일한 버전을 유지 관리해야 한다는 것, 그리고 수정 보완 후 주 연동체계에 새로운 버전으로 교체하는 과정에서 빈번하게 운용요원에 의한 오류가 발생할 수 있다는 것이다. 이 과정에서 당연히 수반되어야 하는 것은 효율적인 M&S 연동 운용을 지원하고 보장할 수 있도록 하는 연동 기반체계와 도구 또한 예비를 고려하여 준비해야 한다는 것이다. 이는 연동하여 운용하게 되는 모델뿐만이 아니라 모델들을 연동하고 관리하며 모니터링 하는 도구, 모델의 연동 운용 간에 발생하는 모든 이벤트와 상호작용에 관한 데이터를 수집하여 분석하는 도구, 모델들 간에 주고받는 데이터를 점검하고 확인하는 도구 등에 대해서도 예비로 운용할 수 있는 준비를 해야 한다는 뜻이다.

다음은 데이터 통신망에 관한 것으로, 단일 모델을 지역 데이터 통신망(LAN)에서 운용할 때는 별 문제가 없으나 만약 분산 환경에서 여러 개의 모델을 연동하여 운용하는 경우에는 앞서 84번째 이야기에서 토의한 바와 같이 여러 가지를 고려해야 한다는 것이다. 기본적으로 각각 분산되어 운영되는 모의센터들을 연결하는 데이터 선로들을 준비하는 과정에서 그것이 군이 보유하고 있는 데이터 선로이든지, 상용 데이터 선로를 임차하여 사용하는 것이든지 막론하고 모든 데이터 선로들로 데이터 네트워크를 구성해야 하는데, 이때 다양한 우발사태에 의한 선로 단락에 대비하여 어느 특정 시점에 어느 특정 모의센터도 연결이 단절되는 사태가 발생하지 않도록 우회(By-Pass)를 고려하고 여유자원(Redundancy)을 고려하여 선로를 구축해야 한다. 특히 모든 데이터 통신망을 연결하는 허브(Hub)는 정확히 동일한 모습으로 이중으로 구축하여 우발상황에 대비할 수 있도록 해야 한다. 그리고 이렇게 하기 위해선 이중으로 구축된 데이터 통신망의 운용을 위해 엄청난 데이터 통신 장비가 필요하게 된다는 것이다. 그럼에도 불구하고 안정적으로 M&S를 활용하여 모의지원을 수행하고, 그 결과로서 계획했던 목적과 목표를 달성하기 위해서는 이를 감수해야 한다는 것이다.

앞서 토의한 바와 같이 여러 가지 요소들에 대해 예비를 고려하여 여유자원을 준비하여 운용하려다 보니, 당연히 이러한 HW와 SW를 준비하여 운용하고 관리하는 추가적인 기술 요원과 전문 요원들이 필요하게 된다는 것이다. 이러한 전문 기술통제 요원들이 갖추어야 할 요소들로는 먼저, 모델들의 오류(SW Crash)나 우발상황에 대처하는 능력이 절대적으로 필요하다. 단순한 예비 인력이 아니라 모의지원 간에 어떤 문제가 발생하든지 그 해당되는 분야에 대해서는 해박한 전문지식을 기반으로 문제의 근본 원인을 규명하고, 그 해결방안에 대한 통찰을 가지고 최선의 방안을 결정하여 가장 빠른 시간에 문제를 해결할 수 있어야 한다는 것이다. 더 중요한 것은 연습과 실험을 직접 지원하는 주 모의체계를 운용하는 기술통제 요원들과 긴밀한 협조를 통해 문제를 수정하고 보완한 체계를 차질 없이 정확하게 주 모의체계와 교체하여 운용할 수 있도록 제공해야 한다는 것이다. 이 과정에서 특별히 주의해야 하는 것은 인간에 의한 오류를 최소화해야 한다. 이때 인간의 오류라 함은 아주 단순한, 그러나 아주 빈번하게 일어나고 있는 것으로, 잘 수정 보완을 하고도 버전 관리를 잘못하여 구버전으로 교체하는 것이 대표적인 사례이다.

지금까지 M&S를 활용하여 연습 또는 실험을 할 때 고려해야하는 예비(Back-Up)

또는 여유자원(Redundancy)으로 고려해야 하는 것들을 살펴보았다. 앞으로 한국군이 M&S를 다양한 국방 업무분야에 활용하고자 할 때 이러한 예비와 여유자원을 고려하고 준비하는데 대해 인식과 의식의 전환이 무엇보다도 시급하고 중요하다는 것이다. 그럼에도 한국군은 미군이 주도하여 시행하고 있는 한미 연합연습을 지켜보고, 함께 참여하면서도 미군의 이러한 예비(Back-Up)와 여유자원(Redundancy)에 대한 개념을 제대로 인식하지 못했다. 한마디로 미군은 예비(back-Up)와 여유자원(Redundancy)을 M&S를 활용한 대규모 연습과 실험을 수행하기 위해서는 필수적인 소요자원으로 간주한데 비해, 우리 군은 이를 참 이상한 생각과 행동이라고 치부하곤 했다는 것이다. 더욱이 소프트웨어는 그렇다 하더라도 하드웨어에 대한 예비(Back-Up)체계 구축은 예산과 자원의 낭비로 착각하는 경향이 있었다는 것이다.

한국군은 다양한 국방 업무분야에 M&S를 활용함에 있어서 그 사용 목적과 의도의 달성과 임무 완수라는 관점에 초점을 둔 M&S 활용계획 수립과 자원을 배분하고 할당하는 것이 절대적으로 필요하다. 특히 분산 환경에서의 M&S 자원들의 연동 운용에 의한 모의지원에 대한 개념을 제대로 이해하고, 인식의 전환이 절대적으로 필요하다. 앞서 토의한 바와 같이 예비 또는 여유사원을 고려하고 준비해야 하는 분야에 대해 제대로 이해하는 것이 필요한데, 모의지원을 위한 광역 데이터 통신망과 관련된 통신 선로와 허브, 주요 장비들의 예비(Back-Up) 개념을 제대로 이해해야 한다는 것이다. 이 과정에서 미군과 달리, 한국군은 예산과 자원이 한정되고 여유가 없음을 고려하여 각 군과 합참은 필요한 자원에 대해 공유한다는 의식과 더불어 필요시에 상호 간에 적극적으로 지원하는 자세가 필요하다. 특히 자원을 지원하는 과정에서 발생할 수도 있는 자산의 손·망실의 경우를 대비하여 법과 규정을 보완하는 것이 필요하고, 자산의 유지보수, 보호라는 관점보다는 보다 효율적으로 임무를 완수해야한다는 관점에서 한정된 예산과 자원이지만 보다 효율적으로 활용할 수 있도록 해야 한다는 것이다.

87. LVC 구축! 왜 이렇게 어렵고, 어떻게 구축해야 하나?

한국군은 그간 다양한 시뮬레이션 유형들을 연동하는 LVC(Live, Virtual, Construc-tive) 구축을 추진해 왔으나 아직 아무런 가시적인 성과를 얻지 못하였다. 2010년대 초에 공군은 LVC와 관련된 아키텍처와 기반 체계 및 기술에 대해 국방연과 1년여에 걸쳐 연구를 수행하였다. 일부 학계와 연구소에서는 LVC 구현을 시도하여 시연하기도 하고, LVC 구현에 필요한 Gateway와 같은 미들웨어 개발을 시도하기도 하였다. 육군은 교육사를 중심으로 실전적인 가상 합성 전장 환경을 제공하는 LVC 구축을 위해 토론회를 수차례 갖기도 하였다. 그럼에도 불구하고 한국군은 아직 LVC 구축을 위한 실질적인 시도와 노력조차 제대로 하지 못하고 있는 실정이다. 그렇다면 왜 한국군이 LVC를 구축하는 것이 이렇게 어려운 것인지, 또 어떻게 구축해야 하는지 한번 생각해 보자는 것이다.

한국군이 LVC를 구축하고자 하는 과정에서 겪고 있는 많은 문제와 이슈들을 살펴보기 전에, 미군은 어떻게 LVC를 구축하기 위해 노력했는지 살펴보는 것이 필요하다는 생각이다. 미군은 모델링 및 시뮬레이션(M&S: Modeling & Simulation)을 활용하는 과정에서 처음에는 단독 모델들을 운용하였고, 보다 실전적인 제병협동, 합동, 연합 작전을 수행하기 위해 M&S 자원들을 연동 운용하는 연동체계에 의한 연습과 훈련, 전투실험 등을 실시하게 되었다. 한편으로는 모델들을 연동하여 운용하는 구성 (C: Constructive) 시뮬레이션의 제한사항과 단점을 보완하기 위해 실제(L: Live), 가상 (V: Virtual)과 같은 다양한 유형의 시뮬레이션을 발전시키게 되었다. 이 과정에서 모델들을 연동 운용함으로써 새롭게 대두되는 많은 작전요구들을 충족할 수 있었지만, 여전히 부족한 부분과 단점들이 있음을 식별하게 되었고, 이를 보완하기 위한 노력으로 실제(L)와 가상(V) 시뮬레이션을 연동하여 운용하는 방안을 구상하게 되었던 것이다.

미군이 LVC 개념을 처음 구상하여 제시한 것은 1990년대 중반으로, 합성 전장 환경 STOW(Synthetic Theater of War)라는 개념이다. 이 개념은 실제(L), 가상(V), 구성 (C) 시뮬레이션을 연동하여 각 시뮬레이션 유형이 갖는 장점은 살리고 단점을 보완하여 보다 실전적인 가상 합성 전장 환경을 구축한다는 것이었다. 이후에 미군은 이러한 개념을 좀 더 발전시켜 합성 훈련 환경 STE(Synthetic Training Environment)로, 그리고 다시 합성 환경 SE(Synthetic Environment)로, 그리고 마침내 LVC라는 개념으로 발전시키게 되었다. 이렇게 개념이 진화, 발전하는 과정에서 중요한 것은, LVC라는 개념에 대해 미군의 모든 지휘관들을 포함한 워파이터들이 LVC의 필요성에 대해 공감대를 가질 수 있었고 전쟁을 수행하고 있는 전장터의 전장 환경과 상황에 대해 보다 실전적으로 표현하고 묘사할 수 있는 가상 합성 전장 환경이 필요하다는 절박하고도 간절하며 분명한 작전요구를 제시하였으며, 여기에 모두 공감하였다는 것이다.

미군은 2000년대 초에 이러한 절박한 작전요구에 대한 공감대를 바탕으로 LVC 구축을 추진하였지만 근본적으로 실제(L), 가상(V), 구성(C) 시뮬레이션들이 상이한 아키텍처를 기반으로 개발됨으로 인해 연동 프로토콜이 상이하고, 시뮬레이션 환경이 상이하며, 객체를 표현하는 방식과 상호작용을 구현하는 서비스가 상이하여 LVC 구축과 구현에 상당한 어려움을 겪게 되었던 것이다. 이러한 문제와 어려움을 극복하기 위해 구상한 것이 바로 2000년대 후반부에 추진한 LVCAR(Live, Virtual, Constructive Architecture Roadmap)과 LVCAR-I(LVCAR-Implementation)라는 프로젝트이다. 미군은 먼저 LVCAR 프로젝트를 통해 LVC 정책과 기반기술에 대해 어떻게 접근해야 하는지를 연구하여 아키텍처 관련 정책, 공통능력 배양 방안, 공통 Gateway와 Bridge 개발 방안, 그리고 미래 지향적인 노력에 관한 추천 방안을 제시하였다. 이어서 추진된 LVCAR-I에서는 보다 구체적으로 공통능력을 배양하고, 공통 Gateway와 Bridge를 개발하였으며, 아키텍처 확산을 방지하는 구체적인 조치와 미래 지향적인 기술의 사용방안을 연구하였던 것이다. 그리고 이러한 연구를 2010년까지 완료하고, 2010년 이후부터는 LVC 구축을 추진하였다. 미군이 LVCAR과 LVCAR-I 프로젝트를 추진한 구체적인 내용은 51번째 이야기에서, 미군이 LVC 구축을 추진하기 위한 정책과 기반기술에 대해서는 52번째 이야기에서 이미 상세하게 토의하였다.

한국군은 미군의 이러한 LVC 개념을 이해한 일부 M&S 실무자를 중심으로, 앞서 설명한 바와 같이 공군은 2010년 국방연과 공동으로 LVC 구현을 위한 관련 아키텍처와 기반기술에 대해 1년여에 걸쳐 연구를 수행하였다. 이 과정에서 LVC와 관련된 아키텍처와 기반기술은 모두 연구하였지만, 문제는 각각의 아키텍처와 기술에 대한 이해와 통찰이 미흡하고, 무엇보다도 실제로 모델들의 연동조차도 구현해보지 못한 상태에서 아키텍처와 기술을 이해하고 구현하기에는 턱없이 부족하고 미흡하다는 것이다. 한편 육군은 2010년 이후 전투실험을 위해 LVC를 구축하는 방안을 여러 차례 연구하고 시도하였다. 연대급과 사단급 전투실험에 LVC를 활용하는 방안을 연구하고, 나름대로 LVC를 구현하여 시연을 하기도 하였다. 그러나 육군교육사 예하에는 육군이 보유하고 운용하는 모든 M&S 자원들과 실제(L), 가상(V), 구성(C) 시뮬레이션 유형들이 모두 있음에도 불구하고 LVC에 참여하고자 하는 의지도 열정도 별로 없었고, 별도 예산이 편성되지 않아 운용비를 활용하는 수준이었다. 또한, 미군이 연구하여 제시한 LVCAR이나 LVCAR-I의 연구결과나 교훈을 제대로 참고하지도, 활용하지도 않았다. 결국, 시범과 시연 수준임을 감안한다 하더라도 상호 운용성과 재사용성을 고려하고 보장하는 실효적이고 실전적인 합성 전장 환경을 구현하고자 하는 LVC 구축에는 실패하였다는 것이다.

이제부터라도 한국군이 LVC를 제대로 구축하여 활용하기 위해서는 지금까지 여러 차례 LVC 구현을 추진했음에도 별다른 성과가 없는 그 원인과 이유를 살펴보고 그에 대한 대책을 수립해야 한다는 생각이다. 한국군은 전반적으로 LVC 구현과 활용에 대한 가치를 제대로 인식하지 못하고 있으며, 이해가 부족하다. 특히 LVC를 구현하는데 아주 중요한 역할을 담당할 수 있고, 또 담당해야 하는 실제(L) 시뮬레이션을 수행하는 과학화 훈련장(KCTC: Korea Combat Training Center)과 구성(C) 시뮬레이션을 수행하는 BCTP단이 LVC에 대한 가치를 제대로 이해하지 못하고 있으며, 오히려 KCTC와 BCTP단 관점에서는 전혀 도움이 되지 않는다는 생각을 하고 있다는 것이다. 이러는 가운데 정말 문제는, 미군과 달리 LVC 구현과 관련하여 워파이터들인 주요 지휘관들이 절박하고 간절한 작전요구를 내놓지 못하고 있으며, 일부의 경우에는 불필요성을 주장하기도 하고 이익과 장점을 식별하기보다는 기술적인 어려움에만 초점을 맞추는 모습이라는 것이다.

또한 LVC의 개념을 제대로 이해하지 못하다 보니 LVC에 참여하는 실제(L), 가상(V), 구성(C) 시뮬레이션들이 각각 동등한 수준의 이익을 기대하는 모습으로, 그러한 이익이 없다면 LVC에 참여할 필요와 이유가 없다고 주장하고 있다는 것이다. 한걸음 더 나아가 실제(L) 시뮬레이션의 KCTC와 구성(C) 시뮬레이션의 BCTP단은 공통적으로 LVC 참여에 대해 피해의식을 갖고 있으며, 조직의 이해에 집착하는 모습으로 새로운 기술과 가치에 대해 아무런 비전도 가지지 못하고 있다는 것이다. 만약 한국군이 생각하는 것처럼 LVC가 별다른 가치와 이익을 제공해주지 못한다면, 미군이 1990년대 중반 이후 STOW라는 개념으로 시작하여 명칭은 몇 차례 바뀌었지만 기본개념은 그대로 유지하여 그 많은 노력과 투자를 통해 오늘까지 올 수 없었을 것이다. 그렇다면 문제가 되는 것은, 미군이 그간 많은 노력과 투자를 통해 아키텍처에 대한 정책과 공통기반 능력과 도구, 미래 기술에 대한 연구로 기술적인 어려움을 극복하면서까지 추구하고자 하는 LVC의 가치와 이익을 우리는 바라보지 못하고 있다는 점이다.

미군이 LVC 구현과 관련한 기술적인 문제와 이슈를 해결하기 위해 노력했듯이 한국군이 LVC를 구현하기 위해서는 해결해야 할 많은 문제와 이슈들이 있는 것은 분명한 사실이다. 우선, 한국군은 M&S에 적용하고 있는 아키텍처에 관한 검토와 연구가 필요하다. 현재 한국군이 M&S에 적용하고 있는 아키텍처는 HLA(High Level Architecture), DIS(Distributed Interactive Simulation), DDS(Data Distribution Services)로, 실제로 DDS를 아키텍처라 보기에는 무리이지만 실제(L) 시뮬레이션에 사용하고 있으므로 이를 고려하는 것이 필요하다는 것이다. 미군과 다른 것은 미군은 실제(L) 시뮬레이션에 TENA(Test & Training Enabling Architecture)와 CTIA(Common Training Instrumentation Architecture)를 사용하는데 비해, 한국군은 이러한 아키텍처를 사용하지 않고 있다는 점인데, 저자는 이를 구태여 도입하여 적용할 필요는 없다는 생각이다. 한국군이 LVC를 구축하기 위해서는 HLA를 중심으로 국제표준과 절차인 DSEEP(Distributed Simulation Engineering and Execution Process)과 DMAO(DSEEP Multi-Architecture Overlay), 그리고 FEAT(Federation Environment Agreement Template)를 사용하고, 정보 중심의 통합(Information Centric Integration) 방법을 적용한다면 상대적으로 수월하게 구축할 수 있다는 것이다. DSEEP, DMAO, FEAT 등의 표준과 절차에 대해서는 앞서 54번 이야기에서 토의하였고, HLA를 기반으로 한 정보 중심의 통합(Information Centric Integration)방법에 대해서는 55번 이야기에서 토의하였다.

실제 LVC를 구축하는 과정에서 상이한 아키텍처를 기반으로 개발된 실제(L), 가상(V), 구성(C) 시뮬레이션들을 각각 적용하는 데이터 통신 프로토콜을 고려하여 연동하기 위해서는 Gateway라는 미들웨어가 필요하게 된다. 또한 동일한 HLA를 적용하였다 하더라도 연동 프로토콜인 RTI 제품이 상이하든지 버전이 상이할 경우에는 Bridge라는 미들웨어를 사용해야 한다. 때문에 LVC를 구현하기 위해서는 당연히 Gateway와 Bridge를 개발하고 준비해야 하는데, 할 수만 있다면 한번 개발한 Gateway와 Bridge를 연동 대상에 따라 재사용이 가능하도록(Reconfigurable) 보다 효율적으로 개발하자는 것이다. 물론, 이를 위해 보다 많은 기술적인 연구와 노력이 필요한 것은 당연하다. 그 외에도 상이한 시뮬레이션들을 연동하여 운용하는 LVC 시뮬레이션 환경에 대해 합의를 도출하는 노력과 시뮬레이션들 간에 주고받는 데이터 모델을 개발하는 노력, 그리고 실제(L) 시뮬레이션에서 사용되고 있는 DDS의 서비스에 관한 문제를 어떻게 해결할 것인가 하는 노력과 연구가 필요하고, 이와 관련하여 여러 가지 공통 도구들을 개발하는 노력이 필요하다는 것이다.

특히 한국군이 LVC를 구현하는 과정에서 유념해야 할 것은 LVC에 참여하는 실제 (L), 가상(V), 구성(C) 시뮬레이션들이 각각 동일한 수준의 이익과 가치를 얻을 필요는 없다는 것이다. 일반적으로 M&S를 개발하고 활용하는데 있어서 가장 중요한 것은 사용하고자 하는 목적과 의도에 따라서 M&S를 개발하고, 그 목적과 의도에 맞게 M&S를 사용하는 것이다. 이는 곧, 한국군이 LVC를 구현하여 운용하고자 하는 목적과 의도가 더 중요하다는 뜻이다. 또한 LVC를 구축하여 운용할 때 모든 정보를 모든 시뮬레이션에게 동일한 수준으로 제공하는 것이 아니라, 각 시뮬레이션에서 필요한 정보를 필요한 때에 필요한 만큼 제공하는 것으로 충분하다는 것이다. LVC를 구현하여 운용하는데 있어서 반드시 고려하고 발전시켜야 할 것은 실제(L) 시뮬레이션에 참여하는 각개 전투원이 가상(V), 구성(C) 시뮬레이션의 가상 전장 환경에서 일어나는 전장 상황에 대해 필요에 따라 동일하게 인지하고 인식할 수 있는 방안을 강구해야 한다.

지금까지 토의한 내용을 정리해보면 한국군이 LVC를 구축하는데 겪는 어려움의 중심에는 LVC를 구축하여 사용하게 되는 당사자이자 주체인 워파이터들이 LVC 개념을 제대로 이해하지 못하고 있으며, 특히 간절하고 절박하며 명확한 작전요구가 없다는 것이다. 또한 M&S 주요 자원과 능력을 갖고 있는 조직과 기관이 LVC 구축의 당위성과 필요성을 인식하지 못하고, 새로운 기술적인 도전에 적극적으로 대응하지 못하고 있다는 것이다. 결국 한국군이 LVC를 구축하는데 있어 기술적인 어려움이 있는 것은 사실이나, 근본 문제는 기술이 아니라 간절하고 절박하며 명확한 워파이터의 작전요구가 없다는 것과 M&S 자원과 능력을 보유한 부대와 기관의 열정과 의지라는 것이다.

88. 무기체계 전 수명주기 간 이해당사자들 협업·공조! 어떻게 접근해야 하나?

무기체계를 보다 효율적으로 획득하기 위해서는 무기체계 전 수명주기(TLC: Total Life Cycle) 간에 이해당사자(Stakeholder)들의 협업·공조가 무엇보다도 중요하다. 특히 한국군과 같이 무기체계 획득관리에 있어서 획득업무를 담당하는 방사청이 국방부의 외청으로 독립적인 기능을 수행하도록 설립되었기 때문에 소요기획단계와 획득단계의 유기적인 협업과 공조가 어느 때보다도 중요하다는 것이다. 소요기획단계로부터 무기체계를 획득하여 운영유지를 하는 단계까지 상당한 시간이 소요되고, 많은 이해당사자들이 참여하여 함께 일할 수밖에 없는 획득업무의 특성을 고려한다면 보다 효율적으로 획득업무를 수행하기 위한 적절한 업무수행 수단(Enabler)이 필요하다. 그렇다면, 과연 어떤 수단과 방법으로 무기체계 전 수명주기 간에 획득 관련 이해당사자들이 협업하고 공조하여, 보다 효율적으로 획득업무를 수행할 수 있도록 할 것인지 한번 생각해 보자는 것이다.

무기체계를 획득함에 있어서 전 수명주기(TLC)라 함은 소요군과 합참에 의한 소요기획단계와 방사청에서 주관하는 획득단계, 그리고 무기체계 획득에 따른 전력화 이후 운용유지단계를 포함하는, 즉 무기체계의 소요요청에서부터 무기체계를 획득하여 운용유지 후 폐기에 이르기까지를 망라하는 개념이다. 무기체계를 획득한다는 것은 단순히 방사청의 주관하에 무기체계를 연구개발하든지, 해외구매를 하든지 하는 것만이 아니라는 것이다. 실제로 무기체계 획득을 효율적으로 수행하는 것은 획득단계에서만 한다고 해서 되는 것이 아니다. 그러나 한국군의 획득체계는 구조적으로 무기체계 획득 전 단계에 걸쳐 전 수명주기 간의 관리도, 이해당사자들의 협업·공조도 실제 수행이 쉽지 않다. 이는 근본적으로 2006년 무기체계 획득을 담당하는 방사청을 획득업무의 전문성과 효율성, 그리고 투명성을 고려하여 국방부 외청으로 설립한 것에서 기인한다. 이러한 구조적인 문제는 소요기획단계와 획득단계, 그리고 운용유지단계로 이어지는 무기체계 획득업무의 유기적인 연계와 협력을 곤란하게 한다. 그러므로 주어진 한정된 국방 가용자원으로 방위력개선사업을 보다 효율적으로 수행하기 위해서는 이러한 구조적인 문제와 어려움을 극복할 수 있는 방법과 수단이 필요하다는 것이다.

방사청이 설립된 이후 초창기 무기체계 획득 과정에서 나타난 양상은 소요군과 합참은 소요기획단계에서 소요요청과 소요제기를 하고, 국방부가 소요결정을 한 후 국방연을 통해 전력소요 검증을 수행하였다. 소요검증이 완료되면 방사청이 주관하는 획득단계에서 국방중기계획을 수립하고, 획득단계에서 다시 계획단계, 예산단계, 집행단계로 세분하여 계획단계에서는 무기체계 획득을 위한 선행연구와 사업분석, 통합분석을 수행하고, 예산단계 진입 직전 국방연에서 사업 타당성 분석을 수행하게 된다. 집행단계에서는 국내 연구개발 사업과 해외구매 사업으로 구분하여 사업 집행 중 분석과 집행 성과 분석을 수행하고, 방사청이 시험평가를 수행한 후 양산하여 전력화 배치를 하였다. 이 과정에서 소요군과 합참과 방사청의 유기적인 협력은 거의 찾아볼 수 없었으며, 소요를 제기하여 결정된 대로 제대로 획득하여 전력화 배치가 수행되는 모습을 지켜보기만 하는 모습이었다. 사실 이러한 과정에서 소요군이나 방사청이나 협업·공조를 제대로 수행하지 않은 것은 양측 모두 마찬가지였다는 것이다. 이때는 시험평가 과정에서 나타나는 여러 가지 모습과 이슈에 대해서조차 소요군과 합참은 뒷짐을 지고 지켜보는 모습이었다.

이러한 모습에서 획득체계를 개선해야 한다는 자성의 목소리가 높아지게 되었고, 부단히 보완하여 보다 효율적으로 획득업무가 수행되도록 노력하여 소요기획단계에서 소요군과 합참은 각각 소요요청과 소요 제기 및 결정을 하고, 국방부가 국방연을 통해 전력소요 검증을 수행하며, 국방부가 국방중기계획을 작성하고, 방사청이 국방중기계획작성 요청을 하도록 보완되었다. 특히 획득단계 중 시험평가에 관한 책임과 권한이 방사청에서 국방부와 합참 및 소요군으로 이양되면서부터 소요군과 합참이 본격적으로 획득단계에 관심을 갖게 되었고, 부분적이긴 하지만 협력관계가 형성되게 되었다. 그럼에도 불구하고 아직도 획득체계에서 소요군과 합참이 주관하는 소요기획단계와 운용유지단계, 그리고 방사청이 주관하는 획득단계 사이에는 유기적인 협력과 협조를 기대하기에는 턱없이 부족하고 미흡하다. 무기체계 획득에 대한 명확한 책임과 권한의 구분과 심리적인 괴리로 말미암아 가뜩이나 유기적인 협력이 쉽지 않은데, 협업하고 공조를 할 수 있는 별다른 마땅한 수단마저 없다 보니 실질적인 협업·공조는 사실상 불가능하다는 것이다.

실제로 무기체계 획득업무를 수행함에 있어 한정된 국방 가용자원으로 보다 양질의 무기체계를 보다 빨리, 보다 저렴하게 획득하기 위해서는 획득 이해당사자들의 협업·공조가 아주 중요하며, 실제로 이것을 가능하게 하는 협업·공조 수단이 절대적으로 필요하다는 것이다. 이러한 협업과 공조가 필요한 이유는 일단 무기체계 획득과 관련된 업무 자체가 너무 복잡하고, 특정 무기체계 하나만 하더라고 획득 각 단계를 주관하는 군이나 방사청이 무기체계 획득과 관련된 모든 사항을 일목요연하게 꿰뚫어 볼 수가 없기 때문이다.

예로, 미 연방회계국(GAO: Government Accountability Office)은 2003년도부터 미 국방성이 주관하여 수행하는 무기체계 획득사업 중에서 주요 국방획득사업(MDAP: Major Defense Acquisition Program)에 대한 조사, 분석을 통해서 무기체계 획득사업의 성공 가능성을 높이고, 계획된 예산과 일정으로 계획한 질과 수량의 무기체계를 보다 효율적으로 획득하기 위해서는 지식 기반 획득(KBA: Knowledge Based Acquisition)을 수행할 것을 강력히 권고하고 있다. 또한 지식 기반 획득(KBA)에서는 3개의 지식점(KP: Knowledge Points)을 제시하고 있다. 연구개발 직전의 지식점(KP) 1에서는 작전 요구능력 대비 자원이 매칭이 되는지 여부를 고려하는데, 여기서 자원이란 무기체계 관련 주요 핵심기술의 기술성숙도(TRL: Technical Readiness Level)를 검토하는 것이다. 상세설계검토(CDR: Critical Design Review) 시점의 지식점(KP) 2에서는 디자인이 90% 이상 안정이 됐는지 검토하고, 생산단계 진입 직전의 지식점(KP) 3에서는 제조성숙도(MRL: Manufacturing Readiness Level)가 적절한지를 검토하자는 것이다.

미 연방회계국(GAO)이 제기하는 이슈 그 자체를 자세히 살펴보면, 반드시 지식 기반 획득(KBA)을 시행하라는 권고라기보다는 무기체계 획득의 전 단계에 걸쳐서 관련 이해당사자들이 각자의 전문성을 가지고 소요기획단계에서부터 획득단계와 운용유지단계에 이르기까지 매 단계마다 함께 참여하여 협업·공조를 수행하자는 것이다. 또한 소요군이 소요기획을 하는 단계에서 획득단계와 운용유지단계 관련 기관들이 함께 참여하여 작전 요구사항을 충족할 수 있는 기술성숙도(TRL)와 시험평가 시에 이슈가 될 만한 요소와 품질보증 활동에서 고려해야 하는 요소를 함께 검토하자는 것이다. 획득단계에서는 소요기획단계와 운용유지단계 관련 기관이 함께 참여하여 소요군이 요구하는 작전 요구성능이 정확히 고려되고 반영되었는지 여부와 품질보증의 관점과 시험평가의 관점을 함께 협의하자는 것이다. 운용유지단계에서는 소요기획단계에서 제시한 작전 요구성능이 그대로 구현되었는지, 무기체계가 제대로 획득이 되었는지를 함께 검토하자는 것이기도 하다. 이러한 일련의 노력은 무기체계의 소요기획단계에서부터 획득단계를 거쳐 운용·유지단계에 이르기까지 작전 요구성능을 충족하고 일관성 있는 무기체계 획득이 이루어졌는지 검토와 확인을 가능하게 하고, 특히 무기체계 획득 간에 발생할 수 있는 많은 과제와 이슈, 문제와 위험 요소들을 사전에 식별하여 예방이 가능하도록 함으로써, 궁극적으로 무기체계 획득사업의 성공을 촉진할 수 있다.

결국, 한국군이 무기체계 획득을 보다 효율적으로 수행하기 위해서는 관련된 모든 이해당사자들이 협업하고 공조하는 인식의 전환과 자세가 매우 중요하다. 그러나 이를 실제로 적용하고 수행하기 위해서는 생각과 의지만으로 되는 것이 아니라, 실질적으로 협업·공조를 할 수 있는 시스템이 구비되어야 한다는 것이다. 이러한 관점에서 우선적으로 고려해야 하는 것은 무기체계 획득을 획득단계만 바라보는 것이 아니라 전 수명주기관리(TLCSM: Total Life Cycle Systems Management) 관점에서 바라보고, 한국군이 아직은 고려하고 있지 못하지만 총 소유비용(TOC: Total Ownership Cost) 관점에서 바라보자는 것이다. 사실 이 두 가지 관점은 서로 밀접하게 연관되어 있다는 것이다. 무기체계를 획득하는데 있어서 소요군과 합참이 주관하는 소요기획단계와 방사청이 주관하는 획득단계, 다시 소요군과 합참이 주관하는 운용·유지단계를 유기적으로 연계하지 않고서는 제대로 된 획득이 이루어질 수 없다는 것이다. 주관하는 기관은 달라도 각 단계에서 서로 영향을 미칠 수밖에 없는 제반요소들을 관련 이해당사자들이 전문성을 가지고 모니터링만 제대로 해도 상당히 많은 문제와 이슈, 위험요소들을 식별하고 경감할 수 있다는 것이다. 총 소유비용(TOC)의 관점은 소요기획단계에서 획득단계의 연구개발 또는 해외구매 과정에서의 기술성숙도(TRL)나 비용을 고려하지 않는 작전 요구성능을 제시한다든지, 획득단계에서 운용·유지단계의 비용을 고려하지 않고 작전 요구성능을 충족하는 범위 내에서 무조건 최저가 무기체계를 획득해서는 안 된다는 것이다. 무기체계 전 수명주기관리(TLCSM) 관점에서 총 소유비용(TOC)을 최소화 또는 최적화하는 노력이 필요하다는 것이다.

한국군처럼 소요기획단계와 운용·유지단계는 국방부 산하 소요군과 합참에서 주관하고, 획득단계는 국방부 외청으로 설립된 방사청에서 주관하는 획득체계에서 각 단계별 유기적 협력은 그리 쉽지만은 않다는 것이다. 실제 무기체계 획득업무를 추진하다 보면 전문성에 관한 이슈들과 효율성에 관한 이슈들, 그리고 투명성에 관한 이슈들이 서로 얽혀 있고, 관련된 이해당사자들이 워낙 많고 이해관계가 서로 상충

되다 보니 여러 가지 잠재적 갈등요소들이 내재되어 있다. 이런 문제와 이슈들이 서로 협업하고 공조한다는 것만으로 해소될 수는 없다는 것이다. 무기체계 획득사업의 특성상 장기간 여러 가지 어려운 문제와 이슈를 해결해 가며 무기체계를 획득하다 보면 기관 간의 갈등과 방산업체와의 법정소송도 얼마든지 나타날 수 있다. 이러한 문제와 이슈들을 미리 예측하고 대비하여 이해당사자들이 획득사업의 성공적 수행을 위해 협업·공조를 촉진하고 보장할 수 있는 법과 규정, 제도, 체계 및 도구를 보완하고 준비하자는 것이다.

다음으로, 무기체계 획득 전 수명주기의 각 단계에서 무엇을 협업·공조할 것인지에 대한 공통적인 이해와 통찰이 있어야 한다. 무조건 이해당사자들의 협업·공조만을 요구할 것이 아니라 각 단계별로 중요한 문제와 이슈, 과제가 무엇인지를 공동으로 이해하고 식별하여 검토하고 확인할 수 있어야 한다는 것이다. 그러한 관점에서 미 연방회계국이 미 국방성의 주요 국방획득프로그램(MDAP)을 검토하면서 제안하고 적용을 요구하는 지식 기반 획득(KBA) 개념을 도입하여 적용하는 것을 고려하자는 것이다. 만약 무기체계 획득 전 수명주기에서 각 단계를 주관하는 기관이 비록 달라도 검토하고 확인하는 사항들이 체크리스트로 제시된다면, 이와 관련된 이해당사자들이 참여하는 것이 쉬워지고, 경우에 따라서는 의무적으로 참여하도록 요구할 수도 있을 것이며, 그 결과로 당연히 협업·공조가 쉬워질 것이라는 것이다.

무기체계 획득 전 수명주기 간에 관련 이해당사자들에 의한 실질적, 실효적, 유기적인 협업·공조가 이루어지려면 이를 촉진하고 보장할 수 있는 시스템이 있어야 한다. 우리나라가 지리적으로 그리 넓지 않고 도로망과 대중교통이 잘 발달하여 한자리에 모여서 협조하는 것이 그리 어렵지 않다 하더라도, 무기체계 획득의 특성상 때로는 군사보안의 관점에서 접근이 어려울 수도 있으므로 지리적으로 분산된 환경과 조건에서 협업·공조를 수행할 수 있어야 한다는 것이다. 이를 구체적으로 구현하는 방안이 바로 시뮬레이션 기반 획득(SBA: Simulation Based Acquisition)이다. 특별히 SBA 협업공조체계를 구축하고 M&S를 활용하여 지리적 분산 환경에서 이해당사자들의 참여를 촉진하고 보장할 수 있도록 해야 한다는 것이다. 이를 구현하는 과정에서 4차 산업혁명 시대의 사회와 산업 구조의 초 연결성(Hyper-Connected), 초 지능화(Hyper-Intelligent) 특성을 고려하고, 사이버 물리 시스템(CPS: Cyber Physical Systems), 디지털 트윈(DT: Digital Twin)을 활용하며, 특히 공존현실(CR: Coexistent Reality)을 적용한다면 훨씬 효율적으로 협업·공조를 수행할 수 있다는 것이다. 이렇게 함으로써 한국군은 워파이터가 필요로 하는 보다 양질의 무기체계를 보다 빨리, 보다 저렴하고 효율적으로 획득할 수 있을 것이며, 무기체계 획득사업의 성공 가능성도 획기적으로 높일 수 있다는 것이다. 이번 토의 과정에서 잠시 언급한 시뮬레이션 기반 획득(SBA)은 바로 다음 89번째 이야기와 93~95번째 이야기에서, 지식 기반 획득(KBA)은 92번째 이야기에서 상세하게 토의하고자 한다.

89. 국방획득 위한 SBA! 어떻게 이해하고 접근해야 하나?

한국군이 방위력개선사업의 일환으로 무기체계를 획득하는 국방획득과 관련하여 전통적 관점에서는 보다 빨리, 보다 저렴하게, 보다 양질의 무기체계를 위파이터에게 제공하기 위해 노력해 왔다. 한편, 과학기술의 발달로 대두된 4차 산업혁명 시대에 한국군이 어떻게 무기체계 획득업무를 수행해야 할지 아직은 구체적인 방향도, 작전 요구도 명시된 것은 없지만 보다 스마트한 획득체계로 개혁과 혁신이 요구될 것으로 예상된다. 이러한 관점에서 한국군이 지금까지 무기체계 획득사업을 수행한 실태와 그에 따른 교훈을 살펴봄으로써 보다 효율적으로 무기체계 획득업무를 수행하고, 미래의 도전과 요구에 적극 대응하기 위한 하나의 수단과 대안이 될 수 있는 시뮬레이션 기반 획득(SBA, Simulation Based Acquisition)을 어떻게 이해하고 접근해야 하는지 한번 살펴보고자 한다.

한국군이 무기체계를 획득하는 국방획득과 관련하여 일반적으로 고려했던 요구사항으로는 우선, 무기체계 획득과 관련한 전문성, 효율성, 투명성에 관한 요구다. 이 중에서도 특별히 관심을 갖는 것은 투명성으로 그간 무기체계 획득과 관련하여 여러 가지 어려움이 있었음을 단적으로 보여주는 것이라 볼 수 있다. 또한 그간의 무기체계 획득이 소요가 결정되고 나면 시기의 문제일 뿐 무기체계가 획득되는 관행을 지나오다 보니 과연 획득하는 무기체계가 꼭 필요한 것인지에 대해 정부와 국회, 그리고 국민으로부터 획득소요에 대한 타당성 검증 요구가 제기되었다는 것이다. 그리고 국가방위전략에 부합한 무기체계 획득을 추진해야 한다는 요구가 있었고, 위파이터가 원하는 성능의 무기체계와 수량을 계획된 일정에 제공하기를 요구하게 되었다. 특히 무기체계 획득 전 수명주기 간 효율적인 국방획득 관리체계를 요구하고 대다수 무기체계에 대한 국산화를 달성하게 되자 방위산업 활성화와 더불어 수출을 촉진할 것을 요구하기에 이르렀다. 결국 한국군은 그간 방위력개선사업의 일환으로 무기체계를 획득하는 과정에서 할 수만 있다면 보다 빨리, 보다 저렴하게, 보다 양질의 무기체계를 위파이터에게 제공하기 위해 고민하였다는 것이다.

그간 한국군은 열심히 무기체계 획득사업을 추진하여 대다수 무기체계를 국산화하는데 성공하였고, 일부 무기체계는 자타가 인정하는 명품으로 개발하기에 이르게 되었다. 이렇게 무기체계 획득을 위한 연구개발을 하고 새로운 무기체계를 개발하는 동안 과학기술이 획기적으로 발전하게 되었고, 급기야 첨단 과학기술과 기술융합에 의한 4차 산업혁명이라는 화두가 등장하게 되었다. 기존의 제조업 기술과 정보통신기술(ICT: Information & Communication Technology)이 접목하여 사이버 물리 시스템(CPS: Cyber Physical Systems)과 스마트 공장(SF: Smart Factory)의 개념이 나타나게 되었듯이, 무기체계를 획득하는데 있어서도 기존의 방위산업과 정보통신기술(ICT)이 접목되어 새로운 제조기술로 보다 효율적으로 무기체계를 개발하는 것을 고려하게 되었다. 또한 사이버 물리 시스템(CPS)과 스마트 공장(SF)를 활용하여 워파이터가 원하는 맞춤형 무기체계를 개발하는 것을 고려하게 되었고, 기술융합과 3D 프린터를 통해 적 또는 잠재적 위협세력이 새로운 무기체계를 신속하게 개발할 수 있게 됨에 따라 고성능 무기체계를 적 보다 빨리, 보다 저렴하고, 보다 유연하게 개발해야 한다는 요구가 등장하게 되었다는 것이다. 결국 시대적 변화와 요구에 따라 한국군의 국방획득체계는 스마트한 획득체계로 전환을 요구받게 되었고, 이 과정에서 무기체계 획득업무의 변화와 혁신은 불가피해 보인다는 것이다.

그렇다면 한국군의 무기체계 획득에 대한 전통적인 작전요구와 미래 사회, 산업 및 전장 환경의 변화에 따라 보다 스마트한 획득체계로의 변화와 혁신이 요구되는데 비해 실제 한국군이 무기체계를 획득하는 모습은 어떤지 한번 살펴보자는 것이다.

개략적으로 한국군의 국방예산은 국내총생산액(GDP: Gross Domestic Product) 대비 2.4~2.5% 수준, 정부재정 대비 14~15% 수준으로, 이 중에 30% 정도가 방위력개선비에 투입되고 있다. 그간 보다 효율적으로 전문성과 투명성을 가지고 무기체계 획득업무를 수행할 수 있도록 국방획득 관련 정책과 규정 및 기반체계를 많이 보완했지만, 아직 많이 부족하고 미흡한 상태로 보인다. 무기체계를 획득하는데 있어서 가장 중요한 소요기획단계에서 소요군은 거의 무조건적으로 최첨단 무기체계와 과도한 작전 요구능력을 요구하는데 비해, 실제로 획득단계에 이러한 요구사항이 제대로 고려되고 반영되는지 워파이터가 참여하여 확인하는 것은 제한되고 있는 실정이다. 또한 소요군의 작전 요구능력에 비해 기술성숙도가 미흡한 상태에서 무리하게 국산화 개발이 추진되는 경우도 종종 나타나게 되었던 것이다.

무기체계를 연구 개발하여 획득하는 과정에서 품질보증 활동의 경우에는 주로 양산

단계에 대한 품질보증 활동으로 전 수명주기 간에 걸친 품질보증 활동은 미흡하였다. 무기체계를 개발하여 개발시험이나 운용시험을 수행하는 과정에서도 국과연의 안흥 시험장 외에는 첨단 시험장이 없어 충분한 시험환경을 제공할 수 없음으로 인해 실제 발사시험의 기회가 제한되고 있다. 또한 실사격 외에는 문제를 식별할 수 없는 미사일이나 포와 같은 One-Shot System의 경우, 별다른 무기체계 시험평가 수단이 가용하지 않는 상태로, 그나마 일부의 경우는 시험평가용 M&S를 개발하여 검증, 확인 및 인정(VV&A: Verification, Validation & Accreditation) 활동을 거쳐 사용하고 있으나 이 역시 개발단계에서 충분한 사격을 수행할 수 없음으로 인해 시험평가용 M&S가 사용 목적과 의도에 부합한지를 평가하는 인정(Accreditation) 수행에 어려움이 있다는 것이다. 이러한 문제는 무기체계 전력화 배치 이후에도 마찬가지로 실사격 기회의 제한에 따른 효율적 운용유지와 전투준비태세를 유지할 수 있는 방안을 강구해야 한다는 것이다.

이러한 과정을 거쳐 소위 명품 무기체계를 개발했다 하더라도 한국군의 무기체계 개발의 특징인 고성능 무기체계 집착으로 외국 무기체계에 비해 가격 경쟁력이 낮을 수밖에 없고, 대부분의 경우 외국군이 요구하는 기술을 외면한 한국군 중심의 기술 개발과 무기체계를 개발하다보니 해외 수출이 곤란하다. 그간 한국군이 개발한 K-9 155밀리 자주포나 T-50 훈련기 또는 FA-50 경공격기를 해외 여러 나라에 수출하였고, 꾸준히 방위산업에서의 수출이 증가하고 있는 추세이기는 하지만 여전히 무기체계에 대한 해외수출 종합전략이 미흡하다. 또 하나의 과제는 이렇게 무기체계를 개발하여 전력화 배치를 하고, 해외에 수출을 하고 있지만, 그 이후 보다 효율적으로 정비를 수행할 수 있는 첨단 정비시스템이 미흡하다는 것이다.

이러한 한국군 무기체계 획득의 실상을 통해 얻을 수 있는 교훈은 먼저, 소요군의 무기체계에 대한 작전요구와 가용자원 및 획득체계를 연계하여 고려하는 것이 다소 미흡하다는 것이다. 즉 워파이터가 최고 수준의 첨단 무기체계와 작전 요구능력만을 요구할 것이 아니라 가용한 자원도 고려하고, 획득능력을 함께 고려하는 것이 필요하다는 것이다. 또한 소요기획단계에서 합참의 소요결정과 국방부에서 국방연을 통해 수행하는 전력소요 타당성 검증을 통해 합동성과 국가방위전략에 부합 여부를 함께 고려해야 한다는 것이다. 다음은, 무기체계 획득 전 순기에 걸쳐서 워파이터의 참여를 촉진하고 보장할 수 있는 방안과 수단이 미흡하다는 점이다. 이는 어떻게 생각하면 워파이터는 소요기획단계 활동을 통해서 제대로 소요를 요청하여 제기하고 결정하면 끝난다고 생각할 수도 있지만, 무기체계를 획득하여 운용하는 주체인 워파이터가 원하는 무기체계를 제대로 획득하기 위해서는 획득 전 순기에 참여할 수 있는 방안을 강구해야 한다는 것이다.

　지금까지 무기체계를 개발하는 과정에서 소요군이 제시한 작전 요구능력에 대비하여 기술성숙도(TRL)와 디자인 안정성, 제조성숙도(MRL)를 충분히 고려하지 않은 국산화 개발을 추진한 사례가 일부 있었다. 한국군이 대다수 무기체계에 대해 국산화를 성공했다고는 하지만, 아직은 첨단 무기체계에 대한 전반적 기술수준이 미흡하다는 것을 고려하고, 기 설정된 예산과 일정, 품질, 수량으로 무기체계 획득사업을 성공하기 위해서는 이러한 사항을 반드시 고려해야 한다. 한국군이 무기체계 획득을 추진하며 부족하고 미흡했던 것은 무기체계 획득 전 수명주기에 걸쳐 효율적으로 획득 활동을 지원하고 관리할 수 있는 체계가 없었다는 것이다. 무기체계 획득 전 수명주기를 통해 M&S 활용계획을 수립하고 실제 일부 M&S를 활용하기는 했지만, 획득 프로그램의 전 수명주기에 걸쳐 효율적, 과학적, 분석적으로 M&S를 활용하기에는 턱없이 부족하고 미흡했다. 특히 무기체계 획득 관련 이해당사자들이 공동 목표를 위한 협업·공조를 해야 한다는 인식과 이를 구현할 수 있는 수단이 미흡했던 것이다. 이 외에도, 앞서 토의하였듯이 One-Shot System에 대해 실제 발사를 대체 가능한 첨단 시험장이나 시험평가 수단이 턱없이 부족하고 미흡하다는 점이 있다. 또한, 일부 명품 국산 무기체계를 수출하기 위해서는 외국군이 요구하는 작전 요구성능을 고려하여 보다 유연하게 무기체계를 개발하고, 수출을 촉진하고 장려할 수 있는 종합전략과 컨트롤 타워가 전실하다는 것이다.

　전반적으로 한국군의 무기체계 획득체계와 지금까지 획득사업을 추진해 온 실태를 살펴보면, 한국군의 통상적인 무기체계 획득 관련 요구사항을 충족하기도 어렵고 다가오는 4차 산업혁명 시대에 대비하기에는 획득 관련 이해당사자들의 의식과 인식이나 법과 규정, 기반체계 및 협업 환경이 턱없이 부족하고 미흡하다. 현재 군과 방사청, 방산업체 등 무기체계 획득과 관련한 이해당사자들이 부분적으로 M&S를 활용하는 모습으로는 한국군이 당면한 요구와 과제를 해결하기에는 역부족이라는 생각이다. 결국 무기체계의 효율적인 획득을 위해 이해당사자들의 협업·공조를 가능하게 하고 궁극적의 획득사업의 성공 가능성을 높이기 위해서는 이를 구현할 수 있는 시스템과 수단이 필요한데, 그것이 바로 시뮬레이션 기반 획득(SBA: Simulation Based Acquisition)이라는 것이다. 시뮬레이션 기반 획득(SBA)에 대해서는 93~95번째 이야기에서 상세하게 토의하고자 한다.

90. 국방획득! 보다 스마트하게 하려면 어떻게 해야 하나?

한국군은 방위력개선사업의 일환으로 무기체계 획득업무를 수행하는 과정에서 전통적인 획득 관련 요구사항을 제대로 수행하기에도 쉽지 않은 상황인데, 최근 과학기술의 발달과 기술융합에 의해 새롭게 대두되고 있는 Industry 4.0과 4차 산업혁명 시대의 사회와 산업 환경의 변화와 그에 따른 국방환경의 변화와 도전에 직면하게 되었다. 이러한 변화와 도전에 대응하여 보다 스마트하게 국방획득을 수행하는 방안을 한번 생각해 보자는 것이다. 국방획득을 보다 스마트하게 수행하기 위해서는 한 가지 방안이나 접근이 아니라 여러 가지 관점과 체계를 고려하고, 경우에 따라서는 이러한 체계를 유기적으로 연계하는 것도 고려할 수 있어야 한다는 것이다.

한국군이 무기체계 획득업무를 수행하는 모습을 지켜보면 외형적으로는 현재의 획득 체계와 절차는 아무런 문제가 없어 보인다. 그러나 무기체계를 획득하는 전 수명주기에 걸쳐 자세히 살펴보면 효율성과 전문성을 찾아보기 어렵고, 적절한 의사결정과 결심을 해야 할 때에도 아무도 결심을 하지 못하는 경우가 비일비재하다. 또한, 각종 회의에서 적절한 협업·공조가 이루어지기보다는 각 이해당사자의 관점에서 책임 회피성 발언과 주장이 난무하는 모습도 종종 보게 된다. 한국군은 현재 획득체계가 이러한 어려움에 직면해 있는 가운데 최근의 급격한 과학기술의 발전과 산업 환경의 변화에 따른 Industry 4.0과 4차 산업혁명 시대의 도래라는 변화와 도전에 직면하게 되었다. 이러한 4차 산업혁명 시대는 초 연결성(Hyper-Connected)과 초 지능화(Hyper-Intelligent)한 사회와 산업 환경으로 특징지을 수 있는데, 그 변화의 속도와 범위와 시스템에 대한 영향이 엄청나다. 결국 한국군은 무기체계 획득을 위한 체계와 절차가 제자리를 잡기도 전에 급격한 사회와 산업 환경의 변화로 인해 엄청난 변화 요구와 도전에 직면하게 되었다는 것이다.

이러한 사회와 산업 환경의 변화는 한편에서는 국방환경의 변화와 그에 따른 도전으로, 또 다른 한편에서는 보다 효율적인 무기체계 획득을 위한 국방획득 분야에서의 개혁과 변화 요구에 직면해 있다는 것이다. Industry 4.0과 4차 산업혁명 시대의 도래와 그 저변에 깔려있는 기존의 제조기술에 정보통신기술(ICT: Information and Communication Technology)을 접목한 사이버 물리 시스템(CPS: Cyber Physical Systems)과 스마트 공장(SF: Smart Factory), 그리고 새롭게 등장한 비즈니스 패러다임인 제품 서비스 시스템(PSS: Product Service Systems)으로 대변되는 사회와 산업 환경의 변화는 그대로 국방환경의 변화와 도전으로 다가오게 되었다. 이러한 국방환경의 변화는 무기체계를 획득하는 국방획득 분야에서 전통적인 무기체계 획득 관련 요구사항에 급격하게 변화하는 4차 산업혁명 시대의 변화 요구가 추가되는 양상을 띠게 되었다. 즉, 적 또는 잠재적 위협세력이 새로운 첨단 과학기술과 기술융합 및 3D 프린터를 이용하여 새로운 개념의 무기체계를 신속하게 제조할 가능성에 대비하여 새로운 개념의 무기체계를 적보다 빨리, 적보다 유연하게, 맞춤형 무기체계로 획득할 수 있도록 획득체계를 개혁하고 혁신할 것을 요구하고 있다는 것이다.

이러한 국방획득체계의 개혁과 혁신 요구를 충족하고 보다 유연하고 효율적으로 무기체계 획득업무를 수행하기 위해서는, 우선 관련 기반 정책과 규정, 체계를 보완하는 것이 선행되어야 한다. 이는 근본적으로 효율적인 자원 재사용과 협업·공조가 가능하도록 하기 위한 것으로, 특허 또는 지식재산권을 보호하고 모델링 및 시뮬레이션(M&S: Modeling & Simulation)을 포함한 자원의 재사용을 촉진하는 방안을 강구하자는 것이다. 또한, 분산환경에서 협업·공조가 가능하도록 하기 위해서는 보안규정 및 암호화 장비 운용 규정을 보완하고, 보다 유연하게 적용할 수 있도록 해야 한다. 특히 소요기획단계와 획득단계의 유기적인 연계와 통합이 가능하도록 일종의 기업과 기업의 연결(B2B: Business to Business), 기업과 소비자의 연결(B2C: Business to Consumer) 개념을 적용하여, 이해당사자들의 효율적 협력을 통해 무기체계 획득 소요기간 단축을 추진하고, 워파이터의 획득 전 수명주기 참여를 보장할 수 있도록 기업과 소비자의 연결(B2C), 또는 프로슈머(Prosumer) 개념을 도입하여 적용하자는 것이다.

이러한 획득 관련 기반 정책과 규정 및 체계를 보완하는 토대 위에 보다 스마트하게 국방획득을 수행하기 위해서는 첫째, 국방획득과 관련된 체계들을 연계하여 운용해야 한다는 것이다. 즉 능력소요를 도출하는 체계인 JCIDS(Joint Capability Integration & Development System)와 자원을 할당하는 체계인 PPBES(Planning Programming Budgeting Execution System), 그리고 물자를 개발하는 체계인 DAS(Defense Acquisition System)를 유기적으로 연계하자는 것이다. 이때, 체계 간의 유기적인 연계를 위해 기업과 기업의 연결(B2B) 개념을 적용할 수 있을 것이다. 이렇게 무기체계 획득과 관련된 체계들을 연계함으로써 가용자원과 능력소요를 고려하여 무기체계 획득소요와 우선순위를 결정하자는 것이다. 국방획득 관련 체계 연계운용에 대해서는 바로 다음 91번째 이야기에서 자세히 토의하고자 한다.

둘째, 기존의 제조기술과 정보통신기술(ICT)를 접목한 사이버 물리 시스템(CPS)과 스마트 공장(SF)의 기반 위에 지식 기반 획득(KBA: Knowledge Based Acquisition)을 적용하자는 것이다. 지식 기반 획득(KBA)에서는 획득단계에 3개의 지식점(KP: Knowledge Points)을 설정하여 획득과정을 검토하고 확인하게 된다. 이때 첫 번째 지식점(KP)은 연구개발을 시작하는 시점으로 작전 요구능력과 자원의 매칭 특히, 기술성숙도(TRL: Technical Readiness Level)가 적절한지 검토하자는 것이다. 두 번째 지식점(KP)은 상세설계검토(CDR: Critical Design Review)가 이루어지는 시점으로 이때에는 디자인이 90% 이상 안정이 됐는지 여부를 검토하자는 것이다. 그리고 마지막 세 번째 지식점(KP)은 제조단계 진입 직전으로 제조성숙도(MRL: Manufacturing Readiness Level)가 적절한지 검토하자는 것이다. 그리고 실제 무기체계를 연구, 개발 및 생산하는 과정에서는 사이버 물리 시스템(CPS)과 스마트 공장(SF)을 적절히 활용하여 국방획득의 효율성을 획기적으로 개선하자는 것이다. 지식 기반 획득(KBA)에 대해서는 92번째 이야기에서 자세히 토의하고자 한다.

셋째, 무기체계 획득을 보다 스마트하게 수행하기 위해서 절대적으로 필요한 것은 무기체계 획득과 관련된 이해당사자들의 획득 전 수명주기에 걸친 협업·공조 활동을 촉진하고 보장할 수 있는 시스템이 있어야 한다는 것이다. 이를 가능하게 하는 것은 바로 시뮬레이션 기반 획득(SBA) 개념이고, 실제 구현하는 시스템은 SBA 협업공조체계라는 것이다. 이는 광역 데이터 통신망(WAN: Wide Area Network)과 지역 데이터 통신망(LAN: Local Area Network)을 통해 분산 환경에서 필요에 따라 실제 체계 또는 M&S를 연동하여 이해당사자들이 무기체계 전 수명주기에 걸쳐 매 단계와 과정마다 진행되고 있는 상태를 자세히 공유하면서 자유롭게 협업·공조할 수 있도록 하자는 것이다. 이때 실제 적용하는 기술은 사물인터넷(IoT: Internet of Things), 서비스인터넷(IoS: Internet of Services), 기계와 기계의 연결(M2M: Machine to Machine), 온라인과 오프라인의 연결(O2O: Online to Offline) 개념을 적용하게 된다. 획득 무기체계의 특성과 필요에 따라 다양한 M&S와 시뮬레이션 유형들을 활용하여 LVC를 구축하고, 여기에 실제 체계를 연동하여 운용함으로써 SBA 협업공조체계를 구축한다는 것이다. 그리고 SBA 협업공조체계를 적극 활용함으로써 무기체계 획득 전 수명주기에 걸쳐 시뮬레이션 기반 획득(SBA) 적용을 활성화하자는 것이다. 시뮬레이션 기반 획득(SBA)에 대해서는 93~95번째 이야기에서 상세하게 토의하고자 한다.

마지막으로 네 번째, 4차 산업혁명 시대의 첨단 과학기술과 기술융합을 기반으로 첨단 이동형 시험평가체계를 구축하여 운용하자는 것이다. 첨단 이동형 시험평가체계를 구상하게 된 근본 배경은, 앞으로 새로운 개념의 첨단 무기체계를 개발하면 할수록 시험평가 수요가 획기적으로 증가할 수밖에 없는데 현재의 국과연 안흥 시험장의 능력은 거의 한계점에 도달했기 때문이다. 그렇다고 해서 한국군의 여건상 새로운 시험장을 마련한다는 것이 쉽지 않음으로 어떤 모습으로든지 시험장을 준비해야 한다는 것이다. 그런 관점에서 현재의 안흥 시험장과 같은 여건은 못 되더라도 전방의 군 사격훈련장과 같은 최소한도의 물리적 공간만 가용하다면 구성(Constructive) 시뮬레이션을 기반으로 가상 시험환경을 조성하고, 여기에 실제 시험대상을 연결하고 연동하여 시험평가를 수행하자는 것이다. 이때 시험평가체계에 포함된 모든 체계들을 연동하여 관리하고 통제하는 시험기반체계를 구축하고, 모든 체계에 센서를 부착하여 시험 중에 데이터를 수집하여 빅 데이터에 저장하고, 이를 인공지능을 활용하여 실시간 분석함으로써 보다 효율적으로 시험평가를 실시하고, 새로운 가치를 창출할 수 있도록 하자는 것이다. 첨단 이동형 시험평가체계에 대해서는 96번째 이야기에서 상세하게 토의하고자 한다.

결국 한국군의 무기체계 획득을 보다 스마트하고 효율적으로 수행하기 위해서는 과학기술의 발달과 기술융합에 의해 대두된 Industry 4.0과 4차 산업혁명 시대의 초연결성(Hyper-Connected), 초 지능화(Hyper-Intelligent) 특징에 따른 사물인터넷(IoT), 서비스인터넷(IoS), 기계와 기계의 연결(M2M), 온라인과 오프라인의 연결(O2O), 기업과 기업의 연결(B2B), 기업과 소비자의 연결(B2C) 개념을 잘 활용해야 한다는 것이다. 또한 사이버 물리 시스템(CPS)과 스마트 공장(SF), 제품 서비스 시스템(PSS)의 개념을 잘 접목하여 국방획득 업무를 스마트하고 스피디하며 보다 유연하고 효율적으로 혁신하자는 것이다.

스마트 국방획득 체계를 구현하기 위해서는 획득 관련 기반 정책과 규정, 체계를 보완하는 기반 위에 첫째, 국방획득과 관련된 능력소요를 도출하는 체계인 JCIDS와 자원을 할당하는 체계인 PPBES, 그리고 물자를 개발하는 체계인 DAS 체계를 연계하여 운용해야 한다. 둘째, 사이버 물리 시스템(CPS)과 스마트 공장(SF)의 기반 위에 지식 기반 획득(KBA) 개념을 적용해야 한다. 셋째, 획득 전 수명주기에 걸쳐 이해당사자들이 함께 협업·공조할 수 있는 SBA 협업공조체계를 구축하여 활용하고, 시뮬레이션 기반 획득(SBA) 적용을 활성화해야 한다. 그리고 넷째, 첨단 과학기술과 기술융합을 기반으로 첨단 이동형 시험평가체계를 구축하여 운용해야 한다. 이렇게 함으로써 보다 스마트하고 효율적인 국방획득 체계를 구축하여 무기체계 획득 업무의 변화와 혁신을 추진할 수 있을 것이다.

궁극적으로 새로운 제조기술을 통해 새로운 맞춤형 무기체계를 보다 양질로, 보다 빠르고, 보다 저렴하며, 보다 유연하게 위파이터에게 제공할 수 있도록 하자는 것이다. 보다 스마트하게 국방획득을 수행하기 위한 제안 개념도는 그림 79에서 보는 바와 같다.

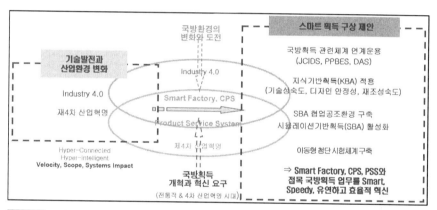

그림 79 스마트 국방획득 구상 제안 개념도

91. 국방획득 관련 체계 연계운용! 어떻게 접근해야 하나?

한국군이 방위력개선사업의 일환으로 무기체계를 획득하는데 있어서 가장 먼저 고려해야 하는 것은 작전운용 능력이다. 현존 위협과 미래 예상되는 잠재적 위협에 대응하기 위한 작전운용 능력을 예측하고 평가하여, 이를 지속적으로 유지하고 새로운 위협과 도전에 대비하여 새롭게 확보하거나 향상시키기 위한 능력을 포함하여 작전운용 능력을 요구하게 되며, 이를 구현하기 위한 자원을 요구하게 된다. 또한 이를 기반으로 보다 구체적으로 작전운용 능력 소요를 도출하게 되고, 소요 능력을 확보하기 위한 자원을 할당하게 되며, 소요 능력을 획득하게 되는 것이다. 이 과정에서 국가방위전략에 부합한 능력 소요를 제기하고, 국방 가용자원을 보다 최적화하여 할당하고 운용하며, 계획한 대로 능력을 획득하는 가능성을 높이기 위해 국방획득과 관련된 체계들을 어떻게 연계하여 운용해야 하는지 한번 생각해 보자는 것이다.

무기체계를 획득하기 위한 첫 번째 활동은 소요군과 합참이 주관하여 수행하는 소요기획단계이다. 소요기획단계에서는 소요군에서 소요제안을 하고 소요요청을 하며, 합참에서 소요제기를 하고 소요결정을 하게 된다. 이 과정에서 소요군은 해당 부대와 기관에서 모델링 및 시뮬레이션(M&S: Modeling & Simulation)을 포함한 여러 가지 분석방법을 활용하여 동종 무기체계의 여러 대안들과 능력을 분석하게 된다. 합참에서는 각 군에서 제기한 소요요청을 종합하여 소요제기를 하고, 이기종 무기체계에 대한 비교분석(Trade-Off Analysis)을 하여 국가방위전략에 부합하도록 무기체계 획득 소요를 결정하게 된다. 이렇게 소요가 결정되고 나면 국방부에서는 국방연을 통해 전력소요에 대한 검증을 수행하여 소요군과 합참이 소요를 요청하고 제기하여 결정한 전력소요가 과연 타당한지를 검증하게 된다.

소요군과 합참이 주관하여 수행하는 소요기획단계에서는 여러 과정과 절차를 거치는 동안, 소요군에서는 M&S를 활용하여 교전급(Engagement Level)과 임무·전투급(Mission·Combat Level)에서 무기체계 효과(MOE: Measures of Effectiveness)를 분석하고 소요제안과 소요요청을 하게 된다. 합참에서는 소요군이 요청한 소요에 대해 필요에 따라 M&S를 활용하여 임무·전투급(Mission·Combat Level)에서 동종 무기체계 효과(MOE: Measures of Effectiveness)를 분석하고, 전구·전역급(Theater·Campaign Level)에서 무기체계의 결과·가치(MOO·MOV: Measures of Outcome·Value)를 분석하여 이기종 무기체계에 대한 비교분석(Trade-Off Analysis)을 수행하여 소요결정을 하게 된다. 마지막으로 국방연에서는 전구·전역급(Theater·Campaign Level)에서 이기종 무기체계 결과·가치(MOO·MOV: Measures of Outcome·Value)를 분석하여 전력소요 검증을 하고 우선순위를 고려하게 된다.

이 과정에서 실제로 고려하고 적용해야 하는 것이 능력 소요(Capability Requirements)를 도출하는 체계인 JCIDS(Joint Capability Integration & Development System) 관점에서의 접근이다. 여기에서 능력 소요는 교리와 조직, 훈련, 물자, 리더쉽, 인원, 시설(DOTMLPF: Doctrine, Organization, Training, Material, Leadership, Education, Personnel, Facilities)을 고려한 무기체계와 능력이어야 한다. 소요군이 소요를 제안하고 요청하는 과정에서, 합참이 소요를 제기하고 결정하는 과정에서도, 그리고 국방연이 전력소요에 대한 타당성 검증을 수행하는 과정에서도 이러한 관점에서 접근해야 한다는 것이다.

이렇게 작전운용 능력을 충족할 수 있는 능력 소요가 결정되고 나면 능력을 확보하기 위한 자원을 할당하게 된다. 이때 자원을 할당하는 체계이자 제도가 바로 PPBES(Planning Programming Budgeting Execution System)이다. PPBES를 통해 능력 소요를 충족할 수 있는 무기체계를 획득하기 위한 자원을 제대로 할당하기 위해서는 능력 소요를 결정하는 과정에서 분석하고 참고했던 자료들을 충분하게 제공하는 것이 필요하고, 특히 다양한 능력 소요에 대해 비교분석(Trade-Off Analysis)을 수행하고 의사결정을 할 수 있는 자료를 제공하는 것이 중요하다는 것이다.

작전운용 능력을 충족하는 능력 소요가 결정되고 그에 따른 자원이 할당되고 나면 무기체계를 획득하기 위한 물자를 개발하게 된다. 이때 물자를 개발하는 체계이자 제도인 DAS(Defense Acquisition System)를 통해 무기체계를 획득하게 된다. 무기체계를 획득하는 DAS에 대해서는 앞서 국방획득 분야에 대해 충분히 토의하였다. 능력 소요에 따른 개별 무기체계를 획득할 때 특별히 고려해야 하는 것은 어러 가지 무기체계들이 복합 시스템(System of Systems)의 통합 형태로 운용되는데 적합한 시스템인지 여부를 확인하고 이를 보장해야 한다는 것이다.

국방획득과 관련된 문제와 이슈는 국방획득과 관련된 체계들을 어떻게 유기적으로 연계하여 협조하고 공조하여 보다 효율적으로 무기체계를 획득할 수 있도록 운용할 것인가 하는 것이다. 이때, 체계간의 유기적인 연계를 위해 4차 산업혁명 시대 화두와 함께 대두되고 있는 기업과 기업의 연결(B2B: Business to Business), 기업과 소비자의 연결(B2C: Business to Consumer) 개념을 적용할 수 있을 것이다. 즉 4차 산업혁명 시대의 사회와 산업의 변화 및 도전의 특징인 초 연결성(Hyper-Connected)과 초 지능화(Hyper-Intelligent) 현상으로 나타나고 있는 사물인터넷(IoT), 만물인터넷(IoE), 서비스인터넷(IoS)을 확장하여 기관과 기관, 부서와 부서를 마치 기업과 기업 또는 기업과 소비자의 관점과 개념으로 서로 연결하자는 것이다. 이를 통해 체계 간의 연동과 연계의 수준과 범위는 필요한 때에, 필요한 기관에, 필요한 만큼의 정보와 데이터를 주고받으며 공유하여, 보다 정확하고 객관적인 데이터에 근거하여 의사결정을 하고, 할 수만 있다면 의사결정의 속도를 촉진하자는 것이다. 이렇게 무기체계 획득과 관련된 체계들을 연계함으로서 작전운용 요구에 따라 능력 소요를 결정하고, 우선순위에 따라 가용 자원을 할당하며, 무기체계와 물자를 보다 효율적으로 획득하자는 것이다. 국방획득 관련 체계 연계운용 개념은 그림 80에서 보는 바와 같다.

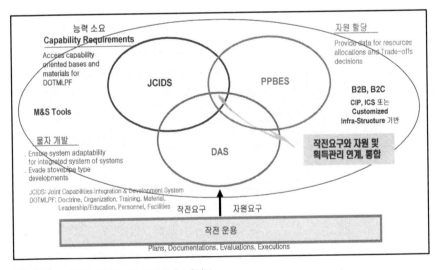

그림 80 국방획득 관련 체계 연계운용 개념도

실제로 이처럼 국방획득과 관련된 체계와 제도를 연계하여 운용하는 것은 쉽지 않은 일이다. 체계와 제도 간의 연계운용이라는 개념은 체계 간의 자동 연동이라는 개념과 달리 필요에 따라 일부 관련 시스템을 연동할 수도 있고, 온라인(On-line) 또는 오프라인(Off-line)으로 연계할 수도 있기 때문이다. 이러한 개념을 적용하는 것이 어려워 보일 수도 있으나 4차 산업혁명 시대의 특성 그대로 초 연결성(Hyper-Connected)의 사회와 산업 현상에서 나타나는 공통 산업 프로토콜(CIP: Common Industrial Protocol)이나, 산업 통제 시스템(ICS: Industrial Control System), 또는 각 기관과 부서에서 적용하고 있는 기반체계(Customized Infra-Structure)를 활용하여 얼마든지 연동과 연계가 가능하다. 국방획득과 관련한 체계 간의 연동 또는 연계를 구현히는 것은 93~95번째의 시뮬레이션 기반 획득(SBA: Simulation Based Acquisition) 체계를 준비하고 활성화하는 이야기를 통해 자세히 토의하고자 한다.

한국군이 방위력개선사업의 일환으로써 무기체계를 보다 효율적으로 획득하기 위해 국방획득 관련 체계들을 연계운용하자는 주장의 이면을 가만히 살펴보면, 실제 획득업무 수행 간 필요한 업무 협조 및 정보와 자료의 공유가 제대로 이루어지지 않으며 많은 비효율적인 요소들이 내재되어 있음을 볼 수 있다. 좀 더 냉성하게 문제를 살펴보면 획득 관련 체계 간의 연계의 문제라기보다는 막대한 국방예산을 투입하여 무기체계 획득사업을 추진하면서 방위력개선사업 무기체계 획득의 전 수명주기에 걸쳐서 관련기관 간의 원활한 업무협조와 협업·공조가 제대로 이루어지지 않는다는 것이다. 비근한 예로, 지금까지 국방 분야에 근무하면서 무기체계를 소요 기획하여 획득하고 운용 유지하여 폐기에 이르기까지, 각 단계마다 M&S를 활용하여 수도 없이 분석하고 검증하여 타당성 조사를 하고, 연구 개발하여 생산하고 시험 평가하여 전력화 배치하며 전력화 평가와 전력운용 분석을 수행했지만, 연구 조사 및 분석을 한 자료를 일부분이라 제대로 공유하는 것을 보지 못하였다는 것이다.

이러한 관행과 현상이 무기체계 획득에 있어 일반적인 것인지는 잘 알 수가 없지만 필요한 때에, 필요한 기관에, 필요한 수준의 정보와 데이터를 제공하여 협업·공조를 한다면 훨씬 원활하게 무기체계 획득업무를 수행할 수 있을 것이다. 무기체계 획득 관련 정보와 데이터를 공유하는 것을 어렵게 하는 요인 중의 하나는 군사보안과 보안규정의 엄격한 적용일 수 있다. 그러나 보다 근본적인 문제는 무기체계 획득과 관련된 체계와 제도에 있는 사람들의 협업과 공조 및 협력과 원활한 업무추진에 대한 인식과 이해의 결여에 있다는 것이다. 국방이라는 임무를 제대로 수행하기 위해 필요한 작전운용 능력을 확보하는 국방 무기체계 획득을 가용한 자원으로 보다 효율적으로 수행하기 위해서는, 관련된 모든 이해당사자들의 협업·공조 마인드와 관련된 체계와 제도의 연계 운용이 절실히 필요하고 국가를 위해, 국민을 위해, 군을 위해 반드시 그렇게 해야만 한다.

92. 지식기반획득(KBA)! 국방획득에 적용하려면 어떻게 해야 하나?

　미 연방회계국(GAO: Government Accountability Office)은 2003년부터 매년 미 국방성이 수행하는 국방획득 프로그램 중에 주요 국방획득프로그램(MDAP: Major Defense Acquisition Program) 60~120여 개의 사업에 대해 연구, 조사, 분석을 통해 사업추진 현황과 성과, 문제점 및 교훈을 도출하여 국방획득(Defense Acquisition)이라는 제목으로 미 의회와 국방성에 제출하고 있다. 그리고 미 연방회계국(GAO)은 이 연례 보고서를 통해 보다 효율적인 국방획득을 수행하고 획득사업의 성공 가능성을 높일 수 있도록 지식 기반 획득(KBA: Knowledge Based Acquisition) 개념을 적용할 것을 미 국방성에 반복적으로 권고하고 있다. 이번 이야기에서는 지식 기반 획득(KBA)이라는 개념이 무엇인지, 미 연방회계국(GAO)은 왜 이 개념을 미 국방성에 권고하는지, 만약 우리 군에 적용하려면 어떻게 해야 하는지 한번 살펴보자.

　미 연방회계국(GAO)이 연례보고서 국방획득(Defense Acquisition)을 통해 미 국방성 주요 국방획득프로그램(MDAP)을 분석하여 제시하며 지식 기반 획득(KBA)을 적용할 것을 강하게 권고한 대표적 획득사업 중의 하나가 바로 스텔스 전투기 F-22 Raptor 획득사업이다. 미 연방회계국(GAO)에 의하면 F-22 Raptor 획득사업은 사업기간의 연장과 사업비용의 증가에 대비하여 작전 요구성능은 미흡하고, 결과적으로 최초 계획에 비해 무기체계 획득 수량이 대폭 감소되었으며, 특히 계획과 설계에 비해 작전 가동률(Availability)은 저조하고 정비 소요가 과다하여, 한마디로 총체적인 부실한 획득사업으로 평가하고 있다는 것이다. 스텔스 전투기 F-22 Raptor 획득사업이 이처럼 부실해진 원인이라며 미 연방회계국(GAO)이 제시한 이유는 그 부실한 내용에 비해 충격적이라 할 정도로 아주 단순하고 간단하다. 작전 요구능력에 비해 자원이 제대로 매칭이 되지 않았다는 것과 제품의 디자인이 안정되지 않았다는 것, 그리고 생산 절차가 성숙되지 않았다는 것이다. 과연, 이것이 무엇을 의미하는 것인지 한번 자세히 살펴보자.

미 국방성의 무기체계 획득단계는 그림 81에서 보는 바와 같이 물자해법 분석(MSA: Materiel Solution Analysis), 기술 개발(TD: Technology Development), 공학 및 제작 개발(EMD: Engineering and Manufacturing Development), 생산 및 배치(PD: Production & Deployment), 그리고 운영 및 유지(OS: Operations & Support) 단계로 구성되어 있다. 미 국방성은 무기체계 획득을 위해 소요군의 능력 소요와 기술 수준과 자원을 고려하여 물자개발을 결정하게 되면 물자해법 분석(MSA)을 시작하고, 기술 개발(TD)을 수행하여 예비설계검토(PDR: Preliminary Design Review)를 수행하게 된다. 다음은 공학 및 제작 개발(EMD) 단계로 진입하게 되는데, 이때 지식 기반 획득(KBA) 개념에서 고려하는 세 가지 지식점(KP: Knowledge Points) 중 공학 및 제작 개발(EMD) 단계 진입 바로 직전인 첫 번째인 지식점 1(KP 1)에서 소요군의 능력소요에 대비하여 자원의 매칭 여부를 검토한다. 여기서 말하는 자원은 기술수준과 가용시간, 예산 및 기타 자원을 의미하게 되는데, 그중에 가장 중요한 것은 소요군의 요구능력을 구현할 수 있는 기술성숙도(TRL: Technical Readiness Level)가 적합한지를 검토하고 확인한다는 것이다.

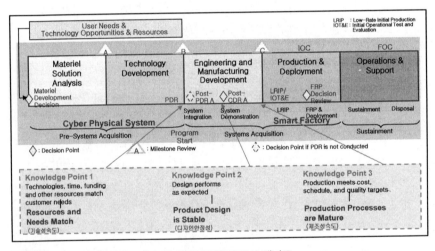

그림 81 미 국방성 국방획득 절차 및 지식기반획득(KBA) 개념도

지식점 1(KP 1)에서의 검토 결과가 적합하다고 판단할 경우, 공학 및 제작 개발을 계속 진행하여 상세설계검토(CDR: Critical Design Review)를 마치는 시점에서 지식점 2(KP 2)를 설정하고 제품 설계가 안정되었는지 여부를 검토한다. 여기서 설계의 안정성이라는 것은 상세설계 결과가 예상치에 대비하여 90% 이상 안정적으로 수행되는

것을 의미한다. 이렇게 지식점 2(KP 2)의 검토 결과가 적합할 경우 개발을 계속하여 다음 단계인 생산 및 배치(PD) 단계로 진입하게 된다. 이때, 생산 및 배치(PD) 단계로 진입 직전에 지식점 3(KP 3)을 설정하여 생산절차가 성숙되었는지를 검토하고 확인한다. 여기에서 생산절차의 성숙 여부란 생산이 계획된 비용과 일정, 그리고 품질 목표를 달성할 수 있는지 여부를 말하는 것으로, 이는 곧 제조성숙도(MRL: Manufacturing Readiness Level)가 적합한지를 검토하고 확인하는 것이다. 그리고 지식점 3(KP 3)의 검토 결과가 적합하다고 판단할 경우, 무기체계 획득사업을 계속 추진하여 생산 및 배치(PD) 단계와 운용 및 유지(OS) 단계로 진입하게 된다.

미 연방회계국(GAO)이 F-22 Raptor 획득사업을 연구, 조사, 분석하는 과정에서 식별한 것은 F-22 Raptor 획득사업의 경우 지식 기반 획득(KBA) 개념에서 검토하고 확인하기를 권고하는 세 가지 지식점(KP)에서 모든 조건이 제대로 충족되지 않은 상태에서 무리하게 획득사업이 추진이 되었다는 것이다. 먼저 지식점 1(KP 1)의 관점에서는 F-22 Raptor에게 요구하는 능력을 충족하기에는 여러 분야에서 기술성숙도(TRL)가 터무니없이 부족한 상태에서 미 국방성이 무리하게 사업을 추진했다는 것이다. 획득사업의 능력 소요에 비해 자원, 특히 기술성숙도(TRL)가 부합하지 않았다는 것이다. 다음은 지식점 2(KP 2) 관점에서 획득사업 착수 이후 계속되는 작전 요구성능의 변경과 기술성숙도(TRL)의 미흡으로 상세설계검토(CDR)를 마치는 시점까지도 제품의 디자인이 예측치에 턱없이 부족하여 90% 이상 안정화되지 못하고 계속 수정과 보완을 반복하게 되었다는 것이다. 즉, 제품 디자인의 안정성이 확보되지 못했다는 것이다. 지식점 3(KP 3) 관점에서는 일단 디자인한 모습대로 제품을 생산할 수 있는 제조성숙도(MTL)가 부합하지 않은 것과 지식점 1과 지식점 2에서 요구 조건을 충족하지 못함에 따라 획득사업 전반적으로 계획된 비용과 일정, 품질뿐만이 아니라 수량까지도 생산할 수 없게 되었다는 것이다. 결국, 생산 절자가 성숙되지 못했다는 것이다.

어떻게 생각하면 아주 단편적이고 단순한 개념처럼 보일지 모르지만, 작전 요구능력을 충족하기 위해 능력 소요를 도출하고 무기체계를 획득하는데 있어서 미 연방회계국(GAO)이 미 국방성에 계속적으로 권고하는 있는 지식 기반 획득(KBA) 개념이 옳다는 생각이다. 한마디로 획득하고자 하는 작전요구 능력 소요를 충족할 수 있는 기술성숙도(TRL)와 무기체계 디자인의 조기 안정성 확보, 그리고 디자인한 모습대로 생산할 수 있는 제조성숙도(MRL)를 확보하는 것이 절대적으로 필요하다는 것이다.

저자는 미 연방회계국(GAO)이 2003년부터 작성한 국방획득(Defense Acquisition) 연례보고서를 매년 읽어보고 연구하여 2010년에 국방연에서 개최한 한미 분석세미나에서 F-22 Raptor 개발사례를 발표하고 기술성숙도(TRL)와 제조성숙도(MRL) 개념을 도입하여 적용할 것을 제안했다. 그 결과 한국군은 2013년 말 무렵부터 기술성숙도(TRL)와 제조성숙도(MRL) 개념을 고려하게 되었다.

한국군이 무기체계를 획득하는 국방획득업무에 지식 기반 획득(KBA)을 적용하는 것은 미 국방성의 경우를 보더라도 그리 쉽지만은 않아 보인다. 미 국방성은 미 연방회계국(GAO)이 2003년 이후 매년 3월에 국방획득(Defense Acquisition)이라는 연례보고서를 통해 계속 반복적으로 지식 기반 획득(KBA) 개념을 적용할 것을 권고를 하여도 별다른 반응을 보이지 않는 것으로 보인다. 보다 정확한 표현은 반응을 보이지 않는 것이 아니라, 권고를 받아들일 생각도 여유도 없다는 것이 맞는지도 모른다. 전 세계 어디에선가 항상 전쟁을 수행하고 있는 미 국방성의 입장에서는, 현존 및 잠재 위협에 적절히 대응하기 위해서라도 요구되는 작전 요구능력을 획득하기 위해 노력하는 것이 지식 기반 획득(KBA)의 각 지식점에서의 조건 충족을 기다리는 것보다 더 중요할 수도 있다는 생각이다.

그렇다면 한국군은 어떻게 하는 것이 좋을 것인지 한번 생각을 해보자. 무기체계를 획득하는 절차에 대한 표현은 한국군의 획득절차와 약간 다르지만 주요 마일스톤(Milestone)과 의사결정점(Decision Point)은 큰 차이가 없으며, 무엇보다도 지식 기반 획득(KBA) 개념이 옳다는 것이다. 그리고 우리가 원하든지 원하지 않든지 간에 최근의 과학기술의 발달로 인한 제조업 혁신 Industry 4.0과 4차 산업혁명 시대의 도래는 방위산업 분야에서도 많은 변화와 혁신이 불가피할 것이다. 즉 기존 제조업에 정보통신기술(ICT: Information and Communication Technology)을 접목한 사이버 물리 시스템(CPS: Cyber Physical System)과 초 연결성(Hyper-Connected), 초 지능화(Hyper-Intelligent)를 기반으로 하는 스마트 공장(Smart Factory)을 활용하고, 여기에 지식 기반 획득(KBA) 개념을 접목하여 계획된 무기체계 획득사업의 성공 가능성을 획기적으로 향상시키자는 것이다.

결국 한국군의 국방획득 업무에 93~95번째 이야기에서 토의하고자 하는 시뮬레이션 기반 획득(SBA: Simulation Based Acquisition) 개념과 지식 기반 획득(KBA) 개념을 함께 적용하자는 것이다. 이렇게 시뮬레이션 기반 획득(SBA) 협업·공조 환경에서 지식 기반 획득(KBA) 개념을 적용함으로써 변화와 혁신의 시대에 군의 작전 요구능력을 충족하는 새로운 맞춤형 무기체계를 보다 빨리, 보다 저렴하고 유연하게 획득할 수 있는 획득 환경이 가능하게 될 것이다.

93. 시뮬레이션기반획득(SBA) 적용!
어떻게 이해하고 준비해야 하나?

미군은 1990년대 중반에 보다 빨리, 보다 저렴하게, 보다 양질의 무기체계를 획득한다는 비전과 목표로 무기체계 획득 전 수명주기에 걸쳐 모델링 및 시뮬레이션(M&S: Modeling & Simulation)을 활용하여 이해당사자들의 협업·공조를 촉진하고 보장하는 수단으로서 시뮬레이션 기반 획득(SBA: Simulation Based Acquisition) 개념을 적용하기 시작하였다. 한국군은 2006년 무기체계 획득을 위한 주관 기관으로 방사청을 설립하면서 시뮬레이션 기반 획득(SBA) 개념의 도입을 추진하여 2012년 SBA 통합정보체계를 구축하였으나, 이어서 계획된 SBA 협업공조체계 구축사업이 취소되면서 별다른 진전을 보지 못하게 되었다. 특히 방사청은 미 하원에서 2007년 하원의결(HR: House Resolution) 487호를 통해 M&S를 미국의 국가 이익에 해당하는 핵심기술(NCT: National Critical Technology)로 지정하고 대외적으로 모든 주요 웹사이트를 폐쇄한 것을 잘못 이해하여 더 이상 SBA를 적용하지 않는 것으로 생각하고 있다. 이러한 상황에서 효율적인 무기체계 획득 수단으로서의 SBA를 어떻게 이해하고 준비하여 적용해야 하는지 한번 생각해 보자.

미군이 효율적인 무기체계 획득 수단으로서 SBA 개념을 고려하기 시작한 것은 1995년 무렵이다. 당시 미 국방예산이 감소하면서 보다 효율적으로 무기체계 및 물자의 획득요구를 충족하기 위해 미 NPR(National Performance Review)에서 새로운 무기체계 획득시간을 단축하도록 지시하였고, 미 DSAC(Defense Systems Affordability Council)에서 무기체계 획득시간과 총 소유비용(TOC: Total Ownership Costs)을 절감하는 목표를 설정하였다. 이후 미 국방성은 정보통신기술과 M&S기술을 통합하는 SBA 개념을 연구하기 시작하였다. M&S집행위원회(EXCIMS: Executive Council In M&S)는 국방성과 산업체가 획득 전 단계에 걸쳐 통합된 시뮬레이션 기술을 이용한 안정적이고 협업·공조된 활동을 통해 획득업무를 수행하고자 하는 SBA 비전과, 획득 전 수명주기에 걸쳐 시간과 자원 및 위험을 감소시키고, 전 수명주기와 총 소유비용을 절감하면서 무기체계의 품질과 군사적 가치를 향상시키며, 획득 전 수명주기에 걸쳐 통합된 산출물 및 절차를 개발(IPPD: Integrated Product and Process Development)하여 적용한다는 목표를 설정하였다. 특히 무기체계 획득 전 과정에서 M&S의 효율성은 SBA의 잠재적 이익으로 부각되게 되었다는 것이다.

미군이 구상한 SBA 개략적인 개념은 무기체계 산출물의 품질을 개선하면서 시스템 개발 시간과 비용을 절감하기 위해 지속적으로 시뮬레이션과 정보통신기술을 활용한다는 것이다. 이를 구현하기 위한 SBA 핵심 구상(Key Idea)은 먼저, 시스템을 설명하는 데이터의 출처를 명확히 하고 시스템 또는 생산물 설명서(System or Product Description)를 공유하여 획득 전 수명주기에 공통으로 참조하자는 것이다. 다음은, 시스템에 대한 동시 다수의 관점에서의 검토와 평가를 통해 시스템 개발 및 획득 각 단계에서 보다 다양한 방안을 고려하는 것을 허용하도록 한다는 것이다. 그리고 무기체계 획득 전 수명주기를 통해 시뮬레이션을 가능한 한 조기(Early)에 사용을 시작하여 지속적으로 활용하고, 하드웨어 프로토타입과 실 체계를 이용한 시험 대신에 가급적 시뮬레이션을 활용하자는 것이다. 또한, 무기체계 획득을 위해 공통 도구와 수단을 활용함으로써 획득절차 각 단계에서 시뮬레이션 도구를 재사용하여 비용과 시간을 절감하고, 반면에 신뢰도를 증진시킬 수 있도록 하자는 것이다. 이러한 SBA 개념과 핵심구상은 이미 획득 문화의 일부분으로 자리매김하였으며, 특별히 협업·공조 환경은 무기체계 개발 간에 직접적으로 위험과 비용을 절감하게 한다는 것이다.

이러한 SBA 개념에 대해 한국군은 2006년 방사청 개청 이후에 SBA를 도입하여 적용하는 것을 적극 추진하여 1단계 사업으로 2010년에서 2012년까지 일종의 무기체계 획득을 위한 M&S 자원저장소인 DIRR(DoD Industry Resource Repository) 개념으로 SBA 통합정보체계를 구축하고, 2단계 사업으로 2013년부터 2015년까지 SBA 협업공조체계를 구축하여 SBA를 적용할 수 있는 기반을 구축하고자 하였다. 그러나 1단계 사업 추진 중에 2단계 사업예산을 중기계획에서 삭제하고 사업을 중단하게 되었다. 이러한 결정을 하게 된 배경은 우선, 미군이 더 이상 SBA를 활성화하여 무기체계 획득에 적용하지 않는 것 같다는 것과, 60~70억으로 추정되는 2단계 사업예산이 너무 많이 소요된다는 것이었다. 앞서 설명한 바와 같이 미군이 더 이상 SBA를 활용하지 않는 것 같다는 오판은 미 하원이 HR 487호 의결을 통해 M&S를 국가 핵심기술(NCT)로 지정하면서 동맹국을 대상으로 미 국방성의 주요 웹사이트를 폐쇄한 것을 오해한 것에서 기인한 것이다.

방사청은 SBA 적용을 위한 2단계 사업을 취소한 이후, 1단계 사업으로 구축한 SBA 통합정보체계를 활성화하기 위해 여러 가지 노력을 하였다. 사업을 착수할 무렵의 계획은 SBA 통합정보체계 구축은 기품원에서 수행하고 체계구축 이후 관리는 방사청이 담당하기로 하였으나, 2단계 사업을 취소하면서 기품원에서 체계를 관리하도록 하였다. SBA 통합정보체계를 구축할 당시의 구상은 SBA 개념에 의한 자원저장소는 순수하게 무기체계 획득에 활용하는 M&S 자원들만을 저장해야 하지만 한국군이 그만한 자원을 보유하고 있지도 않고, M&S 자원저장소가 없으므로 군·산·학·연 관련기관이 보유하고 있는 모든 M&S 자원을 저장하는 MSRR(M&S Resource Repository) 개념으로 구축하기로 하였다. 또한 M&S 자원의 형태를 구상하는 과정에서 근본적으로 신뢰할 수 있는 자원의 출처와 M&S 자원에 관한 정보인 메타정보로 자료를 수집하여 저장하기로 하였다. 이러한 결정의 바탕에는 M&S 자원에 대한 지식재산권과 소유권 보호, M&S 원천 자원의 형상관리의 어려움 해소, 그리고 하드웨어 요구사양과 운용체계, 각종 도구가 상이할 수밖에 없는 원천 M&S 자원을 직접 다운로드하여 활용이 사실상 불가능하다는 것이 있었다.

SBA 통합정보체계의 활용을 활성화하기 위해 일단, 군·산·학·연 관련기관이 보유하고 있는 모든 M&S 자원을 등록하도록 하였다. 또한 무기체계 획득사업에 참여하기 위한 제안서에 과거의 획득사업에서 M&S를 사용한 실적과 SBA 통합정보체계에 M&S 자원을 등록한 실적을 제시하도록 하였고, 해당 획득사업 기간 중 M&S 활용계획을 포함하도록 하였다. 획득사업이 종료된 이후에는 사업 간에 활용했든지, 새롭게 개발한 모든 M&S 자원을 등록하도록 하였다. 이러한 내용을 방위사업관리규정과 과학적 사업관리지침에 규정화하였고, 방사청의 직무교육 과정에 SBA 통합정보체계 소개를 포함하기도 하였다.

이러한 일련의 노력에도 불구하고, 실제로 SBA 통합정보체계를 활용하는 수준과 정도는 방산업체에서 무기체계 획득사업에 참여하기 위해 과거 획득사업에서 M&S를 활용한 실적과 자원을 등록한 실적을 조회하는 수준에 머무르고, 방산업체를 제외한 타 기관은 M&S 자원을 제대로 등록도, 활용도 하지 않는 상태이다. 이러한 현상의 근본 원인은 SBA를 구현하기 위한 2단계 사업인 SBA 협업공조체계 구축사업이 취소됨으로 인해 M&S 자원을 재사용이 가능하도록 분리하여 구축하고 설명하는 분산 산출물 설명서(DPD: Distributed Product Description), 다른 기관이 보유한 자료를 탑재하여 사용할 수 있도록 연결해 주는 데이터 교환양식(DIF: Data Interchange

Format), 획득 이해당사자들이 M&S를 활용하여 협업·공조할 수 있는 협업·공조환경 (CE: Coordination & Collaboration Environment)이 없다는 것이 가장 큰 이유이다. 그 외에도 보안규정의 엄격하고 경직된 적용으로 국방망으로 접속이 가능한 군과 기관을 제외하고는 SBA 통합정보체계에 접근이 어렵다는 것도 하나의 이유이다. 그러나 근본적으로는 SBA 구현을 위해 모두 갖추어야 할 기능이 갖추지 않은 SBA 통합정보 체계를 활성화하겠다는 생각 그 자체가 SBA가 무엇인지를 제대로 이해하지 못한 것에서 기인한 것이다. 결국 SBA 통합정보체계는 아무리 노력을 해도 효율적인 사용이 구조적으로 불가능하다는 것이다.

그렇다면 한국군이 무기체계를 효율적으로 획득하기 위한 수단으로서 M&S 활용과 SBA 구현을 어떻게 이해하고 준비해야 할 것인지 생각해 보자. 우선 한국군이 효율적인 국방획득 수단과 도구로 M&S의 활용 필요성을 제대로 인식하는 것이 절대적으로 필요하다. 방사청이 SBA 2단계 사업을 취소한 것과 같이, 만약 미군이 무기체계 획득에 더 이상 SBA를 활용하지 않는다면 방사청도 SBA 적용이 필요 없고, SBA를 적용하지 않아도 획득업무를 수행하는데 문제가 없다는 것인지 반문해 볼 필요가 있다는 것이다. 과연 우리 군이 수행하고 있는 무기체계 획득업무의 획득단계는 물론, 획득 전 수명주기에 걸쳐서 효율적, 과학적, 합리적, 경제적 수단인 M&S가 없어도 되는가? M&S를 포함한 각종 수단과 도구를 활용하여 획득 이해당사자들이 협업·공조하지 않아도 되는가? 이것을 한번 생각해 보자는 것이다. 한국군은, 특히 방사청은 정말 M&S가 필요 없고, 단순히 M&S를 활용하는 수준을 넘어 효율적 획득을 위한 이해당사자들의 협업·공조 문화인 SBA를 활용할 필요가 없는가?

만약, 한국군의 무기체계 획득체계와 절차, 그리고 획득문화에 변화와 혁신이 필요하고 진정 효율성과 전문성, 투명성을 향상시키고 보장하는 것이 필요하다면 그것을 실행하는 수단과 도구로써 M&S의 활용 필요성을 새롭게 인식하는 것이 필요하다. 또한, 하루빨리 SBA 협업공조체계를 구축하여 SBA 통합정보체계와 연계함으로써 SBA 통합정보체계도 활성화하고, 무기체계 획득에 있어 단순히 M&S를 활용하는 수준을 넘어 획득 이해당사자들의 협업·공조를 통해 효율성을 촉진하고 보장하는 SBA를 구현해야 한다는 것이다. 이를 위해 방사청은 획득단계를 주관하는 관점에서가 아니라, 한국군 무기체계 획득 전 수명주기 관점에서 주요 M&S 자원에 대해 관련 기관 간 공유를 보장하는 법과 규정을 보완하고 이해당사자들의 협업, 공조 수단인 SBA 구현을 위해 과감히 투자하여 효율적인 무기체계 획득 수단으로서 SBA를 활용해야 한다.

94. 시뮬레이션기반획득(SBA) 적용! 어떻게 시스템을 준비해야 하나?

무기체계 획득 전 수명주기에 걸쳐 보다 효율적으로 획득업무를 수행하기 위한 수단으로 시뮬레이션 기반 획득(SBA: Simulation Based Acquisition)을 구현하기 위해서는 모델링 및 시뮬레이션(M&S: Modeling & Simulation) 자원들을 활용하여 획득업무에 참여하는 이해당사자들의 협업·공조 활동을 보장할 수 있는 시스템이 필요하다. 이번 이야기에서는 무기체계 획득을 보다 빨리, 보다 저렴하게, 보다 양질로 워파이터에게 제공하기 위한 수단으로서의 SBA를 구현하여 활용하기 위해서 어떻게 시스템을 준비해야 하는지 한번 생각해 보자는 것이다.

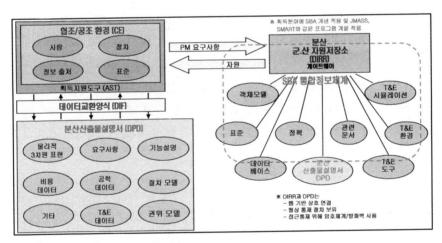

그림 82 시뮬레이션 기반 획득(BA) 시스템 구성도

SBA를 구현하기 위해서는 시스템 관점에서 그림 82에서 보는 바와 같이 분산 군·산 자원 저장소(DIRR: DoD Industry Resource Repository)와 분산 산출물 설명서(DPD: Distributed Product Description), 데이터 교환약식(DIF: Data Interchange Format), 그리고 협업·공조환경(CE: Coordination & Collaboration Environment)으로 구분되는 4가지

요소를 고려하여 준비해야 한다. 먼저 분산 군·산 자원 저장소(DIRR)란 군과 방산업체를 모두 포함하여 무기체계 획득에 관련된 M&S 자원들을 저장하는 장소이다. 여기에 포함되는 M&S 자원들은 무기체계 연구개발에 직접 활용되는 분산 산출물 설명서(DPD)와 객체모델, 시험평가(T&E: Test & Evaluation) 시뮬레이션, 시험평가(T&E) 환경, 시험평가(T&E) 도구, 데이터베이스, 표준, 정책, 관련문서 등이다. 즉, 무기체계 획득과 관련된 M&S 관련 자원을 모두 저장하여 필요에 따라 재사용하고 재활용할 수 있도록 한다는 것이다.

이중에 분산 군·산 자원 저장소(DIRR)의 일부분으로 포함되는 분산 산출물 설명서(DPD)는 효율적인 무기체계 획득을 위해 M&S를 활용하는 SBA 개념에서 아주 중요한 요소이다. 특히 분산 산출물 설명서(DPD)는 무기체계를 보다 효율적으로 연구개발할 수 있도록 하기 위해서 무기체계를 개발하는 과정에서 활용되는 M&S를 그 성격과 형태와 기능에 따라 잘 모듈화하고 컴포넌트화하여 개발하고 관리함으로써 자원의 재사용을 용이하게 하고, 다양한 연구개발 대안을 보다 빨리 시험하고 평가하며 분석할 수 있도록 한다. 분산 산출물 설명서(DPD)에 포함되는 구성요소들은 무기체계 구성품에 대한 요구사항과 물리적인 3차원 표현, 기능 선명, 절차 모델, 공학 데이터, 비용 데이터, 시험평가(T&E) 데이터 및 그 외에 기타로 구분하게 된다.

실제 무기체계 획득을 위한 연구개발을 위해 직접적으로 활용하게 되는 것은 바로 분산 산출물 설명서(DPD)에 포함되어 재사용과 재활용이 가능한 자원들로써, 이것들은 신뢰할 수 있는 자원의 출처와 더불어 자원 자체에 대해서도 신뢰성이 보장되어야 한다는 것이다. 여기에서 이상적인 분산 군·산 자원 저장소(DIRR)와 분산 산출물 설명서(DPD)의 상호 관계는 웹 기반으로 상호 연결이 가능해야 하고, 최신의 신뢰성 있는 자원의 활용이 보장되도록 형상통제 절차가 고려되어야 한다는 것이다. 특히 이 과정에서 분산 산출물 설명서(DPD)에 대한 접근을 통제할 수 있도록 암호체계나 방화벽을 사용하는 등 적절한 보안대책과 지식재산권 보호가 강구되어야 한다.

데이터 교환 양식(DIF)은 무기체계 획득사업의 프로젝트관리자(PM: Project Manager)가 무기체계 획득 전 수명주기에서 필요로 하는 M&S 자원을 분산 군·산 자원 저장소(DIRR)에 저장되어 있는 분산 산출물 설명서(DPD)에서 식별하고 요청하여 적절한 절차에 따라 해당 자원을 활용하게 될 경우, 각각 다른 개발자가 다른 목적으로 상이한 프로그래밍 언어와 운영체계, 하드웨어 사양 등을 기반으로 개발한 분산 산출물 설명서(DPD)의 M&S 자원을 상호 간 연동 또는 협업·공조환경을 제공하기 위한 획득지원도구(AST: Acquisition Support Tools)들과 연동을 하기 위해 필요하게 된다. 무기체계 획득사업 간에 필요한 데이터 교환 양식(DIF)은 연동하여 사용하고자 하는 분산 산출물 설명서(DPD)와 획득지원 도구(AST)의 유형과 종류에 따라 그때그때 다를 수밖에 없게 된다. 그러나 이러한 데이터 교환 양식(DIF)을 자원저장소에 지속적으로 수집하고 저장하여 재사용한다면 훨씬 효율적으로 활용이 가능하게 된다는 것이다.

무기체계를 획득하는 전 수명주기에서 획득 이해당사자들이 협업·공조 활동을 할 수 있는 환경과 여건을 조성하고 보장하기 위한 협업·공조환경(CE)은 SBA의 개념에서 아주 중요하다. SBA 개념은 단순히 획득 전 수명주기에서 M&S를 적극 활용한다는 것뿐만이 아니라, 이해당사자들의 협업·공조 활동을 통해 동시에 다양한 관점에서 연구개발 대안과 문제와 이슈, 그리고 위험요소를 분석하고 식별하며 감소시킬 수 있도록 하자는 것이기 때문이다. 이를 구현하기 위한 협업·공조환경(CE)은 필요한 분산 산출물 설명서(DPD)를 데이터 교환 양식(DIF)을 통해 연동하여 제공해줄 수 있는 여러 가지 획득지원도구(AST)를 활용하여 획득 활동에 참여하는 이해당사자들을 연결해 주고 절차, 표준, 정보 출처들을 공유하여 협조할 수 있도록 해야 한다.

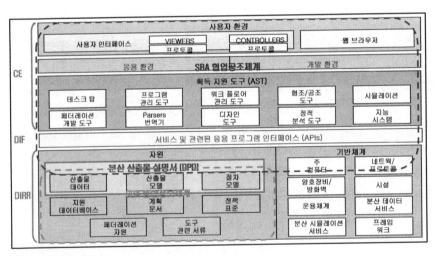

그림 83 시뮬레이션 기반 획득(SBA) 시스템 세부 구성도

이러한 SBA 개념을 구현할 수 있는 시스템 구성은 그림 83에서 보는 바와 같이 보다 상세하게 구분해 볼 수 있다. 먼저, 그림의 하단부 오른편에 앞서 설명하지 않은

기반체계가 보이고 있다. 이는 SBA 시스템 구성요소들을 실질적으로 설치하여 탑재하고 구동하고 연동하여 적절한 서비스를 제공하는 체계들로 시설과 주 컴퓨터, 데이터 네트워크, 통신 프로토콜, 암호장비와 방화벽 등 하위기반체계와 운용체계, 분산 데이터 서비스, 분산 시뮬레이션 서비스와 프레임 워크 등 응용기반체계를 포함하고 있다. 그림 83 하단부 좌측의 분산 군·산 자원 저장소(DIRR)는 M&S와 관련된 자원들을 포함하고 있다. 여기에서 분산 산출물 설명서(DPD)은 산출물 모델과 절차 모델, 산출물 데이터로 구분하고 있는데, 산출물 모델은 무기체계 연구개발을 위해 실제 활용하게 되는 물리적으로 표현한 3차원 모델들을 의미한다. 그림 83의 상단부에 보이는 SBA 협업공조체계에서는, 특히 여러 가지 획득지원도구(AST)들을 자세히 보여주고 있다. 또한 실제 협업·공조 활동을 수행하게 되는 환경에 대해서도 세부적으로 구분하여 보여주고 있다.

지금까지 살펴본 바와 같이 무기체계 획득업무를 효율적으로 수행하기 위한 SBA 개념을 적용하기 위해서는 실제 SBA를 구현하여 실행하기 위한 기반체계 외에 4가지 주요 기능을 수행하는 시스템 구성요소를 고려해야 한다는 것이다. 앞서 토의한 바와 같이 방사청은 한국군의 보다 효율적인 무기체계 획득을 위해 SBA 개념 적용을 추진하면서 미군의 분산 군·산 자원 저장소(DIRR) 수준에는 턱없이 부족하지만 일단은 그림 83의 하단 좌측에 보이는 바와 같이 SBA 통합정보체계를 구축하여 운용하고 있다. 앞으로 한국군이 SBA를 적용하기 위해 필요한 것은 그림 83의 상단부에 보이는 바와 같이 SBA 협업공조체계를 구축하는 것이 필요한 것이다. 여기서 말하는 협업공조체계에서는 SBA 통합정보체계를 구축하면서 등록해서 관리하는 대상으로만 구분해 놓았던 분산 산출물 설명서(DPD)를 포함하여, 데이터 교환 양식(DIF)과 협업·공조환경(CE)을 포함하여 구축해야 한다는 것이다. 이 각각의 요소들을 개발하는 것이 쉽지는 않겠지만 무기체계 획득 과정에서 M&S가 주는 이익과 SBA 개념을 제대로 적용할 때 얻을 수 있는 효율성을 고려한다면 하루라도 빨리 SBA 협업공조체계 구축을 위해 노력하고 투자하는 것이 시급하다.

아마도 한국군이 SBA 구현을 위한 시스템 개발에서 가장 어려움을 겪을 분야는 실제 무기체계를 연구 개발하는 국과연이나 방산업체가 담당해야하는 분산 산출물 설명서(DPD)가 될 것이라 예상한다. SBA 협업공조체계를 구축하는 과정에서 분산 산출물 설명서(DPD)를 개발하고 구축하는 방법과 절차, 설명서의 표준화에 대해 보다 구체적인 연구가 있어야 할 것이다.

95. 시뮬레이션기반획득(SBA) 적용! 어떻게 활성화해야 하나?

효율적인 무기체계 획득을 위해 획득 전 수명주기에 걸쳐 모델링 및 시뮬레이션 (M&S: Modeling & Simulation)을 지속적으로 활용하고 획득 이해당사자들의 협업·공조를 촉진하고 보장하는 수단인 동시에 하나의 획득문화가 바로 시뮬레이션 기반 획득(SBA: Simulation Based Acquisition)이라는 개념이다. SBA 개념을 구현하기 위해서는 앞서 토의한 SBA 시스템 구성요소들을 시설과 주 컴퓨터, 데이터 네트워크, 통신 프로토콜, 암호장비와 방화벽 등 하위 기반체계에 설치하여 운용하게 된다. 실제로 이러한 SBA 시스템 구성요소들을 설치하여 운용하기 위해서는 소프트웨어적으로 이들을 연동하고 통합하여 운용할 수 있는 운용체계, 분산 데이터 서비스, 분산 시뮬레이션 서비스와 프레임 워크 등 응용기반체계가 필요하게 된다. SBA 개념이 대두된 초창기에 비해 과학기술이 발달하고 기술융합에 의해 4차 산업혁명 화두가 대두된 현 시점에서 한국군이 SBA 개념을 적용하기 위해 시스템을 구축하여 운용한다면 어떻게 활성화해야 하는지 한번 생각해 보자.

우선, 미군이 SBA 개념을 구상하던 1990년대 중반에 비해 사회와 산업 환경이 상당히 많이 변했다. 특히 2000년대 중·후반 이후 스마트폰과 소셜 네트워크 서비스(SNS: Social Networking Services)의 등장 이후 기술이 획기적으로 변하게 되었다. 2010년대 들어서며 독일과 미국을 중심으로 한 선진국들은 기존 제조업에 정보통신기술을 접목하여 제조업의 혁신과 부활을 추진하게 되었다. 그런 움직임이 바로 독일의 Industry 4.0이고, 미국의 Advanced Manufacturing Initiative이다. 급기야 과학기술의 발달과 기술융합에 의해 4차 산업혁명의 화두가 대두되었고, 사회와 산업이 초 연결성(Hyper-Connected), 초 지능화(Hyper-Intelligent)한 양상을 띠게 되었다. 사회와 산업 전반에 걸쳐 공통산업프로토콜(CIP: Common Industrial Protocol), 산업통제시스템(ICS: Industry Control System) 등을 기반으로 사물인터넷(IoT: Internet of Things), 만물인터넷(IoE: Internet of Everything), 서비스인터넷(IoS : Internet of Services), 그리고 각종 센서와 지능형 로봇이 일반화되었다. 특히 일반 제조업과 정보통신기술을 융합한 사이버 물리 시스템(CPS: Cyber Physical Systems)과 기존의 제조공정에 센서와 인공지능을 포함한 정보통신기술을 접목한 스마트 공장(SF: Smart Factory)의 등장은 사회와 산업 환경의 변화와 혁신을 넘어 전장 환경과 무기체계 획득에서도 큰 도전으로 다가오게 되었다.

이러한 사회와 산업 환경의 변화는 무기체계 획득업무를 수행하는데 큰 변화요인이 되었다. 초 연결성, 초 지능화 사회와 산업 환경에서 우리의 적과 잠재 위협세력은 기술융합과 3D 프린터 등을 사용하여 예상치 못하는 신개념의 무기체계를 신속하게 확보하여 운용할 수 있게 되었는데, 한국군은 지금까지 해오던 전통적인 무기체계 획득 시스템과 방법, 그리고 절차를 그대로 고집할 것인가? 한국군도 이제는 할 수만 있다면 적과 잠재 위협세력들보다 더 성능이 우수한 신개념의 무기체계를 더 빨리, 더 효율적으로, 더 유연하게 획득할 수 있어야 한다. 그리고 이를 구현할 수 있고 가능하게 하는 것이 바로 SBA 개념이라는 것이다.

SBA 개념을 구현하고 활성화하여 활용하는 구체적인 모습은, 초 연결성(Hyper-Connected), 초 지능화(Hyper-Intelligent) 사회와 산업 환경에서 무기체계 획득 전 수명주기에 걸쳐 획득과 관련된 모든 이해당사자들이 필요한 때에 실시간으로 협업·공조할 수 있는 능력으로 가늠해 볼 수 있다는 것이다. 소요군과 합참이 주관하는 소요기획단계에서는 소요를 제안하고 요청하며 소요를 제기하고 결정하는 과정에서 획득단계에 참여하는 모든 기관이 지리적으로 분산된 환경하에서 필요에 따라 SBA 협업·공조환경을 이용하여 함께 참여할 수 있도록 하자는 것이다. 이때 함께 참여하는 이해당사자들은 소요군이 작전요구 능력 소요를 도출하여 소요를 요청하고 제기하며 결정하는 과정에서 다양한 대안에 대한 검토와 대안에 따른 기술성숙도(TRL: Technical Readiness Level)와 제조성숙도(MRL: Manufacturing Readiness Level)에 대한 의견을 개진하고, 연구개발, 생산, 품질 보증, M&S에 대한 검증, 확인, 인정(VV&A: Verification, Validation & Accreditation) 활동, 시험평가 등에 관한 문제와 이슈, 그리고 위험요소에 대해 함께 의견을 나누고 이를 해소하거나 감소시킬 수 있도록 하자는 것이다.

방사청이 주관하는 무기체계 획득단계에서는 세부 수행단계인 계획단계, 예산단계, 집행단계에 걸쳐서 각 단계를 주도적으로 수행하게 되는 기관 이외에도 소요기획단계를 주관하는 소요군과 합참을 포함하여 획득단계에 관련된 이해당사자들과 시험평가와 운용유지를 하는 이해당사자들이 필요할 때마다 지리적으로 분산된 환경에서 함께 참여할 수 있도록 해야 한다. 특히 연구개발을 수행하는 과정에서는 관련 이해당사자들이 분산 환경에서 SBA 구성 체계들을 이용하여 실시간에 다양한 무기체계의 하위체계(Sub-system) 디자인 대안들을 함께 공유하며 각각의 관점에서 의견을 개진하여 연구개발 시간을 단축하고 촉진할 뿐만이 아니라, 다양한 문제와 이슈, 그리고 위험을 식별하여 감소시킬 수 있도록 하자는 것이다.

통상적으로 국과연이나 방산업체가 수행하게 되는 무기체계 연구개발 과정에서 SBA 개념에 따라 SBA 관련 시스템을 활용하는 절차를 자세히 살펴보자. 먼저 획득사업 프로그램매니저(PM: Program Manager)가 분산 군·산 자원 저장소(DIRR, 우리 군의 경우 SBA 통합정보체계)에서 무기체계 연구개발에 활용할 수 있는 M&S 자원을 식별하게 된다. 이때 연구개발 과정에 따라 필요한 M&S 자원의 모습과 성격은 각각 상이하게 되는데, 만약 작전 요구성능을 충족하는 다양한 하위체계(Sub-system) 대안을 설계하는 과정이라면, 해당 무기체계와 유사한 무기체계의 분산산출물 설명서(DPD) 중에서 물리적 3차원 모듈을 선택하게 될 것이다. 프로그램매니저(PM)가 필요한 M&S 자원을 결정하게 되면, 결정된 M&S 자원을 보유한 기관과 지식재산권 또는 특허권 문제 등 관련 법적 및 절차상의 이슈들을 해결하고 그 자원의 사용을 요청하게 된다. 필요로 하는 M&S 자원을 제공받게 되면 그 자원을 하위기반체계에 탑재하여 운용할 수 있도록 준비하게 되는데, 이때 운용하는 방법은 자원의 성격과 특성에 따라 자원의 소유권을 가진 기관에서 운용할 수도 있고, 자원을 제공 받아 연구개발 기관에서 운용할 수도 있다.

이때 프로그램매니저(PM)가 요청한 M&S 자원은 통상 연구개발 기관이 사용하고 있는 다른 M&S 또는 획득지원 도구(AST: Acquisition Support Tool)와 상호 호환적일 가능성이 매우 낮으므로 어떤 형태로든 연동 운용을 위한 일종의 인터페이스인 데이터 교환 양식(DIF: Data Interchange Format)을 필요로 하게 된다. 이 경우에도, 필요한 데이터 교환 양식(DIF)을 분산 군·산 자원 저장소(DIRR 또는 SBA 통합정보체계)에서 지원을 받게 된다. 이처럼 필요한 분산 산출물 설명서(DPD)의 물리적 3차원 모듈을 데이터 교환 양식(DIF)을 통해 협업·공조환경에 제공해주게 되면, 지리적으로 분산된 환경에서 함께 참여하는 관련 기관의 이해당사자들이 보다 효율적으로 다양한 디자인 대안에 대해 실시간으로 의견을 교환하고 적절한 협의와 의사결정을 함으로써 연구개발을 촉진할 수 있다는 것이다. M&S를 활용한 협업·공조환경에서 연구개발 시스템에 대한 주 접근 권한은 당연히 연구개발 주관기관이 갖게 될 것이며, 다른 기관들은 모니터링하는 수준이 될 것이다.

이처럼 연구 개발하는 과정에서 협업·공조와 토의 및 의사결정을 위한 보조 수단으로 M&S 자원들을 활용하게 되는데, 그 중 중요한 수단 중 하나가 공존현실(CR: Coexistent Reality)이라는 것이다. 공존현실(CR)이란 웨어러블 장비를 이용하여 원격 공간의 사람들 간에 가상공간에서 가상객체를 오감으로 느끼면서 공동작업 환경을 제공할 수 있는 첨단 가상현실기법으로, 효율적으로 무기체계 연구개발을 위한 협업·공조 환경을 제공할 수 있다는 것이다. 또한 무기체계에 대한 연구개발 과정을 마치고 무기체계를 생산하는 과정에서는 4차 산업혁명 시대의 사이버 물리 시스템(CPS)과 스마트 공장(SF)을 통해 보다 빨리, 보다 효율적으로 소요군이 원하는 맞춤형 무기체계를 생산할 수 있을 것이다.

SBA 구성 시스템 요소들을 연동하여 운용하기 위해서는 응용기반체계가 필요하게 된다. 또한 지리적으로 분산된 환경에서 M&S를 활용하여 협업·공조 환경을 제공하기 위해서는, 지금까지 설명한 바와 같이 무기체계 획득 전 수명주기에 걸쳐서 단순히 하나의 M&S 자원을 구현하여 제공하는 것이 아니라 필요에 따라서는 여러 가지 M&S 자원들을 연동하여 운용하게 된다. 이때 M&S 자원들을 연동 운용하고 동기화하여 관리하고 통제하며, M&S 자원들 간에 주고받는 데이터의 일관성을 점검하여 확인하고, 연구개발 중에 모든 데이터를 수집하여 관리하며 분석하는 기능들이 필요하게 된다. 이러한 기능을 수행하는 응용기반체계가 필요하게 되는데, 이 목적을 위해서는 저자가 개발한 한국군 워게임 연동체계(KSIMS: Korea Simulation System)나 이를 활용하여 개발한 HLA 인증시험 기반체계를 활용할 수 있을 것이며, 국과연에서 개발하여 지속적으로 확장 중에 있는 AddSim 기반체계를 활용할 수도 있다는 생각이다.

지금까지 토의한 것처럼, 앞서 94번째 이야기의 그림 82와 83에 보이는 구성요소들을 포함하여 그림 84에서 보이는 기관들을 연결하여 이미 만들어진 SBA 통합정보체계에 포함되어 있는 여러 가지 M&S 자원들과 응용기반체계를 적절히 활용하고, 가능한 한 빠른 기간 내에 SBA 협업공조체계를 구축한다면 한국군도 SBA 개념을 구현하여 적용할 수 있다는 생각이다. 또한 4차 산업혁명 시대의 사회와 산업의 초연결성과 초 지능화 특성을 적절히 지혜롭게 활용하고 공존현실(CR)과 사이버 물리 시스템(CPS), 스마트 공장(SF)을 기반으로 SBA를 활성화하며, 앞서 토의한 지식 기반 획득(KBA: Knowledge Based Acquisition)을 적용한다면, 한국군의 무기체계 획득을 위한 국방획득체계의 변화와 혁신이 가능할 것이라는 생각이다.

4차 산업혁명 시대에 기술융합을 기반으로 한 SBA 활성화 개념도는 그림 85에서 보는 바와 같다.

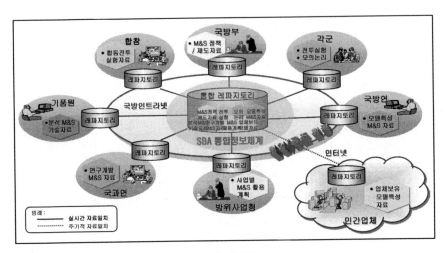

그림 84 SBA 통합정보체계(MSRR/DIRR) 구축 개념도

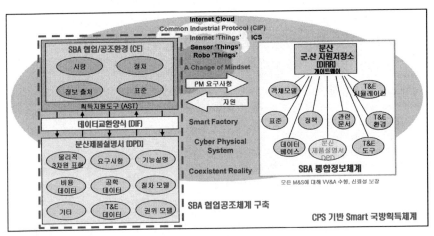

그림 85 4차 산업혁명 시대 기술융합 기반 SBA 활성화 개념도

96. 첨단 이동형 시험평가체계! 어떻게 구축, 운용해야 하나?

한국군이 유도 미사일이나 포병화력 등 무기체계를 개발하는 과정에서 개발 및 운용 시험평가를 수행할 수 있는 거의 유일한 수단과 장소는 국과연의 안흥 시험장이다. 요구되는 작전운용 능력을 충족하기 위해 다양한 유형의 화력체계를 개발하는 가운데, 시험장 사용에 대한 경쟁이 치열하다보니 비교 경쟁에서 우선순위가 다소 떨어지는 무기체계의 경우 필요한 때에 시험장을 활용할 수 있는 기회는 그리 많지 않다. 특히, 최대 사거리 사격이나 자탄 분포도 사격을 할 경우에는 많은 비용과 일정을 들여가면서까지 이스라엘과 같은 해외 시험장을 활용하는 경우도 비일비재하다. 이런 상황에서 좀 더 효율적으로 시험평가를 수행할 수 있는 방법은 없는지 고민하는 가운데에 구상하게 된 것이 첨단 이동형 시험평가체계라는 것이다. 이번 이야기에서는 개발하는 무기체계에 대해 실전적 개발 및 운용 시험평가를 수행하기에는 다소 미흡하겠지만 시험평가 환경과 여건이 가용하지 않아 무기체계 개발에 지장과 장애를 초래하는 것보다는 그래도 낫다는 생각에서 첨단 과학기술을 적용한 이동형 시험평가체계에 대해 한번 생각해 보자.

일단 첨단 이동형 시험평가체계에 대한 의견을 개진하면 안흥 시험장에 대해 좀 이해하고 아는 사람들은 되지도 않는 얘기라며 손 사례를 치는 것이 대부분이다. 그러나 저자는 한 번 시도라도 해본 적이 있냐고 반문하고 싶다. 무기체계 획득을 위한 소요에 대비하여 시험장의 여건과 환경은 턱없이 부족한데 모두들 그냥 안 된다고만 얘기를 하고 있으니, 한 번이라도 시도를 해 봤냐고 묻고 싶다는 것이다. 이러한 생각을 하게 된 배경은 저자가 겪어 온 경험에 따른 것으로, 저자가 1990년대 말에 한국군 워게임 연동체계(KSIMS: Korea Simulation System)를 제안했을 때 한국군의 거의 모든 M&S 분야 근무자들은 되지도 않을 생각을 한다고들 말했고, 2000년대 말 전작권 전환에 대비하여 한국형 워게임 연동체계(KSIMS)를 계층형 구조(Hierarchical Architecture)로 성능개량을 하자고 할 때에는 계층형 구조는 연구논문상에만 있을 뿐 실제 구현 사례는 없다고 미군들이 모두 반대했다. 또한 미군으로부터 HLA

인증시험도구 FCTT(Federation Compliance Test Tool)만을 FMS(Foreign Military Sale)로 구매하고자 할 때, 미국 John's Hopkins 대학 APL(Applied Physics Laboratory)의 HLA 인증시험 전문가들은 FCTT 만으로는 HLA 인증시험체계 구축이 불가능하다고 얘기했다.

그러나 저자는 한국군이 HLA 호환성을 갖는 워게임 모델을 하나도 가지고 있지 않을 때 모두가 불가능하다고 했던 한국군 워게임 연동체계(KSIMS) 개발에 성공하였고, 미군이 불가능하다고 했던 한국군 워게임 연동체계(KSIMS) 계층형 구조(Hierarchical Architecture) 개발에 성공했으며, 모두가 불가능하다고 했던 한국형 HLA 인증시험체계를 전 세계 세 번째로 개발에 성공하여 2014년 미 국방성 M&S Journal 여름 호에 한국군 HLA 인증시험체계 개발결과를 게재한 바 있다. 저자가 그간 연구개발을 하며 몸으로 체득한 것은 실제 연구개발을 안 해본 사람들은 지레짐작으로 되니 안 되니 의견들이 많지만, 실제로 꾸준히 연구하고 체계개발에 전념하다 보면 분명히 새로운 길과 방안이 떠오른다는 것이다. 이번에 토의하고자 하는 첨단 이동형 시험평가체계도 같은 범주에 속하는 것으로 이해하고, 구축하여 운용할 것을 제안하고자 하는 것이다.

분명 첨단 이동형 시험평가체계는 시험평가를 위한 시험 환경과 여건이 가용한 경우 생각할 만한 가치가 없을지도 모른다. 그러나 그러한 환경과 여건이 여의치 않은 상태에서 시험평가를 수행할 소요가 많다면, 과연 어떻게 할 것인지 생각하고 고민해 보았는지 묻고 싶다. 무조건 안 된다고만 할 것이 아니라 보다 구체적인 대안을 찾아보자는 것이다. 이러한 관점에서 보면, 실제 시험평가 대상 장비에 대해 시험평가를 수행할 수 있는 최소한도의 시험장만 존재한다면 첨단 이동형 시험평가체계에 대해 고민하고 구축을 시도할 만한 가치가 있다. 그리고 시험평가의 요구와 필요에 따라 최소한도의 실제 시험장이 가용한 곳에 첨단 시험평가체계를 전개하여 설치·운용함으로써 무기체계에 대한 시험평가를 수행하자는 것이다.

첨단 이동형 시험평가체계의 밑바탕에는 과학기술의 발달과 기술융합에 의해 대두된 4차 산업혁명의 화두를 통해 거론되고 있는 초 연결성(Hyper-Connected), 초 지능화(Hyper-Intelligent)한 사회와 산업 환경의 특성과 속성을 그대로 활용하고, 기존의 제조업과 정보통신기술(ICT)을 접목하는 기술융합과 인공지능(AI)을 활용한 보다 스마트한 시스템 운용개념을 그대로 적용하자는 것이다. 이러한 시험평가체계 구축 개넘에 따른 첨단 이동형 시험평가체계 시스템 구성도는 그림 86에서 보는 바와 같다. 시험평가체계는 기본적으로 다양한 M&S 및 시뮬레이션 유형들을 연동하여 가상 합성 전장 환경을 구축하고, 여기에 시험을 보다 실전적 작전운용 환경에서 수행할 수 있도록 보장하기 위해 편성된 C4ISR 체계 및 각종 계측체계와 직접적인 시험 대상체계, 그리고 시험기반체계를 연동하여 운용하는 개념으로 구성한다.

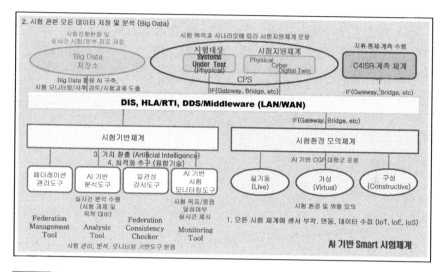

그림 86 첨단 이동형 시험평가체계 개념도

이때 그림 86의 하단부 우측에 보이는 바와 같이, 실전적인 시험환경 모의를 위해 시뮬레이션 유형인 실제(Live), 가상(Virtual), 구성(Constructive) 시뮬레이션들을 연동하여 실제 전장 환경과 유사한 가상 합성 전장 환경을 제공할 수 있도록 하자는 것이다. 그리고 그림 하단 좌측에 보이는 바와 같이 시험에 관련된 모든 시스템들을 연동하여 관리하고, 모니터링하고 감시하며 분석하는 등의 기능을 수행하는 시험 기반체계를 연결한다는 것이다. 그리고 그림 86의 상단부 중앙에 보는 바와 같이 시험 대상체계를 연결하고, 상단부 오른편에 보는 바와 같이 무기체계를 운용하는 부대에 편제된 C4ISR 체계와 계측장비를 연동하여 운용하자는 것이다.

전반적인 시험평가체계 구축을 위한 구체적인 연동 방법에 대해서는 제6편 50번째의 이종(Heterogeneous) 아키텍처 기반 M&S 연동에 관한 이야기와 54번째의 LVC 구축 기반표준과 절차에 관한 이야기에서 상세하게 토의하였다. 시험 기반체계는 62번째 이야기의 LVC 적합성 인증시험체계의 기반체계를 재활용하자는 것이다.

이러한 첨단 이동형 시험평가체계를 좀 더 자세히 설명하자면, 그림 86의 하단부 우측에 나타난 시험환경 모의체계는 무기체계를 제대로 시험평가하기 위해서는 보다 실전적인 전장 환경에서 시험평가를 수행해야 하나, 평시에는 그런 환경을 충족할 수 있는 경우가 사실상 불가능하다는 뜻이다. 따라서 실제와 같은 전장 환경은 아니지만 실제(L), 가상(V), 구성(C) 시뮬레이션을 연동하는 시험환경 모의체계를 이용하여 할 수 있는 한 실제전장과 유사한 가상 합성 전장 환경을 마련할 수 있도록 하자는 것이다. 시험기반체계에서는 페더레이션 관리도구, 인공지능 기반 분석도구, 일관성 감시도구, 그리고 인공지능 기반 모니터링도구를 고려하여 구축하자는 것이다. 또한 페더레이션 관리 도구는 시험에 참여하는 모든 시스템들을 연동하고 통합하여 실시간에 원활하게 작동할 수 있도록 관리하자는 것이다. 인공지능 기반 분석도구는 시험 동안에 수집되는 모든 데이터를 인공지능을 이용하여 분석하고, 일관성 감시도구는 시험평가체계에 연결되어 있는 모든 M&S 자원과 시스템이 주고받는 데이터들에 대해 일관성 여부를 감시하자는 것이다. 한편에서는 인공지능 기반 모니터링도구를 활용하여 시험이 수행되는 상황을 모니터링하고 최적화할 수 있도록 하자는 것이다.

시험대상체계에 대해서는 필요에 따라 시험대상체계를 그대로 연동할 수도 있고, 시험대상체계에 정보통신기술과 센서를 접목하여 사이버 물리 시스템(CPS)으로 참여할 수도 있다는 것이다. 그리고 무엇보다도 중요한 것은 시험평가체계에 연동되는 모든 체계에 센서를 부착하든지 또는 계측 장비를 활용하여 실시간에 모든 데이터를 수집하여 빅 데이터 저장소에 저장하여 관리하자는 것이다. 빅 데이터에 저장된 데이터를 분석의 대상과 목적에 따라 실시간 또는 시험 종료 후에 인공지능 기반의 분석도구를 활용하여 분석을 수행함으로써 무기체계 시험평가에 관련된 새로운 가치를 찾아내고 시험평가 자체를 최적화하자는 것이다.

결국 첨단 이동형 시험평가체계는 4차 산업혁명 시대의 초 연결성(Hyper-Connected), 초 지능화(Hypeer-Intelligence) 특성을 이용하여 보다 스마트한 시험체계를 구축하자는 것이다. 이 과정에서 모든 시험 관련 체계에 센서를 부착하고, 모든 체계를 유무선 데이터 통신망으로 연동하여 실시간에 데이터를 수집하여 빅 데이터 저장소에 저장하여 관리하고 분석하자는 것이다. 특히, 분석 시에 인공지능을 최대한 활용하여 새로운 가치를 창출하도록 노력하며, 궁극적으로 무기체계 시험평가에 관련된 목적과 목표를 달성할 수 있도록 시험평가를 최적화하자는 것이다.

97. 유도무기(One-Shot System) 품질인증시험! 실효적 수행을 위해 어떻게 해야 하나?

유도무기(One Shot System)체계를 획득하여 양산하는 단계에서 품질보증 활동의 일환으로 수행하는 것이 품질인증시험이다. 무기체계 획득과 관련한 시험평가 업무는 기존에 방사청에서 수행하던 것을 2014년 말에 국방부로 업무이관이 되었으나, 품질인증시험은 여전히 기품원의 책임으로 수행하고 있다. 지금까지 수행한 품질인증시험의 대표적 사례로 볼 수 있는 것은 국내개발 어뢰에 대한 시험으로, 시험의 결과에 따라서 때로는 언론으로부터 질책을 당하기도 하는 등 여러 가지 희비가 엇갈리는 모습을 보아왔다. 그런데 그 이면을 자세히 살펴보면, 품질인증시험에 대한 책임은 기품원이 지고 있으면서도 시험과 관련하여 시험 진행 상태를 모니터링 할 수 있는 능력도, 시험결과를 분석할 수 있는 능력도, 특히 시험수행과 관련한 어떤 권한도 가지고 있지 않다는 것이다. 이번 이야기에서는 품질인증시험에 관해 책임을 지는 기관에서 제대로 시험을 수행하기 위해서는 무엇을 어떻게 해야 하는지 한번 생각해 보자는 것이다.

기품원이 책임을 지고 수행하고 있는 품질인증시험, 특히 One-Shot System인 국내개발 어뢰에 대한 시험에 대해 저자는 여러 모습의 회의를 통해 옆에서 듣고 보게 될 기회가 있었다. 연습탄을 사격하여 성공하면 기뻐하고, 실탄 사격을 하여 불 명중을 하든지 탄을 잃어버리면 낭패해 하는 모습을 지켜보았다. 이 과정에서 실제로 품질인증시험을 누가 어디에서 어떤 시스템으로 어떤 절차로 어떻게 수행하는지 궁금했는데 별다른 시험체계가 있는 것 같지도 않았고, 무엇보다도 책임을 지고 있는 기관에서 시험 수행과 관련하여 어떠한 권한도 없다는 것을 인지하고 이렇게 품질인증시험을 수행하는 것이 이치와 논리에 맞지 않는다는 생각을 하게 되었다. 품질인증시험에 대해 책임을 져야 한다면 책임에 상응하는 권한을 가져야 하고, 할 수만 있다면 그 책임과 권한에 상응한 제대로 된 시험을 수행할 수 있는 과학적이고 체계적, 분석적인 시스템을 구비해야 한다는 것이다.

유도무기(One-Shot System)에 대한 품질인증시험은 그 성격상 실제 전장 환경에서 실전적인 시험평가 수행여건이 매우 제한되고, 경우에 따라서는 제대로 된 시험이 불가한 경우가 대부분이다. 따라서 제한된 조건과 환경이지만 One-Shot System에 해당하는 다양한 무기체계를 획득하는 과정에서 위험과 시간, 비용을 절감하면서 품질인증과 더불어 작전요구를 충족하는지 여부를 시험할 수 있는 방안을 강구하는 것이 필요하다는 것이다. 그리고 이를 가능하게 하는 수단이 바로 각종 시뮬레이션과 실제 체계 및 C4ISR 체계를 연동한 일종의 가상 합성 전장 환경(LVC: Live, Virtual, Constructive)이다. 이렇게 시험체계를 구축하여 품질인증시험 전 과정을 모니터링하고, 모든 데이터를 수집하여 저장하며 실시간에 분석을 하여, 적어도 실패에 대한 원인을 개략이라도 규명할 수 있는 시스템을 갖추고, 시험에 대해 책임을 지는 기관에서 전반적인 시험 준비와 절차를 통제하는 권한을 가지고 시험을 수행해야 한다는 것이다.

품질인증시험체계를 구상하는 기본 개념은 시험평가에 활용되는 모든 M&S 자원에 대해서 반드시 검증, 확인, 인증(VV&A: Verification, Validation, Accreditation) 절차를 거치도록 하고, 상호 운용성(Interoperability)과 재사용성(Reusability), 조합성(Composability)을 고려해야 한다는 것이다. 실제로 각각 상이한 시스템들을 연동하여 구현하기 위해서는 여러 가지 아키텍처(Architecture)인 DIS(Distributed Interactive Simulation), HLA(High Level Architecture), DDS(Data Distribution Services)의 적용을 고려하고, 각종 도구와 유틸리티(Tools & Utilities)를 고려해야 한다는 것이다. 또한 시험체계들을 지리적으로 분산된 환경에서 설치하여 운용할 수 있도록 하고, 시스템에 관한 통제는 중앙집권적으로 시험을 책임지는 기품원이 수행해야 한다는 것이다. 그리고 품질인증시험체계에 연동하여 운용하게 되는 시험대상체계를 포함한 모든 시스템에는 센서를 부착하든지 아니면 계측장비를 사용하여, 시험을 수행하는 동안에 발생하는 모든 데이터를 수집하여 빅 데이터로 저장하고 관리하여 실시간에 분석해야 한다는 것이다. 이러한 개념으로 구축하는 시험체계는 품질인증시험체계로서 뿐만이 아니라 무기체계 개발시험, 운용시험, 전력화 시험평가 등 다양한 목적의 시험평가체계로 활용할 수 있다. 실제로 품질인증시험체계는 앞서 96번 이야기에서 토의한 첨단 이동형 시험평가체계를 그대로 활용할 수 있다는 것이다.

이러한 체계 구상 기본개념을 토대로 한 품질인증시험체계 구성도는 그림 87에서 보는 바와 같다. 시험체계에는 다양한 M&S와 시뮬레이션 유형들, One-Shot System 연구개발에 활용되는 시험 설비와 체계들, 그리고 시험 대상체계가 포함될 수 있다.

따라서 광역 데이터 통신망(WAN: Wide Area Network)과 지역 데이터 통신망(LAN: Local Area Network)을 고려하고 DIS, HLA, DDS 등 모든 아키텍처를 적용할 수 있도록 관련 통신 프로토콜을 적용하여 연동이 가능하도록 구상하였다. 이러한 기본 품질인증시험 프레임워크(Framework)에 그림 87의 오른편 상단부에서 보는 바와 같이 첨단 이동형 시험기반체계를 연결하고, 상단부 좌측에는 시험 동안에 생성되는 모든 데이터를 수집하여 저장 관리할 수 있는 빅 데이터 저장소를 연결하자는 것이다.

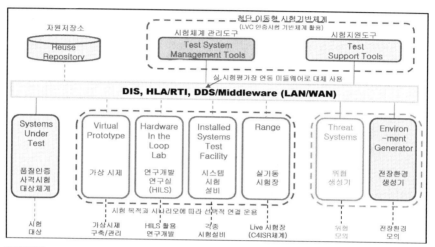

그림 87 품질인증시험체계 구성도

다음은 그림 하단부에서 보는 바와 같이 맨 우측에는 실전적 시험환경을 묘사할 수 있도록 전장 환경 생성기와 위협 생성기를 연결하자는 것이다. 그림 87의 하단부 중앙부에는 무기체계 연구개발 과정에서 사용되는 가상시제와 HILS(Hardware In the Loop Simulation), 그리고 시스템 시험 설비와 실사격 시험장에 있는 각종 계측장비를 포함한 C4ISR 체계들을 연동하자는 것이다. 이러한 연구개발에 관련된 장비와 체계를 연결하는 것은 시험의 대상과 목적, 그리고 시험 시나리오에 따라 선택적으로 연결하여 운용하기 위함이다. 그리고 마지막으로, 실제 품질인증시험 대상체계를 연결하자는 것이다. 이때, 시험 대상체계에는 필요한 범위 내에서 센서를 부착하여 유무선 데이터 통신망으로 실시간 데이터를 수집하고, 한편으로는 각종 계측장비를 활용하여 데이터를 수집하자는 것이다. 품질인증시험 시작부터 종료 시까지의 모든 데이터는 데이터 저장소인 Big Data에 수집하여 관리하며, 시험기반체계에 포함되어 있는 인공지능(AI: Artificial Intelligence) 기반의 분석도구를 사용하여 실시간에 분석을 수행하자는 것이다. 첨단 이동형 시험기반체계에 대해서는 이미 96번째 이야기에서 상세하게 토의하였다.

지금까지 토의한 바와 같이 유도무기(One-Shot System)에 대한 품질인증시험체계를 구축하여 분산 환경에서 설치하여 운용한다면 품질인증시험 책임기관인 기품원은 기품원 내에 인증시험체계 전체를 연결하여 관리하고 통제할 수 있는 시험기반체계와 빅 데이터 저장소를 구축하여 유무선 데이터 통신망을 통해 운용할 수 있을 것이다. 품질인증시험 대상체계와 실사격 시험장에 있는 계측장비들은 실제 시험을 수행하는 위치에서 시험에 참여하게 되고, 그 외에 나머지 연구개발 설비와 시스템 시험 설비는 필요에 따라 적절한 위치에서 시험에 참여하게 된다는 것이다. 이렇게 시험이 수행되는 동안에 수집된 모든 데이터는 분석 목적과 평가 기준에 따라 실시간 분석 또는 시험 종료 후 분석을 수행하자는 것이다. 특히 시험 종료 후 분석의 경우에는 시험 진행결과에 대해 면밀히 분석을 수행하여 시험 성공의 경우는 물론 실험이 실패한 경우에도 최소한도 무기체계 운용의 어느 시점, 어느 단계에서 오류가 발생했는지 식별하여 보다 세밀한 정밀분석을 할 수 있는 단초를 제공할 수 있어야 한다는 것이다.

품질인증시험체계를 구축한 이후 모든 시험은 인증시험에 책임을 지는 기품원의 통제에 의해 시험이 수행되어야 함은 당연한 것이다. 또한 시험 결과 오류 발생 시에는 모든 오류 규명 활동과 품질보증 활동이 기품원의 주관 아래에서 이루어져야 한다고 생각한다. 이와 더불어 이러한 인증시험체계를 실제로 구축하고 운용하며 데이터를 분석하여 해석할 수 있는 역량을 인증시험 책임기관인 기품원이 가능한 한 빠른 기간 내에 갖추도록 해야 한다는 것이다.

98. 실전적 전투실험·합동실험 환경! 어떻게 구축해야 하나?

한국군은 그동안 여러 가지 전투실험과 합동실험 과제에 대해 모델링 및 시뮬레이션(M&S: Modeling & Simulation)을 활용한 가상 전장 환경에서 보다 실전적이고 체계적인 실험을 수행하기 위해 노력해 왔다. 그러나 그러한 노력에도 불구하고 합동실험은 물론 제대로 된 전투실험조차 실시한 적이 거의 없다. 앞서 69번째 이야기에서 전투실험 분야의 스마트(Smart)하고 스피디(Speedy)한 M&S와 사이버 물리 시스템(CPS: Cyber Physical Systems)을 어떻게 구축하고 적용해야 하는지 토의하였는데, 이번 이야기에서는 그동안 제대로 된 실험을 수행하지 못한 이유와 원인을 살펴보고 어떻게 해야 하는지 토의해 보자는 것이다.

한국군은 보다 효율적 작전수행을 위한 지상작전사령부(이하 지작사) 창설이나 2작전사령부(이하 2작사) 창설과 같은 상부지휘구조 개편이나 군 병력 감축 및 미래 사단, 군단 편제조정에 대해 충분하고도 제대로 된 전투실험이나 합동실험을 실시하지 않았다. 물론 반드시 M&S를 활용하는 실험만이 시스템에 대한 통찰을 얻을 수 있는 것은 아니겠지만, 그래도 복합적인 관점과 실전적인 전장 환경을 충분히 고려할 수 있는 환경과 여건에서 제대로 된 실험을 수행하지 않았다는 것이다. 특히 상부지휘구조 개편이나 편제조정, 그리고 병력 감축과 같은 사안들은 그렇게 쉽게 판단하고 변경할 성격이 아니라 보다 신중히, 그리고 충분히 연구하여 검토하는 것이 필요하다. 여러 가지 관점에서 세밀하고도 충분한 검토와 시스템에 대한 통찰을 얻지 못한 상태에서 성급한 의사결정은, 그로 인한 피해와 손실이 엄청나기 때문이다.

국방과 관련된 실험에 비교하는 것이 적절하지 않을 수도 있겠지만, 과체중의 사람이 체중을 감량하는 상황을 한번 생각해 보자. 체중을 줄이겠다고 갑자기 다이어트를 하고 헬스를 시작한다면 단기적으로 목표한 체중으로 줄일 수는 있을 것이다. 그러나 대다수의 경우 체중을 줄인 후 일정기간이 경과하면 다시 체중이 증가하게 되고, 경우에 따라서는 오히려 체중이 더 늘게 된다는 것이다. 이 과정에서 단순히 체중만 원래 상태로 돌아가는 것이 아니라 잘못하면 건강을 잃게 되는 경우도 있다는 것이다. 때문에 개인이 체중을 줄이는 것과 같이 단순해 보이는 경우도 전문가의 조언 하에 개인의 체질과 식생활 습관 등을 연구하고 분석하여 치밀한 계획과 준비로 점진적으로 수행해야 한다는 것이다. 하물며 국민의 생명과 재산, 국가의 주권을 지키고, 국토를 방위하는 국방 분야의 개혁과 혁신 및 변화에 대해 보다 신중하고 치밀하게 연구하고 검토하며 계획을 수립하여 추진해야 함은 더 말할 나위가 없다.

그럼에도 불구하고 한국군은 제대로 된 전투실험과 합동실험을 수행한 적이 거의 없으며, 훈련과 연습을 실험의 기회로 전환하여 활용한 적도 없고, 훈련과 연습의 일부로서의 실험을 수행한 적도 없다. 특히 미군이 한미 연합연습에서 한반도 작전수행과 관련된 주요 이슈와 과제에 대해 연합합동 실험과제로 도출하여 실험과 평가를 수행하여도 그것이 실험인지 깨닫지도 못하고 있으며, 한국군이 먼저 연합합동 실험과제를 도출하고 제기하여 실험을 수행하는 것은 엄두조차 못 내고 있다는 것이다. 언제까지 이렇게 한국군이 당면한 여러 가지 실험과제에 대해 적극적으로 대응하지 못하고 망설일 것인지 한번 생각해 보자는 것이다.

한국군이 전투실험과 합동실험 분야에서의 실험에 대한 작전요구와 필요에 대해 보다 적극적으로 대응하지 못하는 이면에는 전투실험과 합동실험 그 자체와 실험을 위한 M&S 활용 개념에 대한 올바른 이해가 부족하기 때문이다. 전투실험과 합동실험은 단일 군 관점 또는 합동군 관점에서 고려하는 상부지휘구조와 편제조정, 감군 등 군 구조개편과 조직편성, 연합합동 및 각 군의 작전술 개념과 교리 등 전투 발전, 그리고 무기체계, 첨단 기술 등에 대한 통찰(Insight)을 얻기 위해 수행하게 된다. 그러나 일부 군 관리개선 수준의 사안을 전투실험으로 착각을 하는 경우도 있었고, 모든 실험에 반드시 M&S를 활용해야 하는 것으로 생각하는 경우도 있었다. 특히 전투실험은 반드시 전투실험 고유체계로 실시하는 것으로 착각을 함으로써 때로는 각 군과 합참 및 연합 연습의 일부로 실험을 수행할 수도 있고 다양한 실험 대안과 방책에 대해서는 분석모델을 활용하여 비교분석을 하고 통찰을 얻을 수도 있다는 것을 간과하였다는 것이다.

이러한 까닭에 전투실험과 합동실험을 위한 그간의 많은 노력에 비해서 제대로 된 실험을 수행하지 못하였던 것이다. 좀 더 이야기 하자면, 미군이 연합합동 연습을 통해 한반도 전구작전과 관련한 새롭고 다양한 작전개념들을 연습의 일부분으로 디자인하여 그에 대한 특별 관찰과 평가를 수행하였고, 미 8군의 독립적인 이슈와 과제에 대해서 외부평가(External Evaluation)라는 명칭으로 훈련과 실험을 병행하였으나 우리는 그러한 이벤트에 대해 별로 관심도 없었고 그것이 실험인지 깨닫지 못했다는 것이다. 또한 다양한 목적과 유형의 실험을 구상하면서도 훈련 목적의 M&S와 연습과 훈련을 이용하여 그 일부로서 실험을 수행할 수도 있다는 생각, 즉 가용한 자원과 기회를 최대한 활용하고자 하는 마인드가 부족하였다는 것이다. 이런 형편이다 보니 실험을 구상하는 기관이나 M&S 자원을 보유하고 있는 기관이 관련 기관 간에 협조와 공조가 부족하였고, 보다 큰 가치를 추구하기 위해 조직의 이익 또는 계획된 연습과 훈련을 수정 보완하여 지혜롭게 활용한다는 생각을 하지 못하였다. 무엇보다도 관련기관들에 대한 지휘결심권자가 실험에 대한 강력한 의지와 비전을 가지지 못하였다는 것이 가장 큰 이유와 원인이라는 것이다.

그렇다면 이제부터라도 보다 실전적인 실험 환경과 여건을 마련하려면 어떻게 해야 하는지 한번 생각해 보자. 일단은 한국군의 다양한 전투실험과 합동실험 작전요구에 대해 모든 관련 지휘관들과 최고 지휘결심권자의 의지와 비전이 매우 중요하다. 즉 실험에 관련된 생각 자체를 바꾸자는 것이다. 실험을 위해 특별히 준비된 수단과 자원이 있어야만 제대로 된 실험을 수행할 수 있는 것이 아니라 지금 현재 가용한 모든 수단과 방법을 동원하여 실험을 수행할 수 있으며, 반드시 그렇게 해야 한다는 것이다. 우리에게 당면한 군 혁신과 개혁의 과제들과 전작권 전환에 관한 사항들을 마냥 뒤로 미룰 수만은 없다. 또한 충분한 실험을 통해 시스템에 대한 통찰과 문제와 이슈들을 식별하고 그에 대해 충분히 대비함 없이 개혁과 혁신을 추진해서는 안 된다는 것이다. 따라서 바로 앞의 시급한 실험과제들에 대해서는 1단계로 기존의 가용한 M&S체계들을 활용하여 실험을 수행하고, 그 이후에 특별히 독자적인 실험용 M&S체계가 필요한 경우에는 2단계로 M&S를 개발하여 실험을 수행하자는 것이다.

1단계로 기존의 M&S체계를 활용하는 방안은, 연습의 일부로서 전투 및 합동 실험을 수행하는 방안과 연습을 완전한 실험의 기회로 전환하여 실험을 수행하는 방안, 그리고 연습용 M&S체계를 활용하여 별도의 새로운 실험을 디자인하여 수행하는 방안으로 구분하여 수행하자는 것이다. 먼저 연습의 일부로서 실험을 수행하는 방안은 각 군이 수행하는 사단·군단 BCTP 연습과 해군의 필승 연습, 공군의 웅비 연습, 해병대 천자봉 연습, 합참의 태극 연습을 최대한 활용하여 각 연습의 목적과 수준에 부합하는 실험 과제들을 도출하든지, 실험과제에 적합한 연습을 선정하여 연습의 일부로서 실험을 수행하자는 것이다. 특별히 연합합동으로 실험을 수행할 필요가 있을 때는 실험의 성격을 고려하여 연합연습을 준비하는 최초회의(IPC: Initial Planning Conference)에 의제를 제기하여 실험을 수행하는 방안과, 만약 공개가 부적절한 과제일 경우 얼마든지 은밀하게 수행할 수도 있을 것이다. 하지만 이 방안은 가장 간편하게 실험을 수행할 수는 있으나 실험과제에 대한 포괄적인 통찰을 얻기에는 제한이 있을 수 있다.

기존의 연습 기회를 완전한 실험의 기회로 전환하여 실험을 수행하는 방안은 일단 갑작스럽게 대두된 실험 과제와 이슈에 대해 일정과 예산, 부대 등 가용한 자원이 제한을 받을 경우에 고려해 볼 수 있는 방안이다. 예로 매년 수차례 수행하는 사단·군단 BCTP 연습 중 일부를 최초 기획하고 계획하는 단계에서부터 전투실험으로 전환하여 목적과 의도에 부합하도록 시나리오나 부대 조직편성, 작전술 개념, 무기체계 등 실험을 위해 별도의 데이터베이스를 구축하여 치밀하게 준비한다면 얼마든지 효율적으로 실험을 실시할 수 있다는 것이다. 이때 실험에 참가하는 부대는 통상적인 연습에 비해 보다 많은 노력과 예산이 소요될 수 있으므로 그에 부합한 추가적인 조치와 배려를 하는 것이 필요하다. 특히 이 경우에는 BCTP단이 상당히 많은 추가적인 시간과 노력, 그리고 예산을 투입해야 할 수도 있으므로, 이에 대한 적절한 조치가 반드시 필요하다는 것이다. 사실은 이러한 부분에 대해 충분히 배려하지 않는 관행과 전례가 가용한 M&S 자원과 기회를 활용하여 실험을 수행할 수 없었던 가장 큰 이유인지도 모른다. 어쩌면 그만한 배려와 조치를 해줄 수 없음으로 인해 최고 지휘결심권자가 결심을 할 수 없을 수도 있었다는 것이다. 육군 과학화 훈련장(KCTC: Korea Combat Training Center)을 포함한 육·해·공·해병의 모든 연습과 훈련을 실험의 기회로 활용할 수 있을 것이며, 특히 합참 태극 연습의 경우 현재 전작권과 미래 전작권 전환을 고려한다면 더욱더 합동실험의 기회로 활용할 수 있다는 것이다. 이렇게 할 경우 계획된 연습의 일부를 포기해야 하는 단점은 있으나 실험을 위한 추가 소요 자원을 절감할 수 있고, 무엇보다도 가용한 시간과 부대를 선정하는데 상대적인 부담이 적다는 장점이 있다는 것이다.

다음은 연습용 M&S체계를 활용하여 별도의 새로운 실험을 디자인하여 수행할 수도 있다는 것이다. 이 경우에는 실험의 목적과 의도가 기존의 연습을 활용할 수 있는 수준과 범위를 넘어서는 경우로, 실험을 구상하고 계획하여 수행하는데 많은 시간과 자원이 소요될 수 있다. 경우에 따라서는 실험부대를 선정하고 일정을 결정하기 위해서는 기존에 계획되어 있는 몇 개의 연습을 취소해야할 수도 있다는 것이다. 또한 실험을 구상하고 계획하며 준비하는 과정이 수년에 걸쳐 이루어질 수도 있고, 많은 M&S 관련 인원이 필요할 수 있다. 이때, 이렇게 추가로 소요되는 자원에 대한 충분한 고려와 배려로 실험에 참여하는 모든 관련요원들이 기존에 부여된 임무와 업무에 추가하여 실험을 수행한다는 생각보다 군 개혁과 혁신을 위한 실험에 참여하는데 대해 긍지와 자부심을 갖도록 하는 것이 아주 중요하다는 것이다.

2단계는 기존의 M&S 체계를 활용하는 방안으로는 도저히 실험의 목적과 의도를 달성할 수 없을 때, 실험 목적과 의도에 부합한 새로운 M&S 체계를 개발하여 실험을 수행하자는 것이다. 이 경우에는 필요한 M&S를 새롭게 개발하는 것만을 의미하는 것이 아니라 기존의 M&S들을 연동한다든지, 각각 상이한 시뮬레이션 유형들을 연동하는 LVC 체계를 구축하여 활용하는 경우를 포함하게 된다. 이 경우에는 앞서 기존의 가용한 M&S 자원들을 활용하는 실험에 비해 훨씬 더 많은 시간과 노력, 그리고 예산을 필요로 하게 된다. 만약에 이러한 실험소요가 발생하기 이전에 M&S 자원들을 연동하여 운용하는 연습체계를 개발하여 적용하게 된다든지 LVC 체계를 개발하게 된다면, 아주 자연스럽게 그러한 기반체계에 실험에 필요한 M&S 자원들을 연동하는 최소한도의 노력만으로도 얼마든지 새로운 개념의 실험 M&S체계를 구현할 수 있게 된다는 것이다.

이렇게 된다면 실험 과제와 대상이 무엇이 되든지 얼마든지 제대로 된 실험을 수행할 수 있게 될 수 있다. 이때는 보다 다양한 전투 및 합동 실험과제들을 발굴하여 국가 생존과 변영을 위한 다양한 작전요구와 현존 위협뿐만이 아니라 주권과 영토를 수호하기 위한 모든 잠재적 위협과 통일 이후의 작전요구, 그리고 국가 위상에 걸맞는 평화유지군, 다국적군, 다자간의 군사협력에 대한 작전요구도 실험을 할 수 있을 것이다. 실험을 위한 M&S 모의체계에 대한 구상은 현재 가용한 M&S체계에 사이버 물리 시스템(CPS: Cyber Physical Systems)을 적극 활용하여 무기체계가 실험대상일 경우 미래 무기체계는 사이버(Cyber 또는 Digital)로, 현존체계는 물리적(Physical)으로 구성한 CPS를 적용함으로써 결국 LVC와 실체계, C4ISR 체계를 연동하는 전투 및 합동 실험체계를 구축할 수 있을 것이고, 보다 실전적인 전투 및 합동 실험을 수행할 수 있게 될 수 있다는 것이다.

99. 전작권 전환에 대비한 M&S 분야! 무엇을 어떻게 준비해야 하나?

한반도 전작권 전환과 관련된 이슈가 대두된 노무현 정부 때 전작권 전환을 위해 부족하고 필요한 능력을 보완하기 위해 소요되는 예산을 620여조 원으로 추정하였고, 이명박 정부 때에는 이를 재추정하여 590여조 원으로 추정하였다. 전작권 전환과 관련하여 우리 군에 부족한 능력을 확보해야 하는 것에는 정보감시정찰(ISR: Intelligence Surveillance & Reconnaissance) 자산과 정밀타격 자산이 주가 되겠지만, 싸우듯이 훈련하고 훈련한대로 싸울 수 있도록 보다 실전적인 연습과 훈련을 가능하게 하는 모델링 및 시뮬레이션(M&S: Modeling & Simulation) 분야에도 많은 도전과 과제를 던져주고 있다. 저자는 이러한 요구에 대비한다는 관점에서 그림 88에서 보는 바와 같이 한미 연합연습을 지원하기 위해서 개발한 단일 페더레이션(Single Federation) 개념의 한국군 위게임 연동체계(KSIMS: Korea Simulation System)를 계층형 구조(Hierarchical Architecture)로 만드는 KSIMS 성능개량사업을 추진하였다. 이번 이야기에서는 보다 구체적으로 전작권 전환에 대비하여 M&S 분야에서 무엇을 어떻게 준비해야 하는지 한번 생각해 보자.

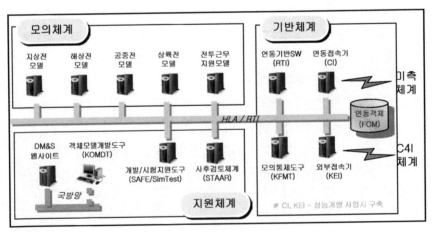

그림 88 한국군 위게임 연동체계(KSIMS) 개념도

전작권 전환에 대비하여 무엇을 준비해야 하는지 따져보기 전에, 먼저 지금까지 미군이 주도해 온 연합연습 모의지원에서 얻을 수 있는 교훈이 무엇인지 한번 되돌아보자. 미군은 1990년대 초부터 ALSP(Aggregate Level Simulation Protocol)를 이용한 M&S 연동개념에 의한 연합연습을 시작하였다. 이어서 HLA(High Level Architecture)가 IEEE 1516표준으로 제정될 무렵부터는 HLA를 적용하여 연합연습을 실시하였다. 이 과정에서 미군이 연합사에서 연동체계를 개발하는 절차인 FEDEP(Federation Development & Execution Process)를 적용하여 연습 중 모든 M&S가 주고받는 데이터를 정의한 FOM(Federation Object Model)을 직접 개발하지는 않았지만, 미 국방성 DMSO(Defense Modeling & Simulation Office, 이후 MSCO(Modeling & Simulation Coordination Office)로 개명)의 관리하에 합동훈련 연동체계 JTC(Joint Training Confederation, 이후 JTTI+(Joint Training Transformation Initiative+)로 개명) 관리자 그룹과 아키텍처 관리자 그룹 AMG(Architecture Management Group)에서 체계적으로 개발하고 관리하였다.

이 무렵, 저자는 HLA 기반의 한국군 연동화 모델이 만들어지기 전인 2000년대 초에 한국군 위게임 연동체계인 KSIMS를 개발하였다. 이어서 한국군은 육군의 창조21 연동화 모델 개발을 시작으로 점진적으로 청해, 창공, 천자봉, 전투근무지원 모델 등을 개발하게 되었다. 그러나 한국군은 이렇게 개발한 한국군 모델을 미군 모델과 연동을 시도하면서 제대로 된 연동객체모델 FOM은 고사하고, 한미 연동체계 내에서 각각 시뮬레이션 모델의 능력을 나타내는 SOM(Simulation Object Model)조차 개발해본 적이 없다. 사실 이러한 모습은 전적으로 한국군의 잘못만은 아니다. 미군이 한국군 모델에 대해 마땅히 해야 하는 HLA 인증시험 이외에도 운용체계나 기타 시스템에 이르기까지 여러 가지 형태의 사전 승인을 요구하는 등 자체적으로 할 수 있는 기회를 허락하지 않은 것도 하나의 원인이라는 것이다. 아무튼 미군은 2000년도 말 무렵에는 창공모델의 운용체계(OS: Operating System)에 대해 사전승인을 안 받았다는 이유로 OS를 변경하게 하였고, 청해 모니터 설치용 Server에 대해 사전승인을 받을 것을 요구하는 등 거의 모든 한국 측의 소프트웨어와 하드웨어에 대해 사전승인을 요구했으며 표준절차를 마련할 것을 요구했다.

미군은 한국군 모델을 연합연습에 연동하여 사용하는데 있어서 몇 가지 중점적으로 요구하고 적용한 것들이 있는데, 이를 유심히 고려하는 것이 필요하다. 먼저 한·미 M&S 모델들 연동의 기본이 되는 HLA 등 국제표준을 적용하고 준수하여 기술적인 연동을 보장하자는 것이다. 한국군 개발 모델에 대한 HLA 인증시험을 통과할 것을 요구한 것은 기본이고, 그 외에도 주고받는 객체와 서비스에 이르기까지 표준을 준수할 것을 요구하였다. 다음은 작전술 기능 면에서 원활한 연동을 구현하도록 요구하였고, 전투피해 평가에서도 일관성 있고 공정한 피해평가가 되도록 수차례 시험을 수행하였다. 특히 미군은 미군의 정보보호를 중요시하고 한국군에게 공개가 가능한 정보만을 제공하도록 주의하는 모습이었다. 이러한 과정에서도 한·미군 간에 상이한 작전술 교리와 전술, 전기, 절차(DTTP: Doctrine, Tactics, Techniques, Procedures)로 인해 동일한 모의 논리나 파라미터 데이터의 적용이 곤란하거나 불가하다는 것을 인정하였다. 또한 전장 환경과 시스템에 대한 표현이 상이할 수밖에 없음도 이해하였고, 한·미군 모델의 연동 목적과 용도에 따라 적정수준의 연동 수준과 논리에 대해 사전에 충분한 토의와 합의가 필요함을 이해하게 되었다.

그 외에도 한·미군 모델의 세밀한 부분적 차이에 의해 발생할 수 있는 문제들에 대해 충분한 고려와 검토가 필요하다는 것이다. 예로 해상전 모델들의 해상도 차이에 따른 작전술 기능의 실전적 묘사에서 발생할 수 있는 기뢰 부설과 제거와 같은 문제, 공중전 모델의 교전주기와 연동 프로토콜인 RTI(Run Time Infrastructure) Update 주기의 차이로 인한 방공작전(Ground to Air) 교전 시에 발생할 수 있는 비전술적인 상황 등에 대해서도 충분한 검토가 필요하다는 것이다. 한미 연합연습을 지원하기 위한 연동체계를 준비하고 실행하는 과정에서 발생할 수 있는 문제들은 단순히 여러 가지 모델들을 연동하는데 따르는 문제보다도 훨씬 더 복잡하다는 것이다. 이는 근본적으로 국가 간에 작전술에 대한 교리와 전술, 전기, 절차(DTTP)가 다르다는 것, 그리고 각각의 작전기능분야에 적어도 두 개 이상의 상이한 모델들이 연동하여 운용되는데 기인한 것이다. 또한 실제로 이러한 문제들을 해결하기 위해 여러 가지 형태의 시험을 수행해야 한다는 것이다. 모델들이 기술적 관점에서 연동이 가능한지를 점검하는 연동시험(CT: Confederation Test), 동일한 작전 도메인에서 한·미군 모델이 작전술 기능적으로 연동이 되고 피해평가가 적절한지를 시험하는 기능시험(FT: Functional Test), 전투가 치열하게 발생하는 경우를 상정하는 성능시험(PT: Performance Test)과 부하시험(LT: Load Test), 그리고 포괄적 관점에서 모델들의 통합운용을 점검하는 통합시험(IT: Integration Test) 등을 수행해야 한다는 것이다.

저자가 2004년에 한국군 워게임 연동체계인 KSIMS를 개발하고 난 이후에 미군은 각종 시험평가를 통해서 연동 기반체계가 제대로 개발되었다는 것을 인정하면서도 한동안 KSIMS를 연합연습에 사용하는 것을 허락하지 않았다. 미군이 을지프리덤가디언(UFG: Ulchi Freedom Guardian) 연습을 준비하는 과정에서 미군의 연동 기반체계를 사용하여 연습을 위한 모의체계가 구동이 되지 않자, 어쩔 수 없이 KSIMS를 사용하는 것을 허락하였고, KSIMS를 사용하여 성공적으로 연습을 잘 마칠 수 있게 된 것이 계기가 되어 그 이후부터 연합연습에 KSIMS를 사용하게 되었다. KSIMS 도구 중의 하나인 사후검토도구 STAAR(System of Theater After Action Review)는 그 이후에도 미군이 분석결과를 신뢰할 수 없다며 사용을 하지 못하게 했다. 그런 상황에서 연습 중 미군 분석모델에 의한 분석결과에 오류가 있었는데, 그 세부내용을 STAAR가 정확히 분석하여 제시하였고, 그 이전의 미군이 STAAR의 오류라고 생각했던 부분도 사실은 미군 분석도구의 오류라는 것을 증명하게 된 것이 계기가 되어 연합연습에 본격적으로 사용하게 되었다. 특히 미군은 STAAR의 성능이 우수하다는 것을 인정하고 역 FMS(Foreign Military Sale)를 적용하여 STAAR 영어 버전을 만들어 줄 것을 요청함에 따라 미군이 사용할 수 있도록 제공하기도 하였다.

지금까지 토의한 내용들은 기본적으로 전 세계 최고의 M&S 기술을 가지고 있는 미군이 주도하여 연합연습을 수행할 때 고려하고 이슈가 되었던 일부 사례에 관한 것들이다. 만약 전작권이 전환되고, 그 이후에도 한·미 양국 간의 국가이익에 의하여 한국군의 주도하에 연합연습 또는 합동연습을 계속 수행하게 된다면 무엇을 어떻게 준비해야 할 것인지 하는 것이 이번 이야기의 핵심이다. 전반적으로 미군에 비해 M&S 관한 기술이 미흡하고 부족한 한국군이 미군을 통제하여 모의지원을 수행하기 위해서는 무엇을 어떻게 고려하고 준비해야 하는지 고민해야 한다는 것이다. 지금까지 토의했던 여러 가지 이슈들은 미군이 주도를 하나 한국군이 주도를 하나 거의 동일하다는 것이다. 그러나 한국군이 주도하여 모의지원을 하고자 할 때 과연 미군이 우리가 훈련 때 그리했듯이 고분고분하게 우리의 통제를 따를 것인가 하는 것이 문제이다. 이런 관점에서 고려하게 된 것이 2009년에 개발을 시작한 계층형 구조(Hierarchical Architecture)로 연동 기반체계를 개발하는 KSIMS 성능개량체계였다.

KSIMS 성능개량체계는 그림 89에서 보는 바와 같이 한국군의 주도하에 한국군과 미군이 각각 연동체계를 구축하여 독자적으로 운용하도록 하고, 그림 89의 중간부분에서 보는 바와 같이 연합 연동체계를 통해 한·미군 연동체계가 수행하는 모의지원의 전반적 상태와 현황을 모의통제도구를 통해 최소한도 수준에서 모니터링하고,

사후검토도구를 통해 모든 데이터를 수집하여 분석함으로서 연습 목적과 목표를 달성할 수 있도록 하겠다는 것이다. 계층형 구조의 KSIMS 성능개량체계를 활용하여 모의지원을 주도하는 한국군은 한·미군 연동체계를 통합하여 운용하는 동안 특별한 이슈가 없다면 거의 독립적으로 미군 연동체계의 운용을 보장한다는 것이다. 이미 이러한 계층형 구조의 시스템을 2012년도에 완성하여 준비하였다.

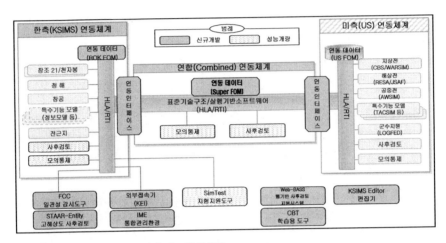

그림 89 KSIMS 계층형 아키텍처 시스템 구성도

이러한 계층형 구조에 대한 준비와 한국군 주도에 의한 모의지원을 구현하기 위해 2004년 단일 연동체계 개념의 KSIMS를 개발하면서부터 미군들에게 지속적으로 발표하고 설득하였다. 계층형 구조에 관한 연구논문을 미측과 공동으로 작성하여 I/ITSEC(Inter-Service/Industry Training Simulation & Education Conference)과 SIW(Simulation Interoperability Workshop)에서 발표도 하였고, 미 국방성 DMSO 예하 AMG 회의와 JTC 검토위원회(Review Panel)에서도 발표하였다. 이때 발표의 주요 메시지는 전작권 전환 이후에는 한국군이 주도로 모의지원을 수행하겠다는 것과, 그렇게 모의지원을 수행할 수 있는 기술과 능력을 확보하여 보다 효율적이고 체계적인 시스템을 구축하겠다는 것, 그리고 미군 연동체계를 독립적으로 운용할 수 있는 환경과 여건을 보장하겠다는 것이었다. 이렇게 이슈를 제기하던 초창기에는 미군도 이런 개념에 동의하는 듯 보였으나, 미군의 평택 이전 사업이 추진되고 한국군이 KSIMS 계층형 구조 개발을 완료하고 합참에 JWSC가 만들어지자 미군이 생각을 바꾸기 시작하여 미군은 전작권 전환 이후에도 주도적으로 모의지원을 담당하겠다는 의견을 표명하기 시작하였다.

저자의 생각과 판단으로는 전작권 전환 이후에도 미군은 한국군과 수행하는 연합연습 또는 합동연습에 대한 모의지원을 주도적으로 수행하려 할 것이다. 이에 대비하여 한국군은 기술적 관점에서 능력과 역량을 키우도록 노력하는 것이 절대적으로 필요하다. 한국군이 근본적으로 기술수준이 미흡하고 능력이 부족하면 협상할 여지 자체가 없을 수밖에 없으나, 우리가 이미 구축 완료한 계층형 구조의 KSIMS 성능 개량체계를 바탕으로 각종 연동시험을 수행하고, 실제 모의지원을 수행할 수 있는 능력을 키운다면 애기는 얼마든지 달라질 수 있다는 것이다. 그리고 무엇보다도 국제표준인 IEEE 1730 DSEEP(Distributed Simulation Engineering & Execution Process)을 적용하여 SDEM(Simulation Data Exchange Model)을 개발하고, SISO(Simulation Interoperability Standard Organization)의 FEAT(Federation Engineering Agreement Template)를 적용하여 SEA(Simulation Environment Agreement)를 개발할 수 있는 능력을 구비해야 한다는 것이다.

100. 전작권 전환 이후 한미 M&S 연동 운용! 어떻게 접근해야 하나?

한반도 전작권 전환 이후에 한·미 양국이 각각 국가이익의 관점에서 연합연습 또는 합동연습을 수행하게 된다면 이를 지원하기 위한 한미 M&S 연동 운용의 모습은 여러 가지 양상을 떠게 될 것이라는 생각이다. 즉 연습을 위한 모의지원을 누가 주관하느냐에 따라 여러 가지 연동체계 구성방안을 고려할 수 있다는 것이다. 그런 관점에서 이번 이야기에서는 전작권 전환 이후 한·미 간 M&S 연동 운용을 위한 구체적인 방안을 어떻게 접근해야 하는지 한번 생각해 보자.

전작권 전환 이후의 한·미 간 수행하게 되는 연합연습 또는 합동연습에 대한 모의지원체계는 어떤 모습으로든지 변화가 있을 것이라는 생각이고, 반드시 변화가 있어야 한다는 것이다. 지금까지는 미군의 주도하에 모든 연습이 디자인되고 모의지원이 이루어지므로, 한국군의 M&S 자원들이 미군이 주도하는 연동체계에 개별적으로 연결되어 운용되는 모습이었다. 여기에는 여러 가지 의미가 내재되어 있는데, 일단은 한국군의 M&S에 관한 비전이나 예산을 투자하려는 열정, 기술 수준 등 어느 것 하나 제대로 갖추어져 있지 못했다는 것이다. 그러다 보니 최소의 노력과 자원으로 각 군의 필요에 따라 개발되고 가용한 모델을 개별적으로 미군 모의체계에 연동하게 되었다. 그 결과로 나타나는 것은 합동훈련연동체계 JTC(Joint Training Confederation)나 이후에 개명된 JTTI+(Joint Training Transformation Initiative+)라는 명칭을 통해서도 알 수 있다는 것이다.

미군의 입장에서는 한국군이 독자적인 연동체계의 모습으로 참여하는 것이 아닌데 구태여 기술적으로 어려운 접근방법보다는 연동방법 중에 가장 간단하고 수월한 방법을 선호하는 것은 지극히 당연하다. 만약 한국군이 모의지원을 주도하고 미군이 특별히 반대를 안 한다고 할 것 같으면 한국군의 선택도 역시 동일할 수밖에 없다는 것이다. 그렇다면 연습을 지원하는 모의지원 연동체계 유형과 방법에 담겨있는 의미를 한번 살펴볼 필요가 있다. 한·미가 함께 참여하는 연습 모의지원의 방법은 일반적으로 3가지 방안 정도를 고려해 볼 수 있다. 그것은 단일 연동체계(Single Federation), 두개 연동체계 결합(Binary Federation Community), 그리고 계층형 구조(Hierarchical Federation Community)로 구분할 수 있다.

먼저, 단일 연동체계(Single Federation)는 지금까지 한미 연합연습에서 적용해 온 연동체계로 그림 90에서 보는 바와 같이 실제 체계가 아무리 복잡하다고 해도 기본 개념은 연습에 참여하는 한·미군의 M&S를 하나의 단일 연동 프로토콜인 RTI(Run Time Infrastructure)에 개별적으로 연동하여 운용한다는 것이다. 이때 기본적으로 고려하는 것은 모든 M&S 모델은 제품(Vendor)과 버전(Version)이 동일한 RTI를 사용한다고 가정한다는 것이다. 각각의 M&S 자원들은 연동체계 내에서 참여하여 구현하고자 하는 능력을 나타내는 시뮬레이션 객체모델 SOM(Simulation Object Model)을 개발하여 참여하게 되고, 연동체계에서는 연습 목적과 의도를 달성할 수 있도록 공통으로 주고받는 객체를 정의한 페더레이션 객체모델(FOM: Federation Object Model) 또는 시뮬레이션 데이터 교환 모델(SDEM: Simulation Data Exchange Model)을 잘 정의하여 개발하면 된다는 것이다. 만약, 각각 M&S가 원래 사용하는 RTI의 제품이나 버전이 상이한 경우에는 Bridge를 사용하여 연동을 하면 된다. 이 연동방법은 연동을 구현하는 기술통제라는 관점에서는 가장 단순한 반면에 각각의 M&S 자원들이 동일한 수준으로 기술통제에 따라야 하는 비교적 강력한 중앙집권식 통제개념을 적용하게 된다는 것이다.

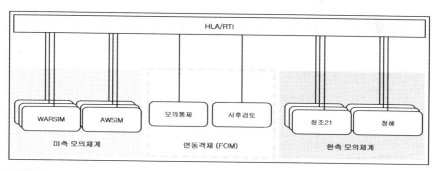

그림 90 단일 페더레이션(Single Federation) 개념도

두개 연동체계 결합(Binary Federation Community) 방안은 그림 91에서 보는 바와 같이 한국군과 미군이 각각 하나씩의 페더레이션(Federation)을 구축하고, 페더레이션과 페더레이션이 바로 연동을 수행하는 방법이다. 이때 각각 참여하는 M&S들은

시뮬레이션 객체모델 SOM을 준비해야 하고, 한·미군의 각 연동체계는 페더레이션 객체모델 FOM 또는 시뮬레이션 데이터 교환 모델 SDEM을 개발해야 한다. 여기서 한·미군 페더레이션 간에 주고받는 객체에 대해서는 어떤 모습이든지 정의하는 것이 필요한데, 경우에 따라서는 한·미군 양쪽의 FOM 또는 SDEM에 포함하여 개발할 수도 있을 것이다. 이 경우에 각각 M&S 자원에 대한 기술통제는 상대적으로 완화되고 각국이 자체의 페더레이션을 통제하는 모습이므로 전체 연습 모의지원을 위한 기술통제는 상대적으로 조금 더 복잡하고 수월하지 않을 수 있다는 것이다. 한·미군이 대항군을 어떻게 운용하는지 여부와 지상전, 해상전, 공중전 및 상륙전에서 한·미군이 함께 작전을 수행하는 양상에 따라 데이터를 주고받는데 있어 병목현상이 발생할 수도 있고, 결과적으로 과부하가 발생할 수도 있기 때문이다. 이때 한·미군은 상호 편리한대로 RTI의 제품과 버전을 선택할 수 있을 것이며, 만약 상이한 경우에는 양측을 연결하는 부분에 Bridge를 사용하면 되는데, 역시 병목현상에 의한 과부하 가능성이 단점과 장애가 될 수도 있다. 전체 모의체계에 대한 모의통제 권한을 한·미측 어느 쪽에서 행사할 것인지 하는 것이 이슈가 될 수 있으며, 어느 쪽이 행사하게 되든지 쉽지 않은 도전이 될 것이란 뜻이다.

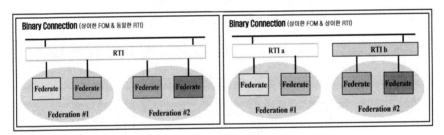

그림 91 두 개 연동체계 결합(Binary Federation Community) 개념도

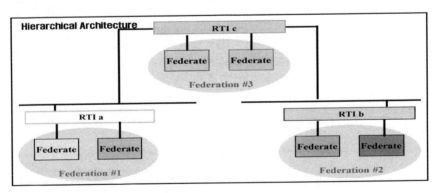

그림 92 계층형 구조(Hierarchical Federation Community) 개념도

그리고 계층형 구조(Hierarchical Federation Community)에 의한 방안은 그림 92에서 보는 바와 같이 한·미군이 각각 독립적인 페더레이션을 구축하고, 여기에 다시 연합 연동체계를 구축하여 한·미군 간에 주고받는 객체를 정의한다는 개념이다. 한·미군의 개별 M&S 자원들은 SOM을, 한·미군 페더레이션들은 FOM 또는 SDEM을 개발하고, 여기에 다시 연합 연동체계에 Super FOM 또는 Super SDEM을 개발함으로써 한·미군의 페더레이션들 간에 주고받는 객체를 정의한다는 것이다. 이 경우에는 연동구조 자체가 계층형으로써 일관성 있는 통제라는 관점에서는 기술적인 구현이 어려운 반면, 한·미군의 페더레이션에 독립성과 자율성을 부여한다는 관점에서는 아주 유리한 접근 방안이라는 것이다. 이 경우에는 두개 연동체계 결합(Binary Federation Community)이 갖는 특성을 거의 그대로 가지면서도 한·미군의 페더레이션들이 갖는 독립성과 자율성은 훨씬 크고, 대신에 기술적인 구현은 훨씬 어렵다는 것이다. 저자가 앞서 설명한 한국군 워게임 연동체계 KSIMS 성능개량을 통해 그림 93에서 보는 바와 같은 계층형 구조를 구상한 것은 미군이 한국군의 모의 기술통제에 반발하는 것을 예상하여 이를 예방하고 방지하고자 하는 의도였던 것이다.

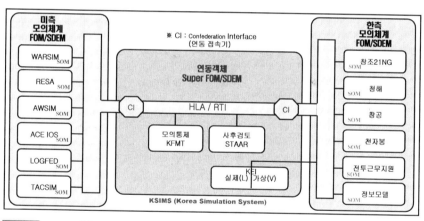

그림 93 KSIMS 계층형 아키텍처 개략 시스템 구성도

전작권 전환 이후에 한·미 간의 연합연습 또는 합동연습에 대한 모의지원의 권한을 누가 행사하든지 양국 모두 연동 통신 프로토콜인 RTI에 대해서는 신중한 선택이 필요하다는 것이다. RTI의 제품이나 버전이 상이할 경우에는 Bridge가 필요할 뿐만이 아니라 연동구조와 방법에 따라서는 그것이 병목현상이 되어 부하를 유발할 수 있기 때문이다. 또한 한·미군 모두 상호 긴밀한 협조를 통해 각종 연동시험이

나 연습에 임박하여 과도한 추가 작업을 유발하지 않도록 하는 것이 매우 중요하다는 것이다. 예로 FOM 또는 SDEM을 변경한다든지, 데이터 구조를 변경한다든지, 심지어 일부 모의 논리의 변경조차도 문제가 될 수 있으며, 특히 RTI 버전의 변경 등과 같은 사례가 발생하지 않도록 충분한 협의가 있어야 한다. 이러한 것이 한국군이 계층형 구조를 고려하게 된 이유라는 것이다.

만약에 예상하고 계획한 것처럼 전작권 전환 이후에 한국군이 연합연습 또는 합동연습에 대한 모의지원을 수행하게 된다면, 미군의 연습지원체계와의 상호 운용성, 실제 체계와의 상호 운용성, 특히 전투근무지원 체계에 대한 배려가 절대적으로 필요하다는 것이다. 한국군이 그간 미군이 연합연습 모의지원을 주도하는 과정에서 느꼈던 어려움들을 그대로 반복하지 않도록 배려하고, 기술적 관점에서 충분히 고려하고 검토하는 자세가 절대적으로 필요하다. 특히 한국군은 한·미군 모델 간의 연동이나 모의체계 간의 연동, 한·미군 각각 모델 및 모의체계와 C4ISR 체계 간의 연동, 한·미군 C4ISR 체계 간의 연동, 한·미군 시뮬레이션 광역 데이터 통신망(WAN: Wide Area Network) 간의 연동, 그리고 특히 미군이 한국군 시설을 사용하게 될 경우 미군의 전투근무지원 등에 대한 배려와 존중이 절대적으로 필요하다는 것이다.

결국 지금까지의 미군 모의지원 주도하에서의 경험과 교훈을 바탕으로, 만약 미군이 전작권 전환 이후에도 모의지원 주도를 요구할 경우에는 최소한 두개 연동체계 결합(Binary Federation Community) 방안을 적용할 수 있도록 미리 준비하고 대비해야 해야 한다는 것이다. 만약 한국군이 모의지원을 주도하게 될 경우에는 계층형 구조(Hierarchical Federation Community)를 적용할 수 있도록 지금부터 준비하고 노력을 해야 한다는 것이다. 앞서 99번째 이야기에서 토의하였듯이 이미 KSIMS 계층형 구조는 구축하였으나, SDEM(Simulation Data Exchange Model), SEA(Simulation Environment Agreement)를 개발할 능력이 없고, 계층형 구조를 실행할 능력이 없다면 우리의 의지와 상관없이 미군이 주도하는 모의지원을 그대로 수용할 수밖에 없을 것이라는 것이다. 전작권 전환에 걸맞게 어떤 방안에 의한 모의지원을 수행하게 되든지, 미군에게 미군 모의체계의 독립적 운용을 보장하면서 연합연습 또는 합동연습의 연습 목적과 목표를 달성하는 범위 내에서 미군 모의체계를 실시간에 실효적으로 모니터링하고 관리하며, 최소한도 범위 내에서 통제할 수 있는 한국군의 기술과 능력을 배양하는 것이 절대적으로 필요하다는 것이다.

맺는 이야기

|

사천 실안낙조, 73×54㎝, 수채화, 2017. 6. 松霞 이종호

못 다한 이야기

한국군은 모델링 및 시뮬레이션(M&S: Modeling & Simulation)을 다양한 국방 업무 분야에 활용하면서도 과학적, 합리적, 효율적이며, 실질적으로는 거의 유일한 국방경영 수단이라는 생각과 인식을 하지 못하고 있다는 느낌이다. 또 한편으로는 한국군이 맡겨진 임무와 사명을 잘 감당할 수 있도록 현재와 다가오는 4차 산업혁명 시대의 현존 및 잠재적 위협과 도전에 대비하여 다양한 새로운 작전요구를 주어진 국방 가용자원으로 지혜롭게 잘 감당하고자 하는 간절함과 절박함이 별로 없어 보인다는 생각이다. 이러한 모습은 한국군이 전반적으로 M&S의 기본 원리와 원칙을 제대로 이해하지 못하고 제대로 활용하지 못한다는 것이 하나의 이유일 수도 있지만, 근본적으로는 평상시 전쟁에 대비하여 강군을 건설하고 전투준비태세를 향상시켜 싸우듯이 훈련하고 연습하고 실험하며, 훈련하고 연습하고 실험한대로 싸운다는 생각에 간절함과 절박함이 별로 없다는데 그 원인이 있다고 생각한다.

특히 한국군은 근래 들어 우리나라에 대한 현존 위협과 상황이 실질적으로는 바뀐 것이 별로 없음에도 남북 및 북미 정상회담 이후 마치 한반도에 평화가 도래하고 그간의 현존 위협과 미래 주변국들의 잠재적 위협이 모두 해소된 듯한 분위기에 함께 편승하는 듯한 인상을 주고 있다는 것이다. 한국군은 한반도에서 일어난 과거 우리의 역사를 되돌아보고 그 교훈을 바탕으로 정치·외교적 상황과 여건을 뛰어넘어 최악의 경우 군사적 옵션도 불사할 정도의 능력과 자세를 견지하여 국가와 국민이 믿고 의지할 수 있는 진정한 군대다운 군대가 되어야 한다. 결국 한국군은 지금처럼 외형적·표면적으로 평화무드가 조성되든지, 진정한 평화의 시대가 도래하든지 불문하고 항상 전쟁을 대비하고 싸워서 이길 수 있는 군대, 적어도 우리를 위협하는 세력에게 상당한 손실과 피해를 각오하지 않고서는 감히 위협을 가할 엄두를 못 낼 정도의 강군을 육성하고 전쟁을 불사하는 정신으로 무장한 군대가 되어야 한다는 것이다. 다가오는, 아니 이미 도래한 4차 산업혁명 시대에 한국군이 이를 구현하기 위한 유일한 수단이 바로 M&S라는 것이다.

한국군이 진정으로 평화를 원한다면 지금부터라도 간절함과 절박함으로 전쟁에 대비하고 부단히 새로운 작전능력 소요와 작전요구를 도출하고, 많든 적든 국민으로 부터 받는 국방 가용자원을 보다 지혜롭게 활용하여 강군을 건설하고 전투준비태세를 철저히 확립하여, 싸우지 않고도 이길 수 있는 군으로서 한국군에 맡겨진 임무와 사명을 잘 감당할 수 있도록 해야 한다. 그리고 이를 위해서는 우선, 효율적 국방경영 수단인 M&S를 제대로 이해해야 한다. 무엇보다도 M&S의 기본 원리와 원칙을 이해하고, 사용 목적과 의도에 부합하는 M&S를 개발하여 활용할 수 있도록 하며, 할 수만 있다면 사용 목적과 의도에 부합하는 해상도, 충실도를 구현하여 보다 효율적인 국방경영과 의사결정 수단으로 활용할 수 있어야 한다는 것이다. 또한 지금까지 이루어 온 현 상황에 자긍하고 자족할 것이 아니라 한정된 국방 가용자원은 물론 한정된 M&S 자원을 보다 효율적으로 운용할 수 있도록 해야 한다.

M&S의 국방 업무분야 활용과 관련하여 산·학·연의 모든 관련 근무자들은 한국군이 부여된 임무와 사명을 잘 감당할 수 있도록 M&S의 기본 이론과 원칙, 그리고 아키텍처와 국제표준을 잘 이해하고 준수하여 M&S 가용자원을 보다 효율적으로 활용하고 운용할 수 있도록 상호 운용성과 재사용성을 보장하고 촉진할 수 있는 지속적인 기술개발 노력과 투자를 해야 한다. 산·학·연의 관점에서는 새로운 기반 기술과 체계를 연구·개발하는 것이야 당연하겠지만, 이때에도 이왕이면 기존의 국제표준과 아키텍처, 기반기술과 기반체계, 각종 포맷(Formats)과 타입(Types), 각종 정의(Definitions)와 언어(Languages), 기타 유틸리티(Utilities)와 도구(Tools) 등을 지혜롭게 잘 활용하여, 이를 뛰어넘는 기술 연구와 개발 노력이 절대적으로 필요하다. 한국군이 워파이터로서 간절함과 절박함으로 새로운 작전요구를 제시하고 이를 구현하기 위한 M&S 요구사항을 제시할 때, 이를 적극 지원하고 구현할 수 있는 역량을 구비해야 한다는 것이다.

우리나라의 군·산·학·연을 막론하고 M&S를 국방 업무분야에 활용하는데 관련된 모든 근무자들은 M&S 분야 어느 한 부분에서라도 진정한 전문가, 진정한 생활의 달인이 되어야 한다. 군·산·학·연의 모든 M&S 분야 근무자들은 각각 M&S의 어떤 분야에서 일하든지 간에 군의 워파이터는 워파이터대로 간절함과 절박함으로 작전요구와 이와 관련된 M&S 요구사항을 제시하는 등 작전운용 관점(Operational View)에서, 군의 M&S 관련 근무자는 M&S 운용과 활용에 대한 전문가(Domain Experts)로서 작전운용 관점(Operational View)과 시스템 관점(System View)에서, 산·학·연의 모든 근무자는 군의 작전요구와 M&S 요구사항을 충족하기 위해 기본 원리와 이론에 충실하게 M&S를 개발하고 운용 지원할 수 있도록 국방 업무분야 활용의 시스템 관점(System View)과 기술표준 관점(Technical Standard View)에서 전문가(Domain Experts)가 되고 달인이 되도록 하자는 것이다.

한국군이 M&S를 국방 업무분야에 활용하기 시작한 이래 지금까지 엄청난 발전을 이룬 것은 분명하나, 우리의 현 실상을 냉정히 바라보고 과학기술의 발달에 따른 4차 산업혁명 시대의 변화와 혁신에 보다 능동적 적극적으로 대응하는 것이 필요하다는 것이다. 이제 한국군은 지금까지의 관행을 과감히 탈피하고 미래 국방 환경과 전장 환경의 변화와 도전에 적절히 대응할 수 있도록 M&S 관련 전략과 비전을 담은 종합발전계획을 수립하여 추진해야 한다. 냉정하게 말하자면 한국군은 그간 빠른 추격자(Fast Follower)의 모습으로 열심히 노력하여 선진국의 M&S 발전과 활용 추세를 따라잡았다고 했지만 오히려 기반 기술과 체계 면에서 격차는 더 벌어졌고, 이제 더 이상 빠른 추격자의 모습도 아니라는 것이다. 우리 스스로 아키텍처와 표준을 개발하고 각종 기반 기술과 체계, 유틸리티와 도구를 개발하는 것이 아니라면 적어도 선진국의 움직임에 발 빠르게 대응하는 것이 필요한데, 이미 그러한 시기를 많이 놓쳤다는 것이다. 이러한 관점에서 M&S를 국방 업무분야에 활용하는 것과 관련하여 군·산·학·연 모든 근무자들과 이해당사자들은 간절함과 절박함으로 각자 맡은 분야에서 최선을 다하는 자세가 절실히 필요하다는 것이다.

4차 산업혁명 시대에 한국군의 현존 위협과 미래 잠재적 위협에 대비하여 강한 한국군을 건설하고 전투준비태세를 향상시키기 위한 효율적 국방경영 수단으로서 M&S를 제대로 활용하기 위해서는 한국군 워파이터들을 비롯한 군·산·학·연의 모든 M&S 관련 근무자들과 이해당사자들은 워파이터는 워파이터답고, M&S 전문가는 전문가다우며, 개발자와 운용자는 개발자와 운용자답고, 연구원은 연구원답고, 학자는 학자다워야 한다는 것이다. 시작은 어렵고 힘들겠지만 설령 분야가 비록 작고 미약해 보일지라도 우리 모두 우리 위치에 부합하는 자의 모습, 전문가의 모습, 달인의 모습이 되도록 노력할 때 우리 스스로 자긍심을 갖고 멋있는 삶을 살게 될 것이고, 더불어 국가와 국민, 그리고 군에 이익을 남길 수 있게 될 것이다.

이야기를 마치며

저자는 군 생활을 통해 비교적 일찍이 모델링 및 시뮬레이션(M&S)을 접하게 되었다. 한미야전사에 근무하던 1985년 무렵 미군이 주도하던 군수 워게임을 처음 접하게 되었고, 미국에서 운영분석(OR: Operations Research) 석사과정을 마치고 한미연합사 운영분석단(OAG: Operations Analysis Group)에서 분석모델들을 이용한 작전계획 분석과 훈련용 모델들을 이용한 을지포커스렌즈(UFL: Ulchi Focus Lens) 연습 모의지원에 참여하였다. 미국에서 산업공학(IE: Industrial Engineering) 박사과정을 마치고 한미연합사 연합전투모의실(CBSC: Combined Battle Simulation Center)에서 무려 16년간 한미 연합연습인 RSOI/KR(Reception, Staging, Onward Movement & Integration / Key Resolve)와 UFL/UFG(Ulchi Freedom Guardian) 모의지원과 연합연습 비용분담을 담당하였고, 미군이 모의지원을 하던 초창기 육군 백두산 연습, 해군 필승 연습, 공군 웅비 연습, 해병대 천자봉 연습, 그리고 3군 대화력전 연습 모의지원 업무를 담당하였다. 그리고 2009년 말 전역을 한 이후 기품원에서 M&S 활용 무기체계 효과 분석, HLA(High Level Architecture) 인증시험, M&S VV&A(Verification, Validation & Accreditation), 그리고 SBA(Simulation Based Acquisition) 관련 업무를 수행하였다.

저자는 군 생활을 하는 와중에 군 위탁교육의 기회가 주어져 석·박사 학위과정을 통해 M&S에 관한 기본 이론과 원리, 원칙을 배울 수 있었다. 미 해군대학원 운영분석(OR) 석사과정에서 여러 가지 운영분석(OR) 기법에 대한 이론을 접할 수 있는 기회를 가졌고, 이때 무작위수 생성기(Random Number Generator)에 대해 깊이 있게 공부할 기회를 갖게 되었다. 또한 미 텍사스 A&M 대학 산업공학(IE) 박사과정을 통해서는 시스템 시뮬레이션(System Simulation)과 수학(Real Analysis)을 깊이 있게 공부할 수 있는 기회를 갖게 되었다. 석·박사 과정을 통해 통계학(Statistics)과 확률과정(Stochastic Processes)에 대한 이해와 무엇보다도 모든 학문적 이론의 근간이 되는 가정(Assumptions)에 대한 충분하고도 올바른 이해가 M&S를 제대로 이해하고 연구하는데 큰 도움이 되었다.

저자는 미국에서 박사과정을 마치고 한미연합사에 근무하는 동안 우연한 기회에 대학에서 강사로, 또 겸임교수로 강의를 할 기회가 주어져 지속적으로 학문적 이론에 관심을 가질 수밖에 없었던 것이 참으로 다행이고, 귀한 기회였다고 생각한다. 일반 대학 두 곳과 국방대학에서 확률과정(Stochastic Processes), 대기행렬(Queueing Theory), 회기분석(Regression Analysis), 시스템 시뮬레이션(System Simulation), 국방 M&S 등을 강의하면서 학문적, 이론적으로 M&S를 보다 구체적으로 연구할 수 있었다. 또한 방사청과 합참대·국방대 직무과정에서 M&S 활용 분석평가, M&S VV&A, 시뮬레이션 기반 획득(SBA), M&S 상호 운용성 등 강의를 통해 M&S 관련 한국군의 법과 규정, 방침과 지침, 실제 실무에 적용하는 과정에서의 여러 가지 과제와 이슈에 대해 고민하고 연구할 수 있는 기회를 가질 수 있었다.

저자가 석·박사 학위과정을 마치고 M&S 분야에 몸을 담게 된 것은 순전히 군의 보직에 의해서다. 그리고 비교적 쉽게 전문성을 쌓을 수 있었던 것은 무슨 영문인지는 몰라도 육군 인력운용과 인사제도를 통해 무려 16년간 한미연합사 연합전투모의실(CBSC)에서 중령과 대령을 거쳐 전역하는 순간까지 그대로 근무하도록 허용한 덕분이라는 것이다. 아무튼 박사과정을 마치고 다시 한미연합사에 근무하게 되면서 한미 연합연습에 대한 한미 간의 비용분담 협상에 참여하여 법적체계를 정립하고 연합전투모의실(CBSC)을 창설하게 되었다. 저자가 군 복무를 통해 자랑스럽게 생각하는 것은 미군 모델들과 연동할 수 있는 한국군의 독자 모델이 하나도 없던 때에 한국군 모델을 미군 모델들과 연동 운용하고자 하는 비전을 가지고 작전운용 개념을 구상하고 시스템 아키텍처를 설계하여 한국군 워게임 연동체계 KSIMS(Korea Simulation System)를 개발한 것과, 그 이후 전작권 전환에 대비하여 한국군보다 기술수준이 월등히 우수한 미군 모의체계를 연동하여 통제할 수 있도록 계층형 구조(Hierarchical Architecture)로 구상한 KSIMS 성능개량체계를 구상하고 계획하여 개발을 성공한 것이다. 이 과정에서 한국군의 M&S 분야 근무자 거의 대부분이 연동 가능한 한국군 독자 모델을 개발조차 못 하는데 연동이 가능하겠느냐는 얘기와 연구논문상에만 제시된 계층형 구조를 구현하겠다는 것이 과연 가능하겠느냐는 얘기들을 했다. 그 정도로 저자는 되지도 않을 일을 한다는 얘기를 많이 들었다. 그러나 결론은, 모두 성공했다는 것이다.

저자가 32년의 군 복무를 마치고 전역하여 기품원에서 연구원으로 근무하면서 구축한 것이 바로 SBA 통합정보체계다. 원래 방사청의 계획은 방사청의 예산으로 기품원이 1단계로 SBA 통합정보체계를 구축하고, 이어서 2단계로 SBA 협업공조체계를 구축한다는 것이었다. 그러나 SBA 통합정보체계를 구축하는 과정에서 방사청은 미군이 더 이상 SBA 개념을 적용하지 않는 것 같다며 2단계 사업을 중기계획에서 삭제하였다. 솔직히, SBA 협업공조체계가 없는 SBA 통합정보체계는 제대로 활용하기에는 사실상 불가능한 체계로 방사청이 미군을 중심으로 한 선진국의 SBA 적용 개념과 실태를 제대로 파악하고 이해하는 것이 절대로 필요하다는 생각이다. 기품원에서 근무하는 동안 저자가 구상하여 개발한 체계로 자랑스럽게 생각하는 것은 HLA 인증시험체계이다. 이는 미 국방성의 HLA 인증 정책의 변경에 따라 부득이 독자적인 인증체계를 구축하거나 한 건당 10만 불씩 비용을 지불하고 인증시험을 받아야 할 상황이었다. 그 상황에서 방사청 요청에 의해 독자 인증시험체계를 구상하게 되었다. 미국 측에서 인증시험도구 하나를 FMS(Foreign Military Sale)로 구매하고, 저자가 개발한 KSIMS체계를 기술이전 받아 한국군 독자 인증체계를 전 세계 3번째로 구축하였고, 미 국방성으로부터 독창성과 그 성능을 인정받아 한국군 HLA 인증시험체계에 관한 소개 논문을 미 국방성 M&S Journal 2014년 여름 호에 게재하게 되었다. 또한 M&S의 신뢰성 보장과 확보를 위한 검증, 확인, 인정(VV&A: Verification, Validation & Accreditation) 수행요구가 확대되고 증가함에 따라 그간 수행하던 M&S VV&A 체계를 전면 재정립하여 업무수행절차, 인정 수락 기준, 인정평가방법, 산출물 표준화 등을 수정 보완하고 규정화하였다.

그 외에도 2010년에 지식 기반 획득(KBA: Knowledge Based Acquisition)과 시뮬레이션 기반 획득(SBA: Simulation Based Acquisition)을 도입, 적용할 것과 2011년에 TRA/TRL(Technical Readiness Assessment/Level), MRA/MRL(Manufacturing Readiness Assessment/Level) 제도를 적용할 것을 제안하였고, 2013년에는 One-Shot System에 대한 품질인증시험체계를 구축할 것을 제안하였으며, 2016년에는 첨단 이동형 시험평가체계 구축, RTI 독자 개발 및 인증시험체계 구축, HLA 기반 정보중심통합(Information Centric Integration)에 의한 LVC 구축 및 LVC 인증시험체계 구축, 그리고 2011년과 2017년에는 한국군 스마트 획득(Smart Acquisition) 체계 구축 등을 제안하였다. TRA/TRL 및 MRA/MRL은 저자가 제안할 당시에는 아무런 반응이 없었으나 현재는 제도화하여 적용 중에 있으며, 그 외에 제안사항들은 개념이 없다는 이유로 모두 배제되었다. 그러나 저자는 그간 지속적인 연구와 노력을 계속하여 품질인증시험체계, 첨단 이동형 시험평가체계, RTI 인증시험체계, HLA 기반 정보중심통합에 의한 LVC 구축, LVC 인증시험체계, KBA와 SBA를 포함하는 스마트 획득체계 구축 등은 모두 구현이 가능하다는 생각이다.

그간 현역으로 복무할 때나 전역 후 기품원에 근무할 때 새로운 제안을 할 때마다 반복적으로 들은 것은 모두 그게 가능하겠느냐는 얘기와 개념이 없다는 얘기였다. 그러나 분명한 사실은 최초 계획이 변경되어 후속사업이 취소된 SBA 통합정보체계 개발을 제외하고는 모두 성공하였으며, 그중 KSIMS와 KSIMS 성능개량, HLA 인증 시험체계는 모두 미군과 미 국방성이 인정한 성공사례라는 것이다. LVC 인증시험체계도 2014년 12월에 미 국방성 M&SCO 실장(Director)에게 직접 설명하였다. 새로운 개념과 구상을 시도해 보기도 전에 지레짐작으로 안 된다고 판단하고 시도하지 않는다면 한국군이 과연 이룰 수 있는 것이 무엇인지 한번 생각해 보자. 그리고 한걸음 더 나아가 설령 실패할 가능성이 있어도 내재된 가치와 이익이 크다면 실패의 위험 (Risk)을 감수하고서라도 도전해야 하지 않는지 반문하고 싶다. 저자가 그간 연구를 통해 체득한 것은 간절함과 절박함으로 전력투구를 하다보면 뭔가 아이디어와 해결 방안이 보인다는 것이다. 시도해 보지도 않고 포기한다는 것은 군인 정신과 자세도, 또 연구원의 자세도 아니라는 것이다. 군인은 군인답게 군인정신으로, 연구원은 연구원답게 연구원의 자세로 한번 도전해 보자는 것이다.

한국군은 그간 M&S를 국방 업무분야에 활용하면서 여러 면에서 획기적인 발전을 이루었다. 특히 육군의 BCTP단과 과학화 훈련장 KCTC는 세계 어디에 내놔도 손색없는 최고수준이라 생각한다. 그러나 장기적, 종합적 관점에서 M&S 기반 아키텍처와 기술과 체계에 대한 이해와 인식, 투자 부족과 국방획득 수단과 문화로서의 SBA 활용, 전투실험 분야에서 M&S의 실효적 활용, LVC 합성 전장 환경 구축 필요성에 대한 공감대와 작전요구 제시의 미흡 등 보다 효율적인 M&S 활용에 대한 간절함과 절박함이 결여된 모습은 선진국과의 기술격차가 더 벌어지게 되었고, 기존의 작전요구는 물론 4차 산업혁명 시대에 대비하기에는 턱없이 부족하고 미흡하다는 생각이다. 차제에 한국군은 급변하는 4차 산업혁명 시대의 사회와 산업 환경의 변화와 북한 핵개발에 따른 한반도와 주변국의 국방 환경과 전장 환경의 변화가 피할 수 없는 현실이라면, 이에 대응하기 위한 효율적 국방경영 수단으로서 M&S의 변화와 혁신은 불가피하다는 것이다. 이와 더불어 군·산·학·연의 모든 M&S 분야 근무자들은 변화와 혁신에 보다 능동적, 적극적으로 대응하여 신기술의 혁신적, 선각적 수용자로서 주도적 위치를 선점하고 모두 각자의 분야에서 M&S 전문가와 달인이 되어야 한다는 것이다.

효율적인 국방경영 수단으로서의 한국군의 M&S 분야! 과연 미래에 어디로 어떻게 갈 것인가? 한국군의 M&S 관련 근무자들과 이해당사자들 특히, 워파이터들의 M&S에 대한 올바른 이해와 발상의 전환이 절실히 필요한 시점에 있다는 생각이다.

저자가 여러모로 부족함에도 자랑스러운 대한민국 군인으로 한평생 사는 동안 M&S라는 한 우물을 파고 연구에 전념할 수 있도록 기회를 준 한국군에 감사의 마음을 드리며 한국군이 한국군다운 한국군이 되기를 기대해 본다.

참 / 고 / 문 / 헌

[1] 김진희 외, 「제4차 산업혁명의 충격」, 흐름출판, 2016.

[2] 송경진, 「클라우스 슈밥의 제4차 산업혁명」, 메가스터디출판, 2017.3.5.

[3] 유병주, 이종호, 권오정, "국방 M&S를 활용한 훈련체계 혁신방안", 국방정책 연구, 제68호, 2005년 여름.

[4] 이종호, "한국군 워게임 발전방향에 관한 제언", 군사평론 제328호, 제329호, 육군대학, 1997. 6, 1997.10.

[5] 이종호, "국방 모델링 및 시뮬레이션 강의록", 국방대학원 야간 석사과정, 2005.

[6] 이종호, "연합연습 모의지원 발전방향", 주간국방논단, 한국국방연구원, 2005.12.5.

[7] 이종호, "전환기 효율적 국방경영 수단으로 모델링 및 시뮬레이션 활용 발전방향", 정보과학회지, 제222호, 2007.11.

[8] 이종호, 「전환기 효율적 국방경영 수단으로서 모델링 및 시뮬레이션 이론과 실제」, 21세기군사연구소, 2008.3.30.

[9] 이종호, "SBA 강의록", 광운대 방위산업학과, 2009.9.

[10] 이종호, "국방개혁과 군사혁신 구현 수단으로서 국방 M&S 비전과 발전방향", 국방 M&S발전 세미나, 국방기술품질원, 2010.9.16.

[11] 이종호, "한국군 국방 M&S 관련 기반기술 현실태 및 연구방향", 2010년 추계학술대회, 한국시뮬레이션학회, 2010.10.29.

[12] 이종호, "한국군 스마트 획득 구상", 기품원 주관 국방M&S발전세미나, 2011.9.20.

[13] 이종호, "아키텍처 관점에서 본 육군 LVC체계 구축 및 활용 방안", 제4회 육군 M&S 학술대회, 2011.11.8.

[14] 이종호, "국방획득 분야 M&S 비전 및 발전방향", 제13회 국방 M&S 발전 세미나, 한국국방연구원, 2011.12.2.

[15] 이종호, "유도무기체계 품질 향상 위한 M&S 활용 및 협업·공조 방안 제안", 제14회 국방 M&S 발전 세미나, 한국국방연구원, 2012.10.25.

[16] 이종호, "유도무기체계 개발 관련 획득 전순기 M&S 활용방안 제안", 제5회 육군 M&S 학술대회, 2012.11.20.

[17] 이종호, "한국군 LVC 구축 지원 위한 M&S 표준적합성시험체계 구축방안", 제6회 육군 M&S 학술대회, 2013.11.12.

[18] 이종호, "미래 보병여단/기갑여단 전투실험 방안", 육군여단 전투실험 세미나, 육군 교육사, 2014.3.18.

[19] 이종호, "한국군 LVC 구현 위한 아키텍처 및 기반기술 적용 방안", 제7회 육군 M&S 학술대회, 2014.11.18.

[20] 이종호, "육군 LVC 구축 위한 상호운용성 이슈 및 기술 토의", 육군국방경영학술대회, 2015.7.3.

[21] 이종호, "한국군 LVC 구현 위한 DSEEP 및 DMAO 적용 방안", 제8회 육군 M&S 학술대회, 2015.11.17.

[22] 이종호, "HLA 기반의 한국군 LVC 구축 지원 위한 국산 RTI 개발 및 적용 방안", 육군국방경영학술대회, 2016.7.7.

[23] 이종호, "HLA 적합성 인증시험 발전방향", 제2회 HLA 워크숍, 2016.7.22.

[24] 이종호, "HLA 기반 한국군 LVC 구축방안 제안", 제9회 육군 M&S 학술대회, 2016.11.8.

[25] 이종호, "HLA 기반 한국군 LVC 구축방안 제안", 한국시뮬레이션학회 논문지, 제26권 제1호, 2017.3.

[26] 이종호, "국방획득사업 M&S 신뢰성 보장 위한 한국군 VV&A 수행방안 제안", 한국시뮬레이션 학회 춘계학술대회, 2017.4.26.

[27] 이종호, "4차 산업혁명 시대에 대비한 국방 M&S 당면과제와 발전방향", 국방 M&S 발전 세미나 주제강연, 합참/국방연, 국방컨벤션센터, 2017.6.13.

[28] 이종호, "이야기로 쉽게 풀어보는 한국군 국방 M&S 현재와 미래", 국방경영분석 세미나 주제강의, 육군/국방경영분석학회, 천안국민은행연수원, 2017.6.30.

[29] 이종호, "제4차 산업혁명 시대에 대비한 한국군 스마트 획득 구상 제안", 제10회 육군 M&S 학술대회, 2017.11.7.

[30] 이종호, "HLA 인증시험체계 소개", 국방기술품질원 직무교육 강의록, 2018.7.27.

[31] 이종호, "M&S VV&A 소개", 국방기술품질원 직무교육 강의록, 2018.7.27.

[32] 공군, 「LVC체계 연동기술 개념연구」, 한국국방연구원, 2010.12.

[33] 국방기술품질원/사이버텍, 'HLA 인증시험도구 개발 및 고도화 연구 결과', 2017.

[34] 국방부, 국방전력발전업무훈령(국방부훈령 제1949호), 제7장 분석평가(제333조~제370조), 제2절 제41조 소요검증, 2016.8.25.

[35] 국방일보, '국방개혁 기본계획(2012-2030)' 관련기사, 2012.8.30, 1,2,3,4 면.

[36] 대외경제정책연구원(KIEP), 「주요국의 4차 산업혁명과 한국의 성장전략: 미국, 독일, 일본을 중심으로」, 김규판, 이형근, 김종혁, 권혁주, 전자문서, 연구보고서 17-07.

[37] 미래창조과학부, 「기술이 세상을 바꾸는 순간」, 전자문서, 2017.

[38] 방위사업청, 무기체계 획득단계별 M&S적용지침, 청 지침 제2010-32호, 2010.9.13.

[39] 방위사업청, 과학적 사업관리 수행지침, 청 예규 제367호, 2017.3.22.

[40] 방위사업청, M&S 적용 매뉴얼, 청 매뉴얼 제2017-6호, 2017.8.23.

[41] 방위사업청, 방위사업관리규정, 청 훈령 제440호, 2018.7.3.

[42] 방위사업청/국방과학연구소, 'SBA 발전방안 정책 세미나', 2006.12.1.

[43] 산업연구원, 「주요 제조 강국의 4차 산업혁명 추진동향 연구」, 장윤종 외, 전자문서, 경제·인문사회연구회 미래사회 협동연구총서 16-33-01.

[44] 육군교육사, '미래 보병대대 및 특수전력 전투실험', 2012 전투실험 발전 세미나, 2012.10.19.

[45] 한국과학기술평가원 KISTEP, 「4차 산업혁명 대응을 위한 주요 과학기술혁신 정책과제」, 손병호, 김진하, 최동혁, 전자문서, ISSUE PAPER 2017-04.

[46] 한국국방연구원, '국방개혁 2020 추진을 뒷받침하기 위한 합동실험/전투실험 활성화 방안',

2007 국방 M&S 발전 세미나, 2007.6.21.

[47] 한미연합사 연합전투모의실, '차세대 위게임 연동체계 개발결과 발표회 발표자료', 2004.12.

[48] 한미연합사 연합전투모의실, 'KSIMS 성능개량사업 개발결과 보고회', 2012.4.25.

[49] Amy E. Henninger, et al, "Live Virtual Constructive Architecture Roadmap(LVCAR) Final Report", IDA, Sep 2008.

[50] Amy E. Henninger, et al, "The Live Virtual Constructive Architecture Roadmap; Foundations from the Past and Windows to the Future", I/ITSEC 2010.

[51] Averill M. Law and W. David Kelton, 「Simulation Modeling & Analysis」, McGraw-Hill International Editions, 1991.

[52] Bob Lutz, Chris Turrell, "HLA Federation Development and Execution Process & Supporting Tool", 27 May 1999.

[53] Carl von Clausewitz, 「On War」, http://www.clausewitz.com

[54] Chongho Lee, "A Study of Simulation Architecture Based on HLA for ROK-US CFC Combined Exercises", The 2nd ROK-US DM&S Workshop, KIDA, Oct 29, 1999.

[55] Chongho Lee, "Interoperability of ROK Models with JSIMS", Keynote Speech, AMG, DMSO, May 10, 2001.

[56] Chongho Lee, Seungryel Cha, "An Advanced Simulation Architecture for ROK-US Combined Exercises", The 5th ROK-US DM&S Workshop, KIDA and OUSD(A&T), Apr. 2004.

[57] Chongho Lee, "A Proposal for M&S Conceptual Applications to Support an Evolutionary Knowledge-Based Acquisition", The 15th ROK-US Defense Analysis Seminar, KIDA, April 12, 2010.

[58] Chongho Lee, "A Discussion for the ROK-US Technical Cooperation to Acquire ROK's HLA Compliance Test and RTI Certification Capabilities", The 42nd ROK-US DTICC, DAPA, Korea, Oct 5, 2010.

[59] Chongho Lee, "An Introduction to the Indigenous ROK HLA Compliance Testing System and the Lessons Learned of Its First Use", US DoD M&S Journal, Summer 2014.

[60] Chris Anderson, "The New industrial Revolution", Entrue World 2011, LG CNS, 그랜드 인터컨티넨탈, 서울, 2011.4.26

[61] Colonel Wilbur Gray. "A Short History of Wargame, Playing War: The Applicability of Commercial Conflict Simulations to Military Intelligence Training and Education", Wilbur Gray, 1995 의 일부 요약 본.

[62] Dahmann, Judith S., Jeffrey Olszewski, Richard Briggs, Russell Richardson, and Richard M. Weatherly(1997), "High Level Architecture(HLA) Performance Framework.", Paper 97F-SIW-137, Simulation Interoperability Workshop.

[63] Dale K. Pace, "M&S V&V Challenge", JHU APL Technical Digest V25, No2 2004.

[64] Daniel J. Paterson, Eric Anschuetz, Mark Biddle, Dave Kotick, Technical Report 97-014, "Architecture Issues for DIS-to-HLA Conversion", Naval Air Wargame Center, Orlando, FL, Dec 1997.

[65] Don Bates, "Joint Warfare System(JWARS) Update", JWARS Office, Feb 23, 2000. http://www.dtic.mil/jwars/

[66] Douglas D. Wood, Mikel D. Petty, "HLA Gateway 1999", Institute for Simulation and Training, SIW, 99 Spring.

[67] Ernest H. Page, Roger Smith, "Introduction to Military Training Simulation: A Guide for Discrete Event Simulationists", Proceedings of the 1998 Winter Simulation Conference, 13~16 Dec 1998.

[68] Francis P. Hoeber, "Military Applications of Modeling Selected Case Studies", Hoeber Corp, Arlington, Virginia, 1981.

[69] Frederick Kuhl, "Creating Computer Simulation Systems". 2000.

[70] Garry D. Brewer, Martin Shubik, 「The War Game: A Critique of Military Problem Solving」, Harvard University Press, Cambridge, Massachusetts, 1979.

[71] Gary W. Allen, "Live, Virtual, Constructive Architecture Roadmap Implementation Project", JTIEC.

[72] George S. Fishman, 「Principles of Discrete Event Simulation, Wiley-Interscience」, 1978.

[73] J. Hollenbach, "Live Virtual Constructive Architecture Roadmap(LVCAR) Execution Management", 03 Sep 2008.

[74] James E. Coolahan, Gary W. Allen, "LVC Architecture Roadmap Implementation-Results of the First Two Years", Mar 2012. 11F-SIW-025.

[75] Jean-Louis, I., Pascal, C., Mark, C., H.P, M., Andrzej, N., Neil, S. and Philomena, Z.(2002) "NATO HLA Certification", Research and Technology Organization, TR, 050.

[76] Jerry Banks, 「Handbook of Simulation: Principles, Methodology, Advances, Applications, and Practice」, provided by Wiley-IEEE, 1998.

[77] John A. Battilega and Judith K. Grange, "The Military Applications of Modeling", Air Force Institute of Technology Press, Wright-Patterson AFB, Ohio, 1984.

[78] John F. Keane, Robert R. Lutz, Stephen E. Myers, and James E. Coolahan, "An Architecture for Simulation Based Acquisition", Johns Hopkins APL Technical digest, Volume 21, Number 3, 2000.

[79] Joseph Bondi, "FCTT Training, FMS Training Materials", US M&SCO, JHU APL, Jul 23~Aug 9, 2013.

[80] Joseph Bondi, "Report on 2013 FMS Follow Up for Federate Compliance Testing Tool(FCTT)", The JHU APL, Nov 15, 2013.

[81] Julia J. Loughran, John Hancock, W. H(Dell) Lunceford, Jr., "An Integrated Functional Toolset to Support Simulation Training Exercises and Mission Planning".

[82] Karen Walker, "Multinational Model", Training & Simulation Journal, Oct 2005.

[83] Katherine L. Morse, "Distributed Simulation Engineering and Execution Process(DSEEP) [IEEE 1730-2011]", FMS Training Materials, US M&SCO, JHU APL, Jul 23~Aug 9, 2013.

[84] Katherine L. Morse, "Federation Engineering Agreements Template(FEAT)", FMS Training Materials, US M&SCO, JHU APL, Jul 23 ~ Aug 9, 2013.

[85] Lary Barstosh, "Joint National Training Capability Live Virtual Constructive Environment", Joint Warfighting Center, USJFCOM, Jun. 2004.

[86] Lou Anna Notagiacomo, Brendan Strenble, Steven A. Polliard, et al., "The High Level Architecture Multilevel Secure Guard Project", SIW, 12 Sep 01.

[87] Margaret Loper, Dannie Cutts, "LVCAR Comparative Analysis of Standards Management", Sep 2008.

[88] Margaret M. Horst, David Resenbaum, Kyle A. Crawford, "Improvements to the HLA Federate Compliance Testing Process", Georgia Institute of Technology, Atlanta, GA.

[89] Mario Hermann, Tobias Pentek, Boris Otto, "Design Principles for Industrie 4.0 Scenarios: A Literature Review", Working Paper, No.1/2015.

[90] Mark A. Lorell, Julia F. Lowell, Obaid Younossi, "Evolutionary Acquisition, Implementation Challenges for Defense Space Programs", USAF, 2006.

[91] Mark Thompson, "How to Save a Trillion Dollars", Time, Apr 25, 2011.

[92] Martin H. Weik, "The ENIAC Story", 1961.

[93] Matthew Caffrey, "Toward a History Based Doctrine for Wargaming", Air & Space Power Chronicles, Apr 2000.

[94] Michael Borowski, Priscilla Glasow, 'When Systems are Simulations-T&E, VV&A, or Both?, MITRE Technical Report, Jun 1998.

[95] Michael D. Myjak, Duncan Clark, Tom Lake, "RTI Interoperability Study Group Final Report", Simulation Interoperability Workshop, 1999 Fall.

[96] Michael D. Myjak, Sean T. Sharp, "Implementations of Hierarchical Federations", The Virtual Workshop Inc., Titusville, Fl, SIW, 1999 Fall.

[97] Moller, et al, "HLA-Evolved-Improvements and Benefits", SISO Euro SIW 2008.

[98] Per M. Gustavsson, Joakim Wemmergard, "LVC Aspects and Integration of Live Simulation", 09F-SIW-090.

[99] Randy Sanders, "Live Virtual Constructive Architecture Roadmap(LVCAR) Convergence Approaches", JHU/APL, I/ITSEC 2010.

[100] Richard M. Weatherly, Annette L. Wilson, Bradford S. Canova, Ernest H. Page, Anita A. Zabek, Mary C. Fischer, "Advanced Distributed Simulation through the Aggregate Level Simulation Protocol", Proceedings of the 29th International Conference on System Sciences, 3~6 Jan 1996.

[101] Robert Beattie, The Courier : America's Foremost Miniature Wargaming Magazine; "Present a Timeline of the Historical Miniatures Wargaming Hobby".

[102] Robert Elliott, et al, "Manager's Guide to the HLA for Modeling and Simulation(HLA)", ITEC 2009, 11 May 2009.

[103] Robert Lutz, et al, "A System Engineering Perspective on the Development and Execution of Multi-Architecture LVC Environment", 10F-SIW-037.

[104] Robert Richbourg, Robert Lutz, "Live Virtual Constructive Architecture Roadmap (LVCAR) Comparative Analysis of the Architectures", Sep 2008.

[105] Roger D. Smith, "Essential Techniques for Military Modeling & Simulation", STAC Inc, Orlando, Florida, 1998.

[106] Roger Smith, "Fundamental Principles of Modeling and Simulation", San Jose, CA, 17 Mar 1999.

[107] Roy Crosbie, John Zenor, "High Level Architecture Module 2 Advanced Topics", The Society for Computer Simulation, California State University, Chico, CA.

[108] Roy Scrudder, "Data Engineering Support for HLA DMSO Data Engineering QPR", UT Austin, 8 Oct 1997.

[109] Simone M. Youngblood and Dale K. Pace, "An Overview of Model and Simulation Verification, Validation, and Accreditation", JHU APL, 1995.

[110] Simone M. Youngblood, Dale K. Pace, Peter L. Eirich, Donna M. Gregg and James E. Coolahan, "Simulation Verification, Validation, and Accreditation", JHU APL Technical Digest, Vol 21, Number 3, Jul 2000.

[111] Sharon Ghamari-Tabrizi. U.S. "Wargaming Grows Up : A Short History of the Diffusion of Wargaming in the Armed Forces and Industry in the Postwar period up to 1964".

[112] Steve Swenson, "Live Virtual Constructive (LVC) Architecture Roadmap(AR) Comparative Analysis of Business Models", Aegis Technologies, Sep. 2008.

[113] Steven A. Specht, "Exercise Management for the Aggregate Level Simulation Protocol(ALSP) Joint Training Confederation(JTC)", MITRE, 22 July 1997.

[114] Susan Symington. et al., "Verifying HLA RTIs", MITRE, ObjectSpace.

[115] Warren Katz, "The Simulation Interoperability Standards Organization", 17 May 2005.

[116] Wayne P. Hughes, Jr, "Military Modeling", Military Operations Research Society, 1984.

[117] Wayne T. Graybeal and Udo W. Pooch, "Simulation : Principles and methods", Little, Brown and Company, 1980.

[118] Wentong Cai, Stephen J. Turner, Boon Ping Gan, "Hierarchical Federations: An Architecture for Information Hiding". 2001.

[119] Wesley Braudaway, Reed Little, "The High Level Architecture's Bridge Federate".

[120] Acceptance of the FMS LOA KS-B-ZCG, DLA, Embassy of the ROK, Arlington, VA, Oct 5, 2012.

[121] AFI 16-1001, "Verification, Validation, and Accreditation(VV&A)", 22 Jun 2016.

[122] AFI 16-1002, "M&S Support to Acquisition", 1 Jun 2000.

[123] AMSO HQDA, Simulation Operations Professional Development Course: "Fundamentals of Models and Simulations Program Management", Lesson I-5. http://www.dod.mil/execsec/adr98/chap18.html Ch18 Acquisition Reform, Goal 1, 2.

[124] AR 5-11, "Management of Army M&S", Mar 26, 2013.

[125] "Capability Production Document for Joint Land Component Constructive Training

Capability(JLCCTC) (Formerly Known as ACTF)", JLCCTC Directorate, NSC, Ft. Leaven-
worth, KS, 16 Nov 2005.

[126] DA Pam 5-11, "Verification, Validation, and Accreditation of Army M&S", Sep 30,
1999.

[127] DMSO, "High Level Architecture Federation Development and Execution Process
(FEDEP) Model v1.5", 8 Dec 1999.

[128] DMSO, "High Level Architecture Module 1 Basic Concepts".

[129] DMSO, "History of the HLA", Sept 1998.

[130] DMSO, "HLA and Beyond: Interoperability Challenges", 15 Sept 1999.

[131] DMSO, "HLA Glossary", http://www.aegistg.com

[132] DoD 5000.59-M, "M&S Glossary", Jan 1998.

[133] DoD 5000.59-P, "DoD Modeling and Simulation Master Plan", USDA&T, Oct 1995.

[134] DoD, "Department of Defense Training Transformation Implementation Plan", Jun.
2004.

[135] DoD Directive 5000.1, "The Defense Acquisition System", Nov 20, 2007

[136] DoD Directive 5000.59, "DoD M&S Management", Aug 8, 2007.

[137] DoD Instruction 5000.2, "Operation of the Defense Acquisition System", Dec 8, 2008.

[138] DoD Instruction 5000.61, "DoD M&S VV&A", Dec 9, 2009

[139] DoD "High Level Architecture Interface Specification v1.3 Draft", 2 Apr 1998.

[140] DoD "Joint Technical Architecture User Guide and Component JTA Management
Plan v1.0", 14 Sep 2001.

[141] DoD "M&S Glossary", 1Oct 2011.

[142] DoD "M&S Master Plan, 1995.

[143] DoD "M&S VV&A Implementation Handbook VI VV&A Framework", 30 Mar 2004.

[144] DoN "M&S VV&A Implementation Handbook Vol 1 VV&A Framework", 30 Mar 2004.

[145] DoD "M&S VV&A RPG", Nov 1996, RPG Build 3.0, Sep 2006.

[146] DoD "M&S VV&A RPG Core Document", 31 Jan 2011

[147] GAO, "Best Practices: Better Acquisition Outcomes Are Possible If DOD Can Apply
Lessons from F/A-22 Program", GAO-03-645T, Apr 11, 2003.

[148] GAO, "DOD ACQUISITION OUTCOMES: A Case for Change", GAO-06-257T, Nov 15,
2005.

[149] GAO, "Implementing a Knowledge-Based Acquisition Framework Could Lead to Bet-
ter Investment Decisions and Project Outcomes", NASA, GAO-06-218, Dec 2005.

[150] GAO, "Defense Acquisition, Assessments of Selected Weapon Program", GAO-09-
326SP, March 2009, p12, p174~175.

[151] GAO, "Defense Acquisitions, Assessments of Selected Weapon Programs", March
2010, p169.

[152] GAO, "Defense Acquisitions, Assessments of Selected Weapon Programs", GAO-11-
233SP, March 2011. Highlights, p18~20, p175~178.

[153] "Getting to Best: Reforming the Defense Acquisition Enterprise", Jul 2009.

[154] Glossary of M&S Terminology under the authority of DoD Directive 5000.59, "DoD M&S Management", 4 Jan 1994.

[155] "Guide for Multi-Architecture Live-Virtual-Constructive Environment Engineering and Execution", JHU/APL, NSAD-R-2010-044, Jun 2010.

[156] IEEE 1516.4, "IEEE Recommended Practice for VV&A of a Federation-An Overlay to the HLA FEDEP", 20 Dec 2007.

[157] IEEE P1730™/Dv2.0 "Draft Recommended Practice for DSEEP", Jan 2008

[158] "Live, Virtual, & Constructive Training Environment Periodic Review(LVC TEPR 04-2)", Ft. Leavenworth, KS, 28~30 Sep 2004.

[159] "Live Virtual Constructive Architecture Roadmap(LVCAR) Final Report", IDA, Sep 2008.

[160] "Live-Virtual-Constructive(LVC) Architecture Roadmap Implementation Workshop", Spring 2010 SIW, Orlando, FL., Apr 2010.

[161] MIL-STD-3022, "DoD Standard Practice Documentation of VV&A for M&S", 28 Jan 2008

[162] NASA-HDBK-7009, "NASA Handbook for Models and Simulations: An Implementation Guide for NASA-STD-7009", 18 Oct 2013.

[163] NASA-STD-7009, "Standard for Models and Simulations", 7 Dec 2016.

[164] NATO STANAG 4603, "Modeling and Simulation Architecture Standards for Technical Interoperability: High Level Architecture(HLA)", 2008.

[165] "RPG Special Topic: Requirements-(VV&A) Recommended Practice Guide", 4 Aug 2004.

[166] "RTI NG Pro Programmer's Guide v3.0", Virtual Technology Corporation, June 2005.

[167] SECNAVINST 5200.40, "VV&A of Models and Simulations", 19 Apr 1999.

[168] Simulation Operations Proponent HQDA G-3, "Simulation Operations Handbook, Ver.1.0", p.606-612.

[169] "Simulation Operations Professional Course, Text Book", U.S. Army Battle Command, Simulation and Experimentation Directorate, 2005.

[170] "Standardized Documentation for VV&A-An Update to the Systems Engineering Community", Oct 22, 2008

[171] "System Simulation: The Shortest Route to Applications, Modeling and Simulation", http://home.ubalt.edu/ntsbarsh/simulation/sim.htm

[172] "The Army Model and Simulation Master Plan", 1997.

[173] "The Joint Capabilities Integration and Development System", 2007. http://www.dtic.mil/cjcs_directives/cdata/unlimit/3170_01.pdf

[174] "Total Life Cycle System Management(TLCSM), Plan of Action and Milestones", ADUSD, 6 Jan 2003.

[175] "U.S. Army Career Program(CP) 36 Tutorial", Seoul, Korea, June 2005.

[176] "U.S. Army Modeling and Simulation Staff Officer's Course(MSSOC) Tutorial".

[177] "U.S. Army Science and Technology Master Plan(ASTMP)", 1997.

[178] "Verification of HLA Federation Compliance Test Tool", Memorandum for ROK DTaQ, US DoD MSCO, Oct 18, 2013.

[179] vint.sogeti.com "VINT Research Report 3 of 4. The Fourth Industrial Revolution. Things to Tighten the Link Between IT and OT".

[180] Articles on F/A-22, Time Magazine, Feb 7, 2008, Jul 15/22 2009, Aug 27, 2009. "Gates: F-22 Has No Role in War on Terror", Feb 7, 2008 www.wired.com/dangerroom/20 08/02/gates/"Dogfight Over the F-22: Protecting Jobs or the Nation?", Jul 15, 2009. "Defense Secretary Gates Downs the F-22", Jul 22, 2009. "Air Force Seeks a Low-Tech Alternative to the F-22", Aug 27, 2009.

[181] Internet 자료 및 Website: http://dictionary.reference.com
http://dongascience.donga.com/news/view/21300
https://en.wikipedia.org/wiki/Artificial_intelligence
https://en.wikipedia.org/wiki/Deep_learning
https://en.wikipedia.org/wiki/Industry_4.0
https://en.wikipedia.org/wiki/Machine_learning
https://en.wikipedia.org/wiki/Product-service_system
https://en.wikipedia.org/wiki/Three_Laws_of_Robotics
https://en.wikipedia.org/wiki/Virtual_reality
http://ko.wikipedia.org/wiki/국방개혁_2020.
http://news.khan.co.kr/kh_news/khan_art_view.html?artid=201703222053015
http://science.ytn.co.kr/program/program_view.php?s_mcd=1227&s_hcd=&key=20170 3060913207313&page=1(YTN 사이언스 동영상)
http://science.ytn.co.kr/program/program_view.php?s_mcd=1227&s_hcd=&key=20170 3100826315764&page=1
http://science.ytn.co.kr/program/program_view.php?s_mcd=1227&s_hcd=&key=20170 3170902478456&page=1
http://science.ytn.co.kr/program/program_view.php?s_mcd=1227&s_hcd=&key=20170 3241150046824&page=1
http://science.ytn.co.kr/program/program_view.php?s_mcd=1227&s_hcd=&key=20170 4041013251053&page=1
http://science.ytn.co.kr/program/program_view.php?s_mcd=1227&s_hcd=&key=20170 4070918178449&page=1
http://science.ytn.co.kr/program/program_view.php?s_mcd=1227&s_hcd=&key=20170 4140915439579&page=1
http://science.ytn.co.kr/program/program_view.php?s_mcd=1227&s_hcd=&key=20170 4211001584138&page=1
http://science.ytn.co.kr/program/program_view.php?s_mcd=1227&s_hcd=&key=20170

4280906055006&page=1

http://science.ytn.co.kr/program/program_view.php?s_mcd=1227&s_hcd=&key=20170
5061429377995&page=1

http://science.ytn.co.kr/program/program_view.php?s_mcd=1214&s_hcd=&key
=201709151053243524

http://science.ytn.co.kr/program/program_view.php?s_mcd=1214&s_hcd=&key
=201709220957577649

http://science.ytn.co.kr/program/program_view.php?s_mcd=1214&s_hcd=&key=20170
9290825012973&page=1

http://www.ArmyTimes.com

https://www.boannews.com/media/view.asp?idx=58521

http://www.isn.ethz.ch

http://www.jfcom.mil

http://www.mitre.org

http://www.peostri.army.mil

https://www.plattform-i40.de/I40/Navigation/EN/Home/home.html

https://www.sciencetimes.co.kr/?news=%ED%95%9C%EA%B5%AD-4%EC %B0%A8-
%ED%98%81%EB%AA%85-%EC%A0%81%EC%9D%91-%EC%88%9C%EC%9C%84%EB
%8A%94-25%EC%9C%84

http://www.sisostds.org

http://www.virtc.com

http://www.mak.com

http://www.reference.com